权威全译本

释 梦

〔奥〕弗洛伊德 著

孙名之 译

商务印书馆
2018年·北京

Sigmund Freud
DIE TRAUMDEUTUNG

目　录

第一版序言 ························· 1

第二版序言 ························· 3

第三版序言 ························· 5

第四版序言 ························· 7

第五版序言 ························· 8

第六版序言 ························· 9

第八版序言 ························· 10

英文第三(修订)版序言 ············ 11

第一章　有关梦的问题的科学文献 ······ 1

　一、梦与清醒生活的关系 ············ 6

　二、梦的材料——梦中记忆 ·········· 10

　三、梦的刺激和来源 ················ 20

　　（一）外部感觉刺激 ·············· 21

　　（二）内部（主观的）感觉刺激 ···· 28

　　（三）内部机体的躯体刺激 ········ 31

　　（四）刺激的精神来源 ············ 37

　四、梦在醒后为什么被遗忘 ·········· 40

　五、梦的显著心理特征 ·············· 44

i

六、梦中的道德感 …………………………………… 61
　　七、做梦及其功能的理论 ……………………………… 70
　　八、梦与精神疾病的关系 ……………………………… 83
　　跋,1909 ………………………………………………… 88
　　跋,1914 ………………………………………………… 90
第二章　释梦的方法:一个梦例的分析 ………………… 92
第三章　梦是欲望的满足 …………………………………… 119
第四章　梦的化装 …………………………………………… 130
第五章　梦的材料与来源 …………………………………… 159
　　一、梦中最近的和无关紧要的材料 …………………… 160
　　二、作为梦的来源的幼儿期材料 ……………………… 184
　　三、梦的躯体方面的来源 ……………………………… 216
　　四、典型的梦 …………………………………………… 237
　　　　(一)裸体的窘迫梦 ………………………………… 238
　　　　(二)亲人死亡的梦 ………………………………… 244
　　　　(三)其他典型的梦 ………………………………… 268
　　　　(四)考试的梦 ……………………………………… 271
第六章　梦的工作 …………………………………………… 274
　　一、凝缩作用 …………………………………………… 275
　　　　(一)植物学论著的梦 ……………………………… 278
　　　　(二)"一个美梦" …………………………………… 281
　　　　(三)金龟子的梦 …………………………………… 286
　　二、移置作用 …………………………………………… 302
　　三、梦的表现手段 ……………………………………… 307

ii

四、表现力的考虑 ·· 336
五、梦的象征表现:进一步的典型梦例 ································ 347
 (一) 帽子是男子(或男生殖器)的象征[1911] ················ 357
 (二) "小东西"代表生殖器官——"被车碾过"是性交的
   象征[1911] ··· 358
 (三) 建筑物、阶梯和井穴代表生殖器[1911] ··············· 361
 (四) 人代表男性器官,风景代表女性器官[1911] ········· 363
 (五) 儿童阉割的梦 ·· 363
 (六) 小便的象征[1914] ·· 364
 (七) 楼梯的梦 ·· 366
 (八) 变相的楼梯梦[1911] ·· 368
 (九) 真实的感觉和重复的表现 ···································· 369
 (十) 正常人梦中的象征问题[1914] ····························· 370
 (十一) 俾斯麦的梦[1919] ·· 375
 (十二) 一位化学家的梦[1909] ····································· 379
六、一些梦例——梦中的计算和讲话 ··································· 400
七、荒谬的梦——梦中的理智活动 ······································· 421
八、梦的感情 ··· 456
九、润饰作用 ··· 485

第七章 梦过程的心理学 ·· 504

一、梦的遗忘 ··· 507
二、回归作用 ··· 528
三、欲望满足 ··· 545
四、梦中惊醒——梦的功能——焦虑梦 ······························ 568
五、原初过程和继发过程——压抑 ······································ 582

iii

六、潜意识与意识——现实 …………………………………… 604

附录一　论梦 …………………………………………………… 617
附录二　文献目录 ……………………………………………… 668
　一、本书中的作者索引和著作条目 ……………………………… 668
　二、1900年以前出版的另外的一些论梦的著作目录 …………… 698
附录三　梦的索引 ……………………………………………… 707
附录四　一般索引 ……………………………………………… 712

第一版序言

我在本书中企图对释梦作一说明。我相信我这样做时并未超出神经病理学的范围,因为心理学研究表明,梦是变态精神这一类现象中的第一成员,属于这类现象的其他成员如癔症恐怖症、强迫妄想症等,由于实际理由,势必也是医生们所关注的问题。我们将看到,在这一系列现象中梦本身并不具备实际重要性,但在另一方面,作为一种范例,它的理论价值却具有较大的比重。凡不能解释梦意象的来源的医生,都不能指望对恐怖症、强迫症或妄想狂有所了解,自然也谈不上对它们施加治疗影响了。

但是与释梦重要性有关的上述原因,对本书中存在的种种缺陷也应负有责任。在我的表述中如此经常出现的线索中断之处,正是梦的形成问题与更为复杂的精神病理学问题之间的许多接触之点。这些问题不能在本书中讨论,但是,如果时间和精力允许,将来又能获得更多的材料,也可在以后专题另行讨论。

由于我用以论证释梦的材料的独特性,更增加了表述的困难。在释梦本身过程中将可逐渐看出文献中记载的以及收集的来源不明的那些梦为什么对于我的释梦目的毫无帮助。我所选用的仅只限于我自己的梦以及经过我精神分析治疗的病人的梦。但是在应用后一类材料时我很小心提防,因为在梦本身过程中,由于增添了神经症特性,反而变得异常复杂化了。如果我报告自己的梦,又必然要将自己精神生活中不愿告人的隐私暴露于众目睽睽之下，这或许也超出了作为一名科学家而非诗人的作者的正常需要。这是痛苦的但也是无可避免的需要，而我宁愿这样做，不然便会有可能完全放弃提供我的心理学发现的证据。当然，我总控制不住自己以省略或代替等方式来减轻我的不慎言行。但是只要有这种事发生，我的梦例的价值肯定就要大大降低。我只能希望本书读者们能为我的困难设身处地地着想，予以宽容，而且如果有人发现在我的梦中有涉及他们之处，请不要反对我在梦生活中有自由思想的权利！

第二版序言

本书(这不是一本易读的书)在出版后10年之内又被要求再版,并不是由于我在初版序言中所提及的同业者们的兴趣使然。我的精神病学同事们似乎并不难于克服我研究梦的新方法所引起的迷惘。专业哲学家们已习惯于三言两语——而且通常是类似的语句——就将梦生活问题草草解决(认为梦仅仅是意识状态的附属物),他们显然没有看出我们对梦的研究能得出许多必然会改变心理学理论的推论。科学期刊评论家们所采取的态度只能引导人们假定我的著作要湮没无闻,而一小群勇敢的支持者们,他们在我的指导下从事医学的精神分析,追随我的释梦范例并利用他们对治疗神经病患者的解释,也不可能使本书第一版销售完毕。因此我得感谢广大的具有文化修养和高度好奇心的读者们,正是他们的兴趣才使我在9年以后重新捡起这一困难但在各方面仍属基本的工作。

我很高兴地发现本书内容很少需要更动。我只偶尔插入一些新材料,根据我的增长的经验增加一些从中推衍而得的新细节,或重新叙述某几个论点。但是关于我已经写下的梦及其解释,以及由它们演绎所得的心理学原则——所有这一切在本质上都保持未变。不管怎样,从主观上说,它们都经受住了时间的考验。凡是读过我的其他著作(关于精神神经症的病因和机制)的人都会知道,我从不把本书未成熟的意见作为已经确立的事实提将出来,而且我总是对自己的陈述不惮修改,以期使它们能跟得上知识的进展。然而在梦生活的领域中,我却仍让我的原初意见保持不变。在我从事神经症研究的多年工作中,我常常举棋不定,有时甚至丧失了自信心,在这样的时刻,往往是释梦使我恢复了信心。因此必定是一种确定的本能使得我的许多科学上的反对者特别拒绝追随我对梦的研究。

在修改过程中,能同样经受得起时间的考验并具有抵制任何重大修订力量的是本书的材料,其中包括了我自己的梦,这些梦大部分在用来讨论了释梦的原则以后已弃而不用或失去了价值。对于我个人来说,本书还有更进一层主观上的重大意义——在完成本书后我才发现这一意义。我发现它是我自己的自我分析的一部分,是对我父亲的死的一种反应——也就是说,对一个人一生中最惨重的损失、最重大事件的反应。既经发觉了这一点,我觉得再也无法抹去这一体验的痕迹。① 但对于我的读者们来说,他们利用何种材料去体验梦的重要性以及如何去释梦,都是无关紧要的事。

凡是我发现无法把一些要增加的重要材料插入原来的正文时,我便用方括号括起来并说明增添的年月。②

贝希特斯加登,1908年夏

---

① [弗洛伊德的父亲死于1896年,关于此时感情的说明可见他1896年11月20日给弗得斯的信(1950a,第50封信)。]

② [1914年增注][自第4版]以后文版中,这些都省略了。

第 三 版 序 言

本书的第一版和第二版之间相距9年,但是刚过了一年多,又出现了对第三版的需要。事情的新转变可能使我高兴,但我仍和以前一样,不愿意认为本书被读者们忽视是它"没有价值"的证据,所以我也不能承认,现在对它发生兴趣就是它的"优越性"的证明。

即使是《释梦》也不能不受科学知识进步的影响。我在1899年写本书时,我的性学理论[性学三论(1905d)]尚未问世,而对于精神神经症的较为复杂形式的分析也刚刚开始。我只希望释梦有助于对神经症的心理分析;而此后对神经症的更深入了解又转而影响了我们的梦的观点。释梦的理论已按照本书第一版中尚未充分强调的方法进一步发展了。我自己的经验和威廉·斯特克尔以及他人的著作都告诉我要对梦中(毋宁说是潜意识思想中)象征作用的广泛性和重要性做出更为正确的评价。

因此这些年来许多值得注意的材料已经积累起来,我已尽量地考虑了这些新事物,把它们大量地插入正文或增为脚注。如果这些增添物有时有突破本书整个框架的危险,或者我不能使原有正文处处都达到现有知识的水平,那我必须请求读者们宽容这些缺陷的存在,它们是我们科学知识当前迅猛发展的结果的标志。我甚至胆敢预言——如果有需要的话——未来版本的方向将有别于本书目前的方向。它们一方面将与想象性著作、神话、谚语、民间传说等表现力丰富的材料发生更密切的联系,另一方面它们在梦与神经症和精神疾病的关系方面可能作出更精细的探讨。

奥托·兰克先生在选择增加梦的素材中为我提供了有价值的帮助并负责本版的全部校样。我对他以及其他许多人的帮助和校正表示谢意。

维也纳,1911年春

第 四 版 序 言

去年(1913)纽约的布里尔出版了本书的英译本(The Interpretation of Dreams,伦敦,G.艾伦公司)。

此次奥托·兰克博士不仅审校了清样,而且为正本提供了独立的两章——第6章及附录。

维也纳,1914年6月

第五版序言

对《释梦》的兴趣即使在世界大战期间也没有衰退,因此仍有发行新版的必要。然而要充分注意到自1914年以来的出版物是不可能的,自那时以来,我和兰克博士完全得不到外国著作的消息。

荷洛斯博士和费伦齐博士准备的匈牙利文译本即将发行。1916—1917年维也纳雨果·赫勒尔出版了我的《精神分析引论》,这些演讲的中心章节,包括了论梦的11讲,旨在对梦的阐述较之本书更为基本,与神经症的理论联系更为密切。总的说来,其性质为《释梦》的概要,但在某些要点上更为深入细致。

我一直不能对本书进行任何基本修订,修订可与现代精神分析观点保持并行不悖,但另一方面又可能破坏其历史特性。然而我认为,在生存了将近20年之后,它已经完成了它的任务。

布达佩斯—斯泰布鲁克,1918年7月

第 六 版 序 言

由于目前书商所面临的困难,人们对本书新版的需求为时已久,所以前一版首次未作任何更改便拿去付印,只是由奥托·兰克博士在卷末补齐了直至现时的书目。

因此我认为本书经历了将近 20 年已完成其任务的假定并未得到证实。相反,我可以说它还有新的任务有待完成。如果它的早期功能在于提供有关梦的性质的某种信息,那么它现在的同等重要任务则是对付信息所遇到的顽固误解。

维也纳,1921 年 4 月

第八版序言

自本书1922年上一版(第七版)到本版问世期间,国际精神分析出版社在维也纳出版了我的《全集》。该《全集》的第2卷刊印了我的《释梦》第一版全文,第3卷则包括了以后增补的全部材料。在此期间,本书的外国译本都是以通常单卷本形式为依据:L.梅耶尔逊出版的法文本收入1926年的法国《当代哲学丛书》,题为《梦的科学》;约翰·兰奎斯特的瑞典文本《释梦》出版于1927年。洛佩兹—巴勒斯特罗斯的西班牙文本出版于1922年,为《科学作品全集》的6、7两卷。我以为匈牙利文本早已于1918年完成,但至今尚未出书。①

在本书当前修订版中,我基本上仍然把它作为历史文件看待,只在我的意见有待澄清和深入之处才加以修改。因此我放弃了将本书出版后有关问题的文献列表的想法,该节现已被删去。先前各版中奥托·兰克附加的两篇论文:《梦与创造性写作》、《梦与神话》也予以删略。[见35页]

维也纳,1929年12月

---

① [匈牙利文本于1934年出版——在弗洛伊德一生中,除各版序言中提及的外文译本外尚有俄文本出版于1913年,日文本出版于1934年,捷克文本出版于1938年。]

英文第三（修订）版序言[1]

1909年G.斯坦利·荷尔邀我到伍斯特的克拉克大学做首次关于精神分析的演讲。[2] 同年，布里尔博士首次出版了我著作的英译本，其后陆续出版了我的其他著作。如果精神分析现在和将来在美国人理性生活中发生了作用，这一结果大部分要归功于布里尔的各种活动。

他的《释梦》的首次英译本出版于1911年，自那时以来，全世界发生了很大变化，我们对于神经症的观念也有了很大的改变。本书以其对于心理学的新贡献，在其出版之时（1900）曾使全世界为之震惊，其内容至今基本保持未变。甚至依据我目前的眼光来判断，它也包括了我有幸所能发现的全部内容中的最有价值的部分。一个人有运气碰到这一类领悟，一生中仅只能有一次。

维也纳，1931年3月15日

---

[1] ［本序言不包括在德文版内。］
[2] ［精神分析五讲(1910a)。］

第 一 章

有关梦的问题的科学文献[1]

我将在下文中,证明有一种可能解释梦的心理技术,这种技术如果得到应用,则每一个梦都可显示一种具有意义的精神结构,且与清醒生活的心理活动中某一点具有特殊联系。我还将进一步努力阐明梦的扑朔迷离所由产生的那些历程,从而推断出引起梦的各种精神力量的性质。梦正是由这些力量之间的凑合和矛盾而产生的。在此以后,我的叙述即将告一结束,因为梦的问题已发展成为更具综合性的问题,必须根据另一类材料才可获得解决。

我将对前人关于梦的著作以及梦的问题在当代科学中的地位作一序言式的评论,因为在我的讨论过程中,很少有机会再回到这些题目上来。尽管梦的问题已经谈论了几千年,却谈不上有什么科学的理解——这个事实在文献中已得到普遍承认,似已无再引证的必要。本书附有这些著作的索引,可以从中发现许多富有刺激性的观察以及大量与我们主题有关的饶有趣味的材料,但是它

---

[1] ［第二至第七版中增注］直至本书第一版(1900)之前。

们都很少甚至完全没有触及梦的本质,或者对梦的任何不可思议之处提供最终的解决。当然,对于仅受过普通教育的读者来说,这方面的知识就知道得更少了。

或许有人会问①,史前人类的原始民族对于梦采取何种观点以及梦对他们关于世界和灵魂概念的形成有何影响;这个主题很有吸引力,但由于我不准备讨论这方面的问题,只好割爱了。我必须推荐读者们去参考约翰·卢波克爵士、赫伯特·斯宾塞、E. B.泰勒以及其他人的标准著作,我只补充说,在完成我们当前有关释梦这一任务之前,这些广泛的问题和推测我们还难以领会。

有关梦的史前观点,在古代希腊罗马人②对梦所采取的态度当中,必然有所反映。他们认为梦与他们信奉的超自然世界有密切联系,梦是鬼神的启示,这些都是不言而喻的。而且梦对梦者无疑具有某种重要的目的,照例可以预示未来。梦的内容及其所产生的印象千变万化,很难使人对梦产生统一的看法,因此有必要根据梦的价值和可信性把它们加以分类。古代个别哲学家对梦所采取的立场在一定程度上自然有赖于他们对占卜的一般态度。

在亚里士多德的两本著作中,梦已被认为是心理学研究的一个题材。梦不是上帝的神谕,不具有神圣的性质。梦是"着魔

---

① [本段和下一段于1914年增写]——方括号[ ]中的文字为英文"标准版"的编者所加,下同。——译者注

② [1914年增注]以下所述根据毕克森叔茨(Büchsenschütz)的学术研究(1868)。

的",因为其本性是"着魔般的",而不是"神授的",也就是说,梦不是源于超自然的启示,它仍然服从于人类的精神法则,虽然后者与神意并非完全无关。梦被定义为睡者在睡眠时所产生的心理活动。①

亚里士多德已意识到梦生活的某些特征。例如,他知道睡眠时梦可将一些微弱刺激转变为强烈刺激"人们梦见自己在蹈火而行,灼热难耐,实则此时仅在身体某个部位有轻微热度"。②他因此做出推论,梦可把醒时未被察觉的某些身体变化,作为初次病症很好地透露给了医生。③

我们知道,在亚里士多德以前,古代人不是把梦视为做梦心灵的产物,而是认为梦源于神灵。而且我们看到已有两种明显对立的思潮影响着历史每一时代对于梦生活的解释,一种认为梦是真实的和有价值的,可向睡者提出警告或预言未来;一种认为梦是空洞而无价值的,其目的在使梦者误入歧途或导致毁灭。

格鲁佩④(1906,2.930)根据麦克罗比乌斯和[达尔狄斯的]阿

---

① [《梦的预言》卷二(英译本,1935,377)和《论梦》卷三(英译本,1935,365)——在第一版中,本段说:"被视为心理研究的主题的第一本著作似乎是亚里士多德的著作(论梦及其解释)。亚里士多德认为是'着魔的',而不是'神授的'性质。如果我们知道如何才算译得正确,这个区别实有其重大意义。"下一段的结尾句子说:"由于我的知识不够以及缺少帮助,使我不能更深入了解亚里士多德的论著。"这些段在1914年改成现在的形式,而在《全集》卷三(1925)第4页有一注指出,亚里士多德关于本题材的著作不是一本,而是两本。]

② [梦的预言 I(英译本,1935,375)。]

③ [1914年增注]希腊医生希波克拉底在他的名著《古代医学》卷10(英译本1923,31)页中谈到了梦与疾病的关系,又见里奇曼卷4,88页,散见各处(英译本1931,425等等)。

④ [本段于1911年增写,作为脚注,1914年列入正文。]

尔特米多鲁斯[见98页*注]的一种分类,援引其原文:"梦分为两类。一类被认为受现在或过去的影响,对未来无关紧要。它包括失眠症,直接复现一个既定观念或它的对立物——如饥饿或餍足——也包括梦魇,它扩大了某一观念的幻想范围如噩梦或梦魇。反之,另一类梦被认为决定着未来。它包括 1.梦中直接接受了预言如神谕,2.预见某种未来事件(梦幻),3.需要解释的象征梦(梦兆)。这种学说持续了许多世纪。"

4　　与梦的各种不同评价有密切联系的是"释梦"问题①。人们一般都期望梦可预示某种重要的结果,但并不是所有的梦都可能立即被解释的,而且也不可能知道一个特殊难解的梦是否预示某种重要的事情,于是人们做出努力企图将一个晦涩难懂的梦内容弄成可理解的,具有重要意义的内容。古代后期达尔狄斯的阿尔特米多鲁斯被认为是释梦的最伟大权威,他的被保存下来的内容详尽的著作《详梦》足以弥补其他一些有关梦的著作的损失②。

　　古代人采纳的有关梦的史前观点与他们对宇宙的普遍看法必然是完全符合的。人们惯于把这种看法当作现实性投射到外部世界之中,但这种看法只有在心灵生活中才具有现实性。此外,他们

―――――――――――――

　　＊ 指"弗洛伊德全集标准版"1953年版第四、五卷的页码,即本书的边页码,下同。——译者注

　　① [本段于1914年增写。]

　　② [1914年增注] 关于释梦的发展史,中世纪以后可见狄甫根(1914)、法尔斯特尔(1910和1911)和哥特哈德(1912)等人的论文集。研究犹太人中释梦的有阿尔莫利(1948)、阿姆拉姆(1901)和洛温格尔(1908)。较近叙述精神分析成果的有劳埃尔(1913),详细叙述阿拉伯人中释梦的有德里克斯耳(1909)、施瓦尔茨(1913)和传教士芬克狄基(1913),研究日本人释梦的有米鲁拉(1906)和伊瓦亚(1902),讨论中国人的有赛克尔(1909—1910),研究印度人的有涅格列恩(1912)。

4

有关梦的观点所考虑的仅为早晨醒后梦中记忆留给清醒心灵的主要印象：与心灵的其余内容比较起来，梦似乎是来自另一世界的外来印象。我们有时以为梦的超自然来源说在当代已找不到支持者，那就估计错了。我们可以看到，那些虔诚的神秘的作者，只要一度占支配地位的超自然广大领域还没有被科学的解释完全征服，就会死抱着这种残余的观点不放；除了他们以外，我们还看见一些头脑清醒的人并无奇想异念，只是他们用做梦现象的不可思议的性质，寻求对存在和超人的精神力量的宗教信仰的支持（参见哈夫纳），某些哲学流派（例如谢林①的追随者）对梦生活的高度评价显然是古代无可争议的梦的神圣性质的反响。关于梦的预兆性质及其预示未来的力量的讨论也从未终结。不管持科学态度的思想家们如何强烈地感到必须废弃任何这种信仰，而企图对搜集来的有关梦的全部材料作出心理学的解释，只能是心有余而力不足。

要撰写梦的问题科学研究史是一件难事，因为不管这种研究在某些方面如何有价值，但并没有任何特殊方向上的发展路线可寻，缺乏可供进一步研究的可靠基础；每一新作者只能重新审查同一问题，可说是从头做起。如果我想把有关梦的所有作者的观点按编年次序加以总结性评论，那我必须放弃将梦的知识现状作一综合性描述的任何希望。所以我宁愿选择按题目而不是按作者论

---

① ［泛神论的"自然哲学"的主要倡导者，流行于19世纪初期的德国——弗洛伊德常常提及梦的超自然意义问题。见弗洛伊德1922a,1925（第三部分）和1933a（第30讲）。在弗洛伊德1941c［1899］中，作为这本著作的附录，讨论了一个所谓预言性的梦，又见下文65页和621页。］

述的方式,在我依次提出梦的各个问题时,将尽量利用文献中涉及解决每一问题的材料。

由于梦的文献散见各处,又与其他许多学科交织在一起,不可能搜集无遗,所以我只要在叙述中不曾遗漏基本事实和重要观点,也就敬请读者们暂且满足了。

不久以前,研究梦的大多数作者倾向于将睡眠和梦联系起来加以处理,他们照例还要研究一些涉及病理学的类似情况,一些似梦现象,如幻觉、视象等等。相反,最近的著作则表现出一种限制论题的倾向,甚至只以梦生活领域中的个别问题作为研究对象。在这种变化中,我高兴地看到出现了一种信念,即像梦这样模糊暧昧的问题,只有通过一系列详尽的研究,才能求得解释和取得一致的结果。类似这样一种在性质上以心理学为主的详尽研究,正是本书所能提供的微薄贡献。我很少有机会讨论睡眠问题,尽管在精神机构中,某些功能条件的变化也与睡眠状态的某种特性有关,但因为睡眠主要是一个生理学问题,所以涉及睡眠的文献就不拟在此考虑了。

对梦现象本身的科学探讨,使我们提出以下各个问题。这些问题可分别考虑,当然也免不了有一定程度的重叠之处。

一、梦与清醒生活的关系

一个人从睡梦中刚刚醒来,免不了有一种天真想法,以为梦的本身虽不是来自另一个世界,但不管怎样,自己总是到了另一个世界。我们得感谢年老的生理学家布达赫,他对梦的现象所作的详细而敏锐的描述(1838,499),在常被人引证的话中表达了这种信念:"日常的生活,有辛勤也有愉快,有痛苦也有快乐,在梦中都不再现。相反,梦的目的在使我们超脱日常生活,甚至当我们心事重重,悲痛欲绝,或竭尽全力解决问题时,梦所显示给我们的内容要么是毫不相干,要么只是少量现实元素的结合;或者梦所表示的不过是主要的情调和现实的象征。"I.H.费希特(1864,第一卷,541)以同样语言谈到这些"补足的梦",把它们描写为精神自疗性质的神秘恩惠之一①。斯顿培尔(1877,16)在他的名著《论梦的性质和起源》一书中有类似的看法:"一个人做梦就是离开了他的清醒意识的世界",又说(同上,17):"在梦中,我们对于清醒意识的有条理内容的记忆及其正常行为同样丧失殆尽。"他又写道(同上,19):"在梦中,心灵几乎没有记忆,而与清醒生活的日常内容和事件完全隔绝。"

然而绝大多数的作者对梦与清醒生活的关系持相反的观点。如哈夫纳(1887,245):"首先,梦是清醒生活的继续。我们的梦总是与我们最近意识中的观念密不可分。只须仔细观察,就会发现梦在前一天的经历中有线索可寻。"韦安特(1893,6)特别反对上述布达赫的言论,他说,"因为经常可以看到,实际上大多数梦显然是把我们带回日常生活,而不是脱离它。"莫里(1878,51)则以格言的形式说:"我们的梦实为我们之所见、所说、所欲与所为。"而杰森在他的论心理学(1855,530)一书中相当明显地写道:"梦的内容往往决定于梦者的人格,决定于他的年龄、性别、阶级、教育标准和生活习惯方式,以及决定于他的整个过去生活的事件和体验。"

---

① [这一句于1914年所加。]

哲学家 J.G.E.马斯在这个问题上含糊的态度最为明确[①](1805,[第 1 卷,168 和 173])。温特斯坦(1912)援引他的话说,"经验证实,我们梦见最多的是我们最大热情所寄的事物,这表明我们的热情一定影响到我们梦的产生。雄心勃勃的人梦见摘取桂冠(或想象他是胜利者)或梦见定会取得胜利。恋人在梦中总是为心上人所希冀的物件而奔忙……沉睡在心中的肉欲和厌恶,一旦被唤醒,则将由一些与之有联系的观念结合而成梦,或者引起这些观念介入到一个已经出现的梦中。"

梦的内容有赖于觉醒生活,古代也有同样观点。拉德斯托克(1879,134)告诉我们,薛西斯在出征希腊之前,众人谏阻,但他一再梦见催他出征。一位年老、聪明的波斯释梦者阿尔塔巴努斯颇为中肯地对他说,一个人日有所思则夜有所梦。

卢克莱修的教训诗《物性论》有下面的诗句(Ⅳ 962):"不管我们热情追求的是什么,不管往事如何盘踞在心头,心灵总是潜心于追求的对象而且常常出现在我们的梦中;辩护人寻根觅据,推敲法律;将军则运筹帷幄,投身战争。"

西塞罗(《预言》Ⅱ,lxvii,140)写的诗与许多年以后莫里的意思完全相同:"那时灵魂中翻腾特别激烈的是白天思想和行为的残余。"

有关梦生活与清醒生活之间的关系这两个矛盾的观点似乎确实难以调和。在这一点上,我们想起了希尔德布朗特(1875,8 以下)对梦的见解。他认为梦的特征除了进行一系列[三种]相当矛盾的对比之外,根本不可能进行描述,他说:"构成第一个对比的

---

① [本段于 1914 年增写。]

是，一方面梦从现实生活中完全隐退或隔绝，另一方面则是梦与现实生活之间不断地互相蚕食和依赖。梦境与清醒时所体验的现实生活是完全隔绝的，其间有不可逾越的鸿沟，或可说是一种密封的存在……梦使我们脱离现实，抹掉我们对现实的正常记忆，使我们置身于另一世界，过一种与现实生活完全不同的生活……。"希尔德布朗特接着表明，一当我们进入睡乡，我们整个生命及其存在形式似乎就"完全消失于无形的活板门之中"。一个人可以梦见航海到圣·海伦娜岛，与因在岛上的拿破仑达成一笔摩泽尔葡萄酒交易，他受到这位被黜国王的亲切接待，而当他醒来这个有趣的幻觉破灭之后，还不免有悻然之感。希尔德布朗特接着说，但是且让我们把梦中情景与现实比较一下，梦者从未贩卖过酒，也从未想当一个酒商。他从来没有航过海。他如果去航海，圣·海伦娜岛恐怕也是他最不愿去的地方。他对拿破仑毫无同情之心，相反，却充满了强烈的爱国仇恨。特别是，当拿破仑死于岛上之时，梦者尚未出生；他与拿破仑根本谈不上有任何个人关系，所以梦经验就像某种异己事物，横亘于两段完全连续和相互一致的生活之间。

希尔德布朗特继续说[同上，10]，"然而，与此显然相反的说法也可以是完全正确的。我认为与退隐和隔绝相平行，仍然存在着最密切的关系。我们甚至可以说，不管梦见什么，梦总是取材于现实，来源于对现实沉思默想的理智生活……不论梦的结果如何变幻莫测，实际上，总离不开现实世界；梦中的无上庄严与滑稽结构，其基本材料不是来源于我们亲眼目睹的感性世界就是在我们醒时思想中已占有一席之地。换句话说，梦来源于我们不管是外部还是内部的已有经验。"

二、梦的材料——梦中记忆

构成梦内容的全部材料或多或少来自体验。就是说,在梦中再现或被记起——我们认为这至少是一个不可否认的事实。但是如果认为梦内容和现实之间的这种联系,一经比较就很容易被看得出来,那就大错特错了。相反,这种联系需要细心考察,而且大量梦例可以长期得不到解释。其原因在于梦的记忆功能表现有若干特性,这些特性虽常被提及,但一直难于得到解释。进一步对这些特性加以考察是很值得的。

我们有时不承认自己梦中的片断材料是我们清醒状态时的部分知识或体验。当然,我们记得梦见某个事物,但记不起它是否是在真实生活中体验过或是在何时体验的,我们因此怀疑所梦事物的来源,于是便容易相信梦有一种独立生成的能力。然而往往在经历了相当长的一段时间以后,某种新的经验又引起了我们对已经忘掉了的另一事的记忆同时也就揭露出了梦的来源。我们因而不得不承认,梦中所知所忆的事物已超出我们清醒时的记忆之外了。①

德尔贝夫[1885,107以下]根据自己经验举了一个特别引人注目的例子。他在一个梦中看见家中院内白雪皑皑,两条小蜥蜴半僵地埋在雪中。作为一个动物爱好者他把它们捡起,使它们回暖,把它们放回原来居住的砖石小穴中。他又把长在墙上的一种

---

① [1914年增注]瓦歇德往往观察到人们在梦中讲外国语比在醒时更为流利和正确。

小蕨类的少量叶子喂它们,因为他知道蜥蜴非常爱吃这种蕨类。他在梦中知道这种蕨类的名字 Asplenium ruta muralis。梦继续进行,在其他一些情节之后,又梦见了蜥蜴。这时德尔贝夫吃惊地看见另外两条蜥蜴正忙着在吃剩余的蕨叶。他于是环顾四周,看见第五条、第六条蜥蜴正爬回墙上小洞,整条路上爬着长长的蜥蜴队伍,全体向着一个方向……等等。

德尔贝夫在觉醒状态时只知道少数植物的拉丁文名称,其中并没有 Asplenium。使他感到吃惊的是他能确切地知道有一种叫这个名称的蕨类。它的正确名称叫做 Asplenium ruta muraria,在梦中发生了稍许偏差。这很难说是一种巧合。在梦中如何获得这个"Asplenium"名称的知识,对德尔贝夫来说依然是个谜。

这个梦发生于1862年,16年后这位哲学家访问他的一个朋友,他看见一小本花卉标本集,这是瑞士某些地方卖给外国人作纪念品的。他忽然产生了一个回忆。他打开这本植物标本集,他梦见的 Asplenium 赫然在目,而且在它下面是他自己手写的拉丁文名称。现在这个事实可以肯定了。1860年(蜥蜴梦的前两年),他的这位朋友的妹妹在蜜月旅行期间曾拜访了德尔贝夫,她带着这本标本簿,准备作为礼物送给她的哥哥,而德尔贝夫在一个植物学家的口授下,不厌其烦地在每一个植物标本下写上了拉丁文名称。

这个梦特别值得记下来,还因为德尔贝夫幸运地又发现了这个梦的另一部分被遗忘的来源。1877年的一天,他偶然见到一本附有插图的旧期刊,他发现其中有整整一长队蜥蜴,正是他在1862年梦见的。这本期刊的日期为1861年,德尔贝夫记得他从第一期起就是该期刊的订户。

梦中可自由支配的记忆在觉醒生活中不能忆及,这个事实非常突出,而且具有理论价值。我现在引证几个"记忆过旺"的梦例,以引起人们的更大注意。莫里[1878,142]叙述有一个时候"Mussidum"这个词白天老是萦回脑际,他只知道它是法国一个城镇的名字,其他一无所知。一晚他梦见与某人谈话,那个人说他来自Mussidum,当他被问到它在何处时,他回答说它是法国多尔多涅行政区的一个小城镇。莫里醒来后,不大相信梦中所说,但是他查了地名词典,竟完全无误。在这种情况中,梦中有更多的知识这个事实已被证实,但是关于知识被遗忘掉的缘由却未被发现。

杰森(1885,551)报告了一个类似情况的为时已很久远的梦。我们在此地提到的是老斯卡利格尔(亨宁斯引证,1784,300)做的梦,他写了一首赞美维罗纳名人的诗。有一个自称布鲁罗勒斯的人出现在他的梦中,抱怨他被忽略了。结果斯卡利格尔虽然记不起有这个人,仍然为他写了几节诗。他的儿子后来知道在维罗纳确实有个名叫布鲁罗勒斯的人,曾被人当作评论家纪念过。

瓦歇德(1911,232以下)曾援引圣丹尼斯的赫维[1867,305]描述了一个记忆过旺的梦[1],它的特点是后来的梦补充了前一个梦中未曾识别出的记忆。"有一次我梦见一位年轻的金发妇人。她正和我的妹妹谈话并出示了她的一种绣制品,我在梦中对她很面熟,我想我以前一定常常见到过她。我醒后,她的面容仍生动地出现在我眼前,但我完全不认识她。当时再次入睡,又出现同一梦

---

[1] [本段和下段系1914年所加。]

景。……但是在第二次梦中,我和这位金发妇人谈了话并问她我以前是否有幸在什么地方见过她。她回答说,'当然,难道你不记得波尼克海滨了吗?'我立即醒来,于是能清楚地记起与梦中动人面容有联系的全部细节。"

同一作者[同上,306](仍为瓦歇德所引证,同上,233—234)谈及他的一位相识音乐家在梦中听到一支似乎完全陌生的曲调,直到几年以后他才在一本旧的乐曲收藏册中发现了这支乐曲,但他仍然记不起以前是否浏览过它。

我知道迈尔斯[1892]在《心灵研究会记录汇编》中已发表了他所收集到的这一类记忆过旺的梦,但不幸我没得到这个材料。

我相信,凡是致力于研究梦的人,无不会发现一种非常常见的情况,即一些事情的知识和回忆,清醒时未曾想过,却可在梦中得到证实。在我对神经质病人的精神分析中(以后再详谈),我在一周内要好几次说服病人,使其相信他们对梦中的引语、脏话等等确实非常熟悉,而且在梦中加以利用了,虽然他们在觉醒状态时一点也记不起来。我在此还要讲一个单纯的记忆过旺的梦例,因为从这个梦很容易看出仅在梦中出现的知识的来源。

我的一个病人在一个相当长的梦中梦见他自己在一家餐馆点了一道"Kontuszówka"。他告诉了我以后便问我"Kontuszówka"是什么,因为他从未听见过这个名称。我回答他这是一种波兰酒,并且说他不可能创造这个名称,因为我早已从招贴板上的广告熟悉了这种酒。最初他不大相信,但是做梦后几天他去了一家餐馆,在一条街的拐弯处的招贴板上注意到有这种酒名,而他有好几个月每天至少有两次要经过这条街。

我从自己的梦中注意到[①],一个人是否发现梦中某些特殊元素的来源,在很大程度上出于偶然。例如,我在写这本书的几年前,一个结构简朴的教堂尖塔景象老是萦绕在脑际,我怎么也记不起何时看见过它。后来我突然记了起来,断定是在萨尔茨堡到赖兴哈尔铁路上的一个小站里看到它的。当时是90年代后期,而我初次经过那条铁路是在1886年。最近几年我专心致志于梦的研究,这个特殊地点的景象频繁地出现在我的梦中,简直使我感到厌烦。在我的左边,我看见一片黑暗的空间,许多古怪的砂岩形象隐约可见。我约略记得那是一个我不愿相信的熊洞的入口。但是我弄不清这幅梦景的意义和来源。1907年我偶然来到帕多亚,这地方是我自1885年以来一直未能到此访问而引以为憾的。我对第一次访问这个可爱的大学城感到失望,因为我未曾看到麦多拉·德尔竞技场教堂中乔托所作的壁画。我已动身去教堂,但听人说那天教堂不开放,所以中途折回了。12年以后重游故地,我下决心第一件事就是去看竞技场教堂。我沿着通往教堂的街道走去,在我的左侧,大概正是我于1885年折回的那个地点,我发现了一个场所,其间有许多砂岩形象,这正是我经常梦见的地方。这个地方实际是一个餐厅花园的入口。

梦中再现的材料来源之一——其中部分既不是醒时思想的回忆也不是它的活动——乃是儿童时代的经验。我只须举出几个作者,他们都注意到而且强调了这个事实。

希尔德布朗特(1875,23):"我已经明确表示,梦有时以一种奇

---

① [本段为1909年增写。]

异的再现力量,把童年那遥远的甚至已经忘掉的事件带回心中。"

斯顿培尔(1877,40):"当我们观察到,梦有时将一些被后来的沉淀物深深埋藏的童年经验挖掘了出来,那些特殊的地点、事情和人物仍原封不动,栩栩如生,这个见解就变得更加明确了。这种梦内容并不限于这样的经验,即当其出现时印象深刻或具有高度精神价值,而后作为清醒意识感到愉快的记忆而进入梦境。相反,梦中深邃的记忆也包括可以追溯到童年的那些人物、物体、地点和事件的形象。这些形象可以不具备重大的精神价值,也可以一点不生动,或者它们原来可能具备的这两种情况也早已消失,因而它们在梦中和醒时同样都使人感到奇怪和陌生。"

沃尔克特(1875,119):"特别引人注意的是,童年和少年经验是多么容易地进入梦中。梦不断唤醒我们回想起已经没有去想的或者我们认为早已没有价值的那些事情。"

因为童年材料在梦中主动出现,又因为,众所周知,记忆的意识官能的缺隙使大部分材料变得模糊不清,这些情况引起了记忆过旺的梦。下面我再举几个例子。

莫里(1878,92)谈到当他还是一个小孩时,常常从他的出生地摩埃到邻村特里波特去,他的父亲当时正在那里督建一座桥梁。一天晚上他梦见自己在特里波特,再一次在村街上游戏。一个男人走近了他,穿着一身制服。莫里请教他的姓名,他回答他叫C,是一个守桥人。莫里醒后怀疑梦中记忆的真实性,便去问一个自幼在一起的老年女仆,问她是否记得有一个叫这个名字的男人,她回答说,"怎么没有呢!他是你父亲造桥时的一个守桥人。"

莫里[同上,143—144]又举了一个梦例,进一步证实了梦中童年记忆的正确性。这是一位 F 先生做的梦。他儿时住在蒙特布里森。在离开它 25 年以后,他决定重访家园并拜会几个他多年未见的家庭旧友。他在动身前晚梦见已到了蒙特布里森。离城不远,他遇见了一位素不相识的绅士,他自称为 T 先生,是他父亲的一位朋友。梦者记得小时候曾知道有这么一个姓名的人,但在醒后再也记不得他是个什么样儿。几天以后他真的到了蒙特布里森,他又一次发现了梦中他似乎不知道的那个地点,在那里他遇到一个绅士,他立刻认出了他是梦中的 T 先生,但是这个真人要比梦中见到的看起来老得多。

在这一点上我可以举出自己的一个梦,但这个梦中追溯的不是某种印象而是一种结合。我曾梦见一个人,在梦中知道他是我家乡的一位医生。他的脸孔不太清楚但是与我中学的一位男教师的脸孔难于分辨,这位教师有时我还能碰见。醒后我想不出这两个人有什么可供联系之处。但在我询问了我的母亲之后,得知这位医生还得追溯到我的童年,而且他只有一只眼睛。这位男教师在梦中的身影与医生很相似,也是一个独眼者。我已有 38 年没有见到这位医生,就我所知,我在清醒生活中也从来没有想到过他,虽然我下巴上的一块疤可能使我记起他的职业①。

另一方面,许多作者认为大多数梦中所要发现的一些元素来

---

① 〔这个句子的最后短语补写于 1909 年,在 1922 年以前的各版本中都保存着,以后则删去。275 页以下提到这同一个人如果是暗指删去的短语也说得过去。造成伤疤的事件在弗洛伊德假的自传病史中以及在下文 560 页有所描述。这个梦在 1897 年 10 月 15 日给弗利斯的信(弗洛伊德,1950a,第 71 封信)中是主要内容。这个梦又见《精神分析引论》(1916—1917)第 13 讲。〕

自做梦的前几天,这种论调听起来好像企图与过分强调童年经验在梦中所起的作用取得平衡。罗伯特(1886,46)甚至声称正常的梦照例只涉及前几天的印象。但是我们将发现,罗伯特提出的梦的理论基本在于把最近的印象推到前台,而让最早的印象消失在背景之中,但提出的事实仍不失正确,我在自己的研究中也能证实这一点。一位美国作家纳尔逊[1888,380 以下]认为,梦中出现得最频繁的现象来自做梦前第二天或第三天,好像做梦前一天的印象还不够淡薄和遥远。

有些不大愿意探讨梦内容与清醒生活之间的密切关系的作者,常常碰到这样的事实,即占据醒时思想的强烈印象只是在一定程度上退离白天思想活动,以后才出现于梦中。因此,每当亲人死亡以后,人们内心充满悲哀,照例还梦不见死者。(德拉格 1891[40])另一方面,一位最近的观察者,赫拉姆女士(赫拉姆和韦德 1896[410—11])搜罗了一些与此相反的例子,主张在这个问题上我们每个人都有其心理个别性。

梦中记忆的第三个特征,也是最为明显而最难理解的特征是再现材料的选择。与在觉醒生活中一样,我们发现,值得回忆的不仅是最重要的事物,而且相反,也包括最不重要和最无意义的细节。我将举出几个作者,他们对这方面表示了强烈的惊奇。

希尔德布朗特(1875,11):"最为令人注目的事是,梦的元素不是源于激动人心的重大事件,也不是出于前一天逼人注意的浓厚兴趣,而是来自偶尔的细节,或是近日的无谓琐事,或是遥远的过去经验。家庭中亲人死亡的消息使人们悲痛欲绝,深夜不能入睡,这时的记忆反而模糊不清,直至清晨醒来,才又因此而哀不自禁。

另一方面,我们在街上碰见一个陌生人额上生了一个疣子,二人交臂而过,并未再三注意,这疣子却在我们梦中起了一定作用……。"

斯顿培尔(1877,39):"分析梦时往往发现,梦中有些成分确实来自前一两天的体验,但在清醒时看来,这些体验琐碎而不重要,或在发生后即被忘却。这一类经验包括:偶然听见的谈话,漫不经心看到的别人动作,或短促瞥见的人和物以及读物中的零星片段等等。"

赫夫洛克·埃利斯(1899,727):"我们在清醒生活中最深沉的情绪,深思熟虑的问题,通常并不立即在梦的意识中出现。即就刚刚发生的事情来说,在梦中再现的多半也是白天发生的琐碎事件,或是已经遗忘了的印象。那些最强烈地被意识到的精神活动也正是睡眠得最深沉的活动。"

宾兹(1878,44—5)正是在梦中记忆这一特性上表明了他对自己支持过的梦的解释有所不满。"正常的梦提出了类似的问题。为什么我们总不是梦见前一天的记忆印象?为什么我们往往毫无理由地梦见那些遥远而几乎忘却的过去?为什么梦中意识总是复活那些无关紧要的记忆情景,而那些对经验最为敏感的大脑细胞却保持着最大的沉寂,要等到醒后不久才被激起新的活动呢?"

我们不难看出,梦中记忆选择清醒经验中那些无关紧要的从而不被人注意的元素,多么容易使人们普遍忽视梦依赖于清醒生活,或者至少使我们难以用任何个别梦例证明有这种依赖性。惠顿·卡尔金斯小姐(1893,315)对自己的和同事们的梦进行了统计研究,发现其中有11%的梦与觉醒生活没有明显联系。希尔德布朗特(1875,12以下)认为,如果我们花费足够的时间、不厌其烦地去探寻梦的来源,则应能解释每一梦境的发生,这无疑是正确的。

他谈到这是一件"极其麻烦而又无人感激的工作。因为它要使我们从记忆仓库的最遥远的角落中搜出各式各样毫无精神价值的事物,或者要从发生后立即遗忘了的事物中再去发掘过去各种完全无关紧要的事情。"对于这位目光敏锐的作者因这个不利的开端而不敢沿着这条路继续走下去,我只能表示遗憾;他如果继续前进,可能已接触到了释梦的核心。

梦中记忆表现的方式,对于任何一般性的记忆理论,无疑具有极大的重要性。它告诉我们"精神上一度据有的任何印象决不会完全消失"(肖尔兹,1893,59),或者如德尔贝夫所说,"即使是最不重要的印象也会留下不可磨灭的痕迹,它能随时地复活"。精神生活中的许多病理现象也促使我们得出同样的结论。我们在后面还要谈到的某些梦的理论,企图用我们白天经验的部分遗忘来解释梦的荒谬性和不连贯性。如果我们记得刚才提到的梦中记忆的非凡能力,我们就会感到这些理论中所包含的矛盾性质了。

人们也许会把做梦现象完全归结为记忆现象,假定梦是再现活动的表现,这种再现活动甚至在夜间运行不息,其本身就是目的。这可能符合皮尔泽(1899)的说法,认为做梦的时间与梦的内容之间有一种明显的固定关系——遥远过去的印象在沉睡时的梦中再现,而最近的印象出现于凌晨时分。但是这种主张,由于梦处理有待回忆的材料的方式不同,一开始就注定不可能成立。斯顿培尔[1877,18]正确地指出,梦并不再现种种体验。梦迈出了第一步,但是索链上第二个环节却缺漏了或以不同的形式出现,或被完全新奇的元素所取代。梦产生的不过是回忆的一些片段;而这是梦理论的结论所可依赖的通则。至于梦完全再现我们醒时所能记得的经验,这种特殊梦例也是存在的。德尔贝夫曾谈到他的一个大学同事[1]如何梦见了他在白天经历的一次死里逃生的车祸,其细节无一遗漏。卡尔金斯小姐也谈到了两个梦,其内容与前一天发生的事情丝毫不爽。我以后也将有机会报告一个梦例,梦中毫无改变地重现了我的一次童年经验。[见 277 和 287 页][2]

三、梦的刺激和来源

俗话说,"梦产生于消化不良,"这就有助于我们了解梦的刺激和来源是何所指了。这句话包含了一个理论,表明梦是睡眠受干扰的结果。我们在睡眠中除非受到干扰,否则就不会有梦,梦就是对干扰的反应。

关于梦的成因的讨论占据了很大一部分梦的文献。这个问题显然只能产生于梦变成生物学研究的对象之后。古代人相信梦是神灵的启示,无须多方寻求致梦的刺激:梦由神意或魔力发生,梦内容也就是这些力量的真知和意图的产物。然而科学立即面临这样的问题:致梦的刺激是单一的还是多重的;这个问题也引起人们考虑到对梦的成因的解释是属于心理学范围或是属于生理学领

---

[1] [第一版中有"他现在在维也纳大学任教"一句,于 1909 年删去,在《全集》卷三(1925),8 页,弗洛伊德说"这句话无疑删得对,特别是此人已死去"。]

[2] [1919 年增注]后来的经验使我们知道,前一天的一些琐碎和不重要的事情如捆行李、在厨房内准备食物等在梦中反复出现,决不是罕见的事。但是在这一类梦中,梦者强调的并不是记忆的内容,不过是"真实的"事实:"白天我真的做了这件事。"[见后文 187 和 372 页。本节和前节中讨论的题目在第五章第一、二两节中重新讨论了(163 以下)。]

域。大多数权威似乎一致认为,干扰睡眠的原因——就是说,梦的来源——可以是多种多样的,躯体刺激和心理兴奋同样都可以成为梦的刺激物。然而作为梦的形成因素孰先孰后,在梦的产生上何种因素更为重要,意见就大不一致了。

说起梦的来源,不外下列四类,它们也可作为梦本身的分类。它们是:1.外部(客观的)感觉刺激;2.内部(主观的)感觉刺激;3.内部(机体的)躯体刺激;4.纯精神来源的刺激。

(一) 外部感觉刺激

哲学家斯顿培尔关于梦的著作不止一次启示我们考虑梦的问题。他的儿子小斯顿培尔[1883—4 英译本(1912,2,160)]出版了一本关于他的一名病人的著名观察记录。这个病人患皮肤一般感觉缺失症,几个高级感官陷于麻痹。如果这个人剩下的通向外界的少数感觉道关闭了,他就会昏沉入睡。当我们想睡眠时,也习惯于设法产生一个与斯顿培尔的试验相类似的情境。我们关闭了自己最重要的感觉道,即我们的眼睛,并尽量使其他感觉不受刺激,或不使已产生作用的刺激发生变化。我们的努力即使不可能完全实现,我们也会入睡。我们既不能使自己的感觉完全避免刺激,也不能使它们暂时完全停止兴奋性。相当强的刺激随时可把我们惊醒。这个事实证明了"即使在睡眠时心灵仍与躯体的外部世界保持着不断接触"[1]。在睡眠期间触及我们的感觉刺激很容易变成梦的来源。

---

① [参见 52 页以下布达赫的话。]

这类刺激大量存在,包括从适于睡眠状态的或时刻必须容忍的那些不可避免的刺激一直到偶然足以唤醒睡眠的那些刺激。譬如射入眼内的一道强光,一个可以听见的噪音,可以刺激鼻内黏膜的强烈气味。睡眠时的无意识动作使身体某部分裸露被外而感受寒冷,或因姿势的改变而带来压和触的感觉。我们可能被一只蚊虫叮咬,或者某些小小的不幸事件在夜间可以同时袭击我们好几种感官。细心的观察者已经搜集了一整套梦例,其中清醒时注意到的刺激与梦的部分内容竟如此广泛地符合,以致可以把这些刺激视为梦的来源。

24　　我将引证杰森(1855,527 以下)搜集的若干这一类梦例,它们可以追溯到客观的、多少是偶然的感觉刺激作用。

"每一种模糊感到的声音都可以引起相应的梦象。一阵雷鸣使我们置身战场;公鸡啼叫可以变成一个人的惊喊;门声嘎嘎可以梦见窃贼入室;如果被褥在夜晚滑下,我们可以梦见裸体行走或跃入水中。如果我们斜卧床上,双脚伸出床外,可以梦见站在悬崖边沿或者堕入深渊。如果我们的头部偶然滑到枕下,我们就会梦见头上有一块高悬的岩石,正可以把我们砸得粉碎。精液储聚可以引起色情的梦,局部疼痛产生被虐待、被袭击或受伤的观念……。

"迈耶(1758,33)有一次梦见被几个人袭击,仰翻在地,在大脚趾和第二趾之间被钉上了一根桩子。他这时醒来,发现原来是一根稻草牢牢地夹在两个脚趾之间。根据亨宁斯(1784,258)的记载,另一次迈耶在衬衣紧紧缠住自己颈项时,他梦见上了绞刑架。霍夫包伊尔[1796,146]在年轻时梦见从高墙上跌下,醒后发现他的床架垮了,他真地跌在地板上……格雷戈里报道有一次他把脚放在热水壶上,却梦见爬上了埃特纳火山,地上热不可耐。另外一个人睡眠时把泥敷剂放在额上,梦见被一群红色印第安人剥取头皮;还有一个人的睡衣弄湿了,梦见被拖过一条小溪。一个病人在睡眠时痛风突然发作,他在梦中认为自己在宗教法庭法官手中,在拉肢架上受尽折磨(麦克尼施[1835,40])。"

如果对睡者施加系统的感觉刺激而能使他产生这些与刺激相应的梦内容,则梦刺激与梦内容之间存在相似性的论点可得到证实。根据杰森引证(1855,925)的麦克尼施所说(在上述引文中),吉龙·多·布萨连鸠(1848,55)已经进行了这种实验。"他裸露自己的膝盖,梦见夜间坐着邮车赶路。他谈到这一点,认为旅行者一定知道夜间坐在邮车里膝部是会如何地受冻的,又一次他让自己的后脑勺裸露着,则梦见站在露天参加宗教仪式。这只能解释为,在他居住的村镇,人们习惯于将头部遮盖,只有在举行宗教仪式时例外。"

莫里(1875,[154—6])对自己引发的梦进行了某些新的观察(其他一些实验则没有成功)。

1.用羽毛刺痒自己的嘴唇和鼻尖——他梦见一种惊人的苦楚:脸上贴上一层沥青制的面具,然后连皮撕去。

2.把剪刀在镊子上磨利——他听见响亮的铃声,继之以骚动声,把他带回到1948年革命的日子。

3.使闻一些科隆香水——他梦见到了开罗的约翰·玛丽·玛林娜的店内,然后是一些说不清的荒唐冒险。

4.轻捏颈部——他梦见医生正给他上芥末膏药而且想到了幼年为他看过病的一位医生。

5.一块热铁靠拢面部,他梦见"司炉"①破门而入,强迫居民们把双脚伸入烧燃的大盆内,勒索钱财。接着阿布朗特公爵夫人进入室内,他想象自己是她的秘书。

8.一滴水落在前额上——他想象正在意大利,汗流浃背,正在饮奥维托白酒。

9.烛光透过一张红纸不断照射着脸部——他梦见天气恶劣,炎热不堪,然后是一场他曾住在英吉利海峡遇见的风暴。

企图用实验方法引发梦景的还可见赫维·代·圣丹尼斯[1867,268、376以下],韦安特(1893)和其他人的报告。

许多作者评论了"梦具有这种惊人技巧,能把感官世界的突现印象编入梦的结构,以一种游戏的方式达到一种似乎预先安排好了的灾难结局"(希尔德布朗特1875,[36]),同一作者又写道:"我在少年时代,习惯于用闹钟在一定时刻把我在早晨唤醒,闹钟的响声千百次地组入一个显然是很长而有关联的梦,好像整个梦景导向一个事件,在合乎逻辑而必不可免的高潮时达到预定的结局。"[同上,37]

现在我引证三个不同方面的这类闹钟的梦[27以下]。

沃尔克特[1875,108以下]写道:"一位作曲家一次梦见他正在讲课并力图把某一点向学生讲清楚。他讲完以后,问一个男孩听懂了没有,这个男孩像发了疯似地喊道:'噢,是呀!'他气愤地责备男孩不该高声喊叫,谁知全班爆发出阵阵叫声,先是一阵'Or-

---

① "司炉"是[法国大革命时]旺代省的匪帮,他们施用上述酷刑。

ja!'继而一阵'Eurjo!'最后大喊'Feuerjo!'①,这时他被街上一阵真正的'Feuerjo!'叫喊声惊醒了。"

加尼尔(1872,[1,476])曾叙述拿破仑一世在马车中睡着时被炸弹爆破声惊醒。他梦见了再度越过塔格利蒙托河遭到意大利人的轰炸,最后惊起大呼,"我们遭暗算了。"②

莫里曾做过一个著名的梦。他卧病在床,他的母亲坐在他的身旁。他梦见正值大革命的恐怖统治时期。当他目睹了许多恐怖的杀戮景象之后,最后他被带上革命法庭,他在法庭上看见了罗伯斯庇尔、马拉、富奇丁维勒以及其余在恐怖日子里冷酷的英雄们。他被他们审问,在一些记不清的事件以后,他被判处死刑,并被领上群众簇拥的行刑处。他走上断头台,被刽子手捆在板上。木板翘起,断头台的刀身下落,他觉得身首分离,在极度焦虑中醒来——发现床的顶板落下,击中了颈椎骨,与断头台刀身下落之处正是同一所在。

这个梦引起了勒洛林(1894)和埃柯尔(1895)在《哲学评论》上的有趣讨论。争论的焦点在于是否可能或如何在他感知刺激到真正醒来这一瞬间压缩进如此丰富的材料③。

这一类梦给人的印象是,在梦的一切来源中最能确定的大都是睡眠时发生的客观感觉刺激。而且普遍认为它们是梦的唯一来源。如果一个受过教育但对梦的文献一无所知的人被问到梦如何产生,他一定会举出某个梦例来回答,其内容不外是醒后发现用客

---

① [这三个呼喊声前两个没有意义,第三个喊声习惯上表示火警。]
② [下文233以下和497以下有进一步讨论。]
③ [进一步讨论见下文64页和496页以下。]

观感官刺激来解释这个梦。但是科学研究不应到此止步。从观察到的事实中还可以进一步提出一个问题,即在睡眠中直接影响感官的刺激在梦中并不以真正的形式出现,而是被多少与之有关的另一个意象所取代。但是,梦的刺激与引发的梦之间的关系,援引莫里(1854,72)的话来说,具有"某种关系,但并不是独一无二的关系"。我们读了希尔德布朗特的三个闹钟的梦之后,自然会问,为什么同一刺激会引起三个如此不同的梦,而且为什么恰好引起这些梦而不引起其他的梦。

"我梦见那是一个春天的早晨,我正在散步,穿过绿色田野,一直到了邻村,我看见村民们穿着最好的服装,手捧赞美诗涌向教堂。当然,这是星期日,晨祷即将开始,我也决心参加,但因走得发热,就先到教堂的院内纳凉。正当我读着几块墓志铭时,听见敲钟者爬上教堂阁楼,我看见楼顶有一口小的村钟,即将发出晨祷开始的信号。钟挂在那里有一会儿未动,然后开始摇摆,突然发出明朗而尖锐的钟声,使我从睡眠中醒来,却原来是闹钟的鸣声。

"下面是另一个梦。一个明朗的冬日,街上积雪很深。我已约定乘雪车赴一宴会,但是在有人告知雪车已停在门口之前我已不得不等了很长一段时间,接着是准备上车——将皮毡打开,将暖脚包放好——最后才坐到座位上。然而就在出发的那一刻又有些耽搁,直到拉一下马缰才给等候的马匹发出信号。然后马匹开始出发,一阵强烈的摇晃,车铃发出熟悉的叮当声。铃声是如此激烈,一下就撕破了我的梦网。原来又是闹钟的尖锐鸣声。

"现在是第三个梦例。我看见一个厨房女仆,手捧着几打摞起的盘子往餐室走去。我看她捧着的高高垒起的瓷盘有失去平衡的危险。我喊道:'小心点,不然你的瓷盘会全部摔碎的。'她的答案当然是她已习惯这种工作等等。我焦虑地盯着她向前走去的身影。然后——果然不出我所料——她撞在门槛上,那些易碎的瓷盘滑跌下来,乒乒乓乓,摔碎在地。但是那声音继续不断,不久似乎不再是瓷盘摔碎的声音,却变成了一种钟鸣声。等我醒来才知道,只是闹钟到了规定时间的鸣声。"

为什么心灵在梦中会认错客观感觉刺激的性质,斯顿培尔(1877[103])和冯特(1874[659])二人对这个问题的答复几乎是相同的:在睡眠时,心灵是在有利于形成错觉的情况下接受侵入的刺激的。一个感觉印象被我们认知了并被正确地理解了——就是说,我们根据过去的经验,只要这个刺激有足够的强度,清晰而相当持久,只要我们有足够的时间加以考虑,它就被划归所属的一组记忆当中。如果这些条件未能实现,我们就会把印象来源的事物认错,我们就产生了错觉。"如果一个人在空旷的乡间散步,并且模糊不清地看到远处的一个物体,他最初可能认为这是一匹马。"走近一些,他认为是一只躺着的牛,最后才明确认出是一群人坐在地上。心灵在睡眠时从外界刺激所接受的印象具有类似的不确定性;心灵便在此基础上形成了错觉。因为印象引起了或多或少的一些记忆意象,从而获得了它们的精神评价。至于在与意象有关的许多组记忆中,哪一组被唤起;在若干可能发生的联想中,哪一个联想发生作用,依据斯顿培尔的理论,这些问题都无法确定,只能让心灵任意作出决定。

在这一点上,我们面临的是一种两难选择。一方面,我们可以承认不可能再进一步遵循梦的形成法则,从而也就不必再去探索是否还有其他因素决定梦者对感觉印象引起错觉所做的解释。另一方面，我们可以假定，直接影响睡者的感觉刺激对于梦的产生只起着有限作用，还有其他一些因素决定着在他心中唤起的记忆意象的选择。实际上，如果我们考察莫里用实验方法所引发的梦（我已为此加以详细叙述），我们不禁会说，实验说明的不过是梦的一个元素的来源，而梦的其余内容似乎是无关的，其细节非常明确，以致无须单独从外界引入符合实验的元素予以解释。的确，人们甚至已开始怀疑错觉说以及客观印象对形成梦的力量了。因为人们发现那些印象在梦中只容易接受最奇特而不自然的解释。西蒙（1888）曾告诉我们一个梦，他在梦中看见一些巨人环桌而坐，听见他们咀嚼食物上下颚合拢发出的可怕咔嚓声。他猛然醒来，听见一匹马在窗下疾驰而过的马蹄声。如果无须梦者的帮助而提出解释，我敢说，马蹄声必定唤起了与《格利佛游记》有关的一组记忆中的某些观念——巨人国的巨人和有理性的马。难道像这样一组不寻常记忆的选择就不可能由客观刺激以外的某些其他动机所推动吗？①

（二）内部（主观的）感觉刺激

尽管有各式各样以至对立的意见，我们仍须承认，客观感觉刺激在睡眠时产生梦的作用是不可或缺的。如果这类刺激的性质和

---

① ［1911年增注］梦中巨人的出现使我们有理由假定某些梦景可以将梦者的童年包括进去［见403页］——［1925年增注］正文中的解释。碰巧是对《格利佛游记》的记忆，是阐明解释不应该如何的一个好例。梦的解释不应该随心所欲而忽略梦者的联想。

发生的频率还不足以解释每一个梦的意象,我们就应该寻找产生类似作用的梦的其他来源。我不知道外部感觉刺激与内部感官兴奋应同时考虑的说法始于何时,但是最近有关梦的病因学的讨论中已多少明显地涉及到这一点。冯特(1874,657)写道:"我认为我们在清醒状态时熟悉的那些主观视觉和听觉在梦错觉中起着重要作用,如在黑暗视野中看见一片光亮,耳中听见铃响或嘤嘤声等等。其中特别重要的是视网膜的主观兴奋性。这可以解释梦为什么会用大量类似或相同的物体来迷惑我们眼睛这一显著倾向。我们看见无数的飞鸟、蝴蝶或游鱼,五颜六色的豆子和万紫千红的花朵,这是在黑暗中进入视野的闪烁尘埃所引起的各种幻觉形状,它们所包含的无数光点在梦中变成了许多单独的形象,由于它们的灵活多变,遂被看成是正在游动的物体。这也许正是为什么在梦中容易看见各式各样动物的原因;因为这类形状的千变万化,容易使自身适应于主观发光意象所采取的特殊形式。"

作为梦象的来源,主观感觉兴奋有其明显的优势。它们不像客观刺激那样有赖于外部机缘。可以说,只要有所需要,就可以随手拈来以供解释之用。但是与客观感觉刺激相比较,它们的缺点是,在引发梦的作用中,不像客观感觉刺激那样可以进行观察或实验,而是很难或完全无法证实。主观感觉的力量激发成梦的有利证据主要得之于所谓"睡前幻觉"或用约翰内斯·缪勒的名词(1826),叫做"幻视现象"。有些人习惯于在入睡时刻容易出现极其生动而变化多端的意象,而且在眼睛睁开之后还能持续片刻。莫里很容易产生这种现象,他曾对此进行了详尽考察并保持了它们与梦象的联系及二者的真正一致性(约翰内斯·缪勒[同上,49

以下]在他以前也这样做过)。为了产生这些睡前幻觉,他认为(莫里,1878,59 以下),必须具备一定程度的精神被动性,即注意紧张的松弛。为了产生睡前幻觉,(假使一个人有了必要的事先安排),只须陷入这种嗜睡状态片刻就足够了。在此以后,一个人或许又醒过来,这种过程重复几次,最后就入睡了。莫里发现,他如果在这种体验后不久再一次醒过来,就能觉察梦中的意象与在入睡前飘浮在眼前的那些意象相同。(同上,134 以下)有一次他在将要入睡前看见许多脸孔歪曲和发式新奇的古怪人形紧缠不放而醒后仍记得梦见了这些形象。再一次他因为节食饿得发慌,他在睡前幻觉中看见一盘食物和一只握着叉子的手从盘中叉取食物,而随后梦见他坐在菜肴丰盛的桌旁,听见进餐者的刀叉响声。又一次他在睡前两眼处于紧张而痛苦的状态,他在睡前幻觉中看见一些微型字体,只能困难地一个一个地加以辨认;他在醒后一小时,记得梦见一本打开的字体极小的书,阅读起来很感痛苦。

词语、文字等的听幻觉也能和视觉意象一样出现于睡前幻觉之中,然后再在梦中出现——就像歌剧中即将听到的主题序曲一样。

新近有一位睡前梦幻观察者 G.T.赖德(1892)采用了缪勒和莫里的同样方法。他经过练习,能成功地使自己在逐渐入睡时突然醒来而不睁开眼睛达 2—5 分钟之久,这样就可以有机会将刚刚消失的视网膜感觉与在记忆中保持着的梦象做一比较。他宣称每一次都能在二者之间发现一种内在关系,因为视网膜上自动接受的光点和光线导致了梦中的精神图像的轮廓或线条。例如,网膜上亮点的横线排列与他在梦中清楚看见并且正在读着的某些印刷线条恰相符合。或者,用他的话说,"我在梦中正在阅读的印刷纸页逐渐淡褪成为一个物体,在我清醒意识看来,就像通过一张纸上的椭圆形小孔看到的一段真正印刷纸页,因为太远只偶然看到一些文字,而且非常暗淡。"赖德认为(虽然他并未低估中枢[大脑]因素在现象中的作用),单独呈现视觉象的梦几乎很少没有由视网膜兴奋所提供的材料的参与。这特别适用于在暗室内入睡不久即发生的梦,而在早晨即将醒来时产生的梦刺激来源,是室内逐渐变亮的透过眼帘的真实光线。视网膜上自动发亮的兴奋的不断移动和变化的性质,与我们在梦中出现的不断运动的意象前后相继恰相符合。只要认为赖德的观察重要,人们就不会低估这些主观刺激来源在梦中所起的作用,因为我们知道,视觉意象构成我们梦的主要成分。至于其他感觉的作用,除听觉外,都是不重要和不稳定的。

(三) 内部机体的躯体刺激

由于我们现在是在有机体内部而不是在其外部寻找梦的来源,所以必须记住,几乎所有我们的内部器官虽然在健康状态时很少使我们知道它们的工作信息,而当它们处于所谓兴奋或疾病状态时,就会变成我们主要痛苦感觉的一个来源了。我们必须把这些感觉与来自外部的感觉或痛苦刺激同等对待。例如斯顿培尔(1877,107)谈到了人们久已熟知的一种体验,他说,"心灵在睡眠时比在觉醒状态中更能深刻而广泛地意识到躯体的事件。它不得不接受来自身体各部位以及躯体内部变化等刺激的印象,并受其影响,而这些在觉醒时是感觉不到的。"早期作者如亚里士多德认为疾病刚开始时,在清醒生活中可以完全觉察不出,但在梦中由于被体验到的印象大大增强,以致能被感觉出来,这是非常可能的(见上文3页)。一些医学作者肯定不相信梦的预言力量,但就疾病的先兆来说,他们并不反对梦的重要意义(见西蒙1888,31以及许多其他作者)①。

关于梦的诊断作用,现代似乎也不乏确凿的梦例。蒂西(1898[62以下])从阿蒂古(1884[43])那里引证了一个43岁妇女的故事。她的身体看来健康,但几年来一直为焦虑梦所折磨。体格检查发现她患有初期心脏病。她终于死于该病。

在很大一批梦例中,内部器官的严重障碍显然是致梦的刺激物。心脏病和肺病经常伴有焦虑梦已为人所公认。许多作者已着重指出了这一功能。我只举出下列参考文献:拉德斯托克[1879,70]、斯皮塔[1882,241]、莫里[1878,33f]、西蒙[1888]、蒂西[1898,60]。蒂西甚至认为,不同的患病器官表现出具有不同特征的梦内容。心脏病患者的梦一般很短促,临醒时有一可怕的结局,梦内容总是包括恐怖和死亡情景。肺病患者则梦见窒息、拥挤和飞翔,明显地易于发出类似的梦魇(顺便提及,波纳[1855]在这方面的实验获得了成功,他把脸孔朝下俯卧或捂住口鼻,结果引起了

---

① [1914年增注]古代除了相信梦有诊断价值以外(如希波克利特的著作[上文3页注]),必定还有治疗价值。希腊有梦谕宣示所,一些寻求康复的人常去访问它。病人前往太阳神阿波罗和医神阿斯库拉派俄斯的神庙,举行各种仪式,驱邪净罪,焚香按摩,然后,在一种兴奋状态中,卧身于一张供牺牲之用的羊皮之上。他于是可以入睡并可梦见治病的方法。这些疗法可以以其自然形式显示,或以象征图像出现,以后再由术士们做出解释。在希腊人中关于治疗的梦还可见莱曼(1908,1,74)、鲍珂—莱勒克(1879—1882)、赫尔曼(1858§41,262以下和1882§38,356)、博丁格(1795,163以下)、劳埃德(1877)、多林格(1857,130)——[弗洛伊德(1917d)靠近开始处有一关于梦的"诊断"价值的评论。]

梦魇)。消化紊乱的梦包括与享受或讨厌食物有关的观念。最后,性的兴奋对梦内容的影响是人所熟知的体验,为机体刺激激发成梦的理论提供了最有力的支持。

此外,凡是研究了梦的文献的人,大概都会注意到有些作者,如莫里[1876,451以下]和韦安特(1893),都是由于自己的疾病影响梦内容而开始研究梦的问题的。

尽管这些事实无可置疑,但对于研究梦的来源来说,并不如我们想象的那么重要。梦是健康人日常发生的现象——也许是每人每晚都发生的现象——一种机体疾病显然不能成为致梦的必不可少的条件。而且我们讨论的并不是关于某些特殊梦的来源,而是在探究引发正常人日常梦景的原因。

我们只须前进一步,就可以发现比我们迄今所讨论的更为丰富的梦的一个来源,而且可以取之不尽,用之不竭。如果能够肯定,躯体内部处于疾病状态可以成为梦的刺激来源,又如果我们承认在睡眠时,离开外部世界的心灵能够对身体内部给予更多的注意,则假定内部器官在能引起兴奋(多少能转化为梦象的兴奋)而抵达睡眠心灵以前并不一定要处于疾病状态,就似乎也是合乎情理的了。我们在清醒时意识到一种游散的一般功能正常感受能力,但仅只是一种模糊的心境性质;依照医学上的看法,这种感觉是全部机体系统各司其职的结果。但是到了夜间,这种同一感觉似乎逐渐产生有力的影响,通过它的不同组成部分发生作用,从而变成了激发梦意象的最为强烈同时又是最为普遍的来源。如果是这样,则留给我们的只须研究机体刺激如何转化而为梦的意象的法则了。

我们现在谈到的有关梦来源的这种理论是一切医学作者最为赞同的。掩盖着我们认识存在核心（蒂西[1895,23]称之为"内脏自我"）的模糊性与笼罩着梦来源的模糊性极为一致,以致二者的关系密不可分。植物性机体感觉与梦内容相符合这种想法对医生们还具有另一种特殊吸引力,因为它有利于用单一的病因来说明具有共同表现的梦与精神错乱；又因为来源于内部器官的功能正常感觉的变化和刺激与精神病的来源也大致相符。所以关于躯体刺激理论的来源可以追溯到不止一个独立的渊源,也就不足为怪了。

1851年哲学家叔本华发展了的思想路线对不少作者产生了深邃的影响。在他看来,我们的宇宙图景来源于我们的理智,摄取外界与我们相接触的种种印象,然后把它们纳入时间、空间、因果关系模式中重新铸造。白天,来自有机体内部、来自交感神经系统的种种刺激,对我们的心境大力施加潜意识的影响。但到了夜间,当我们不能再以白天的印象进行防御时,那些发自内部的印象就能吸引我们的注意了——就像夜间我们可以听到小溪的潺潺流水声,而白天却被喧嚣的声音所淹没。但是理智除了以自己的特殊功能对这些刺激施加影响以外,又是如何对它们作出反应的呢？这些刺激据此被重铸成占有空间和时间的模式并服从于因果关系的法则（见叔本华,1862,Ⅰ,24a）,梦于是由此而生。施尔纳（1861）和沃克尔特（1875）后来更详细地研究了躯体刺激和梦意象之间的关系,我将把这些努力留到梦的各种理论一节中再加讨论[见下文83页以下]。

精神病学家克劳斯[1859,255]在一个表现显著一致性的研究中,将梦谵妄①和妄想的来源都溯到同一因素,即由机体决定的感觉。按照他的看法,如果不把有机体的任何部分看成梦和妄想的出发点,几乎是不可想象的事。"机体决定的感觉"可以分为两类:1.构成一般心境的感觉(功能正常感觉),2.有机体植物性主要系统中固有的特殊感觉。后者又可分为五组:①肌肉的、②呼吸的、③胃的、④性的和⑤外周感觉。克劳斯设想由躯体刺激产生梦象的过程如下:被唤醒的感觉根据某些联想法则引起一个同源的意象,这种感觉与意象结合而成一个有机结构,但意识对这种结构的反应不是常态的。因为意识的注意力不在感觉,而是全神贯注于伴生的意象——这就说明了为什么真正的事实长期被误解的理由。克劳斯为描述这种过程用了一个专门术语:感觉转为梦象的"超具体化"。

躯体刺激对梦形成的影响,今天已几乎被普遍承认;但是对于支配这一关系的法则的看法则各不相同,而且往往含糊其辞。根据躯体刺激作用说,梦的解释就面临着从梦内容回溯到所由产生的机体刺激这个特殊问题;如果不采纳施尔纳(1861)提出的释梦法则,往往会碰到这样的难题,即恰恰只能在梦内容本身中才看出机体刺激的存在。

然而对于所谓"典型的"梦的各种形式的解释,却表现出相当的一致性。因为这类梦在许多人身上总是出现,内容几乎相同,其中最为人熟知的如从高空跌下,牙齿脱落,半空飞翔,以及因赤身裸体或衣着不全而感到狼狈不堪。这最后一种梦据说仅仅是因为

---

① [也许是指"幻觉",见59页注①。]

梦者在睡眠中感到被褥滑落以致赤身而卧。牙齿脱落的梦可追溯到一种"牙齿刺激",虽然这种牙齿兴奋不一定达到病理程度。按照斯顿培尔[1877,119]的说法,飞翔的梦是胸部在丧失皮肤感觉时心灵为解释肺叶翕张所产生的刺激而发现的一种适当意象。正是这种肺部翕张才引起与飞翔观念密切有关的感觉。从高处跌下的梦据说是因为正当皮肤压力的感觉开始丧失时,身体的一臂下垂或松弛的膝部突然伸张,引起触觉再一次转为意识,这种从无意识到意识的转变在精神上便以跌落的梦表现出来(同上,118)。这些解释听起来似乎也还合理,但其明显的缺点是缺乏任何证据,它们可以不断地假设这一组或那一组感觉在精神知觉中忽而出现忽而消失,直到构成一个心理丛,可为梦提供解释为止。我以后还有机会再讨论这些典型梦及其来源的问题。[参见 241 和 384 页以下]

西蒙(1888,34 以下)曾比较一系列类似的梦,企图推断出机体刺激决定其相应的梦的某些支配性法则。他认为在睡眠中,如果在情绪表达时发挥作用的机体机构由于某种外来原因而产生通常只由情绪才引起的兴奋状态,这时出现的梦就会包含适合于有关情绪的意象。他提到的另一个法则是,如果在睡眠时一个器官处于活动、兴奋或扰乱状态,则梦所产生的意象必定与该器官所允许的功能完成情况有关。

穆利·沃尔德(1896)曾在一个特殊方面用实验证明躯体刺激作用说对于梦的形成的效果。他的实验内容包括改变一个睡眠者的肢体位置,然后将产生的梦与肢体的改变进行比较,他的实验结果如下:

① 梦中肢体的姿势与其实际的姿势大致符合。我们梦见肢体处于静止状态,实际情况也是如此。

② 如果我们梦见肢体在移动,则完成这个动作过程中经历的某种姿势必与该肢体的实际姿势相符合。

③ 梦者自己肢体的姿势在梦中可以属于他人。

④ 也可以梦见该动作受到妨碍。

⑤ 任何特殊姿势的肢体在梦中可表现为动物或怪物,此时二者之间可形成某种类比。

⑥ 肢体的姿势在梦中可产生与之相关的思想,例如,如果动用手指,我们就会梦见数字。

基于上述结果,我倾向于认为:即使是躯体刺激作用说,也不可能完全排除导致梦象的决定作用的随意性①。

(四) 刺激的精神来源

我们发现,当我们讨论到梦与清醒生活的关系以及梦的材料时,古今大部分梦的研究者都一致认为人们梦见的是白天的所作所为或是最感兴趣的事物[7页以下]。从觉醒生活持续进入睡眠的这种兴趣,不仅是把梦与生活连接起来的一种精神纽带,而且也是我们不可忽视的梦的另一个来源。如果把睡眠时发展起来的兴趣——与睡眠者密切相关的刺激——包括进来,似乎就足以解释一切梦象的来源了。但是我们也听到相反的说法,即梦使睡眠者

---

① [1914年增注]该作者出版了两卷实验报告(1910和1912)下文将进一步讨论[见223页注]。

远远离开白天的兴趣,而且我们开始梦见的,照例是白天最引人注意的事物,但它们已经丧失了清醒生活中的真实性情趣[7 和 18 页]。因此我们在分析梦的生活时,总觉得要进行概括化,每走一步如果不加上"经常地"、"一般说来"或"就大部分而言"这一类限定词,或者不准备承认例外的有效性,就无法前进。

如果白天的兴趣加上睡眠时的内部和外部刺激确实足以囊括全部梦因,我们对于梦的每一成分的来源的叙述都应表示满意:梦的来源之谜既已解决,剩下的只须将每一特殊梦例中的精神作用和躯体刺激的作用分别加以确定就行了。然而实际上从来没有什么梦获得这样一种全面的解释,而且凡是企图这样做的人都会发现,梦的某些部分(通常是很大一部分)的来源简直无从寻觅。白天的兴趣显然不是如我们料想那样是一种广泛精神来源,因此决不能断言每一个人在梦中都继续着自己的白天活动。

我们还没有发现梦的其他精神来源。因此在有关释梦的一切文献中——只有施尔纳的作品例外,留待以后讨论——每当谈到构成梦的最具特色的材料即观念性意象的来源时,就出现一个大的漏洞。在这进退两难的情况下,大部分作者都倾向于尽量缩小精神因素对梦的激发作用,因为精神因素是最难掌握的。他们也确实把梦分成两类,一类源于神经的刺激作用,一类源于联想,而且认为[已体验的材料的]再现是后者的唯一来源(见冯特,1874,657 以下)。然而这并不能排除"是否任何梦的产生都不受某种躯体刺激的激发"这个疑问[沃尔克特(1857,127)]。要描述纯粹联想性的梦甚至都是困难的。"在联想性的梦本身中,不存在这种[来自躯体刺激的]稳定核心的问题,就连梦的核心本身也不过是松散地结合在一起的。任何梦中不受理性和常识支配的那些观念性过程,在此甚至不再因任何相对重要的躯体刺激或精神刺激而结合在一起,因此只好听凭其本身的千变万化和杂乱无章(同上,118)"。冯特(1874,656—7)也尽量缩小精神因素在梦刺激中的作用。他认为把梦的幻想视为纯粹的幻觉似乎毫无道理;大多数梦象实际上是错觉,因为它们都来源于睡眠中从未停息过的微弱感觉印象。韦安特(1893,17)采取了同一观点而且加以普遍推广应用。他主张所有梦象最初都来源于感觉刺激,只是后来创造性联想才依附其上。蒂西更进一步(1898,183)限制了梦的刺激作用的精神来源。他说,"从来没有存在过什么'纯精神来源';又说(同上,6)'我们梦中的思想都来之于外界'。"

如冯特一类的著名哲学家采取的是一种中间立场,他们不时指出,在大多数梦中,躯体刺激和精神刺激(不论是未知的还是已承认的白天兴趣)是共同工作着的。

在下文中我们将发现可以通过一种不容置疑的精神来源的作用便能解决梦的形成问题。同时我们对于不是源于精神生活的那些刺激在梦的形成中受到过高评价也不必感到惊奇。这类刺激不仅易于发现甚至可以用实验予以证实;而且梦的躯体来源的观点与现代精神病的流行思想模式是互相吻合的。大脑支配有机体的主张固然值得相信,然而只要指出精神生活根本独立于明显的躯体变化,而且其表现是自发的,就会使现代精神病学家们慌成一团,仿佛一承认这类事情,就势必会回复到自然哲学的年代[参见第5页注]或者返回到关于心灵性质的形而上学观的日子。精神病学家们的怀疑仿佛已置心灵于其监护之下,决不容许心灵有丝毫自发的冲动。他们的这种行为实足以表明他们对于躯体和精神两方面的因果联系的有效性是如何地缺乏信任。即使研究表明一个现象的主要来源是精神的，更深入的研究有朝一日也许可以进一步发现精神事件有其机体基础。但如果我们的目前知识还不能超越对精神的理解，我们也就没有理由否认精神的存在①。

四、梦在醒后为什么被遗忘

梦在早晨便趋于消失是人所共知的事实。当然，梦是可以回忆起来的；因为我们只有醒后通过记忆才知道有梦。但是我们常常感到，回忆起来的梦很不完整，梦在夜间有丰富得多的内容。我们还能观察到，早上回忆起来的梦还可栩栩如生，经过白天便逐渐消失，最后只留下了些微片断。我们往往知道自己做了梦，可不知道梦见了些什么；我们都知道梦容易遗忘，也知道一个人在夜间做了梦，到了早晨不仅忘掉了梦的内容甚至完全记不起他做了梦，这种荒诞性是不足为怪的。相反，有些梦在记忆中能惊人地保持不衰。我曾经分析我的病人们早在 25 年前或更早时期所做的梦；我也记得自己在 37 年前做过的一个梦，对它至今还记忆犹新。这些都是奇怪的事实，至今不能理解。

对梦的遗忘叙述得最详细的是斯顿培尔[1877, 79 以下]。梦无疑是一种复杂现象，因为斯顿培尔追溯梦的遗忘，发现的不是单

---

① ［第五章第三节重新讨论了本节的论题（220 页以下）。］

一的原因,而是包括了一整系列的原因。

首先,在清醒生活中导致遗忘的所有原因对梦也同样有效。我们在清醒时,照例把无数感知觉立即忘掉,因为它们过于微弱或者因为伴随它们的兴奋也太轻微。许多梦象也是如此,它们也是因为本身太微弱被遗忘,而与之毗连的较强意象却被记住了。然而强度本身并不是决定梦象是否可以记住的唯一因素。斯顿培尔(1877,82)和其他一些作者(如卡尔金斯,1893,312)都承认,我们常常把那些非常生动的意象给忘掉了,而却把为数很多的暗淡的或缺乏感觉力量的意象保持在记忆之中。其次,我们在清醒时容易忘记的往往是只出现了一次的事件,容易记住的是能反复感知的内容。但是大多数梦象却是一些独特的体验①,这个事实也是一切梦被遗忘的主要原因。遗忘的第三个原因更为重要。如果要使感觉、观念、思想等等在一定程度上不被遗忘,主要不应该使它们处于分散状态,而应该使之排列有序。如果将一句短诗分成孤立的字词,再加以随机混合,就变得难以记住。"如果将各单词适当排列,组成有关顺序,词与词互相帮助,组成有意义的整体,就容易记起而且可以得到长期保持。通常无意义的内容与杂乱无章的内容同样难记。"[斯顿培尔,1877,83]大多数梦都是不易理解和缺乏条理的。构成梦的各个成分本身就很少具有易被回忆的性质,它们照例很快变成分散的片断而被忘掉。但是拉德斯托克(1879,168)认为最容易回忆的正是那些最奇特的梦。我们必须承认,他的观点与上述情况很少有符合之处。

----
① 周期性重现的梦也常常出现,参见查巴尼克斯(1897)搜集的梦例[见190页]。

斯顿培尔[1877,82以下]认为,在引起梦的遗忘上面,由做梦和清醒生活之间的关系而产生的某些其他因素仍然起着更为重要的作用。梦在觉醒意识中容易被遗忘显然是上述事实的翻版[21页],即梦几乎很少从清醒生活中接受有条理的回忆,只是选择其中一些细节,而它们脱离了觉醒时赖以回忆的精神背景。因此梦的构成物在充满心灵的精神联系中无立足之地。因而也就无法帮助我们回忆它们。"这样一来,梦的结构就像从我们精神生活的底层冉冉上升,像天空中的云朵在精神空间中飘荡,然后随着第一阵生命之风散去。"(斯顿培尔 1877,87)而且醒来以后,五光十色的感官世界立即占据了全部注意,很少有梦象能抵抗住这股力量,所以在这同一方向我们又有了另一个因素。梦让位于新的一天的印象,正像灿烂群星消失在阳光之中。

最后,应当记住,大多数人对梦不感兴趣也导致了梦的遗忘。如果一个科学研究者在某个时期对梦感到兴趣,他就会比平时做更多的梦——这显然意味着他更容易而频繁地记住自己的梦。

班里尼[1898,155—6]还援引了波拉特列[1880]在斯顿培尔所说的基础上又增添的两个梦遗忘的原因,但它们似乎已包括在列举的各因素之中:1.睡眠状态和觉醒状态之间的功能正常感觉的更替不利于二者的交互再现;2.梦里观念性材料的不同排列使梦在觉醒意识中变得无法解释。

尽管上述种种理由容易造成梦的遗忘,但(如斯顿培尔所主张的那样[1877,6])实际上仍有那么多梦保留在记忆之中。研究梦的作者反复企图制定支配梦的记忆原则,就无异承认,我们对梦的某些现象仍然迷惑不解。有关梦记忆的某些特性最近受到了应有的重视(见拉德斯托克,1879[169]和蒂西1898[148以下]),例如,一个梦在早晨似乎已被忘却,然而在白天偶然触及已经遗忘了的内容,又可以回忆起来。

但是在反对梦的回忆的批评中,总是企图将梦的价值贬低到最低程度。因为梦内容既已丧失大半,人们自然不免怀疑,对梦中剩余内容的记忆是否会受到歪曲。

斯顿培尔也曾怀疑过梦再现的正确性(1877,[119]):他说,"因此,觉醒意识很容易不知不觉对梦的记忆进行窜改:我们自以为梦见了各式各样事情,实际上在梦中并未发生。"

杰森(1855,547)特别强调了这一点:"再说,在研究和解释连贯的合乎逻辑的梦时,有一点以前似乎未曾注意,所以必须记牢。这种情况是,当我们回忆这种梦时,原来面目往往已模糊不清,我们于是便无意地、未加注意地给梦的缺隙填进一些梦象。实际上的梦很少或者从来没有像记忆中那样有条理。即使最尊重事实的人,也不可能讲出一个丝毫不加润饰或增删的值得信赖的梦。人心有一种按联系方式看待任何事的强烈倾向,以致在记忆中把梦中不连贯之处不知不觉地补上了失去的联系。"

埃格尔(1895,41)的一些话虽然是他自己的意见,但听起来简直就像杰森的翻版"……观察梦有其特殊的困难,避免这类错误的方法只有拿起纸笔,把体验的和观察的内容立即记下,不然就会很快产生全部或部分遗忘。全部遗忘并不严重,部分遗忘却很不可靠。因为我们在叙述尚未忘记的内容时,很容易凭自己的想象去补充记忆中那些支离破碎的片断。……我们不由自主地变成了创造性的艺术家;而说出的故事经过多次反复,影响著作者本人的信仰,他于是诚心诚意地为故事提供了一个自以为是的适当而合理的可靠结局。"

斯皮塔也有类似的看法,他认为我们复述一个梦,如果不把松散的成分说成有条理的内容是不罢休的。"我们把仅仅是并列的现象说成前后有序或有因果关系的链条;也就是说,我们把缺乏条理的梦说成有逻辑联系的过程。"

既然我们的记忆可靠性只能靠客观证据进行检验,既然梦是无法验证的,因为它只是我们自己个人的经验,而且只有我们的回忆是它的唯一来源,那么我们的梦回忆还能有什么价值呢?①

五、梦的显著心理特征

我们把假定梦是自己精神活动的产物作为对梦的科学研究出发点。但是使我们吃惊的是终结的梦又像是某种异己的东西。我们很不愿意承认梦出于己,以致我们往往把"我梦见"(ich habe geträmut)只说成"我有一个梦"[(mir hat geträmut)意即"梦来了"]。梦来自我们心灵以外这种感觉的根源何在呢?我们根据对梦的来源的讨论可以断定,这种陌生性不是由进入梦内容的材料所引起,因为绝大部分材料为梦生活和清醒生活所共有。我们可以自问,产生这种印象的精神过程在梦中是否可以不发生变化;所以我们想对梦的心理属性图景进行一番探索。

除了 G.T.费希纳在他的《心理物理学纲要》一节中(1899,2,

---

① [本节提出的问题在第七章第一节中(512 以下)有详细讨论。]

520—1)的论述外,没有人比他更能强调梦生活和清醒生活之间的本质差异并能作出意义更为深远的结论了。在他看来"仅在主要阈限之下降低意识的精神生活",或是使注意力离开外界的影响,都不足以解释与清醒生活恰恰相反的梦生活的特征。他反而觉得,梦活动的场面不同于清醒观念生活的场面。"如果精神物理活动的场面在睡眠和觉醒时是同样的,在我看来,那梦只能是清醒观念生活在较低强度上的延续,而且必须是同一材料和形式,然而事实却远非如此。"

费希纳谈到的精神活动的这种场所变化,一直未说清楚;就我所知,也没有任何人对他的话去寻根刨底。如果把他的话给予解剖学的解释从而假设这话指的是生理学上的大脑机能定位,甚至是大脑皮层的组织学分层,我认为没有这种可能性。然而,假如这话是指一系列前后排列的若干系统构成的一种精神机构,这种想法最后或可证明是明智的和富有成效的①。

其他一些作者则满足于强调梦生活的更为明确的某些显著特征而且满足于把这些特征作为更深入解释的出发点。

刚刚提到的梦生活的主要特征之一甚至出现于入睡过程的时刻因而可称之为预睡现象。根据施莱麦契尔(1862,351)的说法,清醒状态的特征是思想活动以概念而不是以意象表现出来。梦则主要是以意象进行思维,随着睡眠的临近,人们可以观察到,自主活动变得越来越困难,相伴而生的不自主观念则呈现出来,而且全部属于意象类型。我们自觉的概念活动的软弱无能以及(习惯于

---

① [这个思想在本书第七章第二节中有详细讨论(535页以下)。]

与这类抽象状态相联系的)意象的出现——这是梦中的两个持续特征,而根据对梦的心理分析,我们不得不承认它们是梦生活的基本特性。我们已经知道[33页以下]这些意象本身——睡前幻觉——在内容上也是与梦象一致的。①

所以,梦虽不是全部却也是以压倒优势的视觉意象进行思维的。梦也利用听觉意象,在更小的程度上还利用其他感觉的印象。许多事情(如在正常清醒生活中出现那样)也以简单的思想或观念在梦中出现——就是说,可能以言语的残余形式表现出来。然而,梦所表现的真正特征只不过是梦内容中像意象一样活动着的那些元素,也就是说,它们的活动更类似于知觉甚于记忆表现。关于幻觉的性质无需再事争辩,因为每一个精神病学家对此都很熟悉。如果任何一位这方面的权威主张梦产生幻觉,也就是说,梦以幻觉代替思想,我们都会表示赞同。在幻觉上,视觉和听觉表现是没有区别的:人们观察到,如果一个人入睡时脑中充满一连串音符的记忆,记忆就会变成具有同样旋律的幻觉。如果这个人又醒过来——在入睡过程中这两种状态可以不止一次地交替出现——幻觉马上又让位于较微弱和性质不同的记忆表现。观念转变为幻觉并不是梦不同于清醒生活中相应思想的一个方面,梦用这些意象构成一个情境。这些意象代表着实际发生的一个事件;如斯皮塔所说(1882,145),它们把一个观念"戏剧化"了。但是,如果我们进一步承认,在梦中一般表现的(因为例外需要专门考察)不是在思

---

① [1911年增注]西尔伯勒(1909)在这方面举了几个很好的例子,说明在睡眠状态,甚至连抽象思想也转变为可塑性视觉图像以表达同一思想。[1925年又补充]我将有机会在另一方面再来谈论这个发现。[参见334页以下和503页以下]

考而是在体验,也就是说,我们完全相信幻觉,梦生活的这个特性也就可以完全理解了。有人批评说,我们并没有体验到任何东西,只不过以一种特殊的方式在思维,换句话说,在做梦,这种批评只有在我们清醒过来时才起作用。正是这种特性才把真正的梦和白日梦区别开来,白日梦与现实是从不混淆的。

布达赫(1838,502以下)把我们迄今讨论的梦生活的特性归纳如下:"梦的主要特性有:1.梦中我们心灵的主观活动以客观形式表现出来,因为我们的知觉官能把我们的想象产物看成仿佛是感觉印象了……,2.梦意味自我(self)权威的终结。因而入睡在一定程度上同时为自我带来了被动性……与睡眠伴生的意象只有在自我力量削弱的情况下才能产生。"

第二件要解释的事情就是心灵对梦幻觉的信任,而这种信任只有当自我的某些"权威性"活动停止以后才能产生。斯顿培尔(1877)争辩说,心灵在这方面正确地执行其功能并与其机制协调一致,梦的组成元素远不只是一些表象,它们是一些真正的和实在的精神体验,与在清醒状态中通过感官动因而产生的情况相类似。(同上,34)觉醒的心灵在言语意象和语言中产生观念和思想,梦则以实际的感觉意象表示观念和思想。此外,梦还具有空间意识,因为感觉和意象和清醒时一样也具有外界空间(同上,36)。所以必须承认,在梦中的心灵与其意象和知觉的关系与清醒时是同样的(同上,43)。如果心灵与其意象和知觉的关系发生差误,那是因为心灵在睡眠中缺乏唯一能区别来自外部和内部的感知觉之间的标准。它不能使梦象接受证明其为客观现实性的唯一检验。除此而外,它不注意那些只能任意互换的意象与那些缺乏任意性元素的意象之间的区别。错误的产生是因为它不能将因果法则用之于梦的内容。(同上,50—51)总之,心灵离开外部世界也是导致它相信梦的主观性世界的原因。

德尔贝夫(1885,84)通过微有不同的心理学论证得出了同一结论。他认为,我们相信梦象的真实性,是因为我们在睡眠中没有其他印象可资比较,是因为我们脱离了外部世界。但是我们相信这些幻觉的真实性,倒不是因为它不可能接受梦内的检验。梦可以让我们触摸到我们看到的玫瑰花——然而我们正在做梦。德尔贝夫认为,判断我们是做梦还是醒着只有一个可靠标准,那就是醒过来这一纯经验事实。我敢断定,当我醒来时发现自己脱掉了衣服躺在床上,则在入睡和醒来之间的一切都是错觉。我在睡眠时把梦象视为真实,乃是因为我有一个(不眠的)心理习惯,假设有一个堪与自我相对照的客观世界的存在。①

因此,与外部世界相脱离似乎就被视为形成梦生活最显著特性的决定性因素了。值得援引的是布达赫很久以前说过的一些有深刻意义的话,它们揭示了沉睡的心灵与外部世界的关系,但也特

---

① 哈夫纳(1887,243)和德尔贝夫一样,试图把梦解释为:变态条件的引入必然使原来精神机构本要产生的正确功能作用发生改变。但是他对该条件的说法稍有不同。在他看来,梦的第一个标志就是它的时空独立性,即表现为主体不受时空中井然有序的各事件所处位置的约束。梦的第二个特性与此有关——即幻觉、幻想和想象联合物与外部知觉混淆不清。"心灵的全部高级功能——特别一方面是概念与判断和推理能力的形成,另一方面是自我的决定作用——都紧密地依附于感觉意象,而且无时不以这类意象作为背景。因此这些高级活动也参加了梦象的无规律行列。我说'参加'是因为我们的判断和意志功能在睡眠中本身并无改变。我们的活动和清醒时一样的目光敏锐而自由。一个人在梦中甚至也不能破坏思维法则本身——例如,他不能把相同的事情看成是相反的等等。所以在梦中他所期望的也仅只能是他认为的好事。但是在梦中,人的心灵在应用思想和意志法则时,由于观念之间的混淆,往往误入歧途。

别要我们提防对上述结论做出过高评价。他写道:"睡眠只能在心灵不受感觉刺激干扰的情况下产生……但是睡眠的真正先决条件并不是感觉刺激要减少到心灵对它们毫无兴趣的地步。"① 某些感觉印象对于保持心灵的宁静是必需的。例如磨坊主只有在听到他的磨盘转动声中才能入睡;而习惯于夜间点灯以防万一的人,在黑暗中就无法入睡。(布达赫,1838,482)

"在睡眠中,心灵使自己与外部世界相隔绝并从自身的边缘撤回。……然而联系并未完全中断。如果我们真的入睡,只有在醒后才有听觉和感觉,我们就不会再醒过来了……感觉的持续性已为这种事实所证明:唤醒我们的往往不仅是感觉印象的强度,而是它的精神联系。一个睡着的人不会被无关的字词所唤醒,但是如果有人喊他的名字,他就会醒来……正因为如此,如果一个感觉刺激对某人具有某种重大意义,则刺激的消失也能使他在睡眠中醒来。所以一个夜间点灯的人在灯熄灭时反而醒来,磨坊主也会因磨盘不响而惊醒。就是说,他的醒来是因为感觉活动的停止;这意味着活动是他感觉到的,只是由于活动无关紧要,甚至使他感到心安,所以没有干扰他的心灵。"(同上,485—486)

即使我们想置这些并非琐碎的反对意见于不顾,我们仍然不

因此在梦中我们一方面可因造成巨大矛盾而问心有愧,同时仍能做出最清醒的判断,得出最合逻辑的推论,服从最公正和神圣的决定。……缺乏方向性是梦中想象变动不定的全部秘密所在,缺乏批判性反思和与他人相交往是梦中我们的判断、希望和欲望变得无限夸张的主要原因。"(同上,18)[关于"现实检验"问题,本书后文 566 页有讨论]

① [1914 年增注]参阅"无兴趣"一文,克拉帕瑞德(1905,306 以下)把它看成入睡的机制。

得不承认,迄今为止我们所讨论的可归之于脱离外部世界的有关梦生活的一些特性并不能完全说明梦的陌生性质。不然的话,就应该能把梦中的幻觉再变回到观念,把梦的情境变成思想,从而使释梦问题得到解决。事实上,这些正是我们在醒后正在做的事情。我们从记忆中再现梦境;然而不论这种再译工作获得完全或部分成功,梦仍然和从前一样神秘莫测。

诚然,所有权威著作都毫不犹豫地假定,还有其他一些更为深刻的清醒生活的观念性材料在梦中发生了变化。斯顿培尔(1877,27—8)曾指出其中一种变化如下:"随着感觉功能作用和正常重大意识的中止,心灵丧失了它的感情、欲望、兴趣、价值判断以及各种活动赖以生长的土壤。清醒生活中与记忆意象有联系的精神状态——感情、兴趣、价值判断,都蒙受一种……不可言喻的压力,结果它们与那些意象的联系中断,清醒生活中的物体、人物、地点、事件和动作的知觉印象纷纷孤立地再现出来,但是无一带有本身的精神价值。这些意象由于失去了价值,因而在心灵中任意飘浮……"在斯顿培尔看来,意象丧失其本身精神价值(由于脱离外部世界使然)这一事实,在创造印象陌生性方面起着主要作用,从而使梦在我们记忆中与真实生活变得大不相同。

我们已经知道(参见 49 页),入睡状态包括丧失我们的一种精神活动,即丧失对我们观念流动的主动指导能力。于是我们自然会想到,睡眠状态的作用可以扩展到心灵的全部官能。有些官能似乎已完全停止活动,但是出现了一个问题,其余官能是否继续正常运行并在此情况下能够发挥其正常作用。于是此处不免要问,梦的一些显著特性能否在由睡眠状态中精神作用的降低而得到解释——对梦的印象的醒时判断有利于这种看法。梦是不连贯的，它们无条件地接受荒唐的矛盾，承认不可能性，无视清醒状态时的可靠知识，而且向我们显示对伦理道德的迟钝。任何人在清醒时若像梦中那样行动就会被人当作疯子，任何人在清醒时若要像梦中那样说话或大谈梦中发生的那些事情，就会给人以笨蛋或白痴的印象。因此当我们说到了梦中的精神活动是低下的，特别说到梦中高级智力官能停止活动或至少蒙受严重损害，这些话似乎也不无道理。

关于梦的这种意见，许多权威作者表示了不寻常的一致性——例外留等下文再谈［125 页］——这些论断直接导致一种关于梦生活的学说或解释。关于梦的心理特征，我认为已无须加以概述而是到了对不同作者——哲学家和医生们——一一引证的时候了。

根据莱蒙尼(1855)的意见，"梦的不连贯性是梦的一个本质特征。"

莫里(1878,163)同意他的意见说："不存在绝对合理的梦，梦中无不包含某种不连贯、年代不合或荒谬之处。"

斯皮达［1882,193］援引黑格尔的话说："梦缺乏一切客观和合理的一致性。"

杜加斯［1897a,417］写道："梦是精神上的、情绪和心理的无政府状态；它是各种功能自身的巧妙游戏，其动作既无控制也无目的；心灵在梦中变成了一架精神自动机。"

甚至远不赞同梦中精神活动是无目的的沃尔克特也认为，"在清醒状态中通过中心自我逻辑力量结合在一起的观念生活也松弛、分解和混乱了。"

出现在梦中的观念联想的荒谬性再也没有受到像西塞罗(《占卜》,Ⅱ,[lxxi,146])那样的严厉批评了。他说:"再也没有什么想象的事比我们做的梦更为荒谬,更为复杂,或更为异常的了。"

费希特(1889,2,525)写道:"这就像把一个明智者大脑的心理活动移植到一个傻瓜的脑中。"

拉德斯托克(1879,145):"实际上似乎不可能在这种疯狂活动中发现任何固定法则。在摆脱了指导我们清醒观念的理性意志的严格控制之后,在摆脱了注意进程以后,梦就化为一股无穷混乱的疯狂旋涡。"

希尔德布朗特(1875,45):"例如,一个做梦的人在进行推理时可以做出多么惊人的跳跃!他又是多么镇静看到最熟的经验教训被黑白颠倒,在事情变得极度荒谬和紧张而把他惊醒以前,他竟然容忍自然和社会规律矛盾到如此可笑的地步。我们心安理得地算出 $3×3$ 等于 20;如果一只狗背诵一首诗,如果一个死人自己走向墓地,如果我们看见石头漂在水面;我们负有使命郑重地去拜访伯恩伯格公爵领地或者到列支敦士登公园去观察它的海军;或者我们就在波尔塔瓦战役以前被劝说到查理十二麾下当兵,凡此种种都引不起我们的丝毫惊异!"

宾兹(1878,33)在提到由这一类梦象而产生的梦理论时说:"梦的内容十分之九是荒诞无稽的。我们在梦中把那些毫无关联的人和事聚拢在一起,接下来就像万花筒中那样千变万化,结果面临的可能是比以前更为荒唐而疯狂的一种新的组合。没有完全睡着的大脑继续玩弄着花招,直到我们醒来抱着自己的脑袋,怀疑我们是否仍然具有合理应用观念和思想的能力。"

莫里(1878,50)发现梦象与清醒时思想二者之间有其平行之处,这一点对医生来说具有重大意义。他说,"这些梦象的产生(人在醒时通常由意志所唤起)在理智范围内与在舞蹈症和瘫痪症中看见的运动范围内发生的某些动作是相符的。"他更进一步认为梦是"思维和推理功能一整串的退化"。(同上,27)

重复其他作者援引莫里关于各种高级精神功能的话,就没有多少必要了。例如,斯顿培尔(1877,26)就说过,在梦中——自然此时甚至还没有出现明显的荒谬性——基于各种关系和联系的心灵的全部逻辑操作都蒙上了一层阴影。斯皮塔(1882,148)声称梦中出现的观念似乎已完全不受因果法则的支配。拉德斯托克(1879[153—4])和其他一些作者坚决主张梦中判断和推理的软弱性。约德尔(1896,123)认为在梦中,整个意识内容对一系列知觉都缺乏批判功能和矫正能力。他又说,"每一种意识活动都出现于梦中,只不过表现为不完全的、受抑制的和彼此孤立的形式。"斯特里克尔和其他许多人则用梦中的事实遗忘和观念间逻辑关系的消失来解释梦内容的与醒时常识的矛盾,等等。

然而通常对梦的功能作用持不赞同态度的那些作者们,却仍然容许在梦中保存着精神活动的某些残余物。冯特明显地承认这一点,他的理论对这一领域的许多其他作者产生了决定性的影响。人们可以问,在梦中持续着的正常精神活动残余物是什么性质?普遍认为,再现性功能即记忆似乎受干扰最小,与觉醒生活的同一功能相比较,它确实显示出一定程度的优越性(见上文第二节),虽说梦的某些荒诞性似乎可以从梦的遗忘性得到解释。根据斯皮塔

(1882,84以下)的意见,心灵的感情生活那一部分不受睡眠的影响而且指导着梦的进程。他所说的"感情"[Gemüt]是"构成人类最深刻的主观本质的各种感情的稳定集合"。

肖尔茨(1893,64)相信梦中发生作用的精神活动之一是对梦材料进行"比喻性再解释"的倾向。西贝克(1877,11)也看到了梦中心灵有一种对一切感知觉"扩大解释"的功能。要对梦中显然是最高精神功能即意识的地位进行评估是特别困难的,因为我们对梦所知道的一切都是来自意识,意识无疑在梦中持续不已;然而斯皮塔(1882,84—5)却认为在梦中持续不断的只不过是意识而不是自我意识。但德尔贝夫(1885,19)公然表示,他不同意这种区分。

支配着观念顺序的联想法则同样也支配着梦象,而且在梦中甚至更为清楚而强烈地表现出这种支配性。斯顿培尔(1877,70)说,"梦的进程似乎不是遵照纯观念的法则就是依从与观念相伴而生的机体刺激的法则——就是说,丝毫不受思维、常识、美感或道德判断的影响。"[见54页以下和222页]

此地我们所引证的作者们对于梦的形成过程的描述大致可归纳如下。产生于我所列举的不同来源[见上文第三节]的睡眠时各种感觉刺激的总体,在心灵中首先唤起表现为幻觉(冯特[见41页]认为,考虑到它们来源于外部或内部刺激,可以更恰当地称之为"错觉")形式的若干观念。这些观念按照熟知的联想法则进一步引起一系列观念(或意象)。然后全部材料通过心灵中仍在发生作用的组织和思维功能,尽最大可能地进行再加工(可参见冯特[1872,658]和韦安特[1893])。全部过程还没有被发现的就是决定来源于外部的那些意象究竟遵循哪一系列联想而前进的动机了。

人们往往注意到,把梦象彼此联结起来的联想属于一种特殊类型,不同于清醒思想中操作的联想。例如,沃尔克特(1875,15)写道:"梦中联想似乎依靠偶然的相似性和刚可觉察的联结胡乱地在起作用。每个梦都充满了这一类信手拈来和随机偶遇的联想。"莫里(1878,126)特别重视梦中观念互相联结这一特性,因为这可使他对梦生活与某些精神疾病进行密切的类比。他给"谵妄"规定了两个主要特性:1.精神动作是自发的,也可说是自动的;2.观念的联想不正常且无规律。莫里本人说了两个绝好的梦例,其中梦象的结合仅仅通过字音的相似性。一次他梦见去耶路撒冷或麦加去朝圣(Pélerinage)在经历多次危险之后,他发现自己正在拜访化学家佩尔蒂埃(Pelletier),交谈了一会儿,后者给了他一把铁锹(Pelle)。在梦的后一部分中这把铁锹变成了一把砍刀(同上,137)。在另一个梦中,他正沿着一条公路行走,读着里程碑上标明的公里(kilometres)数字;然后他出现在一个杂货店里,店里有一个大天平秤,一个正把公斤(kilogramme)砝码放到天平上要秤莫里的体重;然后杂货商对他说,"你不在巴黎而在吉洛洛(Gilolo)岛。"然后出现其他一些景象,他看到一种洛贝利亚(Lobelia)花朵,然后就是洛佩兹(Lopez)将军,不久以前他获悉他已死亡。最后,当他正在玩一种洛陀(lotto)的游戏时,他醒来了(同上,126)①。

然而我们无疑会发现,如果不存在矛盾——虽然这方面的矛盾似乎并不简单——我们就不会如此贬低梦中的精神功能作用。

---

① [1909年增注]后文[531页注]我们对充满头韵和同音起首字母这一类梦的意义将有所理解。

例如,斯皮塔(1882,118)这位梦生活的蔑视者,坚决认为调节清醒生活的心理法则在梦中同样有效。另外,杜加斯(1897a)宣称,"梦不违反理性,甚至并不完全缺乏理性。"但是只要这些作者不试图把他们的主张与自己所描述的梦中充斥的无政府状态和全部功能的瓦解加以调和,这些主张就没有多大分量。但是似乎已有其他一些作者开始意识到,梦所表现的疯狂未必不是一种手段,甚至还是一种伪装,就像丹麦王子哈姆雷特一样,从他的行为中就可以推演出这种敏锐的判断。这些作者要么是不从表面进行判断,要么梦所表现的现象在他们看来必定是另外一种样子。

因而哈夫洛克·埃利斯(1899,721)并没有停留在梦的表面荒谬性上,而是把梦说成是"充满浩瀚的情绪和不完善思想的古代世界",对它们的研究可以使我们认识出精神生活进化的原始阶段。

詹姆士·萨利①以更为概括而深刻的方式表达了同一观点。由于他比任何心理学家更为深信梦具有隐蔽的意义,他的话就更加值得注意了。他说,"于是我们的梦就是保存这些连续的(早期)人格的手段。在入睡时,我们回到了看待和感觉事物的老路上,回到了长久以前支配着我们的冲动和活动中。"

思想敏锐的德尔贝夫(1885,222)主张(他的不足之处在于他没有为与自己论点相矛盾的材料提供任何反证):"在睡眠中,除知觉外,一切精神功能——理智、想象、记忆、意志和道德——基本照原样未变,只不过是应用于想象的和不稳定的对象。做梦的人就像一个演员随意扮演各种角色:疯子和哲学家,掌刑官和受刑者,

---

① [本段是1914年补写的。]

侏儒和巨人,魔鬼和天使。"

对于千方百计贬低梦中精神功能作用的人持最激烈反对态度的是圣丹尼斯的马奎斯·赫维[1867],莫里曾与他进行过生动的辩论,我虽尽最大努力寻找他的著作,终无所得。① 莫里在写到他的时候说,"马奎斯·赫维赋予睡眠时理智的行动和注意以完全自由,他似乎认为睡眠不过是感官的闭塞,不过是与外部世界的隔绝。根据他的观点,一个睡着的人与一个感官闭塞而听凭思想遨游的人并无多大差别;正常人和睡眠者的思想唯一不同之处在于后者的观念采取一种可见的客观形式,与由外界事物所决定的感觉没有区别,而回忆也似乎变成了当前的事件。"

莫里对此有所补充,他说,"还有一个最为重要的区别,即一个睡着的人的理智功能不如一个醒着的人那样能保持平衡。"

瓦歇德②(1911,146以下)对圣丹尼斯的赫维的著作作了比较清晰的叙述,对于梦的显然不连贯性还援引了其中一段话:"梦象是观念的副本。观念是根本的,视象不过是附属的。这一点一旦确定下来,我们就一定知道如何去追寻观念的顺序,知道如何去分析梦的结构;梦的不连贯性也就迎刃而解。最荒诞的现象也就变得简单而完全符合逻辑了……如果我们知道了如何分析梦,即使是最奇怪的梦,我们也可以找到最符合逻辑的解释。"③

约翰·斯塔克(1913,243)指出一个早期作者(我并不知道他的著作)沃尔夫·戴维森对梦的不连贯性所提出的一种类似的解

---

① [这本由一位著名的汉学家所写的著作是匿名出版的。]
② [本段和下一段都是1914年补写的。]
③ [这实际上不是圣丹尼斯的赫维的原文摘引,不过是瓦歇德写的一段话。]

释:"我们梦中观念的明显跳跃完全可以从联想法则中找到根源;但有时出现在心灵中的这些联系非常模糊,以致我们的观念似乎产生了跳跃,而实际上并不存在这种现象。"

由此可见,对于梦作为一种精神产物而言,梦的文献表明有极不相同的估价,其范围之广,从我们已熟知的对梦的最低贬抑,中经其价值尚不明显的暗示,直到高度估价,认为其功能超乎清醒生活的一切功能之上。我们已经知道,希尔德布朗特(1875,19以下)把梦生活的整个心理特征总结为三对相互的矛盾,并将这一价值范围内的两极端用之于他的第三对矛盾,"它是一种对比,一方面是精神生活的增强和提高,往往能达到技艺精湛的高度;另一方面则是精神生活的败坏和衰弱,往往堕落到不成其为人类的水平。关于前者,根据我们自己的经验,很少有人能够否认梦的天才和构思不时表现出情绪的深邃和亲密,感情的温柔,视象的清晰,观察的细致,机智的敏捷,凡此种种都是我们在清醒生活中不敢企求的。梦中含有美妙的诗意,恰当的隐喻,超人的幽默和罕见的讽刺。梦以一种奇特的唯心论看待世界,而且往往以其对世界本质的深刻理解而增强了所见的影响。梦在一种真正的天国光辉之中向我们表达了尘世的美丽,为无上的威严披上高贵的外衣;它以最可怕的形象不时向我们显示恐怖,它把我们的乐趣变为无比尖刻的笑料。有时当我们醒来而仍然未完全摆脱上述各种体验的影响时,我们不由感到在我们一生中现实世界还从未曾给我们带来同样的景象。"

我们必然会问,上文所引证的贬抑的言论和热情的赞扬是否就是讲的同一回事。是不是有些作者忽视了荒谬的梦,而另一些作者又忽略了深刻而微妙的梦呢？如果这两类梦都出现了，梦可证实两种评价，则寻求梦的心理特征岂不是白白浪费了时间吗？对精神生活从最低的贬抑直到在清醒时都罕见的赞扬，还不足以说明梦中任何事情都可能发生吗？不管这种解决方法多么方便，它仍然遭到反对，这是因为寻求解决梦的问题所做的一切努力，似乎都是根据一种信念，即认为确实存在着某种大体上普遍有效的显著特性，可以把这些表面的矛盾一扫而空。

在过去的理智年代，人的心灵被哲学而不是被精确的自然科学所统治，梦的精神成就比较容易得到人们较为亲切的承认。例如舒伯特(1814[20以下])宣称梦是精神从外部自然力量下获得的解放，是灵魂摆脱感官束缚而生的感情。小费希特(1864, 1, [143以下])等人[1]也有类似的言论，这一切都表明梦是精神生活提升到一个更高的境界，我们今天似乎很难理解；现在也只有神秘主义者和虔信派教徒才重复那种说法[2]。科学的思维方式的发展对梦的评价也产生了反作用。医学作者们特别倾向于把梦中精神活动视为微不足道和毫无价值；然而哲学家和非专业观察者们——业余心理学家们——对这一特殊学科的贡献也不应加以忽视。他们普遍保持着对梦的精神价值的信念。大凡倾向于低估梦的功能作用的人宁愿把梦的来源归之于躯体刺激作用，相反，那些相信司梦心灵保持着大部分觉醒功能的人，当然无意反对致梦的

---

[1] 参见哈夫纳(1887)和斯皮塔(1882[11以下])。
[2] [1914年增注]卓越的神秘主义者杜普里尔(本书早期版本中被忽略的少数作者之一，为此我愿表示歉意)认为，就人而言，通往形而上学的大门是梦而不是清醒生活。杜普里尔(1885, 59)。

刺激来自司梦心灵本身的内部。

只要加以认真的比较,就不难看出在梦生活的高级官能中,记忆是最引人注目的了。我们已经详细地讨论了(上文第二节)有利于这种观点的普遍证据。早期作者常加赞扬的梦生活的另一个优越性——即梦的发生超越了空间和时间——很容易被证明缺乏事实根据。正如希尔德布朗特(1875[25])所指出,这种优越性是一种错觉,因为梦的发生超越时空与清醒思想超越时空完全是同一回事,其原因就在于它不过是一种思维形式。关于时间,据说梦比清醒生活还享有另一层优越性——即从另一方面看,梦与时间的进程无关。莫里曾梦见自己被送上断头台(上文 26 页以下)似乎表明,梦可以把远比我们觉醒心灵所可掌握的观念材料要大得多的大量知觉材料,压缩到一段极短的时间之内。然而这个结果存在着各种异议,勒洛林(1894)和埃格尔(1895)关于梦的表面持续时间的论文引起了长期而有趣的讨论。但是对于这个微妙问题及其深奥复杂的内容似乎一时还难于作出定论①。

梦可以继续白天的智力工作并可得出白天未曾获得的结论,可以解决疑难和问题,可以成为诗人和作曲家的灵感源泉,查巴尼克斯(1897)的大量梦例报告和汇编似乎表明这些都是无可争辩的。但是,事实虽然无可置疑,它们的含义仍有许多可疑之处,而且引起了一些原则性的问题②。

最后,对于梦的预见性也有争论。这里我们遇到的问题是,即

---

① [1914 年增注]这些问题的最后文献和评论可参见托波沃尔斯卡的论文(1900)。[又见 496 页以下]

② [1914 年增注]参见哈夫洛克·埃利斯的批评(1911,265)[又见下文 564 页]。

使是最有理由的怀疑态度仍然会遇到反复申辩。明智的做法无疑是我们不必坚持说这种观点毫无事实根据,因为很可能不久以后我们援引的若干梦例可以在纯自然心理学范围内获得解释①。

六、梦中的道德感

由于某些理由只有在我自己对梦进行研究以后才变得明白,我才在梦心理学范围内单独挑选出下面这个特殊问题:即清醒生活中的道德倾向和感情是否持续到梦生活之中,而且延伸到何种程度。奇怪的是,我们发现不同作者对其他一切精神所持的矛盾观点,在此他又同样表现出来了。有些作者坦然宣称道德命令在梦中没有地位,其他一些作者则积极主张人的道德本性在梦中依然存在。

根据对梦的普遍体验无疑可以证明前一观点的正确性。杰森(1855,553)写道:"我们在梦中并不变得更完善或更有道德。相反,意识在梦中似乎保持着沉默。因为在梦中我们毫无怜悯之心,甚至会犯下最丑恶的罪行——偷窃、破坏和凶杀——而毫不在乎,而且事后也无所反悔。"

拉德斯托克(1879,164):"应当记住梦中联想的出现以及观念联结在一起从不顾及思考、常识、美感或道德判断,判断极端脆弱,道德冷漠居于统治地位。"

---

① [参见弗洛伊德(1941c[1896])死后出版的《一个得到实现的预兆性的梦》(作为本书的附录 A,623 页)。]

沃尔克特(1875,23):"我们都知道,梦在性问题上是特别放纵的。梦者自己全无羞耻之心,缺乏任何道德感或道德判断;此外,他也看见别人——包括他最为尊敬的人——正在做着他在醒时甚至一想起来就会怕得要命的事。"

与此相对立,我们发现叔本华[1862,1,245]的说法是,一个人在梦中的所作所为与他的性格是完全符合的。斯皮塔(1882[188])引证K.P.费歇尔(1850[72页以下])的说法,主观的感觉和渴望,或者感情和热情,都在梦生活中自由表现,人们的道德特征都反映在他们的梦中。

哈夫纳(1884,251):"很少发现例外⋯⋯一个有道德的人在梦中也有道德;他会拒绝诱惑并远离仇恨、嫉妒、愤怒以及其他所有罪恶。但是一个邪恶的人在梦中的意象照例也与他在醒时所见相同。"

肖尔茨[朱厄特英译本,1893,62]:"梦中的事情是真实的:尽管梦中高贵和羞辱都可披上伪装,我们仍能认识自己的本性⋯⋯高尚的人在梦中也不会犯罪,如果他梦见犯了罪,也会像做了违反本性的事而大为震惊。罗马皇帝把他的一个臣民处以死刑,因为这个人梦见了他刺杀皇帝。如果说一个人梦有所思而醒后必有所为,则皇帝的行为就是正当的了。人们常说:'我做梦也不会梦见这样的事',如果指的是在我们内心深处无立足之地的事,那就有双倍的正确意义了。"(相反,柏拉图认为,只有梦见别人在其清醒生活中所做的事的那些人才是最好的人。①)

---

① [这一句话为1914年补写,参见本书620页,出处无疑为《理想国》卷Ⅸ的开始

斯皮塔(1882,192)引证了普法夫(1868[9])改动过的一句俗话:"告诉我你的一些梦,我就能说出你的内心隐秘。"

在我摘引得很多的希尔德布朗特的那本小册子中——它是我所知道的有关梦研究的文献中形式最为完整、思想最为丰富的一本著作——梦中道德问题也是其论题之一。希尔德布朗特也制订了一个法则:生活越纯洁梦也越纯洁,生活越肮脏梦也越肮脏。他认为人的道德本性也持续于梦中。他写道:"无论发生多么大的算术差错,多么大的科学法则的颠倒,多么大的年代错误,都未曾使我们心烦意乱甚或引起我们的疑虑,然而我们却决不会丧失明辨是非、区别好坏和善恶的能力。无论多少白天伴随着我们的事物在睡中消失殆尽,康德的绝对命令却紧追我们不放,以致我们梦中也无法摆脱……但是这只能解释为,人性的基本成分即道德本质已经牢固地建立起来,不为变幻无常的扰乱所影响,而想象、理性、记忆和其他类似功能在梦中表现的无疑是屈服。"(同上,45以下)

随着这个问题讨论的深入,双方作者都开始出现意见方面明显的转变和矛盾。那些坚持个人道德人格在梦中停止发生作用的作者,严格说来,对不道德的梦应该毫无兴趣。他们对于梦者对自己的梦应负完全责任的说法,对于应从梦中的恶行推断出性格邪恶的主张,只能一概拒绝考虑,正如他们断然否认从梦的荒谬性推论出醒时的理智活动毫无价值是一样的。至于另一组深信"绝对命令"延伸到梦中的那些人,从逻辑上说,则应当接受梦者的不道德的梦应负完全责任的观点。为了他们起见,我们只能希望他们不

一节(英译本 1871,409 以下)。]

要做这一类应受指责的梦,以免动摇他们自己坚定的信念。

尽管似乎没有一个人能够肯定他自己是多么好或是多么坏,但没有人能否认他自己曾做过不道德的梦。对于双方作者来说,不管他们之间关于梦的道德的观点如何对立,他们都在努力解释不道德梦的根源。这里又产生了一个新的不同意见,即不道德的梦的根源是要到心灵功能中去寻找还是要到躯体原因对心灵产生的不良影响中去寻找。因此严峻的事实逻辑,迫使赞同和反对梦生活负有责任的双方共同承认,梦的不道德性具有一种特殊的精神根源。

然而主张道德延伸到梦中的那些作者,都小心翼翼地避免假设梦者为自己的梦承担全部责任。因此哈夫纳(1887,250)写道:"我们对自己的梦不负责任,因为我们生活的真实性和现实性赖以建立的唯一基础的思想和意志在梦中已被剥夺了……由于这个缘故,梦中的欲望和行动也就无所谓善恶了。"但他又继续说,由于梦是通过梦者间接实现的,所以梦者对邪恶的梦仍应负责。他们不仅在清醒生活中,而是特别在入睡以前,有责任在道德上洗涤自己的心灵。

希尔德布朗特[1875,48页以下]对于这个对梦中道德内容既不负责又要负责的混合内容做了更深入的分析。他的论证是,在考虑梦的不道德表面现象上,必须承认梦的隐含内容以戏剧化形式出现,承认梦中最复杂的思想过程压缩在最短的时间之内,甚至承认梦的观念元素变得混乱无章因而丧失了本来意义。尽管如此,他坦然承认自己对于是否可以把梦中的罪过和错误的责任一笔勾销仍感到非常犹豫不决。

当我们急于否认某种不公正的,特别涉及我们的目的和意图的指摘时,我们常说这句话:"我从来做梦也没有梦到过那样的事。"我们之所以这样讲,一方面是我们觉得,在梦的领域内,我们应当对之负责的思想距离我们最为遥远,因为思想在梦中与我们真正自身的联系是如此的松懈,以致很难认为是属于自己的;但是又由于我们觉得迫不得已地否认在梦中甚至有这种思想存在,也就同时无异间接承认,除非在梦中也把思想包括在内,否则我们的自我辩护也不够全面。所以我认为在这一点上,虽然是无意识的,我们说的仍然是真话。(同上,49)

"不可能想象梦中任何动作的原始动机不以某种方式(以愿望、欲望或冲动方式)通过我们觉醒时的心灵。"希尔德布朗特接着说,我们必须承认,这种原始冲动并不是梦发明出来的;梦不过是复制了它并把它拉长,不过是把我们心中已经发现的片断的历史材料精制成戏剧化形式;梦不过是把使徒的这句话"仇恨他的兄弟的人就是凶手"[Ⅰ约翰 iii 15]加以戏剧化了。我们虽然醒后意识到道德的力量,我们对于罪恶的梦的整个精巧构思可以付之一笑,然而对于构成梦的原始材料却不能一笑置之。我们觉得梦者要对梦中的过错负责——不是指对全部罪过,只是指一定百分比而言。"总之,如果能对几乎是无可辩驳的这一基督箴言'邪恶的思想来自内心'[马特,xv,19]的意义有所理解,我们就很难不相信,对梦中犯下的罪行至少隐约有一种起码的负罪感。"(希尔德布朗特,1875,51)

于是希尔德布朗特在邪恶冲动的萌芽和暗示中发现了梦中不道德的根源,而这种邪恶冲动是以诱惑的方式在白天通过我们的心灵的;他毫不犹豫地将这些不道德元素包括在他对一个人的道德评价之中。我们知道同样的思想以及对这些思想的同样评价,曾经导致各个时代的虔诚和圣洁的人们为自己的可悲罪行而忏悔。①

当然,这些不调和的思想无疑是普遍存在的;它们不仅在大多数人脑中出现,而且也发生在伦理学以外的领域之中,然而有时它们受到不太严肃的判断。斯皮塔(1882,194)援引了策勒[1818,120—21]与这方面有关的一些话:"心灵很少能恰当地组织得在每一时刻都拥有充分的力量,足以使自身的有节奏而清晰的思想历程不常受到非但是非本质的而且是稀奇古怪和荒谬愚蠢观念的干扰。诚然,最伟大的思想家们也不得不抱怨这种梦幻似的、戏弄人的、折磨人的观念群,它们搅乱了他们深邃的沉思,干扰了他们最庄严而诚挚的思想。"

希尔德布朗特的另外一些话给这些不可调和的思想增添了一些心理学意义,其大意是,梦能使我们有机会向我们本性的最深最底处投去偶然的一瞥。这通常是我们在清醒状态时难以做到的。康德在他的《人类学》中有一段话表达了同样的思想。② 他认为梦的存在似乎是为了向我们显示潜伏的本性,向我们表明的不是我们是什么样人,而是如果受了另一种教育,我们将成为什么样的人。拉德斯托克(1879,84)也说,梦向我们显示的,往往是我们自

---

① [1914年增注]了解宗教法庭对这一问题的态度是非常有趣的。在凯撒·卡伦纳的《宗教法庭论述》(1631)中有下面一段话"如果任何人在梦中宣扬异道邪说,审问官就应当乘机调查他的生活方式,因为白天所想的事易于返回梦中。"(瑞士,圣厄尔班的厄尼格尔医生提供)

② [查不到出处。]

己不想承认的事情,所以我们诬蔑它们为谎言和欺骗是不公正的。埃尔德曼(1852,115)写道:"梦从不告诉我一个人应该想些什么;但是使我大为惊奇的是,有时我从梦中获知我对一个人确实想了些什么以及我对他有些什么想法。"同样,I. H. 费希特(1864,1,539)说:"与在清醒生活中依靠自我观察所能知道的一切相比较,我们梦的性质为我们整个素质提供了远为真实的反映。"①

人们可以看到,与我们道德意识格格不入的某些冲动的出现,不过类似于我们已知的这一事实,即梦已接触到了在我们清醒生活中不存在的或仅起很小作用的观念性材料。所以贝尼尼(1898,149)写道:"我们某些似乎已被窒息和被压制的欲望又复苏了;被埋葬的古老热情又复活了;我们从未想过的人和事又出现在我们眼前。"沃尔克特(1875,105):"那些几乎未被注意而进入意识的观念,以及那些也许从未被召入意识之中的观念,也经常通过梦在我们的心灵中宣布他们的存在。"在这方面,我们可以回想施莱麦契尔[见上文49页]的说法,入睡动作总伴有"不随意观念"或意象的出现。

我们可以将在不道德和荒谬的梦中同样出现的使我们大惑不解的那些观念性材料,也归入"不随意观念"的名下,但有一个重要的差别:道德范围内的不随意观念与我们心灵的正常态度相抵触,其他的观念则仅使我们感到陌生。到目前为止,我们还不能有更深的理解去解释这种区别。

接着出现的问题是:不随意观念在梦中出现有什么重要意义;

---

① [这最后两句话为1914年所加。]

⁷² 这些在道德上不调和的冲动在梦中出现对于清醒和做梦的心理学的理解有些什么帮助。在这里,我们发现了新的意见分歧和另一组不同作者。希尔德布朗特采取的思想路线以及赞同他的基本立场的作者们无疑主张这个观点,认为不道德冲动即使在清醒生活中仍具有某种程度的潜在力量,但因为抑制而不足以发为行动;他们还认为睡眠中有某种消灭活动的东西,其作用类似于白天的抑制作用,使我们觉察不出这类冲动存在。所以梦可揭示人的真正本性——虽然不是他的全部本性;而且梦也可以作为一种手段,使我们对人心深处的隐私有所理解。希尔德布朗特[1875,56]只是从这些前提出发,才认为梦具有警告能力,能把我们的注意力吸引到我们心灵中的道德弱点,就像医生们承认梦可以把未察觉出的疾病引进我们意识的注意范围那样。斯皮塔(1882,193以下)必定也采纳了这种观点,因为他在谈到(例如,青春期)侵犯心灵的刺激来源时,满怀自信地安慰梦者说,只要他在清醒时过的是一种严肃的道德生活,只要他注意遏制随时出现的邪念并防止它们发展而为行动,他就已经竭尽全力做到应做的事了。根据这种观点,我们便可把"不随意观念"说成是在白天被"压制"的观念,因此我们必须应该把它们的出现看成是一种真正的精神现象。

然而其他一些作者认为上述结论缺乏真正证据。例如杰森(1855,360)认为,不随意观念,不论在梦中还是在清醒时刻,不论在发烧或其他谵妄情况下,"总带有一种处于静止状态下的意志活动的性质,而且具有一种为内部冲动所唤起并多少带有机械性质的意象和观念的连续性。"在杰森看来,一个不道德的梦对于梦者的全部精神生活所可证明的,不过是有时能使梦者认识到有关的观念内容而已。它肯定不能作为梦者自己的精神冲动的证据。

至于另一位作者莫里,似乎赋予梦的情境以一种能力,这种能力不是对精神活动的任意破坏,而好像是将它分析为各个组成部分。他在谈到梦逾越了道德范围时这样说:"正是我们的冲动在说话和推动我们去行动,我们的良心虽然有时向我们提出警告,但并不阻拦我们。我有我的错误和邪恶的冲动,我在觉醒时竭力抵抗它们而且往往获得成功,未向它们屈服。但是在梦中我总是向它们投降,或者更多地是在它们的压力下行事,既不害怕也不后悔……在我心中展现的并构成梦的那些视象,显然是由我感觉到的冲动所激起,也没有被我那未出现的意志所抑制。"(莫里,1878,113)

要说梦有一种力量能揭示出在梦者身上实际存在着但又被压抑或被掩盖着的不道德倾向,再没有人把这种观点表达得比莫里更为准确了,他说,"一个人在梦中总是处于自我显示状态,他的天性和软弱全部暴露无遗。只要意志一停止发挥作用,激情便冲破樊篱,纵情表演,而他在清醒时是受到良心、荣誉感和畏惧心的卫护的。"(同上,165)我们在另一节中又发现了下面这些中肯的句子:"梦中所表露的主要是人的本能……人在梦中可说是返回到大自然状态。但是,他的心灵被获得的观念穿透得越少,他在梦中就越受相反性质的冲动的影响。"(同上,462)接着他就举例说明他在梦中常常表现的,正是他在自己文章中特别猛烈攻击的那种迷信的牺牲者。

然而莫里的这种锐利的思想在梦生活的研究中已失去了价值,因为他把自己观察得如此精确的现象看成不过是一种"心理自主性"的证明。在他看来,这种自主性在梦中占支配地位,而且被看成是精神活动的直接对立面。

斯特里克尔（1870[51]）写道："梦不单独包括错觉。例如，一个人如果在梦中害怕强盗，强盗的确是想象的——但是恐惧则是千真万确的。"这话引起了我们的注意，即梦中的情感不能像梦的其余内容那样用同一方式做出判断；于是我们就面临着一个问题，即梦中所发生的精神过程哪些部分可视为真实的，也就是说，哪些部分可归入清醒生活中的精神过程之中①。

七、做梦及其功能的理论

从某一观点出发，尽可能地寻求对观察到的梦的特征作出解释，同时规定梦在更广泛的现象范围内的地位，这种研究可称之为梦的理论。各种理论的不同，在于它们选择梦的这种或那种特征作为主要特征，并把这种特征作为解释和关联的出发点。我们完全没有必要从理论去推论一种做梦功能（功利主义的或另外的），但是因为人们有一种寻求目的论的解释习惯，因而总是比较容易接受与做梦的某种功能有密切关系的那些理论。

我们已经熟悉了好几种不同的观点，从这个意义上说，它们多少都可称为梦的理论。古代相信梦是上帝遣派用以指导人的行动，这是一个完整的梦理论，它为人们提供值得知道的梦的信息。自从梦变成了科学研究的对象，又出现了许多理论，其中有些很不

---

① [梦中的情感问题在第六章第八节中将予讨论（460页以下）。梦的道德责任问题下文620页以下还要提及。弗洛伊德的1925之中第二节有详细论述。]

完善。

我们不想将这些理论列举无遗,我们只依照梦中精神活动的数量和性质的基本假设,将梦的理论大致分为以下三类。

(1)德尔贝夫[1885,221以下]等人的理论,主张精神活动在梦中持续不已。他们假定,心灵并不入睡,它的机构保持原样不动,但是由于它处于与清醒生活不同的睡眠状态条件下,它的功能作用在睡眠时也必然产生不同的结果。关于这类理论要提出的问题是,它们是否能在睡眠状态的条件下,把梦和清醒思想完全加以区分。再者,这些理论不可能提出任何做梦的功能;它们解释不了为什么要做梦,为什么精神机构的复杂机制在显然不能适应的情况下仍在继续工作。要么是无梦的睡眠,要么是一遇到干扰性刺激便醒过来,这似乎是唯一便利的反应——此外就谈不上有第三种选择了。

(2)相反,有一类理论设想梦意味着精神活动降低,联结松懈,可获材料的贫乏。这些理论必须为睡眠设想出不同于如德尔贝夫所说的一些特征,根据这类理论,睡眠对心灵具有非常深远的影响;睡眠不仅止于要心灵对外部世界闭关自守,而且拼命挤入精神机制,使其暂时失去作用。我敢从精神病学方面打个比喻,第一类理论是按照类偏狂的模式建成梦,第二类理论的梦则类似于智能缺陷或精神错乱。

按照这个理论,由于睡眠的麻痹作用,精神活动只有一些片断在梦中出现。这个理论在医学界和一般科学界最为流行。就一般人对释梦的兴趣而言,这一理论可说是主导的理论。值得注意的是,这种理论容易避开任何释梦时遇到的障碍——即应付梦中所含矛盾的困难。它把梦看成部分觉醒的结果——援引赫尔巴特谈到梦时的一句话说,"梦是逐渐的、部分的同时又是高度不正常的觉醒状态。"(1892,[307])因此这种理论可以利用一系列不断增加的觉醒条件,累积而成完全清醒状态,用以说明梦中精神功能作用的一系列效应变化,从梦的荒谬性表现的无能,直到充分集中的智力活动。[参见180页]

有些人认为用生理学的措辞来表述是不可缺少的,而且这些表述似乎更具有科学性。宾兹(1878,43)的话可以代表这种理论,他说"这种(迟钝)情况在黎明时告一结束,然而只是逐渐的。在大脑白蛋白中累积起来的疲劳产物逐渐减少,它们逐渐地分解或被不断流动的血液冲走。零碎分散的细胞群开始变得清醒,而它们的周围仍为迟钝状态所笼罩。这些分散的细胞群的孤立工作现在呈现在我们的朦胧意识之前,不受控制着联想过程的大脑其他部分的抑制。意象就是这样产生的,它们绝大部分符合于最近消逝的客观印象,并以一种广泛的不规则方式串在一起。当获得自由的脑细胞不断增多时,梦的无意义性也就相应地减少了。"

作为一种不完全的、部分的觉醒状态的这种做梦观点无疑要反映在每一位现代生理学家和哲学家的著作之中。莫里(1878,6以下)最精细地表述了这个观点。这位作者似乎经常把觉醒状态和睡眠状态想象为从一个解剖部位到另一个解剖部位的转移,每一特定解剖部位都与一种特殊精神机构相联系。我只想指出这一点:即使部分觉醒理论可以证实,它的细节还有待深入的讨论。

这种理论自然不能为做梦规定任何功能留有余地。宾兹

(1878,35)正确地表述了由它得出的有关梦的地位和意义的合乎逻辑的结论,他说,"每一件看到的事实都迫使我们断言梦必须以躯体过程为其特征,这些过程在任何情况中都是无用的,甚至在许多情况中肯定是病态的……。"

宾兹本人用斜体字强调了的"躯体"这个词,应用于梦不止一个意义。首先,它包含着梦的病因学意思,当他用药品研究梦的实验结果时,病因学似乎特别突出。这类理论有一种尽可能把梦的刺激限之于躯体的倾向。该理论的最极端形式表现如下:我们一旦排除一切刺激而进入睡乡,便没有做梦的需要,也不存在做梦的理由,直到晨曦初露。由于新刺激的影响而逐渐被唤醒的过程,才可能反映到做梦现象之中。然而要使睡眠保持不受刺激的干扰是做不到的;它们从各个方面向睡者袭来——正如梅菲斯特所抱怨的生命的胚芽那样①——从外部和内部,甚至从清醒时未曾觉察的自己身体的各部分发起攻击。睡眠于是受到了干扰,心灵的一个角落被唤醒,然后轮到另一个角落;心灵便在一个短暂时间内在其觉醒部分发生作用,然后再一次欣然入睡。梦是对刺激干扰睡眠的反应,是一种多余的偶然反应。

但是,把做梦——究竟是心灵的一种功能——描述为躯体过程还包含着另一层意思。这样描述的目的在于表明梦不值得列入精神过程。人们往往把做梦比喻为"不谙音乐者的十指在钢琴键盘上溜过"[斯顿培尔,1877,84,参见下文 222 页];这个比喻也许

---

① [在他与浮士德的最初对话中(第一部分,第 3 幕)梅菲斯特强烈地抱怨他的破坏性努力因出现无数的生命胚芽而永远受挫。弗洛伊德在其《文明及其缺憾》(1930a)第六节一个脚注中引用了整段诗句。]

表明了精密科学代表者对梦的评价。根据这个观点,梦是完全不能解释的;因为一个不懂音乐者的十个指头如何能演奏出一曲乐章呢?

甚至在较早时期也不乏对部分觉醒论的批评。如布达赫(1838,508以下)说:"若说梦是部分的觉醒,首先就解释不清清醒状态和睡眠状态,其次,它所说的不过是,某些精神力量在梦中活动着,其他一些力量则处于静止状态。但这种变化性是贯穿于全部生活之中的。"

把梦视为躯体过程这个流行的梦理论,促成罗伯特于1886年首次提出一个最为有趣的假说。这个假说特别富有吸引力,因为它能为做梦提出一种功能,一个有功效的目的。罗伯特用来作为他的理论基础的是我们在考察梦的材料时已观察到了两个事实(上文18页以下):

1.我们经常梦见的是一些最琐碎的日常印象;

2.我们很少梦见日常最感兴趣的重要事物。罗伯特(1886,10)指出了一个普遍认为真确的事实,即我们已经深思熟虑的事情决不会变成梦的刺激物。引起梦的只是在心中没有想妥或只是偶然想了一下的事情。他说,"梦通常得不到解释的理由,正在于引起梦的是前一天的那些感觉印象,它们还不能引起梦者的足够注意。"[同上,19—20]因此决定一个印象是否能进入梦中的条件是,印象的加工过程是否受到干扰,或者,印象是否太不重要以致根本没有接受加工。

罗伯特把梦设想为:"一种有关排除的躯体过程,我们在对它的精神反应中才意识得到。"[同上,9]梦是对刚出生就被窒死的思想的清除。"一个人失去做梦的能力,就会逐渐变得精神错乱,因为大量未完成和未解决的思想和无数的表面印象将累积在他的大脑中。由于分量太多,以致本应在记忆中同化而为一个整体的种种思想无法得到清理。"[同上,10]对于负担过重的大脑,梦可以作为一个安全阀,具有治愈和疏泄的能力。[同上,32]

我们如果要问梦中出现的观念如何导致心灵的疏泄,那就误解了罗伯特。罗伯特显然是从梦材料的这两个特性得出推论,认为睡眠中那些无价值的印象的排除,是按某种方式作为一种躯体过程来完成的。做梦并不是一种特殊的精神过程,不过是我们收到的有关排除的信息。此外,清除还不是心灵在夜间发生的唯一事件。罗伯特接着说,除此以外,前一天留下的刺激仍要受到加工处理,"心灵中未被排除出去的任何未消化思想部分,依靠从想象借来的思想线索联结而成一个整体,作为无害的想象图景而嵌入记忆之中。"(同上,23)

但是在评价梦来源的性质上,罗伯特的理论是与流行的理论截然相反的。按照流行的理论,如果心灵不经常为外部和内部的感觉刺激所唤醒,根本就不会做梦。但是在罗伯特看来,做梦的推动力来自心灵本身——在于心灵变得超载并需要疏泄这个事实;他于是合乎逻辑地得出结论说,来源于躯体条件的那些原因,作为梦的决定因素,仅起着次要的作用;在不能从觉醒意识中摄取材料而构成梦的心灵中,这些原因并不足以诱发成梦。他只在一点上得到人们的承认,即梦中来自心灵深处的幻想意象可以受到神经刺激的影响。(同上,48)所以,归根结底罗伯特认为梦并不完全依赖躯体过程,然而在他看来,梦又不是精神过程,它们在清醒生活的精神活动中不占地位；它们是在与精神活动有关的机构中每晚发生的一些躯体过程；而且它们把保卫精神机构免受过度紧张的任务作为自身的功能，换句话说，就是洗涤心灵的功能①。

另一位作者伊维斯·德拉格也是以表现为梦材料的选择这一相同的梦特征为其理论基础的；他对同一事物的观点由于其中的细微差异，结果产生了意义完全不同的结论，这是值得我们注意的。

德拉格(1891[41])告诉我们，他从失去一位喜爱的亲人的亲身体验中发现了一件事实，要么我们根本不会梦见白天盘踞在我们思想中的事情，要么只有等这件事情让位于白天其他关切的事情之后才会开始梦见它。他对别人的一些研究证实了这个事实的普遍真实性。他曾观察一些年轻夫妇的梦，如果证明属实，倒是非常有趣的。他说："如果他们沉醉于热恋之中，他们在婚前和蜜月期间几乎从不会梦见对方，如果他们有情欲的梦，他们就会在梦中与某个无关的人甚至抱有反感的人发生不忠实的瓜葛。"那么，我们会梦到些什么呢？德拉格认识到发生于我们心中的材料不外是前几天或甚至更早些时候的片断和残余。在我们梦中出现的每一事物，即使在一开始时我们倾向于认为是梦生活的创造物，但只要详加考察，就变成了[我们已体验过的材料的]未识别出的再现——无意识的再现。但是这个观念材料具有一个共同特征：它来源于也许比我们的理智更能有力影响着我们感官的那些印象，或者来源于在出现以后马上就转移开去的注意。意识越少同时印

---

① [罗伯特的理论在本书下文164页注，177页以下和579页还要进一步讨论。在编者的本卷导言中援引的为《癔症研究》(弗洛伊德和布洛伊尔1895)所写的一个脚注中(xiv以下)弗洛伊德采纳了罗伯特的理论作为描述产生梦的两个主要因素之一。]

象就越是有力,它在下次梦中发生作用的可能性也越大。

我们现在有了罗伯特所强调的基本上相似的两类印象:无关紧要的印象和没有处理的印象。但是德拉格赋予了它们另一种意义,因为他认为正是由于这些印象没有被处理,所以才能产生梦,而不是由于它们是无关紧要的。从某种意义上来说,无关紧要的印象确实也是没有被完全处理的;由于具有新印象的性质,它们"多方处于紧张状态",而在梦中便获得了释放。在梦的制作过程中,偶然受阻或被蓄意压制的那些有力印象,要比微弱而不被注意的那些印象要求发挥更大作用。在白天由于被抑制和压制而被储存起来的精神能量,到了夜间就变成了做梦的动机力量。被压制的精神材料在梦中得到了表现。[同上,1891,43][1]

德拉格在这一点上不幸中断了他的思路。他只能承认梦中任何独立的精神活动具有最微小的作用;因而他把自己的理论归入了流行的大脑部分觉醒论一类。他说,"总之,梦是游荡不定的思想的产物,没有目的,没有方向,依次地依附在记忆上面。这些记忆有足够的强度使游荡的思想停顿下来,打断它们的进程,并把它们联结在一起,这种结合时而微弱模糊,时而强烈清晰,这要看当时被睡眠所取消了的大脑活动多少而定。"

3.我们可以把做梦心灵据有一种能力或倾向用以实现在清醒生活中全部或部分不能实现的特殊精神活动的理论归之为第三类。这些官能发生作用一般可为做梦提供一种实用主义的功能。

---

[1] [1909年增注]阿纳托尔·法朗士在他的《红白百花》表达了同样的思想:"我们夜间看到的都是我们白天忽略了的一些可怜的残余。梦往往表现我们对鄙视方面的报复或表现我们对鄙弃的人的谴责。"

早期心理学作者对形成梦的大多数评价都属于这一类。我只援引布达赫(1838,512)的一句话就足够了。他写道:做梦"是心灵的一种自然活动,它不受个性能力的局限;它不为自我意识所打断,它不受自我决断的指引,而是感觉中心的自由运行着的活力。"

布达赫和其他作者认为心灵在自由运用自身精力中的狂欢显然是心灵得到恢复和为白天工作积累新的力量的条件——实际上就好像一种节日的享受。因此布达赫(同上,514)赞许地援引了诗人诺瓦利斯赞美梦的支配力量的美妙言辞:"梦是抵挡枯燥无味生活的一面盾牌,它们使想象挣脱锁链,从而使全部日常生活景象混淆起来,并以儿童般的快乐嬉戏打破了成年人保持的庄严。没有梦,我们肯定很快就会变老;所以,我们也许可以不把梦看作上苍赐予的礼物,而把它们视为一种珍贵的娱乐,是我们走向坟墓的人生旅途上的友好伴侣。"[《亨利希·冯·奥伏特丁根》,第1部分,第1章]

普金耶描述的梦的更新和治愈功能给人留下更持久的印象(1846,456):"这些功能特别是由于创造性的梦完成的。它们是想象的自由翱翔,与白天事务毫无联系。心灵不希望白天的紧张状态持续不息;它们寻求自身得到放松和恢复。它们产生与白天生活完全相反的情况。梦用愉快治疗悲哀,用希望和快乐的解愁梦象治疗忧伤,用爱和友谊治疗仇恨,用勇气和洞察治疗恐惧;它用信念和坚定的信仰减轻疑虑,用实现代替空虚的期待。白天不断重现的许多精神创伤被睡眠所治愈,睡眠保护着它们使之不受新的损害。时间的安慰作用在一定程度上有赖于此。"我们大家都感到梦有益于精神活动,一般人都不愿意放弃这种想法,即梦是睡眠加惠于人的途径之一。

梦是心灵只能在睡眠状态中自由伸展的一种特殊活动,这是施尔纳于1861年试图对梦所作的最早的和意义最深远的解释。他的写作风格好高骛远和华而不实,从他对所写题材的热情陶醉中吸取灵感,以致使不能分享这种热情的人必然产生反感。它使我们在分析梦的内容时遇到困难,所以我们很乐于看到哲学家沃尔克特对施尔纳的学说所作的简要而清晰的评论:"从这些神秘的凝聚物中,从这些光辉灿烂的云层中,发出雷电般的有启示意义的闪光——但是它们并没有照亮哲学家的道路。"这是施尔纳的门徒对他的著作做出的判断。[沃尔克特,1875,29]

施尔纳并不是相信心灵的能力在梦中永不减弱的作者。他自己[用沃尔克特的话说(同上,30)]就曾表明自我的集中化核心——它的自发能量——在梦中如何被剥夺了它的神往力,由这种离心作用而产生的认知、感情、意志和观念作用如何发生了变化,以及这些精神功能的残余又如何不再具有真正的智力特性而只变成了机械的性质。然而,与此形成鲜明对比的是,摆脱了理智的统治和任何适当控制的可称之为"想象"的精神活动则一跃而达到至高无上的地位。虽然梦想象也利用最近的清醒记忆作为其建筑材料,建立起与清醒生活颇为相似的结构;梦的本身显示出不仅具有再现力而且拥有创造力。[同上,31]它的特征是赋予梦生活以各种特性,它表现出偏爱无节制的、夸大的和奇特的内容。但与此同时,由于摆脱了思想范畴的束缚,它也获得了柔韧性、灵活性和多面性。它对于温柔感情和热烈情绪的千变万化以一种极其精微的方式表现出敏感性,而且将我们的内心生活火速地融合于可塑的外部图像之中。梦中的想象缺乏概念性言语能力。它不得不将要说的一切用视觉形象描绘出来,又因为没有概念来表达逐渐减弱的影响,它就充分而有力地利用形象化的形式,因此无论它的言语如何清晰,也就变得冗长、累赘和笨拙了。梦中言语清晰性特别受到妨碍,这是因为它不愿用实际的意义表现客体,而宁愿用一个新异的意象去表现该客体急于要表达的一个特别属性。这就是想象的"符号化活动"……[同上,32]另外非常重要的一点是,梦想象从不完全地描绘事物,只勾画其轮廓甚至只表现其略图。由于这个缘故,它的画面便好似纯属灵感的速写。然而,梦想象并不止于仅仅表现客体,它在一种内部需要下在一定程度上把梦自我和客体包缠在一起从而产生一个事件。一个视觉刺激可以引起一个人梦见一些金币散落在街上,梦者捡起它们,欣然离去。[同上,33]

根据施尔纳的观点,梦想象用以完成其艺术工作的材料,主要来自白天非常模糊的机体躯体刺激(见上文33页),因此施尔纳的极端的想象物假说与冯德和其他生理学家提出的或许过分严肃的学说相比较,尽管二者在其他方面截然不同,但在有关梦的来源和刺激物的理论这一点上,却是完全一致的。然而按照生理学的观点,对内部躯体刺激的精神反应却因激起适合于刺激的某些观念而告枯竭;这些观念沿着联想路线产生其他一些观念;就在这一点上梦中精神事件的进程似乎就会告一结束。另一方面,按照施尔纳观点,躯体刺激不过是在向心灵提供能实现其想象性目的的材料。在施尔纳看来,梦的形成刚刚开始,他所认为的起点已被其他作者视为终点了。

梦想象内容对于躯体刺激当然谈不上有任何有用的目的。它围着躯体刺激嬉戏,以某种富有弹性的象征作用,描绘出已经产生的梦刺激的躯体来源。施尔纳认为——虽然此处沃尔克特[1875,37]和其他等人不同意他的看法——梦想象有一种特殊的偏爱,即把有机体表现为一个整体:为一座房屋。但幸运的是,梦想象似乎并不局限于这一表现方法。另一方面,它也可以利用一排房屋代表一个单独的器官:例如,一条房屋鳞次栉比的长街可以代表来自肠道的刺激。其次,一座房屋的各个部分也可以代表身体的不同部分:例如,在一个因头痛而引起的梦中,一间屋子的天花板,满布着令人作呕的蟾蜍般的蜘蛛便代表着头部。[同上,33以下]

除了房屋象征以外,任何其他物体都可用来代表激起梦的身体各部分。"因此,带着风吼声的熊熊燃烧的火炉可象征性地代表呼吸着的肺部;空着的箱柜或篮子可代表心脏;圆形袋状的或一般空心的东西可代表膀胱。男子性器官刺激所引起的梦,可在梦中发现街上有一支单簧管的上部或烟斗的嘴口,或者一件毛皮。此处单簧管和烟斗代表着男性性器官的近似形状,毛皮则代表阴毛。在女性的性欲梦中,大腿合拢的狭窄部位可以由房屋围绕的狭小庭院为代表,阴道的象征则是一条柔软平滑和非常狭窄的穿过庭院的小径,梦者必须由此经过,还许是为了给一位绅士送一封信。"[同上,34]特别重要的是,在有躯体刺激的梦结束时,梦想象往往揭开它的帷幕,就是说,公然暴露出兴奋的器官或者它的功能。所以一个带有"牙刺激"的梦,通常都以梦者梦见从自己嘴中将牙拔出而结束。[同上,35]

然而梦想象不仅可以把注意集中于兴奋器官的形式；同样也可以把该器官包含的本质加以象征化。例如，在肠刺激引起的梦中，梦者可以穿过泥泞的街道，或者，在泌尿刺激的梦中出现有泡沫的溪流。或者，刺激本身引起的兴奋性质或刺激欲求的对象也可得到象征性的表现。再者，梦自我与自身状态的象征可以表现出具体的关系。例如在痛苦刺激的情况中，梦者可以与恶狗或野牛进行殊死的决斗。或者妇女在性刺激的梦中，可以梦见被裸体的男子紧追不舍。[同上，35]尽管梦中所用的方法多种多样，想象的象征化活动仍然是每一个梦的中心力量。[同上，36]沃尔克特在他的著作中曾试图更深入地理解这种想象的性质，并为它在哲学体系中寻找一席之地。但是，尽管他写得优美动人，但对于先前未受过任何训练去乐于掌握哲学概念体系的人们来说，这个任务仍然是非常困难的。

施尔纳的象征化想象不包含任何功利主义的功能。心灵在睡眠中只与紧密接触的刺激戏耍。人们甚至可以怀疑心灵是在调皮地嬉戏。但是人们也会质问我，我对施尔纳的梦理论如此详加考察，是否能达到任何有益的目的，因为这个理论的任意性和违背一切研究原则是一目了然的。我可以答辩说，不加任何考察就去谴责施尔纳的理论，这样的专横态度毫不可取。他的理论所依据的是梦留给人的印象，而接受印象的人对这些梦付出极大的注意，而且对于探究心灵中模糊事物似乎具有一种独特的天赋。其次，这个理论所探索的题材是几千年来人们一直认为的难解之谜，但其本身仍然非常重要和复杂，正如精密科学本身所承认的那样，它对梦的解释（与流行看法截然相反），除了试图否认它的意义和重要性之外,没有作出任何贡献。最后,老实说,对释梦的尝试很难不带有想象成分。神经节细胞也难免不是想象的产物。我在第77页曾经引证了一位严肃而精确的研究者宾兹的一段话,他描述了黎明的觉醒悄悄地潜入大脑皮质的大量入眠的细胞之中,其想象程度——甚至不可能程度——并不亚于施尔纳试图所作的解释。我倒希望在施尔纳解释的背后能证明有一种现实的元素,尽管它看起来还很模糊,还缺乏一种表明梦理论特征的普遍属性。当前把施尔纳的理论与医学理论两相对比,可以使我们认识到,时至今日关于梦的解释仍在两个极端之间摇摆不定[1]。

八、梦与精神疾病的关系

当我们谈到梦与精神疾病的关系时,我们可以指三种不同的事情:1.病因学的与临床学的关系,如梦表现或引起一种精神病状态,或梦后留下精神病状态;2.在精神疾病情况下,梦生活相应发生了变化;3.梦与精神病之间的内在联系,表明二者本质上有类似之处。这两组现象之间的多种关系曾经是早期医学作者们偏爱的题材,今天又变得流行起来。斯皮塔[1882,106以下和319以下]、拉德斯托克[1879,217]、莫里[1878,124以下]和蒂西[1898,77以下]收集的有关文献可资佐证。最近桑特·德·桑克梯斯对这类题材也很注意[2]。就我们讨论的目的而言,只须浏览一下这

---

[1] [施尔纳的理论在224页以下和346页有进一步讨论。]
[2] [1914年增注]最近研究这类关系的作者有:费里[1887]、爱德勒[1853]、拉赛鸠[1881]、毕雍[1896]、里奇斯[1894]、维斯帕[1897]、吉斯勒[1888]、卡佐夫斯基[1901]、

个重要问题就足够了。

关于梦与精神病之间的临床学的和病理学的关系,可以举下面的观察为例。克劳斯[1858,619]曾引证霍恩包姆[1830,124]的报告说,妄想性精神病的初次发作往往起源于焦虑的或恐怖的梦,其中心观念是与梦联系着的。桑特·德·桑克梯斯提出了妄想狂中的类似观察,认为在部分这类病症中,梦是"精神失常的真正决定性原因"。桑克梯斯说,精神病可以由于出现妄想性内容的梦而被一次引发,也可以通过一系列克服疑虑的梦才慢慢发展起来。在他的一个病案中,一个意味深长的梦继之以轻微的癔病发作,接着才陷入焦虑性的忧郁状态。费里[1886](蒂西引证,1898[78])报告了一个导致癔症性麻痹的梦。在这些例子中,梦被说成是精神错乱的病因;但是如果我们说,精神错乱初次出现在梦生活中,它在梦中首先得到突破,这何尝不是合理的事实。在其他某些病例中,疾病症状包含于梦生活中,或者精神病仅限于梦的生活。托马耶尔(1897)注意到了某些焦虑的梦,他认为这类梦应被视为相当于癫痫发作。阿利森[1868](拉德斯托克引证,1879[225])描写了一种"夜发性精神错乱",病人在白天表现完全正常,只是在夜间有规律地出现幻觉、狂乱的癫痫发作等等。桑克梯斯[1899,226]报告了类似的观察(一个酒精中毒病人的梦,类似于妄想狂,出现了谴责妻子不贞的声音)。蒂西(1898[147以下])报告了许多新近的病例,其中包括基于妄想性假定和强迫性冲动行为的病理性质动作均

巴坎托尼[1909]等。

起源于梦。古斯莱恩[1833]描述了一个梦例,其中睡眠被循环性精神错乱所代替。

毫无疑问,随着梦心理学的发展,医生们总有一天会把他们的注意转向梦的精神病理学。

在精神疾病恢复期的例子中,往往可以明显地看到,功能作用在白天表现正常,而梦生活则仍处于精神病的影响之下。克劳斯(1859,270)指出,第一次注意到这个事实的人是格雷戈里。蒂西[1898,89]引证麦卡里奥[1847]描述的一个躁狂病人,在痊愈了一个星期之后,梦中仍然体验到表现他疾病特征的飘忽观念和狂暴热情。

关于梦生活在慢性精神病中发生的变化迄今还很少有人进行研究①。另一方面,梦和精神错乱之间的在广泛范围内表现几乎完全一致的内在关系早已受到人们的注意。莫里(1854,124)告诉我们,卡巴尼斯(1802)是提到它们之间关系的第一人,后来,莱卢特[1852]、莫鲁[1855]特别是哲学家德比兰的梅恩都谈到了这一点。这种比较无疑还可以追溯到更早。拉德斯托克[1879,217]用了整整一章书讨论了这个问题,其中引证了许多有关梦与精神错乱之间相似性的论述。康德[1764]说:"疯人是清醒状态的做梦者。"劳克斯(1859,270)说,"精神错乱是神志清醒的梦"。叔本华(1862,1,246)宣称梦是短暂的疯狂,疯狂则是长久的梦。哈根[1846,812]把谵妄描述为不是由睡眠而是由疾病所引起的梦生活。冯特(1874,602)写道:"实际上,我们自己在梦中可以体验到

---

① [弗洛伊德后来又审查了这个问题(1922b第二节末段)。]

在疯人院碰见的差不多全部印象。"

斯皮塔(1882,199)与莫里很相似,列举了构成这种比较的共同性基础的若干不同之点:1.自我意识的停顿或至少受到阻遏,结果失去对情况性质的洞察力,从而不能产生惊讶并丧失了道德意识;2.感官知觉发生了改变;在梦中有所减少而在精神错乱中则有大量增加;3.观念毫无例外地依照联想和再现法则互相结合,从而形成自发序列,而且造成观念之间的关系缺乏比例(夸张和错觉)。这一切又导致4.人格的变化,在某些情况下发生人格逆转或性格特性的倒错行为。

拉德斯托克(1879,219)更增加了几个特性——两种情况中材料之间相似性:"在视觉、听觉和感觉范围内产生大量幻觉和错觉。如在梦中一样,嗅觉和味觉的成分很少。——发烧的病人和做梦的人的记忆都可追溯到遥远的过去;睡者和患者回忆的似乎都是清醒和健康的人们已经忘掉的事情。"梦和精神病之间的这种相似性,只有当其扩展到表情运动的细节,特别是面部表情特征的相似程度时,才能被充分地意识到。

"一个受着身体和精神痛苦双重折磨的人从梦中获取现实对他否定的事物:健康和幸福。所以在精神疾病中也出现了关于幸福、豪华、显赫和财富的景象。自以为据有财富和想象的欲望满足——它们的受阻和破灭确实为精神错乱提供了基础——构成了谵妄的主要内容。一般失去爱子的妇人在她的谵妄中体验了母性的快乐;一个丧失了金钱的男子相信自己无比富有;一个被遗弃的女孩则觉得自己被人温柔地爱着。"

(拉德斯托克的这一段话可视为格里辛格尔(1861,106)的敏锐观察的一个小结,后者清楚地表明了梦中和精神病中的观念具有欲望的满足的共同特征。我根据自己的研究认为在这个事实中可以发现梦和精神病的心理学理论的关键所在。)

"梦和精神错乱的主要特征在于它们在思想上的怪诞连续和判断上的无能为力。"[拉德斯托克继续说]在两种状态中,我们发现了对本人精神成就有过高的评价,而严格说来,这种成就在清醒状态中原是毫无意义的。梦中观念的迅速流动相当于精神病中观念的疾驰飞逝。两者都缺乏时间感。在梦中,人格可以分裂,——例如这时梦者的知识可以属于二人;外在的自我纠正着真实的自我。这与我们熟知的幻觉性妄想狂中的人格分裂正相类似;梦者也可以听见陌生的声音在表达自己的思想。甚至长期的妄想性观念与刻板反复发生的病理梦(纠缠不休的梦)也有相似之处。经常发生的是,谵妄病人在痊愈之后会诉说,他在整个患病期间更像做了一场不无愉快的梦;他们确实有时告诉我们,他们在生病期间有时感到卷入一个梦中——与在睡眠中的梦并无二致。

由此看来,拉德斯托克和许多其他的人认为"精神错乱,即一种变态的病理现象,可以视为周期性发生的正常做梦情况的加强。"(同上,228)这种看法也就不足为怪了。[92]

克劳斯(1859,270以下)试图在梦和精神错乱之间寻求比二者外部类似表现更为密切的联系。他发现这种联系存在于它们的病因学中,或者更确切地说,存在于它们的刺激来源中。他认为,如我们所知,[36页以下]二者的共同基本元素在于由机体决定的感觉,在于由躯体刺激产生的感觉,在于由全部器官所提供的功能正常感觉。(参见佩西,1857,2,21;莫里引证,1878,52)

包括其特征细节在内的梦与精神错乱之间的无可辩驳的类似性,是有关梦生活的医学理论的最有力支柱。根据这种理论,做梦是一种无用的干扰过程,是精神活动的削弱表现。然而,不能指望我们在精神疾病方面可以发现梦的最终解释;因为关于精神疾病起源的知识不能令人满意是人所公认的。而相反,很可能的是,我们对梦的态度的改变将同时影响到对精神疾病的内部机制的看法,而且,正当我们努力阐明梦的神秘性时,也可说是我们正在为寻求精神病的解释而工作①。

跋,1909

本书并未增加第一版和第二版之间这段时期新发表的研究梦问题的文献,我对这一事实必须加以说明。读者也许对我的解释不尽满意,我自己却以为十分果断。由于完成这导言性的一章,我全面叙述早期研究梦的作者的动机已消耗殆尽;继续这个工作将使我付出极大精力,其结果可能徒劳无益。因此在这九年中,有关梦的问题既没有出现新的有价值材料,也没有发现可供思考的观点。这段时间出版的大多数著作对本书既未提及更谈不上考虑。当然对本书最不注意的就是标榜着"研究"梦的那些人,这恰恰是这类科学家所特有的厌恶学习任何新东西的一个鲜明例子。阿纳托利·法朗士曾讽刺地说"博学者不好奇"。如果科学中有权报复

---

① [关于梦与精神病之间关系的讨论也可见《精神分析引论新编》第29讲(弗洛伊德,1933a)。]

的话,我也就要对本书出版以后出现的那些文献不予一顾了。在科学期刊上发表的寥寥几篇评论既缺乏理解也充满误解,以致我对这些批评者的答复,只能是建议他们再读读这本书——或者的确只是建议他们去读读这本书!

决心采纳精神分析治疗方法的医生和其他作者们,①依据我的论文中的指引,已经发表了大量梦例及其分析。至于那些超出了仅只肯定我的观点的著作,我在讲解过程中已把他们的成果包容在内了。本书末的补充参考文献中包括了本书出版以来出现的最重要的著作目录表②。桑特·德·桑克梯斯(1899)关于梦的综合性专题集(出版后不久即有一德文译本)与我的《释梦》几乎是同时出版的,所以我和这位意大利作者当时都不能彼此评论对方的著作。遗憾的是我不能不作出下述论断:他的这本煞费苦心的著作在思想上非常贫乏,实际上甚至不能引导人们揣想到我所讨论的问题。

与我自己对梦问题的论述接近的,只有两本著作值得一提。一个年轻的哲学家赫尔曼·斯沃博达(1904),把威廉·弗利斯③发现的生物性周期(23天和28天)扩展于精神事件。他在自己的富于高度想象的工作中,尽力用这把钥匙去解决梦的神秘性问题。他的研究结果似乎贬低了梦的重大意义;他用第一次或第几次完成生物周期做梦夜晚的所有记忆的集合,来解释梦的内容。在与

---

① [在1909年和1911年版中,这一点用括弧包括了荣格、阿伯拉罕、里克林、穆斯曼和斯特克尔。在1909年版中,下一句写成:"但是这些出版物仅证实了我的观点而并未增加任何内容。"]

② [见标准版英文编者导言 xiii 和 xxi 页。]

③ [在克里斯对弗洛伊德和弗利斯通信集(弗洛伊德1950a)的导言第四节中叙述了弗利斯的学说及其与斯沃博达的关系。]

这位作者的私人通信中,我起初以为他本人并不认真看待自己的理论,但是我的这个结论似乎是错误的①。在后文中(251页)我将报告与斯沃博达的建议有关的某些观察资料,但未能作出令人信服的结论。令我特别高兴的是,我在意料不到的地方偶然发现了与我自己理论核心完全符合的有关梦的一个观点。从时间上考虑,这个有关梦的陈述不可能受到我的著作的影响。在梦的题材中,我发现只有这位思想家提出了与我的梦理论本质完全符合的观点。所以我必须为之欢呼。这本包括了与我的梦理论相同内容的著作第二版于1900年问世,书名为《一个实在论者的幻想》,作者为"林库斯"。[第一版,1899年]②

跋,1914

上面的辩护理由写于1909年。我必须承认,自那时以来,情况已经发生了变化。我的《释梦》的贡献已不为有关学科的作者们所忽视。但是新的事态使我现在更谈不上继续以前对文献的叙述。《释梦》已引起一系列新的思考和问题,以各种不同的方式展开了讨论。但是,在我阐明这些作者所依据的我自己的某些观点以前,我不能对他们的著作予以论述。所以,在我下面的论述过程

---

① [这一句话的目前形式可追溯到1911年。1909年写成:"与该作者的私人通信大意是,他不再支持这些观点,遂使我未对它们严加考虑。"下一句是1911年增写的。]

② [1930年增注]参见我的"论约瑟夫·波普—林库斯和梦理论"论文(1923以下)[弗洛伊德后又写了一篇同题材的论文(1932c),上文引述的片断在后文308页以下一个脚注中有全文摘引。]

中,只要我认为是最近文献中有价值的内容,我都将在适当的地方予以考虑。

第 二 章

释梦的方法：一个梦例的分析

我为本书所选的标题已经表明，对于梦的问题的传统研究，我是追随哪一条路线。我的目标是要证明梦是可以解释的。我在上章讨论的关于解决梦的问题的任何贡献，都不过是实现我的这项特殊任务过程中的副产品。我作出梦是可以解释的这个假说，立即使我处于与梦的流行理论相对立的地位，事实是，除了施尔纳的学说之外[83页以下]，与任何其他梦的理论都是对立的。因为"解释"一个梦就是意味着给梦指派一种"意义"——就是说，用切合我们精神活动链条中的某个事物，作为与其他环节同等有效而重要的一环，去代替梦的意义。正如我们所知，梦的科学理论并没有为释梦问题留有任何余地，因为这些理论根本不把梦视为一种精神活动，只是看成利用精神机构中确认的指征来表示其发生的躯体过程。传统的世俗意见采取的是另一种不同的态度，坚持本身有不合逻辑的特权；虽然承认梦是不可理解的和荒谬的，但还不至于宣称梦是毫无意义的。基于某种模糊的直觉，我们似乎可以这样假定：无论如何，梦总有一种意义，即使是一种隐意；做梦是为了代替某种其他思想过程,只有正确地揭示出这个代替物,才能发现梦的隐意。

所以自古以来世俗世界就关心着梦的"解释",而且基本上采用了两种不同的方法。

第一种方法把梦内容视为一个整体,寻求可以理解的而且在某几方面相类似的另一种内容去代替原来的内容。这就是"象征性"的释梦;但是当它遇到的是既不可理解而又混乱的梦时,就必然不能自圆其说了。这种方法可以举圣经中约瑟夫解释法老的梦为例,七头瘦牛追逐七头肥牛并把肥牛吃掉——这一切象征着埃及要有七个荒年,并且要耗尽七个丰年的盈余。大多数富有想象力的文学作家笔下构想的梦都属于这一类象征性解释,它们在一种伪装下再现了作家们的思想,而这种伪装被认为是与公认的梦的特征相符合的①。梦的观念主要关系到未来,而且能预卜未来——是梦的古老预言意义的残余——已成为把象征性解释所获得的梦的意义传入未来时态的理由了。要讲授象征性解释的方法当然是不可能的,解释的成功与否取决于巧妙的主意和单纯的直觉,因此利用象征性释梦的可能性要提高到以非凡的天赋大肆发挥其艺术活动的境界②。

---

① [1909年增注]我在威廉·詹森写的《格拉狄克》这个故事中偶然发现,有些梦的结构编造得完全正确,解释起来好像不是虚构的而是真人做的梦。作者在回答询问时,坦白承认从不知道我的梦理论。我认为我的研究与这位作者的创作之间的一致性证明了我的梦理论的正确。(见弗洛伊德1907a)

② [1914年增注]亚里士多德[《梦的预言》卷2,(英译本1935,183)]谈到这一点,认为最好的释梦者是最善于捕捉相似性的人,因为梦景犹如水面幻影,稍一触动,立即变形,最成功的释梦者能从变幻的景象中窥察出隐含的意义。

93

释梦的第二种方法则完全不按照上述要求行事。它或可称之为"译码法",因为它把梦视为一种密码术,其中每一个符号都可按照规定的关键字译成已知其意义的另一个符号。例如我见了一封信和参加一次葬礼,如果我查一本"详梦书",则发现"信"必须译成"麻烦",而葬礼应译成"订婚"。我以后要做的就是把以此方法破译出来的那些关键字重新加以结合,而将其结果用以预示未来。在达尔狄斯的阿尔特米多鲁斯[①]所写的一本释梦的书中,人们发现译码过程有一种有趣的改变,在一定程度上纠正了这种方法的纯机械性质。他的方法不仅考虑到梦的内容而且考虑到了梦者的性格和具体情况,所以同一梦的元素对富人、已婚者或演说家是一种意义,对穷人、单身汉或商人又是另一种意义。然而,译码法的实质在于解释工作并不针对梦的整体,而是针对梦内容的各个独

---

① 达尔狄斯的阿尔特米多鲁斯大概生于公元二世纪初叶,为我们留下了在希腊罗马时代曾经应用过的最完备而细致的释梦著作。如提奥多·甘珀茨(1866,7以下)所指出,他坚持释梦应以观察和经验为根据的重要性,并为他自己的释梦艺术与他人的错误想法之间做出了严格的区别。根据甘珀茨的说法,他的释梦原则相当于魔术,即利用联想原则。梦中的事情意味着心中想到的事情——不用说,是指释梦者心中想到的事情。由于梦的元素可以唤起释梦者心中各种不同的事情,而不同的释梦者想起的事情各不相同,因此任意性和不确定性就是必不可免的了。我在本书所描写的释梦技术在本质上不同于古代方法,它把释梦工作交给梦者本人,它所考虑的不是梦中某一特殊元素与释梦者想起的事情的关系,而是与梦者想起的事情的关系。然而根据一位传教士芬克狄基的最近报告(1913[516—17和523]),表明现代东方释梦者也重视与梦者的合作。他提到美索不达米亚的阿拉伯人中的释梦者时说:"为了对梦做出正确的解释,最高明的详梦者要从梦者的大量具体情况中发现自以为最重要的情况以便达到正确的解释……总之,这些详梦者不放过任何一点,只有在掌握了所询问的全部必要答复之后才做出解释。"在这些询问中照例包括与梦者亲人——父母、妻子和子女——有关的问题,也包括另一类典型问题,甚至如"你在做梦前后是否与你的妻子性交过?"[释梦的主要思想在于用梦的相反内容去解释梦。]

94

立部分,好像梦是一种地质混合物,其中每一块岩石都需要个别的鉴定。毫无疑问,释梦的译码法必定是受到不连贯和混乱的梦的启示才发明出来的①。

毫无疑问,有一个时期,这两种流行的释梦方法都被认为不能对梦作科学的处理。象征法在应用上有局限性,不能解释所有的梦,而译码法则一切有赖于"关键字"的有无价值,即梦书是否可靠,我们对此都无法保证。因此人们遂不得不同意哲学家们和精神病学家们的看法。像他们那样,把释梦问题视为纯粹空想而拒绝考虑②。

但是我更好地懂得,我在此不得不再一次认识到,在我不常遇到的一些梦例中,古代死守不放的通俗看法似乎比现代科学观点更为接近真理。我必须坚持,梦确实包含着意义,用科学方法释梦

---

① [1909年增注]阿尔弗雷德·罗比泽克博士向我指出,(我们仿效得很蹩脚的)东方"详梦书"中对梦成分的大量解释基于音和音与字和字之间的相似性。这些联系在翻译中必定会消失,这个事实说明了我们自己的流行梦书为什么晦涩难解。研究雨果·温克勒[著名考古学家]的著作中可以发现双关语在东方古代文化中占有非常重要的地位。——[1911年增注]古代最好的释梦例子就是以双关语为根据。阿尔特米多鲁斯[卷4,第24章,克劳斯译,1811,255]写道:"我还认为,阿里斯坦德尔给马其顿的亚历山大王的梦做出了令人愉快的解释。当时亚历山大围攻泰尔城,久攻不下,不禁因旷时日久而心烦意乱。一晚他梦见半人半羊的森林之神Satyr在他的盾牌上跳舞。当时阿里斯坦德尔正随军出征,侍候在侧。他将Satyr的希腊文原字一分为二,合拢来的意思为'泰尔是属于你的'(Tyre is thine)。亚历山大于是加强了攻势,终于成为该城的主人"——的确,梦与语言表达是如此的密不可分,以致费伦齐[1910]说得好,"每一种语言都有它的梦语言。"一般说来,将梦翻译成另一种语言是不可能的。我同样认为,我现在的这本书也是如此。[1930年增注]然而,纽约的A.A.布里尔以及在他之后的几个人,居然已成功地翻译了这本《释梦》。

② 当我完成了本书原稿以后,我发现了斯顿夫(1899)的一本著作,书中同意我的观点,即梦可证明有一种意义而且可以解释。然而他是用一种比喻性的象征来进行解释的,所以他的方法不能保证其普遍有效性。

95

是完全可能的。

　　我是通过以下途径认识这种方法的。多少年来,我怀着一种寻求治疗的目的,致力于阐明某些(如癔症性恐怖症、强迫性观念等)精神病理的结构。我之所以如此做,实际是始于听到了约瑟夫·布洛伊尔的那段重要的话,他认为这些被视为病理性症状的结构被解开了,症状自会消失(参见布洛伊尔和弗洛伊德,1895),如果可以把这样一种病态观念在病人心理生活中追溯到它的致病元素,这个观念就会随之消散,病人也可因此获得痊愈。考虑到我们其他医疗努力的失败以及这类精神障碍的复杂性,我觉得布洛伊尔指出的道路很有吸引力,虽然困难重重,我决心遵循这条道路直到能求得完满解释。关于这种方法所采取的最终形式以及我的努力所获得的结果,我将另作报道。正是在有关这些精神分析的研究过程中,我遇到了释梦的问题。我要病人保证告诉在脑中发生的与某一特殊主题有关的每一个观念和想法,其中也包括谈出自己的梦,因此使我联想到,从一个病态观念去追溯往日记忆而必然发生的一系列精神事件中,梦也起了一定的作用。将梦的本身作为症状对待并将释梦作为解除症状的方法,其间相隔只有一箭之遥了。

　　这方面包括了病人的某种心理准备。我们必须力求在病人心中产生两种变化:一是增加他对自己的精神感受的注意,二是排除平时的脑中筛选思想时所作的批评。为了他能集中注意进行自我观察,他最好能保持宁静,闭上双眼①。必须严格地要求他自始至

---

① [强调闭上双眼的适当性(古老催眠法的一种遗迹)很快就被弗洛伊德放弃了。]

终对自己所感知的思想放弃一切批评。所以要告诉病人,精神分析的成功与否,完全依靠他是否注意和报告他脑中浮现的一切,而不要因为觉得某个观念无关紧要或者因为看来没有意义就加以压制,以致误入歧途。对于脑中发生的观念和思想,必须采取绝对不抱偏见的态度。因为在正常事物的过程中,对于自己的梦或强迫性观念或其他病症,其所以达不到理想的解决,正是由于他所持有的批判态度。

我曾经在我的精神分析工作中注意到,正在进行反省的人的整个心灵结构完全不同于正在观察自己精神过程的人。与集中注意力于自我观察相比较,反省要进行更多的精神活动,自我观察者表情安详,正在反省的人则面容紧张,紧皱眉头,光是这一点就可以作为证明了。在这两种情况下,注意必定都很集中①,但是正在进行反省的人同时也正在运用他的批判官能,这使他把既已感知而进入意识的某些观念加以排斥和切断,不使它们追随对我们敞开的思想流,而且还用这种方法去对付根本未进入意识的那些观念,使它们在被感知前就被压抑下去。反之,自我观察者在唯一工作就是压抑他的批判官能。如果他成功地做到这一点,他要是进行批判就无法捕捉的无数观念就会进入意识之中。自我观察者利用这些获得的新鲜材料就可能解释他的病态观念和梦的结构了。这里所说的显然是指建立一种精神状态。它的精神能量(即流动注意力)的分配多少类似于入睡前状态——无疑也类似于催眠状态。当我们入睡时,由于某种思考活动(当然还有批评活动)的松

---

① [关于注意的功能后面还要讨论(593页)。]

弛,"不随意观念"便出现了。在清醒时,我们本来允许这种活动影响我们的观念进程(我们通常把这种松弛归因于"疲倦")。这些不随意观念出现以后,他们就变成了视觉意象和听觉意象(参见上文施莱麦契尔和其他人的话,49页以下[和71页以下])。① 在用于分析梦和病态观念的状态中,病人有目的地设法摈弃这种转变活动,并利用由此而节余下来的精神能量(或其一部分)努力追随当时出现的并保持着观念性质(此时不同于入梦时情境)的不随意思想。不随意观念于是就这样转变为随意观念了。

然而大多数人发现②,心灵要对"不随意观念"的出现采取这种态度而放弃对它们进行正常批判似乎是很难做到的。"不随意思想"很容易表现出强烈的抵抗,极力阻止自身的出现。如果我们相信伟大诗人和哲学家弗里德里希·席勒的话,那么,诗的创作必定要求与此相类似的态度。在他与哥尔纳的一段话中——我们得感谢奥托·兰克发现了这封信——席勒(写于1788年12月1日)在觉察他的朋友在抱怨自己缺乏创造力时写道:"在我看来,你的抱怨的原因似乎在于你的理性对于你的想象施加的限制。我将用比喻更具体地表明我的看法。如果理性过于严密地检查源源不绝来到自家门口的那些观念,似乎并不是一件好事,而且有损于创造力。孤立地来看,一个思想似乎微不足道和荒谬绝伦;但是紧随着的另一个思想可以使它变得重要起来,如果再与其他一些同等荒谬的思想相结合,则可以使它变成一个最为有效的环节。理性并

---

① [1919年增注]西尔伯勒(1909,1910和1912)通过直接观察观念转变的视象,对释梦作出了重大贡献[见下文334页以下,503页以下]。

② [本段于1909年增写,因此下一段第一句相应地做了更动。]

不能评断任何思想,除非它能将思想长久保留,足以等到与其他思想联系起来之后再去考察。另一方面,如果思想处在创造性的状态——在我看来——理性就会放松对大门的把守,于是观念就蜂拥而入,只是在这时,理性才对这些观念进行整体的审视和检查。——你的批判力,或者听凭你把它叫作什么,对于这种短暂无常的放肆行为感到羞耻和害怕。其实这种放肆现象在一切创造性心灵中都可以发现,正是它的或长或短的逗留才把有思想的艺术家和做梦的人区别开来。你抱怨自己缺乏创造力正是在于你对自己的观念抵制得太快,辨别得太严格了。"

然而,席勒所描写的理性在守卫大门时的松懈,无批判地采取自我观察的态度,都不是难于做到的。我的大多数病人听了我的第一次指示后大都能做到。我自己借助于记下浮现在脑中的观念,也完全能做到这一点。至于可以用于减少批判活动和增加自我观察强度的精神能量则可因各人指向具体内容的注意力不同而有相当大的区别。

我们从应用这种技术的最初步骤得知,我们所要注意的对象必须不是梦的整体,而是梦的内容的各个部分。如果我询问一个没有经验的病人:"你想到些什么与梦有关的事情?"他照例会觉得精神世界中是一片空虚。但是如果我把梦分割成片断向他显示,他就会告诉我有关每一片断的一系列联想,这些联想可以称之为梦的特殊部分的"背景思想"。因此我所用的释梦方法与通俗的、古老的、传统中的象征性释梦方法,在这个重大方面已不相同,而与第二种方法即"译码法"有相似之处。与"译码法"一样,它用的也是分段的而非整体的解释,它从一开始就把梦看成是

复合的性质,看成是一大堆精神构成物的混合体。[参见 418 页以下和 449 页]①

在我对神经症患者的精神分析过程中,我已分析过上千个梦例;但是我在目前介绍释梦的技术和理论时,并不准备利用这些材料。因为这些材料会引起别人的反对,他们认为这些梦来自精神神经症患者,不能用以推断正常人的梦。此外,还有一个理由迫使我不利用这些材料,即有关我的病人的梦的主题必然要涉及他们的神经症病史。因此每一个梦都需要做很长的介绍,而且对精神神经症的性质和决定性病因要加以探讨。加上这些问题本身十分新鲜和费解,就可能分散对梦问题的注意了。与此相反,我的目的在于利用我对梦的现在解释作为一个最初步骤,去解决更加困难的神经症心理学问题②。然而,如果我放弃我的主要材料,即我的神经症患者的梦,则留给我的就没有多少特殊内容了。我所剩下的只不过是我所认识的正常人偶然报告给我听的梦以及梦生活文献中援引的其他病例而已。遗憾的是,对于这些梦的分析实在发现不出梦的意义。我的释梦程序不像流行的译码法那么方便,只用一个固定的关键字就能译出梦内容中任何某个片断。与此相反,我却企图发现,在不同的人或不同背景的情况下,梦的片断内

---

① [释梦技术在后文将进一步讨论(522 页以下)。又见弗洛伊德(1923c)的头两节。另一个问题,即释梦在治疗的精神分析技术中的作用在弗洛伊德(1911e)中有所讨论。]

② [在第七章第五节,弗洛伊德已根据他的第一版序言中的纲要(xxiii 页),考虑到他评论主题的困难性,如他在 146 页注和 151 页注中所指出,他又往往对之置之不顾了。尽管他表明了自己的意图,他仍引用了他的病人的许多病例,而且不止一次地(如 149 页以下)讨论了神经症症状的机制。]

容可以隐藏着不同的意义,于是我只好分析自己的梦了,这些梦丰富而又方便,可说来自一个正常人,又与日常生活的机遇有着多种多样的联系。当然,有人会对我的这种"自我分析"的可靠性表示怀疑;而且还会有人对我说,根据这些梦可以任意作出结论。但根据我的判断,自我分析总比分析别人的梦事实上较为有利。无论如何,我们可以进行试验,看看我们的自我分析对梦的解释起到多大的作用。但是,在我自己内心深处还有别的一些困难有待克服,一个人暴露自己内心的大量隐秘事实,总难免犹豫不决,同时也不能确保别人不对解释产生误解。但我认为这些顾虑是可以克服得了的。德尔贝夫说,"每一个心理学家都有责任甚至承认自己的弱点,只要他认为有助于解决某个困难问题。"我还敢肯定,读者们最初对于我的言行轻率的关心不久就会让位于阐明这些心理学问题的兴趣了①。

因此我将挑选出我自己的一个梦来表明我的释梦方法。每一个这类的梦都需要一个前言。——所以我现在必须请求读者们暂时追随我的兴趣,和我一道去分析我生活中的细枝末节,因为这样一种转变,对于我们专心致志于发掘梦的隐匿意义是绝对需要的。

前　　言

1895年夏天,我一直为一位年轻的妇女进行精神分析治疗,她和我以及我的全家都是十分友好的。人们很容易理解,这样一

---

① 然而,我不得不补充说,由于上述一切的限定,我从未对自己的任何梦例提供过我已知的完全解释。我对于读者们的判断力不过分信任,也许是明智的。

种复杂关系可以成为医生特别是精神治疗医生的许多不愉快感情的根源。医生的个人兴趣越大，他的权威就越小。而任何失败都可招致与病人家庭的原来友谊的破裂。这次治疗以部分成功而告结束；病人已解除了她的癔症性焦虑，但还没有消除所有躯体症状。当时我对癔症病史最后结束的标准还不十分清楚，而对病人提出了一个她似乎不大愿意接受的解决办法。由于意见分歧，我们在暑假就中断了治疗。一天，我的一位年轻的同事，也是我的一位老朋友，在拜访了我的病人爱玛及其家庭的乡居之后又来看望我。我问他发现爱玛的病情如何，他回答说："她好些了，但还不是很好"，我意识到我的朋友奥托的话中有话，或者他那说话的腔调，都使我感到烦恼。我猜想他的话中包含着谴责，或许意味着我对病人的许诺太过分了；不管是好是坏，我把奥托站在反对我的立场归咎于他受了我的病人家属们的影响，他们似乎从未赞成过我的治疗。然而我对这种不适意印象并未清楚觉察也没有流露任何表情，只是当晚我将爱玛的病史全部写出，想把它送给 M 医生（是当时我们圈子里的权威医生，也是我的朋友）以便证明我自己的正确无误。当晚（也许次日凌晨）我就做了下面的梦，醒后立即把它全部记了下来。①

---

① ［1914 年增注］这是我进行详细分析的第一个梦［弗洛伊德在《癔症研究》（布洛伊尔和弗洛伊德，1895）曾探索着试图分析自己的梦。在爱玛·冯·N. 夫人病历中 5 月 15 日条目的一个长注可以发现提到了这些企图。编者导言中摘引了本段全文（xiv 页）］。

1895年7月23日—24日的梦

一个大厅——我们正在接待很多客人,爱玛也在宾客当中。我马上把她领到一旁,好像是回答她的来信,并责备她为什么还不采用我的"办法"。我对她说,"如果你仍然感觉痛苦,那是咎由自取。"她回答说:"你是否知道我的喉咙、胃和肚子现在是多么痛,痛得我透不过气来了。"我吃了一惊,注视着她。她看起来苍白而浮肿,我想一定是我疏忽了某种器质性疾病。我把她领到窗口,检查她的喉咙,她先表示拒绝,像一个镶了假牙的女人那样。我想她倒真的是不需要检查的——后来她适当地张开了口,我发现她的喉咙右边有一大块白[①]斑,其他地方还有一些广阔的灰白色斑点附着在奇特的像鼻内鼻甲骨一样的卷曲结构上。——我立即把M医生叫了过来,他重新检查了一遍并证明属实……M医生看上去和往常不同;他脸色苍白,走路微跛,而且下巴刮得很干净……我的朋友奥托也正站在她身旁,我的朋友利奥波特隔着衣服叩诊她的胸部说:"她的胸部左下方有浊音。"他又指出她的左肩皮肤上有一块浸润性病灶(虽然隔着衣服我也能和他一样地注意到患处)……M医生说:"这肯定是感染了,但是不要紧;就会发生痢疾,毒物会排泄出去。"……我们都很清楚是怎样感染上的。不久以前,因为她感到不舒服,我的朋友奥托就给他打了一针丙基制剂,丙基……丙酸……三甲胺(这个药名以粗

---

① [1942年版"白"这个字省掉了,显然是偶尔漏掉的。]

103

印刷体呈现在我的眼前),不应该如此轻率地打那种针而且当时注射器可能也不干净。

这个梦比其他的梦有一个有利之处。这个梦的一些事明显地发生在前一天。我的前言中说得清楚,奥托告诉我关于爱玛的病情以及我一直写到深夜的病史,到我入睡后仍继续盘踞在我的脑中活动不已。然而,凡是只读了我的前言和知道梦的内容本身的人都不明了梦的意义何在。连我自己也不清楚。爱玛的梦中向我抱怨的那些症候使我大吃一惊,因为这些症状与我对她治疗时的并不相同。对于注射丙酸的无意义想法以及 M 医生的安慰之词,我都付之一笑。梦的结尾比开头时似乎更为模糊,速度更快。为了发现梦的全部意义,我作了以下的详细分析。

分　　析

一个大厅,我们正在接待很多客人。我们正在贝尔维尤度夏,这是耸立在卡赫伦堡①附近一座山顶上的一所高楼。这所房屋原是设计作为招待场所的,所以它的接待室特别高大宽敞,像一个大厅。我是在我妻子生日的前几天,在贝尔维尤做这个梦的。做梦的前一天我的妻子告诉我,她希望在她生日那天邀请一些朋友前来宴会,也包括爱玛在内,因此我的梦预示了这个情况:在我妻子的生日那天,我们正在贝尔维尤的大厅接待包括爱玛在内的许多客人。

我责备爱玛为什么还不采用我办法;我对她说,"如果你仍然

---

① 〔紧靠维也纳的山名,为避暑胜地。〕

感觉痛苦,那是咎由自取。"我应当在觉醒时对她这样说的,也许我确实已经这么说了。当时我的看法是(虽然后来我认识到这种看法是错误的):只要我能对病人说出隐藏在他的症状背后的意义,我就算完成了任务,至于他是否接受我的办法——即使这个办法关系到治疗的成败,我认为自己是没有责任的。我很高兴有这个错误(幸而现在已经纠正了)因为有时我难免有所疏忽,但我仍可被认为能把病治好,于是我的日子就好过一点了。可是我注意到,我在梦中对爱玛说的那些话,无非是急于想表白自己,如果她现在有病未愈,我可不能负责。如果过错在她,那就不在我了。梦的主要目的难道不可能就在这一小段吗?

爱玛抱怨说,她的喉咙、胃和肚子疼痛,痛得她透不过气来。胃痛是爱玛原来就有的症状,但是不很明显;她常常感到恶心想呕吐。至于喉咙痛和肚子痛以及喉部阻塞则是她病中几乎没有的事。我很奇怪我为什么在梦中选择了这些症状,至今仍然想不出任何理由。

她看起来苍白而浮肿。爱玛总是面色红润,我怀疑梦中是另一个人代替了她。

我吃了一惊,想到必定是我疏忽了某种器质性疾病。大家不难相信,一个专治神经症患者的医生总是有这种担心,生怕把其他医生视之为器质性的许多症状,习惯上统统归之于癔症。另一方面,我也暗自怀疑,但是不好启齿,就是我并没有完全真的吃惊。如果爱玛的病痛果真是器质性的,我就可以不再对治好她的病负责了:我只专门医治癔症的病痛。实际上,我倒是真正希望我的诊断是错误的;因为如果是这样,我就可以不必因为治不好病而自责了。

我把她领到窗口,检查她的喉咙。她先表示拒绝,像一个镶了假牙的女人那样。我想她倒真的是不需要检查的。我从来没有机会检查爱玛的口腔。梦中发生的情景使我想起了不久以前我替一位女行政人员进行的一次检查:一眼望去她很年轻美貌,但是要她张开嘴巴时,她却千方百计掩饰她的假牙。这又使我想起其他一些医学检查,想到检查时没有什么秘密可以隐藏——弄得双方都很扫兴。"我暗想她倒真的是不需要检查的。"起初无疑是想对爱玛的称赞;但是我怀疑还有另外一层意思。(如果一个人想仔细地进行分析,他就会感到自己是否已经竭尽所思。)爱玛站在窗口的情景突然使我想起另一次经历。爱玛有一个亲密的女朋友,我对她印象很好。有一晚我去拜访她时,我发现她正站在梦中那个窗口位置接受检查,她的医生就是梦中的那位 M 医生,医生说她有一块白喉般的膜。M 医生的形象、斑膜,后来都在梦中再现了。现在我才想起,最近几个月来我有充分的理由怀疑这另一个女人也是一个癔症患者。真的,是爱玛向我泄露了这个事实。我知道了她的一些什么病况呢?有一点是绝对正确的,就是像梦中的爱玛那样,她患有癔症的窒息。所以在梦中我把爱玛和她的朋友对换了。我现在回想起,我常以为她也会来请我替她治病,清除她的症状。但我又以为不大可能,因为她是一个非常保守的女子。她表示拒绝就像梦中那样。另一个理由是她倒真地不需要检查:她直到现在都表示她的身体很结实,可以料理自己而无需外来帮助。剩下的几个特征:苍白、浮肿、假牙,我在爱玛和她的朋友身上都发现不出,假牙使我想起我提到过的那个女行政人员;我现在觉得我一想坏牙我就感到满意；我于是又想到了另外一个女人，这些特征也许指的就是她。她也不是我的病人，我也不希望她成为我的病人，因为我注意到她在我面前总是忸怩不安，所以我不敢想她会是一个顺从的病人。她平时面色苍白，有一次她身体特别好的时候，看起来却好像浮肿①。因此我就用了另外两个同样拒绝治疗的病人与我的病人爱玛互相比较。是什么理由使我在梦中用爱玛来代替她的朋友的呢？可能是因为我喜欢把她换掉，也许是我对她的朋友较为同情，或许是我认为她更聪明些。在我看来，爱玛似乎很蠢，因为她不接受我的办法。她的朋友则比较聪明些，就是说她比较容易接受些。所以她会适当地张开嘴巴，而且对我讲话比爱玛多些②。

在她的喉部，我看见一大块白斑，并有小白斑附着在鼻甲骨上。白斑使我想起爱玛那位朋友的白喉，但也使我想起大约两年前我的大女儿的重病以及在那些焦急的日子里的恐怖心情。那些鼻甲骨上的小白斑使我想了自己的健康状况。当时我正常服用可卡因来减轻鼻部的肿痛。前几天我听说我的一个女病人学我服用可卡因引起了鼻黏膜的大块坏死。我是在1885③年开始介

---

① 一直没有解释的关于肚子痛的抱怨，可以追溯到这第三个人。提到的这个人无疑是我的妻子；那肚子痛使我想起有一次我注意到了她的忸怩不安。我不得不承认在这个梦中我对待爱玛和我的妻子都不和善，但我得为自己辩护，因为我正是用好而顺从的病人标准在衡量她们。

② 我觉得这一部分梦的解释还不足以揭示出其全部意义。如果我继续把这三个人比较下去，就会离题太远。每一个梦至少总有一个深不可测的中心点，仿佛连结着未知的事物。［参见525页］

③ ［这是弗洛伊德发表论可卡因的第一篇论文日期1884年的误印。有关弗洛伊

绍可卡因用途的,这种推荐引起了对我的严厉指摘。这种药的误用加速了我的一位好友的死亡。这事发生在1895年[做梦日期]以前。

我立即把 M 医生叫进来,他重新检查了一遍。这仅仅反映了 M 医生在我们这几个人中的地位。但是"立即"却需要加以特别的解释。[见下文513页]它提醒我在治病时的一幕悲剧。有一次我要一位女病人过多地服用了当时以为没有副作用的索弗那(二乙眠砜),结果引起了严重中毒,于是匆忙地请求我的有经验的上级同事的帮助和支持。一个附带的情节证实了我确实记得这次意外的想法。那中毒而死的女人竟和我的大女儿同名。这是我以前从未发现的,但是它现在对我的打击,简直就像命运的报复。一个人为另一个人所代替好像还包藏了另一层意义:这个马蒂尔达代替了另外那个马蒂尔达,以眼还眼,以牙还牙。这也好似我在极力寻找每一个机会来谴责自己的缺乏医德。

M 医生面色苍白,走路微跛,而且下巴刮得很干净。他那不健康的面容确实面色苍白,常常引起他的朋友们的担心。其他两个特点只好用到另外某个人身上。我联想到我的大哥,他侨居国外,他的下巴刮得很干净。如果我记得不错的话,梦中的 M 医生和他的面貌也很相似。几天以前有人说他由于髋部患关节炎而走路微跛。我想梦中把这两个人混为一人,其中必有原因。我于是记起了我对他们两个人的情绪不佳有一个共同的原因,就是他们

德涉及可卡因的工作的详细叙述可见琼斯的《弗洛伊德传》的第1卷第6章。从那里可以看出这位好朋友是指 F.冯·马克松(见482页注)。关于这件事的间接暗示可参见170以下,206,216以下,484等页。]

两人最近都拒绝了我向他们提出的某个建议。

我的朋友奥托也正站在病人身旁,我的朋友利奥波特正在为她做检查,同时指出她的胸部左下方有浊音。我的朋友利奥波特也是一个医生,是奥托的一个亲戚。由于他们二人都是医学界专家,注定要互相竞争,也不断地要比个高低。当我仍在一所儿童医院①主持神经科门诊部时,他们二人都有好几年当过我的助手。梦中出现的这一景象常常在那里发生。有时我和奥托正在讨论一个病案的诊断时,利奥波特会将儿童再检查一次,而且会对我们的决断作出意外的贡献。他们二人在性格上的差异就像地主管家布拉西格和他的朋友卡尔一样②:奥托敏捷、快速;利奥波特则缓慢而可靠。如果我在梦中把奥托和稳重的利奥波特作了比较,我肯定地推荐了后者。

我那不顺从的病人爱玛和我认为比较聪明的她的朋友之间的比较,也带有类似性质。我现在发现了梦中观念联想的另一个路线:从病孩到儿童医院——胸部左下方有浊音使我记起一个特殊的病例,细节完全相同。利奥波特也发现了浊音,他的精细彻底使我留下深刻印象。我还模糊地想到一种转移性疾病的某种性质,但是这种性质也使我想到要是爱玛就是那个病人该有多好,一直到现在我所能断定的,爱玛得的病差不多和结核病完全一样。

她的左肩皮肤上有一块浸润性病灶。我马上看出这是我自己

---

① 〔这个医院的详情见克里斯为弗利斯通信集(弗洛伊德,1950a)所写导言的第2节。〕

② 〔这是一度流行的小说《我的务农日子的一个古老故事》中的两个主角。为弗利茨·洛伊特尔(1862—1864)用梅克伦堡方言所写,1878年译为英文。〕

左肩的风湿病。每当我坐到深夜,它照例要发作。而且梦中"我和他一样地……注意到患处"这句话非常含混不清;我注意的是我自己身体的患处,也就是说,"皮肤有一块浸润性病灶"这句不寻常的话也引起了我的注意。我们已习惯于讲"左上后部浸润性",这指的是肺部,因此又一次提到肺结核。

虽然隔着衣服。这无论如何只是一句插话。我们在医院中检查儿童通常总是脱掉他们的衣服,这句话对成年女病人进行检查来说带有对比的意思。据说有一位名医在进行体格检查时从未叫他的病人脱过衣服。我再也看不出有什么别的意思了。老实说,我也不想更深入地分析这一点。

M医生说:"这肯定是感染了,但是不要紧,就会发生痢疾,毒物就会排泄出去。"我开始觉得这句话很滑稽。但与其余部分一样,必须仔细地加以分析。进一步推敲,其中也似乎不无道理。梦中我发现病人患的是局部性白喉,我记得我女儿病重时曾讨论过局部性白喉和白喉,后者为全身感染,系由前者所引起。利奥波特指的是由浊音部位引起的这种全身感染,因此浊音部位可视为一种转移性病灶,我似乎想到,像这样的转移实际上不发生于白喉;它使我想起了脓毒症。

不要紧。这好像是一句安慰之词,从下面所说看,这句话倒也适合:梦的上半部内容是我的病人的痛苦来自一种严重的器质性病患。我开始怀疑我仅仅是想转移我自己的罪疚,即认为精神治疗不能治愈长期的白喉。然而我良心又觉得不安,因为我为了洗刷罪责,竟想出了这么严重的疾病把它加到爱玛身上,这未免太残酷了。因此我非得保证最后一切都会平安无事。而且在我看来,

110

最好的办法似乎莫过于把这句安慰话从 M 医生口中说出来。但这样一来，我对梦又采取了一种超越的态度，这种态度本身又需要进一步解释。

为什么这句安慰之词是这么荒唐的呢？

痢疾 似乎很早就有一种理论，认为致病物质可以从粪便中排出。难道是我在取笑 M 医生吗？因为他常常做些古老的解释而且提出大家意料不到的想法。我又想起了一件有关痢疾的事。几个月以前，我替一个年轻人看病，他有明显的肠道病症状，其他医生诊断为"营养不良贫血症"，我却认出是癔症，但是我不愿意为他采用精神治疗，就劝他去做一次海外旅行。几天以前，我接到他从埃及寄来的一封令人沮丧的信，说他又发了一次病，一位当地医生诊断是痢疾。我怀疑这是个误诊，是一个粗心大意的医生没有看得出是癔症。但是我也不禁责备我自己把我的病人弄到如此地步，或许他正发作癔症的肠道病时又得上了某种器质性疾病。此外，[在德文中]痢疾（Dysenterie）的发音和白喉（Diphtherie）很相近似，痢疾这个带恶兆的字在梦中并未出现。

是的，我想起了，M 医生说出了"会发生痢疾……等等"这种安慰性的预后，我必定是在取笑他，因为我想起了几年前他亲自告诉了我另一个医生的一件类似的医疗故事。M 医生被那位医生请去会诊一个垂危的病人，他由于看到他的同事太乐观了，于是不得不指出他在病人的尿中发现了白蛋白。他的同事虽不曾明说"不要紧"，但却说过"白蛋白不久会排泄掉的"。所以我不再怀疑梦的这一部分正是嘲笑我的那些看不出癔症的同事们的，而且好像为了要证实我的想法，我又出现了一个念头："M 医生是否认出了他的病人（爱玛的朋友）患有癔症和结核病共同具有的症状呢？他准确地看出是癔症了吗？还是误诊了呢？"

但是我如此之坏地对待自己的朋友到底有什么动机呢？这很简单，因为M医生和爱玛本人一样不同意我的"办法"。所以我在梦中一举而报复了两个人。对爱玛说："如果你仍然感觉痛苦，那是咎由自取。"而对M医生则借他的口说出那荒唐的安慰之词。

我们都很清楚是怎样感染上的。梦中这句直截了当的话是很奇怪的。因为感染只是利奥波特发现的，在此之前我们一无所知。

因为她感到不舒服，我的朋友奥托就给她打了一针。实际上是奥托曾经告诉我，当他拜访爱玛一家并作短期逗留时，隔壁旅馆有人患急症请他去打了一针。这些打针的事又使我想起那因使用可卡因中毒致死的不幸朋友。[见111页注]我建议他只有在戒除吗啡时才可以口服可卡因，不料他马上给自己打了一针可卡因。

打了一针丙基制剂……丙基……丙酸。我实在想不出这些是什么药。在我写病史和做梦的当晚，我的妻子打开了一瓶酒，商标字样为"安娜纳丝"①，是我的朋友奥托送的礼物；他有一个每逢有机会就送礼的习惯。我希望有一天他能找到一个妻子可以治好他这个习惯②。这种酒散发出一股强烈的杂醇油味，以致我不想去喝。我的妻子建议把酒送给仆人喝。出于谨慎，我表示反对，而且

---

① 我必须补充说"安娜纳丝"这个字的发音与我的病人爱玛的姓很近似。

② [1909年增注，1925年以后都删去]梦中这方面并未成为预言，但另一方面却带有预言性。因为我的病人的"未解决的"胃痛（我担心因此受责）竟变成了由胆结石引起的一种严重疾病的预兆。

112

不无慈悲心肠地说,也不要使他们中毒。这杂醇油(amyl…戊基)无疑使我想起了 propyl(丙基),methyl(甲基)这一类药物,从而使梦中的丙基制剂得到了解释。我确实在梦中实现了一种替换:我在闻到了戊基之后梦见了丙基。但是这种替换在有机化学中也许是容许的。

三甲胺(Trimethylamin) 我在梦中看到了这种物质的化学结构式,足以证明我的记忆力在这方面费了很大工夫。而且,这个结构式是用粗黑体印出的,好像要在前后情节中突出某种特殊重要性。那么这个三甲胺要把我的注意引向何方呢?它使我想起与另一位当年思想彼此了解的多年老友的谈话[①];他当时向我吐露了有关性过程化学性质的某些想法,在提到的这些想法中,他相信三甲胺就是性的新陈代谢的产物之一。因此,这种物质使我想到了性欲。我认为这是我所要治愈的神经错乱病因中最为重要的因素。我的病人爱玛是一位年轻的寡妇;如果我要为我对她医治无效找一个借口的话,她的寡居正是一个最好的借口。当然她的朋友们是不高兴这种说法的。但是我感到真是奇怪,我在梦中用来代替爱玛的另一个女人,恰恰也是一个年轻的寡妇。

我开始猜想三甲胺的化学结构式为什么在梦中特别突出。许多重要的问题汇集到了这个字上。三甲胺不仅暗指着性欲这个强有力的因素,而且隐喻着总是对我表示同意的一个人。每当我的意见受到围攻时我就愉快地想起了他。在我一生中起着如此重要

---

① 〔这就是威廉·弗利斯,柏林生物学家兼鼻喉科专家,他在本书出版前些年对弗洛伊德有很大影响,在弗洛伊德的文章中,常常匿名地提到他,见弗洛伊德(1950a)。〕

113

重大作用的这位朋友,在我这些联想中肯定是又会出现的。的确,他对鼻腔及其鼻窦疾病具有专门知识,并唤起人们对鼻甲骨与女性性器官之间某种显著关系的注意(见爱玛喉部的三个卷曲的形状)。我曾经要爱玛去他那里检查她的胃痛是否与鼻腔有关。但是他自己正患着化脓性鼻炎,使我很担心;无疑这是暗指脓血症,与梦中转移有关,它是隐隐潜入我的脑海的①。

打这样的针是不应该如此粗心大意的。此处把粗心大意作为理由直接反对我的朋友奥托。我似乎记得当天下午从他所说的话和表情中都表明了他用同样的态度在反对我,其中有这样的意思:"他的思想多么容易受影响,他多么粗心地急于下结论!"——除此而外,梦中的这句话使我再一次想起我那因急于注射可卡因而死去的朋友。我已说过,我再也没想到用这种药打针。我还注意到在责备奥托用药时,我又一次联想到不幸的马蒂尔达的故事。这也可用来作为责备我自己的理由。这里显然是在搜集例子用以证明我有医德,但是也说明了事情的相反一面。

而且当时注射器可能也不干净。这又是对奥托的一次责备,但是起因不同。我曾有过一个82岁的年老女病人②,每天必得给她打两针吗啡。昨天我偶然碰见了她的儿子。他告诉我她现在正在乡下,而且患了静脉炎。我立即想到可能是注射器不干净引起

---

① [梦中这一部分以后还要进行详细分析(294页以下)。弗洛伊德在他早年《科学心理学设计》一书的第一部分第21节的移置作用机制中已用此分析作为例子,此书写于1895年秋季,后被印成弗洛伊德(1950a)的附录。]

② [这个老妇人经常出现在弗洛伊德这一时期的著作中,见后文239页及《日常生活精神病理学》(1901b)第8章(b 和 g)和第12章(Cb)在1901年7月8日给弗利斯的一封信中,(弗洛伊德1950a,第145封信)提到了她的死亡。]

114

感染所致；我不禁为我两年来未曾一次使她发生感染而自豪。我总是不怕麻烦地要使注射器保持干净。总之，我是有医德的。静脉炎又一次使我回忆起我的妻子；她在一次妊娠中患了血栓。现在一共有三个人出现在我记忆之中，即我的妻子、爱玛和死去的马蒂尔达。这些情况的同一性显然使我能把这三个人在梦中互相替换。

我现在已完成了这个梦的解释①。在释梦时，对梦的内容和隐藏在它背后的隐念进行比较，很难不受因这种比较而引起的全部观念的牵制。与此同时梦的"意义"也对我产生了影响。我渐渐觉得在这个梦中贯穿了一个意向，而这个意向必定也是我做梦的动机。这个梦满足了我的某些欲望，它们是用前一晚发生的事（奥托告诉我的消息以及我所写的病史）引起的。整个梦的结论乃是我对爱玛的病痛缠身不应负责，而是咎在奥托。实际上，正是奥托说出的关于爱玛的病未痊愈的话使我感到恼火，而在梦中我把谴责转嫁给了奥托，于是实现了我的报复。这个梦表明我对爱玛的病情不应负责还由于其他一些因素——产生了一大串理由。这个梦呈现出我所希望出现的一些事情的特殊情况。因此梦的内容乃是欲望的满足，而梦的动机却是一种欲望。

这样一来，梦中情节已大体分明。但是许多细节的意义却是从欲望的满足观点来考虑才逐渐显露出来的。我之报复奥托不仅是因为他急于站在另一边来反对我，遂把他表现为在医疗处理上

---

① ［1909年增注］在释梦过程中我没有把梦中发生的全部细节报告出来，这是可以理解的。

(打针)粗心大意,而且还因为他送了我掺有杂醇味的劣酒,因而在梦中我发现了一种把两种谴责合而为一的表现方式:即注射丙基制剂。这还不能使我满足,于是我继续寻求报复,把他和他的最有力的对手加以比较。我似乎是在说:"我喜欢他更甚于你。"但奥托不是我发泄愤怒的唯一对象。我对不服从我的病人也施加报复,用比较聪明而较少执拗的病人代替了她。我也没有放过M医生的抵触意见,不过只清楚地暗示他对病例看法的无知("将会发生痢疾,等等")。的确,我似乎想把他转换为一个更有学识的人(曾告诉我三甲胺的那位好友),正如同我把爱玛转换成她的朋友,把奥托变成利奥波特一样。"把这些人赶开!让我用自己挑选的另外三个人代替他们!然后我才能摆脱那些不应有的谴责!"这些谴责在梦中以最巧妙的方式证明了对我是毫无根据的。我不应为爱玛的痛苦受责,因为她不接受我的办法,乃是咎由自取。我与爱玛的痛苦无关,因为这种痛苦都是器质性的,根本不能用精神治疗法治愈。爱玛的病痛只能用寡居(参见三甲胺)才能做出满意的解释,这是我无能为力的。爱玛的痛楚是由于奥托不慎注射了不适当的药剂而引起的——这是我绝对不会做的事。爱玛的苦痛是由于用不干净针头打针的结果,就像我那位老妇人的静脉炎——而我的注射从未引起过任何病患。我注意到,对于爱玛的病痛的这些解释(一致为了开脱我的罪责)彼此之间并不一致,甚至互相矛盾。整个辩护——此梦并无他意——使人生动地想起了一个人的辩护:他的邻居说他还了一把坏水壶。这个人为了辩护,先说他还的水壶并无破损,然后说他借的水壶上面原来就有一个洞,最后他干脆说根本没有向邻居借过水壶。说起来真是头头是道,只要这三条辩护理由中有一条被认为是真的,这个人就可被判无罪了①。

还有其他一些主题在梦中也发生了作用,不过与我对爱玛疾病的解释无显著联系,它们是:我女儿的病,我的病人的同名,可卡因的有害效果,我那在埃及旅行的病人的疾病,我对我妻子、兄弟以及M医生等人健康的关注,我自己的疾病,我对梦中未出现的患化脓性鼻炎朋友的忧虑。然而当我把所有这些梦景加以考虑时,它们都可被集合为一组观念,可称之为"关心我自己和其他人的健康——职业良心"。我记得当奥托告诉我有关爱玛的病情时我曾隐约有过一种不愉快感。在梦中发生作用的这一组思想促使我把这种转瞬即逝的印象转为语词,仿佛奥托在对我说:"你没有严肃地尽到医生的职责,你没有医德,你没有实现你的承诺。"随后,这一组思想似乎便自动地听从我的支配,所以我就能证明我有高度的职业良心,我如何深深地关怀我的亲戚、朋友和病人们的健康。值得注意的是,这些材料中也包括了一些不愉快的回忆,它们支持奥托的指责而不是为我自己开脱罪责。有人也许会说,这种材料是不偏不倚的;但是在作为梦的依据的这一组比较广泛的思想与表现为我期望对爱玛的疾病不负责这一有限梦题材之间,显然是有联系的。

我不打算佯称我已揭示了此梦的全部意义,我也不想说我的释梦是尽善尽美的。对这个梦我仍然可以花费更多的时间,从中获取更多信息,也可以讨论由此而产生的新问题。我自己还知道

---

① [在弗洛伊德的论诙谐(1905c)一书第2章第8节,第7章第2节与本段有关时讨论了这个故事。]

117

可以从哪些要点去追寻思想线索。但是因为我对自己的每一个梦总有一些考虑,我就不再继续我的解释工作了。如果有人急于责备我的言不尽意,我就劝他自己去做比我更为坦率的试验。当前我已满足于获得了这项新的发现:梦确实是有意义的,远不是如一些权威们所说的那样,是大脑的部分活动的表现。当释梦工作完成之时,我们就会知道梦是欲望的满足①。

---

① 〔在 1900 年 6 月 12 日给弗利斯的一封信中(弗洛伊德 1950a 第 137 封信),弗洛伊德描述了一次重访伯尔维尤,即梦中的那座房屋。他写道,"你们可曾想到,总有一天屋内会放上一块大理石,上面刻着:1895 年 7 月 24 日在此屋内,西格蒙德·弗洛伊德博士发现了梦的秘密。"当时似乎还没有预料到这一点。〕

第 三 章

梦是欲望的满足

当我们穿过一条峡谷,爬上一片高地,大路向不同方向延伸,美景尽收眼底时,我们最好能暂停片刻,考虑下一步应该选择什么方向。这正是我们现在的处境,因为我们已爬上释梦的第一个顶峰[①]。这个突然的发现使我们耳目为之一新。梦并不是代替音乐家手指的某种外力在乐曲上乱弹的无节奏鸣响[见 78 页];它们不是毫无意义,不是杂乱无章;它们也不是一部分观念在昏昏欲睡而另一部分观念则刚刚醒来。相反,它们是完全有效的精神现象——是欲望的满足。它们可以被插入到一系列可以理解的清醒的心理活动之中;它们是心灵的高级错综复杂活动的产物。

但是正当我们为这一发现而欢欣鼓舞时,一大堆攻击性问题

---

① [在 1899 年 8 月 6 日给弗利斯的一封信中(弗洛伊德 1950a,第 114 封信)弗洛伊德在本书第一章开始处有如下描述:"全书的计划按照一种漫步的手法,首先进入各派的一片黑暗的森林之中(他们无法看见树木),一片朦胧,随时可以误入歧途。"然后通过一条布满洞穴的山径——用自己的一个充满轻率言行和戏谑细节的独特梦例——我引导读者们突然攀上一个高地,视野顿开,于是问道:"你们要继续走哪一条路?"]

却接踵而来。如果按照这个释梦理论,即梦是欲望的满足,那么,表现欲望满足的突出而又奇特的形式的来源又是什么呢？在构成我们醒来后记得的显梦之前,梦念又发生了一些什么变化呢？这种变化是怎样发生的？转变成梦的那些材料从何而来？在梦念中可以发现的许多特性——如它们的相互矛盾,(参见借水壶的比喻,120页)又是如何引起的？梦对我们的内心精神过程能揭示出一些新东西吗？梦内容能修正我们白天所持有的意见吗？

我建议把所有这些问题暂搁一旁,只沿着一条特殊道路追寻下去。我们已经知道梦可以代表欲望的满足,我们首先要问,这是梦的一个普遍特性还是如我们初次分析的仅是一个特殊的梦（爱玛打针的梦）内容。因为即使我们准备发现每一个梦都有其意义和精神价值,但这一意义不是在每个梦中都相同这一可能性仍然存在。我们的第一个梦是欲望的满足；第二个梦则可以是惧怕的表现；第三个梦的内容可以是一种沉思；第四个梦又可以仅仅是记忆的再现。除了这一个梦外,我们会发现其他欲望的梦吗？或者除了欲望的梦外难道就没有其他的梦了吗？

要证明梦所显示的往往是不加掩饰的欲望满足并不困难；因此梦的语言长期不为人所理解似乎令人感到惊讶。譬如有一种梦,就像做实验那样,只要我高兴,就能将它唤起。如果我在晚上吃了鳀鱼、橄榄或任何太咸的东西,夜间就会因口渴而醒来。但是在醒前往往做一个内容大致相同的梦,就是我正在喝水。我梦见我正用大碗牛饮,那水的滋味就如焦干的喉咙尝到清泉一般的甘美。我然后醒来感到自己真的想喝水。这个简单的梦是我醒来后感到口渴所引起的。渴引起饮的欲望,而梦则向我证实了欲望的满足。所以做梦是在执行一种功能——这是不难猜到的。我的睡眠向来很深沉,任何躯体需要都不容易把我唤醒。如果我能梦见我在饮水解渴,那么我就用不着醒来再去饮水。所以这是一种方便的梦。做梦取代了往往是生活中别处发生的动作。遗憾的是,我的饮水解渴的需要,不能像我对我的朋友奥托和 M 的进行报复那样用梦来求得满足,但是两个梦的意向却是一样的。不久以前,我又做了一个稍有改变的同样的梦。我在入睡以前就感到了口渴,便把床边桌上的一杯水一饮而尽。当晚几小时以后,我又觉得渴得要命,这一次结果却不是方便的梦了。为了要拿到一些水,我必须起身去拿我妻子床旁桌上的玻璃杯。我于是做了一个恰如其分的梦,梦见我的妻子正用一个瓶子给我饮水。这个瓶子其实是我在意大利旅行时买回来的一个伊特鲁斯坎骨灰罐,早已送给人了。但是罐内的水非常咸(显然是因为罐里的骨灰)以致惊醒过来。可以注意到,在这个梦中一切都安排得很妥善。因为它的唯一目的就是满足一个欲望,所以完全是利己主义的。贪图安逸和方便与体贴别人是水火不相容的。梦见骨灰罐也许又是另一个欲望的满足。我很可惜这个骨灰罐已不属于我了——正如我妻子桌上的那杯水也不是伸手可及的。这骨灰罐与我口中感到的越来越咸的味道也是切合的,其目的是迫使我醒来[①]。

像这样一类方便的梦在我年轻时经常发生。就我记忆所及,

---

① 韦安特(1893,41)深知口渴的梦,因为他写道:"渴的感觉比其他感觉更为真切;它总是引起正在解渴的观念。梦中表现的解渴方式各不相同,其特殊性随最近记忆的不同而异。这些方式的另一个普遍特征是紧随解渴观念之后对想象中解渴所产生的无效深表失望。"然而韦安特忽略了一个事实,即对刺激作出的梦反应总是普遍有

我已习惯于工作到深夜,早晨往往难以起床。因此我常常梦见自己已经起床而且站在脸盆架旁边;片刻之后,我就明明知道自己真地还未起床,但同时我却多睡了一会儿。一个和我一样贪睡的年轻同事医生,曾向我讲了一个特别有趣的懒散的梦,其表现的方式非常别致。他住在医院附近的一个公寓里,他吩咐女房东每天早上严格按时喊他起床,但是她发现这并不是一件容易的工作。一天早晨,他睡得似乎特别香甜。女房东进房喊道:"佩皮先生,醒醒吧,是到医院上班的时候了!"他听到喊声后做了一个梦,梦见自己躺在医院病房的一张床上,床头挂了一张卡片,上写:"佩皮,H,医科学生,22岁。"他在梦中对自己说,"我已经在医院里,所以无须再去医院了"——于是翻了一个身又继续睡着了。他就是这样坦白承认他做梦的动机的①。

再说一个梦例,也是说明在真实睡眠中刺激对梦产生的影响。我的一个女病人,不得已做了一次不很成功的下颚外科手术。医生要她在脸的一侧日夜带上冷敷器,但是她一到睡着了时就往往把它扔开了。一天,当她又把冷敷器扔到地板上时,医生要我严厉地责备她几句。她回答说,"这一次我是真地忍不住要这样做的。因为我在晚上做了一个梦,梦见我正坐在歌剧院的包厢里,非常高兴地欣赏表演。但是卡尔·梅耶尔先生却躺在疗养所内,痛苦地

益的。有些人在夜间因口渴而醒来,并不一定有梦;这并不能用来反对我的试验,这不过表明他们是比我更差劲的睡眠者——[1914年增注]这方面可与圣经中"以赛亚"xx-ix,8;相比较。"甚至像一个饿汉做梦,梦见自己在吃,但醒后他的灵魂是空虚的,或者像一个渴者做梦,梦见自己在饮,醒来后看见他是虚弱的,但他的灵魂很有胃口。"

① [弗洛伊德给弗利斯的一封信中报道了这个梦,时间是1895年3月4日(1950a第22封信)——这是有关梦的欲望满足理论的最早记录。]

抱怨着下颚的疼痛。所以我认为,既然我没有任何疼痛,要这个冷敷器何用,于是我就把它扔掉了!"这个可怜的病人使我想到有些人在不愉快时经常挂在嘴边的一句话:"我应该说我能想些比这更愉快一些的事。"这个梦就是比较形象地表现了这个比较愉快的事。梦者把自己的痛苦转嫁给了卡尔·梅耶尔先生,也就是她偶然记得的熟人中最普通的一个年轻男子。

从我所搜集的正常人的某些梦例中,同样可以看出欲望的满足。我的一个朋友知道了我的理论并且告诉了他的妻子。一天他告诉我:"我的妻子要我告诉你,她昨晚梦见来了月经,你猜这是什么意思。"我当然猜得着,这个年轻的已婚妇女梦见来了月经就是意味着月经已经停止。我敢相信她是很想在挑起做母亲的重担以前还能多享受一些自由。这是通知她第一次怀孕的巧妙方式。我的另一位朋友写信告诉我,不久以前他的妻子梦见注意到自己的汗衫前部有一些乳渍。这也是表明怀了孕,但不是第一胎。这位年轻的母亲希望自己这一次能比第一次有更多的奶汁喂养她的第二个孩子。

一位年轻妇女因照料自己害传染病的小孩已连续几个星期没有参加社交活动。小孩痊愈后,她梦见出席一个舞会,在她遇见的人中有阿尔方·都德,保罗·布尔热和马尔赛·普雷沃斯特,他们待她都很和蔼而有风趣。这些作家都酷似他们的画像,只有普雷伏除外,她从未见到过他的画像,而他看起来很像……前天到病房来熏烟的防疫官员,也是许久以来第一个拜访她的人。因此这个梦可以完全翻译为"现在该是停止长期照料疾病而搞些娱乐的时候了!"

这些梦例或许已经够说明梦仅能解释为欲望的满足,而且在最最经常和各种情况下，其意义也是一眼就可看得出来的，并无任何掩饰。它们大都是一些简短的梦，与混乱纷繁的梦适成鲜明的对比，而引起梦的研究者注意的主要是后一类梦。尽管如此，我们还是要停下来花点时间来考察一下这些简单的梦。我们可以期望在儿童身上发现梦的最简单形式，因为他们的精神活动肯定没有成人那么复杂。我认为就像研究低等动物的结构和发展有助于了解高等动物的结构和发展一样，探讨儿童心理学一定也有助于对成人心理学的了解。只是直到现在为止，还很少有人积极利用儿童心理学去达到这一目的。

幼儿的梦往往①是纯粹的愿望满足，因此与成人的梦比较起来，确实索然寡味，它们不表现出有待解决的问题，但是在提供证据以表明梦的深刻本质是欲望的满足上，却有无法估量的价值。我从自己孩子的材料中已搜集到这样的梦例。

我得感谢1896年夏季我们从奥西湖到可爱的乡村哈尔斯塔特②那一次旅游所做的两个梦。其中一个梦是我女儿做的，那时她才八岁半；另一个是她的五岁三个月的弟弟做的。我必须先说明一下，那年整个夏季，我们都住在奥西湖的附近山中，在那美好的季节，可以饱览达赫斯坦的秀丽景色。从望远镜内可以清楚地看到西蒙尼小屋。孩子们常常试用望远镜去看它——我可不知道他们是否看见了。在我们旅游出发以前，我已经告诉了孩子们，哈

---

① ［这个字于1911年所加。关于这个副词在《全集》(1925)卷3第21页有如下评论："经验表明，需要解释的化装的梦，在四五岁儿童已有发现；这与我们关于梦中化装的先决条件的观点是完全符合的。"］
② ［在上奥地利萨尔兹原麦古特地区。］

尔斯塔特位于达赫斯坦山脚下。他们渴望着这一天的来临。我们从哈尔斯塔特爬上埃契恩塔尔，一路上景色不断变化使孩子们高兴异常，但是他们当中那个五岁的男孩渐渐变得不耐烦起来。每看见一座新的山峰他就问是不是达赫斯坦，而我每次一定得说："不是，不过是山下的小丘。"他问了几次之后，就完全沉默不语了，而且干脆拒绝跟我爬上陡路去看瀑布。我猜想他是疲倦了，但是第二天早晨，他兴高采烈地对我说："昨晚我梦见我们都到了西蒙尼小屋。"这时我才对他有所了解。最初当我说到达赫斯坦时，他曾经期望在到哈尔斯塔特的旅游中爬上山去并亲眼看见经常在望远镜中看到的西蒙尼小屋。但是当他发觉别人总是用山丘和瀑布的话来搪塞他，他就变得失望而无精打采了。这个梦是一种补偿作用。我企图弄清梦的细节，但内容却是干巴巴的。他只是说，"你得爬六个小时的山路。"——这只是别人告诉他的话。

这同一次旅游也激发了我那八岁半女孩的愿望——这些愿望也只能在梦中得到满足。我们这一次带了邻居的一个十二岁男孩去哈尔斯塔特，他像一个风度翩翩的小男子，看来已有了博得这个女孩欢心的迹象。第二天早晨她告诉了我下面这个梦："真奇怪！我梦见埃米尔成了我们家中的一员，他喊你们做'爸爸''妈妈'，而且跟男孩子们一样和我们一起睡在大房间里。然后母亲走了进来，将一大把用蓝绿色纸包装的巧克力大棒糖丢在我们床下。"她的兄弟们显然缺乏释梦的遗传才能，只是学着当时一些权威们声称，这个梦是胡说，但女孩本人则为梦的一部分进行了辩护。而且从神经症理论的观点来看，可以知道她是为哪一部分辩护的。"当然，埃米尔成为我们家庭的一员这是胡说，但是巧克力棒棒糖那一部分不能算胡说。"这一点正是我没有弄清楚的,但女孩的妈妈为我作了解释。从车站回家的途中,孩子们在自动售货机前停了下来,他们已习惯于从这种机器购买包着闪闪发光锡纸的巧克力棒棒糖。他们很想买一些,但是他们的母亲正确地决定,这一天他们的愿望已充分地满足了,这一个愿望不妨带到梦中去满足吧!我自己没有看见这件事。但是被我女儿申斥的那一部分梦,我马上就明白了。我曾听到我们那位举止端庄的小客人在路上招呼孩子们要等"爸爸"和"妈妈"赶上来,小女孩的梦把这种暂时的亲属关系变成了永久性的承认。她的感情还不足构成超出梦中表现情景的任何其他伴侣形象,还不过是兄弟般关系而已。至于巧克力棒棒糖为什么被抛到床下,不问她当然是不可能知道原因的。

我的朋友告诉了我一个与我儿子做的极为相似的梦。做梦的是一个八岁女孩。她的父亲带着几个孩子步行去多恩巴赫①,打算参观洛雷尔小屋。但因为天色已晚,只好折回。为了不使孩子们失望,他答应他们下次再来。在回家途中,他们看到通往哈密欧的一个路标。孩子们又要求去哈密欧,但是因为同一个原因,只好允诺他们改天再去来安慰他们。第二天早晨,这个八岁女孩到她爸爸那里得意洋洋地说:"爸爸,昨晚我梦见你带着我们到了洛雷尔小屋,还到了哈密欧。"由于迫不及待,她已预先实现了她父亲的诺言。

此地有一个同样简单明了的梦,是我的另一个女儿在游览了奥西湖的湖光山色之后做的,她当时只有三岁三个月。她是第一次乘渡船过湖,对她来说,过渡的时间未免太短了。船到了码头,

---

① [就在维也纳城外小山之间。]

她不愿上岸,哭得非常伤心。第二天早晨她说,"昨晚我又梦见游湖了。"我们揣想她梦中游湖的时间一定比白天长些。

我的大儿子在八岁时已经梦见他的幻想变成了现实:他梦见他和阿喀琉斯同坐在一辆马拉双轮战车上,狄欧米底为他们驾车。不出所料,原来前一天他的姐姐送给他一本希腊神话,他读后兴奋不已。

如果把儿童在睡眠中的梦呓也包括在梦的范围之内,那我可在收集的全部梦中举出一个年纪最小的小孩的梦。我的最小的女儿才十九个月,一天早晨她呕吐不已,结果一天都未进食。就在她饿了一天的当晚,听见她在睡眠中兴奋地喊道:"安娜·弗(洛)伊德,草毒,野(草)莓、煎(蛋)饼,布(丁)!"那时她总是习惯于先说出自己的名字来表示自己占有了些什么东西。这张菜单似乎包括了她最喜欢吃的一些东西。梦呓中草莓以不同方式出现了两次是她反抗家庭卫生规则的证据。可以想见,她无疑没有忽略这一点:她的保姆把她的不适归咎于草莓吃得太多,因此她在梦中对这个讨厌的意见表示了反对①。

我们虽然强调儿童时代没有性欲因而感到快乐,但也不应忘记失望和放弃也是丰富的来源,因而这两大本能之一都可成为做梦的有效刺激②。下面是另一个梦例。我的一个二十二个月的侄

---

① 不久,这个女孩的祖母做了一个梦,也显示了同样效果——祖孙二人的年龄加起来已有七十岁。她因为肾脏病发作已整天没有进食。当晚,她无疑想象自己已返回美好的少女时代,她梦见被"邀请"出席午宴和晚宴,两餐都是最精美可口的佳肴。

② [1911年增注]通过对儿童精神生活的仔细考察,我们了解到,幼稚形式的性本能力量在儿童精神生活中确实起着相当大的作用,同时被长期地忽视了。详细的研究也使我们怀疑成人回想童年是否真正幸福。参见我的《性学三论》(1905d)——[上

儿,在我生日那天人家要他向我祝贺并送我一小篮樱桃。这时还不是产樱桃季节,所以产樱桃很少。他似乎发觉了这是一个困难任务,因为他口里总是叨念着:"里面有樱桃,"而且不想把篮子递过来。不过,他总算找到了一个补偿方法。他有一个习惯,每天早晨总要告诉妈妈他梦见了"白兵",——他曾经有一次在街上羡慕地看见一个穿白披肩的军官。在他忍痛送给我樱桃生日礼物的第二天,他醒后带着愉快的口气说"那个兵把樱桃全吃光了",这个消息只能是梦中得来的①。

文所述与后文某些段(256 页以下)显然不一致,这在标准版第 7 卷最后提到的著作的编者序言中已有所评论。]

① [1911 年增注]应当指出,儿童不久即开始出现较复杂而模糊的梦。相反,成人在一定情况中往往产生同样简单而幼稚的梦。四五岁儿童的梦中可以出现许多意料不到的材料。我的《对一个五岁男孩的恐怖症的分析》(1909b)和荣格的《儿童心灵的冲突》(1910a)的梦例可资佐证。——[1914 年增写]对儿童梦的解释还可见休格-赫尔穆斯(1911 和 1913)、普特南(1912)、冯·拉尔特(1912)、施皮尔雷因(1913)和陶斯克(1913)。儿童的梦还可比安契里(1912),布斯曼(1909 和 1910),道格利安和比安里里(1910—1911),特别见威根姆(1909),后者强调儿童的欲望满足的倾向。——[1911 年增注]另一方面,幼稚型的梦在成人们处于不寻常的外界情况时出现特别频繁。奥托·诺登斯科伊德(1904,1,336 页以下)写到在南极洲和他一起过冬的探险队员们:"我们的梦清楚地表明了我们内心思想的方向,再也没有比这时候的梦更为生动和丰富的了。甚至平时很少做梦的人在我们清晨交换这个梦幻世界的最新体验时,也能说出很长的故事。这些梦全部涉及现在把我们隔得那么遥远的外部世界,但又往往切合我们现在的实际处境。一个队员做了一个很有特色的梦,梦见回到了他的学校课堂内,重新刻制专供教学之用的小型印章。然而吃喝总是我们梦的主题。我们中有一个人颇在夜间去赴大型午宴的本领,常以早晨能报道他'参加了有三道主菜的宴会'而自豪。另一个梦见烟叶遍布满山;第三人则梦见一只扬帆越海而来。还有一个值得再三提起的梦,即邮递员送来大量信件,并详细解释为什么要我们等待如此之久;他说信送错了地址,费了很大力气才把信重新找回。当然,我们还梦见许多不可能实现的事情,但是在自己以及听到的别人的梦中,最大的特点就是缺乏想象力。如果能够把这些梦记录下来,肯定会有很大的心理学价值。人们不难理解我们为什么如此渴望睡眠,因为只有它能为我们每一个人提供最迫切想望的东西。"[诺登斯科伊德的这本书英译本中这一段大大地简缩了(1905,290)]—[1914 年增注]根据杜普里尔(1885,231),"芒戈·帕克有一次在非洲旅行中几乎渴死时,不断梦见自己家乡的山谷和河边草地的流水潺潺。同样,当被困在马德堡监狱中的特伦克男爵饱受饥饿折磨时,他梦见周围尽是丰盛的美餐;参加富兰克林第一次远征的乔治·巴克由于缺粮而濒临饿死时,总是不间断地梦见丰富的美肴。"

我自己并不知道动物梦见什么。但是我的一个学生讲了一个谚语,引起了我的注意,很值得一提。谚语中问:"鹅梦见什么?"回答道:"玉米。"①梦是欲望的满足的全部理论都包含在这两句话中了②。

可以看出,仅仅依靠语言学就可以迅速地证实梦的隐意的学说。的确,普通语言中有时对梦不乏鄙视之意("梦是空谈"这句话似乎就是支持对梦的科学评价)。但是总的说来,有关梦的日常口语总离不开表达欲望的快乐满足。如果我们发现事实超出意料之外,我们不禁会高兴地说:"这件事我连做梦也没有想到!"③

---

① [1911年增注]费伦奇[1910]曾引匈牙利的谚语"猪梦见橡实,鹅梦见玉米"。——[1914年增注]一句犹太谚语:"鸡梦见什么?——小米"(伯恩斯坦和西格尔,1908,116)。

② [1914年增注]我决不认为自己是梦产生于欲望这种说法的第一人。[参见下章开头一段]凡认为这种说法重要的人都可以追溯到古代埃及托勒密王朝的名医赫洛菲洛斯。根据毕赫申叔茨(1868,33),赫洛菲洛斯把梦分为三类:一是上帝旨意的梦,二是心灵自发的梦,三是一种混合性质的寻求欲望满足的梦。J.斯塔克(1913[248])已注意到施尔纳在他自己所收集的梦例中曾对一梦解释为欲望的满足。施尔纳写道:(1861,239)"梦者的想象如此简单明了地满足了她在醒时的欲望,不过是因为欲望的情绪在她的心中非常活跃。"施尔纳将这个梦归入"心境的梦"一类;此外,他还分出男女"性欲的梦",以及"发怒的梦"。毫无疑问,施尔纳已经清楚地看出,作为梦的动因,欲望的重要性不亚于白天的任何心理活动,其不足之处在于没有将欲望与做梦的本质联系起来。

③ [儿童的梦(包括本章提到的那些梦)和幼稚型的梦在弗洛伊德的《精神分析引论》(1916—1917)第8讲有所讨论。在他的短文《论梦》(1901a)(标准版,卷5,643页以下)也有较简短的讨论。]

第 四 章
梦 的 化 装

如果我继续坚持主张每一个梦的意义都是欲望的满足,也就是说,坚持除了欲望的梦以外就再无任何其他的梦,我事先就知道,一定会招来最强烈的反对。

批评家们会对我说,"有些梦被视为欲望的满足,这种说法并不新鲜;梦的研究者们早已知道了这个事实〔参见拉德斯托克(1879,137以下)、沃尔克特(1875,110以下)、普金耶(1846,456)、蒂西(1898,70)、西蒙(1888,42关于特伦克男爵被囚时饥饿的梦)还有格里辛格尔的一段话(1845,89)①〕。但是说除了欲望满足的梦之外,别无其他种类的梦,那不过是一个不太公正的推断,所幸这种论调并不难以驳倒。有很多梦充满最痛苦的内容,没有任何欲望满足的迹象可言。悲观主义哲学家爱德华·哈特曼也许是最反对欲望满足理论的了,他在《无意识哲学》(1890,2,344)中写道:

---

① 〔1914年增注〕杜普里尔(1865,276)引证一位早期新柏拉图主义者普罗提诺的话说,"当我们的欲望一经唤起,想象即随之而至,可以说是向我们呈现了欲望的对象。"〔《九个一旦》iv,4.17〕

'在入梦时,我们发现清醒生活中的一切烦恼都潜入睡眠状态,唯一不能入梦的是有教养的人在一定程度上的科学和艺术生活上的乐趣……。'即使是一些不很悲观的观察者也坚决认为,痛苦和不愉快的梦比愉快的梦远为普遍:例如,肖尔茨(1893,57)、沃尔克特(1875,50)等人便是,弗洛伦斯·赫拉姆和萨拉·韦德(1896[499])两位女士甚至根据她们自己的梦,统计出不愉快因素在梦中占据优势。她们发现57.2%的梦是'不称心的'梦,只有28.6%是'愉快的'。而且除了这些把生活中各种不同的痛苦带入睡梦中的梦以外,还有一些焦虑的梦,梦中充满极不愉快的感情,直到把我们惊醒为止。这些焦虑的梦的最普遍的受害者都是儿童[①],而你却把儿童们的梦描写为不加掩饰的欲望的满足。"

焦虑的梦好像真的推翻了(根据上章所举的梦例而得出的)梦是欲望的满足这个普遍结论,而且似乎一联系到这个结论就必定会被斥为十足的谬论。

然而,要对这些看来似乎证据确凿的反对意见予以反驳却也不难。我们只须注意到这一事实,即我们理论的根据并不基于梦的显露内容,而是在于利用释梦工作去揭示隐藏在梦的背后的思想。我们必须在梦的显露的和隐藏的内容之间做出对照。的确,有些梦的显露内容带有极痛苦的性质,但是否有任何人试图去解释这些梦呢?去揭露隐藏在这些梦背后的思想呢?如果没有,那提出来反对我的理论的两种意见都站不住脚:因为毕竟有可能经过解释,痛苦和焦虑的梦仍然可证明是欲望的满足。[②]

---

① 参见德巴克尔(1881)的《论梦的幻觉和惊恐》。

② [1909年增注]本书的一些读者和批评者对这种考虑熟视无睹,而且继续忽视梦的显露的和隐藏的内容之间的区别,其态度之顽固简直令人难以置信。——[1914

当一项科学工作遇到一个难以解决的问题时,给存在的问题再加上一个新问题,往往是一个好办法——正像两个胡桃被放在一起,比单独一个胡桃反而易于砸碎一样。因此我们遇到的问题不仅是"痛苦的梦和焦虑的梦怎么会是欲望的满足?"经过思考,我们还可以提出第二个问题:"梦的那些证实为欲望满足的无关紧要的内容为什么不直截了当地表现它们的意义?"以我所描述的爱玛打针的长梦为例,它决不是一个痛苦性质的梦。经过解释,它乃是一个欲望满足的绝好梦例。但是,它为什么非要加以解释不可呢?它为什么不直截了当地把原意表现出来呢?乍看之下,爱玛打针的梦并未给人留下可以代表欲望满足的梦的印象。我的读者们不会有这种印象,我在分析之前自己也无此种想法。如果我们把梦需要解释这种做法称之为"梦的化装"现象,那么我们的第二个问题就是:梦的化装的根源是什么?

为解决这个问题可能会出现好些解释:例如在睡眠中我们根本不可能直接表达梦的思想。但是在对某些梦进行分析之后又迫使我们对梦的化装提出另一种解释。我将以自己的另一个梦为例。这会再次暴露出我的一些言行失检之处,但是对此问题的详尽阐述,也够弥补我个人的牺牲了。

年增注]另一方面,再没有比詹姆斯·萨利的文章《启示的梦》(1893,364)更接近于我的理论假设了。我在此才初次加以引证并无丝毫贬低之意。他说"梦毕竟不像乔叟、莎士比亚和密尔顿等一些权威们所说是一些胡言乱语。我们梦中幻想的各个混乱集合体都各有其意义并传递新的知识。就像密码的某个字母,在密切审视下,梦中字形就失去它最初看上去的荒谬性,而表现出它的严肃的、可理解的信息的一面。如稍微改变它的字形,我们可以说,梦就像翻译出来的碑文一样,梦在其无价值的表面特征下,显露出它的古老和珍贵的传达痕迹。"(弗洛伊德把最后两句印成分隔体)

前　言——1897年春天,我听说我们大学的两位教授推荐我任临时教授(professor extraordinarius)。① 这个消息使我惊喜交集,因为这意味着有两位知名人士承认了我,就不能再把此事视为个人关系了。但是我立即警告自己对此不要抱任何希望。过去几年来部长并没有重视这种推荐,而且好几位比我年长和能力至少不亚于我的同事一直徒然地在等待着这种任命。我没有理由相信自己比他们幸运,因此决定对此事听之任之。就我自己来说,我个人没有野心,即使没有教授头衔,我对自己职业上的成功也是感到满意的。而且我也谈不上宣称葡萄是甜还是酸的问题,因为它们悬得太高了。

一天傍晚,我的一个朋友来访,我把他的处境一直视为前车之鉴。他作为教授候选人已有相当长一段时间,在我们社会,医生有了教授头衔简直可以被病人视为半神人物。他不像我那样听天由命,他已习惯于不时到部长办公室去提醒当局重视他的晋升问题。他这次来看我正好是他在这样一次访问之后。他告诉我这一次他把一位高级官员逼得走投无路,他开门见山地质问,他迟迟不能晋升是否出于教派考虑。答复是:鉴于目前感情状况,阁下肯定暂时不能升任此职,等等。我的朋友最后说,"我至少知道了我现在的处境。"这句话对我并不新鲜,但它加强了我听天由命的情绪,因为教派考虑同样适用于我的情况。

---

① [大致相当于副教授。在奥地利一概由教育部任命——这一推荐事实弗洛伊德于1897年2月8日给弗利斯的信中(弗洛伊德1950a第58封信)中报道过。而梦本身在1897年3月15日的信中(同上,第85封)提到过。——下文提到的"教派考虑"当然关系到反闪族主义情绪,这在19世纪末叶维也纳已很流行。]

133

这次访问的次日凌晨,我做了如下的梦,其中梦的形式也很奇特:它包括两种思想和两个模糊不清的形象,每一种思想后都紧接着一个形象。在此处我只报道这个梦的前半部,因为后半部与我现在讨论这个梦的目的无关。

1.……我的朋友R是我的叔父——我对他感情深厚。

2.他的脸孔靠近我的眼前,多少有些变了形。它好像拉长了些,满腮黄色胡须,特别显眼。

接着出现梦的两个其他片断,又是一个形象紧随着一个思想,此地略而不谈。

对此梦的解释过程如下:

当我早晨想起这个梦时,不禁放声大笑说:"这个梦真是胡说八道。"但是这个梦整天都萦绕脑际,挥之不去,直到晚上我才开始责备自己:"如果你的一个病人在解释自己的梦时只斥责梦是胡说,你必然会责备他,而且怀疑在梦的背后隐藏了什么想要使自己设法不去意识到它的不愉快的事情。用这同样的方式对待你自己吧。你认为梦是胡说,不过说明了你内心深处有一种抗力不想去解释它。可不要让自己这么搪塞过去啊!"所以我就开始了如下的解释。

"R是我的叔父",这话从何说起呢?我从来只有一位叔父——叔父约瑟夫①。他有一段伤心的故事。远在三十多年前,他有一次为了急于赚钱竟触犯了禁律,依法判了严刑,他事实上也

---

① 看到我的记忆——清醒的记忆方式,为了分析的目的竟变得如此狭窄,真是令人吃惊。实际上我知道自己有五位叔父,我只真爱和尊敬他们之中的一位,但是在我克服了释梦的抗力那一时刻,我竟对自己说我从来只有一位叔叔——就是梦中想说的那一位。

服了刑。我的父亲因为忧伤头发在几天之内就变得灰白,他常说叔父约瑟夫不是坏人,不过是一个大傻瓜,只此而已。所以如果梦中我的朋友R是我的叔父,那岂不是说R也是一个大傻瓜。这简直令人难以置信而且感到不痛快!——但是我在梦中看见了这张面孔,拉长的脸和黄色胡须。我的叔叔的确是这副面孔,长脸,配上一副漂亮的黄色胡须,我的朋友R原来是黑发黑须;但是当黑发开始转灰时就会逐渐丧失青春的光泽。黑色的胡须也经历了不愉快的颜色变化:先一束一束地变成红棕色,然后才变成灰色。我的朋友R的胡须这时也发展到了这个阶段——顺便说一句,我注意到我自己的胡须也是如此,不禁感到懊丧。事实上,我在梦中同时看到了我的朋友R和我的叔叔的面孔,就像高尔顿的复合照相(为了突出家庭成员面孔的遗传相似性,高尔顿常用同一底片拍摄几个面孔)。所以毫无疑问,我真的是把我的朋友R当成一个大傻瓜了,——我和我叔叔约瑟夫一个样!

我仍然一点也不明白这种比较的目的何在,但我却仍在继续努力探索。它进行得并不深入,因为我的叔父是一个罪犯,而我的朋友R的名声却无可非议……只有一次他骑车撞倒一个男孩而被罚款。我能把这次犯法记在心上吗?如果把这一点作为比较岂不是笑话。这时我又记起了几天以前与我另一位同事N的一次谈话,我现在又想到了这同一话题。我在街上碰见了N先生,他也正被推荐接受教授职称。他也听到了我被推荐的消息,于是向我祝贺。但是我坚决拒绝了他的好意,我说,"你是拿我开这种玩笑的最后一位了,你自己的切身体验应该知道,这种推荐是怎么一回事。"他似乎开玩笑地回答说,"那也说不定!我升不上去是有原因的。你不知道有个女人到法院告了我吗？我无须使你相信这个案子已被驳回了。它完全是一种无耻的敲诈行为。我为了使原告免受处罚而给自己带来了极大的麻烦。部长可以利用这个口实不任命我。但是，你的人品却是无懈可击的。"从这里我发现了谁是罪犯，梦要如何解释以及梦的目的何在了。我的叔叔代表了我那两位未获晋升的同事——一个是傻瓜，一个是罪犯。我现在也明白了他们为什么在这种情况下被表现出来。如果我的朋友R和N迟迟不能升为教授是因为"教派"理由，那我自己的晋升也必然成了问题；然而，如果我为这两个朋友找到了不适用于我的另外理由，那我就仍然还有晋升的希望。这就是我的梦所采取的程序：它使我的一个朋友R变成傻瓜，使另一个朋友N变成罪犯，而我两者都不是，与他们二人毫无共同之处；于是我就大有希望晋升为教授，我也就可以避开当局对R所下的那种不幸的结论了。

但是我觉得对这个梦的解释还得深入下去，我觉得还没有做出最后的满意解释。我为了自己达到晋升的目的竟轻易地贬低我平素尊重的两位同事，这使我深感不安。然而当我认识到我梦中行为表现的价值时，我对自己的不满也就趋于消失了。如果以为我真的把R看成一个傻瓜，或者以为我真的不相信N所说的敲诈的事，那我定会反驳的。其实我也不相信爱玛会因为奥托替她注射了丙基制剂就真的病情转危。在这两个梦例中，所表达的不过是我认为可以如此满足我的欲望。我的欲望满足的论点在这一梦中比爱玛打针的梦听起来似乎更少荒谬性；这个梦的构造更巧妙地利用了实际的事实，就像一种周密编织的诽谤之词，使人觉得其中"不无道理"。因为本来确实有一位教授投票反对我的朋友R，而我的朋友 N 则是无意中亲口提供了我所希望的材料。但我再重复一遍,我似乎觉得这个梦还有进一步解释的必要。

于是我又记起梦中还有一个片断未曾加以解释。在梦中,R 是我的叔叔这个观念出现以后,我对他就有了一种亲切温暖的感情。这种感情是指向谁的呢？当然,我对我叔叔约瑟夫从来没有这份感情,我倒是喜欢我的朋友 R,而且多年来一直对他抱有尊敬之情。但是,如果我到他面前向他表达我在梦中的这份亲热之感,他一定会感到肉麻而大吃一惊的。如果我的感情针对着他,在我就显得不真实和夸张,正像我把他的人格和我叔叔的人格掺合在一起来判断他的智慧品质一样,虽然这里的夸张是朝着相反的方向的。至此我也开始有了新的理解。梦中的感情并不属于隐意,不属于隐藏在梦背后的思想。它与隐意恰恰相反,目的在于掩饰对梦的真正解释。这大概正是梦的"存在理由"。我记得我是如何对这个梦的解释进行抵抗,我是如何拖延着对它进行解释和如何宣称它只不过是胡说八道。我的精神分析治疗经验告诉我,正是这样的放弃态度需要加以解释:它没有作为判断的价值,只不过是感情的表露。如果我的女儿不喜欢给她的苹果,她一口也不尝,就会说苹果是酸的。如果我的病人像我的女儿那样说话,我就会知道他们关心的正在试图进行压抑一个观念。我的梦也是如此,我之所以迟迟不想对它进行解释,是因为解释起来会对其中某些内容表示反感。当我完成了解释,我也就知道了我一直在极力反对的是什么——就是说,认为 R 是一个大傻瓜。我在梦中对 R 的感情并非来自隐藏的梦念,无疑是来源于我对此梦的压抑。如果与隐蔽的内容相比较,我的梦是化了装的——而且伪装成它的反面——于是,在梦中显现出来的感情便达到了化装的目的。换句话说,在这种情况下,化装表现得是经过深思熟虑的,而且成为掩饰的一种手段。我的梦包含着对 R 的诽谤;为了不注意到这一点,在梦中出现的竟是诽谤的对立面,一种对他的温顺感情。

这很可能是一种具有普遍意义的发现。第三章所举的梦例表明,也存在着一些不加掩饰的欲望满足的梦。但是在欲望满足难以辨认出来的那些梦中,欲望已经披上了伪装,这必定是梦者对欲望有所顾忌;正是由于这种防御,欲望为了表现自身,除了化装之外,就别无他法了。我试图找出与这种内心精神事件相应的社会现象。在社会生活中,哪儿才能找到与这种精神活动相类似的化装现象呢?只有当两人相处,其中一人拥有一定权力而另一人又非服从不可时,才出现这种情况。在这种情况下,第二个人就会将自己的精神活动进行化装,或如我们所说,加以掩饰。我们日常生活中的礼仪,在很大程度上都是这种掩饰;连我对读者们解释我的梦时,也不得不采取类似的化装,甚至诗人也埋怨过这种伪装的必要性:

  能贯通的最高真理,
  却不能对学生直说出来。①

政论作家要对当局写些不愉快的真相也会遇到同样的困难。如果不加掩饰,当局就会压制他们的言论;如果已经口头发表,则事后加以制裁;如果已印刷出版,则事先予以查禁。一位作家必须

---

① [歌德《浮士德》中(第一部分第 4 场)魔鬼梅菲斯特费勒斯的两句话(译文见《浮士德》上册,上海译文出版社第 108 页)。弗洛伊德很喜欢应用。本书下文 453 页又应用一次。他在 1897 年 12 月 3 日和 1898 年 2 月 9 日给弗利斯的信中(弗洛伊德,1950a),第 77 封和第 83 封)已经引用,直至他的晚年,1930 年在接受歌德奖时他又将这两句话应用于歌德本人(弗洛伊德 1930a)。]

138

时刻提防这种稽查①，所以他在表达言论时必须缓和语气或改头换面。他发现自己不得不依据稽查的宽严和敏感性，有时只要约束一下攻击的形式，有时要用暗喻来代替直接的推论，有时却必须采取某种故作天真的姿态，以免受到制裁。例如，他可以采取中国满清两个官员激烈争辩的形式，而明眼人一看就知道这是指本国的官员。检查制度越严厉，掩饰的手法就越广泛，而使读者们体会真意的手段也越巧妙②。

稽查作用和梦的化装这两种现象在细节上如此吻合这一事实，证明了它们是由相同的原因所决定的。我们可以由此假设，每个人的梦由于两种精神力量（或可描述为倾向或系统）的作用而各有其不同的形式。其中一种力量构成欲望，用梦表现出来；另一种

---

① ［这个第一次出现用之于梦的比喻，在弗洛伊德论防御的神经精神病第二篇论文末尾有关妄想狂处已再次应用（1896b）。在《癔症研究》（布洛伊尔和弗洛伊德，1895）他所写的有关精神治疗那一章第2节中应用更为广泛。］

② ［1919年增注］医生 H. 冯·休格·赫尔穆斯夫人（1915）曾记录一梦，也许比其他任何梦更能证明我选择术语的正确性了。在这个例子中，梦的化装采取了邮政检查员的手法，删去认为不合法的段落。由于开了天窗，以致被删的段落变得不可卒读。梦的稽查作用则用不可理解的喃喃之声代替它们。

为了使这个梦明白易懂，我必须加以解释。梦者是一位深受教育、年高望重的妇人，五十岁左右，她的丈夫是一个高级军官，约于十二年前去世，儿子们都已长大成人。在做此梦时，有一个儿子正在前线。

现在可略述梦境了。梦是关于大战时的"爱役"［ "Liebesdienste" 首先意味着"慈善服务"如"无偿服务"，但此词显然另有含义］。"病人去到第一军医院，对门警说要进院服务，须和院长一谈（说了一个自己也不知道的姓名）。她说话时，非常着重'服务'二字，以致警官立即察觉她所指的是'爱役'。因为她是一个老妇人，所以警官有些迟疑，后来，才许她进院。但是她没有去见院长，却走进一个大暗室内。室内有许多军官、军医，或站或坐于一个大餐桌旁。她对一个军医说明自己的来意；他们立即理会了她的意思。她梦中所说的话是：'我和维也纳无数妇女准备供给士兵、军官和其他人等……'最后的话变为喃喃之声。然而她一看到军官们的半困惑半怀恶意的表情，便

139

力量则对梦中欲望行使稽查作用,迫使欲望不得不以化装形式表现出来。仍需探究的是行使稽查的这第二种动因力量究竟是什么性质。如果我们记得在进行分析之前,我们意识到的不是隐藏的梦念而是记忆中的梦的显象,我们自然有理由假定,第二种动因的特权就是让梦的隐念进入意识。不通过这第二种动因,第一个系统的任何观念似乎都无法抵达意识;而要通过这第二个动因,又必须由该动因行使权力,把寻求进入意识的思想改变成为它认为适合的形式。于是关于意识的"实质"我们也可以得到了一个明确的概念:我们把事物变成意识的过程看成是一种特殊的精神动作,有别于或独立于形成表象或观念的过程;因而我们把意识看成是感知来源于别处资料的一种感官。可以证明,这些也是病态心理不可或缺的基本假设,后面我们还要详细讨论[见第7章,特别是第6节610页以下]。

知道他们都已领会她的意思了。她又继续说,'我知道我们的决定是古怪的,但是我们都十分热诚。战场上的士兵,绝没有人问他是否愿意战死的'。然后是几分钟难堪的沉默,军医将两臂抱住她的腰说,'太太,假如真的这样,那……(又继以喃喃之声)'。她挣脱了身,想道,'他和其余的人都是一样的',于是回答说,'天啊,我是一个老妇人,或许不至于有这样的事。另外,有一个情况是必须要考虑的:年龄必须受到尊重。一个老妇人……还仅仅是个孩子,绝不应该……(喃喃声),这简直太可怕了。'军医说'我完全明白'。但是有几个军官,其中有一个在年轻时还曾向她表示过爱情,都高声大笑。这位太太于是就请见院长,要求把事情讲清楚;院长是她所认识的,但是使她吃惊的是,她竟记不起他的姓名。然而军医十分彬彬有礼,通过一条狭窄的螺旋形铁梯,把她从暗室直接引上了三楼。上梯时,她听见一个军官说,'不管一个女人年纪大小,这个决定是惊人的!向她致敬!'感到自己只是在尽自己的义务,她爬上了一个没有尽头的铁梯。——这个梦在几星期内重复过两次,虽略有变动,但据这位太太说,变动之处都是全无意义或不重要的。"[对这个梦的进一步详论可见弗洛伊德的《精神分析引论》(1916—1917)第9讲(本注译文采用商务中文版第102—103页)。]

如果关于两种精神动因及其与意识的关系的这种描述能为我们所接受,则我认为我在梦中对我的朋友 R 有一种异常感情而在醒后解释中又对他那般侮辱与政治生活有十分相似之处。让我们想象一个充满斗争的社会,统治者唯恐失去自己的权力,对舆论时刻保持着警惕。人民反对一个不得人心的官吏并要求他去职,但是统治者为了表示无视群众的愿望,偏偏选择这个时机毫无理由地把该官员加以擢升,并赋予特权。同样,我那控制着接近意识的第二种动因用一种过分的感情把我的朋友 R 予以突出,仅仅是因为属于第一系统的欲望冲动当时有其本身的特殊原因而把他贬成了一个大傻瓜①。

基于上述考虑,我们觉得通过释梦可以获得在哲学中难以得到的有关精神机构结构的结论。然而我现在不想沿着这条思路推论下去[第 7 章再详细讨论];梦的化装问题既已弄清楚,我将回到原来出发的问题上来。提出的问题是,为什么充满痛苦内容的梦可以用欲望的满足加以解决。现在我们已能看到,如果出现了梦的化装,又如果痛苦内容的作用只是在于掩盖某种欲求的对象,这

---

① [这个梦在 191 页继续加以分析——1911 年增注]像这样描述的伪善的梦,在我自己和别人的梦中并不罕见[这些梦在本书后文 471 页以下有进一步讨论]。我曾致力于探讨某个科学问题,好几晚连续被一个混乱的梦所困扰。我梦见与一个绝交多年的朋友言归于好,一直到连续第四或第五次时,我才了解到这梦的意义。这个梦其实是刺激我放弃心中对那个人的多余考虑,要我完全忘掉他,而却伪善地伪装成其反面了。[参见 477 页]我曾在别处报告了[1910 1,见下文 398 页以下的注]一个"伪善的伊谛普斯梦",一个男人在他的梦中把隐藏在梦念中的敌对冲动和死亡欲望让明显的温柔感情所取代了。另一类伪善的梦将在后面第 6 章中提及[第 473 页以下][这个脚注中提到的朋友显然是指弗利斯。参见弗洛伊德和弗利斯通信(弗洛伊德 1950a)中克里斯的导言第 4 节]。

种解决是可能的。要记住我们存在着两种精神动因的假设,我们还可以进一步设想,痛苦的梦实际上是某种内容使第二动因感到痛苦,但同时又满足了第一种动因方面的欲望。就每一个梦都起源于第一种动因而言,它们都是表示欲望的梦,第二种动因对于梦的关系是一种防御的而不是创造的关系①。如果我们只限于考虑第二种动因对梦发生作用,我们就永远不能了解这些梦。梦的研究者们对梦中出现的所有难题仍然无法得到解决。

每一个特殊的梦例经过分析,必定可以重新证明确实具有代表欲望满足的一种神秘意义。因此我想选择几个含有不愉快内容的梦试加分析。其中有几个是癔症患者的梦,因此需要较长的序言,有时还要离题去深入探讨表现癔症特征的精神过程。为了表明我的论证,这种困难的加重是无法避免的[见104页]。

上文已经说到[100页以下]当我对一个精神神经症患者进行分析治疗时,我们之间照例要讨论他做的梦。在讨论过程中,我不得不对他进行各种心理解释,借以了解他的症状,结果我往往要遭到患者们的无情批驳,其程度并不亚于我的同行们。我的病人们一致反对我的梦是欲望满足这种说法。下面我援引几个用来反驳我的主张的梦例:

一个聪明的女病人说,"你总是对我说梦是欲望的满足,我现在告诉你一个梦,情况恰恰相反——这是一个我的愿望没有得到满足的梦,看你如何自圆其说? 这就是我的梦:

---

① [1930年增注]后文[476页的注和557页以下]我们也提到相反的例子,即梦在第二动因方面也表现了一种欲望。

"我想举行一次晚宴,可是家中除了一些熏鲑外,一无所有。147我想出去买些菜肴,但忽然想起今天是星期六下午,商店都不开门。接着我想打电话叫送些酒菜来,偏偏电话又发生故障。所以我只好放弃了举行晚宴的愿望。"

我回答说,当然,只有通过分析才能决定这个梦的意义;虽然我得承认,这个梦乍一看来还很明显和连贯,好像与欲望的满足背道而驰,"但是,是什么事情引起这个梦的呢?你该知道,我们发现一个梦的刺激往往是前一天发生的事情。"

分　析——我的病人的丈夫是一个诚实而能干的肉商,前一天对她说,他越来越胖了,所以想开始减肥治疗。他提出要起早床,做体操,节减饮食,而最重要的是不赴晚宴。——她笑着补充说,她的丈夫在他固定用午餐的地方结识了一位画家,这位画家一定要替他画一张肖像,因为他从来没有看到过像他这般动人的面孔。她的丈夫用他直率的态度感谢了他,但他确信一个动人女郎的一部分屁股都会比他的整个面孔对画家更富有吸引力[①]。她深爱她的丈夫,并就此戏谑了他一番,她还请求他不要给她买鱼子酱。

我问她这话是什么意思,她解释说,她长久以来就想每天早晨可以吃到鱼子酱三明治,但是又不愿为此破钞。当然,如果她请求她的丈夫,他马上就会照办。但是恰恰相反,她请求丈夫不要为她买鱼子酱,以便她能继续开他的玩笑。

---

① 参见谚语"要坐着画像"和歌德的诗句:
　　　〔如果他没有屁股,
　　　这位贵人怎生坐着?
　　　　　　——《托达利塔特》(1814—1815)〕。

这个解释未免太缺乏说服力。像这样不适当的解释一定藏有不可告人的动机。它们使我想起伯恩海姆的受催眠的患者。当一个患者接受了催眠后暗示,并被问及为什么要这样做时,他并不会回答说没有想到为什么要这样,而是感到不得不编造某个显然不恰当的理由。我的病人和鱼子酱之间无疑存在着与此相似之处。我看出她在实际生活中被迫编造了一个未被满足的欲望;她的梦表达了这个没有得到满足的欲望。但是为什么她坚持需要一个未满足的欲望呢?

至此所产生的联想不足以解释这个梦。我追问不舍。她停顿了片刻,仿佛在努力克服某种抗力,然后继续对我说,前一天她拜访了一位女友,她承认对她怀有嫉妒之意,因为她的丈夫老是称赞她。幸亏这位女友长得骨瘦如柴,而她的丈夫喜爱的是丰满的女人。我问她,她的这位瘦弱的女友谈过些什么?她回答说,这个女人当然希望自己能长得丰满些。她的女友还问过她:"你什么时候再请我们吃一餐?你做的菜总是那么好吃。"

这个梦的意义现在已很清楚了,于是我才能对我的病人说,"其实当她向你提出要你请客时你心中已经有数:'想得真好,我请你到我家吃饭,你就可以长得胖胖地去勾引我的丈夫了,我才不会再请你去赴晚宴哩。'这个梦告诉你的正是你无法办好晚宴,从而满足了你不想帮助你的女友变胖的愿望。你的丈夫为了减肥决定不接受任何赴宴的邀请,也使你明白了一个人是在别人餐桌上吃胖的。"现在,除了证实这个结果的某些巧合外,一切都清楚了。梦中没有得到解释的还有熏鲑。我问道,"熏鲑是怎么入梦的?"她回答说,"啊!熏鲑是我女友最喜欢吃的佳肴。"我碰巧自己也认识这位谈及的女士,确实知道她舍不得吃熏鲑并不亚于我的病人宁愿省钱不去吃鱼子酱。

这同一个梦,如果考虑到一些附加的细节,还不可避免地要得出另一种更精妙的解释(这两种解释并不互相矛盾,而是具备同一基础;它是一个好例,可以证明梦和其他心理病态结构一样,通常包含着不止一种意义)。大家都会记得,当我的病人在梦中放弃某个欲望的同时,她在现实生活中也试图放弃某种欲望(鱼子酱三明治)。她的女友也表示了一个欲望——变得丰满些——因此如果我的病人梦见她的女友的欲望没有得到满足,那是不足为奇的。因为我的病人自己的欲望就是她女友的欲望(增加体重)不应实现。然而代替了这一点的是,她梦见了自己的一个欲望未能得到满足。因此,如果我们假定梦中这个人不是她自己而是她的女友,她不过是用自己代替了女友的位置,或者我们可以说,她把自己与她的女友"等同起来",梦就获得了一种新的解释了。我相信她在现实生活中正是这样做的。她在现实生活中使自己的一个欲望得不到满足,正是这种"模仿作用"(identification)的证明。

什么是癔症的模仿作用,需要作出较详细的解释。模仿作用是癔症症状的机制中一个极其重要的因素。它能使病人在症状中不仅表示自己的体验,而且也能表现其他许多人的体验。他们仿佛能感受一大群人的痛苦,独自一人扮演许多角色。有人以为这不过是类似的癔症性模仿(hysterical imitation),即癔症患者有能力模仿发生在别人身上但引起自己注意——即同情的任何症状,似乎可以加强到再现的程度。然而这也不过是向我们表明了在癔症性模仿中精神过程所遵循的途径。须知途径本身并不同于遵循该途径的精神活动。精神活动的复杂性要胜过癔症性模仿的普遍

145

特性,它相当于由推论而得的潜意识,可举一例加以说明。假设一个患一种特殊抽搐的女病人与其他一些病人同住一个病室,医生为她治疗。如果这位医生一天早上发现别的病人也模仿这种癔症性抽搐,他将会不以为怪。他只会说:"这是别的病人看见了这个症状,于是加以模仿;这是一种精神感应(psychical infection)。"这话不错,但是这种精神感应是按下述途径产生的。一般说来,病人们相互之间的了解要胜过医生对任何一个病人的了解。医生巡视病室以后,她们就彼此探询。让我们想象某一天有某个女病人的病发作了;于是,其他病人很快就发觉这一次发作是起因于一封家信,一段不愉快爱情的回忆,等等。她们的同情心被唤起了,并在潜意识中作出如下的推论:"如果像这样的原因可以引起这种病的发作,那我也必不可免,因为我也有类似的情况。"如果这种推论进入了意识,就很可能产生对这种发作的恐惧。然而实际上,这种推论是在一个不同的精神领域中发生的,其结果,所畏惧的症状便真正产生了。由此看来,模仿作用并不是单纯的模仿,而是一种基于同病相怜的同化作用。它表现一种类似性,源于保存在潜意识中的某些共同元素。

模仿作用在癔症中应用得最多的是表示一种性的共同因素。一个癔症女患者最容易(虽然不是唯一的)出现的症状是模仿与她发生过性关系的男人或者是与自己一样与同一个男人发生过性关系的其他女人。语言中常用的"宛若一体"描写一对情侣,就含有这种意思。在癔症性幻想中,就好像在梦中一样,患者只要有性关系的思想而不必有实际情况发生,就足以达到模仿作用的目的了。因此我所讨论的病人只是遵循着癔症的思想过程的原则,即出于对女友的嫉妒(她自己也知道这是不公平的)便在梦中取代了女友的位置,并以自己等同于她而编造出一个症状——放弃的愿望。这个过程可阐述如下:我的病人在梦中取代了她的女友的位置是因为她那女友取代了她与她丈夫之间的位置;还因为她很想代替她的女友取得她丈夫的好评①。

我的另一个女病人(也是我所有患者中最聪明的一位)做的与我的理论发生冲突的梦解决得更为简单,但却是按照这同一个模式:简言之,即一个欲望未能得到满足便意味着另一个愿望得到满足。一天我向她解释梦是欲望的满足,第二天她就做了一个梦,梦见和她的婆婆一起到乡间去度假。就我所知,她极不愿意在靠近她婆婆的地方度暑假。而且几天以前,她已在很远的地方租了一间房子,成功地避开了婆婆。现在这个梦与她所希望的解决办法完全背道而驰,与我的梦是欲望满足的理论岂不是形成了尖锐的矛盾吗?要解释这个梦无疑只有根据梦的逻辑推论。这个梦本身表明我是错了。但是,我发生错误正是她的愿望,她的梦表明了这个愿望得到了满足。然而她希望我发生错误的愿望通过与她的度暑假发生联系而得到满足,实际上牵涉到另一个更为严重的问题。约在那个时期,根据我对她分析的材料,已经揣测到她在生活中某一时期发生过导致她生病

---

① 我在此插入这一段有关癔症的精神病理学论证,不禁有些后悔。〔见 104 页〕对它们的陈述是片断的,脱离了前后文关系,只见树木而不见森林,可能达不到预期的效果。但若能因此指出梦与精神神经症二者的密切关系,也就算达到目的了。——〔这是弗洛伊德初次在出版物中有关模仿作用的论证,虽然他在与弗利斯的通信中更早地提到了这个问题(如 1897 年 2 月 8 日第 58 封信和 1897 年 5 月 2 日的手稿 1)。虽然他在此后著作中也曾东鳞西爪地谈到了这个问题,但在这一次之后,他对这主题更为详尽的讨论已是 20 年之后了。——见《集体心理学》第七章(弗洛伊德 1921c)本书后文还讨论了作为梦的工作一部分的不同的模仿作用主题(320 页以下)。〕

的某一重要事实。她最初矢口否认,因为她再也回忆不起此事,但是不久她便不得不改变语气,承认我是对的了。因此,她总希望我发生错误,而这个欲望转变成了她和她婆婆一道下乡度假的梦,以此来满足她那有充分理由的愿望,愿她初次才意识到的那件事永不要再发生。

我还敢举一个例子,无须分析,只凭猜测便足以得到解释了。我有一个中学同班的朋友,有一次他听我在为数不多的听众面前演讲梦是欲望的满足这个新观点,回家后梦见他的讼案全部败诉(他是一个大律师),后来他以此为理由反驳我的理论,我避开话题说,一个人毕竟不能全部胜诉吧!但是我暗想,"同窗八载,我总是名列前茅,而他成绩忽上忽下,一直平平,从那时起,他难道不会有这样的愿望,希望我总有一天会摔得够惨的吗。"

还有一个病人告诉了我一个悲伤性的梦,用来反对我梦是欲望满足的理论。

病人是一个年轻的女郎,她说,"你会记得,我的姐姐现在只有一个男孩卡尔;当我还和她住在一起时,她失去了她的大儿子奥托。我喜欢奥托,可说是我把他带大的。我也喜欢小卡尔,但当然还赶不上死去的奥托。但是昨晚我梦见我看见卡尔死在我的面前,他两手交叉地躺在小棺材里,四周点着蜡烛——这情景正和小奥托一样,他的死对我简直是当头一棒。请告诉我,那是什么意思?你是了解我的,难道我希望我的姐姐再失去她的独子吗?这个梦是否意味着我宁愿死去的是卡尔,而不是我更为疼爱的奥托呢?"

我向她保证,这后一种解释是不可能的。我沉思片刻之后,也就能对她的梦做出了正确的解释,她后来也承认了。我之所以能做到这一点,是因为我完全了解她过去的全部历史。

这个女孩子早年就成为一个孤儿,并由她年长得多的姐姐抚养长大。在来访的朋友中,有一个男子在她心上留下了深刻的印象,有一段时间二人已经到了几乎快要结婚的地步;但是她的姐姐没有说明原因就破坏了这个幸福结局。好事被破坏以后,这个男子停止了来访。我的病人便把感情转到了小奥托身上。奥托死后不久,她就脱离她的姐姐而独立生活了。但是她没有能够摆脱对她姐姐的那位朋友的感情。她的自尊心使她躲避他。后来虽有一些人向她求爱,她始终不能转移对他的爱情。她心目中的对象是一个文学教授,只要他一宣布要做学术演讲,不论何时何地,她一定去做一名听众,不放弃任何可以远远看到他的机会。我记得前天她曾告诉我,那位教授准备参加一次专场音乐会,她也想去参加以便能够再看他一眼。这是做梦前一天的事,而音乐会就在告诉我的当天举行。这样一来,我就不难作出正确的解释了,于是我问她是否能记得奥托死后曾发生过什么事情。她马上回答说,"当然啰,教授在隔了很长一段时间之后又来看我们,我看见他站在小奥托的棺材旁边。"这正是我所预料的,我于是解释了这个梦:"如果现在另一个孩子死去,又会发生同样的事,你将整天陪着你的姐姐,教授又必定会来吊慰,而你也就可以在同样的情况下再一次看见他了。这个梦的意思不过是你期望再看他一次,这也是你在内心中不断挣扎着的欲望。我知道你口袋中已经有了一张今天音乐会的票。你的梦是一个迫不及待的梦,它使你提前几小时看见了他。"

为了掩饰她的愿望,她显然选择了一个通常压制这种愿望的情景,这时一个人充满了悲哀,以致不可能想到爱情。然而这个梦仍然完全复制了真实的情景。她站在她更为钟爱的大孩子棺材旁边,仍然不能抑制住对这位长期未见的访问者的脉脉柔情①。

对于另一个女病人的一个类似的梦则作了另一种解释。这个女病人年轻时非常机智和乐观,在她治疗期间所做的观念联想中仍可看出这些性格特征。在一个长梦中,她似乎看到自己十五岁的女儿死了,躺在一个"木箱"中。她存心用这个梦景来反对我的欲望满足的理论,虽然她自己也怀疑"木箱"的细节必定另有含义②。在分析过程中,她记起了先天晚上的一次茶会,当时有几个人谈到木箱这个英文字可以译成德文的好几个意义——如"柜子""包厢""胸部""耳光"等。从同一个梦的其他部分已能使我们进一步发现她已猜到了英文"木箱"这个词与德文"Büchse"(容器)有关,从而使她不由想起"Büchse"还有一个女性生殖器的粗鄙意思。如果加上她那有限的局部解剖学知识,则可假设躺在木箱中的小孩意味着子宫内的胚胎。到此为止,她也不再否认这个梦象实在符合她的一个愿望。像许多结了婚的年轻妇女一样,在怀孕之后并不感到愉快,不止一次地想到让自己腹内小孩死去。在一次与丈夫激烈口角之后,狂怒中的她确实用自己的拳头猛击自己的身体使能打击腹内胎儿。因此死孩的梦事实上是满足了一个欲望,不过这个欲望被搁置了十五年之久。如果一个欲望在如此长时期之后又得到满足而未被认出,并不足以为奇。这期间发生的变化太多了。③

---

① [这个梦在后文 248 页和 463 页仍要提及;在弗洛伊德 1901a(标准版,5,675)的第九节中也有简短的记录。]

② 类似于放弃晚宴那个梦中的薰鲑[见上文 148 页]。

③ [此梦在下文 249 页仍要讨论。在弗洛伊德的《精神分析引论》(1916—1917)

包括上面两个梦例（有关亲人死亡）在内的一组梦例我将在"典型的梦"[248页以下]的标题下继续讨论。现在，我将用新的梦例来证明，梦的内容尽管是不幸的，但所有这一类梦仍必须解释为欲望的满足。

下面讲的不是我的病人的梦，而是我熟识的一位聪明律师的。他告诉我这个梦，目的在于使我不要对梦是欲望的满足这个理论草率地作出结论。这位律师说，"我梦见我挽着一个妇人走近我的住屋。一辆关着门的马车停在门前，一个男人走近了我，出示了他的警官凭证，要我跟他走一趟。我请他稍等片刻，以便处理一下我的事情。你能相信我会怀有被捕的欲望吗？"——当然没有，但你是否知道你是为什么被捕的吗？——"是的，我想是为了杀婴罪"——杀婴罪？但是你肯定知道这只有母亲对新生儿才犯这种罪——"不错①"——那么你在什么情况下做这个梦的呢？前一晚发生了什么事呢？——"我可不能告诉你，这是一件很微妙的事。"——但我非听不可，否则我们只好放弃释梦的念头了。——"好吧，那么你听着，我昨晚没有在家，而是和一个我非常喜欢的女人过夜去了。我们在早晨醒来后又发生了一次关系，然后又沉沉睡去，而且做了我告诉你的这个梦。"——她是一个结了婚的女人吗？——"是的"——那你当然不希望她为你生孩子了？——"嗯，那会泄露我们的。"——那么你们从来没有过正常的性交吗？——

第13讲中也有简略的报道]

① 梦中叙述往往开始时很不完全，而且在回忆中漏掉的部分只有在分析过程才浮现出来。这些后来补充的部分常常为梦的解释提供了主要线索。参见后文关于梦的遗忘的讨论[518页以下]。

"我总是小心翼翼地在射精前就抽出来。"——我想你在夜间好几次都采用这个办法,只是早晨这一次你感到有点没有把握,不知道做得是否成功。——"无疑,这是可能的。"——在这种情况下,你的梦就是欲望的满足,它再向你保证你没有生出孩子,或者等于说,你杀死了一个婴儿。那些中间环节是不难指出的。你可记得几天以前,我们谈到了结婚的一些为难之处,其中最大的矛盾是,性交时任凭用什么方法避孕都是容许的,而一旦卵子和精子结合而成胎儿时,任何干预就要受到法律制裁了。由此我们回想到中世纪的争论,那时认为正是在这一瞬间灵魂才进入胎儿体内,只是在这时期以后,才可应用谋杀的概念。无疑,你是记得莱劳那首令人不快的诗["死者的幸福"]的,其中把杀婴和避孕视为同一回事。——"真奇怪,今天早晨我似乎偶然想到了莱劳。"——这是你的梦的一种反响。现在我可以告诉你,你的梦中同时还含有另一种欲望的满足。你挽着一位妇女的臂膀走到你的家门。因此你是带她回家①,而不是像在现实生活中那样晚间偷偷地在她家过夜了。构成梦的核心的欲望满足为什么用这种不愉快形式加以掩饰或许不止一个原因。也许你从我所写的焦虑神经症病因学的论文[弗洛伊德,1895b]中已经知道了,我把不完全性交也看成神经症焦虑发展的一个病因因素了?这很符合你的情况,如果以这种方式进行性交,多次以后,你就会感到心情抑郁,这也就在后来成为构成你的梦的元素之一了。而且,你还利用了这种抑郁心境掩盖了欲望的满足。[见487页]顺便说一下,你谈到的杀婴还没有得

---

① [德文"heimführen"有"带回家"和"结婚"两个意思。]

到解释,你怎么会想到只有妇女才能犯的这种罪呢?——"我得承认,几年以前我被卷入了这样一件事。我和一位少女发生了性爱关系,为了避免不幸后果就去堕胎。这事我不知情,但我是应负责任的,长期以来我时刻感到不安,生怕事情暴露。"——我很了解你的心情。这种回忆也是使你担心不完全性交可能未能成功的原因之一①。

一个年轻医生听我在演讲中描述了这个梦,想必留下了深刻印象,因为他很快地模仿着用同一思想模式分析了他自己另一个主题的梦。在做梦的前一天,他送交了他的所得税报表,因为收入不多,他是如实呈报的。当晚他梦见他的一位熟人从税务委员会来告诉他,会上所有其他报表都已通过,只对他的呈报表示普遍怀疑,并课以一笔很重的罚款。这个梦的欲望满足伪装得很差,他显然希望成为一个有巨额收入的医生。这个梦使我想起另一个尽人皆知的少女故事。许多人要她不要答应一位求婚者,因为他性情暴烈,结婚后她肯定要挨打。少女回答说,"但愿他揍我。"她的结婚欲望是如此强烈,以致不仅愿意承担结婚带来的不幸,而且甚至把它变成一种欲望!

常常有些梦与我的理论直接相抵触②,它们的主题要么是欲望得不到满足,要么出现的显然是不期望的事物。我把这一类梦统统放到"反欲望的梦"这个标题之下。如果从整体来考虑这些梦,我似乎可以追溯到两个原则。其中一个原则虽然对人们的梦

---

① 〔这个梦记录在1897年5月2日弗洛伊德给弗利斯的一封信(弗洛伊德1950a,第62封)的附件草稿1之中。〕

② 〔本段和下段是1909年增写的。〕

生活和现实生活都有重大影响,可我现在尚未谈到它。导致这类梦的动机之一就是期望我是错的。在我的治疗过程中,如果我的病人处于对我进行抵抗的状态,照例有这一类梦出现。而且在我初次向病人解释梦是欲望的满足这个理论之后,我敢说一定会诱发这样的梦①,还可以预料,本书的某些读者也可能会出现这一类的梦:如果他们一心希望我是错的这个欲望能够实现,他们就很可能发生反欲望的梦。

最后我再举一个病人在治疗过程中做的梦例,用以证实我所说的这个原则。一位少女极力反对她的一些亲戚和专家的意见,坚持继续请我治疗,并达到了目的。她梦见家里人不准她到我这儿来就医。她于是提醒我,我曾经允诺过她,如果有必要的话,我可以继续为她免费治疗。我回答说,"在钱的问题上,我不能作出任何允诺。"必须承认,这个梦例是很难解释为欲望的满足的。但是在这一类梦中,人们往往可以发现另一个问题。第二个问题的解决却有助于原有问题的解决。她借我之口说的话从何而来呢?当然,我从没有对她说过这种话,但是她的一位对她最有影响的兄弟有意把这种感情嫁之于我。她不仅在梦中坚持她的兄弟是正确的,而且这种想法支配着她整个生活,也成了她的致病动机。

奥古斯特·斯塔克(1911)②医生做过一个梦并做了分析,这个梦乍看起来特别难以用欲望满足的理论来进行解释。"我发觉左手

---

① [1911年增注]近几年来,有些听了我的演讲的人常常向我报告出现了类似于反欲望的梦,这是初次听了我的有关梦的欲望理论的演讲之后的反应。

② [本段于1914年增写。]

食指指尖上有梅毒的初期迹象(Primäraffekt)。"稍加思索，这个梦除了它的非所希望的内容外，它显得清楚而连贯，似乎无须分析。然而如果我们不怕麻烦地深入分析下去，将会发现"Primäraffekt"的意思相当于"Prima affectio"(初恋)，而那令人厌恶的溃疡，用斯塔克的话说，则"证明代表着带有强烈情绪的欲望满足"。

反欲望的梦①的第二个动机非常明显，以致很容易被人忽视，我自己有相当长一段时间就是如此。许多人的性体质中有一种受虐狂成分，它的产生是由于攻击性的虐待狂成分颠倒所致②。有些人不是从所受的身体痛苦方面而是从羞辱和精神痛苦中获取愉快，可称他们为"精神受虐狂者"。这种人显然容易出现反欲望的梦和不愉快的梦，这些梦同样是欲望的满足，因为它们满足了受虐狂的倾向。我引证一个年轻人的这种梦，他在小时候曾经百般折磨过他的哥哥，并且对他有同性恋的依恋。当他的性格发生了根本变化以后，他做了如下的梦，包括以下三部分：1.他的哥哥正拿他打趣。2.两个成人同性恋似地互相抚摸。3.他的哥哥卖掉了他正要经营的商行。他从最后一个梦中醒来，内心充满了痛苦。不论如何，这是一个受虐狂的梦，它的内容可以翻译为"如果我的哥哥变卖我的资产，作为我过去折磨了他的一种惩罚，那倒也是公平合理的。"

我希望上面所举的梦例(在没有新的反对理由提出之前)似乎足以使人相信，即使带有痛苦内容的梦也可解释为欲望的满足③。

---

① ［本段为1909年增写。］
② ［作者关于这个问题的修正观点可见《受虐狂的经济问题》(1924c)。］
③ ［1919年版。正文中包括下面一句话，但稍有不同，1925年则改为脚注］我必

同时,任何人也不应认为,对这一类梦的解释,每一次都是与人们不愿讲出或不愿想到的某种事情的偶然巧合。由这类梦所唤起的痛苦感情,无疑本身就是阻止我们不愿提及或不愿讨论这些问题的抵触之情(它是往往能够成功的),而如果我们被迫要去干这些事,就不得不努力克服这种反感。但是在梦中这样出现的不愉快感情并不意味着梦中没有欲望的存在。每个人都有一些欲望不愿对别人明言,甚至自己都不愿意承认。另一方面,我们已证实了可以把所有这些梦的不愉快性质与梦的化装这一事实联系起来。因此我们有理由肯定,这些梦是化了装的,它们的欲望的满足已伪装得难以辨认,其原因恰恰在于对梦的主题或由此而产生的欲望存在着一种强烈的反感,很想把它们压抑下去。因此可以说,梦的化装实际上就是梦的稽查作用的活动。根据我们对那些不愉快的梦的分析,我可以拟出下面的公式以表明梦的性质而使我们的一切疑窦趋于消失:**梦是一个(受压制的或被压抑的)欲望的(伪装的)满足**①。

须指出,这个问题还没有得到最后解决,后文我们将继续讨论[见556页以下]。

① [1914年增注]据说有一位当代伟大作家根本不相信精神分析及其对梦的解释,但他对梦的性质却独立地提出了几乎相同的说法。他说梦"是受压制的欲望和愿望,在虚假的特性和名称下未经许可的呈现。"(斯匹特勒,1914,1)

[1911年增注]我将在此提前援引以后将会引起讨论的奥托·兰克在这一点上对上述基本公式的扩充和修订:"根据并借助受压抑的、幼稚的性资料,梦经常表现为当前的、而且照例以一种隐蔽的和象征的伪装形式出现的性欲的满足。"(兰克,1910 [519])

[1925年增注]我从来没有说过我把兰克的公式视为自己的公式。我在正文中所说的那个短短的说法,我认为是适当的。但是单单是我提到兰克的修订这一事实,就足以使精神分析屡遭攻击,以为我们是主张"所有的梦都包括有性内容"的了。

如果按原义来理解这个句子,那只能证明我们那些没有道德的批评家已习惯于无在有着痛苦内容的梦中还留有一小组特殊的焦虑的梦有待讨论。对于没有经过训练的人来说,把焦虑的梦纳入欲望满足的梦一类是难以令人同情的。然而我只能在此予以简略的叙述。它们并不代表梦问题的一个新的方面,它们所面临的是整个神经症焦虑问题。我们在梦中感到的焦虑就是梦的内容在表面上所可解释的东西。我们如果对梦的内容深入分析下去,就会发现,梦内容所证实的梦焦虑,与恐怖症中有关观念所证实的焦虑可说是同一码事。譬如,从窗口可能掉下去无疑是一个事实,因此在窗户附近就有理由要小心谨慎。但是令人不能理解的是,这种情况下恐怖症中害怕跌下的焦虑为什么那么强烈而且无休止地紧紧缠着病人不放①。因此我们发现,对于恐怖症和焦虑的梦都可进行同样的解释。在两种情况中,焦虑都是在表面上依附于与焦虑相伴生的观念;其实它是另有来源的。

因为梦中焦虑和神经症中的焦虑之间存在着如此紧密的联系,所以我在讨论前者时必须提及后者。我在论焦虑神经症(弗洛

的放矢,以及我们的反对者多么容易对极其明白的陈述随意扩大攻击的范围。因为只在前面几页[127 页以下]我就提到了在儿童梦中得到满足的就有好几种欲望(旅游的或游湖的欲望,弥补未参加晚餐的欲望);在其他地方,我还讨论了饥饿的梦[131 页注2],口渴的梦[123 页以下]或有排泄需要的梦,以及仅仅是方便的梦[125 页]。甚至兰克本人也没有把话说绝,他所用的字眼是"一般说来,还有性爱欲望",而且他所说的内容在成人梦中也得到广泛的证实。

如果我把我的批评家们所用的"性的"(sexual)意义调换为精神分析中现在通常用的"性爱"(Eros)意义,情况就大不一样了,但是我的对手们对于所有的梦是否由[与"破坏的"本能相反的]"里比多"本能力量所引起的这一个问题大概是不感兴趣的。[参见弗洛伊德,《自我与伊底》第 4 章(弗洛伊德,1923b)。]

① [害怕从窗口跌下这种特殊的恐怖形式,弗洛伊德在 1896 年 12 月 12 日给弗利斯的一封信中提到过(弗洛伊德,1950a,第53封信)。很久以后又在《梦与传心术》

伊德,1895b)的一篇短文中,主张神经症的焦虑来源于性生活,并相当于一种离开自身目的而又无所适从的里比多①。自那以来,这个论断经历了时间的考验,现在我们可以由此推论出,焦虑的梦是带有性内容的梦,属于性内容的里比多已转变而为焦虑。我们在以后分析神经症患者的几个梦时,还有机会支持这种主张②。我在进一步探索梦的理论过程中,将再次讨论焦虑的梦的决定因素并阐明它们与欲望的满足理论的一致性。

(弗洛伊德,1922a)再次提及。]

① [作者关于里比多和焦虑的关系的后期论点可见他的《抑制、症状和焦虑》(1926d)。]

② [弗洛伊德在这一点上显然改变了他的主张:见 579 页以下。他在那里分析了两个焦虑的梦,并重新讨论了焦虑学的整个论题。]

第 五 章

梦的材料与来源

当爱玛打针的梦向我们证明了梦可以是欲望的满足时,我们的兴趣便全部集中于我们是否发现了梦的一个普遍特征,而暂时忘却了在释梦工作时所可产生的任何其他科学问题。我们既在一条途径上达到了目的,现在便可回转脚步,在探讨梦生活问题的路程上另辟蹊径。为此我们把欲望的满足这个主题暂搁一下,虽然其中仍大有文章可做。

既然我们已能应用释梦的过程发现梦的隐意(latent content)比梦的显意(manifest content)远为重要,因而当务之急就是立即对梦中提出的各种问题——重新考察,看看我们在显意中发现的似乎无法解决的各种难题和矛盾,现在是否能够获得满意的解决。

在第一章中,我已将有关梦与醒时生活的关系[第1节]以及梦材料的来源[第3节]的一些权威性观点加以详细叙述。读者们无疑也将会记起有关经常提到但从未加以解释的梦中记忆的三个特征[第2节]。

(1)梦总是明显地偏重选择最近几天的印象[17页以下],参见罗伯特[1886,46],斯顿培尔[1877,39],希尔德布朗特[1875,11]与赫拉姆和韦德[1896,410页以下]。

(2)梦总是根据不同于醒时记忆的原则而选择材料,因为它们记起的不是重大事件而是一些次要的和不被注意的琐事[18页以下]。

(3)梦总是为我们童年那些最早的印象所左右,甚至在那段生活中的一些细枝末节以及在醒时自以为早已遗忘的琐事又来入梦[15页以下]。①

梦在选择材料时所显示的这些特征,早期作者们当然已经研究过了,不过都是在结合梦的显意方面进行的。

一、梦中最近的和无关紧要的材料

有关梦内容中各个元素的起源问题,就我亲身体验而言,我一定开始就会认定,在每个梦中都可能发现有与先一天(previous day)经验的接触点。这个观点在我所分析的自己和别人的所有的梦中都可以得到证实。记住了这个事实,我有时便能从先一天发生的事情开始我的释梦工作,在许多情况下,这确实是最简便的方法。② 在上两章我曾详细分析过的两个梦(爱玛打针的梦和黄胡子叔叔的梦)中,与先一天的联系都非常明显,已无须再加详论。

---

① 罗伯特[1888,9页以下]认为梦的目的是减轻我们白天那些无用印象的记忆负担,如果我们童年那些无关紧要的记忆意象经常在梦中出现,他的说法显然就站不住脚了。否则我们只好认为,梦远远未能执行它的功能。

② [释梦开始时的不同方法在弗洛伊德1923c第1节中有所讨论。]

但是为了证明这种联系可以追溯的规律性,我只有援引足够的梦例来表明我们所寻求的梦的来源。

(1)我正去拜访一个不愿意接待我的家庭……同时我要一位妇女在等待着。

来源:当晚我曾与一位女亲戚谈话,我告诉她说,她还得耐心等待所要购买的东西,直到……。

(2)我写了一本关于某种植物的专著。

来源:先一天早晨我在一家书店的橱窗看到一本樱草属植物的专著[参见后文169页以下]。

(3)我在街上看见两个妇女,是母女二人,女儿是我的一位病人。

来源:傍晚我的一个女病人向我诉苦,说她母亲千方百计不让她前来就诊。

(4)在S&R书店,我订阅了一份期刊,每年价为20弗洛林。

来源:前一天我的妻子提醒我还欠她20弗洛林的家用费。

(5)我接到社会民主委员会的一封信,仿佛把我当会员看待。

来源:我同时收到了自由选举委员会和人权同盟理事会的来信,我实际上是后一团体的会员。

(6)一个男子像柏克林那样站在海中升起的悬岩上。

来源:《妖岛上的德赖弗斯》,以及同时由我从英国亲戚那里听到的一些消息。

可以提出的问题是,梦的接触点是否总是与之紧密相连的先天发生的事呢还是可以追溯到最近过去一段较长时间的印象?这未必是一个重要的理论问题,但我却倾向于赞同与梦紧密连接的先天的断然立场。我把这一天称为"梦日"。每当初看起来梦的来

166

源是两三天以前的印象时,只要细加考察,便可确定这个印象在做梦的先天已经记起,因而可以证明这个印象在先一天的再现已插入事情发生的当天与做梦之时之间;而且还可以指出导致记起那较早印象的先天的偶发事件。

另一方面①,我还不敢相信在激起梦的白天印象与该印象在梦中再现之间存在着任何生物学重要意义的固定的时间间隔(斯沃博达,1904,已提出这方面的时间间隔不超过 18 小时)。②

---

① ［本段于 1909 年增写］

② ［1911 年增注］如我在第一章中的跋中所提及(94 页以下)赫尔曼·斯沃博达［1904］已将 W.弗利斯［1906］所发现的 23—28 天生物学定期时距广泛地应用于精神领域。他特别主张这些周期决定着出现于梦中的诸元素。如果这个事实能够成立,释梦工作也不应发生本质的改变,不过为梦材料增添了一个新来源。然而我近来对自己的梦作了一些研究,想证实"周期性"原则到底在多大程度上可用之于梦。为了这个目的,我选用了一些其出现时间在实际生活中可以确定无误的特别突出的梦元素。

Ⅰ.1910 年 10 月 1—2 日的梦

(片断)……意大利某处。我仿佛置身一个古玩店,三个女儿正向我指点一些小的古玩,并且都坐在我的膝上。我检查其中一件古玩时说,"怎么,你们把它从我这里拿走了,"我清楚地在眼前浮现出萨沃纳罗拉的线条分明的半身雕像。

我最后一次看见萨沃纳罗拉肖像是在什么时候呢?我的旅行日记载明我于 9 月 4 日和 5 日在佛罗伦萨。在那里时我想我要为我的旅伴指出雕有个狂热僧侣特性的圆雕饰,引向西格罗里亚广场的碎石路面,他正是在这里被活活烧死的。我相信我是在 3 日［最近版误印为 5 日］早晨向他指出的。在这一印象与梦中再现之间为 27＋1 天——弗利斯的所谓"女性周期"。但为了证明这个梦例的价值,不幸的是,在真正的"梦日",我有一位多年前的同事来访(这是我回来后第一次)。他能干而面容阴沉,我们曾戏称他为"拉比·萨沃纳罗拉",他给我带来了在去特巴快车上遇到车祸的一位病人,一个星期前我也在那里旅行,所以这次来访使我的思想回到了意大利。梦内容中的"萨沃纳罗拉"这一突出元素的出现因此可以用梦日我的同事来访加以解释;28 天的间隔就失去意义了。

Ⅱ.1910 年 10 月 10—11 日的梦

我又一次在大学实验室研究化学。L. 霍夫拉特邀我去到一个什么地方,他沿着走廊在我前面走着,手向前举着一盏灯或某种其他仪器,他的头部以一种奇特的姿势向前伸出,带着一种洞察一切的(有远见的)神气。然后我们穿过了一片空地……(其余记不起来了)。

这个梦的突出问题是 L.霍夫拉特向前举灯(或放大镜)的姿势,双眼窥向前方。我最后看见他已有多年,但是我马上就知道他不过是代替了一个比他伟大得多的人物——耸立在锡拉丘兹的阿雷苏沙喷泉旁的阿基米德雕像,正是这个姿势,高举着燃烧的镜子,凝视着包围上来的罗马军队。我什么时候第一次(和最后一次)看见这个雕像的呢? 根据日记,那是在 9 月 17 日傍晚;从那天到梦日之间为 13+10=23 天,符合弗利斯的"男性周期"。

遗憾的是,当我们对这个梦进行更为详细的解释时,发现这种偶合也丧失了它的某些确定性。引起梦的刺激是我在梦日得到的一个消息,即我的临床课的教室即将改到另一地点。我认为这个新地点很不理想,于是想到我根本没有一个可听我支配的教室。我的思想必定是由此而回溯到我开始任大学讲师时代的生涯。那时我确实没有教室,我的努力也得不到像有权势的霍夫拉特之流的教授们的支持。在那种情况下,我只得去找我认为对我还很不错的新任教务长 L 诉苦,他答应帮助我,可是却再无后文。于是在梦中,赫夫拉特就成了阿基米德,他给了我一个立足之处,并亲自把我领向新的地点。凡是熟悉释梦的人都会猜得出,这个梦念中恰恰不乏报复和自尊的动机。很清楚,我的梦如果没有这个致梦的诱因,那晚阿基米德就无从进入我的梦境;我也不敢断定,锡拉丘兹的这座雕像强烈和新近的印象是否在某个不同时间间隔之后还能对我产生影响。

Ⅲ.1910 年 10 月 2—3 日的梦

(片断)关于奥泽教授的某件事情,他曾亲自为我拟定菜单,颇有安慰作用……(其余记不清了)

这个梦是对当天消化不良的反应,我考虑是否要去找一位同事替我拟定一份饮食单。我为此目的而在梦中选择正于夏季死去的奥泽教授的理由,大概起因于我非常景仰的另一个大学教师的新近死亡(于 10 月 1 日)。奥泽教授什么时候去世的呢? 我何时听到他的死讯的呢? 根据报载,他死于 8 月 22 日,当时我在荷兰,每天有维也纳报纸寄来;所以我必定是在 8 月 24 日或 25 日读到他的死讯的。但是此处的时间间隔不再与上述两周期相符合。它是 7+30+2=39 天或 40 天。在此期间我记不起曾谈过或想过奥泽教授。

没有进一步处理不符合周期性理论这一类时间间隔在我的梦中屡见不鲜,其发生次数远远超过能够符合周期的间隔。我发现与规律发生有关的唯一关系,就是我在正文中所坚持的把梦与梦日的某个印象连结起来的关系。

哈夫洛克·埃利斯[1911,224][1]也曾注意到这一点,他说他尽管努力寻求,也没有在他的梦中发现任何周期性。他曾记下自己的一个梦,梦见在西班牙,想去一个叫做达劳斯、瓦劳斯或扎劳斯的什么地方,醒后他想不起任何这样的地名,就把这个梦搁置在一旁了。几个月以后,他发现扎劳斯实际上是从圣塞瓦斯蒂安到毕尔巴鄂伦路线上的一个站名,在做梦的250天以前,他曾乘火车路过此地。

因此,我相信每一个梦的刺激动因,都可以在他尚未"睡着"以前的体验中发现。所以一个梦内容与过去不久的印象(做梦当天为唯一例外)的关系与任何遥远时期的关系并无二致。只要思想链索能把梦日(最近的印象)的经验与早年的经验连结起来,梦就可以从梦者的一生任何时期选择做梦的材料。

但是梦为什么偏重于选择最近的印象呢?如果我们对上面刚刚提及的一系列梦[165页]中的一个梦进行充分的分析,便可构成某种假设,为此目的我将选择。

植物学论著的梦

我曾写过一本关于某种植物的论著。这本书正摆在我的面前,我正翻阅到一页折叠起来的彩色插图。每本书中都订有一片枯干的植物标本,就像从植物标本册中取出的一样。

分　析——那天早晨,我在一家书店的橱窗中看到一本新书,

---

[1] [本段于1914年增写。]

题为《樱草科植物》——显然是一本有关这类植物的论著。

我记起樱草花是我妻子喜爱的花,她总希望我带给她这种花,我因此谴责自己很少想起此事。由"带花"这件事使我想起一件轶事。我最近常常在朋友中间说起过它,作为证据用来支持我的理论:遗忘往往由一种潜意识目的所决定,并常能使人推测到遗忘者的秘密意图。① 一位少妇每年生日那一天都要收到她丈夫送来的一束鲜花。有一年这个表示爱情的信物没有出现,她因此而伤心流泪。她的丈夫进来后,还弄不清她为什么啼哭。直到她告诉他今天是她的生日,他才拍打着自己的额头说:"真对不起,我全忘了,我马上出去为你买一束花来。"但是她并没有感到安慰,因为她知道她丈夫的遗忘证明了她已不像以前那样在他的心上占有地位了。这位 L 夫人在我做梦两天前会晤了我的妻子,说她的感觉很好并向我问候。几年前她曾接受过我的治疗。

我再谈一个新的线索。我记得我曾经确实写过类似于有关某种植物的论著,也就是我的论古柯植物的毕业论文[弗洛伊德,1884a],它引起卡尔·科勒对古柯碱的麻醉性质的注意。我在发表的论文中已指出生物碱可应用于麻醉,但是我未能进一步详尽地研究这个问题。② 这提醒了我在做梦的次日早晨——由于没有时间我直到傍晚才进行分析——我曾像做白日梦似地想到了古柯碱。我想我如果患上了青光眼,我就到柏林去匿名地住在我的朋友[弗利斯的]家中,由他推荐一位眼科医生替我动手术。那位动

---

① [这个理论发表在做这个梦之后的几个月,见弗洛伊德(1898b),后收入《日常生活病理学》(弗洛伊德,1901b)。]

② [见111页注2。]

手术的医生因为不知道我的身份，一定会夸耀这种手术由于用了古柯碱，将是如何地易于完成；而我却丝毫不动声色，不使他们知道这个发现也有我的一份功劳。这个幻想又使我想到，当一切都说了和做了之后，一个医生请求同行医生为自己进行治疗，将是一件多么尴尬的事。这位柏林眼科医生因为不知道我是谁，我才可以和其他任何人一样付给他医疗费。只是在回忆起这个白日梦之后，我才认识到在梦的背后还隐藏着对某件特定事情的记忆。在科勒的发现后不久，我的父亲患了青光眼，我的朋友眼科医生柯尼希斯坦为他动了手术。当时科勒医生负责古柯碱麻醉，而且评论说，这次手术把与引用古柯碱有关的三个人联系到一起了。

然后我又想到最近与古柯碱有关的一件事。几天以前，我正在看学生为纪念他们的老师和实验室主任五十周年而编的一本《纪念文集》。该文集在列举与实验室有关的荣誉人物时，我注意到其中提及古柯碱的麻醉功能系科勒所发现。于是我突然想起我的梦与当晚的一件事有关。当时我正与柯尼希斯坦教授一同回家，边走边谈着一个老是使我兴奋不已的问题。当我正在厅门口与他交谈时，加特纳(Gardener)教授和他年轻的妻子加入了我们的谈话。我禁不住称赞了几句他们二人的动人容貌。加特纳是我刚才提到的《纪念文集》的编者之一，也许正是他引起我想到纪念文集的。在我与柯尼希斯坦的谈话中还提到了我上面所说的那位在生日那天失望的L夫人——但却是另一个话题引起的。

我决定还对梦内容的另一决定因素试加解释。论著中夹了一片枯干的植物标本，就像一本植物标本册。这使我想起了我的中学时代。有一次，校长召集高年级学生，把学校植物标本册交给他们检查和清理。标本册中已发现了一些小虫——书蛀虫。他对我的帮忙似乎信心不足,因为他只交给我几页标本。我还记得其中包括了几种十字花科植物。我对植物学从未感到特别兴趣。在植物学的初试中,也是要我识别十字花科植物——结果是认不出。要不是依靠地理知识的补救,我真要名落孙山。从十字花科我又联想到菊科植物。我记得洋蓟菊科植物,我确实可以把它称为我所喜爱的花。我的妻子比我大方,她常常从市场上给我带回这些我喜爱的花。

我看见我的那本论著摆在我的眼前。这又使我想起一件事。昨天我接到柏林朋友[弗利斯]的一封信,信中表现出他的视觉化能力:"我是多么关心着你的梦书。我看见它已大功告成地摆在我的面前而且我看见自己正在一页页地翻着它!"①我真羡慕他的这种观看者的天赋!如果我也能看到这本书摆在我面前,那该有多好!

折叠的彩色插图。当我还是一个医科学生时,我曾狂热地攻读各种论著。尽管财力有限,我还是订阅了许多医学期刊,并为其中的彩色插图所吸引。我颇以自己的这种好学不倦精神而自豪。当我开始发表自己的论文时,我不得不为论文内容附上自己画的说明插图,我记得其中有一张画得非常糟糕,还遭到一位要好的同事的讥笑。然后不知怎地,我又联想到幼年的一段经历。有一次,我的父亲为了逗乐我们,把一本附有彩色插图的书(波斯旅行记)

---

① [弗洛伊德回复弗利斯这封信的日期为1898年3月10日(弗洛伊德1950a第84封信);所以这个梦必定是在此一两天以前做的。]

167

递给我和小妹妹去撕。从教育观点看,这实在不敢恭维,当时我只五岁,我的妹妹还不到三岁;而我们俩兴高采烈把书撕成碎片的情景(一页一页地,我记得自己说像一朵洋蓟似的),也是我一生中从那时保留下来的唯一生动记忆了。以后我成为大学生时,形成了一种收集和保存书籍的狂热,类似于我钻研论著的癖好,即一种喜爱的癖好("喜爱的"这想法已在与樱花科植物和洋蓟的联想中出现过)。我已成了书蛀虫。自从我开始第一次自我分析起,我就常常从这个最早的热情追溯到我刚提到的童年记忆。说得正确些,我已认识到这个童年景象是我后来爱书癖的"屏蔽记忆"。① 当然我也早已发现:热情往往导致不幸。当我 17 岁时,我已欠了书商一大笔书款而无法偿还。我的父亲也不因我爱书欠债而原谅我。但是我年轻时这段回忆立即把我带回做梦当晚与我的朋友格尼希斯坦医生的谈话。因为在谈话的过程中,又谈到了我因过分沉溺于喜爱的癖好而受责这个老问题。

由于与我们关系不大的原因,我对这梦的解释就不再继续下去,只想为解释指出方向。在释梦过程中,我想到了与格尼希斯坦的会晤,而且不止从一个方向想起。当我考虑到谈话中涉及的一些主题时,我对梦的意义就豁然开朗了。由梦出发的所有思想链索——想到我的妻子和我自己喜爱的花,想到古柯碱,想到同事间求医的狼狈相,想到我对研究论著的偏爱以及对某种科学分支如植物学的忽视——所有这些思想链索,如果紧追不舍,最后都变成了我与柯尼希斯坦医生谈话的一两个旁枝。与我第一次所分析的

---

① 参见我的有关屏蔽记忆的论文[弗洛伊德,1899a]。

爱玛打针那个梦一样,这个梦再次变成了自我辩解的性质,为自己的权利而抗辩。它确实将早先梦中出现的题材推向一个新的阶段并参照两梦之间产生的新材料加以讨论。甚至梦的显然无关紧要的表达方式也突然变得有意义了。现在这个梦意味着:"我毕竟是写那篇有价值的和值得注意的(论古柯碱)论文的人。"正如在早先那个梦中我替自己申言"我是一个有良心的和工作勤奋的大学生。"是一样的。这两个案例无非都坚持一个意思:"我可以容许自己做这件事。"不管怎样,我对这个梦无须再继续解释下去了,因为我报告这个梦的目的,不过是要举例说明梦内容与唤起梦的先天体验之间的关系。我所意识到的只要是梦的显意,则与之发生关系的也只是梦日的一个单独事件。但是每当分析进行下去,同一天的另一个体验便成了梦的第二个来源。在这两个印象中,梦与之发生联系的第一个印象却是无关紧要的印象,一个次要的情况:我在一个橱窗中看到一本书,它的题目引起了我片刻的注意,但它的题材却引不起我的兴趣。而第二个体验却具有高度的精神重要性;我与我的朋友眼科医生进行了足足有一小时的生动谈话,在谈话过程中,我告诉了他使我们二人有共同感触的一些消息,同时也勾起了我内心中许多不安的回忆。此外,我们的谈话在结束前便因熟人们的介入而被打断。

现在我们必须要问,梦日的两个印象彼此之间以及它们与当晚的梦之间存在着什么关系。在梦的显意中涉及的只是一些无关紧要的印象,似乎可因之而证实梦宁愿选择白天生活中一些不重要的细节。相反,在梦的解释中,一切都归结到一个重要的印象,一个毫无疑问地激动着我的感情的印象。如果梦的意义可以合理地被认为是由分析而显示出来的隐意,那我可又意料不到地发现了一个新的重要事实。于是梦为什么总是关心白天生活中那些无价值的琐事这个难题似乎变得毫无意义,而且醒时生活不再延续入梦以及梦是我们的精神能量在无谓蠢事上的浪费这一类论调,也就失去根据了。正确的是与之相反的事实:夜间支配着我们梦念的是白天盘踞在我们心头的同一材料,也只有在白天引起我们反复思考的事情才在梦中纠缠不已。

那么,即使我的梦是由于白天确实使我感到兴奋的一个印象所引起,而我实际梦见的为什么又是那些无关紧要的事情呢?最明显的解释无疑还是要再提及一种叫做梦的化装的现象,我在上章中曾把这种化装现象追溯到作为一种稽查作用的精神力量。因此,我的关于《樱草科植物》论著的回忆可以达到暗指我和我的朋友谈话的目的,正像在放弃晚宴那个梦中[148页以下]的"熏鲑"暗指梦者对她的女友的想法是一样的。唯一的问题是一些什么中间环节能使论著的印象达到暗指与眼科医生谈话的目的,因为乍一看来,二者之间并无明显的联系。在放弃晚宴的梦例中,联系不难可以立即看出:作为女友喜爱的食物"熏鲑"是一群观念中最接近的成分,很可能由她的人格在梦者的心中被唤起。而在后一个梦中,乍一看来,两个分离的印象的唯一共同之点就是二者发生在同一天:我在早上看到了那本论著,而在同一天的傍晚进行了谈话。经过分析可使我们对这个问题解答如下:这种联系开始并不存在,而是在事后回想中,一个印象的观念内容与另一个印象的观念内容交织而建立起来的。我已经注意到本梦例中的一些中间环节,在分析记录中已在字句下面加上了强调符号。如果没有其他因素的影响，我揣想单是樱草花植物论著这个观念就可以引起它是我妻子的喜爱的花的观念，也可能引起 L 夫人未接到鲜花的观念。我很少料到这些不惹眼的思想竟然足以引发成一个梦。正如我们在哈姆雷特[一幕五场]中谈到的：

"主啊，告诉我们真情，并不需要从坟墓中跳出鬼魂！"

但是，且慢，在分析中我记起了打断我们讲话的那个人叫做加特纳[Gardener，意为园丁]，而且也曾想到他的妻子看起来"如花盛开"(blooming)，甚至当我写这些字时我又想起我的一个芳名叫做弗洛娜(Flora，罗马神话中的花神)的女病人，也有一小段时间成了我们谈话的主题。这些必定是一些中间环节，始于植物学领域的观念，构成了当天的两种经验、即无关紧要的体验与激动人心的体验之间的桥梁。另一组联系也因此得以建立起来——如围绕着古柯碱观念的一组联系，便足以成为柯尼希斯坦医生其人与我所写的一本植物学论著之间的环节，而这些联系又加强了两组观念之间的融合，结果便可能使一种体验的一部分变成对另一种体验的隐喻了。

我已意料到这种解释会被人批评为任意性和人为性。人们可以质问，如果加特纳教授和他的容貌如鲜花盛开的妻子没有到场，如果我们谈到的女病人不叫弗洛娜而叫安娜，那又会发生什么事情呢？答案很简单，如果这些思想链索没有出现，肯定会有其他思想链索被选出来，如同人们在日常生活中为了取乐而使用双关语和猜谜所表明的那样，这种链索是不难构成的。笑话的范围是无边无际的，或者进一步说，如果当天两个印象之间不可能形成足够的中间环节，梦就会以不同的内容出现。同一天的另一个不同印象——因为这些印象成群地涌入心头旋即又被忘却——就会在梦中占据"论著"的地位,就会与谈话的题材衔接起来,从而在梦中再现出来。因为实际被选中来执行这种功能的是"论著"这个观念而不是任何其他观念,所以我们必须假定它是最适合于这种联系的。我们可以不必像莱辛笔下的《狡猾的小汉斯》那样,对"只有最富的人才拥有最多的钱"感到惊奇。①

按照我们的说明,由于一种心理过程,无关紧要的体验便取代了重要的精神体验,人们仍然会感到迷惑因而难以置信。我将在后一章[第六章第三节(305页以下)]中把这一明显不合理的操作特性阐述得更易理解些。我们在此地讨论的只是一种过程的结果,而根据分析梦时所作的大量有规律的固定观察,我不得不暂时承认这个结果的真实性。这一过程利用一些中间环节,似乎产生了一种可强调其精神方面的"移置作用";这样一来,原来强度负荷较弱的观念便从原来精力倾注(cathected)②较强的观念那里摄取了一定的能量,从而达到足够的强度,使自身得以奋力进入意识。如果这种移置作用指的不过是感情的分量或一般的运动活动问题,则我们对此是不感惊奇的。一个孤独的老处女把感情寄托于动物,一个单身汉变成狂热的收藏家,一个士兵用鲜血保卫一块彩色布片——一面旗帜,一位爱侣因多握了几秒钟的手而深感幸福,或者如在《奥赛罗》中那样,一条丢失的手帕引起了阵阵狂怒——这些都是我们不加否认的有关精神移置作用的例子。但是,如果

---

① [摘自《莱辛的讽刺短诗》,下文(282页以下)对此梦有较长的讨论。]
② [意即充满了精神能量,见标准版英文编者导言 xvii 页以下。]

我们听到决定哪些内容出入于我们的意识,也就是说,决定我们应当思考什么,也采取这同一方式和同一原则,我们就会感到这是病态事件,如果这一事件发生在清醒生活中,我们也会认为是思想出了毛病。我要在此预先提出后文中将要得出的结论,也就是说,我们在梦的移置作用中所发现的精神过程,虽然不能说是病理障碍,但也不同于正常过程,而可视为一种更具原发性的过程[参见第7章第5节,595页以下]。

这样一来,梦内容包括着琐碎经验的残余这一事实,便可用(通过移置作用的)梦的化装的显现予以解释;并且由此而想到我们已经得出的结论,即梦的化装乃是两种精神动因之间通路上检查作用的产物。因此我们可以预期,梦的分析可以不断向我们揭示出梦在清醒生活中有其真正重大意义的精神来源,虽然其重点回忆已从对该来源移置到无关紧要的来源上了。这种解释与罗伯特的理论[78页以下]完全相反,后者对我们已无任何价值可言,因为罗伯特赖以解释的事实根本就不存在。他之接纳这种事实纯粹出于误解,出于不能用梦的真正意义取代梦的显意。我还可提出反对罗伯特理论的另一个理由。如果梦的工作真地是利用一种特殊的精神活动去释放我们白天的记忆"残渣",那么,比起我们醒时的心理活动来,我们的睡眠工作就要艰难痛苦得多。我们为了保护记忆必须驱除无数的无关紧要的印象;而整夜时间还不足以应付这一庞大的数量呢!而且还可能认为,不断忘却无关紧要印象的过程,竟不需要我们精神力量的积极干预。

然而我们可不要不作进一步考虑便匆匆抛掉了罗伯特的观点。[参见579页以下]清醒时尤其是做梦先一天的一个无关紧要的印象为什么总是可以构成梦的内容,这个事实并未得到解释。这个印象与梦在潜意识中真正来源之间的联系往往不是现成的;据我们所知,它们是事后建立起来的,是在梦的工作①过程中仿佛使有意的移置作用变得合理可用。因而在与一个新近虽无关紧要的印象建立联系的方向上,必定有某种带有强制性的力量;而且这个印象又必定具有某种属性,特别适合于达到这一目的。因为如果不是这样,梦念就会同样容易地将重点移置到它们自己观念范围内不重要的成分上去。

下面的观察有助于我们弄清楚这一点。如果在单独一天内我有了两个或更多的适于引发一个梦的经验,梦就会把它们联合参照而为一个单一的整体;它迫于必要性而把它们结合为一个整体。下面是一个例子。夏天的某个下午,我在一列火车车厢中遇见两个熟人,他们互相认识。一个是著名的医生,另一个则是与我有联系的一个显贵家庭的成员。我为这两位绅士作了介绍后,在整个旅途中,他们二人只分别与我一个人交谈,好像我是个中间人。我立即发现我时而与这个时而与那个轮流地讨论着不同的话题。我请求我的医生朋友利用他的影响为我们二人共同认识的一位刚开业的医生多加推荐。这位医生回答说,他相信这位年轻人的能力,但他的相貌平常,恐难跻身于上层社会的家庭;我则回答说这正是为什么需要他鼎力相助的原因。我又转身对着另一旅伴,问候他的姑母的健康——我的一个病人的母亲——这时她正重病在床。这次旅行的当晚,我梦见我为之举荐的那位年轻朋友,在一间时髦

---

① [这是第一次提及本书最长的整个第六章详加讨论的基本重要概念。]

174

的客厅里,坐在一群我所认识的有钱有势的人们当中,以一种老于世故的安详态度,正为一位老妇人,即我的第二个旅伴的姑母(她在我的梦中已经死去)致悼词(说实在话我对这个妇人从来没有好感)。这样,我的梦就再一次为我白天获得的两组印象制造出一些联系,把它们结合而为一个单一的情况了。

许多这一类经验使我不得不承认,基于某种必要性,梦的工作势必要将作为梦刺激的一切来源联合起来,在梦的本身中合成一个单一整体。①

我现在要继续讨论这个问题:即通过分析而揭示出来的梦刺激的来源,是否总是一个新近的(和有意义的)事件,或者总是一种内心的体验,也就是说,是一个重要的精神事件的回忆——一串思想链索——而能起到梦刺激物的作用。根据大量的分析,答案几乎肯定偏向于后者。梦的刺激可能是一种内心过程,似乎是由于先一天的思想活动而变成一个新近的事件。

现在似乎已到了将梦来源的不同条件加以系统整理的时候了。

梦的来源可有以下几种:

(1)一个新近的而且有重要精神意义的经验在梦里直接呈

---

① 将同时发生的一切有趣的事件联合而为单一活动这种梦的工作倾向,以前一些作者如德拉格(1891,41)、德尔贝夫(1885,27)都已指出过,他们称之为"强制的聚合"[弗洛伊德本人在《癔症研究》(布洛伊尔和弗洛伊德,1895)一书中曾陈述这个原则,标准版英文编者导言(xv 页)中曾加引证——下面的句子是 1909 年增写的,1922 年以前各版中都保持未动,以后又删去:"下章(论梦的工作)我们将发现这种强制性趋向联合的冲动原来是另一种原发性精神过程"(参见第 228 页和第 279 页以下)即"凝缩作用"的一例。]。

现。①

（2）几个新近而有意义的经验在梦中联合而成为一个单独的整体，②

（3）一个或几个新近而有意义的经验以一个同时发生的但无关紧要的内容在梦中表现出来③。

（4）一个内部而有意义的经验（如一个记忆或一串思想）在梦中总是以一个新近但又无关紧要的印象表现出来。④

在释梦过程中，我们总可发现梦内容的某一成分总是做梦先一天的新近印象的重复。梦中出现的这个印象或者其本身属于梦的真实刺激物——重要的或其不重要的成分——的某些观念，或者来自某个无关紧要的印象，而这个印象又与环绕着梦的刺激物的观念有着千丝万缕的联系。因此控制各种条件而表现出来的多样性，只须看移置作用的发生或者不发生的交替作用而定。而值得提出的是，我们用这种交替作用去解释各种梦之间的差异范围就如同医学理论利用脑细胞从部分到全部觉醒的假说去解释一样的容易。

181　如果我们考虑这四种可能情况，还可以进一步注意到，一个具有重要意义但又不是新近的元素（如一串思想和一个记忆），为了形成梦的目的，可以为一个新近但又无关紧要的元素所代替，只要它能满足下面两个条件：①梦内容必须与一个新近的经验相联系；

---

① 如爱玛打针的梦[106 页以下]和黄胡子叔叔的梦[136 页以下]。
② 如年轻医生致悼词的梦[178 页以下]。
③ 如植物学论著的梦[169 页以下]。
④ 我所分析的大多数病人的梦都属于这一类。

②梦的刺激物必须仍然是一个具有重要意义的精神过程。在上述四种情况中,只有第一种情况可以用同一个印象同时满足这两个条件。此外,我们还可以注意到,那些无关紧要的印象,凡是新近的,就能被利用来构成梦,只要过了一天(最多几天)便丧失了这种能力。因此我们不得不断定,一个印象的新鲜性,对于梦的构成具有某种精神价值,多少类似于带有强烈情绪的记忆或思想链索的价值。与梦的构成相联系的这些新近印象的价值只有在后面心理学方面的讨论中才能更为明确。①

在这方面我们顺便还可注意到,我们的记忆和观念材料在夜间还可以不知不觉地发生变化。常有人说,我们在作重大决策之前最好"先睡一觉",这种劝告是很有道理的。但在此我们已从梦的心理学方面转到睡眠心理学方面了。这个问题我们以后还要深入讨论。②

然而又有人提出一种反对意见,大有推翻我们刚才做出的结论之势。如果无关紧要的印象只有当其是新近的才进入梦中,然则为什么梦内容也包括着早期生活中的一些元素呢?用斯顿培尔

---

① [参见第七章讨论"移情"的一段(562页以下)。]

② [1919年增注]波泽尔(1917)写了一篇有广泛证据的关于新近材料在梦的构成中所起作用的论文,做出了重要的贡献。在一系列实验中,他要求被试者们观看由速视器(一种在极短的时间内呈现一个对象的仪器)呈现的图片,画出有意识记住的图像。他然后把注意转向被试者们那一晚所做的梦,再要求他们画出这些梦的适当部分。结果无可置辩地证明,构成梦的材料恰恰是被试者未曾注意到的图片中的细节,而有意识地加以注意并在呈现后已经画出的那些细节并没有再出现于梦中。梦的工作以其熟悉的"任意性"(或确切地说"强制性")方式将所利用的材料加以改变,以达到梦的构成的目的。波泽尔实验提出的问题已超出了本书所讨论的释梦范围。顺便说一句,值得注意的是,这种用实验来研究梦的形成的新方法与打断被试者的睡眠而引进梦刺激的早期粗糙技术形成了鲜明的对比。[见223页注]

[1877,40以下]的话说，这些元素在其新近发生的时候并无精神价值可言，因此也就应该是早已遗忘了的——也就是说，这些元素岂不是既不新鲜也没有精神重要性吗？

如果参照对神经症患者进行精神分析的结果，对这个反对意见完全可以作出答复。其解释如下：在所说的这些情况中，用无关紧要的材料（不论是在做梦还是在思考）对有精神重要性材料进行移置作用的过程，在生活早期阶段已经发生，而且此后已固定在记忆之中。这些当初无关紧要的特殊元素已不再是毫不重要的了。因为它们（通过移置作用）已获得了重要的精神材料的价值。在梦中能够再现出来的材料已没有什么是真正无关紧要的了。

从上面的论战中，读者们当可正确地得出结论，既然我认为没有无关紧要的梦刺激当然也就没有"纯真清白"的梦了。除了儿童的梦以及夜间梦中对感官刺激的简短反应而外，我是绝对相信这个结论的。再者，我们所梦的内容要么是具有明显的重要精神意义，不难加以辨认；要么就是化了装的，必须在解释以后才能作出判断，从而发现它仍然具有重要意义。梦关心的决不是细微琐事；我们也不容许自己的睡眠为琐事所干扰。① 看起来是清白的梦，只要我们耐心地进行分析，就会变成恰恰是它的反面。我可以说，梦好似"披着羊皮的狼"。因为我料到这是会遭人反对的另一点，又因为我很乐意有机会来表明梦的化装工作，我将从我的病案中选择一些"纯真清白"的梦来进行分析。

---

① [1914年增注]本书的一个友好批评者赫夫洛克·埃利丽斯（1911，166）写道："正是在这一点上我们许多人不再追随弗洛伊德了。"但是爱丽斯对梦未作任何分析就拒绝承认一个人的判断是如何不可能地建立在他的显梦之上。

(一)

一位聪明而有教养的少妇，举止端庄，含而不露。她的报告如下："我梦见到市场太晚，从肉贩子和女菜贩那儿已买不到任何东西了。"这无疑是个纯真清白的梦；但是梦不会如此简单，所以我请她说得详细些，她因此又叙述如下。她梦见她正和她的厨子一道去市场，厨子挽着菜篮子。她问了几句话以后，肉贩子说，"那再也买不到了"（That's not obtainable any longer），并递给她另外一种东西说，"这也很好。"她拒绝了，走到女菜贩面前，女菜贩想她买一种特别的菜，那菜捆成一束，呈黑色。她回答说，"我不认识它，我不想买。"

这个梦与先一天有明显的直接联系。她确实到市场太晚了，而且一无所获。整个情况似乎构成了这样一句话："肉店关门了。"我想且慢，这句话或者它的反面难道不是一句形容男人衣冠不整的土话吗？① 不过，梦者本人并未用这句话；她或许是想避而不用它。因此我们再努力对梦的细节寻求解释。

每当梦中任何事情带有直接的言语性质，也就是说，每当这件事是说出、听到而不仅仅是想起（通常不难加以区分），那么，它必定是起源于清醒生活中真正讲过的某事——虽然这件事不过被看成原始材料，已有删节，稍有变动，特别是已脱离了原来的前后关系。② 在进行解释时，一个方法就是利用这种说话作为开端。那

---

① ［德文"你的肉店开门了"，维也纳土话表示"你的纽扣散开了"。］

② 参见论梦的工作一章中关于梦中言语的讨论［418页以下］，德尔贝夫（1885，226）是承认梦中语言有其来源的唯一作家。他把它们比做陈词滥调［这个梦简要地记载在弗洛伊德的短篇论文"论梦"（1901a）的第七节中，标准版5,668页］。

179

么,肉贩子说的"那再也买不到了"那句话来源于何处呢?答案是,来源恰恰来自于我自己。几天以前,我向病人解释说,童年的那些最早经验本身"再也想不起来了"(That's not obtainable any longer),但是在分析中已由"移情"和梦取而代之了①。所以,我就是那肉贩子,而她是在拒绝这些移情表现为旧的思想感情习惯。其次,她在梦中自己说的"我不认识它,我不想买"这句话的来源又是什么呢?为了分析起见,这句话必须分解。"我不认识它"是她前一天对厨子说的话,她和他正在争吵;但是她同时又继续说:"你行为要检点些!"这里显然产生了移置作用。她在和厨子争吵的两句话中,她只选取了一句纳入梦中。但是恰恰是被压抑的那一句"你行为要检点些"与梦内容的其余部分相符合。只有当一个人胆敢说出不恰当的暗示而且忘记"关上肉店",人们才以为用这些话是恰当的。我们的解释的正确性还可以由女菜贩这一事件的暗喻进一步加以证实。卖出的蔬菜捆扎成束(病人后来又补充说,捆得长长地),又是黑色,那只能是芦笋和黑色(西班牙)小萝卜的梦中混合物了。凡是有知识的男女都不会为芦笋去寻求解释,但是另一种蔬菜"黑萝卜"(德文 Schwarzer Rettig)却可表示一声呼喊——"小黑,滚开!"(Schwarzer, rett'dich!)②——因此它也似乎是指我们一开始就猜测的那相同的性主题,那时我们就倾向于认为肉店关门这句话是梦的原意。我们现在不需要探讨梦的全部意义,已经非常清楚:这个梦具有一种意义,而且这种意义远远不是单纯清白的③。

---

① [这一段在弗洛伊德的"狼人"病史中第五节讨论童年记忆的一个脚注中提到过。]
② [这很可能是"捕蝇纸"一类漫画读物很普遍的一幅画谜的回忆。]
③ 如果任何人急于想知道,我可以补充说,这个梦还隐藏了我的一种不检点和

（二）

这里是同一病人的另一个单纯清白的梦，与上个梦可说是异曲同工。她的丈夫问她："你认为我们的钢琴该调音了吧？"她回答说："大可不必；音锤倒是非修理不可了。"

这又是先一天发生的真事的重现。她的大夫问了她这个问题，她也作了如上的回答。但是她梦见这句话又作何解释呢？她告诉我这架钢琴是一个令人厌恶的老式盒子，发出一种难听的噪音，在他们结婚前①就属于她的丈夫了，等等。但是解决的关键在于她所说的一句话："大可不必"。这句话来自前天她对一位女友的拜访。主人请她脱下短上衣，她谢绝说："谢谢，但大可不必；我只能坐一会儿。"当她告诉我这件事时，我记得在先一天分析期间，她忽然抓紧了她的短上衣，有一个纽扣已经散开了。因此，她仿佛在说，"请不要窥看，大可不必。"同样，盒子[德文为 Kasten]代表着"胸部"[德文为 Brustkasten]；而对这个梦的解释立刻使我们想到她在青春期身体发育的时刻，她已对自己的身材感到不满。如果我们考虑到"令人厌恶的"和"难听的噪音"这些字眼，如果我们记得——在双关语中或是在梦中——妇女身体上较小的半球无论是用于对比还是用以代替，总是暗指着较大半球时，我们无疑还可

性挑逗的幻想和病人对我的行为的拒绝。假使这种解释似乎荒谬而不可信，我只须指出在无数的例子中，癔症妇人常把医生作为发泄的对象。但在这一类案例中，幻想是不加掩饰出现在意识之中，而不是化装或只表现为梦的——[1909 年补注]这个梦发生于病人开始进行精神分析治疗之时，直到后来我才发现，在她梦中一直重复出现的，其实就是引起她的神经症的最初创伤。此后我在其他病例中也注意到同样的行为，她们在童年曾受了性的攻击，以后似乎便在梦中寻求其反复出现了。

① 在分析过程中就可明白这代表着相反的观念。

以追溯到更早的时期。

(三)

我将暂时将这一系列梦打断,插入一个年轻男子做的一个简短单纯的梦。他梦见他又一次正穿上他的冬季外套,真是一件可怕的事情。引起这个梦的表面理由是冬季的突然来临,但是如果我们仔细观察一下,就会注意到构成梦的这两个片断并不完全一致。因为在冬季穿上厚实的外套有什么"可怕的"呢?而且在分析时梦者出现的第一个联想就使这个梦的单纯性完全站不住脚了。他回忆起前一天一个女子向他吐露了秘密,说她生下最小的孩子是因为避孕套破了的缘故。他只能在此基础上重构他的思想。一个薄的避孕套是危险的,但是一个厚的避孕套也很不妙。避孕套适当地代表了外套,真可谓一箭双雕。但是像这位女子所叙述的意外事件,对一个未婚男子来说肯定是"可怕的"。现在让我们再回到我们这位纯洁的女梦者吧。

(四)

她正在把一支蜡烛插到烛台上。但是蜡烛折断了,再也不能直立。她的学校中女孩子们说她动作笨拙,她说这不是她的错。

这个梦又是一件真事。她昨天确实把一支蜡烛插在烛台上,但没有折断。在这个梦中有几个明显的象征。蜡烛是可以使女性生殖器产生兴奋的物体,如果折断了,自然就无法很好地直立,对男子来说,这意味着阳痿("这不是我的错"),但是一个有教养的少妇,对猥亵的事一无所知,也能知道蜡烛能意味着这种用途吗?但发生的事能够表明她是如何获得这方面知识的。有一次她们在莱茵河上划船，另一只船赶上了她们，船上有几个大学生。他们兴高采烈地唱着，或者不如说在喊着一首歌

  当瑞典皇后

  躲在紧闭的百叶窗后，

  用阿波罗蜡烛……①

她不是没有听见就是不理解最后一个字，就要求她的丈夫为她解释。在梦内容中，诗句代之以对在校时笨手笨脚地做了一件事的回忆由于紧闭的百叶窗这个共同元素而可能形成了移置作用。在手淫和阳痿之间的联系足够明显的了。此梦隐意中的"阿波罗"与以前出现处女智慧女神雅典娜的梦又有联系。所有这一切都远非单纯清白的。

（五）

要从梦者有关现实生活的梦中引出结论，并不是一件容易的事。我将再举出同一病人做的一个梦为例。此梦表面看来仍然是单纯清白的。她说："我梦见了我昨天实际做过的事；我把一个小箱子塞满了书以致无法盖上，我梦见的与实际发生的情况完全一样。"在这个例子中，梦者特别强调梦和现实的一致性。[参见21页的注和372页]对于梦的所有这一类判断和评论，虽然在清醒思想上占有一定地位，实际上照例形成一部分梦的隐意，后文的其他

---

① ["阿波罗蜡烛"是一个众所周知的蜡烛商标名称，文中诗句摘自一首著名的大学生歌曲，有无数类似的分段。删去了的字是"手淫"。]

许多梦例都可证实此点[445页以下]。我们现在已经知道,梦确实叙述了白天发生的事,但如果用英语来解释我如何获得这个概念,定会花费太长的篇幅。只要再一次指出,正在讨论的问题是一个小"箱子"(参见木箱内躺着死孩的梦,154页以下),它装得太满,再也塞不下别的东西,也就足够了。幸好,这一次没有什么不好的事情。

在所有这些"单纯清白"的梦中,性的因素显然是稽查作用的主要对象。但这是一个头等重要的主题,留待以后再详加讨论。

二、作为梦的来源的幼儿期材料

与研究梦的其他作者一样(罗伯特例外),我也提出了关于梦内容的第三个特性,即梦可以包括追溯到童年早期的那些印象,它们在清醒时似已不能回忆起来。要决定这些印象在梦中出现的多寡,当然是很难的,因为这些梦元素的来源在醒后已不复辨认了。因此,要证明我们梦见的是童年印象,必须取得客观证据,而这方面的机会又是很难得到的。莫里[1878,143页以下,上文16页以下已引]有一个例子特别具有说服力。有一个人一天决心重访阔别已二十年的故里,在动身的前一晚,他梦见置身于一个完全陌生的地方,在街上碰见一个陌生人并和他交谈了一阵。当他返回家园时,他发现这个陌生地方就在家园附近,而梦中的陌生人则是他亡父的一位仍然健在的朋友。这是他童年曾见过此人和此地的确凿证据。这个梦还可解释为一种迫不及待的梦,如口袋里装着音乐会门票的那位少女的梦(152页以下),女儿因其父亲带她到哈密欧去旅行而做的梦(129页以下)以及其他类似的梦。梦者重现他们童年的一个特殊印象而不是任何别的印象,其动机不通过分析是难以发现的。

曾经听过我的讲演的一个人,自夸他的梦很少以化装的形式出现,不久前他来告诉我,他梦见他以前的家庭教师和保姆共卧一床,这位保姆在他家一直到他十一岁时才离去。他在梦中并且认出了这幕情景的确切地点。他由于好奇便把此梦告诉了他的哥哥,他哥哥笑着证实他的梦确有其事。此事他哥哥记得很清楚,因为那时他已有六岁。这对恋人只要晚上方便,就用啤酒把他哥哥灌醉。而对于与保姆同居一室年方三岁的小孩——梦者,并不认为是个障碍。[见198页]

还有一种方式,不借助任何解释即可确定梦中含有来自童年的元素。这种梦可称之为"反复呈现"的梦。就是说,最初出现于童年的梦到了成年仍反复出现①。我虽然自己缺乏这方面的经验,但可以从我的记录中选出几个大家熟知的例子。有一位年已三十的医生告诉我,他从小直到现在经常梦见一头黄狮子,而且可以详细地描写出来。一天他终于发现了这头狮子的实物,原来是一件早已不见了的瓷制装饰品。这位年轻人从他的母亲处得知,这件物品曾经是他童年最喜欢的玩具,但他早已把它忘记了②。

---

① [参见上文44页的注。关于"反复呈现"的梦的某些说法可见弗洛伊德的《一个癔症病例的分析片断》(1905e)在综合杜拉的第一个梦的结尾处(第二页)。参见下文579页的注。]

② [下面关于这方面另一个梦只出现于初版(1900)。在《全集》卷3(1925)38页的一个注中谈到了在其后各版中删去是正确的:"这种梦具有一种典型的特性,不符合回忆只符合幻想,其意不难揣测得出。"以下是删去的句子:"我的一位女病人梦见一个

如果我们现在从梦的显意转到了只有通过分析才能发觉的隐念，我们不禁会吃惊地看到，我们从未想到过的童年经验的内容在梦中居然也起着一定的作用。我再从梦见黄色狮子的可敬的同事那里举一个特别有趣而且有益的类似梦例。他在读了南森的北极探险的故事以后，梦见自己置身于一片冰原，正在为这位勇敢的探险家用电疗法医治他的坐骨神经痛。在分析这个梦的过程中，他记起了童年的一个故事，顺便说一句，单凭这个故事就足以理解这个梦了。他在三四岁时，有一天听见大人们在谈论航海探险，他问他父亲，航海是不是一种病。他肯定把"Reisen"（航海）和"Reissen"（腹绞痛）弄混了，而他的哥哥和姐姐是懂得的。此后他再也没有忘掉这个使他难堪的错误。

还有一个类似的例子。当我在分析《论樱草花科植物》论著时〔上文172页〕，我偶然记起了童年时我的父亲。我那时不过是个五岁的男孩，他给我一本有彩色插图的书去撕。在梦内容决定其形式中，这个记忆是真的起了一定的作用，或者只不过是分析过程事后建立的联系，可能还是值得怀疑的。但是我确认前一种说法是对的，这可从以下丰富而交织在一起的联想环节得到印证：樱草花科植物——喜爱的花——喜爱的食物——洋蓟；像洋蓟一片一片地撕成碎片（当时我常听到一句话，瓜分中国）——标本收藏

相同的梦——一个充满焦虑的景象——在她38岁时出现了四五次。她正在被人追逐，逃入一间房内，把门紧闭，然后又打开门去取留在门外的钥匙。她感觉到如果不取到钥匙就会有可怕的事情发生。她抓到了钥匙，从内锁上了门，才松了一口气。我说不出我们应当把这场小景确定在什么年龄，当然，她在其中不过扮演了一个听众的角色。"〕

册——书蛀虫，它的喜爱食物是书。此外我敢向读者们肯定，我在此还没有说出的梦的最后意义，与童年的破坏情景有着密切的关系。

对另一组梦例的分析表明，激发梦的真实欲望以及梦所表现的欲望满足都来自童年；所以，使我们感到惊奇的是，我们发现儿童及其全部冲动仍在梦中继续存在着。

现在我将继续解释那个我们已经找到的有启发意义的梦例——我的朋友 R 是我叔父的梦。[见 137 页以下]我们的解释已清楚地证明我想晋升教授的愿望是这个梦的主要动机之一；我还把梦中对我的朋友 R 的情感解释为反对在梦念中对两位同事进行诽谤的结果。这是我自己的一个梦，因此我可以说自己对已获得的解释仍不满意，还可以继续分析下去。我深知我在梦念中对这两位同事虽有所苛求，但在清醒生活中的评价却大不相同。在任命问题上我不希望遭遇与他们同样的命运这种愿望的力量，还不足以解释在醒时和梦中对他们评价的矛盾。如果对晋升教授的渴望果真如此强烈，那就是一种病态的野心，我以为自己还不至于如此。我不知道为什么那些相信他们了解我的人会对我作如此判断。也可能我这个人确实有野心；倘若如此，那么我的野心也早已转移到与当副教授的头衔和地位大不相同的其他对象上去了。

那么，我在梦中表现出来的野心从何而来呢？这使我想起我在童年时常听到的一件轶事。当我出生的时候，一位老农妇曾对我那骄傲的母亲预言，她的这个头生子将成为世界伟人。这类预言想必是非常普遍的：哪一个母亲不充满幸福的希望，又有多少农妇和其他妇女在饱尝人世辛酸之后不寄希望于未来呢！这位女预

187

言家的话对她自己也无任何损失。我对功名的渴望可能来源于此吗?这又使我回忆起童年后期的另一次体验,或可提供更好的解释。当我十一二岁时,我们父母已习惯于带我到布拉特①去。一个傍晚,我们正坐在餐馆内,我注意到一个人正从一个桌子移动到另一个,他只需考虑片刻,就能遵照命题即席吟诗。我奉命把这位诗人带到我们桌前,他对此表示感谢。在命题以前,他先为我奉献了几句诗文,而且凭着他的灵感,宣称我将来可能成为一名内阁部长。我仍然记得这第二个预言给我的印象是多么深刻。当时正值"比格尔"内阁时代。②不久前,我的父亲带回了几张这些中产阶级职业家的肖像——赫布斯特、吉斯克拉、昂格尔、伯格尔等——并悬挂起来以增加住宅光辉。他们中间甚至还有犹太人。自此以后,每一个犹太学生书包里总要放上一个内阁部长式的公文夹。当时的事件对我在上大学以前不久必定产生了影响,我本想学法律,只是在最后一刻我才改变了主意。一个医科学生肯定是与部长生涯无缘的。但是,现在再回到我的那个梦,我才开始明白,这个梦把我从意气消沉的现在带回到那充满希望的"比格尔内阁"的愉快日子,而且完全满足了我当时年轻人的野心。我之所以粗暴地对待两位学识渊博的著名同事,只是因为他们是犹太人,我把他们二人一个看成大傻瓜,另一个看成罪犯,这种做法好像我俨然是一个部长,把自己放到了部长的位置上了。现在是轮到我对部长阁下进行报复的时候了!他拒绝我担任副教授,我就在梦中接替

---

① [维也纳郊区的一个著名公园。]
② [即"中产内阁",一个自由派面貌的政府,于1867年奥地利新宪法制定后产生的。]

他的职位加以报复①。

在另一个梦例中则很明显,激发梦的虽然是一个当时的愿望,但远溯至童年的记忆起了有力的强化作用。我记住了一系列渴望访问罗马的梦。长期以来,我无疑要靠做梦来满足这个愿望;因为一到了每年可能去罗马旅行的季节,我都碍于健康而未能成行②。譬如,我一次梦见从火车窗户看到了台伯河和安基洛桥。火车开动了,我才发觉我从未到过这个城市。我在梦中看到的景象来自我昨天在一个病人客厅中注视了片刻的一幅版画。另一次梦见有人把我领到一个小山顶上,给我指出在云雾缭绕中的罗马城;它非常遥远,但我奇怪为什么会看得如此清晰。这个梦的内容很多,我不能在此一一详述;但那"远眺的向往之地"的主题显然已尽在其中了。我在梦中初次看见的这座为云雾半掩的城市乃是吕贝克城,而小山的原型是格利欣山。③ 第三个梦如梦本身所示,我终于到了罗马,但是我大失所望,因为我发现它完全不像都市景色。一条狭窄的流着黑色污水的小河,河的一边是黑色峭壁,另一边则是一片草地,长满大朵的白花。我注意到一位似曾相识的朱克尔先生(Herr Zucker,德文意义为糖),决定向他打听进城的道路。我要在梦中看见在现实生活中从未见过的城市显然是徒劳的。把梦

194

---

① [在1902年3月11日给弗利斯的一封开玩笑的信中(弗洛伊德1950a,第152封信中),弗洛伊德编造故事说,他在此书出版后两年,真的被任命为教授了。]

② [1909年增注]我早已发觉,只要稍微鼓足勇气,就可以满足一直认为难以实现的愿望;[1925年增注]所以我成了罗马的定期朝圣者。[与弗利斯的通信(弗洛伊德,1950a)反复证明了想访问罗马对弗洛伊德的情绪上的重要意义。他于1901年夏季满足了这个愿望。]

③ [奥地利的施蒂里亚省的一个矿泉,距格拉茨不远。]

189

中景色分解成若干元素，我发现白色花朵把我带回我曾访问过的拉韦纳，后者至少有一个时候几乎代替了罗马作为意大利的首都。在环绕着拉韦纳的沼泽地带，我看见美丽的水百合花出淤泥而不染。由于我们想摘到这种花非常困难，梦中就把它们移植到草地上，很像我们自己家乡的奥塞湖上的水仙花。紧贴水边的黑色峭壁使我生动地想起了卡尔斯巴德[著名的矿泉疗养地]附近的泰伯尔河谷。"卡尔斯巴德"能使我解释我曾向朱克尔先生问路的特殊细节。从这个梦所编织的材料中，在这方面包括了两个滑稽可笑的犹太人故事，充满民间智慧和尘世辛酸，以致我们在谈话和书信中常乐于引证①：第一个是关于"体质"的故事。一个贫穷的犹太人，无票偷乘去卡尔斯巴德的快车，他被发觉了，每次查票都被赶出车厢，而且受到越来越严厉的对待。在这次悲惨旅行中，他在一个车站碰到一个熟人，问他乘车到哪里去，他回答说："去卡尔斯巴德，只要我的体质还支撑得住。"我由此又想起另一个故事：一个不懂法语的犹太人在巴黎问到里希尼街怎么走。巴黎是我多年向往之地；我第一次踏上巴黎路面的幸福感觉，好像其他愿望的满足也得到了保证；而且，"问路"也是到罗马去的一个暗喻，因为大家都知道"条条大路通罗马"。再者，朱克尔[糖]这个人名还暗指卡尔斯巴德，因为凡是患了体质性疾病糖尿病②的人照例要到那里去疗养。这个梦起因于我的一位柏林朋友约好于耶稣复活节在布拉

---

① ［在1897年6月12日给弗利斯的一封信中（弗洛伊德1950a，第65封信），他提到正在收集这些故事，供他的一本论笑话的书之用（弗洛伊德1950c）。本文的第一个故事在他的信中不止一次地暗示过，而罗马和卡尔斯巴德则用来象征未达到的目标（例如第112、130封信）。］

② ["diabetes"的德文是"Zuckerkrankheit"（糖尿病）。]

格相会。我们在那里要讨论的事情必定包括了与"糖"和"糖尿病"有进一步联系的内容。

上一个梦之后不久我又做了把我带到了罗马的第四个梦。我站在一个街角处,惊奇地发现有许多犹太招贴[①]。先一天我写信给朋友时,已预言到布拉格对于德国人去旅游大概不是一个愉快的地方。因而与此同时,梦中便表达了和他在罗马而不是在波西米亚的一个城市会晤的愿望,同时也表达了大概我从学生时代起便产生的一个愿望,即布拉格可以更多地容忍使用德语。顺便说一下,我必定在很早的童年就懂得捷克语了,因为我出生在摩拉维亚的一个小城镇,那里有很多斯拉夫人。我在17岁时听到的一首捷克童谣,虽然不懂得它的意思,可给我的印象很深,至今仍能背得出来。所以在这些梦中,与我的童年初期一定不乏某些联系。

我在最近一次去意大利旅游中,经过特拉西美诺湖,最后,在已望见了台伯河之后,在离罗马五十里处遗憾地折至他处——我发觉在这条通往永恒之都的途中更增强了我少年时期的回忆。我在计划次年途经罗马去那不勒斯之际,忽然想起我必定曾经读过的一位古典作家的句子:[②]"当他计划去罗马以后,反而变得不安;在书房中走来走去,心中不断交战;选择当温克尔曼副校长,还是当汉尼拔大将。"我确实追随了汉尼拔的足迹,和他一样,我已经注定了看不到罗马城;而他也是在千百万人企望他进军罗马时,却转

---

① [此梦于1897年12月3日给弗利斯的一封信中(弗洛伊德,1950a,第77封信)曾加以讨论。在布拉格相会可能在同一年的较早时候(见1897年2月8日第58封信)。]

② [1925年增注]这位作家无疑是指让·保尔——[决心去罗马必定是18世纪古典考古学奠基人温克尔曼一生的转折点。]

191

向了坎帕格纳。在这些方面我与汉尼拔相同,但他仍是我从学生时代起就一直崇拜的英雄。在我们那个时代,我和其他许多学生一样,对于罗马人与迦太基人之间的三次布匿战争不是同情罗马人,而是同情迦太基人。到了高年级,我开始理解到身为异族的含义;其他男孩的反闪族感情警告我必须采取明确的立场,于是这位闪族将军的形象在我心中的地位就更高大了。在我年轻的心灵中,汉尼拔和罗马象征着犹太教徒的顽强性与天主教会之间的冲突。这种反闪族运动对我情绪生活的重大影响有增无已,有助于我早年思想和感情的巩固。因此在我的梦中,去罗马的愿望已成了许多其他殷切欲望的伪装和象征。这些欲望的实现,必须具有腓尼基人那样的顽强和决心,虽然在当时它们的实现也好像汉尼拔那样命运不佳,未能实现进驻罗马的欲望而饮恨终生。

关于这一点我又记起童年的一件事情,至今仍有力地影响着我的全部情绪和梦景。大约在10岁到12岁时,我的父亲开始带着我散步并告诉我一些为人处世的观点。有一次散步时,他告诉了我一个故事,说明现在的日子比他们那时候要好过得多。他说,"当我年轻的时候,某个星期六,在你出生的地方去散步。我衣着整齐,还戴了一顶新皮帽。一个基督教徒走了过来,一掌就把我的帽子打在污泥里,并且喊叫道:'犹太人,滚开些!'"我于是问道,"那你怎么办呢?""我走到路上捡起我的帽子。"他平静地回答。对于这位手牵小孩身高力壮的男子汉这般不光彩的行为,使我大为震惊。我把这个情景与另一个和我的情感相融洽的另一情景形成了鲜明对比。那就是汉尼拔的父亲哈米尔卡·巴尔加(迦太基的一位将领），①他把他的孩子领到家族祭坛上发誓要向罗马人报复。从那时起，汉尼拔就在我的想象中占有一席之地了。

我相信我对迦太基将领的热情还可进一步追溯到我的童年，因而只能再一次说明它是一个从已形成的情绪关系对一个新的对象的移情问题。我学会阅读以后，最初看的几本书中就有一本退耳的《执政和帝国史》，我还清楚地记得，我把拿破仑部下元帅们的姓名写在标签上，贴在我的木制士兵的背上。那时我宣称我最喜欢马塞那（犹太名为马拉赛）。②（这种偏爱无疑还由于我的生日与他的生日相同，而且正好相隔一百年。）③拿破仑自比汉尼拔，因为他们同跨过了阿尔卑斯山。这种尚武精神甚至还可以追溯到我的童年时代；我在三岁时与一个比我大一岁的近亲男孩忽而友好，忽而敌对，在一强一弱的双方关系中，这种好战欲望的激发必定属于较弱的一方。④

人们对梦的分析越深入，往往越会发现童年经验的踪迹，在梦的隐意来源中起着一定的作用。

我们已经知道（21页），梦中再现的记忆很少不加减缩和变动地就构成全部显梦。然而也出现了一些无可怀疑的这样的梦例；而且我还能增加一些又是与童年有关的景象。我的一个病人曾经在梦中重现一次几乎未加伪装的性事件，并且马上被确定为是一

---

① ［1909年增注］第一版我误写的哈士多路巴（Hasdrubal，也是迦太基的一位将领），这是一个令人难解的错误。我在《日常生活病理学》中（1901b）第10章第2节中已做了解释。
② ［1930年增注］顺便说一句，这位元帅的犹太血统已不详。
③ ［这一句为1914年增写。］
④ ［下文424页和483页将充分讨论这一点。］

个真实的回忆。他对这件事的记忆实际上从未在他清醒生活中完全消失过,但已变得非常模糊,而在分析以后才被完全唤醒。梦者在十二岁那一年去看望一个同学,他正躺在床上,由于一个偶然的动作,身体裸露了出来。我的病人看见了他的同学的生殖器,迫于一种强制性冲动,他也露出了自己的生殖器并握住了对方的生殖器。他的朋友愤怒而惊愕地注视着他。在一阵茫然失措之后,他松开了手。这幕情景在二十三年之后的梦中竟然反复出现,而且包括了当时伴生的细致感情。但是这个梦也略有改变,梦者从主动者变成了被动者的角色,而他的原来的同学也代之以一个现在的朋友了。〔参见189页〕

199　　童年的情景通常确实只以隐喻表现在显梦之中,只有经过对梦的解释才能辨认出来。记录下来的这一类梦例也很难使人信服,因为已经发生的这些童年经验一般都缺乏其他旁证:如果追溯到很早的童年,它们的记忆已经依稀难辨了。要推论梦中的这些童年经验确曾发生,只有依据精神分析工作所提供的大量因素,它们互相印证从而似乎才有足够的价值。如果我记录的这些推论而得的童年经验,为了释梦的目的,脱离了前后情节,特别甚至未能将释梦所依据的全部材料列举出来,别人便可能很难留下深刻的印象。然而,这并不能妨碍我再举几个例子。

(一)

在我的一个女病人的所有梦中,都表现出"匆忙"的特征:急于赶火车去某处,等等。有一次她梦见要去拜访一位女友;她的母亲要她乘车而不要走路;但是她跌跌撞撞地奔跑着——这些材料经

194

过分析使她想起儿时的奔跑嬉戏（你当知道维也纳人称之为"猛冲""疯狂赛跑"）。有一个特殊的梦使她回想起一种儿童喜爱的绕口令游戏，譬如说一句"牛在跑，跑到倒"，越说越快，看谁快到最后只听到一个无意义的声音，实际这也是一种"匆忙"的表现。所有这些与其他女孩在一起玩的天真的奔跑嬉戏之所以被回忆起来是因为它们代替了其他一些较少天真的嬉戏。

（二）

下面是一个女病人做的梦：她置身一个摆满各种机器的大房间内，仿佛是一间外科矫形室。她听说由于我时间紧迫，必须与另外五个人同时接受治疗。然而她拒绝了，不肯躺在床上或为她指派的任何地方。她站在角落里等着我说那不是真的。同时另外五个人嘲笑她的行为愚蠢可笑——这时，她又好像在画一些小方格。

这个梦前一部分内容与治疗有关，是对我的移情作用。第二部分则暗指童年的一幕情景。两部分因梦中提到床而联系了起来。

矫形室暗指我对她讲过的一句话，我把治疗的时间之长和性质之复杂比做矫形术。我开始为她治疗时，不能不告诉她我暂时不能给她很多时间，以后我才可能每天给她整整一小时。这话触发了她原有的敏感性，这也是儿童容易发作的癔症的一个特性：他们对爱的渴望永远感不到满足。我的病人是家庭中六个孩子中最小的一个（因此，同时还有另外五个人），而且最为父亲所宠爱，但即使如此，她仍觉得她所崇拜的父亲给她的时间和关注太少——她等着我说那不是真的根源如下：一个小裁缝徒弟为她送来一套定做的衣服,她随即付了款。她后来问她的丈夫,如果小裁缝把钱丢失了,要不要再付一次。她的丈夫为了嘲弄她,说会要这样(梦中的嘲弄)。她于是不断地追问,等待着他说那不是真的。由此可以推断出,在梦的隐意中,她可能想到,如果我给她两倍的时间,她是否要付两倍的诊费——她觉得这是一个吝啬的或不洁的思想(儿童时代的不洁在梦中往往代之以贪图钱财,二者用"不洁"这个词联系了起来)。① 如果梦中关于等着我说等等这一整段在梦中不过是"不洁"这个词的迂回说法,那么"她站在角落里"和"不肯躺在床上"就符合了童年的一幕景象:她弄脏了床,被罚站在角落里,被威胁说她的父亲不再爱她了,她的兄弟姐妹会嘲笑她的,等等。——小方格则是指她的小侄女在她面前玩一种(我相信这是正确的)使横竖相加都等于十五的九个方格的算术游戏。

(三)

201　一个男人的梦:他看见两个男孩厮打,从丢在地上的工具可以看出是桶匠的孩子。一个男孩把另一个打倒在地;倒地的男孩戴着蓝宝石的耳环。他匆忙举起手杖打击进攻者,力求严惩他。后者逃向一位妇人,好像是他的母亲,请求庇护。她正站在木栅旁边,是一位劳动妇女,背部对着梦者。最后,她回转过身来,样子很可怕,把梦者吓跑了。可以看见她双眼下眼睑有着突出的红肉。

这个梦充分地利用了前一天发生的琐事。他确实在街上看见

---

① [后来弗洛伊德对此点曾加以扩充。(1908b)。但在1897年12月22日给弗利斯的(弗洛伊德,1950a 第79封)信中已提到了。]

两个小孩,一个把另一个打倒在地,当他赶去劝架时,两个人都逃跑了。——桶匠的孩子。这只能用他后来一个梦中的一句谚语来解释,这句谚语是"直把桶底捅穿"。——他根据自己的经验,相信蓝宝石耳环多为妓女所戴,他于是记起了一句著名的关于两个男孩的打油诗,"另一男孩叫玛丽"(即一女孩)。——站着的妇女。当他看见两个男孩跑掉以后,就沿着多瑙河走去,趁着无人之际,对着一个木栅栏撒溺。不一会儿,一位衣着庄重的老妇人和蔼地向他微笑,并送给他一张有地址的名片。由于梦中的妇人也站在他曾经小便的同一地方,因此这妇人必定也在小便。这与那可怕的面容和突出的红肉恰相符合。这只能意味着蹲下时阴户张开。这种景象在儿童期看到过,在后来的记忆中则以"浮肉"(作为伤口)再现出来。

这个梦把他在小孩时两次看见女孩生殖器的情景结合了起来。一次是女孩被推翻在地,一次是女孩正在便溺。他还从梦的另一部分引起一个联想,即为了在这些场合证实性的好奇,他曾受到过父亲的恫吓和严惩。

(四)

在下面(一个老妇人的)梦的背后,一大堆童年记忆巧妙地结合而为一个单一的想象。

她匆忙出门去买些东西。走到格拉本大街,[①]她双膝瘫软,好像垮了似地。一大群人围着观看,特别是一些出租汽车司机,但是没有一个人帮着把她扶起来。她徒劳地试了几次,最后想必是站

[①] [维也纳主要商场中心之一。]

起来了,因为她被放进一辆送她回家的出租汽车里,一个大而沉重的篮子(好像一个货篮)从她身后的窗口被扔了进来。

　　做梦的就是那位在儿时喜欢莽撞嬉戏而在梦中经常感到匆忙的妇人。〔上文 199 页〕第一个梦景无疑源于看见马失前蹄;同样,垮了下来这个词是指赛马。她在年轻时善于骑马,而当她年纪更轻时她真的就像一匹马。摔倒使她想起在童年早期,守门人的十七岁儿子因癫痫发作摔倒在街上并被人用车送回家中。她当然只是听说这件事,但是癫痫发作(跌倒的疾病)的想法牢固地盘踞在她的想象中而且终于影响她形成癔症发作。——如果一个妇女梦见跌倒,照例带有性的意味;她正在想象自己是一个"堕落的妇人"。目前这个梦特别无可置疑,因为我的病人跌倒的地方是格拉本大街,而这条大街在维也纳是著名的妓女聚集场所。德文 Korb(货篮)不止一种解释。在 Körbe①(拒绝、冷落)的意义上,她想起了对无数次求婚者的拒绝,而后来她也抱怨受到了同样的冷落。这与没有人帮着扶她站起来这件事又有联系。她自己解释这也是一种拒绝。货篮进一步提醒她在分析中已经出现的想象。她想象已经下嫁,必须自己亲往市场去买东西。最后,这个词也可当作仆人的标志。这方面又出现了几个童年的回忆:第一,她想起一个因偷窃而被开除的女厨子,她双膝下跪,乞求饶恕,梦者那时才十二岁。其次想起的是一个女仆,她因与家中车夫私通而被解雇。(附带说一句,他后来娶了她)所以这个记忆是梦中车夫(司机)②的一

---

① 〔德文 Korb(篮子)一词也普遍用于对求婚的拒绝。〕
② 〔这个德文字 Kutscher 兼具有车夫和司机的意义。〕

198

个来源,(梦中车夫与现实中相反,没有扶起这个跌倒的妇人。)剩下有待解释的还有篮子在她身后被扔进来而且是通过窗户,这使她想起了将行李递进去给铁路运走,想起了乡间一种习俗,即情人爬进爱人的窗口,以及一些她在乡间时听到的生活轶事:一个绅士把几枚青梅从窗口丢进一个女子的房内;一个乡下白痴从窗口吓他的妹妹。她又模糊记起一件十岁时的事,她的乡下保姆与家中一个仆人发生暧昧关系(这事连她这个小女孩也看得出来)而被同时遣走,丢了出去(梦像为其反面"丢进来")——我们已从好几个方面讲到了这个故事。一个仆人的行李或衣箱在维也纳被鄙称为"七个梅子","捡起你的七个梅子滚蛋吧!"

在我的记录中自然包括大量病人的梦,经过分析,这些梦可以追溯到童年模糊的和已经忘却的印象,甚至往往可以回复到生命的头三年。但是要把从这些梦得出的结论应用于一般的梦,就不大可靠了。因为每一个做梦的人都是神经症患者,特别是癔症患者,他们在梦中的童年情景可能受到了神经症性质的影响,而不是由梦的性质所决定。然而,我自己的梦并没有什么严重的神经症症状,但在自我分析中,却常常在梦的隐意中意外地发现一幕童年的景象,而且我的整个一系列的梦立即与来自我的童年的某些经历的各种联想结合起来了。我已经举了几个这样的梦例[193—198页]我将再举几个有多方面联系的梦例。我要报告一两个自己的梦例,它们的来源是新近发生的事情与长期遗忘的童年经验结合起来的,不这样做,这一节就不能圆满结束。

1.在一次旅行之后,疲倦而又饥饿,我上床睡觉,但人的这些基本需要在睡梦中也宣布自身的存在,于是我做了如下的梦:

我走进厨房去找一些布丁。厨房里正站着三个妇女,其中一个是旅店主人,手中正搓着什么东西,仿佛正在制作汤圆(knödel),她回答我必须等她做好(这句话听不清楚),我感到不耐烦,觉得受到侮辱,便走开了。我穿上大衣,但是穿上的第一件太长,我脱了下来,惊奇地发现它是镶了毛皮的。我穿的第二件大衣里子边绣着土耳其图案的长条。一个长脸短发的陌生人走了进来,试图阻止我穿衣,并说这大衣是他的。我给他看这件大衣绣有土耳其式花纹。他问道:"土耳其(图案、条纹……)与你有什么相干?"但不久我们又变得彼此和好了。

与我开始分析这个梦时,我意料不到地想起我读过的第一本小说(大约在13岁时);实际上我是从第一卷的结尾处读起的。我从不知道这本小说的书名和作者,但对结尾情节有生动的回忆。英雄发疯了,不断高喊着给予他一生中最大快乐和忧伤的三个女人的名字。其中一个名叫贝娜姬(Pélagie)。我一直没有弄清楚为什么引起这个记忆的。与这三个女人有关,我想起了三位掌握着人类命运的女神,我还知道三个女人中的一个——梦中的女店主——就是赋予人类生命的母亲,而且(如我的情况那样)赋予了生命的最初营养。我暗想,爱情和饥饿在女人的乳房上得到了会合。一个崇拜女性美的年轻人,谈到曾经喂过他奶的好看的乳母,他说,"我很遗憾地没更好地利用我的机会"。我经常在精神神经症机制中利用这件轶事来解释"推迟动作"的因素。[①]——那么,看来是三位女神的一位正合拢双手搓揉手掌,好

---

① [关系到癔症机制的一个被取代的理论,弗洛伊德早期《科学心理学设计》

像她正在制作汤团；一位命运女神的奇怪职业，倒是需要解释的。由此引起我童年另一个更早的记忆。在我6岁的时候，母亲给我上了第一课，她要我相信人类都由尘土所制成，因而最后也必须化为尘土。这话不合我的心意，因而对这个教义表示怀疑。于是我的母亲合拢双手搓揉手掌——就像在制作汤团，只是手掌间没有生面团——并把表皮鳞屑给我看，用以证明我们是由尘土制成的。我目睹了这个证据，大为惊奇，后来我也默认了这句话，"生命最后复返于自然"。①所以，我走进厨房发现她们真是命运女神——正如我在童年时常做的那样，每当我饥饿时，我的母亲往往站在火旁，告诫我一定要等晚餐准备好了再吃。——现在来谈谈汤团（knödel）吧。提起克诺德这个人名，至少使我想起大学的一位教师，正是他给我讲授组织学知识的（如表皮知识），他控告克诺德剽窃（plagiarizing）了他的著作。剽窃的含义是把属于别人的东西据为己有，因此清楚地把梦引向第二部分，即我被当成了常在演讲厅进行活动的偷衣贼。我并没有经过思考就写出了"剽窃"这个词，因为它是自动浮现脑际的；而我现在注意到，它可能为梦内容的不同显意之间架起了一座桥梁（Brücke）。这一大串联想Pélagie（贝拉姬）——plagiarizing（剽窃）——plagiostomes（横口鱼）或sharks

---

(1950a)第二部分最后一节有所描述。]

① ［这话使人想起哈尔王子对法尔斯塔夫说的话（《亨利第四》卷1）"人人都要见上帝"在1899年2月6日给弗利斯的一封信中（弗洛伊德，1950a第104封信），弗洛伊德应用了同样的话并把它们归之于莎士比亚——与这些童年景象密不可分的两种情绪——惊奇和对不可避免的命运的屈从，——在前此不久的一个梦中已出现过，它首先使我想起童年这件事。］

② ［我尽量避免扩大到这个字，因为它使我联系起在这位大学老师面前因不懂这

（鲨鱼）——fish-bladder（鱼鳔），把旧小说与克诺德事件和外套（德文 Überzieher 有套衫、大衣、避孕套等意义）联系起来，这又明显地涉及性技术的用具［见 186 页］（参阅莫里的押头韵的梦［59 页］）。无疑这是一长串远距离而无意义的思想，如果不是梦的工作，我在清醒生活中是决不能构成这些联想的。但是，仿佛有一种建立无所谓神圣的强迫性联系的需要，一个崇高的名字布吕克①（Brücke 意为桥梁）使我油然想起了我在学生时代无忧无虑、快乐度过的那所学院，

   所以，匍匐在那智慧的胸膛（Brüsten），
   你每日都会发现无穷的狂欢。②

这又与在梦中现在折磨着（plaguing）我的欲望形成鲜明的对比。最后我又想起了一个非常可敬的老师——他的名字叫弗利希（Fleischl，读音同德文 Fleisch，意为"肉"），与克诺德一样，这名字的声音听起来像可吃的什么东西，还出现了表皮鳞屑引起的不幸景象（我的母亲和女店主）以及疯狂（小说）和从药房③中买来的排除饥饿的那一种药：古柯碱。

  我还可以沿着这条错综复杂的思想链索进一步追踪下去，以求得对我还未加分析的梦内容作出充分解释；但是我必须打消这个念头，因为这将付出太大的个人代价。我因此只选出其中的一条线索，直接把我们引向纷繁思想中的一个梦念。制止我穿大衣

个字而感到羞辱。］
 ① ［关于布吕克和弗利希（下文）见 482 页的脚注。］
 ② ［歌德《浮士德》第一部（第 4 场）。］
 ③ ［德文为 Lateinishe Küche（意为"拉丁厨房"），参见 111 页注②。］

的那位长脸短须的陌生人,其外貌很像我妻子向他购买了很多土耳其衣料的斯巴拉多的商人。他叫波波维(Popovic')①,这是一个多义词。幽默作家斯特顿海姆曾借题发挥说,"他告诉了我他的姓名,握手时涨红了脸。"我发现我又一次滥用了人名,与以前我曾滥用过贝拉姬、克洛德、布吕克、弗利希等名字一样。不可否认,用姓名开玩笑是儿童时代的一种恶作剧,但是,如果我经常以此为乐,那也是恶有恶报,因为我的名字也经常容易成为别人的打趣语。② 我记得歌德曾在某处谈起人们对自己姓名的敏感性,认为简直比得上皮肤的感触。他曾说赫尔德曾用他的名字写过一行诗:

你们是诸神(Göttern)野蛮人(Gothen,亦译哥特人)抑或是粪肥(Kote)的子孙——你们是高贵的形象,最后仍复还于尘埃!③

我注意到我的这些关于滥用姓名的离题的话不过是一种埋怨之词。但是我必须扭转话头——我的妻子在斯里拉多的买卖使我联想起在卡塔罗④的另一笔交易。那次我太谨小慎微,以致失去了一次有好赚头的机会(参见,失去了抚摸乳母奶房的好机会)。由饥饿而引入梦中的一个思想则是"一个人不应坐失良机,能拿到手的便不必客气,即使犯有小错也在所不惜。一个人不应坐失良

---

① [Popo 为儿童对"屁股"(bottom)的戏称。]
② [Freud,德文意为"喜悦"。]
③ [第一行出自赫尔德向歌德借书时所做的一个开玩笑的注。后句为弗洛伊德的自由联想,摘自歌德的《道利斯的伊菲珍妮》,第 2 幕第 4 场,伊菲珍妮从菲拉德斯那里听到在特洛伊围城战中许多英雄牺牲时的哀叹。]
④ [斯巴拉多和卡塔罗同为达尔马提亚群岛沿岸的两个城市。]

机,因为生命短促,死亡不可避免。"由于这种"及时行乐"的观点其中含有性的意义,又因为它所表露的欲望不能猝然停下而不犯错误,所以不能不惧怕稽查作用,只得将自身遁入梦中。于是所有各种带有对立意义的思想在梦中就明目张胆地活动起来:梦者对于精神食粮获得满足之时的记忆,各式各样阻碍的思想甚至对最令人厌恶的性惩罚的威胁都会呈现于梦中。

2.第二个梦需要更长的前言:

我驱车前往[维也纳的]西站乘火车前往奥赛湖度我的暑假,但到月台时,较早开往伊希尔的火车尚未开出。我在那里看到了图恩伯爵①,他大概又是去伊希尔朝见皇上的。尽管下着雨,他还是乘了一辆敞篷车来了。他径直走向区间车入口处,门口的检票员不认识他,想向他索票,但他傲慢地将他推开,也未作任何解释。当开往伊希尔的火车开出以后,我应该离开月台再回到候车室;费了一些口舌之后,我才被允许留在月台上。我把时间消磨在冷眼观看是否有人会行贿以设法取得保留的隔间车厢,如果有这种情况我就会大声抗议:为了获得同等的权利。同时,我一直在哼着自以为是费加罗婚礼中的费加罗咏叹调:

　　如果我的伯爵想跳舞,想跳舞;
　　那就让他尽兴,
　　我准备为他伴奏一曲。

(别人能否听出这个曲调,我很难说。)

---

① [奥地利反动观点政治家(1847—1916);与德国民族主义者相反,主张波希米亚实行自治,任奥地利1898—1899年首相。——依希尔,在上奥地利,宫廷避暑之地。]

我整晚都心浮气躁,不断地和仆人和车夫抬杠——但愿不要伤了他们的感情。各种傲慢和革命的念头一时都涌入脑际,像费加罗的台词,像在法兰西剧院观看博马舍的喜剧,我想到那些自以为生来就是大人物的狂言,想到阿尔玛维瓦要对苏珊娜行使领主的初夜权。我又想到恶意的反对派记者如何用图恩伯爵的姓名开玩笑,称他为"不做事的伯爵"①(Count Nichtsthun)。我不是嫉妒他,他正在小心翼翼地朝见皇上,而我正在度假,才是真正的不做事的伯爵呢!我设想着假期的各式各种娱乐计划。这时有一位绅士来到月台上,我认识他是政府医务监考官。他因为活动而获了奉承性的"政府同枕人"②的绰号。他以他的官员地位要求给他半个头等隔间,我听见一个乘务员对另一个说,"我们把这位半票头等票③的先生安置在哪里呢?"我暗想,这真是一个特权的例子,我却要付头等票的全票。事实上我已得到了一个隔间,但却没有套间,因而夜间没有厕所可供使用。我对列车长抱怨此事却毫无结果,我于是报复性地建议他应该在隔间地板上打一个洞,以备旅客急需之用。事实上我在凌晨三点差一刻时因尿急醒来,醒前做了如下的梦:

一群人,一个学生集会——一位伯爵(图恩[Thun]或塔弗[Taaffe]④正在演讲。有人挑战似地要他谈谈对德国人的看法,他以傲慢的姿态宣称,他们最喜欢的花是款冬(colt's foot)并把一片破损的叶子——实际上是一片枯萎的叶子——插进他的纽扣孔

---

① [德文 Thun 意为"做事"。]
② [德文 Beischläfer 字面的意思是与人同眠的人,因为他习惯于睡觉而不是监考。]
③ [作为政府官员,他有权买半票。]
④ [奥地利政治家(1833—1895)曾任首相(1870—1871 和 1879—1893),和图恩

内。我怒跳起来——我怒跳起来,①虽然我对自己采取这样的态度很吃惊。

(然后,转为模糊)我好像置身于一个大学礼堂(Aula),入口围有警戒线,我们必须逃走。我闯过一排陈设华丽的房间,显然是部长级的套间,陈设有棕紫色的家具;我最后来到一个走廊,里面坐着一个管家,一个壮健的老妇人。我避免和她说话,但她显然认为我有权通过,因为她问我是否要她持灯引路。我用手势或用话语,向她表明要她停留在楼梯口;我自以为得计地避开了追踪。我下了楼梯,并发现了一条窄而陡的向上的小路,我穿过了它。

(又变得不清楚了)……我的第二个问题似乎是逃出城市,就跟第一次逃出大楼一样。我正乘坐在一辆出租马车里,吩咐车夫驾车送我到车站。车夫似乎被我累坏了,埋怨了几句之后,我说,"我不能叫你在铁路上赶车的。"好像我和他已在只有火车通行的路上赶了一大阵车了。火车站戒备森严,我考虑着去克雷姆斯还是去赞尼姆②,但是考虑到宫廷可能在那里居住,所以宁可去格拉茨或类似的地方。我现在正坐在火车隔间里,仿佛坐在斯塔特鲍恩(郊区铁路)的客车厢内。在我的纽扣孔内有一条长形的辫状物,旁边有一种用昂贵料子做的紫棕色的紫罗兰。这很引人注目。(至此梦景中断了)

一样,有12分偏爱帝国的非德意志部分的独立。]

① 在我的梦记录中,悄悄出现了这句重复的话,显然出于无心。我随它去,因为分析证明了它的重要性。[德文 fahren(跳)也有"驾驶"和"乘行"的意义,这两种意义在梦中反复出现。参见433页。]

② [克雷姆斯在下奥地利赞尼姆在摩拉维亚,都不是皇上的居住地。——格拉茨是施蒂里亚州的首府。]

我再一次到了火车站,这一次有一位年老的绅士伴随我在一起。对于其余辨认不出的部分我想了一个计划;紧跟着这个计划就已经实现了,仿佛思考和体验就是同一回事。他看上去像个瞎子,总之是瞎了一只眼,我递给他一个男用玻璃尿壶(这一定是在城里买的或带来的)。这样我就成了一个护士,并且一定要为他递便壶,因为他是一个瞎子。如果查票员看见我们这个样子,他肯定会放我们过去而不加注意。现在这老人的态度和泌尿器官似乎变了形。(我正在这时醒来,感到急于要小便。)

整个梦的印象仿佛是一种想象,把我带回了1848年的革命时代。对那一年的记忆是由1898[法兰西斯·约瑟夫皇帝]五十周年纪念会和去瓦休的短期旅行而引起的。在这次旅程中,我访问了爱默斯多夫①,学生革命领袖费肖夫的隐退地。我的联想又把引向英格兰和我的兄弟的住所。他常常用(但尼生爵士的题为)"五十年前"那首诗中的话逗弄他妻子②,孩子们往往把它矫正为"十五年前"。这个革命想象的产生,起因于看见图恩伯爵而引起的观念,这和意大利式教堂的正面与其背后的结构并无有机联系是一样的。但它与教堂表面不同之处在于它杂乱无章,充满漏隙,而且暴露出许多内部结构的突破口。

梦中第一部分情景是好几个景象的混合物,我能逐一加以分

---

① [瓦休为流经维也纳上游约50里处的一个多瑙河村庄的延伸处。——1925年增注],这是一个错误,而非笔误。我后来才知道瓦休的爱默斯多夫与革命领袖费肖夫的逃亡地只是同名而已[关于这一错误可参见《日常生活病理学》(1901b)第10章(3)]。

② [但尼生并没有题为"五十年前"的诗,所说也许是"维多利亚皇后五十周年纪念"颂诗。其中反复出现"五十年"(虽然并非"五十年前")一词。否则,这个暗喻可能是指第二个"洛克斯莱大厅":"六十年以后"。]

析。梦中伯爵采取的傲慢态度乃是我十五岁那年在中学时一幕景象的翻版。我们阴谋反对一个不得人心和无知的男教师，主谋人物是我们的一位同学，他在那时就常以英格兰的亨利第八自许。他把主要攻击的领导权委派给我，并以关于多瑙河对奥地利(参见瓦休)的重要性的讨论作为公然反叛的信号。我们全班阴谋分子中只有一个男生是贵族子弟，由于肢体太长被同学们称为"长颈鹿"(The Giraffe)。由于受到暴君似的德文教师的责备，他笔直地站着，其神态就像梦中的伯爵。喜欢的花和插入纽扣孔内的某种像花的东西(它最后使我想起我在同一天送给一位女友的兰花和一种耶利奇玫瑰)①特别使我想起莎士比亚历史剧[亨利第四，第一幕、第一场]的一场，表现了红白玫瑰战争的开始。(亨利第八接通了这个回忆。)——由此出发距离红白康乃馨只有一步之遥了。(有两段小诗，一段为德文，一段为西班牙文，悄悄溜入对这一点的分析之中：

　　玫瑰、郁金香、康乃馨；
　　每一种花都不免凋谢。

　　伊莎贝拉，不要
　　为花儿凋谢而哭泣。

第二段西班牙文诗曾在《费加罗婚礼》中出现过)。在维也纳，白康乃馨已成为反犹太人的象征，红康乃馨则代表社会民主党人。此后我又想起了一次在可爱的萨克逊乡间(参见盎格鲁-萨克逊)乘火车旅行时遇见的一次反闪族挑衅。——构成梦中第一个情境的

---

① ［复活的植物，它枯卷的叶片在潮湿空气中能重新展开。］

208

第三个景象使我回到了早年的大学生时代。那是在一个德国学生俱乐部举行关于哲学与自然科学的关系的讨论。我还是一个毛头小伙子,深信唯物主义理论,冒失地提出一种极端偏激的观点。于是有一个比我年长的高年级学生站了起来,他那时已展现出他的能力,成为男生的一个领袖和一些团体的组织者(顺便说一句,他也获得了一个来自野兽王国的绰号①),他狠狠地责备了我们一顿:他还告诉我们,他年轻时也养过猪,只是后来才迷途知返,回到了父母身边。我暴跳起来(像梦中那样),粗鲁地［德文"Sangrob"的字面意思为"猪般地粗暴"］回答说,因为我既然知道他在年轻时养过猪,那我对他讲话时的语调也就不感惊奇了(在梦中,我对自己的德国民族主义者的态度表示惊奇［参见 323 页］)。然后发生一阵骚动,四面八方要求我收回自己的话,我拒绝了。受我侮辱的那位同学非常明智,不把这事看成是一种挑战,一场冲突才平息下来。

梦中这第一部分情景的其余元素来自更深的层次。伯爵谈到的款冬意味着什么呢?为了寻找线索,我又进行了一大串联想:款冬［德文 Huflattich 英译为 hoof lettuce(蹄形莴苣)］——莴苣(let-tuce)——色拉［salad,一种凉拌菜,尤指凉拌莴苣］——占着茅坑不屙屎的人［德文 Salathund,英译为 dog-in-the-manger,直译为色拉狗］此地又是一大堆侮辱性名词的联想:"长颈鹿"［Giraffe,德文 Affe 意为"猿猴"］"猪""狗"——我还能通过其他的名词而推出"驴",用来侮辱另一个大学教师。此外,我还能把款冬(不

---

① ［譬如说维克多·阿德勒(Alder,鹰)为奥地利社会民主党人领袖(1852—1918)。参见下文 214 页。］

209

管是对是错)译成法文蒲公英(pisse-en-lit)。这种想法是从左拉的《萌芽》中获得的。书中一个小男孩被告知可摘一些蒲公英制成色拉。"狗"的法文是"chier"常使我想起身体的主要功能,(法文"chier"意为"大便",与之比较的一种较小功能为"pisser"意为"小便"。)我接着想到我还要在三种物理状态(固体、液体、气体)中收集一些不登大雅之堂的例子。仍然是《萌芽》这本书中,充满了对于未来革命的描写,其中叙述到一种特殊的竞争,涉及排泄气体的产生,即众所周知的"屁"(flatus)。① 我现在才看到引向"屁"的途径早已准备妥当:从花,经过西班牙小诗,伊莎贝拉,《伊莎贝拉和斐迪南》,亨利第八,英国史,以及与英格兰抗衡的西班牙舰队(Armada),在无敌舰队全军覆没之后,英国人在一块奖章上刻上"他把它们吹得溃不成军"②,因为是暴风雨吹垮了西班牙舰队。我曾不那么严肃地想,如果我对癔症的理论和治疗详加叙述,我就用这句话作为论"治疗"那一章的标题。

我现在转到梦中第二部分情景,由于稽查作用的缘故,我不能作详细的分析。我设想自己置身于革命时代一个杰出人物的地位。他也有一段与鹰(Adler)有关的冒险经历,并且据说有大小便失禁的毛病,等等。尽管这个故事的大部分是由一位霍夫拉特[宫

---

① 这些实际上不在《萌芽》,而是在《土地》一书之内。这个错误是我在分析以后发现的,——注意"Haflattich"(款冬)和"flatus"二字字母的相似性。

② [1925年增注]一位偶然来访的传记家夫里茨·威特尔斯博士[1924,21]责备我在上述格言中漏掉了耶和华的名字。[1930年增注]英文奖章在云雾般背景上刻有希伯来文的神的名字,所以可以看成是一部分图案也可看成是一部分铭文。——[利用这些词作一句格言放在论"治疗"一章标题的想法在1897年1月3日给弗利斯的一封信(弗洛伊德1950a 第54封)中已提及]。

210

廷枢密官(a consiliarius aulicus)——参见 Aula(宫廷、礼堂)]告诉的,我认为这方面仍不可能合法地通过稽查作用。梦中那套房间(rooms)来自我曾有幸看见过的那位大人物的客厅或车厢。但是"房间"[Zimmer]在梦中也常指妇女[Frauenzimmer]①。梦中我所指出的女管家形象是指我忘恩负义地对待一位有风趣的老妇人,对她的好客以及在她那儿听到那么多好听的故事却恶意报答。——灯则暗指格里巴泽尔②根据亲身体验所写的有关希罗和黎安德的一段动人故事,剧名《情海波涛》——由此而联想到了西班牙无敌舰队和风暴③。

对于梦中其余两段情节我也不准备作详细的分析。我只选取导致童年两个景象的一些元素④,我正是为此而开始对此梦进行讨论的。人们可以认为因为是性材料才迫使我产生压抑,但这种解释也未必尽然。一个人确实有许多事情对别人必须保持秘密,但对自己却不必隐讳。此处的问题并不在于我为什么要隐瞒真相而是要探讨对自己隐藏梦的真正内容进行内部稽查的动机。所以我必须表明,对于这个梦的这三个(最后)情节的分析,表明它们都是些脱离实际的浮夸,是在清醒生活中长期被压抑着的荒谬夸大

---

① ["Frauenzimmer"字面意为"妇女的房间",在德文作为对"妇女"的贬义词,参见 354 页。]
② [著名奥地利剧作家(1791—1872)。]
③ [1911 年增注]在一篇有趣的论文里,西尔贝勒(1910)试图用我的梦的这个部分证明梦的工作不仅可以再现梦的隐意,也可证明在梦的形成时发生的精神过程。他把这称之为功能现象[见下文 503 页以下——1914 年增注]但是我认为,他忽视了这一事实,即"梦形成时所发生的精神过程",与其他心理过程一样,也是我的思想材料。在这个自我夸耀的梦中,我无疑以发现了这些材料而自豪。
④ [两个情节的第一个事实上在 431 页以下有进一步分析。]

狂的结果,它的少数枝节竟然闯入了显梦之中(如"我感到自己非常狡猾!");而且也可以说明我在做梦前的当晚精神亢奋,那种夸张神情已影响到了各个方面,譬如在提到格拉茨时就用了一句过去的谚语,"格拉茨值几个钱!"(这表明一个人处于非常富裕时那种自满的神情)。人们如果记得伟大的拉伯雷对高康大和庞塔格吕埃父子俩的生活和其功绩的无与伦比的叙述,当可理解梦中第一个情节中所包含的那种狂妄的自夸了。

下面的叙述都与我允诺读者们的两个童年情景的材料有关。为了旅行,我买了一个棕紫色的新皮箱,这种颜色在梦中出现了好几次:用一种贵重布料制成的棕紫色紫罗兰以及旁边的一个所谓"少女饰品"(girl-catcher)①,部长级套间的家具。儿童们一般认为新的东西都可吸引人们的注意。有人对我讲了下述一件童年的事情,而我对记忆的描述代替了记忆本身。据说我在两岁时仍然尿床,当我受到责备时就安慰我的父亲,答应到最近的城镇买一张漂亮的新红床送给他。这就是梦中插话,大致说"我们在城里带来了或一定要买便壶"的来源:一个人必须遵守诺言(也要注意男便壶与女衣箱或木箱[见154页]的象征并列)。我的这种诺言暴露了我的童年的全部夸大狂。我们已经发现梦中小便困难的重要意义(参见201页),我们从对神经症患者的精神分析也发现了尿床和野心的性格特性之间具有密切的关系。②

---

　　① [这个字一般用于"放荡"的意思(见217页注)此地似乎是一种纽扣的俚语,参见与之相当的用于美国妇女头饰如"网眼毛披巾"(fascinator)和"美饰物"(beau-catcher)等词。]

　　② [这一句话于1914年补写。在弗洛伊德论《性格与肛欲》(1908b)一文的最后一段中似乎初次提到这种联系。]

我还能清楚地记得我在七八岁时的一件家庭琐事。一天晚上睡觉以前,我不服从禁令,偏要与父母共睡一个卧室,父亲在谴责我时说,"这个小孩将来一定没有出息。"这对我的野心一定是当头一棒,因为这个景象一直不断出现在我的梦中,而且总是与我所取得的成就和成功同时出现,好像我打算说:"你看,我还是有出息的。"然后这个景象提供了梦中最后情节的材料,为了报复起见,梦中的角色对换了。老人(显然是我父亲,因为他的一只瞎眼指一边患有青光眼)①现在正对着我小便,正如我小时对着他小便那样。由于青光眼又使我想起了古柯碱,它在他动手术时帮了他的忙[参见170页以下],仿佛我因此遵守了自己的诺言。而且我还开了他的玩笑;因为他瞎了,我一定要递便壶给他,这也是一个暗喻,表明我发现了癔症理论,而且为此而感到非常自豪②。

---

① 还有另一种解释。他像北欧神话中的最高之神独眼的奥丁——《奥丁的安慰》是费力格斯·达恩(1880)所写的一本神话小说——在我童年初期景象中奉献给父亲的安慰是为他买了一张新床。

② 此地还有一些可供进一步解释的材料。玻璃(便壶)使我想起了一个农民在眼镜店的故事。他试了一副又一副,还是不能识字(农民饰物:梦的上一个情节中的少女饰物)。——在左拉的《土地》中农民如何对待已变成低能的父亲——我的父亲在临死前几天像小孩样大小便失禁[参见429页]。作为悲剧性报答,我在梦中以看护的面貌出现——"思维和体验在这里仿佛是同一回事。"这使我想起奥斯卡·潘尼查的一个富有革命性的剧本《爱情会议》(1895),剧中天父被屈辱地写成一个瘫痪的老人。他的意志和行动表现为同一回事,所以不得不受一位大天使、一个年轻的神祇侍酒者的约束,不许他诅咒和发誓,因为他一诅咒马上就变成现实。——我的制订计划是在后来对我父亲的指摘。的确,梦的整个反抗内容,诸如大叛逆和嘲弄上级,都可追溯到对我父亲的反叛。众所周知,国王是一国之父;对小孩来说,父亲是最老的、最早的唯一权威。在人类文明过程中,其他社会权威均由父亲的专制权威发展而来。——至于"母权制"则另当别论——"思维和体验是同一回事"这一句话也关系到癔症症状的解释。"男用尿壶"也属于这一方面。对于维也纳人,我无须解释什么是"Gschnas"原则。它是指用琐碎的、可笑的和无价值的材料构成罕见的名贵物品。例如在维也纳的艺术

218　　我的童年的两次小便情景无论如何与夸大狂密切有关；但是它们在我去奥塞湖旅行时出现，必定还由于我的车厢隔间没有盥洗室这一偶然情况，以及我有理由预料到早晨实际上会陷于无处解手的困境。这种生理需要的感觉将我唤醒。我想，或许有人会认为这些感觉才是形成梦的真正诱因。但我却宁愿采取另一种观点，即排尿的欲望只是因梦念所引起。我在睡眠时受任何生理需要干扰的情况非常罕见，尤其是像这一次被唤醒的时刻——凌晨三点欠一刻，更为难得。我还能排除进一步的反对意见，因为我在其他更为舒适的旅行中，很早醒来时也从未感到有尿急的感觉。不管怎样，将这一点悬而不决，留待以后争论，是没有妨碍的①。

　　我的释梦经验使我注意到一个事实：即使在一眼望去便可完全解释的梦，也可经过思想的联想，追溯到最早的童年，因为它们的来源和富有刺激的欲望并不难发现。因此我不得不追问自己，这个特征是否可以进一步构成做梦的基本先决条件。如果这种说法可以普遍成立，它就会有如下的意义：每个梦的显意都与最近的经验有关，而其隐意则与最早的经验有关。事实上，我在对癔症的分析中已能证明，这些人生最早经验仍然未加改变地持续到现在。

家们的宴会上，常做的消遣是把一些餐具如平底锅、几束稻草和一些卷状食物制成甲胄。我注意到癔症患者也正是这样做的：他们除了真正遇到的事情外，还根据日常生活中一些最无害的材料构成可怕的和反常的想象事件。他们的症状首先便附着于这些想象物，而不依附于对不论好坏的真实事件的回忆。这一启示帮助我解决了许多困难，也使我特别高兴。我可以用"男性尿壶"梦元素来暗指这一点如下：据说在最近一次"Gschnas"之夜，展出了卢克丽霞·波姬亚服毒用的高脚酒杯，其制造的主要原料竟和医院中用的男用玻璃尿壶相同。

　　① ［此梦在下文 432 页以下仍有进一步讨论。］

214

这种设想仍极难加以证实,在下文中(第 7 章、553 页以下)我将从另一个角度来探讨童年最早经验在梦的形成中所可发生的作用。

在本章开始即已列举的关于梦的记忆的三个特征中,第一是梦内容多半为不重要的材料。这已由追溯到梦的化装而获得满意的解释。我们还能证实其他两个特征的存在,即梦强调最近的和幼儿的材料。但是我们还不能由致梦动机对这两个特征作出说明。必须记住,这两个特征和评价还有待发现。必须在别的地方为它们找到适当的位置——可以在睡眠状态的心理学中,也可以在我们今后加以详述的有关精神机构的构造的讨论之时,而这一点只有等到我们已经理解到释梦就像一个可以窥视精神机构内部的窗口时才能做到。

但是,从对最后几个梦的分析中,我立刻注意到还可作出另一个推论。梦往往似乎不止具有一个意义。正如我们所举的梦例证明,梦不仅可以包含好几个愿望的同时满足;而且梦的意义或愿望满足可以彼此连续重叠起来,其最后可追溯到童年早期的一个欲望满足。然而又将再次提出这一问题:如果把这种现象的发生说成是"一定地"而不是"往往地"是不是更为正确。①

---

① [1914 年增注]梦的意义分层重叠排列这一事实是释梦问题中最为微妙和最有趣的现象。任何人忘记了这种可能性就容易误入歧途,对梦的性质作出错误的论断。但对这个问题的研究为数太少,迄今只有奥托·兰克[1912a]对膀胱受到压迫而引起的梦象征的有条理层次作用作了详尽的研究。[见下文 402 页以下]

215

三、梦的躯体方面的来源

我们如果想使一个有文化的普通人对梦的问题产生兴趣,并为此目的而问他什么是产生梦的来源,我们照例发现对这一类问题他都抱有信心。他立即会想到影响梦的构成是由于消化障碍或困难[参见22页]——由于身体偶然采取的姿势以及睡眠期间偶然发生的一些琐事。他们似乎从未想到,就算把这些因素统统考虑在内,也还有某些事情有待解释。

我在第一章第五节内充分讨论了科学家们已表明了躯体刺激来源在梦形成中的作用;所以我在此只须回忆一下这方面的研究成果。我们发现躯体刺激来源可分为三类:由外界对象所产生的客观感觉刺激,仅有主观根据的感官的内部兴奋状态,以及产生于身体内部的躯体刺激。我们还注意到,与这些躯体刺激比较起来,(参见41页)这些权威作者们不重视梦的任何可能的精神来源,或者把它们全部加以排除。我们考察了有关躯体刺激来源方面的主张,得出了以下结论。感官的客观刺激(部分包括睡眠时的偶发事件的刺激以及部分包括影响睡眠的心灵兴奋)的重要性,已由无数观察所确认并由实验所证实(参见24页以下)主观感觉刺激所起的作用似乎可由梦中再现入睡前的感觉意象(见31页以下)而得到证明。最后,虽然梦中发生的意象和观念与所说的内部躯体刺激还不能证明有明显的联系,但是我们的消化、排泄和性器官的兴奋状态对梦所产生的影响,作为梦的来源已获得普遍的承认和支持。[37页以下]

因此,"神经刺激"和"躯体刺激"似乎是梦的躯体来源,而且许多作者认为它们是梦的唯一来源。

另一方面,我们已经发现不少人对此表示怀疑,其中有一种批评并不是针对躯体刺激理论的正确性,而是怀疑它的"适合性"。

不管这种理论的拥护者们对于该理论的事实根据如何自信——特别是那些偶然的和外部的神经刺激,因为它们可以毫无困难地追溯到梦的内容——但他们似乎都承认,梦中的大量观念材料不可能单独地来源于外部刺激。玛丽·惠顿·卡尔金斯小姐(1893,312)为此问题曾考察了自己和另一个人的梦达6星期之久,她发现梦中材料可以追溯到外部感知觉元素仅分别为13.2%和6.7%;在其所收集的梦中,仅有两例来源于机体感觉。这个统计数字更加证实了我根据自己经验而产生的怀疑。

不少人建议将梦分为"源于神经刺激的梦"和其他形式的梦,这方面已有详尽的研究。如斯皮塔[1882,233]即将梦分为"源于神经刺激的梦"和"源于联想的梦"。然而,只要梦的躯体来源及其观念内容之间的联结得不到证实,这种区分仍然是不能令人满意的。因此,除了第一种反对意见,即外部刺激来源并不多见以外,又出现了第二种反对意见,即用这种来源来释梦其理由也不够充分。我们有权指望这个理论的支持者们对以下两点作出解释:第一,为什么外部刺激在梦中不是以其真正的性质而总是以其误解的性质(如27页闹钟的梦)被人感知;第二,为什么感知的心灵对这些被误解的刺激所产生的反应结果是如此的变化莫测。

斯顿培尔对这个问题的回答是,因为心灵在睡眠时已脱离了外部世界,因而不能对客观感觉刺激作出正确的解释,而且不得不在多方面不确定的印象基础上构建错觉。用他自己的话说:"在睡眠中,由于外部和内部刺激的作用,一种感觉或感觉复合物、一种感情或任何一种精神过程在心中产生了并为心灵所感知,这个过程便从那清醒状态遗留给梦中的经验范围内唤起种种感觉意象,也就是说,唤起了不是赤裸裸的就是伴有适当精神价值的那些早期知觉。"这个过程仿佛为自身收集了或多或少的这一类意象,于是来自神经刺激的印象便由此获得了它们的适当精神价值。此处我们谈到的(正如我们在清醒行为中所做的那样)是睡眠的心灵在"解释"神经刺激所造成的印象。我们把这种解释的结果称之为"源于神经刺激的梦",也就是说,梦的成分决定于在心中依照复现法则而产生其精神效果的神经刺激。[参见 29 页以下,54 页和 58 页]

冯特[1874,656 页以下]的学说基本上与这一学说相同,他主张梦中出现的观念至少大部分来源于感官刺激(特别包括一般机体感),因而这些观念主要是一些想象的错觉,只有很小一部分纯粹记忆观念因强化而成为幻觉[见 44 页以下]。斯顿培尔(1877,84)曾根据这种理论作出一个适当的比喻,说明梦内容及其刺激之间的关系,"就像一个不懂音乐的人的十个手指在钢琴的键盘上漫弹。"[见 78 和 122 页]根据这个观点,梦就不是源于精神动机的一种心理现象而是一种生理刺激的结果,这种生理刺激由于其施加影响的机构找不到其他表达方式,遂以精神症状表达了出来。再如,梅涅特曾以同一假设举了一个著名的比喻,企图用以解释强迫性观念:"就好像一个钟面上的某些数字比其余的数字明显地突出。"①

---

① [这句话在海涅特的出版著作中未曾查到。]

不管梦的躯体刺激理论如何广为人知,也不管它如何使人感兴趣,人们仍不难看出它的弱点所在。梦的每种躯体刺激,由于需要睡眠的精神机构通过构成错觉对它进行解释,于是可以产生无数这一类解释企图——也就是说,刺激在梦内容中可以表现为大量不同的观念。① 但是斯顿培尔和冯特的理论并不能在支配外部刺激与为解释而选择的梦念的关系之间产生任何动机,——也就是说,不能解释如立普斯(1883,170)所描述的由这些刺激"在其创造性活动过程中往往作出的明显选择"。还有一种反对意见,针对着整个错觉理论所依据的假设,即睡眠的心灵不能识别客观感官刺激的真正性质。生理学家布达赫早已向我们表明,即使在睡眠中,心灵仍能对抵达的感觉印象很好地进行正确的解释,并能依据这些解释作出反应。因为他注意到,对于睡眠者似乎是特别重要的印象,可以指望不会像其他一般印象那样在睡眠中受到忽视(如哺乳的保姆和孩子的例子);他还注意到,人们在睡眠中很容易因听到自己的姓名而惊醒,对其他任何无关的听觉印象则毫无所闻。——所有这一切都表明了心灵在睡眠时对感觉也可有所辨别。[见53页]布达赫根据这些观察继续作出推断,认为我们必须假定,在睡眠状态中并不是无能解释感官刺激,不过是对它们缺乏兴趣而已。布达赫于1830年作出的论断,于1883年被立普斯在批评躯体刺激理论时再一次原封不动地加以引用。这样一来,心

---

① [1914年增注]莫里·沃尔德[1910—1912]出版了两卷著作,包括一系列用实验引起梦的详细而精确的报告。[参见38页以下]我劝大家读读这本著作,由此可以增强信心,看出其中的实验条件对个别梦的内容并无所启示,而且这类实验一般对梦问题的理解也无所助益。[然而见181页注]

219

灵的作用就好像一般趣闻中那位睡着的人,当有人问他是否睡着了时,他回答说,"并没睡着"。但是当那个人继续说,"那你借给我十个伏罗林吧!"他却借口推托说,"我睡着了。"

梦的躯体刺激理论还可从另一方面证明其不适当。观察证明,虽然这一类外部刺激出现在我开始做梦的内容之中,但也并非一定要强迫我做梦。譬如说,我在入睡时感受到了一个触觉刺激,对此却可以产生各种不同的反应。我可以对它置之不理,我可以到醒后才发现,譬如说,我的大腿裸露在外,或者我的臂膀受到某种压迫。病理学提供了无数例子,其中强烈的兴奋感觉和运动刺激可以在睡眠时不起任何作用。其次我可以在睡眠中察觉到某种感觉,——如人们所说,我可以意识到它"侵入"了我的睡眠——(这种情况一般产生于痛的刺激),但是我并没有把这种痛觉编入梦中。第三,我还可以对这种感觉做出觉醒反应然后把它加以排除①。只有第四种可能性才是神经刺激可以引我入梦。然而其他可能性至少与最后这一可能性有同样的机会可以成梦。除了躯体刺激来源之外,如果没有做梦的动机,梦是不会发生的。

其他一些作者——施尔纳[1861]以及接受施尔纳观点的哲学家沃尔克特[1875]对我上面指出的梦源于躯体刺激这种解释所出现的漏洞,也作出了公正的评价。他们企图从躯体刺激所形成的五彩斑斓的梦象中更精确地规定精神活动,换句话说,他们力求再

---

① [1919年增注]参见兰道伊尔(1918)论睡眠中的行为。任何人都能观察到,人睡着时的动作都有明显的意义。一个人入睡时并不完全无知,相反,他的行动是符合逻辑、经过考虑的。

一次把做梦基本上看成是心理的需要,即一种精神活动。[参见83页以下]施尔纳不仅对于梦形成时所展示的各种心理特征给予富有诗情画意的和生机盎然的描述,并自以为已经发现了心灵处理当前刺激的原则。在他看来,当想象摆脱了白天的桎梏,梦的工作便试图以象征的形式再现出发出刺激的器官的特性和刺激本身的性质,他于是提供了一种"梦书"用以指导对梦的解释,以便能从梦象中推论出躯体的感觉,器官的状态以及有关刺激的性质,"因而猫的意象代表怒气冲天,而一片光滑浅色的面包则代表赤身裸体"[沃尔克特,1875,32]。在梦想象中,整个人身被设想为一幢房子,身体的不同器官则表现出房子的各个部分。在"牙痛梦"中,高大的穹隆门厅象征着口腔,下降的楼梯则代表着从咽喉下到食道。"在头痛引起的梦中,头顶代表着一个房间的天花板,爬满了令人厌恶的蟾蜍般蜘蛛。"[同上,33页以下]很多这一类象征在梦中被用来代替同一器官,"因此呼吸的肺以轰轰烈火的风箱为象征,心脏以空盒或空篮为象征。膀胱以圆的袋形物或中空的物体为象征。"[同上,34页]"特别重要的是,在梦的结束时,提到的器官或其功能往往明白地显示出来,而且照例与梦者自己的身体有所联系。因此一个牙痛的梦往往以梦者描述在自己嘴里拔出一颗牙齿而告结束。"[同上,35页]

这个解释原则未必受到其他作者们的称赞,因为这个理论的主要特点似乎过于夸张,因而在我看来,对于它所提出的论证是碍难接受的。我们不难看出,它包含了用象征主义进行释梦——也就是古代采用的那种方法,所不同的只是其解释范围仅限于人体。施尔纳的理论由于缺乏供科学解释的任何技术,必然大大地限制了其本身的应用性。它似乎为任意性解释敞开了大门,特别是同样的刺激在梦内容中可以表现为各种不同方式。因此施尔纳的学生沃尔克特也表示他无法证实一座房子可以代表人的身体。另一种反对意见是,心灵的功能在梦的工作中既无功效又无目的;因为按照我们正在讨论的理论,心灵仅满足于将遭遇到的刺激构成想象物,看不出能够处理刺激的任何迹象。

对于施尔纳的躯体刺激象征化理论还有一个致命的批评。既然认为这些刺激无所不在,而心灵在睡眠时又比在清醒时与它们更为接近,那为什么心灵不是整夜梦见或每夜梦见这些器官,就难以理解了。为了避开这个批评,可能提出必须有一种附加条件,即为了唤起梦的活动,必须有赖于眼、耳、手、肠等器官产生特殊的兴奋。但随之而来的是难以证明这类刺激增长的客观性质——只有在极少梦例中才有可能得到证实。如果梦中飞翔是肺叶张翕的象征化[见31页以下],则斯顿培尔[1877,119]已经指出,要么这一类梦会更频繁地出现,要么就必须证明呼吸活动在做梦过程中更为急促。此外,还存在着第三种可能性,或许是最大的一种可能性,即当时有某些特殊动机在起作用,将梦者的注意力引向平时恒定存在的内脏感觉,但这种可能性已远远超出施尔纳的理论范围。

227 施尔纳和沃尔克特提出的观点,其价值在于他们唤起人们去注意梦内容中若干有待解释的特征,以求有新的发现。梦包含着身体器官及其功能的象征化,这是完全正确的。梦中的水往往暗指排尿的刺激,男性生殖器常以直立的棍棒或柱子表示之,等等。在做梦的情况下,与单调乏味的梦相比较,对于充满活跃运动和五

222

彩缤纷的视觉的梦,我们很难不把它们解释为"具有视觉刺激的梦"。对于以声音话语为其特征的梦,我们也难以否认错觉所起的作用。施尔纳[1861,167]曾报告一个梦:两排浅发秀丽的孩子对坐桥上,互相攻击后复归原位,最后梦者梦见自己坐在桥上从下颌拔出一颗长牙。沃尔克特[1875,52]也报告了一个类似的梦,起作用的是一个橱柜的两排抽屉,最后也是梦见拔出一颗牙齿。这两位作者记录了大量这类梦例,因此我们不能斥责施尔纳的理论是毫无根据的发明,而不去寻求其真谛。[见 346 页]因此我们面临的任务,就是要为所谓牙齿刺激一类象征化的解释另辟蹊径[1]。

在有关梦的躯体来源的整个讨论过程中,我一直故意不利用我的释梦的论点。如果现在可以利用一种方法,是其他作者在研究梦的材料上一直未曾用过的,证明梦本身具有一种精神活动的价值,欲望的满足构成梦的动机,以及先一天的经验为梦内容提供了直接的材料,则任何其他有关梦的理论,只要忽视了这种重要的研究方法,从而把梦看成是对躯体刺激的一种无用而费解的精神反应,都可以无须进行专门批判而予以否定。否则的话——这似乎是极不可能的——就会存在两类不同的梦,一类只能根据我的观察,另一类则有赖于早期一些权威作者的观察了。所以,为了解决这个矛盾,只有在我的梦理论中,为梦来源于躯体刺激这一流行学说所根据的事实去寻求一席之地。

---

[1] [这些梦在 385 页以下有进一步的讨论。]

在这个方向上我们已经采取了初步步骤,我们提出了这个论点[178页以下],认为梦的工作势必将同时活动着的所有刺激综合而为一个统一的整体。我们发现,如果先一天遗留下来的两个或两个以上的深刻经验能够构成一个印象,则由这些经验产生的某些欲望也就结合而为单一的梦。同样地,具有精神价值的印象与先一天获得的那些无关紧要的经验,只要在它们之间经常能建立起互相沟通的观念,它们就结合而为梦的材料。因此,梦乃是对在睡眠心灵中当时呈现的所有活动着的材料的一种反应。就我们迄今对梦的材料所作的分析来看,我们已经知道梦材料是精神遗留物和记忆痕迹的一种集合。我们对于这些精神遗留物和记忆痕迹(由于其最近的和幼儿期内容的优先表现)不得不赋予它们一种迄今还难以确定的作为"当时活动"的性质。由此我们就不难预测出,如果以感觉形式表现出来的新近刺激在睡眠中加入了这些当时活动的记忆,就会产生什么样的梦来。这样,这些感官刺激由于其当时的活动性,再一次说明了它们对梦确实重要;它们与其他当时活动着的精神材料结合起来,为梦的构成提供了有用的材料。换句话说,在睡眠期间产生的刺激,与我们所熟知的日间经验的精神遗留物,共同巧妙地完成了欲望的满足。这种结合并不是非发生不可,我们已经说过,对于睡眠中的躯体刺激的反应不限于一种方式。但当它确实发生了时,就意味着有可能出现观念性材料充当这一类梦的内容,这种梦可以同时表现出梦的躯体的和精神的两种来源。

梦的本质并不因躯体刺激加入其精神来源而有所改变:一个梦不论其欲望满足因受当时活动着的材料的影响而以什么形式表

现出来,它总是代表着欲望的满足。

有几种特殊因素可以改变外部刺激对梦的重要性,我准备在此加以说明。我们已经说过,个人生理的和偶然的因素在某一瞬间的结合,决定着一个人在睡眠时受到比较强烈客观刺激的特殊情况下将采取如何行动。梦眠的深度(习惯的和偶然的)加上刺激的强度,可能使一个人将刺激压抑下去而继续沉沉入睡;但另一个人却可能被迫醒来,或者设法克服刺激并将其编织入梦中。由于结合情况的不同,外部客观刺激在不同人身上表现次数的多寡也就不同。就我自己来说,由于我是一个嗜睡者,顽强地排除任何干扰睡眠的事物,所以外部兴奋来源很少进入我的梦中;于是精神动机便很显然容易使我做梦了。事实上我只记下自己仅在一个梦中辨识出的一种客观痛苦的刺激来源;考察一下在这个特殊的梦中外部刺激如何产生影响我认为是大有裨益的。

我正骑在一匹灰马上,开始有些胆怯和笨拙,好像我只是非要骑马不可似的。我遇见我的一位同事P,他笔直地骑在一匹马上,穿着一身粗花呢制服,而且提醒了我一件什么事情(也许是我的拙劣姿势)。我现在发现自己骑在我的极为聪明的马背上,越坐越稳当,越来越舒适,并且注意到自己很安然自得。我的马鞍是一种垫状物,占据了从马颈到马屁股之间的整个空间。我就这样在两辆运货车之间一直骑着。在街上骑了一段路之后,我扭转坐骑准备下马,起初想在临街的一所空的小教堂前下来,实际上我是在靠近它的另一个小教堂前面下马的。我的旅馆就在同一条街上,我本可以让马自由走去,但我宁愿牵着它走到那里。我仿佛觉得骑着马到旅馆去会很难为情。一个旅馆"小厮"正站在门前;他递给我

225

230 一张他找到的我的便条,并拿我开玩笑。便条上写的字下面画了双线,写着"不要食物",然后又写了一句话(不清楚),像是"不要工作",于是出现一片模糊的观念,我仿佛正在一个陌生的城市,我在城内无工作可做。

乍一看来,并不能认为这个梦起源于一种痛苦刺激的影响或压迫。但是前几天,我由于长疱疮而痛苦难当,最后在阴囊基部长了一个苹果大小的疱疮,使我每走一步都痛苦不堪。发烧引起的疲惫,食欲不振,以及负担的繁重工作,所有这些痛苦加在一起使我沮丧万分。我勉强支撑着我的医疗工作。鉴于我的抱怨的性质和情境,有一种活动比任何其他活动肯定更为不合适,那就是骑马。正是这个骑马活动进入了我的梦境:这也许是我对我的疾病所能想象得出的最强烈的否认。我实际上不会骑马,而且除了这一次以外,也没有梦到过骑马。我一生只有一次坐在马背上,没有马鞍,而且很不高兴。但是在梦中我骑着马,好像会阴处完全没有疱疮,或者不如说我希望不生疱疮。从描述的情况看来,我的马鞍好像是一种可能催我入睡的泥敷剂,在它的缓解疼痛的影响下,我或许已不感到睡眠最初几小时的苦楚了。然后那疼痛感觉不断出现并企图把我唤醒,于是就出现了梦并安慰我说,"不要醒来,继续睡吧!没有醒来的必要,你并没有生疱疮,因为你正骑在马上,如果你在那特殊部位生了疱疮,你肯定是不能骑马的了。"于是梦取得了胜利,疼痛被抑制下去,我又继续沉沉入睡。

但是梦并不满足于依靠一个与病情不符的顽强观念将我的疱疮就此"敷衍了事",像母亲丢失了孩子和商人丧失钱财后所产生

226

的幻觉般妄想那样①。被抛弃的感觉细节与被用来压抑该感觉的景象都利用梦作为一种手段，把我心中正在活动着的其他材料与梦中情景联结了起来，并使该材料得以再现。我正骑在一匹灰色马上，它的颜色与我最后一次在乡间看见的同事 P 所穿的椒蓝色制服正相符合。一般人认为疱疮的起因是吃了调味品太多的食物——它至少易于引起糖［糖尿病］的病因而这与生疱疮也有关系。我的朋友 P 自从接替我治疗一位女病人以来，就像骑在高马上那样对我耀武扬威，其实我对那女病人已取得了显著功绩（德文为 Kunststücke，在梦中我开始斜坐在马上，像个特技骑士，其德文为 Kunstreiter）。但是事实上这个女病人却像传说中的周末骑士的马②，那样随心所欲地驮着我走。因此马就获得了女病人的象征性意义（在梦中是一匹极其聪明的马）。我感到安然自得是指 P 在接替我以前，我在女病人家中所处的地位。不久以前，本城医学界领导层中我的几位监护人之一也对我谈到了这个家庭，他说，"我觉得你就像稳坐马鞍。"而我在忍受很大病痛之时每天仍要从事八至十小时的精神治疗工作，也是一大功绩。但是我知道，我除非完全恢复健康，否则是再不能继续如此艰难的工作了。我在梦中充满抑郁，便是暗指我发现自己所处的困境（那便条上写的就像神经衰弱患者向医生出示的那样："不要工作"，"不要食物。"）在进

---

① 参见格里辛格尔［1861，106，参见本书 91 页以下］的段落。我在第二篇防御的神经精神病（弗洛伊德，1896b）中的言论。［实际上参考似乎见弗洛伊德论这个题目的第一篇论文靠近末尾的一段。］

② 在 1898 年 7 月 7 日给弗利斯的一封信中（1950a 第 92 封信），弗洛伊德描写了"周末骑士伊特齐格的著名原则：'伊特齐格，你骑马到哪儿去？''不要问我，问我的马好吗！'"

一步解释过程中，我发现梦的工作已成功地开辟了一条途径，把骑马的欲望情境转到了我在幼时和比自己大一岁的侄儿吵架场面，而我那侄儿现正住在英格兰。[424页以下]此外，梦中的一些元素来自意大利：梦中的街道就包括了维罗纳和锡耶纳的印象。更深入一层的解释则可以引向性的梦念。我想起了有关意大利的美丽乡村在梦中似乎是指一位从未去过意大利的女病人："去意大利"[德文为 gen Italien]——生殖器[德文为 Genitalien]，而且这与我先于我的朋友 P 去当医生的那座房子以及长疱疮的位置都是有联系的。

在另一个梦中①，我同样成功地避免了一次睡眠的干扰，这次威胁也是来自一个感觉刺激，只是出于偶然，我才发现了梦及其偶然刺激之间的关系从而对此梦有所了解。一个盛夏的早晨，我正在蒂罗尔的一个避暑山庄，我觉得我梦见教皇死了而惊醒过来。我对这个梦——一个非视觉的梦——百思不得其解。作为梦的唯一根据，我只记得不久前读报，得知教皇偶有微恙。然而当天早晨，我的妻子曾问我是否听到了早晨发出的可怕钟声。我一点也没有听见钟声，但是我现在对这个梦却恍然大悟了。这是我因睡眠需要而对虔诚的蒂罗尔人试图用钟声催醒我所作的反应。我用虚构出来的梦内容对他们施加报复，因而完全不再注意那闹人的钟声而继续沉沉入睡。

在上几章引证的一些梦中，有几个可用来作为研究所谓神经

---

① [本段于1914年增写，这个梦已简要记录于弗洛伊德1913h(No.1)；也见于《精神分析引论》(1916—1917)第5讲。]

刺激的例子。我的大口饮水的梦[123页]就是一例。躯体刺激显然是这个梦的唯一来源,而来自感觉的欲望(即口渴)又显然是唯一的动机。这个梦例和其他一些简单的梦相似,梦中一个躯体刺激本身似乎就能构成一个欲望。那位在夜晚扔掉颊上冷敷器的女病人所做的梦[125页]表现的欲望满足是以一种不同寻常的方法对痛苦刺激作出反应:病人好像暂时成功地忘却了自己的疼痛,而把痛苦推到了别人身上。

我的关于三位命运女神的梦[204页以下]显然是一个感到饥饿的梦。但是它成功地把对营养的渴望退回到儿童对母亲乳房的渴求,而且用一个天真无邪的欲望掩盖了另一个不能公之于众的更感兴趣的欲望。我的关于图恩伯爵的梦[208页以下]表明了一个偶然的身体需要如何能与最强烈的(同时也是最受压抑的)精神冲动结合起来。加尼尔(1872,I,476)叙述了一个梦,讲到拿破仑一世在被炸弹声惊醒以前,把爆炸声编入了一个战役的梦中[26页],这清楚地表明了其唯一的动机就是使精神活动本身在睡眠中干预感觉。一个初次办理破产诉讼案的年轻律师①中午睡了一觉,其表现与伟大的拿破仑毫无二致。他梦见在破产诉讼案中才结识的赫斯廷(加里西亚的一座城镇)的某位赖希先生,赫斯廷(Husyatin)这个名字不断迫使他注意,他被迫醒来,发现他的妻子(她在患支气管炎)正在激烈咳嗽[德文为"Husten"]不止。

让我们把拿破仑一世(顺便说一句,他也是一个嗜睡者)的梦与那位嗜睡大学生的梦做一比较,那大学生被女房东喊醒并告诉

---

① [这一句和下一句于1909年增写。]

他已到了去医院的时候,他却继续梦见已睡在医院的病床上并继续睡下去,他采取的借口是,他已经到了医院,因此无需再起床去医院了。[见125页]这后一个梦明显地是一个方便的梦。梦者不加掩饰地承认自己做梦的动机,但与此同时他也泄露了一个通常做梦的秘密。从某种意义上说,一切梦都是方便的梦;它们的服务目的是为了延长睡眠而不是唤醒睡眠。梦是睡眠的保护者而不是睡眠的干扰者。关于这个观点与唤醒梦的一些精神因素的关系,我们将另找机会在别的地方来加以证明[后文578页以下]。但是我们已能证明这个观点可以用之于客观外部刺激的作用。心灵要么对外部刺激的强度和意义在睡眠中引起的感觉根本不予理睬;要么就利用梦去否定这些刺激,或者第三种办法是,由于不得不承认这些刺激,只好寻求一种解释,把当前的生动感觉编织成有所欲求的一部分情景,并求得与睡眠相一致。把当前的生动感觉编织入睡的目的乃是剥掉感觉本身的现实性。拿破仑深信企图干扰他的睡眠的刺激不过是对阿柯尔枪炮声的梦记忆,所以能继续酣睡下去。①

因此睡眠的欲望(意识的自我对这一欲望的全神贯注,加上梦的稽查作用,以及我后面[488]要提到的"润饰作用"构成了意识自我对做梦的一份贡献)必须在每一个情况下都被认为是形成梦的动机之一,而每一个成功的梦都是这种欲望的满足②。关于这个普遍表现的和永不改变的睡眠欲望与梦内容不时予以满足的其他

---

① 我所知道的这个梦的两个来源并不与其描述相一致。

② [括弧内的句子在第一、二版(1900和1909)中是没有的。而括弧内这句话中"意识的自我对这一欲望的全部贯注,加上梦的稽查作用构成了意识自我对做梦的一

欲望之间的关系如何维持,我们将在别处加以讨论[570页以下]。但是我们在睡眠欲望中发现了一些因素,可以弥补斯顿培尔和冯特理论[223页以下]的不足,并可说明对外部刺激解释的反常性和任意性。睡眠的心灵完全能够对外部刺激作出的正确解释,可以包含一种主动的兴趣,也可以要求睡眠告一结束;正因为如此,在对外部刺激的一切可能的解释中,只有与睡眠欲望所行使的稽查作用相一致的那些解释,才能得到承认。"它是夜莺,不是云雀"。因为如果是云雀就意味着恋人之夜就要结束了。在所可承认的对外部刺激的解释中,再被挑选出来的乃是最符合于潜伏在内心的欲望冲动的那种解释。因此,梦中发生的每件事情都是毫不含糊被决定了的,并不带有丝毫任意性。错误的解释不是来自错觉,而可以说是一种遁词。我们在此再一次指出,正当梦的稽查作用使得移置作用产生一种代替物之时,我们不得不承认此时发生的动作,偏离了正常的精神历程。

如果外部的神经刺激和内部的躯体刺激的强度足以引起心灵对它们的注意,又如果它们的结果引起了梦而没有达到惊醒的程度,它们就构成了梦的形成的焦点亦即梦的材料的核心;正如在两个精神的梦刺激之间寻求其居间的观念一样[见上文228页]。从材料的核心也可相应地寻求一种适当的欲望的满足。在某种程度上确实可以说,有许多梦内容是受躯体因素支配的。在这种极端的梦例中甚至发生这种情况,即某个欲望当时确实未曾活动,只是由于形成梦的目的而被唤醒。不管怎样,梦不过是欲望在一定情

份贡献"的短语增写于1911年,而"以及我后面要提到的润饰作用"短语,补写于1914年。]

境中的满足,梦所面临的任务似乎就在于通过当时活动着的感觉以求发现由此而得到满足的某种欲望。如果这种感官材料是令人苦恼或痛苦的,也并不妨碍它们被利用来达到构成梦境的目的。心灵对于在满足时不愉快的那些欲望是可以自由支配的。这看起来似乎是自相矛盾的,但是当我们考虑到存在着两种精神动因以及二者之间存在着一种稽查作用时。这种矛盾就变得完全可以理解了。

我们已经知道,心灵中存在着若干"被压抑的"欲望,这些欲望属于原发性系统,而它们的满足遭到继发性系统的反对。我并不是从历史的角度来谈论这些欲望的,即它们曾一度存在过而后来却被废弃了。我在研究精神神经症得出的主要压抑理论,认为这些被压抑的欲望一直是存在着的,虽然同时有一种压抑作用把它们压制着。我们说对这些冲动的"压制"(suppression)[即"压下去"]正表达了这个词的原意。那些能促使受压制的欲望为自身开辟道路以求得满足的精神机制,始终保持着存在状态和工作秩序。但是,假如这种受压制的欲望一旦获得满足,而继发性系统(允许通向意识的系统)遭到了失败,这种失败就会表现为痛苦,总之,如果在睡眠时产生了一种起源于躯体的不愉快感觉,梦的工作就利用这种感觉使某种原来受着压制的欲望获得满足的表现,虽然这种满足在一定程度上还受着稽查作用的约束。①

---

① [这整个论题将在第七章第三节进一步讨论,特别见557页以下,也见267和487页。]

这种事态可以说明一旦焦虑的梦——梦的构造不符合欲望理论的观点。另一组焦虑的梦则表现有不同的机制；因为梦的焦虑很可能属于精神神经症的焦虑：它起源于心理性欲的兴奋——在这种情况下焦虑相当于被压抑的里比多。果真如此，这种焦虑就和整个焦虑的梦一样，蒙上了神经症症状的色彩，于是我们就面临着欲望满足的目的到什么限度才濒临失效的这一难题了。〔见160页以下和579页以下〕但是也有一些焦虑的梦〔如第一组焦虑梦〕，其焦虑的感觉是由躯体所决定，例如由于肺病或心脏病而引起呼吸困难：——在这种情况下，焦虑可利用梦的形式来帮助那些受到了强烈压抑的欲望获得满足，这些欲望如果以精神的理由纳入梦中，也可使焦虑得到同样的疏泄。然而要把这两种表面上不同的焦虑梦加以调和也并非难事。在两组焦虑梦中包括了两种精神因素：——一种是感情的倾向，另一种则为观念内容；二者是密切联系着的。如果其中一个因素当时活跃异常，另一个因素甚至在梦中也可被唤起：在一种情况下，受躯体决定的焦虑唤起了被压抑的观念内容；而在另一种情况下，则是伴有性兴奋的观念内容，由于从压抑中获得释放，也导致了焦虑的松弛。我们可以说，在第一种情况下，由躯体决定的感情得到了精神上的解释；而在另一种情况下，虽说都由精神所决定，但受压抑的内容不难用一种与焦虑相符合的躯体因素加以解释。妨碍我们理解的所有这些困难都与梦没有关涉。这些困难的产生，只是因为我们在此讨论的是焦虑的发生问题和压抑问题。

在内部躯体刺激当中，无疑包括了身体的一般机体觉（或混合的普遍感受性，见35页），它能支配梦的内容。这并不是说它本身

233

能提供梦的内容,而是说它能强迫梦念去选择出现于梦内容中的材料,取其适合于梦的性质的部分,而舍弃其他部分。此外,前一天遗留下来的一般机体觉与对梦具有重要影响的精神残余物也必然会联系起来。这种总的心境可以在梦中持续不变,也可以发生变化,因而它如果是不愉快的,也可以变成它的对立面。①

因此,在我看来,睡眠中的躯体刺激来源(也就是说,睡眠时的各种感觉)除非具有不平常的强度,否则在梦的形成中,其作用与最近几天遗留下来的那些新近而无关紧要的印象并无二致。我的意见是说,如果它们与来自梦的精神来源的观念内容彼此切合,便有助于梦的形成,否则便于事无补。它们就像某种便宜的现成材料,可随时利用,不同于那珍贵的材料,在使用时要谨慎从事。打一个譬喻,就像艺术鉴赏家请一位艺术家将一块宝石,譬如一块条纹玛瑙,雕成一件艺术品,这时宝石的大小、色泽和纹理都有助于表现某种主题和场面。而如果只是如大理石这样一般常见的材料,艺术家只须凭他自己当时想象的观念就可以进行加工了。所以在我看来,只有按照这种方式,我们才能解释为什么由普通强度的躯体刺激所提供的梦内容,并不在每一晚或每个梦中都有所表现。[226页]②

为了说明我的意思,最好还是举一个梦例并对它加以解释。

有一天我一直在企图发现被禁制的感觉,诸如动弹不得、力不

---

① [见487页以下——最后一句为1914年加写。]
② [1914年增注]兰克在他的好几篇论文中(1910,1912a和1912b)证明,因机体刺激(如尿急和射精的梦)而被唤醒的某些梦特别适宜证明睡眠的需要与机体需要的要求之间的斗争,以及后者对梦的内容的影响。[见402页以下]

234

从心等等到底是什么意思,这种感觉常常出现于梦中,与焦虑非常相似。当晚我就做了下面的梦:

我几乎是衣不蔽体,正从楼下走向楼上。我上楼梯是一步三级,并为我的矫健步伐而感到高兴。突然我看到一位女仆从楼梯走下,而且迎面撞来。我感到羞愧难当,想急忙避开,就在这个时刻我觉得受到禁制:我的双脚动弹不得,一步也离不开原地。

分析——梦中的情景来自日常现实。我在维也纳有一座两层的楼房,上下层只有一条公用楼梯。楼下是诊疗室和书房,楼上是起居室。我每天深夜在楼下做完工作后,便上楼梯回卧室去。在我做梦的当晚,我确实衣冠相当不整地走过这段短短的路——这就是说,我已经取掉了硬领领带和硬袖。在梦中这种情况似乎更进一步达到了衣不蔽体的地步,但与通常一样,印象很不确实[见245页]。我平时上楼总是一步两级或三级而在这梦中还被认为是一种欲望的满足:我轻快地做到这一点说明我为自己心脏的功能感到放心。再者,这种上楼的方式与后一半梦中的受禁制感觉恰好形成鲜明的对比。它向我表明——无须证明——梦可以毫无困难地把运动动作进行得达到完美的程度。(只须想想飞翔的梦就行了!)

但是,我向上走去的楼梯并不是我家中的楼梯。开始我认不出它,后来只是因为与我劈面相迎的那个人才使我明白所指的是什么地方。那个人就是我每天两次登门为她打针的那位老妇人的女仆[见118页];而那楼梯也正是我在她家必须一天爬两次的楼梯。

235

为什么这个楼梯和女仆的形象现在进入了我的梦中呢？那种因衣不蔽体而产生的羞愧感觉无疑带有性的色彩；但是我遇见的这个女仆比我年老，既粗鲁又不动人。我想到对这个问题的唯一答案是这样的：我每天早晨去访问这个人家，每当上楼梯时总有一种想清清喉咙的欲望，于是就把痰吐在楼梯上。这楼上楼下统统未设痰盂，所以我认为，如果楼梯没有保持清洁，那不能归咎于我而只能归咎于没有痰盂。那家的女管家也是一个同样粗鲁的老妇人（但我得承认她有爱清洁的习惯），对这件事持有不同的看法。她会在暗中窥视着我，看我是不是又糟蹋了楼梯。如果她发现我吐痰，我就会听见她高声抱怨；以后好几天我们遇见时她都会表示不欢迎。做梦的前一天，我对那女管家更因那女仆的表现而增强了反感。我和往常一样，匆忙地看完了女病人的病，未料到女仆在大厅里拦住我说"医生，你今天进房间以前本可以擦擦靴子，你的脚又把红地毯全都弄脏了"。这就是楼梯和女仆出现在我梦中的唯一原因。

我跑上楼梯与我在楼梯上吐痰之间有一种内在联系。咽喉炎与心脏病被认为是对吸烟恶习的两个惩罚。由于吸烟的习惯，我不爱清洁的名声在自己女管家眼中也不比另一家的好，所以这两件事在梦中合而为一了。

我必须推迟进一步解释这个梦，直到我能解释衣不蔽体的典型梦的起源为止。我只能从现在这个梦得出一个暂时的结论：梦中运动被禁制的感觉只有在前后特殊情节需要它时才能发生。梦的这一部分产生的原因，不能归之于睡眠时我的运动能力发生了变化，因为仅仅在此以前不久（似乎就是为了证明这个事实）我还轻快地跑上了楼梯哩。①

四、典型的梦

　　一般说来,如果别人不愿意将隐藏在梦背后的潜意识思想和我们交流,我们便无法解释他的梦。我们释梦技术的实际可用性当然也会因此而受到严重的限制。② 我们知道,每个人通常都是根据自己的特性而构建他的梦幻世界的,因此使得别人难以理解。但是,现在我们发现了与此完全相反的一些梦:每个人所梦的都大致相同以致人们都习惯于认为这种梦对每个人来说必定具有相同的意义。人们对这些典型的梦特别感兴趣,因为不论谁做这种梦,大概都出于同一来源,因而觉得这种梦似乎特别适用于研究梦的来源。

　　因此,我们特别期望能将释梦技术用之于这些典型的梦;但我们现在不大愿意坦白承认,恰恰是在有关这一类梦的材料上,我们的技术使人们大为失望。因为我们在企图解释一个典型的梦时,梦者照例缺乏在其他梦中可使我们获得理解的种种联想,或者即使出现少数联想,也相当模糊,不能帮助我们解决问题。在本书的后一部分(第六章第五节351页以下)中,我们将会知道为什么会

---

　　① [梦中受到禁制的感觉终于在335页以下进行了讨论。247页以下对此梦作了进一步分析。在1897年5月31日给弗利斯的一封信中(弗洛伊德,1950a,第64封信)报告了这个梦。]

　　② [1925年增注]如果我们不能掌握梦者的联想材料,我们的释梦方法就无法应用,这种主张需要加以补充:有一种情况,我们的解释活动就与这些联想无关——即梦者在梦内容中使用了象征元素。在这类情况下,我们就须采用严格说来是次要的和辅助的方法了(见359页以下)。[只有在1911年版中,有这方面的脚注如下:"除了梦者利用象征的那些梦例,我们熟悉这些象征的目的在于表现他的潜抑的梦念"(见下文)。]

发生这种情况以及如何去弥补这个技术的缺点。读者们也就会明白我们为什么只在此处叙述少数几种典型的梦,而其他方面留待以后去讨论了。[见384页以下]①

(一) 裸体的窘迫梦

有些人梦见在陌生人面前赤身裸体或衣不蔽体,毫无羞愧之感。但我们在此讨论的梦,却是梦见裸体而且确实感到羞愧和窘迫,而在力求逃避时又产生一种奇特的禁制,感到寸步难移,无力改变这种痛苦的局面。只有伴有这种现象的梦才算是典型的梦;否则梦内容的主题便可包括于各种不同的情节之中,并可随人而异了。这种典型的梦的实质,在于伴有一种带有羞愧性质的痛苦感情,在于存在着一种照例以运动方式躲避裸体的欲望,但又力不从心,动弹不得。我相信大多数读者都曾在梦中发现过自己处身于这种窘迫的困境。

所说的裸体性质照例都不很清楚。梦者可以说,"我穿着内衣",但形象总不清晰。这种衣着不全的景象通常非常模糊,所以描述起来也是模棱两可的:"我还穿着内衣或衬裙。"一般说来,梦者的衣着不全还没有严重到一定感到羞愧的程度。在穿着皇家军服的男子身上,往往以违反军队风纪代替了裸露:"我没带佩刀在街上行走,恰恰看见几个军官迎面走来",或者是"我没有系领带","我正穿了一条方格便裤"等等。

---

① [本段的目前形式可追溯到1914年,正是在这一年的版本(第4版)中,才在第六章中加入了象征作用的一节。这就促使对本节做了相当大的变动,其中许多材料都移到新的一节中去了(见编者引言,第 xiii 页)。]

一个人感到羞愧时在场的旁观者总是一些陌生人,很难认出他们的面貌。在典型的梦中,因衣着不整而感到窘迫,从未引起旁观者们的反对或注意。反之,他们往往只采取冷漠的态度,或(如我在一个特别清晰的梦中观察到的)是一副严肃而呆板的神情。这一点是值得考虑的。

梦者的窘迫和旁观者的冷漠凑在一起,通常构成了梦中经常出现的一对矛盾。如果旁观的陌生人表现出吃惊、嘲弄或愤怒,那一定会更加符合梦者的感情。但是我认为,这种情况中表示反对的表情已被欲望的满足所勾销,而梦者本身的某些特性却因某种力量而被保留下来;结果导致了梦的两个部分彼此之间的不协调。我们已能有趣地证实,这一类由于欲望得到满足而部分化了装的梦,还没有为我们所真正理解。正是根据这种情况,汉斯·安徒生写出了他那家喻户晓的童话《皇帝的新衣》,而最近路德维希·弗尔达①在他的[《童话剧》]"吉祥物"中也作了诗意般的表达。安徒生在《皇帝的新衣》中告诉我们,两个骗子如何为皇帝织了一件贵重的长袍,而且说只有具有高贵品德和忠诚的人才能看得见。皇帝穿上了这件看不见的长袍走了出来,而所有的旁观者害怕这件丝织品具有试金石的能力,竟假装看不见皇帝的赤身裸体。

我们梦中的情境也正是如此。我们不妨假设,这不可理解的梦内容当其存在于记忆中时,已对记忆中的情境重新赋予了一种意义。从而这种情境本身在其失去原有意义的过程中被当作一种

---

① [德国剧作家,1862—1939。]

新异刺激来使用了。我们在后文中将看到,继发性精神系统的有意识思想活动以这种方式曲解梦内容乃是一种常见现象,而这种曲解也必然是被视为决定梦的最后形式的一个因素了。① 此外,我们还将发现,同样的曲解(当然指发生于同一精神人格之内)在形成强迫观念和恐怖症中也起着重要的作用。

在我们的梦中甚至可以指出引起曲解的是什么材料。骗子就是梦,皇帝就是梦者本人;而梦的道德化目的则暗指这样的事实,即梦的隐意与成为压抑牺牲品的被禁止的欲望有关。在我对神经症患者的分析中,从梦的前后情节来看,这一类梦无疑以儿童的早期记忆为基础。在我们的童年时代,只有家庭成员与保姆、女仆和客人这一类陌生人才会看到我们的穿着不整齐,也只有在那时,我们对自己的赤身裸体才没有羞耻之心。② 我们可以看到,有很多儿童甚至在长大了一些以后,都以裸露身体为乐而不以为耻。他们笑着跳着,拍打自己的身体,这时他们的母亲或别的什么人在场,就会呵斥他们说,"咳,真糟糕,不准再这样了!"儿童总有一种裸露的欲望。不论你走到全世界什么地方的农村,你总可能碰见几个两三岁的孩子,当着你的面掀起他的小衣裳——也许是正在向你致敬哩!我的一位病人还能有意识地记得他八岁时的一幕情景:他在晚间睡觉只穿着内衣的时候,想跳着舞闯进隔壁他妹妹的

---

① [这种"润饰作用"过程是第六章第一节的主题(488 页以下)。在 1897 年 7 月 7 日给弗利斯的一封信中(弗洛伊德,1950a,第 66 封信)曾讨论了它在这同一神话故事中的应用。]

② 在安徒生童话中有一个小孩也扮演了角色;因为只有一个很小的孩子突然喊道,"他什么衣服都没有穿!"

卧室,但被保姆拦住了。在神经症患者的童年时期,对异性儿童裸露自己起着重要作用。在脱衣穿衣时都觉得有人窥视的偏执狂妄想中,都可以追溯到这一类经验;而停留在性欲倒错阶段上的那些人中,有一类人的这种幼稚冲动已发展到症状的程度——他们属于"裸露癖者"。①

  天真无邪的童年在回忆中就像一个天堂;而天堂本身也不过是个人童年的一组想象物。这就是为什么人类在乐园中彼此裸体相处而不感羞愧的原因。羞愧和焦虑一旦觉醒,人们便被逐出了乐园,性生活和文化活动的任务也就开始了。但是我们每晚仍能返回天堂。我大胆揣测[218页],童年早期(即从出生到三岁末)的印象,不管自身的实际内容如何,只是出于本性而力求完成其再现;而且可以设想,这些印象的重复出现正是表明一种欲望的满足。因此裸体的梦就是表示裸露的梦。②

  裸露梦的核心在于梦者本人的形象(表现的不是儿童而是现在的本人)和他的衣着不全,后者由于对未穿衣服的无数记忆的重叠或者是由于稽查作用的结果,总是表现得模糊不清。此外还要加上使梦者感到羞愧的那些当时在场的别人的形象。就我所知,在表现幼儿裸露景象的梦中,从未出现过儿时的真正旁观者,因为梦从来不是一个简单的回忆。奇怪的是,我们在童年

---

  ① [这种对作为幼儿性欲活动残余的反常行为的暗喻是弗洛伊德在其《性欲三论》(1905d)中对性本能进行分析的先兆。]
  ② [1911年增注]费伦齐[1910]已记录了许多有趣的妇女做的裸体梦;这些梦不难追溯到幼儿期的裸露欲望;但是它们与我在"典型梦"中所讨论的裸体梦有某些不同。——[上段倒数第二句已勾画出二十年后在《超越快乐原则》(弗洛伊德,1920g)中提出的某些想法]。

时性兴趣针对的对象都不再现于一切梦中、癔症和强迫性神经症中。只有在妄想狂中,这些旁观者才再度出现,虽然看不见,但在幻想中却确信他们的存在。在梦中代替他们的是一群不注意尴尬现场的陌生人,其实这正代表了梦者只想对他熟悉的那个人做出裸露的一种反欲望。在梦中"一群陌生人"还可以表现出许多其他方面的联系,但从反欲望来看,他们总是代表"一个秘密"①。我们注意到,即使妄想狂中旧事复活,也可以看到这种颠倒倾向。患者觉得自己不是单独的,他无疑被人窥视着,但窥视者是"一群陌生人",形象模糊,难以辨认他们的真面目。

此外,压抑(repression)在裸露梦中也起着一定的作用。裸露的梦景尽管受到禁止仍然表现出来,乃是由于继发性系统的作用,但也因此伴生了一种痛苦的反应。如果要避免痛苦,梦景也就绝对不会复活了。

关于受抑制的情感,我们在后文还要讨论[335页以下]。在梦中受抑制的情感巧妙地表现了意志及其否定的冲突,潜意识目的要促使裸露不断展现,稽查作用则竭力加以遏制。

典型的梦与童话及各种创造性文学素材之间存在的联系,决不是出于偶然和巧合。有时某个目光犀利又富有创造力的作家,对其转变过程具有分析的深刻认识,可以从相反的方向,将其富有想象的作品回溯到一个梦境。我的一个朋友要我注意歌特弗里德·凯勒的《年轻的海因利希》中的一段文章[第三部,第二章]:

---

① [1909年增注]出于明显的原因,梦中"全家"的出现也具有相同的重要意义。[这一点在弗洛伊德的论《屏蔽记忆》(1899a)的论文的结尾处也提到了。]

"亲爱的李,我希望在你的亲身体验中,永远不会体会到奥德赛浑身泥土,赤裸地出现于瑙西加和她的女伴眼前那种妙趣横生的真实困境。我能告诉你如何才能发生这种事情吗?我们可以来分析这个例子。如果你漂泊异地,远离家乡和亲人,如果你历尽人世沧桑,饱经忧患,孤苦伶仃,你总会有一晚梦见你即将回到的久别的家园,闪耀在迷人的景色之中,许多你最眷恋的亲爱的人们向你走来。但你突然会发现自己衣衫褴褛,仆仆风尘,而且近乎赤裸。你会猛然陷于一阵羞愧和恐怖之中,慌乱地想寻件衣服蔽体或找个地方躲藏起来,而终于大汗淋漓地惊醒过来。只要一息尚存,一个异乡的游子就免不了要做这个不愉快的梦;荷马就是由最深刻的永恒人性中,挖掘出这一幅困窘图景的。"

诗人在他的读者们的内心深处唤醒了的最深邃的永恒人性,在于根植于童年心中且已变得不复记忆的那些冲动。从童年起就被压制和禁止的那些欲望,于是就躲在游子的合法化欲望背后,进入意识再闯进梦中;这就是我们为什么发现在瑙西加传说中具体化了的梦,其结局总是一些焦虑的梦。

我那跨步上楼,接着又发现自己动弹不得的梦,同样也是一个裸露的梦,因为它具有相同的基本标志。所以它也应该可能追溯到我的童年体验,如果这些体验能够被发掘出来,就能帮助我们判断这个女仆对我的行为(骂我弄脏了地毯)能在何种程度上确立她在我梦中所处的地位。我碰巧能提供一些必要的细节。人们从精神分析已经知道,题材之间的联系可以解释时间上的接近[下文314页]。两个思想并无明显的联系却连续先后出现,事实上它们便属于有待解释的单一整体的部分,正如我写了 a 马上写 b,它们就必须读成一个音节 ab。梦也是如此。我所说的上楼梯的梦属于一个

243

梦的系列,而且我也深知对这个梦系列中其他梦的解释。既然这个特殊的梦与这个系列中其他的梦保持着联系,则它所处理的也必定是同一题材了。现在这些其他的梦所根据的都是一个把我从婴儿期一直照顾到两岁半的保姆。我对她甚至仍保留着一种有意识的模糊记忆。我的母亲不久前告诉我,她又老又丑,但又精明、严厉。我从自己的梦可以推断出,她待我并不十分可亲,如果我达不到规定的清洁标准,她也会非常粗野地加以责备。因此,由于这位女仆担负起了进行这一教育工作的职责,她在我梦中就有资格被视为是我那早年保姆的化身。同时还有理由假设,尽管保姆在教训孩子遵守规则时态度不免粗鲁,孩子却仍然是喜欢她的。①

(二) 亲人死亡的梦

另一组典型的梦包括一些至亲如父母、兄弟、姐妹和子女的死亡。这一组梦可区分为两类:一类是在梦中无动于衷,醒后也惊讶自己缺乏感情;第二类则梦者为亲人的死亡深感悲恸,甚至在梦中哭泣不已。

我们不必对第一类梦加以考虑,因为它们算不上"典型的梦"。如果我们进行分析,当可发现它们具有与显梦不同的意义,而且蓄

---

① 此处是同一个梦的"多重性解释"。由于"spuken[haunting]"是一种鬼魂的活动,则"spucken[spitting on the stairs]"(吐痰在楼梯上)可约略相当于"esprit d'escklieo"(楼梯机智)。这后一短语相当于缺乏"现成的妙语"(schlagfertigkeit 字面意为"应答如流")——由于缺乏这种机制我真该责备自己了。我怀疑我的保姆莫不是也缺乏这种品质。[在《日常生活精神病理学》(弗洛伊德,1901b)第四章结尾处提到了这个保姆,而在 1897 年 10 月 3 日、4 日和 15 日给弗利斯的信中(弗洛伊德,1950a,第 70 和 71 封信中)谈得更为详细。]

意隐瞒某种其他欲望。看见她姐姐的小儿子躺在棺材里的那位姨母的梦(见152页)便属此类。那个梦并不意味着她希望小姨侄死去,而我们已经知道,它不过是隐藏着一种欲望,想借此看见一位她所痴情但又长期未见的人物——她只是长久以前在另一个姨侄的类似情况下见过他一面。这个欲望才是梦的真正内容,其中根本没有悲哀,梦中当然也就无悲痛之情了。值得注意的是,梦中的情感属于隐意而不属于显意,因此梦的观念内容仍然保持未变。①

第二类梦则大不相同。在这些梦中,梦者想象自己的至亲死亡,同时深感悲痛。正如梦的内容所指出,这一类梦的内容乃是希望梦中有关的人死去。因为我预料到,所有我的读者以及做过这类梦的人们的感情必然使他们反对我的立场,我因此必须在最广泛的基础上提出我的证据。

我已经讨论了一个梦,它告诉我们,在梦中表现得到满足的欲望,往往不是目前的欲望,它们也可以是过去被抛弃的受掩蔽的或遭压抑的欲望,只须看到它们重现于梦中,我们就不得不承认它们的继续存在。它们并不像字句上所说的那样一去不复返,而是像《奥德赛》中那些幽灵,一喝到鲜血又会苏醒过来。在那躺在"木箱"中的死孩的梦中(154页)包含的就是十五年前的一个愿望,而且患者已坦白承认那时确实存在过这个愿望。我还要补充一点,(这一点对于梦的理论也不无意义)即甚至在这个梦的背后,还潜伏着梦者童年初期的记忆。当她在很小的时候(时间不能确定),

---

① [见第七章第八节(特别见463页)关于梦中情感的讨论。]

她曾听说她的母亲在怀她时曾陷入深深的忧郁之中,因此渴望着胎儿死去,当梦者本人长大也怀孕时,她不过是以母亲为榜样而已。

如果任何人梦见自己的亲人如父母、兄弟、姐妹中有人死去,而且明显地感到悲痛,我决不会引用这个梦来证明梦者现在希望亲人死去。梦的理论也无须以此作为证明;但我可以推论出,梦者在童年某个时期曾经希望他们死去。然而我担心这种保留说法还不足以消除对我的反对,他们会否认他们从来未曾有过这种想法,如同他们极力否认现在这种愿望一样。所以我必须在现有证据的基础上,重新构建已经消失了的儿童心理生活的那一部分。①

让我们首先考虑儿童们与其兄弟姐妹之间的关系。我不懂我们为什么要假定那一定是一种互相友爱的关系;因为成人兄弟姐妹总经常体验到彼此之间存在着敌意,我们也往往发现来源于童年的不和经常长期存在。但是也有许多成人在童年时兄弟姐妹之间怒目相视,今日却仍能和睦相处,和衷共济,这也是无可置疑的事实。年长的儿童虐待年幼的儿童,谩骂他,抢夺他的玩具;年幼的儿童则敢怒而不敢言,又害怕又嫉妒,他的最初争取自由的冲动和正义感也就是针对着这个压迫者的。父母总是抱怨孩子们不和但不知是什么原因。其实人们不难看到,即使最好儿童的性格也与我们所期望于成人的不同。儿童是完全利己主义的,他们强烈

---

① [1909年增注]参见我的《一个五岁男孩恐怖症的分析》(1909b)和《儿童性理论》那篇论文(1908c)。

地感到自己的需要,不顾一切地去寻求满足——特别是针对着他的对手、其他儿童,而首当其冲的就是自己的兄弟姐妹。但是我们并不因此称他是"坏"孩子,只说他"调皮";因为在我们看来,他的不良行为是不负法律责任的。这种看法也是对的,因为我们可以指望,在我们所认为的儿童期以前,利他主义和道德感在这个小利己主义者心中已经苏醒,(用梅涅特的话说[如1892,109页以下])续发性自我将掩盖和抑制原发性自我。当然,品德并不在所有各方面同时发展,而且非道德儿童期的长短也因人而异。如果这种品德未能得到发展,我们便称之为"退化"(degeneracy),尽管我们面临的实际上只是发展上的一种受阻。当原初性格被后来的发展掩盖以后,仍能全部或有一部分在癔症中显露出来。而且癔症性格与顽皮儿童之间存在着惊人相似之处。至于强迫性神经症则相反,它相当于当原初性格蠢蠢欲动时所强加的一种超道德观念。

许多人看来颇有手足之情,其中如有人死去,其余的人也悲痛欲绝。但如果追溯到他们的童年,则彼此之间在潜意识中仍残存着邪恶的欲望,并能在梦中获得实现。

观察两三岁或稍大一点儿童对待其弟妹的态度,是特别有趣的事情。例如,有一个儿童一直是独子,现在他听说鹳鸟给他带来了一个新的婴儿,他对这个新婴儿注视再三,然后用很坚决的口气说,"让鹳鸟把他再带回去吧!"[①]我深信儿童能够正确评价新出生

---

① [1909年增注]三岁半的汉斯(上一个注中提到分析他的恐怖症)在他的小妹妹生后不久的一次发烧中喊道:"我不想要小妹妹"[1909b,第一节],18个月后,他在神

的弟妹给他带来的损失。我认识一位妇人,她与比自己小四岁的妹妹现在相处得很融洽,她告诉我,她听到她妹妹出生的消息时很高兴,但有保留地说,"但不管怎样,我不能把我的红帽子给她"。纵然儿童到了后来才认识到这种不利情况,他也会在那时产生敌意。我知道有一个不到三岁的女孩就试图把一个婴儿扼死在摇篮里,因为她觉得婴儿继续生存下去对她没有好处。此时儿童的嫉妒心已十分明显和强烈。而且如果婴儿弟妹真的夭折了,大一点的儿童就会发现全家的宠爱又重新聚集于自身。如果鹳鸟又送来另一个婴儿,这位小宠儿自然会希望新来的婴儿能碰到前一个婴儿的同样命运,自己就会像在弟妹未出生之前或死亡之后那段时间内一样快活了。① 当然,在正常情况下,儿童对其弟妹的态度纯粹由于他们之间的年龄差异所决定。当过了相当长的一段时间之后,较大的女孩对于孤立无助的新生儿就开始感到母性本能的驱动了。

儿童期对弟妹的敌对情绪表现的频繁一定还远远超出不够敏感的成人们的观察。②

经症发作时坦率地承认,他希望他妈妈把妹妹在浴盆内淹死[同上,第二节(4月11日)]。与此同时,汉斯是一个性情温和可爱的孩子。他不久变得喜欢这个小妹妹并置她于自己的保护之下。

① [1914年增注]童年对死亡的这种体验在家庭中很快就会被忘掉;但是精神分析家证明它们对后来产生神经症具有很大的影响。

② [1914年增注]自从写了这些以后,关于儿童对其父母及弟妹的原始敌对态度,在精神分析文献中又有了大量的观察和记录。瑞士作家和诗人斯皮特勒对自己童年的这种幼稚态度有特别真诚而生动的描述[1914,40]:"再说又有了第二个阿道夫,他们说这个小东西是我的弟弟,我可不知道他有什么用,也不知道他们为什么要对他那么忙乱,就像对我一样。我自己已经够了,为什么还要一个小弟弟!他不仅没有用,

我自己小孩的出生一个紧接着一个，以致我失去了观察他们这方面现象的机会。现在我观察我的一个小外甥，以弥补这种疏忽。他专横统治了十五个月之后，由于一个小女性对手的出世而遭到了挫折。据说这位小男人对他那小妹妹颇有骑士风度，吻她的小手，抚摸她；但是我敢相信，在他还不到两岁的年龄时，便利用他的言语能力之所及来批判他认为是多余的人了。当大人的话题触及她时，他总是插进来大声喊："她太小，她太小！"最近几个月，这个婴儿已逐渐长大，不能再骂她太小了，于是这个小男孩又找了一个理由，认为她值不得过多地受到注意。一有机会他就要大家注意她还没有长牙齿。① 我们大家都记得我的另一位姐姐的大女儿，她在六岁的时候花了半个钟头缠着她的姑母姨母们逐一地询问"露茜还不懂那件事，是吗？"要大家都同意她。露茜是比她小两岁半的她的敌手。

　　例如，在我所有的女病人中，我从未发现过这种兄弟姐妹死亡的梦是不包含强烈敌意的。我只发现过一个例外，但也不难以之作为对这一规则的佐证。在一次分析会上，我向一位女病人作这方面的解释，因为从她的症状看来，我觉得这种讨论与她有关。使我惊奇的是，她自己从来没有做过这一类的梦。但是她从四岁起开始做了一个与这一题目显然无关的梦。那时她是全家最小的孩子，此后这个梦一再反复出现：一大群儿童——都是她的哥哥姐姐

而且还是个累赘。我纠缠祖母，他也要来纠缠，我去坐童车，他也要对面坐着，占了一半地方，我们于是禁不住对踢起来。"

　　① ［1909年增注］小汉斯在三岁半时，也用同样的话表示对他妹妹的批评。他料想，她不能说话是因为她没有牙齿［弗洛伊德，1909b，第一节］。

249

和堂哥堂姐们——都在一个操场上嬉戏,突然他(她)们都长出了翅膀,飞上天就消失不见了。她想不出这梦是什么意思;但是不难看出,这个梦的原始形式是她所有兄姐和堂兄姐死亡的梦,几乎没有受到稽查作用的什么影响。我敢大胆提出如下的分析:有一天这群孩子中有一个死了(在本例中,两兄弟的所有孩子是像一个家庭似地抚养大的),于是这个还不到四岁的梦者就去问一个聪明的成人,孩子们死了是怎么回事。回答想必是:"他们长了翅膀,变成了小天使。"听了这话之后,梦者的兄弟姐妹在梦中就都长上了翅膀——这是重要的一点——像天使般飞走了。只有我们的这位幼儿凶手被单独留了下来,说也奇怪,竟是一群人中的幸存者!我们大概不会猜错,在操场上嬉戏的那群儿童在飞走以前是指一群蝴蝶。这孩子似乎已受到传统联想的影响,认为古时候的人描绘灵魂都有蝴蝶般的翅膀。

　　这时或许会有人打断我的话反驳说,"即使兄弟姐妹之间存在着敌对冲动,但怎么能设想一个孩子竟坏到如此地步,希望他的对手或比他强的玩伴死去,好像一切罪过的惩罚只有置之于死地而后快"。凡是讲这种话的人都没有注意到儿童们关于死的概念与我们对这个词的意义的了解毫无共同之处。小孩子们完全不理解腐烂、冰冷的坟墓、永恒的虚无的种种恐怖,而大人们对这些概念,则统统难以忍受。小孩们根本不懂对死亡的恐怖;因此他可以把这句恐怖的话当作儿戏,并且用来吓唬玩伴:"如果你再做,你就会死,像弗朗兹那样!"可怜的母亲听了这话会吓得打颤,因为她或许会想到,一般人中有很大一部分都活不过儿童期。一个八岁大的儿童在参观自然历史博物馆回来后,很可能对他母亲说,"我是多么爱您！如果您死了,我就把您剥制成标本放在房中,使我随时可以看到您!"孩子们和我们自己之间关于死亡的概念竟有如此天壤之别。①

再说,对于从未看见过死亡前痛苦情景的儿童们来说,"死去"意味着"走开"。——不再来打扰活着的人们。小孩们弄不清这种"不在"是如何造成的,他们不知道是由于旅行、解雇、疏远还是死亡。② 如果一个小孩生后不久,他的保姆被解雇了,不久他的母亲又死了,在分析中可以发现,这两件事情在他的记忆中可以叠合成为一个单一的系列。当人们不在时,儿童们并不十分在意;许多母亲感到很伤心,因为她们在暑期离开家有几个星期之久,回家后才知道孩子们连一次也未问及妈妈。如果母亲真的到那"乌有之乡"去了,永不再回,儿童们似乎最初忘记了她,只是到了后来才开始在心中伤悼他的亡母。

因此,如果一个小孩有理由期望另一个孩子不在的话,也就不能限制他用其他小孩死亡的形式来表达他的欲望了。而且对于包含着死亡欲望的梦的精神反应证明了,尽管在儿童们身上所表现

---

① [1909年增注]使我大为惊奇的是,一个十岁很聪明的孩子在他父亲突然死去之后说:"我晓得我的父亲死了,但我不清楚他为什么不回家来吃饭"——[1919年增注]这一类材料还可以进一步在 H.冯·休格—赫尔穆斯女医生编的以《儿童心灵本性》为题的《心象》1912—21期刊最初的七卷中找到。

② 有一位懂得精神分析的父母不失时机地观察到他的极其聪明的4岁女儿看出了"死去"和"走开"之间的区别。小女孩在吃饭时不听话,她注意到就膳公寓的一位女仆对她怒目而视,便对父亲说,"但愿约瑟芬死掉。"他父亲温和地问她"为什么要死?让她走开不就行了吗?"女孩回答说,"不,那她还会回来的。"儿童们的自恋,把任何干预都视为大逆不道。像严酷的法典一样,儿童们的感情要求对这种罪过一律施行一种惩罚。

251

的欲望内容有所不同,而在某种方式上与成人所表现的欲望仍然是相同的。①

然而,如果一个小孩把他的兄弟姐妹视为对手,对他们的死亡欲望用儿童的利己主义加以解释,那我们对于他对自己父母的死亡欲望又将作何解释呢?父母把他抚养长大、爱他,满足他的需要,即使是从利己主义出发,他也不应该期望自己的父母死去吧!

这个困难可以从考察有关父母死亡的梦得到解决,即死亡的父母多为梦者的同性:也就是说,男子一般梦见死者是父亲,女子则梦见死者是母亲。我虽然不敢说所有的梦都是如此,但我所指出的这种倾向异常显著,以致需要有一个具有普遍意义的重要因素才能作出解释。② 大致说来,人们总觉得童年存在着一种性的偏爱:仿佛男孩视父亲为情敌,女孩视母亲为情敌,只有排除了对手才不至于对自己不利。

在把这种看法斥为奇谈怪论之前,大家最好考虑一下父母和儿童之间的实在关系。我们必须把这种关系所要求的孝顺的传统文化标准与日常观察到的真实情况区别开来,在父母和儿童的关系当中,经常隐藏着敌意。——这种关系为某些无法通过稽查作用的欲望提供了最大量的机会。

首先让我们考虑父子之间的关系。我认为人们赋予基督教

---

① 〔弗洛伊德在《图腾与禁忌》(1912—1913)第二篇论文中,在他的关于《三个小匣子》(1913f)论文中,以及在他的关于《战争和死亡的看法》(1915b)的第二部分中特别讨论了成人对死亡的态度。〕

② 〔1925年补注〕这种情况往往模糊地表现为一种自罚的冲动,以一种失其所爱的父亲或母亲的道德反应感威胁梦者。

"十诫"教规的尊严,已经模糊了我们观察真正事实的能力。我们似乎不敢承认大多数人已公然违背了第五戒律。在人类社会的最低和最高阶层,孝顺已为其他兴趣所代替。我们从古代神话和民间传说中隐约知道的,只是一幅父亲大权在握和冷酷无情的不愉快图画。克罗诺斯吞食了他的孩子,就像公野猪吞食母猪的仔猪一样;而宙斯则阉割了他的父亲①并取而代之。在古代家庭中,父亲的家规越不严厉,作为法定继承人的儿子必定发现自己处于敌对地位,越发急不可待地期望父亲死去从而使自己变成统治者。甚至中产阶级的父亲们也拒绝儿子们的独立,剥夺他们获得自由的必要手段,从而使他们之间固有的敌意萌芽滋生增长。一个医生常常站在特殊的地位,看到儿子在父亲死去时如何的悲痛,同时却抑制不住因最终获得自由的满意心情。在我们现代社会中,父亲们往往拼命抱着已经陈旧的"父性权威"不放,而像易卜生那样的作家,则把永恒的父子冲突写入他的剧作,这显然扩大了他的声望。

母女之间表现的又是另一番冲突,当女儿已开始发育并渴望性自由时,却发现处于母亲的监督之下;另一方面,母亲目睹女儿含苞待放,不禁感伤自己的年华已逝,必须放弃对性满足的要求了。

所有这一切都是有目共睹的。但是在把孝道视为天经地义的

---

① [1909年增注]根据某些神话有此记述,但根据一些其他传说,只是克罗诺斯阉割了他的父亲乌兰鲁斯。[这一段在《日常生活病理学》(弗洛伊德,1901b)第十章(3)中有所讨论。]至于这个主题的神话学意义,可参阅兰克1909。[1914年增注]和兰克1912c,第九章第2节[正文中这几句话,当然是弗洛伊德后来在《图腾与禁忌》(1912—1913)中所发展的思想的最初暗示]。

253

人们当中，却认为无助于解释父母死亡的梦。然而上面的解释已经为我们作好了准备，提示我们回到儿童初期去寻找对父母的死亡欲望的解释。

对精神神经患者的分析毫无疑问地证实了上述的假设。我们从这些病例中认识到，小孩的性欲望——如果在其萌芽阶段可以这样称呼的话——很早就觉醒了。女孩的最初感情针对着她的父亲，①男孩最初的幼稚欲望则指向母亲。因此，父亲和母亲便分别变成了男孩和女孩的干扰敌手。在兄弟姐妹的情况中，我已经证明了这一类感情多么容易地变成死亡欲望。父母一般也明显地表现出他们的性偏爱：通常看到的自然倾向是，父亲多半溺爱小女儿，母亲则宠爱儿子；然而只要性的魔力还没有干扰到判断力，父母对子女还是能严加管教的。儿童对这种偏爱非常敏感，对父母中不喜欢他的一方常表示反抗。为成人所爱不仅指儿童的某一特殊需要得到满足，也意味着他在其他各方的需要都可获得满足，因此，他让自己的性本能自行其是；如果他的性选择与父母的性偏爱正相符合，则更会使这种倾向获得新的力量。

这些幼稚倾向的征兆大部分被人们忽视了，而其中一部分甚至在儿童早期以后仍能看得出来。我所认识的一个八岁女孩，每当她的母亲有事离开餐桌，她便马上乘机取代了她的位置说："我现在就是妈妈了！你还要一点蔬菜吗，卡尔？好，你自己拿吧！"等等。有一个特别聪明伶俐的小女孩对这种心理几乎毫无隐瞒，她坦然地说，"妈妈现在可以走了，然后爸爸一定会想我，我就成了他

---

① ［弗洛伊德在这方面的观点后来有了修正，见弗洛伊德 1925f 和 1931b。］

的妻子。"小孩的这种愿望与她温顺地依恋母亲一点也不矛盾。如果一个男孩在父亲离家时可以睡在母亲身旁,而一旦父亲回来他又要回到保育室他很不喜欢的人身边,他当然会希望他父亲离开,以便能常常躺在可爱的母亲身旁,而达到这个欲望的唯一方法就是让他的父亲死去;因为儿童从经验中得知,凡是"死"人,譬如他爷爷,总是不在而且再也不会回来了。

虽然对幼儿的这种观察完全符合我所提出的解释,但是对成人神经症患者进行分析的医生并不完全相信这种说法。在后一种情况下,我们引入分析的这种梦,在其前后关系中是不可能不把它解释为欲望的梦的。

一天我的一位女病人痛苦地哭泣着说,"我再不想看到我的亲戚们了,他们必定以为我是多么令人可怕。"她紧接着告诉了我她所记得的一个梦,当然她自己并不知道这个梦的意义。她在4岁时就做了这个梦。一只山猫或狐狸①什么的在屋顶上走来走去,然后一件东西掉了下来,或者就是她跌了下来,然后她的母亲被抬出屋外,死了。——她哭得很厉害。我告诉她,这个梦的意思必定是她在小时候曾经期望她的母亲死去,正是由于这个梦她才觉得亲友们认为她非常可怕。我刚刚说完她又补充了一些有助于释梦的材料。"山猫眼"是她很小的时候街上一个小顽童骂她的话。她在三岁时,屋上掉下一块瓦片打中了她母亲的头,鲜血直流。

我曾有机会对一位经历了不同精神状态的年轻女子进行了详尽的研究。她的疾病开始时处于一种混乱的兴奋状态,对她的母

---

① [在德文中"Lucks"(大山猫)和"Fucks"(狐狸)这一类动物的名词很相似。]

亲表现出特别的厌恶,只要她母亲一走近床边,她就又打又骂,与此同时,她对于比自己大两岁的姐姐则百依百顺。接着出现一种神志清醒但相当冷漠的状态,此时睡眠极不安稳,我就是在这一阶段为她进行治疗并分析她的梦的。在有关的大量梦中,以不同程度的隐蔽方式表露着母亲的死亡:她有时梦见去参加一位老妇人的葬礼;有时梦见姐姐一同穿着丧服坐在桌旁。这些梦的意义是不言而喻的。当她的疾病逐渐好转时,又出现了癔症性恐怖。在各种恐怖中最使她痛苦的是害怕她母亲突然会出什么事。她不论在什么地方,总是强迫自己匆忙回家,使自己深信母亲仍然活着。这个病例,加上我从其他来源获得的经验,具有高度的启发性:精神机构以不同方式对同一刺激观念所做的反应,就仿佛要以不同语言进行解释。我认为在混乱状态中,是平时受到压抑的原发性精神动因推翻了继发的精神动因。她对自己母亲的潜意识敌意找到了一种强有力的运动性表现。当安静状态开始时,反叛已经平息,稽查作用又重新建立起来,仍能容纳使母亲死亡欲望的敌意得以实现的,就只剩下做梦这块地盘了。当正常状态继续得到巩固,作为一种癔症性逆反应和防御现象,又会使她产生对母亲的过度悲伤。因此不难理解,为什么患癔症的女孩总是表现出对母亲的强烈依附感情了。

我另一次曾对一位年轻男子的潜意识心理获得了深入的理解。他患了一种强迫性神经症几乎活不下去了。他有不敢上街的苦楚,因为他害怕会杀害遇见的任何人。他整天设想各种证据,如果城内发生杀人案件,他可以证明自己不在场,因而决不是杀人凶手。无须多说,他是一个道德高尚和受过高等教育的人。分析证明,(顺便说,也因此使他获得痊愈)这种痛苦不堪的强迫观念乃是一种谋杀他那过分严厉父亲的冲动,而令他大为吃惊的是,这种冲动在他七岁时便已有意识地表达出来了,当然,其来源还可追溯到更早的童年初期。当他父亲身患重病痛苦地死去以后,病人的强迫性自责便产生了——这时他已 31 岁——采取了一种转移到陌生人身上的恐怖症形式。他觉得,一个想把自己的父亲从山顶推落到深渊的人,怎么能保证尊重与自己无关的其他人的生命呢?于是他把自己反锁在房中,就是理所当然的了。①

根据我的广泛经验,所有后来变成精神神经症患者的儿童,他们的父母在其心理生活中占有主要的地位。在童年形成的精神冲动的原料中,对父母爱一方恨一方是其中的主要成分,也是决定后来神经症症状的重要因素。然而我从来不相信,精神神经症患者在这方面与其他人有什么明显的区别,也就是说,我不相信他们能创造出绝对新颖或独具特色的东西。更为可能的是——这已为对正常儿童所做的附带观察所证实——他们不过是大大地表露了对自己父母的爱和恨的感情,而在大多数儿童的心灵中,这种感情则不大明显和强烈。

这种发现可以由古代流传下来的一个传说加以证实:只有我所提出关于儿童心理的假说普遍有效,这个传说的深刻而普遍的感染力才能被人理解。我想到的就是伊谛普斯王的传说和索福克勒斯以此命名的剧本。

伊谛普斯是底比斯的国王拉伊俄斯和王后伊俄卡斯忒的儿

---

① [这个病人在 457 页还要提及。]

子。他生下来就被抛弃,因为神谕曾警告拉伊俄斯说,这个尚未出生的婴儿将是杀父的凶手。婴儿被人救活,并在异邦做了王子。后来他怀疑自己的身世,又去求询于神谕。神谕警告他要离开家,因为上天注定他要杀父娶母。他离开了自以为是自己的家后,途中遇到了拉伊俄斯王,在突然发生的争吵中杀死了他。他随后来到了底比斯城,而且解开了拦在路上的斯劳克斯向他提出的谜语。底比斯人非常感激他,就举他为王,并与伊俄卡斯忒结了婚。他在位很久,国泰民安,受人尊敬,而且和他不知道其为己母的王后先后生下两儿两女。最后底比斯城瘟疫横行,底比斯人再次去求神谕,索福克勒斯的悲剧就是由此开始的。使者带回神谕说,只有把杀死拉伊俄斯的凶手驱逐出境,瘟疫才会中止。

但是他,他在何处?何处去寻找

这古老罪恶的蛛丝马迹?①

这个戏剧演出的只限于揭示罪恶的过程,巧妙的延宕,一环扣一环,高潮迭起。这个过程很像精神分析——伊谛普斯本人就是杀死拉伊俄斯的凶手,但是他又是被杀者和伊俄卡斯忒的亲生儿子。由于发现了这个令人厌恶的不幸罪恶,伊谛普斯极度震惊,他刺穿了自己的双目而远离家乡,神谕终于实现了。

伊谛普斯王是一个众所周知的命运的悲剧。据说悲剧的效果在于神的最高意志与人类无力逃脱厄运之间的冲突。这个悲剧其所以深深打动观众,乃是由于从剧中获得了这样的教训,即认识到了人力不能战胜上天意志。近代许多戏剧家纷纷编写同样的冲突

---

① [路易斯·康帕耳的英译本(1883)第108行起。]

情节,以期收到类似的悲剧效果。但是观众们对于剧中那些无罪的人虽然尽了最大的努力,诅咒和神谕依然实现了的情节却无动于衷:这些现代命运的悲剧全然收不到预期的效果。

如果说伊谛普斯王这一悲剧感动现代观众的力量不亚于它感动当时的希腊人,其唯一可能的解释只能是,这种效果并不出于命运与人类意志之间的冲突,而是在于其所举出的冲突情节中的某种特殊天性。在我们的内心中必定也有某种呼声,随时与伊谛普斯王命运中那种强制力量发生共鸣,而对于[格里帕采尔的]"女祖先"或其他现代有关命运的悲剧中所虚构的情节,我们却斥之为无稽之谈。在伊谛普斯王故事中确实存在着可以解释我们内心呼声的一个因素,他的命运能打动我们,只是因为它也是我们大家共同的命运——因为和他一样,在我们出生以前,神谕已把同样的诅咒加诸我们身上了。我们所有人的命运,也许都是把最初的性冲动指向自己的母亲,而把最初的仇恨和原始的杀戮欲望针对自己的父亲。我们的梦向我们证实了这种说法。伊谛普斯王杀死了他的父亲拉伊俄斯并娶了自己的母亲伊俄卡斯忒为妻,不过是向我们表明了我们自己童年欲望的满足。但是,我们比他要幸运些,因为我们并未变成精神神经症患者,我们既成功地摆脱了对自己母亲的性冲动,同时也淡忘了对自己父亲的嫉妒。我们童年的这些原始欲望在伊谛普斯其人身上获得了满足,我们便以全部抑制力量从他那里退缩开去,因而使我们的这些内心欲望得以被压抑下去。诗人洞悉了过去而揭露了伊谛普斯的罪恶,同时也强迫着我们认识到自己这些受压抑的同样冲动仍然蛰伏未灭。结尾合唱的对照使我们看到了——

259

>……看吧！这就是伊谛普斯
>
>他解开了黑暗之谜，位至九尊，聪慧过人；
>
>他的命运人人歆羡，光华赛过星辰；
>
>而现在蓦地沉入苦海，被狂浪噬吞。①

这对我们和我们的傲慢，对我们这些从童年时代起就自以为聪慧过人权力无比的人不啻敲了一记警钟。与伊谛普斯一样，我们在生活中对大自然所强加的这些违背道德的欲望毫无所知，而等到它们被揭露后，我们对自己童年的这些景象又闭上双眼，不敢正视。②

在索福克勒斯的悲剧正文中明白无误地指出，伊谛普斯这个传说来源于远古的某个梦材料，其内容为，由于初次出现的性欲冲动，儿童与其父母之间的关系产生了痛苦的紊乱。伊谛普斯当时虽然不了解自己的身世，但他已因回忆起神谕而感到不安。伊俄卡斯忒为了安慰他，提到了一个许多人都做过的梦，虽然她认为这并没有什么意义：

---

① ［根据刘易士·康帕耳的英译本1524行起］

② ［1914年增注］在精神分析研究的发现中，再没有比对于指出潜意识中保持着童年的乱伦冲动这方面的批评遭到更尖锐的否认，更猛烈的反对和更为肆意的歪曲的了。最近有人甚至无视一切经验，企图把乱伦说成仅仅是"象征的"——费伦齐(1912)根据叔本华信中的一段话对伊谛普斯神话作了一种天才的"多重性解释"。——［1919年增注］最近研究表明，在《释梦》中上文第一次提到的"伊谛普斯情结"对于人类种族和宗教及道德的进化史带来了梦想不到的重大意义。(见我的《图腾与禁忌》1912—1913)［论文4］［确实，关于伊谛普斯情结和《伊谛普斯王》以及随之而来的有关哈姆雷特主题的讨论要旨，早在1897年10月15日弗洛伊德给弗利斯的一封信中已提出了(见弗洛伊德,1950c,第71封信)。发现伊谛普斯情结的更早暗示已包含在1897年5月31日的一封信中(同上，手稿N)。在弗洛伊德出版的《爱情心理学》(1910h)第一篇中似已正式应用。］

> 以前许多人在梦中,梦见
> 与自己的母亲成婚;他仍无忧无虑,
> 从未因此预兆而忧心如焚。

今天和当时一样,许多人梦见自己与母亲发生性的关系,但谈到此事时就表现出很大的义愤和震惊。它显然是悲剧的关键所在,也是父亲死亡的梦的补充说明。伊谛普斯故事乃是对这两种典型的梦的想象性反映。就像这些梦当成人梦见时也伴有厌恶的感情一样,所以传说中必定也包含了恐怖和自罚。经过对梦材料的几乎不可辨认的润饰作用,梦再度产生了改变,并被利用来投合神学的目的(参见裸露梦的材料,243 页以下)。这个题材与其他题材一样,企图把神的万能与人类责任心协调地联系起来,是必然要失败的。

另一部伟大的悲剧诗,即莎士比亚创作的《哈姆雷特》,与《伊谛普斯王》植根于同样的土壤上。① 但是对相同材料的不同处理反映了两个相距遥远的文明时代在心理生活上的全部差异:反映了人类的情绪生活的压抑在世俗生活中的增长。在伊谛普斯王中,潜伏于儿童心中的欲望以幻想形式公开表露并可在梦中求得实现。而在《哈姆雷特》中,欲望仍然受到压抑;——正如在神经症患者中那样——只能从压抑的结果中窥见其存在。奇怪的是,这一近代悲剧所产生的显著效果竟与人们摸不透剧中主角的性格并行不悖。剧本对于哈姆雷特所欲完成的复仇任务描写成为犹豫不决,但纵观全部剧情,看不出这些犹豫的动机何在,而对这种犹豫

---

① [本段原为第一版(1900)的一个脚注,1914 年版以后纳入正文。]

261

的各种解释企图都不能令人满意。根据由歌德提出至今仍然流行的一种观点,哈姆雷特代表了一种类型人物,他们的直接行动能力因智慧的高度发展而陷于麻痹(他因"苍白的思考神情而流露病容")。另一种观点则认为,戏剧家全力描绘的是一种病态的犹豫不决,可归之为"神经衰弱"性格。然而,戏剧的情节表明,哈姆雷特决不是一个不敢行动的人物。我们在两种场合下可以看清这一点:第一次是他在一阵暴怒之下,挥剑刺杀了挂毯背后的窃听者;第二次是他蓄意的、甚至可说是巧妙的,以文艺复兴时代王子般的无情,处死了两位谋害他的朝臣。然而他为什么对于自己父王鬼魂给予他的任务却表现得犹豫不前呢?这个答案只得又一次归之于任务的特殊性质。哈姆雷特什么事都能干得出来——只除开向那个杀了他父亲娶了他母亲、那个实现了他童年欲望的人复仇。于是驱使他进行复仇的憎恨为内心的自责所代替,而出于良心上的不安,他感到自己实际上并不比杀父娶母的凶手高明。在此,我是把保留在哈姆雷特内心潜意识中的内容转译为意识言词;如果有人认为他是一个癔症患者,我只能认为那也是从我的解释中得出的推论。哈姆雷特与奥菲莉亚对话时所表现的对性欲的厌恶也与这种推论完全符合。这同样的性厌恶盘踞在诗人的心中,与年俱增,终于在《雅典的泰门》中得到充分的表达。当然,我们在《哈姆雷特》中所面临的只是莎士比亚自己的心理状态。我曾经看过一本乔台·布朗狄斯(1896)论莎士比亚的著作,其中谈到《哈姆雷特》写于莎士比亚的父亲死后不久(1601)。这就是说,是在失去亲人的悲痛情绪影响下写成的。因此我们可以合理地假设，他在童年对于自己父亲的感情又重新复活了。又据说莎士比亚有一个早年夭折的儿子叫做"哈姆涅特"，与"哈姆雷特"可说同名。与《哈姆雷特》处理了儿子与父母之间的关系一样，《麦克佩斯》(约写于同一时期)则关涉了无子嗣的主题。但是，正如所有神经症症状一样，梦这个问题也能进行"多重性解释"，而且如果对梦有充分的了解，也必须如此。在诗人的心目中，一切真正创造性作品都不是一个单独的动机或冲动的产物，所以也不止只有一种单独解释。我所论述的只是企图对富有创造性作家的心灵最深处的冲动进行解释。①

对于亲人死亡典型的梦我必须再补充几句话，以表明它对于梦的一般理论的重大意义。在这些梦中，我们发现一种极不寻常的情况，即其中有一个被压抑欲望构成的梦念避开了稽查作用，原封不动地进入了梦中。这种情况必须有特殊因素在起作用时才能实现，而我认为，下面两个因素有助于这一类梦的产生。首先，这个欲望必须是在我们看来关系最为疏远的，以致我们认为"我们甚至做梦"也没有想到这件事。结果梦的稽查作用对此怪物毫无防

---

① [1919年增注]上文对哈姆雷特所作的精神分析解释一直为恩斯特·琼斯不断扩充并对有关本主题文献中提出的不同观点进行了反驳(见琼斯，1910a[和更完整形式1949])。——[1930年增注]同时我已不再相信莎士比亚剧作的作者是从斯特拉特福来的那个人[见弗洛伊德1930e]。——[1919年增注]对麦克佩斯的进一步分析见我的一篇论文[弗洛伊德，1916d]以及杰克尔斯的一篇论文(1917)。——[本脚注的第一部分以不同形式包括在1911年版中，但在1914年以后被删去："上段中关于哈姆雷特问题的一些观点一直得到多伦多的琼斯的一个广泛研究中的新论证的证实和支持(1910a)。他也指出了兰克(1909)所讨论的哈姆雷特中材料与英雄诞生的神话之间的关系"][在弗洛伊德死后发表的一篇札记《舞台上的精神病态人物》(1942b)可能写于1905年或1906年，企图对哈姆雷特作进一步讨论。]

范,正如梭伦刑事法典上没有包含弑父罪一样。其次,在这种情况下,这个受压抑的、未受怀疑的欲望往往特别容易与先一天残余观念相汇合,对亲人安全采取了一种忧虑的方式。这种忧虑只能利用相应的欲望进入梦中,而欲望于是就能将自身掩藏在白天变得活跃的忧虑背后了[见555页以下]。我们很可能以为这是一个很简单的问题,不过是日有所思才夜有所梦。如果这样想,那就等于把亲人死亡的梦挂了起来,脱离了梦的一般解释,把一个本来可以完全解决的问题,错认为是一个毫无必要的谜了。

考虑一下亲人死亡的梦与焦虑梦的关系是有启发性的。在我们一直所讨论的梦中,受压抑的欲望已发现了一个逃避稽查作用的手段——以及稽查作用所促成的化装。梦中总不可避免地伴有一种可体验的痛苦感情。同样,也只有当稽查作用全部或部分受到压制时,焦虑梦才会产生;相反,如果因躯体来源而直接引起真实的焦虑感觉,就势必促使稽查作用大大增强了[见235页以下]。因此,稽查作用执行其本身职责并促成梦的化装,其目的是一目了然的,其目的就在于防止焦虑以及其他形式的痛苦情感的发生。

上面[250页]我已谈到了儿童心理的利己主义,现在我还可以指出这一特征与梦的联系,因为梦也具有利己主义的特点。所有的梦都是完全利己主义的:①所有的梦中都可发现所爱的自我,即使它可能是被伪装了的。梦中满足了的欲望毫无例外地都是自我的欲望,如果一个梦似乎是为利他主义的兴趣所引起,那也不过

---

① [参见下文的脚注的末尾270—271页,又见322页以下。]

是受了表面蒙蔽所致。下面分析几个看来似乎与这种说法相矛盾的梦例。

（一）

一个不足四岁的男孩，报告他梦见一个大盘子，装了配了蔬菜的一大块烤猪腿。突然那一腿肉被吃完了——整块而未切开。他没看见吃肉的人是谁。① ²⁶⁸

在这个小男孩梦中贪吃这块烤肉的陌生人究竟是谁呢？他在做梦当天的体验必对我们有所启发。医生规定他最近几天只准喝牛奶，做梦那晚因为调皮，他被罚不准吃晚餐就睡觉了，他曾受过这种饥饿疗法而且勇敢地表示并不在乎。他知道他会吃不到东西，但不让自己说一句肚子饿的话。教育对他已开始产生效果，在这个梦中得到了表现。它揭示了梦化装的起源。毫无疑问，梦中对这餐美味佳肴馋涎欲滴的人就是他自己。但是他知道自己被禁止吃肉，所以在梦中就不像饥饿的儿童那样坐下大吃（参见我的女儿安娜吃苹果的梦，130页），于是进餐的人就成了匿名的了。

---

① ［这个梦是弗利斯的儿子罗伯特做的，在1899年8月8日和20日弗洛伊德给弗利斯的信（弗洛伊德，1950a，第114和116封信中提及）］梦中出现的物体表现出巨大、大量或夸大的性质是孩子气的另一特征。儿童的热烈愿望莫过于变大，长大，像大人一样地吃得很多。他们难以满足，他们不懂什么叫"满足"，而且贪得无厌地反复坚持索取好玩好吃的东西。只是受了文明教育之后，才能学会谦虚、适度和退让。每个人都知道神经症患者是夸大而不谦让的。［儿童爱好反复，在弗洛伊德的《论诙谐》（1905c）一书第7章第6节结尾处有所暗示，在他的《超越快乐原则》（1920g）第五章开始处有所讨论。］

265

(二)

一晚我梦见在一个书店橱窗下看见我习惯于买来欣赏的一套丛书——有关大艺术家、世界史、著名城市等的专集。这套新丛书叫"著名演说家"或"著名演讲集",它的第一卷标题为莱契尔博士。

当我分析这个梦时,我觉得似乎在梦中不可能去关心莱契尔博士、一个德国国会反对党长篇大论演说家的名声。事实是这样的,前几天我为几个新病人进行了精神治疗,于是不得不每天与病人进行十或十一小时的谈话,所以那滔滔不绝的演说家正是我自己。

(三)

又一次我梦见一位我熟悉的大学同事对我说,"我的儿子是近视眼"。接着是一段简短对话和简短反驳。然后在第三段梦景中出现了我和自己的大儿子。就梦的隐意而言,M教授和他的儿子不过是稻草人,代表了我和我的长子。后文谈到这个梦的另一特性时,我将再加以讨论。〔411页以下〕

(四)

从下面这个梦例,可以看出一种真正卑劣的利己主义感情如何隐藏在虚伪的关怀后面。

我的朋友奥托病容满面。他的脸色褐红,眼球突出。

奥托是我的家庭医生,我对他深为感激:他多年来照顾着我孩子们的健康,每当他们生病,他总是为他们治疗,卓有成效;而且,只要一有机会,他还带给他们一些礼物〔116页〕。做梦那天他拜访了我,我的妻子曾说,他看上去紧张而疲倦。当晚我就做了这个梦,他看上去带有巴塞杜氏症症状。任何人如不遵循我的释梦规则,都会认为我在关心着朋友的健康,并且在梦中表现出这种担忧。这不仅与我主张的梦是欲望的满足相矛盾,而且也不符合我所说的梦只表现利己主义的冲动。但是我倒会很高兴如果任何以这种方式释梦的人还能解释为什么我对奥托的担忧要与巴塞杜氏症联系起来——这种病症与我朋友的真正面容实际上并无相似之处。我的分析从另一方面把我引向六年前发生的一件事情。我们一行人,包括 R 教授在内,在漆黑的夜晚乘车穿过 N 森林,这里离我们避暑地点还有几小时路程。当时司机不十分清醒,连车带人翻到堤下,幸亏运气好,我们都没有受伤。但当晚我们不得不在附近一个小旅店住宿。一位带有明显巴塞杜氏症状的绅士——与梦中一模一样,面色褐红,双眼突出,只是没有甲状腺肿——他尽力安顿好我们,并问我们还需要他做些什么。R 教授直截了当地说,"没有什么,只要借一件长睡衣。"这位有礼貌的男子回答说,"对不起,我没有睡衣。"说罢就离开了。

当我继续分析下去时,我想起巴塞杜不仅是一种病名,而且也是一位著名的教育家(我在清醒时对此感觉不那么确切①)。但是我曾委托我的朋友奥托,万一我出了什么事,他就负责我孩子们的体育,特别是在青春期之时(所以才提到长睡衣)。我在梦中把那位慷慨的帮助者的症状加在奥托身上,无疑是说,万一我出了什么事,他将和那位 L 男爵一样,尽管答应帮忙,对孩子们会毫无帮

---

① 〔然而事实上是正确的,他是十八世纪卢梭的追随者。〕

助。梦中这一条利己主义的线索,似乎已足够清楚的了。①

但是这个梦中的欲望的满足表现在何处呢?它没有表现在我对我的朋友奥托的报复,他在我的梦中似乎总是注定要受我的亏待②;而是表现在下述的考虑之中。当我在梦中把奥托代替 L 男爵的同时,我却以另外一个人即 R 教授自居了。因为正如在我所说的轶事中,R 对 L 男爵有所请求,我对奥托也有所请求。这就是关键所在。我不敢在一切方面自比 R 教授,但我和他一样,他在学术界之外开辟了一条独立的道路,直到晚年才获得了他应得的荣誉头衔。所以再一次说明了我是在渴望成为教授!确实,"晚年"这个词本身就是一种欲望的满足,因为它包含着我要活得很久,足以亲身照看孩子们的青春期。③

(三) 其他典型的梦

其他一些典型的梦,如梦见自己愉快地在空中飞翔或焦虑地跌下,我都没有亲身的体验;我对这类梦所要说的东西都来自于精

---

① [1911 年增注]当厄恩斯特·琼斯在美国听众面前演讲《梦的利己主义》时,一位有教养的妇人反驳这种"非科学的概括化",她说本书作者只能对奥地利人进行推断,但与美国人的梦是风马牛不相及的。就她而言,她敢肯定自己做的梦全是利他主义的。——[1925 年补注]为了取得这位爱国妇女的谅解,我想再说几句,以免梦完全是利己主义[267 页]的这种说法蒙受误解。因为发生于潜意识思想中的任何事情都可进入梦中(或表现为真实的内容或为潜伏的梦念),所以利他主义冲动有同等出现的机会。同样,如果潜意识中存在着对另一个人的情感或爱欲冲动,则也能进入梦中。上述主张的真实性只限于如下事实:在一个梦的若干潜意识刺激物当中,我们最常发现的,似乎是在清醒时已被克服的那些利己主义的冲动。

② [参考第二章爱玛打针的梦(118 页以下)。]

③ [这个梦在 555 页和 560 页仍将讨论。]

神分析。① 分析提供的材料迫使我们断定这些梦也是重复了童年的印象。也就是说,这些梦涉及对儿童富有吸引力的包括运动动作在内的游戏。没有一个叔舅不曾举起双臂带着小孩在房中冲来冲去告诉他如何飞翔,或者先让他骑在自己的膝上然后突然伸直双腿让他滚了下来,或者把他举过头部然后猛然假装让他跌下。儿童们非常喜爱这种体验,不厌其烦地要求一做再做,特别是他们感到有点害怕和晕眩的时候;在以后的年代中,他们在梦中又重复了这些体验;但是他们梦见自己离开了支撑的双手,结果悬在空中或因没有支撑而掉下来。大家知道,儿童们很喜欢荡秋千和坐跷跷板这一类游戏。当他们看见了马戏团的杂技表演,便引起了这一类游戏记忆的再现。② 男孩们的癔症发作有的只包含这一类动作的再现,它们具有高度的技巧。这一类游戏本身虽然很纯真,却常常引起性感。③ 如果我可以用一个普通字眼来描述这一类活动,则梦中反复出现的飞翔、跌落、晕眩等都可概括为儿童的嬉笑蹦跳,而依附于这些体验的感情则转

---

① [本段第一句话出现于初版(1900),以后被删去,直至1925年。本段其余部分和下一段于1909年增写,1914年移到第六章第五节(见下文393页),1930年版中,两处都包括了这段文字。]

② [1925年增注]分析研究向我们表明除了器官快乐之外,还有一种因素影响到儿童喜欢杂技表演以及反复引起癔症发作。这个因素往往是潜意识的,曾经看见过人或兽性交的记忆意象。

③ 一位没有任何神经疾病的年轻医生同事曾经提供我这方面的材料;从我亲身体验中获知,我在荡秋千时,特别是荡到最顶点的时候,我的生殖器便产生一种特别的感觉。虽然我不能说真的享受了这种感觉,但我敢肯定它是一种快感——病人们常告诉我,他们记得在童年生殖器初次竖立时的快感是发生在爬行的时候——精神分析可以完全确定,第一次性冲动经常产生于童年游玩时蹦跳嬉戏和扭打之中。[弗洛伊德在《性学论》(1905d)第二论最后一节对这个主题有详细叙述。]

269

变为焦虑了。每一个母亲都知道,儿童间的嬉笑蹦跳实际上总常常以吵架和啼哭而告终。

因此我有充分理由反对这种理论,即认为引起飞翔和跌落的梦的原因是睡眠时的触觉状态或肺部的运动感觉等等。[见 37 页以下]我的主张是,这些感觉是梦所追溯的一部分记忆的重现;也就是说,它们是梦的一部内容而不是梦的来源。

但是我必须坦白承认,我对这一类典型的梦还不能作出任何充分的解释。① 我的材料正好在这方面使我陷入困境。然而我还是要坚持我的主张:这些典型梦中产生的触觉和运动觉,只有当任何精神理由要利用它们时才被立即唤起,而在对它们没有需要时,它们便被忽略了。[见 237—238 页]我还发现,根据我对精神神经症患者病症的分析,这些梦与幼儿期经验之间肯定建立了某种关系。我还不能断定,在人生发展过程中,这些感觉的回忆会附加上一些什么别的意义——尽管仍然表现为典型的梦,也许其意义已因人而异了;我很乐意对一些清晰的梦例做出仔细分析来弥补这个缺隙。有些人或许觉得奇怪,尽管飞翔、跌落、拔牙这一类梦经常发生,而我偏要抱怨缺乏这一类材料。所以我必须加以解释,因为自从我把注意力转向释梦以来,我自己从来没有做过这一类梦,而且,我本来可以利用的神经症患者的那些梦,但至少其中有很多我不能了解其所隐藏的全部意义,而且还有一种参与神经症发作的精神力量,妨碍着我们深入探究这一类梦的底蕴。

---

① [在初版(1900)中,下面(初次论考试的梦)一段在本段之前,而本段作为本章结尾。此后本段被删去,直至 1925 年。]

（四）考试的梦

　　凡是通过中学结业考试而获得升学证书的人，老是抱怨为不及格的焦虑梦缠住不放，或者梦见非补考不可等等。对于已经获得大学学位的人，这种典型的梦采取的又是另一形式，他梦见没有通过大学最后一次考试；尽管他们甚至在梦中都反对说，他们毕业已经多年，或者早已在大学里当了讲师或主治医生了。我们在童年因恶作剧所受的惩罚永远根植于我们的记忆之中；这种记忆在我们学生时代两次关键性考试的"苦难日子"里，再一次变得活跃起来。神经症患者的"考试焦虑"也是因为同样的童年恐惧而加强的。当我们结束了学校生活以后，我们的父母或养育者以及后来我们的教师都不再惩罚我们了。现实生活中的无情因果关系负起了进一步教育我们的责任。每当我们做错了事或有渎职之处，我们便料到事情本身会带来惩罚——总之，每当我们受到责任心的驱使时，我们便梦见了升学考试和学位考试（即使是有了充分准备的人，谁又不对考试战战兢兢的呢？）。

　　为了对考试梦作进一步解释①，我必须感谢我的一位有经验的同事[斯特克尔]，他在一次科学讨论会上宣称，就他所知，只有顺利通过考试的人才出现入学考试的梦，落榜的人是从不做这种梦的。因此，焦虑的考试梦（已经一再证明，梦者如果次日有一项负责活动而又害怕完不成任务时便会产生这种梦）似乎是在搜寻

---

① [本段和下段为1909年补写。在1901年版和1911年版中，"进一步解释"写成"真正的解释"。]

过去某种情况,其中产生的巨大焦虑已被证实是不合理或与事实本身相矛盾。这是一个梦内容被清醒状态所误解的好例。[见343—4页]对梦提出的那种愤怒抗议:"但我已经是一个医生了!等等"实际上乃是梦所提出的安慰之词,所以我可以解释为"不要害怕明天,只要想想你在升学考试之前是何等的焦虑,结果安然无事,你已经是一个医生了,等等"。因而梦中产生的焦虑实际上起源于白天的残余经验。

275　　我对自己以及对别人所作解释的这般论证,为数虽然不多,却已证实了这种解释的有效性。例如,我从来没有通过法医学的期终考试,但我在梦中从未为这件事操心过,同时我却常常梦见考试植物学、动物学和化学。我曾为准备这些考试感到很大的焦虑。但是,不知是老天保佑还是老师大发慈悲,我总算过了关。在我有关学校考试的梦中,经常梦见历史考试,当年我这门课考得挺好——虽然真实的情况是因为[在口试中]我那位仁慈心肠的老师(另一个梦中那位独眼的恩人,见17页)在我交回题目单时已经注意到我用指甲对三个题目中间的那个画出了记号,暗示他对这个题目不要苛求。我有一个病人告诉我,他决心不放弃第一次升学考试,后来被通过了,后来他参加部队考试失败因而从未得到任何委任。他说他常梦见前一种考试,却从未梦见过后者。①

---

①　[1909年版中关于这一点写了如下一段话:"我上面提到的同事(斯特克尔医生)使我们注意到这一事实:Matriculation[(大学生)入学考试]这个词的'Matura'也意味着'成熟';他自称已观察到,'Matura'(高中毕业考试)梦经常出现于要性交的前夜,意即害怕那时能力不足而失败。"1911年版又加了一句话:"我的一个德国同事反对这一点说,德文'Abiturium'(高中毕业考试)这个词不具备这双重意义。"我认为很对。

272

关于考试梦的解释，面临着我已经指出的大多数典型梦所特具的困难[241页][①]。那就是梦者提供的这方面材料太少，不足以作出充分的解释。只有搜集了相当数量的这一类梦例之后，我们才能对它们有更好的理解。前不久我得出了结论，认为"你已经是一个医生，等等"的反对意见，其实不仅是一种安慰之词，而且还表示了一种自责。这句话可以理解为，"你现在已经老了，有生之年也不多了，但是你还要继续做这些愚蠢的、幼稚的事情。"因此这种自我批评和安慰的混合物应当是符合考试梦中的隐意的。果真如此，则如果考试梦中出现的"愚蠢的"、"幼稚的"的自责涉及应受斥责的性动作的反复，也就不足为怪了。

威廉·斯特克尔[②]第一个把升学[Matura]的梦解释为照例与性体验和性成熟有关。我的经验证实了他的观点。[③]

从1911年起这一段被删去，1925年代之以本章最后一段。斯特克尔本人也讨论了这个题目(1909, 464页和471页)。]

① ［本段为1914年所增写。］
② ［这一段增写于1925年。］
③ ［在1909年和1911年版中，本章还继续讨论了另一些种类的典型梦。但从1914年起，这些进一步的讨论移到了第六章第五节，放在新介绍的有关梦的象征作用的材料之后。见下文384页（也见编者引言 xiii 页）。］

273

第 六 章

梦的工作①

277　　迄今为止,人们努力要解决的关于梦的问题一直都是直接处理呈现于我们记忆中的梦的显意。所有这些努力都是力求通过梦的显意达到对梦的解释,或者(甚至不经过解释)就根据梦的显意对梦的性质作出推断。我们现在要讨论的是另一类现象。我们在梦的显意和我们所探究的结论之间引入了一类新的精神材料,也就是梦的隐意,或如我们所说的,凭借我们的方法所获得的梦念(dreamthought)。我们正是从这些梦念而不是从梦的显意才解析出梦的意义的。因此,我们面临着一个前所未有的任务,即研究梦的显意与潜隐的梦念之间的关系,以及追溯后者如何转变为前者的过程。

　　我们梦中表现的隐意和显意就像同一题材的两种不同的译文。更确切些说,显梦好似隐意的另一种表达文本,我们的任务就在于将原本和译本加以比较以求发现其符号和句法规则,只要我

---

① ［弗洛伊德的《精神分析引论》(1916—1917)的第 11 讲以简略得多的方式讨论了梦的工作。］

们掌握了这些符号和规则,梦的隐意就不难理解了。反之,显梦好似一篇象形文字手稿,其符号必须个别地译成梦念的语言。如果我们企图按照这些符号的画面价值而不是按照其象征意义去破译它们,我们显然会误入歧途。例如我看到一幅猜字的画谜,画的是一间房子,屋顶上有一只船,一个单一的字母,还有一个砍掉了头的人在跑着,等等。从表面看去,我可能会提出反对意见说,画的整体及其组成部分都不合逻辑。一只船与屋顶毫无关系,无头的人怎能飞跑。还有,这个人比房子还大,如果这是一幅风景画,字母在画面上则不应占地位,因为大自然中从没有发生过这种事情。但是,如果我们抛开整个画面及其组成部分的批评,相反地,用适当的字母或单词去代替每一个单独的成分,我们就能对这画谜得出正确的判断。以适当方式组合起来的字句就不再没有意义而是可以构成富有诗意和寓意很深的谚语了。梦就是这样一种画谜。我们有些释梦的前辈却错把画谜看成了美术作品,自然就认为它们是没有意义和毫无价值的了。

一、凝缩作用

任何人在比较梦的显意和隐意时,首先注意到的就是梦的工作包含着大量的凝缩作用。两相比较,显梦简短、贫乏,内容精练,隐意则范围广泛、内容丰富得多。如果一个梦写出来只有半页纸,则对梦的隐意的解析所占的篇幅可长达六、八以至十几倍。这种比喻虽然因梦而异,但就我的经验看来,则大致是正确的。一般说来,我们都低估了梦所产生的压缩分量,因为人们总是倾向于把已知的隐意看成是全部材料，而当释梦工作继续下去时，我们可以发现在梦的背后还藏有更多的隐意。我认为有必要指出[218页以下]，实际上一个人绝不能确定地说他已把一个梦解释得彻底无遗了。即使解释结果似乎令人满意而且无懈可击，这个梦仍可能包含着另一种意义，所以严格说来，凝缩作用的分量是无法确定的。

在梦的形成过程中，由于精神材料经历了广泛的凝缩过程，以致造成梦内容与梦念之间的比例悬殊，对于这个问题的争论，还有一种乍看起来似乎颇有道理的答案。我们经常有一种印象，即我们通晚梦见了许多东西，以后却把其中的大部分忘掉了。根据这个观点，当我们醒来时，我们所能记忆的梦只不过是整个梦的工作的残余片断；假如我们能记住梦的全部内容，则梦念范围也必与之相当。这种说法无疑也有几分道理：如果我们刚一睡醒便尽力去回忆梦的内容，无疑能准确地再现出最多的内容，而随着时间的延长，拖到傍晚，对梦的记忆自然会越来越不完全了。但是另一方面我们可以证明，我们自以为梦见的比记得的要多得多，这种印象往往是基于一种错觉，其来源我们以后再行讨论[见489页和517页]。其次，在梦的工作期间产生的凝缩作用的假设并不受梦有遗忘可能性的影响，因为保留下来的与梦的各个部分有关的观念数量，可以证实这种假设是正确的。即使假定梦的大部分片断已不复记忆，这就足以使我们无法接近另外一群梦念了。而且推想梦的那些被遗忘部分与我们所记得的那些梦的片断所得到的相同观念一定有联系，那也是没有根据的。①

---

① [1914年增注]许多作者都已提到梦中发生的凝缩作用。杜普里尔(1885，85

鉴于梦内容中的每一个别元素都产生大量的联想，读者们不免会怀疑：作为一个原则问题，我们是否有足够理由把后来分析中所发现的所有联想都可视为梦念的部分——也就是说，我们是否有充分的理由假设，所有这些观念在睡眠时都已非常活跃而且在梦的形成中产生了作用。如果说没有参与梦的形成过程的这些新的思想锁链是在分析过程中产生的，岂不是更有可能吗？对于这个意见我只能给予有条件的回答。不错，某些联想确实是在分析中才初次产生的。但是我们必须确信，在所有这种情况下，只有在梦念中已经以某种方式联系起来的各个观念之间才能建立起新的联结。①这些新的联结似乎是环路的、短路的，可能由于存在着其他更深层的联结通路而造成。我们必须承认，在分析中揭示出来的大量思想在梦的形成过程中已经在活跃着了。因为，我们在对与梦的形成似乎没有联系的一串思想进行工作之后，可以突然发现与梦内容有关而且为释梦必不可缺的一个观念，但是除了通过那一串特殊的思想之外是无法达到这个观念的。我将在此再提出植物学论著那个梦［169页以下］，即使我未对它作出完全的分析报告，它所包含的大量凝缩作用也够惊人的了。

那么，我们该如何来描绘梦前睡眠时的精神状态呢？所有梦念是否彼此并列出现或是相继发生的呢？或是一大群观念各自从不同中心同时出发然后又汇合而成为一个整体的呢？在我看来，

页）在一段文章中说，梦中的大群观念存在着一种凝缩过程，这是毫无疑问的。

① ［这个问题在 311 页将再一次提出并在第七章第一节最后部分（526 页以下）有详尽的讨论，特别见 532 页。］

在梦的形成中,目前对于精神状态仍无必要构成任何具有弹性的概念。我们不应忘记,我们现在探讨的是一种潜意识思想过程,它与我们在意识伴随下有目的的自我观察过程是很容易区分的。

不管怎样,梦的形成以凝缩过程为基础仍然是无可怀疑的事实。然而这种凝缩作用又是如何实现的呢?

当我们考虑到,在所揭示出的一切梦念中,只有极小部分以其观念元素表现于梦中,我们则可断定,凝缩作用是通过省略而实现的;也就是说,梦并不是对梦念的忠实翻译或原封不动的投射,不过是对梦念的残缺不全、支离破碎的复制,我们不久即可发现,这种观点也很不恰当。但是,为了进一步探讨这个问题,我们可以此作为临时出发点。如果梦念中只有少数元素可以进入梦的内容中,那么选择它们的决定性条件又是什么呢?

为了弄清楚这个问题,我们必须注意到梦内容中想必已满足了这些条件的那些元素。用于这个研究的最方便材料,莫过于是在形成中出现特别凝缩过程的那些梦。为了这个目的,我首先选择在169页已经记录下来的植物学论著的梦。

(一) 植物学论著的梦

梦的内容——我曾写过一本关于某种植物的论著。这本书正摆在我的面前,我正翻阅到一页折叠起来的彩色插图。每本书中都订有一片枯干的植物标本。

这个梦最突出的元素是植物学论著。这是由梦日的印象引起的:事实是我在一家书店的橱窗中看到了一本论樱草科植物的论著。梦内容中并没有提到该植物的科属;梦中留下的只有论著及其与植物学的关系。"植物学论著"马上显示出它与我曾经写过的论古柯碱著作的联系。从"古柯碱"一方面联想到《纪念文集》和在大学实验室内发生的几件事情;另一方面则联想到我的朋友柯尼希斯坦医生。这位眼外科医生在介绍古柯碱方面也有他一份贡献。柯尼希斯坦医生的形象进一步使我想起昨晚与他时断时续的谈话,并想起了同事之间如何付医疗费的各种考虑。这次谈话才是真正有力的梦刺激;关于樱草科植物的论著当时也有生动的印象,但其性质却无关紧要。在我看来,梦中的"植物学论著"在先一天的两个经验之间,变成了一个"中间的共同实体";它原封不动地来自无关紧要的印象,通过大量的联想而与深有意义的精神事件联系了起来。

然而,不仅"植物学论著"这个复合观念,而且把它的组成部分"植物学"和"论著"分开来,也可以通过无数的联系通路,一层一层深入到错综复杂的梦念之中。"植物学"牵涉到加登纳[德文 Gardener,园丁]教授,他的妻子的动人(blooming)容貌,我的病人芙洛娜(Flora,花神)以及我曾谈到忘记买花故事中的那位夫人[FrauL.]。加登纳又使我联想起实验室和我与柯尼希斯坦的谈话。我的两位病人[芙洛娜和L夫人]是在这次谈话中提及的。从与花有关的少妇又使我联想到我妻子的喜爱花然后引出我在白天看到的那本论著的书名。此外,"植物学"还使我回忆起我中学时代的一个插曲和我在大学的一次考试。在我与柯尼希斯坦的谈话中触及的一个新题目——我的喜爱的癖好——也透过了我戏称为我的喜爱的花,洋蓟的中间环节,而与忘记送花的一连串观念联系起来。在"洋蓟"背后,一方面使我想起了意大利,①另一方面使我回忆到童年初次与书发生密切关系的情景。因此,"植物学"在梦中成了一个固定的交接点。无数的联想都汇集于此,而所有这些联想,我敢保证,都可在我与柯尼希斯坦医生的谈话中一一发现。这时,我们当可发现自己置身于一个思想工厂之中,正如"织工的杰作"中所说:

　　一踏足就牵动千丝万缕

　　梭子飞一般来去匆匆,

　　纱线目不暇接地流动

　　一拍就接好千头万绪。②

所以,梦中的《论著》也涉及两个题材,一是我的研究的片面性,一是我喜爱的癖好的昂贵代价。

这一初步探究可以使我们得出如下结论:"植物学"和"论著"这两个元素之所以能够进入梦的内容,是因为它们具有与大量梦念的丰富联系;也就是说,因为它们构成了一些"交接点",无数的梦念都汇集于此,再就是因为它们在进行释梦时可以具有各种不同的意义。对于这一基本事实的解释还可用另一种方式予以表达:梦内容的每一元素都可证明是多重性决定的——也就是在梦念中可以出现许多次。

如果我们仔细考察在出现的梦念中与梦有关的其余成分,我们将会有更多的发现。我那折叠起来的彩色插图[见分析,172页

---

① [这一点似乎是在以前梦念中未曾提到过的一个元素。]
② [见《浮士德》,上海译文出版社,1982,上册,112页。]

以下]把我引向一个新的话题,即我的同事们对我的研究活动的批评,以及在梦中已经表现出来的、我的喜爱的癖好;此外,还把我引向童年的记忆,即把一本有彩色插图的书撕成碎片。枯干的植物标本使我想起了中学时代的植物标本册,而且特别强调了那个记忆。

关于梦内容与梦念之间关系的性质现在已显而易见。不仅梦的各个元素决定于梦念的多次出现,而且每一个梦念代表好几个元素。联想道路可以从梦的一个元素通向好几个梦念,也可以从一个梦念通向梦的几个元素。因此,梦并不是由一个个梦念或一群群梦念所构成,像分选民区选举国会议员那样,(以简缩的方式)从梦内容中挑选个别代表,相反,梦乃是由具有某种操纵过程的整个梦念所构成,在这种过程中,得到最多数和最强大支持的那些元素获得了进入梦内容的权利就像联名投票那样。在我所做的这样分析的每一个梦中,毫无例外地都证实了这个基本原则:梦的各个元素都由整个梦念所构成,而每一个元素都表明是由其有关梦念多次决定的。

确有必要再用一个例子来证明梦内容与梦念之间的联系,下面梦例的特色是它们的相互关系交织在一起,特别错综复杂。这是我的一位病人的梦,我正在治疗他的幽闭恐怖症,不久你就会明白我为什么给这个特别巧妙的梦结构取名如下。

(二)"一个美梦"

285

他正同一伙人在 X 街驱车前行,街上有一家普通旅馆。(事实上并没有),里面正在演戏。他一会儿是观众,一会儿又是演员。

281

戏演完以后,大家必须准备换装回城里去。一部分人被带到楼下房内,另一部分人则被带到了楼上。然后发生了一场争吵。楼上的人大发脾气,因为楼下的人还没换好装,他们下不了楼。他的哥哥在楼上,他在楼下;他对他的哥哥很恼怒,因为他们太急迫了(这部分模糊不清)。况且,他们在到来之前已经决定和安排好了谁在楼上,谁在楼下。然后他独自由 X 大街经山坡向城镇方向走去。他举步艰难,疲倦不堪,以致好像在原地不能动弹。一位年长的绅士向他走来,开始谩骂意大利国王。到了山坡顶上他走起来就轻松多了。

他走上山坡时感到的困难非常清晰,以致醒来之后,好一些时候仍在怀疑是在做梦或者确有其事。

根据梦的显意加以判断,这个梦内容看来平平,不足称道。我将一反常例,从梦者认为最清晰的部分开始进行解释。

他梦见的以及可能在梦中实际体验到的困难——伴有呼吸困难而劳累地爬上山坡——是病人在几年前确实出现过的一种病症,加上某些其他症状,当时被诊断为"肺结核"(看上去可能像癔症)。我们从裸露梦[第 242 页以下]已经熟知了这个梦中产生的运动受禁制时的特殊感觉,我们再一次发现这类材料可用之于任何时候表现任何目的。在梦内容中,有一段叙述开始爬山时如何困难,爬到了坡顶就变得轻松了,我听见时就想到了阿尔芬斯·都德的《萨福》①中的一段文字。那精彩的一段描述一个年轻的男子抱着他的情妇上楼,起初她轻如鸿毛,但是越向上爬,她的身体变

---

① [萨福为纪元前 600 年左右的希腊女诗人。]

282

得越重，整个情景暗示着他们爱情的进展。都德的用意是警告年轻男子不要对出身卑微和历史不清的女子轻率地私订终身。① 虽然我知道我的病人曾经热恋过一位女演员，而且最近断绝了关系，但我并不指望我的解释是正确的。而且，《萨福》中的情节与梦中的情节恰好相反，梦中的爬坡开始时举步维艰，后来才变得轻松自如，而小说中的象征则是开始觉得轻松后来才变成沉重的负担。但是使我吃惊的是，我的病人回答说，我的解释与他前一晚在戏院中看到的剧情完全一致。该剧名叫《维也纳巡礼》，描写一位最初受人尊敬的少女后来沦为私娼，因为与上流社会男人们勾搭，结果在社会上"爬了上去"，而最后仍然"跌了下来"。这出戏又使他想起几年前看过的另一出戏，叫做"步步高升"，当时广告上画的就是一段楼梯。

继续解释：最近与他勾搭的那位女演员就住在 X 大街，这条大街上根本没有什么客栈，但是在维也纳与这位女演员度夏时曾经住宿（德文 abgestiegen 有停留、走下之意）于附近一个小旅馆。他离开旅馆时曾对司机说"我很幸运，没发现跳蚤"（附带说一句，这也是他的另一恐怖物）。司机回答说："谁在这种地方住宿！这儿算不上旅馆，只不过是客栈！"

客栈这个观念立刻使他想起一句诗。

> 最近我寄宿一个客栈，
> 店主特别和善！

---

① [1911 年增注]下文论象征作用一节我梦见了爬楼梯[355 页注 2]的意义，可说明作者为何如此想象。

在乌兰德的诗中,店主是一棵苹果树,由此他又联想到另一段诗句:

浮士德(跟年轻的魔女跳舞)
　　从前我做过一个美梦;
　　一棵苹果树出现在梦中,
　　两个美丽的苹果亮光光
　　我被它吸引,爬到树上。

美丽的魔女
　　苹果是你们喜欢的东西,
　　从乐园以来早就如此。
　　我真觉得高兴非常,
　　我的园中也有它生长。[1]

苹果树和苹果意味着什么是不言而喻的。使梦者神魂颠倒的也包括了那位女演员的一双美丽的乳房。

我们从分析的来龙去脉完全有理由设想,这个梦包括了梦者的童年印象。果真如此,这个印象一定涉及梦者(他现在已经30岁了)的奶妈。对一个婴儿来说,奶妈的双乳恰好像客栈。奶妈以及都德笔下的萨福似乎是隐指病人最近遗弃了情妇。

梦者的哥哥也出现于梦中。哥哥在楼上,病人自己在楼下。这又是实际情况的颠倒。因为就我所知,病人的哥哥已经失去了社会地位,病人则仍然保持着自己的地位。梦者在对我反复

---

[1] 〔歌德《浮士德》第一部第21场。瓦尔普吉斯之夜,上海译文出版社,1982,上册,第255—6页。〕

讲述梦的内容时,尽量避免说他哥哥在楼上和他自己"在楼下",那会把社会地位清楚地显示出来,因为在此地,在维也纳,如果我们说某人"在楼下",大家都会明白他失去了金钱和地位——换句话说,就是在社会上"跌下来了。"这里梦的这一部分内容是颠倒表现的,其中必有原因可寻。其次,这种颠倒也必定适用于梦念与梦内容之间的另一种关系。[下文326页以下]而且我们也看到了理解这种颠倒的迹象。在梦的结尾一定也显然产生了颠倒,上山的困难与《萨福》中描写的上楼梯恰恰相反。我们也不难看出颠倒的用意何在。在《萨福》中,一个男子抱着一个与他有性关系的女人;而在梦念中,位置颠倒了过来,是一个女人抱着一个男人。因为这种情况只能发生于童年,所以只能是奶妈抱着沉重的婴儿上楼。这样一来,梦的末尾一箭双雕地同时影射着萨福和奶妈了。

正像小说作者选择的《萨福》这个名字乃是隐指着女性同性爱(Lesbian practices),所以梦中谈到的"楼上"和"楼下",在病人心中也是暗指着性关系的幻想,而作为受压抑的欲望,与他的神经症也不无关系。(梦的解释本身并不能告诉我们,梦中表现的什么是想象物而不是真实事件的回忆;分析只提供给我们思想内容,留待我们去决定它的真实性。乍一看来,真实的和想象的事件在梦中是同等有效的;这不仅在梦中如此,而且在更为重要的精神结构的产品中也是如此。)①

----

① [弗洛伊德在此也许是指他最近的发现,即他在分析中对神经症患者揭示出来的幼儿期的性创伤事实上往往是一些想象物。见弗洛伊德1906d。]

我们已经知道[见245页以下],"一伙人"意味着一个秘密。他的哥哥不过是他后来所有情敌的代表(由一种"回溯性想象"引入童年景象)。① 绅士斥骂意大利国王那段插曲,乃是通过最近一件本身无意义的经验,再一次联系到下等人闯入上流社会,这就像都德笔下对那个年轻男子的警告,也可用之于吃奶的婴孩。②

接受精神分析的一个老妇人,她正处于严重的焦虑状态,由此可以预料她的梦中包含大量性的思想,这种思想的发现使她惊慌失措。因为我不能对梦做出全部解释,所以梦的材料显得断断续续,缺乏表面联系。

(三) 金龟子的梦

梦的内容——她记得她把两个金龟子放在一个盒子里,她必须把它们放掉,否则就会闷死。她打开了盒子,金龟子已奄奄待毙。一只金龟子飞出了窗外,当他应某个人要求关上窗户时,另一只金龟子在窗扉上被压碎了。(厌恶的表情。)

分析——她的丈夫暂时离家外出,她的十四岁女儿与她同睡一床。傍晚时,女孩要她注意有一只飞蛾掉进了水杯,但她没有把它取出;次日早晨,她对这小生物感到很可怜。晚间她读的一本书

---

① [弗洛伊德以前已经讨论过这种想象,见他的《屏蔽记忆》(1899a)论文的最后部分。]

② 有关梦者奶妈情境的想象性质已由客观事实所证实,他的情况是,奶妈就是他的母亲。这方面我记起了在204页反复提到的那个年轻男人,他后悔没有很好地利用他与奶妈的机会。同样的后悔无疑是本梦的来源。

286

中讲到几个男孩把一只猫丢进沸水中,并描写了这只猫的痉挛动作。这就是做梦的两个诱因,其本身并没有什么重要意义。然而她沿着对动物残忍这个题材进一步探索。几年前,她们在某地度暑假时,她的女儿对动物表现得非常残忍。她捕捉了一些蝴蝶,向母亲要一些砒霜去杀死蝴蝶。有一次,一只身上被别针戳穿的飞蛾在室内飞了好长时间;另一次,她把在变蛹的一些毛虫活活饿死了。还在更幼小的年龄,这个女孩已习惯于撕扯大甲虫和蝴蝶的翅膀。但是现在她对这些残酷行动已大感惊恐——她已经长大,心肠变得仁慈了。

这位病人思考着这个矛盾。它又使她想起了外表和性格之间的另一个矛盾,正如乔治·埃利奥特在《亚当·贝德》中所描写的那样:一个美丽的女孩,但爱好虚荣而愚蠢;另一个女孩外表丑陋,但性格高尚。一位贵族,去勾引愚蠢的女孩;一个工人,却品学兼优。她说,真不能以貌取人!谁能从她的表面上看得出她受着肉欲的熬煎呢?

就在那小女孩开始捕捉蝴蝶的那一年,她们的住地发生了严重的金龟子虫害。儿童们对金甲虫感到愤恨,毫不留情地把它们压碎。那时我的病人看见一个男人撕掉了金龟子(May-beetle)的翅膀,并把它们的身体吃掉。她出生于五月(May),也是在五月结婚的。婚后三天,她写了一封信给家中父母,说她非常愉快。但事实并非如此。

做梦的当晚,她仔细检查了一些旧信——有些是严肃的,有些是戏谑的——大声读给她的孩子们听。其中一封最为有趣的是一位钢琴教师的求婚信。她那时还是一个年轻的姑娘;还有一封信则是一位出身高贵的①爱慕者写的。

291　　她因自己一个女儿读了莫泊桑的一本"坏书"②而自责。女孩向她索取砒霜使她想起都德的《富豪》的莫拉公爵返老还童的药丸。

"把它们放掉"使她想起《魔笛》中的一段（莫扎特歌剧第一幕终曲）：

不要怕，我从不强迫你去爱，

让你自由未免过快。

金龟子又使她想起了卡申的话："你像甲虫般疯狂地热恋着我。"③

梦中从甲虫又想起了唐豪塞的话：

因为你被这邪恶的快乐所激动……④

她因丈夫外出而生活在一种持续的忧虑之中。她担心他在旅途中发生不测而产生大量的白日梦。在不久以前的分析过程中，发现在她的潜意识中抱怨她的丈夫"变得衰老了"。隐藏在这个梦背后的欲念大概可从我下面提到的事推测出来：做梦的前几天，她正忙于家务，忽然惊恐地想起了自己对丈夫讲的一句命令式的话："你上吊去吧。"这是因为在几小时以前她在什么地方读到了，当一

---

① 这是这个梦的真正刺激。

② 此处需要插入："这一类书对女孩有毒"，当病人还是一个女孩时，她自己就从禁书中懂得了很多事情。

③ ［引自克莱斯特的《海尔布隆的卡申》第四章第二场］——进一步联想引向诗人笔下的《潘瑟西里亚》以及对恋人的残酷念头。

④ ［这可能是瓦格纳歌剧中最后一场唐豪塞所说的波普开始谴责的一句话，那句话是"因为你已经分享了邪恶的快乐"。］

288

个男人上吊时,就会产生有力的勃起。渴望勃起正是从这种恐惧掩饰下的压抑中脱颖而出的。"你上吊去吧"其实就是意味着"你不惜一切代价尽力勃起吧!"《富豪》中詹金斯医生的药丸在此最为合适。因为病人很清楚,最有力的春药,斑蝥(通称"西班牙蝇")也是由压碎的金龟子制成的。这正是显梦中的主要成分的要旨。

292

打开和关上窗户是她和她的丈夫争吵的主要内容。她睡觉时已习惯于要有充分空气,她的丈夫却不喜欢空气流通。精疲力尽则是她诉说做梦时的主要症状。

在上述三个梦中,我已用重点号标出在梦念中反复出现的显梦元素,从而可以清楚地看出梦念与梦内容之间的多重联系。但又因为这三个梦没有一个是分析到底的,因此就得考虑将一个梦作详尽的分析,使能表明梦的内容是如何由多重性决定的。为此我选择了爱玛打针的梦[106页以下]。从这个梦例中不难看出,在梦的形成中,凝缩作用利用了不止一种方法。

显梦中的主要人物是我的病人爱玛。她在梦中表现的是她在真实生活中的特性。因此,她首先代表了她本人。但是我在窗旁替她做检查时,她的态度则来自另一个人,如梦念所示,来自我希望代替我病人的另一个女子。因为爱玛看上去患了白喉黏膜病,以致引起了我对大女儿的焦虑,她便代替了我的那个孩子。由于与我女儿的名字雷同,又隐藏了我的一位因中毒致死的病人的形象。在梦的发展过程中,爱玛的视觉形象在梦中一直未变,但她的形象又获得了其他一些意义。她变成了我们在儿童医院神经科为之检查的一个病孩,在那里,我的两位朋友显示了他们的不同性格。我自己小孩的形象显然成了这个转变的踏脚石。同一爱玛不愿意张开口,暗指着我曾经为之检查过的另一位妇女,而且通过这个联系,也暗指着我的妻子。此外,我在她喉部所发现的病变隐含着一系列其他人的形象。

293　我追随着梦中爱玛而联想起的许多人,没有一个人的形体出现在梦中,他们都隐藏于"爱玛"的梦象背后,因此"爱玛"乃是一个集合意象。必须承认,她一身而兼有许多互相矛盾的特征。爱玛变成了凝缩工作所删节了的其他一切人物的代表,因为我所想起的这些人的事情一点一滴地都归结到她身上了。

为了形成梦的凝缩作用,还有另一种方式产生"集合形象",即把两个人以上的真正特性结合而为一个单一的梦象。我梦中的M医生就是以这种方式构成的。他有着R的名字,言谈举止也像R;但是他的身体特征和疾病则属于另一个人,即我的大哥。只有他那苍白脸色这一特征是双重决定的,因为他们二人在实际生活中都是如此。

在有关我那黄胡子叔叔的梦中,R医生同样也是一个复合人物。但是他的梦象又是由另一种方式构成的。我不是把一个人和另一个人的特性结合起来而是在结合过程中从记忆图像里删掉每个人的某些特性。我用的乃是高尔顿制作家族肖像的方法,即把两个影像拍在一张底片上,使二者共有的特性得以突出,而那些不相符合的特性则彼此抵消,在相片上变得模糊不清了。在我那叔叔的梦中,漂亮的黄胡子在面孔上十分突出,因为它属于两个人,而这两张面孔反而因此隐而不现。附带说一句,胡子经过变灰的观念也暗指着我的父亲和我自己。

构成集合形象和复合形象是梦中凝缩作用的主要方法之一。

下文我将从另一个方面的联系[320页以下]加以阐述。

在爱玛打针梦中出现的"痢疾"(dysentery)这个观念也有多重性决定作用：首先，它的发音与"白喉"(diphtheria)相近似[见114页]，第二，它与我送到东方去的那位病人有联系，我没有认出他的癔症。

这个梦中的另一个有趣的凝缩作用的例子是梦中提到了丙基(prapyls)[115页以下]。梦念中所包含的不是丙基而是"戊基"(amyls)。我们猜测在构成梦的这一点时，发生了一个单独的移置作用。情况确实如此。但是通过对梦的进一步分析，证明了移置作用是为凝缩作用服务的。我如果让自己的注意力在"丙基"这个字上多逗留一会儿，它听起来就像"Propylaea"(神殿入口)，而神殿入口不仅在雅典，而且在慕尼黑①都可看到。此梦的前一年，我曾去慕尼黑探望一位病重的朋友。在梦中紧接着"丙基"出现的"三甲胺"(trimethylamin)这个词正是这位朋友提示的。

与在梦分析的其他方面一样，我在此还忽略了一个显著的方式，即重要性各不相同的联想，在建立思想联系时，似乎具有同等的价值，从而使我不得不认为，梦念中的戊基在显梦中被丙基所取代的画面似乎是一幅富有弹性的过程。

一方面，我们看到一组关于我的朋友奥托的观念。他不了解我，他不支持我，他送给我一瓶杂醇油(戊基)味的酒。另一方面，我们看到了与前一组恰恰相反的观念，一组关于我的柏林朋友[威廉·弗利斯]的观念，他十分了解我，他支持我，我感谢他为提供了

---

① [一座雅典式的举行仪式的四柱门廊。]

291

有关性过程化学作用的一些富有价值的信息。

在"奥托"组中,吸引我的注意的决定性刺激物是与梦有关的新近的真实事件:戊基就是被选定的元素之一,它预定要形成梦的部分内容。而在"威廉"组中被唤起的大量元素恰恰与"奥托"组相反,而且其所强调的元素与"奥托"组中已经强调的元素是相呼应的。在整个梦中,我不断地把使我感到恼火的人转变成为与他截然相反而使我感到高兴的人,一点一滴地,我求助于这位朋友去反对我的对手。因此,"奥托"组中的"戊基"就唤醒了另一组中同属化学范围的"三甲胺"的回忆,而"三甲胺"是受到几个方面的支持而进入梦内容的。"戊基"本身可能原样地进入梦里,但受到了"威廉"组的影响。因为在"戊基"一词整个记忆范围内的全部搜寻,其目的在于发现某个可以为它提供双重决定的元素。"丙基"(Propyls)与戊基有密切联系,而"威廉"组的慕尼黑与其propylaea(神殿入口)结合了起来,这两组观念汇合而成为"propyls—propylaea",于是,好像通过一种折衷作用,这个中间元素就找到了进入梦内容的道路,一个容许多重性决定的中间公共实体遂在此形成。因此很明显,多重性决定作用必定有利于一个元素进入显梦之中,而为了构成这样一种中间环节,必须毫不犹豫地将注意力从真正的目标转向某个邻近的联想。

我们从对爱玛打针这个梦的解释已能对梦形成时的凝缩过程有了一定的理解。我们已看到作为凝缩过程的某些细节,例如为什么某些元素总是在梦念中反复出现,一些(以集合人物和复合结构的形状表现的)新的统一体如何形成,以及一些中间共同实体又是如何构成的。至于凝缩作用的目的及其决定因素的问题,留待我们讨论精神过程在梦形成中的作用整个问题时再行提出。[见330页,第七章,第5节,特别是595页以下]目前我们可暂时满足于认识这一事实,即梦的凝缩作用乃是梦的隐意和显意之间的一种值得注意的联系特征。

梦中凝缩工作当其以词汇和名称为对象时表现得最为清楚。一般说来,梦中处理词汇往往和处理事物一样,因而其组合的方式与事物的呈现完全相同。① 这种梦可以产生出最有趣的和最古怪的新词。②

(一)

一次一位同事送来他写的一篇论文,在我看来,其中对最近一个生理学发现的重要性未免评价过高,论文的内容也华而不实。次晚我梦见了一个明显涉及这篇论文的句子:"它是以一种极其 norekdal 风格写成的。"我对这个词的分析,开始时很感困难。它肯定是对[德文]"kolossal"(巨大的)和"pyramidal"(拔尖的)等最高级形容词的拙劣模仿,但是我猜不出它的字源。最后我看出了这个怪字是由"Nore"(娜拉)和"Ekdal"(埃克达尔)两个名字组成的,也就是易卜生的两部名剧[《傀儡之家》和《疯狂的公爵》]中的主角。不久以前,我在报上读了一篇论易卜生的文章。我在梦中批评的正是这同一作者的最近一本著作。

---

① [弗洛伊德对于词的表现和事物的呈现二者之间的关系后来讨论得很多。见他的关于潜意识(1915e)论文的最后几页。]

② [在《日常生活精神病理学》第五章(10),弗洛伊德报告了一个包括若干牵强附会的意义的梦——下面的梦例大部分是不能意译的,见编者导言(xxii 页以下)。]

(二)

我的一位女病人告诉我一个短梦,结尾是一个无意义的复合词。她梦见和她的丈夫参加一个农民的喜宴说,"这将以一般的'Maistollmütz'为结果。"她在梦中模糊地感到它是一种用玉米做成的布丁——一种玉蜀黍粥。经过分析,这个词可以分成为"Mais"(玉米),"toll"(疯狂),"mannstoll"(慕男狂)和 Olmütz(奥尔缪兹,摩拉维亚的一个城镇)。所有这些字都可以在她进餐时与亲戚们谈话中找到。"Mais"一词的背后(附带提到最近开放的五十周年展览会)①隐藏有下列各字:"Meisson"(一个迈森[德累斯登]的鸟形瓷器);"Miss"(她的亲戚的英国女教师正去奥尔缪兹),"Meis"(一个犹太字眼,戏称"令人厌恶的")。从这个大杂烩字中的每一个字母都引申出一大串思想和联想。

(三)

有一个深夜,一位年轻人家中的门铃响了,这是他的一个熟人来访,留下了一张名片。他当晚做了如下的梦:"一个人一直工作到深夜,修理家用电话。他走开以后,电话仍然不停地响——不是持续不断地,而是连续间歇地鸣响。他的仆人把那个人找了回来,那个人说,像'tatelrein'的人连这样的事都不会做,岂不可笑!"

人们可以看出,引起这个梦的无关紧要的诱因只包含着一个元素。只有梦者把梦中这段情节当作同一系列中的早先经验才能

---

① [1898年举行的纪念法兰西斯·约瑟夫国王五十周年大庆。]

使它获得重要性,这个早先经验本身虽然也无关紧要,但他的想象已赋予了它一种代替的意义。当他还是一个小孩时,和他的父亲住在一起。他在半睡状态中把一玻璃缸水泼翻在地板上,家用电话的花线湿透了,电话的持续不断的响声吵醒了他父亲的睡眠。因为持续不断的响声相当于弄湿了,所以连续间歇的响声就被用来代表滴下的水。"Tutelrein"一词可分析为三个方面,从而引向再现于梦念中的三个主题。"Tutel"是表示"监护"[tutelage]的一个法律名词,"Tutel"(或许是"Tutell")也是一个粗俗字眼,指女人的乳房。剩下的部分"rein"(纯洁),加上"Zimmertelegraph"[家用电话]这个词的前一部分构成了"zimmerrein"[家务训练],则与把地板弄湿密切有关,而且,它的读音听起来很像梦者家庭中一个成员的名字。①

---

① 在清醒生活中,音节的分析和综合——其实是一种音节游戏——在大量的笑话中起着作用。"要得到银子的最简便方法是什么?你沿着一条银杨(silver poplars)。[德文为 pappeln,其意义兼为'杨树'(poplars)和'沙声'(babbling)]林荫道下去,而且要求寂静。当沙沙声停止了,银子也就释放出来了。"本书的第一个读者和批评者,以及他的追随者们很可能提出一种反对意见,"梦者未免太天真可笑了。"这话如果只对梦者而言是不错的,而作为反对意见则只能用在释梦者身上。在现实生活中,我一点不想被人看成诙谐;如果我的梦似乎可笑,那原因不在我本人,而是由于梦构成时所处的一些特殊心理条件使然;而且这一事实与有关笑话和滑稽的理论密切有关。梦之所以变得天真好笑,是因为梦的思想表达的捷径受阻;它们的发生是被迫的。读者可以不必怀疑我的病人的梦至少似乎和我一样充满了笑话和双关,甚至还要多些——[1909年增注]然而这种反对意见导致了我对笑话技巧和梦的工作进行了比较,其结果可见我出版的《论笑话及其与潜意识的关系》(1905c)一书[特别是第六章,在这一章结尾时,弗洛伊德认为梦中笑话是蹩脚的笑话,并解释了为何如此。同一观点见《精神分析引论》(1916—1917)。上面所说第一个读者当指弗利斯]。

(四)

　　在我的一个比较长而混乱的梦里，它的中心内容似乎是航海，下一个码头叫"Hearsing"，再下一站叫"Fliess"，后者是位在柏林的我的一位朋友的名字，我常去那里旅行。"Hearsing"是一个复合词。它的一部分取自维也纳近郊铁路地名，结尾往往加上 ing，如 Hietzing，Leising，Mödling（古米提亚语，"meae deliciae"是其旧名，亦即"Meine Freud"[我的快乐]）。另一部分则来自英文字"Hearsay"，它表示诽谤并与前一天一件无足轻重的梦刺激物发生联系：在 Fliogende Blätter 期刊上有一首诽谤侏儒"Sagter Hat-ergesage"["He-says Says-he"]的诗。如果把音节"ing"与"Fliess"这个名字联结起来，我们就得到了 Vlissingen（弗利辛恩）一词，这是一个实际的港口，我的兄弟每次从英格兰来看我们总要经过此处。但是 Vlissingen 的英文字是"Flushing"，在英文中意思是"blushing"（"脸红"），因而使我想起了我治疗的红色恐怖症（ereu-tophobia），而且想到了别赫切烈夫最近写的一篇论这种神经症的使我感到烦恼不安的论文。

(五)

　　一次我做了一个梦，似乎由两个片断组成。第一段是我记起了一个字"Autodidasker"，印象非常生动；第二段是我前几天产生的一个短而无害的幻想的确切复现。这个想象的大意是，如果我下次看见 N 教授，我一定对他说，"我最近请教你的那位病人的病情，正如你所说，患的是神经症。"因此"Autodidasker"这个新词必

296

须满足两个条件:第一,它必须具有或代表一种复合意义,第二,这个意义必须与在清醒生活中我想向N教授请教有着牢固的联系。

"Autodidasker"一词很容易分析为德文"Autor"(作家)"Autodidakt"(自学者)以及"Lasker"(拉斯克),从后者又使我想起Lassalle(拉萨尔)这个名字。① 以上第一个词是致梦的诱因,这一次是有意义的。我为我妻子买了一位奥地利知名作家J.J.戴维的几本著作,后者是我兄弟的一位朋友,而且据我所知,还是我的一个小同乡。一晚,她告诉了我一个她在戴维书中读到的一个悲惨故事,讲的是一个天才被埋没了,留给她极为深刻的印象。由此我们的话题转到了我们在自己孩子们身上发现的天资朕兆。在读到的故事影响下,她对自己的孩子们表示了忧虑,我安慰她说,她设想的这些危险可以用良好的教养加以防止。当晚我的思路走得更远。我把我妻子的忧虑与所有其他事情编织在一起了。作者对我兄弟的一次有关婚姻的谈话把我的思想在梦中引入了旁道。这条思路引向布雷斯劳,我们很友好的一位女子在那里结了婚并定居下来。从布雷斯劳,我发现了拉斯克和拉萨尔两个例证——这是我的梦念的核心——即担心我的孩子们可能毁在女人身上,而且同时表现了可能导致具有毁灭影响的两种方式。② 这些思想可以归结为"追逐女人"(Cherchez la

---

① [费狄南·拉萨尔,德国社会民主党运动创始人,1825年生于布雷斯劳,死于1864年。埃德华·拉斯克(1829—1884)生于距布雷斯劳不远的雅罗茨兴,为德国民族自由党创建人之一,二人都为犹太血统。]

② 拉克斯死于脊髓痨,即由于与女人接触而得的一种感染结果(梅毒);至于拉萨尔,大家都知道,他为了女人决斗而死。[乔治·梅里狄斯的《悲剧性的喜剧演员》即根据他的故事所写。]

femme)这句话,这句话换一个意思又使我想到我那还没有结婚的弟弟,他的名字叫亚历山大(Alexander)。我现在发觉,我们简称他为亚力克斯(Alex),这与变移单词"拉克斯"听起来几乎同音,这个因素对于把我的思想经由布雷斯劳引入旁路必定起了一定的作用。

然而此地我在名字和音节上所做的游戏还有更深一层的意义。它表示了一个愿望,即我的兄弟可以获得幸福的家庭生活,这是以下列方式表示出来的。左拉[Zola]在他描写一位艺术家生活的小说《作品》中,其题材必定与我的梦念有相似之处。众所周知,作者也是以插曲形式,介绍了自己及其幸福的家庭生活。他假托的名字为"Sandoz"(桑多兹)。这个名字可能是这样变化而来的。如果把 Zola 倒写(儿童们常常喜欢这样做),就得到了"Aloz",这似乎还不够隐蔽,他于是改变成"Al"并将"Alxander"与之相同的第一音节代之以第三音节"sand"结果形成了"Sandoz"。我的"Autodidasker"的形成方式大体与此相同。

现在我必须解释,我要去告诉 N 教授我们两人共同检查的那个病人患的只是神经症这一幻想是如何进入梦中的。在我工作那一年快结束时,我开始治疗一个新病人,他使我的诊断能力深受挫折。该病本身看来很像一种严重的器质性疾病——或许是脊髓的某些变异——但无法确诊下来。它本可诊断为神经症(这样一切困难就都迎刃而解了),由于患者极力否认有性的病史,我只好不认为它是神经症了。在我左右为难之际,我就和许多其他人一样,去请教这位大家都非常钦佩的医生,对于他的权威,我可说是佩服得五体投地的。他听了我的怀疑之后说,这些怀疑也有道理,然后提出了他的意见,"继续观察下去;它一定是一种神经症。"由于我知道他不赞同我的关于神经症病因学的观点,我虽然没有表示反对他的说法,却也掩饰不住内心的疑惑。几天以后我通知病人,说我无能为力,请他另请高明。出乎我的意料之外,他开始请求我原谅他的说谎。他说他感到十分内疚,于是原原本本讲出了他与性有关的病因。这是我所期望的,没有它,我就不能确诊他为神经症。我感到欣慰但同时也不无一些羞愧。我必须承认,我的顾问医生毕竟比我高明,没有被病前史引入歧途。因此我决心在下次遇见他时告诉他,他是对的而我是错的。

这正是我在梦中所做的事情。但是自己承认错误又怎能是欲望的满足呢?然而,做错正是我的真正欲望。我希望我的担心是错误的,或说得更确切些,我希望我在梦念中已经承认的我妻子的那些担心是错误的。梦中围绕着主题反复思考的正确与错误问题与梦念中真正关心的问题并不相距很远。在由女人所引起的器质性和机能性损害之间,或更确切地说,就性的方面而言,在梅毒性瘫痪和神经症之间不也存在着同样的非此即彼的情况吗?(拉萨尔之死的性质大概可归之于后一类)

在这个交织紧密而详细分析后又非常清晰的梦里,N教授所起的作用,不仅是因为这种类比而促成我希望自己是错的,也不仅是因为偶然联系到了布雷斯劳和我的一个朋友婚后在那里定居,而且还由于我们在会诊病情后发生的一段插曲。当他表示了意见并结束了我们的医疗讨论后,他转入了私人的话题。"你现在有几个孩子?""六个。"他做了一个羡慕和关心的姿势问:"男孩还是女孩?""三个对三个,他们是我的骄傲和财富。""那好,但你可得担心！女孩子们没有什么问题，而男孩子们的教育以后常常发生麻烦。"我辩护说，直到现在他们的行为举止都没有什么问题。显然，他对我男孩子们未来的这第二次"诊断"并不比他的第一次诊断我的病人是神经症使我更为愉快些。因此，这两个印象就以它们的接近性、根据它们二者同时体验的事实而联系起来了。而且当我把神经症的故事带入梦中时，正是用它代替了家庭教育的谈话，这一点与梦念有更多的联系，因为它与我妻子后来所表示的担忧更为密切。所以，甚至我对于 N 教授所说男孩子在教育上会产生困难这番话可能是正确的这种担心，在梦中也隐藏到但愿我自己是错的这一欲望的背后去了。于是同一种想象本身并未改变，却同样代表了两种对立的选择。

（六）

"这天清晨，①在半睡半醒之际，我体验到了一个言语凝缩作用的好例。在一大堆我几乎记不起来的梦的片断中，一个半似手写体半似印刷体的字似乎突然在我面前停住。这个字是'erzefilisch'，它构成了一个句子的部分，这个句子是：'它对性感具有 erzefilisch 影响。'句子脱离了它前后关系完全孤立地进入了我的意识之中。我立即明白这个字的原字应该是'erzieherisch'（教育上的），而且我怀疑'erzefilisch'这个字的第二个'e'是不是'i'的误写。② 在后一种情况下，'syphilis'（梅毒）这个字马上出现在我的

---

① 引自马洛夫斯基[1911]。[本段加写于 1914 年]
② [这个单纯的凝缩作用的梦例关系到这个无意义字第二个音节(重音节)的发音。如果是"ze"，发音则约等于英语的"tsay"，因此有点像"erzählem"和新创的"erze-

脑中，而且开始分析梦时我仍陷于半睡状态，我绞尽脑汁想弄清楚这个字为什么会进入我的梦中，因为无论从个人或职业方面我和这种病都毫无关系。我于是想到了'erzehlerisch'[另一个无意义字]而这就解释了'erzefilisch'中第二音节'e'了，这是因为它提醒了昨晚我们的家庭女教师[Erzieherin]要我向她讲解卖淫问题，而且我给了她一本赫斯论卖淫的书以便能影响她的情绪生活——因为她的这种生活发展不很正常；在此之后，我向她讲了[erzählt]许多这方面的问题。于是我突然理解到'syphilis'这个字不是从字面上来讲的，而是意味着'毒害'——当然是关系到性生活。因此，梦中的句子可以合乎逻辑地翻译成'我的讲话[Erzählung]是想企图对我的女教师[Erzieherin]的情绪生活产生一种教育上[erzieherisch]的影响；但是我又害怕同时引起毒害的作用。''Erzefilisch'这个词乃是由'erzäh-'和'erzieh'合成的。"

　　梦中字句的畸形与妄想狂中熟知的情况大致相似，但也出现于癔症与强迫观念中。儿童所做的言语游戏①有时把词句仿佛当作真实的客体，有时还创造新的语言和人造的符号联系形式，它们都是梦和精神神经症中这一类现象的来源。

　　对梦中的无意义字句形式的分析②特别容易显示出梦的工作所表现的凝缩作用。读者不要从我上面所举的少数例子便断言这一类材料很稀少或只是一些偶然观察。相反，它是经常出现的。

---

hlerisch"两字的第二个音节。如果是"zi"，读音就等于英语的"tsee"，于是就像"erzieherisch"中的第二个音节，以及略似"syphilis"中的第一个音节。]

① [见弗洛伊德论诙谐(1905c)一书的第四章。]
② [本段于1916年增写。]

但是因为这类释梦依赖于精神分析的治疗，所以只有少数梦例被观察和记录下来，而且对这一类梦例的解释只有精神病理学的专家们才能理解。例如冯·卡尔平斯卡医生（1914）报告的包括"Svingnumelvi"这个古怪字的梦。还有些情况值得提及，如在梦中一个词的本身并不是没有意义，但它失去了本身意义而和其他一些有关的意义联系起来，其结果等于失去了意义。例如陶斯克（1913）记录的一个十岁男孩梦见"category"这个字，但字的意思却是指"女性生殖器"，而"to categorate"（分类）却是指"小便"。

如果梦中出现语句而且特别明显系来源于某些思想，则梦中的这些口头字句照例可追溯到梦材料中所可回忆的言语。这些言语可以保持不变，也可以稍加移置地表达出来。梦中的言语往往由回忆起的言语拼凑而成，其前后关系可以原封不动，但可表达几种意义，或一种与原义完全不同的意义。梦中所说的话往往也就是暗指那句话本身的原本事实。①

二、移置作用

我们在收集的有关凝缩作用的梦例中，越来越明显地发现存在着另一种其重要性并不亚于凝缩作用的关系。我们可以看到，

---

① ［1909年增注］不久前我在一个年轻男子身上发现了一个特别的例外。这个人患观念强迫症，而仍具有高度发达的智力。他在梦中所说的话不是来自听见的或者自己所说的话，它们包含着毫未掩饰的强迫性思想，这种思想在他清醒时也只以一种变形进入他自己的意识之中。［这个年轻男子是弗洛伊德关于一个强迫性神经症患者"鼠人"的病史，所述可见该书（1909d）第二节（一）的开始处附近——关于梦中言语问题在后文448页以下有详细讨论。］

在梦的显意中作为主要成分而突出表现的一些元素，在梦的隐意中却起着一种远不相同的作用。作为一种推论，这种说法的反面也可以成立，即显然代表梦念的实质在梦中可以根本不表现出来，梦似乎可以离开梦念，另立中心——梦内容可以以不同元素为其中心。例如在植物学论著的梦中[169页以下]，梦内容的中心点显然是"植物学"这个元素，而梦念所关注的却是同事们之间由于职业责任心而引起的纠纷和冲突，以及我习惯于因为自己的癖好而进一步自责。"植物学"这个元素除了出于对照而与梦念核心有松懈的联系外，在梦念的核心中根本不占地位，因为植物学并不是我喜爱的学科。在我病人的"萨福"梦中[285页以下]，其中心内容是地位的上升和下降以及身在楼上和楼下，然而其隐意关心的却是与社会低层人物发生性关系的危险。所以梦念似乎只有一个单独元素进入了梦内容，而且扩展到极其夸张的程度。同样，在金龟子的梦中[289页以下]，梦的主题是性欲与残忍之间的关系，残忍这个因素确实出现于梦的显意之中，但是它表现了另一种联系而根本没有提及性欲，也就是说，它摆脱了原来的前后关系从而变成了某种异己的内容。再如在有关我的叔叔的梦中[136页以下]，作为梦的中心点的漂亮胡子似乎与我的野心欲望毫无关系，而我们知道，我的那些野心欲望才是梦念的核心。所有这一类的梦都使我们产生了一种无可非议的"移置作用"的印象。与这些梦完全相反，我们在爱玛打针的梦中[106页以下]可以看到，不同的元素在梦的构成过程中，大致能够保持其在梦念中的相等地位。在梦的隐意和显意之间这种意义和方向的变幻莫测的关系，起初很容易使我们感到惊讶。如果我们考虑到在我们正常生活中有一种精神过程,而且发现在其若干组成观念中,有一个观念被挑选出来并在意识中赋予一种特别生动性,我们通常也就会认为,这种效果可以证明这个占优势的观念获得了分量特别高的价值,即人们对它产生了某种特别浓厚的兴趣。但是我们现在却发现,在梦念中具有不同元素的情况下,这样一种价值在梦的形成过程中并未持续下去,或者竟被置之不理。在梦念中,哪一个元素具有最高精神价值那是不容置疑的,我们可以直接判断出来。而在梦的形成过程中,这些充满强烈兴趣的主要元素却可以被视为似乎只具有少量价值,它们在梦中的地位也可以被那些在梦念中显然无足轻重的其他元素所代替。初看起来,在选择各种观念用以形成梦时,对于精神强度①似乎并未加以任何注意,似乎其所要考虑的唯一事情就是它们的多重决定性程度的大小。我们可以假定,梦里出现的并不是梦念中的重要观念,而是在其中出现次数较多的观念。但是这种假设对于我们理解梦的形成帮助不大,因为从事情的本质来看,具有多重决定的和具有固有精神价值的两个因素,必须在同一意义上发生作用。在梦念中具有最高价值的观念必然也是在梦念中出现次数最多的观念,因为不同的梦念仿佛就是从它们辐射而出的。尽管如此,梦还是可以对本身被强调而且被多方面强化了的那些元素予以拒绝,并可选择只具有次于这些属性的某些其他元素作为梦的内容。

为了解决这个难题,我们将利用[上节中]探讨梦内容的多重

---

① 一个观念的精神强度或价值或兴趣程度与感觉强度或所表现的意象强度当然是有区别的。

304

性决定作用而得的另一个印象。有些理解了这种探讨的读者也许已得出了独立结论,认为梦元素的多重性决定作用算不上是什么重要的发现,因为它是不证自明的。我们对梦的分析总是从梦的若干元素出发,并记录其各自发展的联想,所以在由此而获得的梦材料中,我们遇到这些同一元素的频繁出现,便不足为怪了。我不能接受这种反对意见,但是我自己要谈的话听起来也不无相似之处。从分析所揭示出来的思想当中,有许多距离梦的核心已相当遥远而且看起来好像是为了某一特殊目的而被制造出来的一些人为插入物。其目的并不难于推测。正是这些人为插入物在梦的显意和隐意之间形成了联系,而且往往是一种强制性的勉强联系。假如这些元素在分析时被删除掉,其结果往往是,梦内容的某些成分不仅得不到多重性决定,而且甚至得不到任何足够的决定。因此我们不得不做出这样的结论:决定什么内容可以进入梦内的多重性决定作用通常并不是构成梦的主要因素,而往往却是我们迄今为止尚未知晓的一种精神力量的副产物。然而在选择哪些特殊元素可以进入梦境方面,多重性决定作用一定仍不失其重要性,因为我们可以看到,在一些独立无助的梦材料中它不出现的情况下,只有经过一番努力才能有所获。

因此,我们似乎可以合理地假定,在梦的工作中有一种精神力量在发生作用,它一方面消除具有高度精神作用的那些元素的强度,另一方面则利用多重性决定作用,从具有低度精神价值的各元素中创造出新的价值,然后各自寻找途径进入梦内容中。如果真是这样,则在梦的形成过程中必然会产生一种精神强度的转移和移置,构成了梦的显意和隐意之间的差异。我们在此假设的这种过程同样是梦工作中的重要部分,我们称之为梦的"移置作用"。308 梦的移置作用和凝缩作用在本质上可说是在梦的活动形式中两个占支配地位的因素。

我认为要看出梦的移置作用中显示出来的精神力量也不是难事。移置作用的结果是梦内容不再与梦念的核心有相似之处,梦所表现的不过是存在于潜意识中的梦欲望的一种化装。我们对梦的化装已很熟悉。我们把它追溯到一种精神动因对另一种精神动因的稽查作用。[141页以下]梦的移置作用是完成化装的一个主要方法。用一句法律上的话说,就是"生效者得益"。所以我们可以假定,梦的移置作用产生于行使内心防御的同一稽查作用的影响。①

---

① [1909年补注]因为我把稽查作用导致梦的化装视为我的梦理论的核心,我将在此处插入"林克斯"(维也纳,第2版,1900[第一版1899])的《一个现实主义者的幻想》中一个故事的最后部分,也许可以从中看出我的理论的主要特点。[见前文1900年跋到第1章94页以下;又见弗洛伊德1923和1932c。]故事的题目是"虽梦犹醒":
"叙述的这个人具有一种从不做荒唐梦的异常特性……
309 "'你的这种非凡的才能,虽梦犹醒,乃是你的美德,你的仁慈,你的正义感,以及你热爱真理的结果,正是你天性的道德宁静才使我对你得以完全理解。'
"另一个人回答说,'但是当我把这个问题彻底想了想,我几乎相信每个人都会和我一样,绝不可能做过荒唐梦。任何梦,只要人们能事后清楚地回忆起来并加以描述,就是说,只要不是一个发烧的梦,总会有某种意义,而不可能有其他情况。因为彼此矛盾的事物不能结合而为一个整体。时间和空间的混乱并不影响梦的真正内容,因为二者与梦的真正实质并不发生重大关系。我们在觉醒时也时常发生同样的事。只须想想神仙故事或许多大胆的想象产品,只有傻瓜才会说'这是荒唐无稽的,因为这是不可能的。'
"他的朋友说:'但愿每个人都能像你那样把我的梦解释得那么正确!'
"'那当然不是一件容易的事;但是只要梦者本人稍加留心就不难做到。你问为什么大多数人总是难以做到?在你们看来,在你们的梦中似乎总隐藏着某种意义,某种特别难以言状的醒醐念头,或是在你的内心中有着某种深不可测的秘密。这就是为什么你们的梦总是没有意义或是荒唐的了。但是只要深入挖掘下去就完全不是那么回事了;它确实不是那么回事,因为梦者不论是醒着还是睡着,毕竟是同一个人。'"

在梦的构成中移置作用,凝缩作用和多重性决定作用这些因素的交互作用问题,以及哪一个是主要因素,哪一个又是次要因素的问题,都留待后面去讨论[例如见405页以下]。我们现在要提出的是,梦念中得以进入梦境的那些元素,必须具备第二个条件:它们必须逃脱由抵抗所施加的稽查作用。① 此后在释梦中,我们将把梦的移置作用视为无可置疑的事实。

三、梦的表现手段

在从梦的显意向隐意的转变过程中,我们发现有两个因素在起作用:即梦的凝缩作用和移置作用。如果我们继续探讨下去,还要碰到另外两个决定因素,它们对于选择什么材料进入梦中具有无可置疑的影响。

但是即使冒着可能使我们研究中断的危险,我还是认为必须对释梦过程先作一个初步的介绍。我自己毫不怀疑,要把释梦过程弄清楚并使批评者心悦诚服,其最简捷的方法就是采用某个特殊梦例,进行详尽分析(如我在第二章对爱玛打针那个梦所做的那样),然后搜集我所发现的梦念,继续用它们去重建梦的形成过程——换言之,就是用梦的综合去完成梦的分析。事实上我已根据自己的主张详细解释了好几个梦例,但在此地我却不能重复这种做法,因为有一些与牵涉到的精神材料性质有关的理由禁止我这样做——这些理由是多方面的,但任何有理性的人都会承认它

---

① [第一个条件是这些元素必须是多重性决定的(见307页)。]

们确有道理。在梦的分析中,这类考虑的影响并不大,因为对梦的分析是不完全的,即使只能深入到梦的一小部分结构,分析仍能保存其价值。但是对梦的综合却大不一样,我看出来人们只有对完全的梦才能够深信不疑。我只能对不为读者所知的人所做的梦进行完整的综合。然而,由于这种情况只有我的神经症患者才能提供,因此我必须将梦的这方面问题暂时搁下,直到我能在另一本书中,把我对神经症患者的心理阐述与本问题结合起来讨论时再说。①

311 　　我在将梦念加以综合以构成梦的尝试中,发现在释梦过程中出现的材料并不具有同等价值。梦一部分由基本梦念所组成,也可以说,如果不存在梦的稽查作用,这些基本梦念本身就足以完全取代整个梦。梦材料的另一部分通常则被认为无关紧要。人们也不大认为所有这第二类思想都参与了梦的形成工作[280 页和 532 页]。相反,这部分思想中可能有些联想,与介于做梦与释梦之间梦后这段时间发生的事件有关。这一部分材料包括从梦的显意导向隐意的所有联结道路,以及在释梦过程中我们赖以发现这些联结道路的中间的和接合的各个联想。②

　　我们在此只对那些基本梦念产生兴趣。这些基本梦念通常作
312 为可能是最复杂结构的一些思想和记忆的复合物而出现,具有我

---

　　① [1909 年增注]自从写出上面的话以后,我已在《一个癔症病例分析片断》发表了两个完整的分析和综合的梦[弗洛伊德,1905e(第二节和第三节),又见弗洛伊德(1918b)的"狼人"的梦的综合,1914 年补注:]奥托·兰克的《一个自身解释的梦》(1910)可算是已发表的长梦中解释得最完整的了。

　　② [从"梦材料的另一部分……"起最后几句话,自 1919 年版才改为现在形式。]

308

们清醒生活中所熟知的联想的一切属性。它们经常是从一个中心以上发出的一串思想,虽然也不乏共同接触点。每一串思想几乎毫不例外地有其矛盾的对立面,以对比联想而连结起来。

这个复杂结构的不同部分彼此之间当然具有最明显的逻辑关系。它们能表示前景、背景、离题、说明、条件、例证和反驳。当这些梦念整个处于梦工作的压力之下时,梦念的元素就会像碎冰那样翻转、破碎以至挤在一起——由此而引起的问题是,迄今为止形成其构架的那些逻辑关系发生了一些什么变化。梦对于"如果""因为""正如""虽然""要么—或者"以及其他一切连接词是如何表现的,没有这些连接词,我们对句子和言语就不能有所理解吗?

我们首先必须回答的是,梦本身并无法表达梦念之间的这些逻辑关系。大部分的梦都置这些连接词于不顾,梦所表达和操纵的只是梦念的实质内容。[①] 而要恢复梦的工作所破坏的种种联系,乃是释梦过程所必须完成的任务。

梦之所以不能表达这些关系,其原因在于构成梦的精神材料的性质。与能够利用言语的诗歌相比较,绘画和雕刻的造型艺术确实具有类似的局限性。由于同样理由,它们在努力表达某种作品上同样受到材料性质的限制。绘画艺术在创立其表达法则以前,也曾企图弥补这种缺陷。在古代的绘画中,代表人物嘴中都挂着一段小小说明,写上艺术家难以用图画表达的言语。

对于梦不能表现逻辑关系的说法,也许会有人提出反对意见。因为有些梦表现出极其复杂的智力操作。梦中的各种陈述,可表

---

① [这种说法的限定条件见后文第 450 页注。]

明矛盾也可获得论证,可以嘲弄也可资比较,与醒时的思想毫无二致。但是这里的表面现象又是骗人的,如果我们对这一类梦深入解析,当可发现,整个这类思想都属于梦念的部分材料而不是智力活动在梦中的表现。在梦中表面好像思想的东西重现的只是梦念的题材而不是题材之间的相互关系,而只有后者才构成思维。我将提出几个这方面的梦例[见441页以下]。但是这方面最易于确定的一点是,梦中发生的而且特别加以描述的所有说出的语句,都是出现在梦念材料的记忆中的那些未经更改或稍加改变的言语的再现。这一类言语往往不过是暗指包括在梦念中的某个事件,至于梦的意义则可与此完全不同。[见418页以下]

然而我不否认,批判性思想活动并不只是梦念中材料的简单重复,它在梦的形成中确实也起了一定作用。这个因素所起的作用,我将在结束本部分讨论时再作阐述,那时将会清楚地看到,这种批判性思想活动并不是梦念所引起,在一定意义上说,它不过是梦本身在已经结束后的产物。[见本章最后一节(488页)]

所以,我可以暂时说,梦念之间的逻辑关系在梦中并没有获得任何单独的表现,譬如梦中出现一种矛盾,它不是代表梦本身的矛盾,就是来源于一个梦念题材的矛盾。梦中的矛盾只能以最间接的方式与梦念之间的矛盾相符合。但是,正如绘画艺术终于发现了一种方式,用不同于口中挂着小小说明的方法,至少表达出了画中人物想用文字来表示的意图——柔情、恐吓、警告等等——所以梦也可能发现了一种手段,用来表达梦念之间的逻辑关系,在表示梦的特征的方法上做出适当的修改。经验已经表明,不同的梦在这一点上有很大差异。有些梦完全置本身材料的逻辑顺序于不顾,有些梦则力求把它们充分表现出来。这样一来,梦与其本身可自由操纵的材料有时相距甚远,有时却相差无几。如果在潜意识的梦念之间已经建立了时间顺序,如在爱玛打针的梦中(106页以下),则梦对时间顺序的处理也有其相似之处。

然而梦的工作究竟有什么手段能指出梦念中如此难以表现的这些关系呢?我姑且列举如下:

首先,梦总是以一般方式来考虑梦所有部分之间无可否认存在着的各种联系,把整个材料组织成一个单一的情境或事件。它们同步地再现出逻辑关系。这就像雅典或帕拉萨斯派的一位画家那样,把所有的哲学家和诗人都画在一张画上。① 虽然事实上他们从未聚会于一个单独的大厅或山顶,但从概念上说,他们确实构成了一个团体。

梦就利用了这种再现方法进入各个细节。只要梦向我们呈现出两个密切相关的元素,就可以肯定在梦念中有与之相应的部分存在着某种特别密切的联系。在我们的书法规则中也是如此。ab代表着一个音节中的两个字母。如果 a 和 b 之间留有空隙,那就表示 a 是前一个词的最后一个字母,而 b 则是后一个词的第一个字母。② 因此,梦中各元素的配置也不是梦材料中任何无联系部分的随机组合,而是包括了梦念中有相当联系的那些部分。

为了表现因果关系,梦有两个在本质上相同的程序:假使有这

---

① [梵蒂冈的拉菲尔的壁画。——译注]
② [这是弗洛伊德喜用的一种明喻,上文247页以及在杜拉的故事中(1905a)都曾应用。这很可能来源于歌德的一首抒情诗(诗名为"Schwer in Waldes Busch"),其中有同样的比喻。]

311

样一个梦念:"因为这是如此,所以那样必会发生。"梦中比较常用的表现方法就是用从句作为序梦,而以主句作为主梦。如果我解释得不错,时间顺序也可以产生颠倒。但是梦中比较详尽的部分大都与主句相当。

我的一位女病人曾在一个梦中就是用这种方式表现因果关系的。这个很好的梦例我将在后文充分描述[347页以下,319页和325页也有所讨论]。它包括了一个短的序梦和一段范围非常广泛的梦,其内容明显地集中于一个主题,可称之为"花的语言"。

序梦:她走进厨房,看见两个女仆,她挑她们的岔子,说她们还没有把她"那份食物"准备好。同时她看见厨房内大量坛坛罐罐都口朝下地堆叠着,以便晒干。两个女仆出外提水,而且必须涉足于直接流到她院内的那条小河。接着就是主梦,开始时是这样的:她从一些以奇特方式构成的木栅的高处走下来,她感到很高兴,因为她的衣服没有被勾绊着……等等。

序梦与梦者父母的住所有关。梦中所说的话无疑是她听见母亲常讲的话。那一堆家用陶器则来自位于同一建筑物的一家普通杂货店。梦的另一部分则与她的父亲有关,他常常调戏女仆,最后在一次大水时(因为住宅靠近一条河岸)患重病死去。因此隐藏在序梦背后的思想是:"因为我出生于这个家庭,地位低下,处境恶劣……,"主梦接过这同一思想,但以一种欲望满足的修正方式加以表现:"我出身高贵,"因此其真正的思想是:"因为我出身如此卑微,我的一生只好如此这般了。"

就我所知,梦分成两个不相等部分,并不总是意味着隐藏在两部分后面的观念之间存在着因果关系,反而好像是,两个梦中所表

312

现的同一材料来自不同的观点(一晚所做的一系列梦中以射精式性欲高潮结束的梦就属于这一类。在这一系列梦中,肉体需要越来越得到清晰的表现)。① 或者,两个梦也可以来源于梦材料的不同中心,它们的内容可能重叠,以致在一个梦中表现为中心的内容,在另一个梦仅为一种暗示,反之亦然。但是许多梦分成了短的序梦和长的续梦,确实表明两段梦之间存在着一种因果关系。

表现因果关系的另一种方法适合于材料不多的梦,这种梦包括着从一个意象(不管是人是物)转变到另一个意象。只有当这种转变真正发生在我们眼前,而不仅仅只是注意到一个人或物代替了另一个人或物时,才可以认真考虑到存在着因果关系。

我已经说过,表现因果关系的两个方法实质上就是同一个方法。在两种情况下,因果关系都是以时间顺序来表示的。第一种情况用梦的顺序来表示,第二种情况则利用了一个意象到另一个意象的直接转变。在大多数情况下,必须承认,因果关系已消失于做梦过程中各元素之间不可避免的混乱之中,根本无法表现出来。

"或者……或者……"的二中择一形式在梦中是无法表现的。两种选择通常穿插在梦的前后关系中,好像具有同等有效性。在爱玛打针的梦中包含了一个这方面的经典例子,它的隐意显然是,[119页]"我不能对爱玛的持续痛苦负责,其责任在于或者是她不愿意接受我的办法,或者是她的性生活不顺遂,而我不能加以改变,或者是她的痛苦实际上根本不是癔症而是器质性病症。"另一

---

① [这句话于1914年增写,335页将进一步提及这一点,402—3页有更详细的讨论,发生于同一晚的梦的整个题材在333页以下有所讨论。]

313

方面,梦在满足了所有这些可能性(它们几乎是互相排斥的)之后,毫不犹豫地根据梦的欲望又加上了第四种办法。我只是在释梦之后,才进一步把"或者……或者……"加入到梦念的前后关系中去的。

然而,在复述一个梦时,叙述者常常喜用"或者……或者……"方式。"它或者是一所花园或者是一间起居室。"而梦念中所表现的不是二者择一方式,只是一个"和",一个简单的附加。"或者……或者……"大都被用来表示梦元素本身的模糊性——但这种模糊性是梦能获得解决的。在这种情况下,解释的规则通常是,对表面两个选择元素视为同等有效的部分,然后用一个"和"把它们连接在一起。

举例来说,有一次我的一位朋友[弗利斯]在意大利逗留,我有相当长的时间不知道他的住址。于是我梦见收到了一份附有他的地址的电报,电报用的是蓝色字体。第一个字模糊不清;或者是"Via"(经过)或者是"Villa"(别墅)或者是"Casa"(房子),第二个字则很清楚,是"Secerno"。第二个字听起来很像某个意大利人名,于是使我想起了我曾经和我朋友关于词源学的讨论。它也表达了我对他长期保守住址秘密(secret)的愤怒。另一方面,三种选择的每第一个在分析时都可独立分开,也能同等有效地各自作为一串思想的出发点。①

我在父亲安葬的前一晚,梦见一张告示、招贴或海报——就像

---

① [这个梦在弗洛伊德1897年4月28日给弗利斯的信中有详细的描述,见弗洛伊德1950a,第60封信。]

铁路候车室贴的禁止吸烟的布告那样——上面印着：

　　请你闭上双眼

　　　　或者

　　请你闭上一只眼

我通常把它写成

　　请你闭上双眼，

以示选择。这两种不同写法各有其本身的意义，在释梦时，可引向不同的方向。我选择了最简单的葬礼，因为我知道这是先父的意愿。但是有的家庭成员却不同情这种清教徒式的简朴做法，认为会被参加葬礼的人瞧不起。因此就出现了"请你闭上一眼"这句话，意思是说"请你假装未看见"。此地特别容易看出"或者……或者……"所表达的意义模糊性。梦的工作不可能用一个统一字眼来表示，同时它模棱两可的梦念，于是两条思路甚至在显梦中也只好分道扬镳了。①

在一些梦中，二者择一的困难是用把梦分成相等的前后两部来解决的。

梦处对立和矛盾的方式非常引人注目。它干脆置之不理。就梦来说，"不"字似乎是不存在的。② 梦特别倾向于把对立部分结合为统一体或把它们表现为同一事物。再者，梦还喜欢把一个元素任意表现为它所欲达到的对立面，所以在梦念中被允许出现

---

① ［弗洛伊德曾在1896年11月2日致弗利斯的信中报告此梦。（见弗洛伊德1950a，第50封信）信上提到此梦系在葬礼后当晚所做，最初的说法是，梦涉及阖上死人的双眼是尽孝道。］

② ［这种说法的限定条件见326、337、434页。］

对立面的任何元素，乍一看来，并不能决定它到底是正面还是反面的意义。①

在上面刚提到的其中第一从句（因为我的出身是如此这般……）已被解释的那个梦中（315页），梦者梦见她自己跨越一些木栅爬下，手里拿着盛开的花枝。她由这个意象联想到天使手持的百合花枝条向圣母玛利亚宣报耶稣诞生的那幅圣画，（她自己名字也叫玛利亚），随后又联想起穿着白袍的少女，穿过用常绿树枝装饰的街道，参加基督圣体节游行的景象。因此梦中盛开的花枝无疑暗示着贞洁。但是枝条上开的是红花，很像一朵朵的山茶花。当她走到终点时，（梦仍在继续进行），大部分盛开的花已经凋谢，因而接着无疑是暗示着月经。因此，这个天真无邪的少女，手持着好似百合花的同一枝条，同时也暗指着茶花女。我们知道，茶花女通常戴的是一朵白色李花，但在月经期便戴上一朵红茶花。同一盛开的花枝（参见歌德的《磨坊主女儿》一诗中的"少女之花"）既代表贞洁又代表其反面。而这同一个梦既表现了梦者对她自己度过的洁白无瑕生活感到欣慰，同时在某几点上（如花的凋谢）也泄露了相反的联想，为（自己童年时代）在贞洁方面所犯的过错而感到罪疚。在分析梦时，很可能区分出两条不同的思路。安慰自己的思路似乎呈现于表面，自责的思路则藏在底层，两条思路截然相反，但是

---

① ［1911年增注］当我看了K.阿贝尔的《原始词的对偶意义》(1884)一文后，（参见我的评论，1910c）不觉震惊于其中所说的一个事实（其他语言学家也予以证实），即大部分古代语言与梦的这一点极为相似。他们最初只用一个词来描述一系列性质和活动的两个极端（如强—弱，老—少，远—近，紧—松）其后稍许改变共同词，便构成表示对立面的明确的词。阿贝尔从古埃及语中证实了这一点，但他表明在闪族语和印欧语系发展过程中也有着明显痕迹（又见471页）。

316

它们的相似而又相反的元素都由显梦中同一元素表现出来。①

梦的形成的机制最喜爱的逻辑关系只有一种，那就是相似、一致、接近的关系，亦即"恰似"的关系。这种关系与任何其他关系不同，在梦中可表现出各种不同的关系。② 梦念材料中固有的平行现象或"恰似"情况构成了梦的原始基础。梦的相当大一部分工作都是由于受到稽查作用的抵抗而不能进入梦中的那些梦念创造了一些新的平行现象所致。梦工作的凝缩倾向则有助于相似关系的表现。

相似，一致，具有共同属性——这一切在梦中都表现为统一，或表现于既有的梦念材料之中，或表现为新的构造。第一种可能性可称为"摹拟作用"（identification），第二种可称之为"复合"。"摹拟作用"用之于人，"复合"则用之于事物的统一材料。然而复合也可用之于人。地点与人往往被同样看待。

摹拟作用就是与共同元素有联系的一个人在显梦中不断出现，第二个或其余的人在梦中似乎都受到了压制。但是在梦中出现的这个单独覆盖的人物在一切关系和情境中不是明指他自己就是暗指他所覆盖的人。而复合则扩展到好几个人。梦中情况将有关各个人的特性结合起来，而不是表现为共同特性；所以这些特性结合而为一个新的统一体，即一个复合人物。复合的真实过程可用各种不同的方式予以实现。一方面，梦中人物可以采用与其有关的某人姓名，这种方式与我们清醒生活中的认识十分相似，即我们所欲认定的某人，其外貌特征却像另一个人。在另一方面，梦中

---

① ［此梦在后文 347 页有充分讨论。］
② ［1914 年增注］参见上文 97 页注中引证的亚里士多德论释梦者的条件限制。

人物本身所表现的复合外貌特征，实际上一部分属于一个人，一部分则属于另一人。再者梦象中第二个人所参与的成分也可以不在外貌特征上而是在我们所赋予他的姿势、姿态、言语以及所处的情境中表现出来。在后一种情况下，模拟作用与复合人物结构之间的区别便不很显著了。① 但是也可能出现这种情况，即这样一个复合人物的形成是失败的。如果是这样，梦的情景就会归于所说的其中一个人，而另一个人（通常为更重要的人）则表现为无所司事的旁观者。梦者对这种情况可以这样说："我的母亲也在场。"（斯特克尔）梦内容中的这种元素可比拟为在象形文字手稿中利用的决定因素，它的作用不在于发音，而只在于能说明其他的符号。

用以证明，或者确切些说，用以结合两个人的共同元素，在梦中可以出现也可以删除掉。一般说来，产生模拟作用或复合人物结构的目的，就是要避免共同元素的出现。为了避免说"A仇视我，B也仇视我"，我便在梦中制造出一个A和B的复合人物，或者我想象A完成了B所特有的某种动作。因此梦中构成的某个人物具有某种新的联系，而表现A和B二者的情况使我可以在梦中适当的地方插入二者所具有的共同元素，即对我仇视的态度。按这种方式，往往可以达到梦内容中的大量凝缩作用。如果我能在另一个人身上找到能同等使用的某些情况，我便能不再需要直接表现与一个人有关的极其复杂的情况。因此也不难看出，这种利用模拟作用的方法，是多么能够有效地逃避对梦的工作施加苛

---

① ［关于复合人物的题材又见293页以下。以下三句话系1911年所加。本段的最后一句于1914年所加——本段的"模拟作用"显然不同于149页以下所讨论的意义。］

刻条件的稽查作用的抵抗。检查作用所反对的现象，可以正是在梦念材料中属于某人所有的某些特定观念，因此我继续寻找第二个人，他也与所反对的材料有关，但只是部分有关。在这一检查点上，这两个人的接触使我有理由利用这两个人的一些无关紧要的特征构成一个复合人物。这个由模拟作用或复合而构成的人物便无需通过检查作用而就被允许进入梦内容了；因此，由于利用了梦的凝缩作用，我便满足了梦的稽查作用的要求。

当梦中表现出了两个人之间的一个共同元素时，通常就是暗示我们去寻找稽查作用使其不可能在梦中呈现的另一个共同元素。移置作用的产生，似乎就是为了促进这个共同元素的表现。由于梦中出现的复合人物总是伴有一个无关紧要的共同元素，我们由此可以推断出，在梦念中必定还隐伏着另一个远非不重要的共同元素。

因此，模拟作用或复合人物的构成是为梦中多种目的服务的：第一，表现与二人有关的一个共同元素；第二，表现一个移置了的共同元素；第三，也是表达仅仅所欲求的一个共同元素。由于希望有一个共同元素能经常符合于二人之间的互相变换，所以在梦中就利用模拟作用表现了这个关系。在爱玛打针的梦中，我希望把她变换成我的另一个病人；也就是说，我希望另一个女人像爱玛一样成为我的病人。梦满足我这个欲望的方式是，呈现一个名叫爱玛的人，但她接受我检查时的位置则是我曾经见过的另一个女病人所处的位置［109 页以下］。在有关我叔父的梦中，这种交换成了梦的中心：我以对同事们的态度和判断并不比部长更好而以部长自居。［193 页］

我从自己的经验中毫无例外地发现,每一个梦都涉及梦者自己,梦是完全利己主义的。① 只要梦内容中出现的不是我自己的自我,而是一个陌生人,我敢断定,我的自我必定以模拟作用隐藏在这个人的背后;从而使我的自我能插入梦的前后关系之中。在另一些梦中,如果我的自我确实出现于梦中,则所发生的情况也会告诉我,必有另一个人利用了模拟作用隐藏在我的自我背后。这种情况的梦不啻警告我,我在释梦时,必须把与这另一个人有关的共同元素转移到我自己身上。还有一些梦,其中我的自我与别人同时呈现,当模拟作用弄清楚之后,在那个人身上再次表现出我的自我。因此这些模拟作用便使我能够与被稽查作用所禁止的自我的某些观念相接触了。由此看来,我的自我在一个梦中可以表现好几次,时而直接发生作用,时而通过对别人的模拟作用。正是通过若干次这种模拟作用,便可以把一大堆思想材料加以凝缩。②梦者的自我在一个梦中可以若干次或以若干不同形式出现,这一事实根本不足为奇,它与自我在有意识思想中出现于不同时间、不同地点或不同关系中的事实是完全一样的——譬如在这个句子中"当我想到我曾经是一个多么健康的孩子。"③

模拟作用用于地点名称比用之于人甚至更易理解,因为此处没有在梦中具有强大影响的自我的干扰。在我有关罗马的一个梦中(195页以下),我发现自己置身于我称之为罗马的一个地方,但

---

① [1925年增注]参见270—1页脚注。
② 当我猜测在梦中究竟要到哪一个人背后去寻找我的自我时,我遵循这一法则,即梦中感受到我入睡时的情绪体验的那个人就是隐藏了我的自我的人。
③ [这句话增写于1925年。]

我惊奇地发现在某个街角竟有大量的德文广告。这后一点乃是我的一种欲望的满足,它使我立即想起布拉格。这个欲望本身也许可以追溯到我在少年时代作为一个德国民族主义者阶段,但早已成为过去。① 我做梦时曾约定与我的朋友[弗利斯]在布拉格相会,所以罗马与布拉格二者的模拟作用可以用一个所欲求的共同元素加以解释,即宁愿在罗马而不愿在布拉格与我的朋友会晤,也就是为了这次聚会的目的,我宁愿把布拉格换成罗马。

创造复合结构的可能性,在梦经常表现的想象特征中最为突出,因为它引进梦中的元素从来不是真实知觉的对象。② 构建梦中复合意象的精神过程,与我们在清醒生活中的想象或描画半人半马的怪兽或龙无疑有共同之处,其唯一的区别仅在于,在清醒生活中再现想象形象的决定因素,是我们所欲创造的新结构本身的印象;而在复合结构的形成中,其决定因素与实际形状无关——亦即由梦念中所包含的共同元素所决定。梦中复合结构可以通过各种不同的方式形成。其最简朴的形式莫过于将一件事物的属性附加于对另一有关事物的认识之上。比较费周折的技巧则是把两个对象的特征结合为一个新的意象,而在这样做时巧妙地利用两个对象在现实上所可发生的任何相似之处。依据材料及其拼合的灵巧性,新结构可以表现得荒谬绝伦或巧夺天工。如果有待凝缩成为一个单独统一体的各对象太不协调一致,梦的工作往往只满足于创造这样一种复合结构,它具有一个相对清晰的核心,但伴之以

---

① [参见"革命的"梦。210 页和 213 页。]
② [在弗洛伊德的论梦的短文(1901a)第 4 节结尾处有一些有趣的梦例,见标准版,卷 5,651 页。]

若干不太清晰的特性。在这种情况下,统一成为单一意象的过程只好说归于失败。这两种表现彼此重叠,产生出了相当于两个视象互相竞争的某种东西。在绘画上,如果画家想要把若干个别的视觉形组成一个总体概念,画面上也可得出类似的表现。

325 　　梦当然是一大堆这类复合结构。我在分析了的梦中已经举出几个例子;现在我再举几个。我在347页[也见319页]所报告的那个梦中,描述了病人在"花的语言"中走过的人生历程。梦的自我手持一株盛开的花枝,我们已经知道,它代表贞洁,也代表着性的罪恶。梦者由于花朵在枝条上的排列位置,便从枝条想起了盛开的樱桃花。这些盛开的花,个别看上去就像朵朵山茶花,而总的印象则像一种外来植物。这个复合结构的各个元素由梦念而得到证实。盛开的花枝由暗示着她所喜爱的各种礼物所组成。因此,她童年得到的是樱桃花,后来是山茶花植物,而"外来"植物则暗指一个到处旅行的自然科学家,他曾画了一种花试图博取她的欢心。我的另一个女病人梦见了一件介乎海滨的更衣室、乡村的户外厕所和城市住屋的顶楼之间的建筑物。前两个元素共同与裸体的和脱裤的人有关;二者与第三个元素相结合则导致(在她的童年)顶楼边脱衣的景象的结论。另一名男性梦者梦见由两个"接待"他的地方组成的复合地点,一个是我的诊断"接待"室,一个是他最初认识他的妻子的"接待"地方。① 一个女孩当她的哥哥答应请她吃一餐鱼子酱之后,她梦见了她哥哥的腿布满了黑色鱼子酱颗粒。这种(道德意义上的)"传染病毒"元素和她童年时曾患过一次"皮疹"

---

① [这一句为1909年所加。]

的回忆(她双腿布满了红色而不是黑色的斑点),再加上鱼子酱颗粒,结合而成为一个新的概念——即"她从她哥哥那里得到的东西"。在这个梦中,与其他的梦一样,人体的各部分是被当作物体对待的。费伦齐[1910]①曾记录了一个梦,梦中复合意象由一个医生和一匹马组成,并且穿了一件睡衣,在分析中,当女病人承认了睡衣暗指她在童年时看到父亲的一幕景象时,就发现了这三个成分的共同元素。所有这三种情况都可以归结到她的性好奇的对象问题。她在幼年时保姆常常带她到军队的种马场,她在那里有很多机会满足她那时尚未被抑制的好奇心。

我在上文[318页]曾认为梦没有方法表达矛盾、相反或"不"的关系,我现在要对这种说法予以初步否定。② 我们已经看到[322页],包括在"相反"名目下的一组梦,单纯只由模拟作用加以表现——也就是说,在这些梦例中,转换或代替的观念能由对比而形成联系。这方面我已举了不少例子。另外一组在梦念中的相反观念可归属于"颠倒的"或"恰恰相反"的名下,以下述明显的方式进入梦中,几乎可以称之为玩笑。"恰恰相反"并不直接呈现于显梦之中,不过是利用(由于其他原因)与其相邻的已经构成或发生的几段梦内容的材料——仿佛是一种事后回想——的转变而表现出来的。对于这一过程,通过举例证明比描述起来更易理解。在那有趣的"上和下"梦中[285页以下],梦中向上爬的表现恰恰与梦念中的原型相反,即与都德笔下《萨福》中的序幕相反:梦中爬上

---

① [本段其余部分于1911年加写。]
② [其他理由见后文337页和434页。]

是先难后易,都德的笔下则是先易后难。此外,梦者与他的哥哥的"楼上"和"楼下"的关系在梦中的表现也恰恰相反。这指出了梦念中两段材料之间存在着一种颠倒和相反的关系;而我们发现梦者在童年想象被奶妈抱上楼,恰恰与小说中主人公抱着他的情妇上楼的情境相颠倒。

327　　同样,我梦见歌德抨击 M 先生(见下文 439 页以下),也表现为"恰恰相反",所以要成功地解释这个梦,事先必须使其恢复原状。梦中是歌德抨击一个年轻人 M 先生;梦念中包括的真实情况则是一个不知名的年轻作者对一个重要人物即我的朋友弗利斯施加抨击。在梦中我根据歌德的死期计算时日,实际上却是从瘫痪病人的生日算起。梦念中成为决定性的思想是,与歌德应被当作疯子看待的观念恰恰相反。梦[的潜伏意义]在说,"恰恰相反,如果你不理解这本书,那是你[批评家]的低能,而不是作者。"我还承认,所有这一类使事物变成反面的梦都暗藏着"背对某件事"的轻蔑之意①(如"萨福"梦中兄弟关系的颠倒[287 页以下])。此外值得注意的是,在起源于被压抑的同性恋冲动的梦中也经常使用这种颠倒手法。

　　附带说一下,②颠倒或事物转向反面是梦的工作最喜爱使用的表现方法之一,也是应用得最广泛的方法之一。首先,它可以表达与梦念的某个特定元素有关的一种欲望的满足。"但愿它是相反的就好!"这往往是自我对一段不如意回忆的反应的最好表达方

---

① [此句于 1911 年加写。]
② [本段和下一段于 1909 年加写。]

式。其次,颠倒对于逃避稽查作用特别有用,因为它对有待表现的材料可以大肆化装,在一开始就对想了解梦的企图产生有效的麻痹作用。由于这个缘故,如果一个梦顽强地拒绝显示它的意义,则不妨把显梦中的某一特殊元素颠倒过来,往往在此之后,整个情况马上就变得明朗化了。

除了题材的颠倒之外,时间的颠倒也不容忽视。梦的化装常用的一种技巧是,把一件事情的结果或一串思想的结论表现于梦的开始之时,而把结论的前提或事件的原因置于梦的结束之时。任何不注意梦化装所采用的这个巧妙方法的人,对所面临的释梦任务就会不知所措。①

在某些梦例中,②确实只有当其各方面内容经过几番颠倒之后才能发现它的意义。例如,一个年轻的强迫性神经症患者在他的一个梦背后,隐藏着一个从童年起就希望他很害怕的父亲死去的记忆,梦的内容是:他回家太晚,他的父亲骂了他一顿,但是,在精神分析治疗中,梦所发生的前后关系以及梦者的联想表明,这句原话的措辞必定是,他对他的父亲很恼火,在他看来,他的父亲回

---

① [1909年增注]癔症发作时有时采用这同样的时间颠倒方法,以便对观察者隐瞒梦的真义。例如,一个患癔症的女孩需要在一次癔症发作中表现带有罗曼蒂克性质的某事——她在地下铁道遇见某人以后在潜意识中的一件罗曼史。她想象这个男子如何为她的美丽的脚所吸引,正当她在阅读时上来搭讪,然后二人结伴而行并和他产生了热烈的爱情场面。她的发作开始时便以身体的痉挛来表现这段热爱的场面,伴有表示接吻的嘴唇动作,两臂紧箍表示拥抱。然后,她匆忙走入邻室,坐在椅上,提起裙子以便露出双足,佯装正在读书并对我讲话(就是回答我)——[1914年补注]参见阿尔特米多鲁斯所说这方面的话,"解释梦中所见的意象有时必须从头到尾,有时又必须从尾到头……"[克劳斯译,1881,卷1,11章,20页]

② [本段于1911年加写。]

家总是太早(也就是太快)了。他倒希望他的父亲根本不回家,这与他希望父亲死去是同一回事[254页以下]因为当他还是一个小孩时,他父亲外出未归,他因对另一小孩犯了性侵犯动作而感到罪疚,作为一种惩罚,他被警告说,"等你爸爸回来再说吧!"

如果我们希望进一步研究梦的显意和隐意之间的关系,最好的办法莫过于用梦本身作为出发点,考虑梦中表现方法的那些形式特征与其背后的梦念之间的关系。这些形式特征当中在梦中给我们留下印象最为突出的是各个特殊梦象之间的感觉强度的差异,以及梦中各特殊部分或梦与梦之间因比较而产生的清晰性的差异。

各特殊梦象之间的强度差异,其所包括的全部范围,从人们视为当然的大于现实的清晰度,直到我们认为梦的特征必然出现的令人心烦的模糊性,这种模糊性与我们所感知的真实对象的不清晰程度不能完全比拟。此外,我们通常把梦中不清楚的对象称之为"飞逝的",同时认为对那些较清晰梦象感知的时间较长。现在要提出的问题是,梦内容中各特殊片断的清晰性差异究竟是梦材料中什么因素决定的。

我们必须从反对必然要产生的某些预期着手。鉴于梦的材料可以包括睡眠时体验到的一些真正感觉,于是便可能假设:这些感觉或由它们所引起的梦中各元素,由于其特殊强度,在梦内容中也一定占有突出地位。反之,凡是特别清晰的梦象都可以追溯到睡眠时的真实感觉。但是我自己的体验却从未证实这个事实。如果由睡眠时真实印象(如神经刺激)所派生的梦中各元素与来自记忆的其他元素二者在清晰性上有所区别,那决不是事实。在决定梦象的强度上,现实因素是丝毫不起作用的。

人们可以预期,某些特殊梦象的感觉强度(即清晰性)与梦念中相应元素的精神强度可能有关。就后者来说,精神强度相当于精神价值:强度最大的元素便是最重要的元素——正是它们构成了梦念的核心部分。而我们已经知道,也正是这些元素由于稽查作用一般都无法进入梦的内容;代表它们的直接派生物在梦中可能获得很大强度,却不一定因此而成为梦的核心。通过对梦及其材料的比较研究,对这种预期也很难表示乐观。此方面的元素强度与彼方面的元素强度是毫不相干的;事实上,梦念材料和梦之间发生了[如尼采所说的]"一切精神价值的完全转换"。在梦念中占支配地位的直接派生物,在被强有力意象大力掩盖的梦中,往往只是表现为某种短暂过渡的因素。

梦中各元素的强度原来相反是由两个互相独立因素决定的。第一,不难看出,凡是表达欲望满足的元素都具有特殊大的强度[561页以下]。第二,分析表明,梦中最清晰的因素乃是联想最为丰富的出发点,也是其本身拥有决定因素最多的元素。如果我们做如下的表述,并不改变其经验性的意义:在梦的形成过程中,表现强度最大的乃是需要进行大量凝缩作用的那些元素[595页以下]。我们期望最终可用一个单一公式表达出这个决定因素和(与欲望满足有关的)其他因素。

我刚才探讨的问题——即产生一个梦的某些特定元素的强度和清晰度的程度问题——可不能与整个梦或梦中各段落的不同清晰度的问题混为一谈。前一个问题的清晰性是与模糊性比较而言,后一个问题则是与混乱比较而言的。然而毫无疑问,这两种尺度在质的增减上却是彼此平行的。一段显明的梦通常包含着强度较大的元素。反之,一个模糊的梦总是由强度较小的元素所组成。但是表明梦从清晰到模糊或混乱这一尺度问题,比起梦元素的不同程度清晰性问题来,则要复杂得多。由于后面将要提到的理由,前一个问题在此还不能进行讨论[500页以下]。

在少数例子中,我们惊奇地发现,梦中表现出的清晰和模糊印象与梦本身构造完全无关,而是由梦念材料所引起,并且就是梦念的一个组成部分。我自己就做过一个梦,醒来以后仍觉得它结构完整,鲜明清晰,无疵可寻,以致我还在半睡状态中时,就想介绍一类新的梦,它们不受凝缩和移置机制的影响,而可称之为"睡眠时想象物"。然而细加观察,证明这类少数梦仍然与任何其他梦一样,在结构上具有漏洞和毛病,因此我就放弃了"梦的想象物"这个分类。① 这梦中显示的内容,正表明了我和我的朋友[弗利斯]长期寻求的一个困难的雌雄同体的理论;而梦的欲望满足的力量使我们得以认为这个理论(顺便说,它并未表现于梦中)是清楚的和完美无缺的。因此,我认为梦是完整的这一判断实际上乃是梦内容的一部分,而且确实是其基本的部分。在这种情况下,梦仿佛侵入了我刚刚睡醒时的思想,使我以为自己是在对梦作出判断,其实不过是未能在梦中精确表现出来的一部分梦念。② 有一次我在分析一个女病人的梦时,遇到了与此完全相符的情况。起初她不肯讲她的梦,只是说:"因为它是那么混乱模糊。"她在反复宣称她觉得自己所说的不一定正确之后,终于告诉我说,她梦见了好几个

---

① [1930年增注]我至今仍然不敢肯定它是否正确。[弗洛伊德在他的《梦和心灵感应》(1922a)论文中讨论第一个梦例的结尾处曾是存在这个分类争辩过。]

② [这个问题在445页以下有非常充分的讨论。]

人——她自己、她的丈夫、她的父亲——而且她好像看不清她的丈夫是否就是她的父亲,或者谁是她的父亲,诸如此类等等。此梦与在分析时所产生的联想结合起来,证明这个问题无疑是一个女仆的常见故事,她不得不说出她想要一个孩子,但搞不清"婴孩的真正父亲是谁"。① 因此此处再次证明了,梦缺乏清晰性不过是梦的刺激材料的一部分,也就是,这一部分材料表现于梦的形式之中。梦的形式或梦见的形式极其经常地被用来表示其隐藏的题材。②

对梦的注解或显然无害的评论往往被用来掩饰梦中以微妙方式出现的部分,虽然实际上隐藏不住真相。例如有一个梦者说,梦在某一处"被擦掉了"(wiped away),而分析却引出一段童年回忆,他在大便后倾听一个人说话,而那个人正在替他"擦"(wipe)屁股。还有一个值得详细记录的梦例。一位年轻男人做了一个非常清晰的梦,引起了他仍记得的某些童年想象。他梦见一天晚上就宿于一家避暑胜地的旅馆。他记错了房间号码,走进房内,一位年长的妇女和她的两个女儿正在脱衣就寝。他然后说,"梦在这里有些空隙(gaps);少了些什么东西。最后房间内有个男人要把我抛出去,我于是和他扭打起来。"他对于梦所明显暗示的童年回忆的主题和倾向,百思不得其解,直到最后才真相大白,他所努力思索的内容已包含在他所说的梦的隐晦部分中了。"空隙"是指这几个女人脱衣上床时所裸露的生殖器,而"少了些什么东西"

---

① 她的伴生的癔症症状是经闭和极度精神抑郁(这是她的主要症状)[此梦在445页以下还要讨论。]

② [最后一句为1909年所加,下一段于1911年增写。]

329

是指女性生殖器的主要特征。他在童年有着想窥视女性生殖器的强烈好奇心,同时相信幼儿期性理论,认为女性具有与男性同样的生殖器。

另一个人对梦的回忆表现了极其相似的方式。① 他梦见以下内容:"我正和 K 小姐走进公园餐厅……然后是一个模糊部分……中断了……然后我发现自己在一个妓院的客厅,在那里我看见两三个妇女,其中有一人穿着内衣内裤。"

分析:K 小姐是他的前上级的女儿,他承认这是他自己妹妹的替身。他很少有机会和她谈话,但是有一次谈话"仿佛我们各自意识到了自己的性别,好像我是在说,'我是男的,你是女的'"。他只去过一次梦中提到的餐厅,和他一道去的是他姐夫的妹妹,一个对他毫无吸引力的姑娘。另一次他和三个女人走过这餐厅的大门,这三个人是他的妹妹,他的表妹和刚才提到的他姐夫的妹妹。他对这三个人都不感兴趣,但她们都属于"姐妹辈"。他也很少去妓院——一生只去过两三次。

对这个梦的解释基于梦中的"模糊部分"和"中断",因而提出的意见是,他曾经由于童年好奇心偶然(虽然次数很少)窥见了比他小几岁的一个妹妹的生殖器。几天以后,他有意识地回想起了这个梦中暗示的不端行为。

同一夜晚所发生的所有梦的内容都构成同一整体的部分;它们分成几个段落以及这些段落的组合和数目都具有某种意

---

① [本段和以下两段系 1914 年增写。]

义,并可看做潜隐梦念的信息。① 在解释包括好几个主要段落的梦,或者,一般发生于同一晚的梦时,不容忽视的可能性是,这样一类分开的连续的梦可以具有相同的意义,而且可以以不同材料表达同一冲动。果真如此,则在这些同源的梦中,第一个梦往往是化了装的而且表示羞怯,接下去的梦就会比较清楚和较为可信了。

圣经中由约瑟夫解释的法老所做关于母牛和玉蜀黍穗的梦便属于此类。约瑟夫斯(《古犹太史》第2卷第5章)报告此梦比圣经还要详细。当法老叙述了第一个梦后,他说,"我看到这个梦象之后便惊醒了,在混乱中,自己暗自思忖这个梦象到底有何意义时,我又睡着了。于是又做了第二个梦,比上一个梦更为奇特,使我更为惊恐和迷惑不解……"约瑟夫听了法老的叙述以后说,"啊,国王,这个梦看起来虽然是两个形式,但指的却是同一回事……。"[惠斯顿英译本1874,卷1,127—128页]

荣格在其《谣言心理学的贡献》(1910b)一文中,描述了一个女学生所做的化了装的色情梦,如何不经解释就被她的同学所识破,以及这个梦如何进一步地被改动和润饰。他在评论了一个有关的梦之后说:"一系列梦象的最后思想所包含的,正是这一系列梦象要描述的最初意象。稽查作用利用一连串新的象征符号,移置作用,无害的伪装,尽可能地远远离开这个情结,等等"(同上,87页)。施尔纳(1861,166)熟知梦的表现方法的这种特性,把它与自

---

① [本句为1909年所加,本段的其他句子以及以下三段,均于1911年增写。在《精神分析引论新编》(1933a)的29章靠近结尾处又讨论了这个题目,本书314页以下已经涉及,在403页,444页注1和525页中均再次提及。]

己的器质性刺激理论［上文85页以下］联系起来，列为一条特殊法则：“最后，在由特种神经刺激所引起的一切象征性的梦结构中，想象遵循下面的总法则：梦在开始时只用最遥远的最不明确的隐喻描绘着引起刺激的对象，但到最后，当所描绘的对象本身已趋枯竭之后，它就赤裸裸地表现出刺激本身，或者根据不同情况，描绘有关的器官或该器官的功能了。于是，梦在指出了真正的器质性原因之后，便达到它的目的……。”

奥托·兰克（1910）为施尔纳的这条法则提供了直截了当的证据。他报道了一个女孩在同一晚做了一个由两个单独的梦组成的梦，中间隔着一段时间，第二个梦以达到性欲高潮而结束。甚至无需梦者提供许多信息，对第二个梦也能作出详尽的解释；而从两个梦内容之间存在的联系，也不难看出，第一个梦不过是以较羞怯形式表达了与第二个梦的相同内容。所以，以性欲高潮结束的第二个梦有助于完成对第一个梦的解释。兰克正确地根据这个梦例，讨论了性欲高潮和遗精的梦对梦理论的普遍性意义［见402页以下］。

然而就我的经验来看，人们只是很少利用梦材料所表现的明确与否来解释梦的清晰与混乱。后面我必须揭示在梦的形成中迄今尚未提到的一个因素，它对任何特殊梦中的清晰和混乱程度都具有决定性影响。［见500页以下］

有时一个梦中的情境和背景持续一段时间，然后出现中断并用这样的话来描述："但是好像同时又在另一个地方，发生了如此这般的事。"过一会儿梦的主要线索又恢复了。而中断的内容在梦材料中不过是一个从句——一个插入的思想。梦念中的条件从句是用同时性表示的,即"如果"(if)变成了"当……之时"(when)。

在梦中经常出现的并且十分接近于焦虑的那种禁制运动感觉究竟是什么意思呢?一个人在梦中想往前走但发现无法移动;企图做成某事但遇到重重障碍。火车正要启动,他却无法赶上,一个人受到侮辱正要挥拳报复,但发现无能为力,等等。我们在裸露梦[242页以下;又见285页]中谈到了这种感觉,但没有认真地进行解释。一个简便而不成熟的答案是,睡眠中普遍出现运动麻痹,因而就产生了动作禁制的感觉。但是人们不免会问,为什么我们不能持续地梦到这种禁制运动,因而我们可以合理地假定,虽然在睡眠中可被随时唤起的这种感觉有助于促进某种特殊表现,但也只有在梦念材料需要以这种方式表现时,它才被唤起。

这种"无能做任何事"并不一定是作为一种感觉在梦中出现,有时只不过表现为梦内容的一部分。我认为有一个梦例似乎特别适合于说明做梦的这种特性的意义。下面是此梦的摘录。我在梦中显然受到了不诚实的指控。"这个地点是一个私人疗养院和其他几个建筑物的混合物。一个男仆出来传讯我去接受检查。我在梦中知道有人丢失了某件东西,而检查是因为我被怀疑与失物有关。(分析表明检查有双重意义,包括了体格检查)考虑到我是无辜的而且是这个机构的顾问,我静静地随着这个仆人。我们在门口遇见另一个仆人,他指着我说,"你为什么带他来呢?他是一位受人尊重的人。"然后我独自进入一座大厅,厅内竖立着许多机械,使我想起了地狱及其恐怖的刑具。我看见一位同事正躺在一个器械上,他一定注意到了我,但是他佯装未见。然后我被告知可以走

333

了。但是我找不到我的帽子,并且根本不能走开。"

这个梦的欲望满足显然是承认我是一个诚实的人并且被告知可以走开了,因此在梦念中必定存在包含着与此欲望相矛盾的各种材料。我可以走了是赦免的表示,因此,如果在梦的结尾发生了某件事阻止我走开,则似乎可以合理地假定,包含着矛盾的受压制的材料此时正力求自己有所表现,因此我不能找到帽子乃是意味着:"你终究不是一个诚实的人",而此梦中的"无能做任何事"也是一种反面,即表示"不"的方式;所以我以前所说[318 页]梦不能表示"不"字,就需要加以修正了。①

在其他一些梦中,"无能做任何事"不是作为一种情境,而是作为一种感觉,是同一矛盾的更强有力的表达——它表达了为反意志所反对的意志(volition)。因此运动受抑制的感觉代表一种意志的矛盾(a conflict of will)[参见 246 页]。我们在后面[567 页以下]当可知道,睡梦中伴生的运动麻痹,正是做梦时精神过程的基本决定因素之一。而现在知道的是,沿着运动道路传导的冲动不过是一种意志,而我们在睡眠中确能感到冲动遭受抑制的事实,更能表明整个过程能适当地代表一种意志动作以及与之对抗的

---

① 在全部分析中牵涉到我童年的一件事,它是由下述联想而产生的:"摩尔人已经完成了他的责任,摩尔人可以走了。"(席勒诗句剧 Fiesco,第三幕,第四场。"责任"实际上是"工作"的误引)然后是一个开玩笑的问题"摩尔人完成他的责任时是几岁,"只有一岁,因为那时他已能走了[德文"Gehen"有"走开""走路"双重意义](似乎因为生下来就有一头鬈曲的黑发,所以我的年轻母亲戏称我是摩尔人)——我不能找到我的帽子,是清醒生活中发生的一件事,所指不止一种意义,我们的女仆是个藏东西的能手,把它藏起来了。——这个梦的结尾还隐含着一种对死亡的忧郁思想的反抗:"我还远未完成我的责任,所以我一定还不能走开"——这梦中包含了生和死,就像不久以前我梦见了歌德和瘫痪病人一样(见 327、439 页以下[和 448 页以下])。

"不"字。根据我对焦虑的解释,也不难理解为什么意志受抑制的感觉会与焦虑如此密切接近而且在梦中常与焦虑联系在一起。焦虑是一种里比多冲动,它源于潜意识并受潜意识的抑制。① 所以当梦中禁制感觉与焦虑发生联系时,它必定是在一定时刻能产生里比多的一种意志动作问题,也必定是一个性冲动的问题。

梦中常表达出这么一句话,"毕竟这不过是一个梦,"②这个判断的意义和精神价值,我以后再谈[见 488 页以下],我仅在此预先指出,它不过是想贬低所梦内容的重要性。一个有趣而且有关的问题是,梦中一部分内容在梦本身中又被描述为"梦见的",即这个"梦中梦"之谜,在斯特克尔[1909,459 页以下]分析了某些令人信服的梦例之后,已在类似的意义上得到了解决。其意图也是在于贬低梦中"梦见的"事物的重要性,以剥夺其真实性。从"梦中梦"醒来以后梦中所梦见的内容乃是梦欲望力求代替被抹除的真实。所以,我们可以合理地假定,梦中"梦见的"事物乃是真实的代表,是真实的回忆,相反,梦的继续不过代表着梦者的欲望。因此,"梦中梦"所包括的某种事物等于希望被描述为梦的那件事根本没有发生。换句话说,③如果梦的工作将一特殊事件作为一个梦插入梦中,则可最确切地证实这事件的真实性——最确凿无疑的肯定。梦的工作利用做梦作为一种否定形式,从而证实了梦是欲望的满

---

① [1930 年增注]根据后来的理解,这句话不再能成立[参见 161 页注,又见 499 页注]。
② [本段(除倒数第二句及最后一句一部分)增写于 1911 年。]
③ [本句为 1919 年所加。]

335

足这一发现。①

四、表现力的考虑

直到现在,我们研究的还只限于梦所利用的表现各梦念之间关系的方法。然而在这一研究过程中,我们已经接触到了更具一般性的有关梦的改造问题,即为了梦的形成梦的材料必须经历的改变问题。我们已经知道,梦的材料被剥去了自身的大部分联系,便受制于一种强迫过程,同时在其各元素的强度之间进行移置作用,使梦材料得以实现一种必要的精神上的价值转换。我们迄今所讨论的移置作用,还只包含着某一特殊观念为另一有较密切联系的观念所置换,用以促成压缩作用。利用这种方法不是使两个元素而是使介乎二者之间的一个共同元素得以入梦。我们还没有谈到任何其他种类的移置作用。我们的分析表明,还存在着另一种移置作用,它表现为有关思想在言语表达上的改变。在上述两种情况中,移置作用都是以一连串联想在进行;但是这样一种过程可以发生在不同的精神领域;移置作用的结果,一种情况可以是,以一个元素代替另一个元素,在另一种情况下,其结果则可以是一个元素的言语形式为另一个元素的言语形式所代替。

在梦形成中所发生的这第二类移置作用,不但具有高度的理论意义,而且特别适宜于解释梦在化装时所呈现的幻想的荒谬性。移置作用采取的方向通常总是将梦念中的单调而抽象的表现转变

---

① [最后一个从句为1919年所加。]

而为具体形象的表现。这样一种变换的好处及其目的是一目了然的。一件可加以形象化的事情,从梦的观点来看,是一件能够表现出来的事情:它能够被引入梦中,但其由于抽象表现而面临的困难情境,就像报纸上的政治标题难以用插图表现一样。这种置换,不仅促进了表现力(representability),而且也使凝缩作用和稽查作用从中受益不浅。以抽象形式表现的梦念很难加以利用,但是只要它转变为形象化语言,则在这种新的形式和梦的其余材料之间,梦的工作所需要的对比和模拟作用(如果不存在,也可自行创造出来)就比以前容易建立了。这是因为每一种语言的发展史都表明了具体词汇比抽象词汇更富于联想。我们可以设想梦在形成时所进行的大量中间工作,力求将分散的梦念简化为最简洁而单一的表现,就是沿着为个别思想寻求适当的言语变换的路线而进行的。任何一个思想,如果它的表现方式因其他原因而固定下来,则对可能分配给其他思想的表现形式施加一种决定性和选择性影响,而且很可能从一开始就是如此。诗的创作就是这样。如果一首诗要押韵,则两行诗的后一行必受两个条件的限制:它必须表达一个适当的意义,而这个意义又必须与第一行押韵。人们在最好的诗中无疑看不出刻意求韵的痕迹。其中两个思想,由于互相影响,从一开始就选定了表达的文字,其后只须稍加变动,韵律便出来了。

在少数梦例中,这种表现方式的改变甚至直接有利于梦的凝缩作用,它以一种模棱两可的词语,就可表达出不止一种梦念。梦的工作就以这种方式在整个范围内利用言语机智了。词语在梦的形成中所起的作用是无须惊奇的,因为词汇是无数观念的交结点,事先注定就是模棱两可的;神经症(如在构成强迫观念和恐怖症时)也不亚于梦,毫不犹豫地利用词语提供的好处,以达到凝缩作用和化装的目的。①

也不难看出,梦的化装从表现的移置作用中也得到好处。如果一个模棱两可的字眼可以代替两个意义明确的字眼,其结果自然会发生混乱;如果形象化表现代替了我们日常严肃的表现方法,我们的理解就会遇到阻碍,特别是因为一个梦从不告诉我们它的元素是按字面的还是按图形的意义解释的,或者,这些元素是与梦念材料直接发生联系还是通过某些插入的中介词语而进行联系的。② 在分析任何一个梦元素时,一般应考虑到:

① 它采取的是积极的还是消极的意义(如对立关系)
② 它是否是历史性的解释(如回忆)
③ 它是否是象征性的解释,或者
④ 它是否依赖其字面意义而进行解释。

然而,尽管是这样一种模棱两可性质,我们仍可公正地认为,必须记住梦工作的产品并不试图为人所理解,所以它给予理解者的困难并不比古代象形文字手稿给予读者的困难为大。

我已经举了好几个梦例,它们的表现仅仅用模棱两可的言词接合而成(例如,在爱玛打针的梦中[111页]"她适当地张开了嘴"以及我刚才引证的梦[336页以下]"终究我不能走开")。现在我

---

① [1909年增注]见我的《论诙谐与潜意识的关系》(1905a)[特别是第六节最后部分]和解决神经症症状中"语词桥梁"的应用[例如,弗洛伊德1905e第二节结尾处杜拉第一个梦的综述(此处也用了"转换词"一词)以及弗洛伊德1909d第一节(G)中"鼠人"的鼠强迫症]。
② [本段的其余部分为1909年所加。]

再记录一个梦,其中抽象思想转变为图像起了相当大的作用。这种释梦方法与象征性释梦之间的区别仍然是很清楚的。在象征性释梦中,象征化的关键是由释梦者任意选择,而在我们的文字伪装的梦中,其主要线索一般已经知晓且以已牢固建立了的一般言语用法为基础。如果一个人在适当时刻可以自由支配正确的观念,他就能全部或部分地解释这种梦,甚至不必依赖梦者的信息。

我一位熟悉的妇人梦见:她在歌剧院中。正在演出一出华格纳的歌剧,结束时已是早晨7时45分。剧院正厅前排摆设了桌子,人们正在吃喝。她那刚度完蜜月回来的表兄和他年轻的妻子坐在一张桌旁,旁边还坐着一位贵族。看来她表兄的妻子相当公开地把他从蜜月中带回来,就像带回一顶帽子似的。正厅的中央有一座高塔,塔的顶部有一个四周围着铁栏杆的平台,指挥高高站在台上,他的面貌很像汉斯·李希特,他沿着栏杆不断跑着,挥汗如雨;他正从这个位置指挥着聚集在塔下的乐队。她自己和(我认识的)一位女友坐在包厢内。她的妹妹想从正厅递给她一大块煤,因为她不知道它会有那么长,所以现在一定完全冻坏了(好像在长时间演奏中包厢需要保持温暖似的)。

尽管这个梦很好地集中于一个情境,但其他一些方面仍然缺乏意义。例如,高塔位于正厅的中央,指挥从塔顶指挥乐队。最不可思议的是妹妹向上递给她的那一大块煤。我故意不去要求分析这个梦。但是因为我对梦者的某些私人关系有所了解,我不依赖她就能分析梦的某些部分。我知道她非常同情一个音乐师,他因发疯过早地结束了他的音乐生活。所以我决定把正厅中的塔当作一种隐喻。她希望那个音乐师高高站在李希特的位置上,超出于乐队其他成员之上。这个塔可说是由并列组成的一幅复合图,塔的下部代表这个人的伟大;而他在塔顶的栏杆后面四面跑着,就像一个囚徒或笼中困兽(这也暗指着这个不愉快的人的姓名①),表示了他的最终命运。这两个观念就合成了"疯人塔"这个字。②

我们既已发现这个梦所采取的表现方式,便可尝试用同一线索去解释第二个明显的荒谬性,即梦者的妹妹将煤向上递给梦者。"煤"必定意味着"秘密的爱"。

没有火、没有煤

却燃烧得如此炽热

就像秘密的爱那样

永远无人晓得。[德国民歌]

她和她的女朋友一直仍未结婚[德文为"Sitzen geblieben",字面英译为"left sitting"即"坐冷板凳"]。她那仍期望结婚的妹妹向上递给她那块煤,"因为她不知道它会有那么长",梦中并未指出什么会有那么长。如果它是个故事,我们就会说是指"演出",但是因为它是一个梦,我们可以把这个短语当作一个独立的实体看待,断定它是模棱两可的,并可以加上"在她结婚之前"的字眼。梦中提及梦者的表兄和他的妻子在正厅坐在一起,加上后者有一段公开的情史,更加支持了我们对"秘密的爱"的解释。这个梦的重点是秘密的和公开的爱之间以及梦者自己的热情和年轻妻子的冷酷之间的对立;此外,在两种情况中都有"身居高位"

---

① [1925年增注]雨果·沃尔夫(Hugo Wolf)意指狼。
② [德文的"Narrenturm"字面英译为"Fools Tower",疯人塔,为疯人院的旧称。]

(high placed)的人,这个词同样适用于那个贵族和被寄予很高希望的音乐家。①

从以上的分析中,我们终于发现了第三个因素。② 我们决不能低估它在隐意转变为显意中的作用,即梦对所利用的特殊精神材料上表现力的考虑——大部分为视觉意象的表现力。在依附于主要梦念的各种次要的思想中,易于成为视觉表象的常被优先选择出来;与此同时,梦的工作还力求将那些不大适合的思想重新改造成为一种新的言语形式,即使是一种不寻常的形式也在所不惜——只要这种过程对梦的表现有所促进并因此而能将那被约束的思维所引起的心理压力予以释放。把梦中思想内容改铸成另一种模式的这种工作,同时还可为压缩作用的目的服务,而且还可以与本来不会出现的另一种思想形成新的联系,而这第二种思想,因要与第一种思想在半途会合,很可能已预先改变了它本身原先表现的形式。

赫伯特·西尔伯勒(1909)③指出了一个在梦形成过程中直接观察思想转变为图像的好方法,从而独立地研究了梦工作的这一因素。他在处于疲倦和半睡状态时,如果使自己从事某种理智工作,他经常发现这时思想往往逃开,而在思想的位置上出现一个图像,他能认出来这就是思想的代替物。西尔伯勒不大恰当地称之为"自我意念象征"(Auto-symbolic),我在此援引了西尔伯勒论文[同上,519—522]中的几个例子,而且由于这种现象的某些特征,

---

① [这个梦的荒谬性元素在435页有所评论。]
② [以前已发现的两个因素为压缩作用和移置作用。]
③ [本段以及以下有关西尔伯勒的引证为1914年所加。]

我在以后再作讨论。[503页以下]

例1——我认为必须修改论文中的不妥部分。

象征——我发现自己正在刨平一块木板。

例5——我努力回忆我所提出的形而上学的目标。我想起这些目标是人们在追求存在的基础时力求克服困难以达到意识和存在的层次的更高形式。

象征——我将一把长刀插入一块糕饼下部，仿佛要切下一片似的。

解释——我的使刀动作意味着说到的"克服困难"……以下是对象征的解释。我常常在餐桌上切开糕饼并把它分给每个人。我切糕饼用的是一把长的可弯曲的刀，因此需要小心。特别是当糕饼已被切开，要利落地取下切片时，更有一定的难度；刀必须小心地塞进切下的糕饼下面，（相当于缓慢地"克服困难"以达到另一"基础"）但是在这幅图像中还有更多的象征，因为象征中的糕饼是"千层糕"，刀子要切过好多层（相当于意识和思想的层次）。

例9——我失掉了一串思想的线索，我努力想再找到它，但我不得不承认思想的出发点已无从寻觅了。

象征——排字工人的印版的一部分，最后几行铅字已经散落了。

鉴于笑话、引语、歌曲和成语在有文化者的精神生活中所起的作用，我们可以有理由认为这一类伪装可经常用来代表梦念。例如有一个梦，若干两轮运货车上却装满了不同种类的蔬菜，这是什么意思？这些货车表示了一种愿望，与"青菜萝卜"即"乱七八糟"亦即与"混乱"形成对立。使我感到惊奇的是，这个梦我只听见过一次。① 一种梦象征的普遍有效性只出现于少数题材中，它以带有普遍性的隐喻和言语代替物作为基础。此外，梦的大部分这类象征也为精神神经症，传说和习俗所共有。②

的确，当我们更深入考查这个问题时，我们必定会发现，梦的工作在进行这一类代替时，并无创新之处。为了达到它的目的——在这个梦例中乃是受稽查作用的阻挠而求取表现的可能性——梦仅利用潜意识中已经形成的通路，并优先将受压抑的材料加以转换，这些转换在笑话和隐喻中也能意识得到并充满于神经症患者的幻想之中。在此我们对施尔纳的释梦突然有所理解。我已在别处为其基本正确性作过辩护［83页以下和227页］。一个人对自己身体的想象有先入之见并不为梦所特有，也不是梦的唯一特征。我的分析表明，它经常表现于神经症患者的潜意识思想中，而且起源于性的好奇，正在成长中的男女少年，对于异性和自己的生殖器就充满了好奇心。正如施尔纳［1861］和沃尔克特［1875］所正确坚持的那样，房屋的观念并不专门用来象征身体；梦和神经症患者的梦和潜意识幻想都是如此。我确实知道有些病人利用建筑物作为身体和生殖器的象征（其性兴趣已远远超出外生殖器范围）。在这些病人看来，柱子和圆锥体代表大腿（如在《所罗门之歌》中那样），门代表身体上的开口处（"洞"），水管代表泌尿器官，等等。但是有关植物生命和厨房生活也容易被选来掩蔽性的

---

① ［1925年增注］实际上我再也没有遇见过这种意象，所以我怀疑这种解释的正确性。

② ［梦的象征在下节中有详尽的讨论。］

意象。① 关于前者，语言惯用法以及可追溯到远古的想象比喻的积累，已很好地提供了很多材料：如上帝的葡萄、种子、所罗门之歌中的少女的花园；而性生活中最丑恶和最神秘的部分在思想上和梦中可以用似乎最为无邪的厨房活动表示出来；如果我们忘记了性的象征可以在最普通和最不明显之处作为最好的藏身之所，便永远不能解释癔症的症状。神经症儿童患者见不得鲜血和生肉，看见鸡蛋和通心面就呕吐，神经症患者对人类天生怕蛇极度加以夸大——所有这一切都肯定隐藏有性的意义。神经症利用这一类伪装，正是沿着人类在早期文明业已走过的道路——而且一直沿用到今天，在语言惯用法、迷信和风俗的薄纱下仍有证据可寻。

我现在要插入我的一个女病人所做的"花"的梦，我在前面[315页]已答应将此梦记录下来。凡是可加以性的解释的元素都加了重点。在听了解释以后，梦者对这个美丽的梦便兴味索然了。

(1)序梦：她走进厨房，看见两个女仆，她挑她们的岔子，说她们还没有把她的"那份食物"准备好，同时她看见厨房内大量坛坛罐罐口朝下地成堆摞叠着。后来梦见：两个女仆出去取水，而且必须走到直接涉足于流到房屋或院内的那条小河。②

(2)主梦：③她从一些以奇特方式构成的木栅或篱笆的高处④走下来，这些木栅或篱笆由小的方形枝条构架编成大的板条而组

---

① [1914年增注]富克斯(1909—1912)三卷补充本中有大量这一类证明材料。
② 为了解释这个序梦，可把它当作一种原因附属从句来解释[见315页，又见319和325页]。
③ 描写她的生命进程。
④ 高贵的出身：与序梦相对立的欲望。

成。① 这可不是一个可以攀爬的地方；她很高兴，因为她的衣服没有被勾绊住。所以她能保持着体面走下来。② 她手里正拿着一根大树枝，③ 它真像一株树，上面盛开着红花，枝桠交错并向外延伸。④ 它们与盛开的樱花有关，但它们看起来像重瓣的山茶花。当然山茶花并不长在树上。她下来时，开始拿着一枝，然后忽然变成两枝，后来又变成一枝。⑤ 当她已走下来时，树枝下部盛开的花大部已凋谢。她走下来以后，看见一个男仆——她想要说——正在梳理一棵同样的树，也就是说，他正用一片木头把从树上垂下来的像苔藓的一束束浓密的发状物拖出来。其他一些工人从一个花园中已砍下不少同样的树枝，并把它们抛到路上，横七竖八地摆着，因此许多人拿走了一些。但是她问这样做对不对——她是否也可以取走一枝。⑥ 花园中站着一位年轻男人（她有点认识的陌生人），她上前问他这种树枝怎样才能够移植到自己的花园中。⑦ 他拥抱了她，她挣扎着并问他怎么样，难道他以为人们可以这样地抱着她。他说这没有什么害处，是可以

---

① 两个地点的复合图像：一是她家中的所谓"顶楼"，常与她的兄弟在那里玩耍，也是她后来经常的幻想对象。另一地点则为常逗弄她的一个坏叔叔的农场。

② 这是对她在叔叔农场的一个真实回忆的对立愿望，她在那里总是在睡着时脱掉了衣服。

③ 正像报领节的图画中手持一束百合花的天使。

④ 这一复合形象的解释见319页，贞洁、月经、茶花女。

⑤ 指她在幻想中涉及许多人。

⑥ 她是否可拉下一个，即手淫［德文"Sich einer hurenterreissen"或"ausreissen"英译为"to pull one down"或"out"其延伸意英文为"to toss oneself off"（轻易地处理自己）］。弗洛伊德在其《掩蔽记忆》(1899a)一文结尾处已注意到这一象征；又见388页以下］。

⑦ 枝条很久以来就暗示男性生殖器，此处恰好也暗指她的姓。

345

允许的。①他然后说他愿意和她到另一个花园去,告诉她如何植树,并讲了一些她听不懂的话:"无论如何我要3码(后来她又说是3平方码)或3呗地。"他好像要求她为了他情愿而给予报答,好像企图在她的花园中为自己寻求补偿,或者好像希望避开某条法律,由此得到好处而又不伤害她。至于他是否真的告诉了她些什么,她一点儿也想不起来了。

根据其象征元素而提出的这个梦,可称之为"自传梦",在精神分析时经常碰到这种梦,此外则很少见。②

我自然可以支配这一类的丰富材料,③但报告出来将会使我们不得不更多地考虑到神经症情况,反正得到的是同一结论,即没有必要假设心灵的任何特殊象征化活动在梦的工作中发生作用。梦所利用的不过是在潜意识思维中已经存在着的任何象征化作用,因为它们本身所具有的表现力以及能够逃避稽查作用,它们更适合于梦的构成的需要。

---

① 这以及下面的话与预防怀孕有关。

② [本段系1925年增写,本段以前的脚注为1911年所加]。一个类似的"自传梦"见后文梦的象征第3例[364页]。兰克[1910]终于记下了另一例。斯特克尔[1909,486页]还有一例,但必须"反"读[弗洛伊德的《精神分析运动史》(1914d)的结尾处提到了"自传梦"]。

③ [在1900、1909、1911年最初三版中,本段之前还有一段,自1914年以后即删去。]

五、梦的象征表现：进一步的典型梦例[①]

上述对于"自传梦"的分析清楚地表明，我一开始就认出了梦中的象征表示。只是由于后来积累的经验，我才逐步地充分认识到象征的范围及其重要性，这也是由于受到威廉·斯特克尔（1911）的影响，在此我不能不为他说几句话。[1925]

这位作者对于精神分析也许可说是功过各半。他提出了大量无可置疑的象征的解释；开始时遭人怀疑，后来却大部分为人证实和接受。如果说我对斯特克尔的主张持怀疑态度，也不无道理，那也不是故意贬低他的学术价值。因为他用以支持他自己解释的梦例往往不能令人信服，他所用的方法必定是不被人视为有科学价值。斯特克尔对他的象征符号的解释仅凭直觉，依靠他的天赋的直接理解。但是这种天赋并不是人皆有之的，其有效性无法评估，所以它的结果的可靠性就无所依据了。这就好像一个人在病人身边仅凭嗅觉印象诊断传染病那样——虽然有些医生能比别的医生更能用嗅觉（一般人的已经萎缩）进行工作，而且确实能凭嗅觉诊断出是肠热病[1925]。

精神分析经验的进展使我们注意到，病人对梦的这种象征表

---

① ［除了两段（393页以下）以外，本节的内容在本书第1版都不曾出现。如编者导言（xiii页）中所说，大部分材料均为1909年和1911年版本所增加，但是其中包括了第5章中"典型的梦"标题下的材料（该章第4节）。本节在1914年版首次出现，一部分是以前为第5章增写的内容，另一部分则为新添的材料。以后各版仍有材料增加。鉴于这种复杂情况，本节每段之末均用方括标出年代，由此便可明了由1909年版和1911年版的第5章原来材料转变到1919年版的目前形式。］

示的直接理解可以达到令人吃惊的程度。他们往往是早发痴呆的患者,所以有一段时间,人们总认为凡是这样理解象征的梦者都患有早发痴呆症。① 但事实并非如此。这是一个有关个人天赋或特性的问题,并不具有明显的病理学意义。[1925]

当我们熟悉了梦中大量利用象征来表示性材料之后,便会产生一个问题,即许多这类象征是否像速记符号那样具有永久性的固定意义;我们甚至想仿效编码原则编成一本新的"梦书"。[97页以下]对于这一点应该说,这种象征作用并不为梦所独有,它不过表现了潜意识观念作用的特征,特别是关于人们之间的那些观念作用,而且人们发现,在民间传说,通俗神话,传奇故事,文学典故,机智谚语和大众笑话中,其所包括的范围要比梦更为广泛和完备。[1909]

如果我们要正确说明各种象征的意义并且要讨论与象征概念有关的无数的而且大多数尚未解决的问题,我们距离释梦范围就未免太远了。② 因此,我们在此只限于指出,象征的表现只是间接的表现方法之一,但是有各种迹象警告我们,可不要忽视象征性的显著特征以致把它与其他间接表现法混为一谈。在很多情况下,象征与其所代表的事物之间的共同元素明显可见;在另一种情况下,其共同元素又隐匿不现,造成对象征的解释上的困

---

① [弗洛伊德在别处(1913d)谈到,正如早发痴呆有助于对象征的解释,强迫性神经症却使解释更为困难。]

② [1911年注]参见布洛伊勒[1910]及其苏黎世学生米德尔[1908]阿伯拉罕[1909]等人论象征作用的著作,以及他们提到的非医学界的作者(克利帕尔[1898]等)——[1914年增补]对这个问题提得最多的可参见兰克和萨克斯(1913,第一章)——[1925年增补]进一步参见琼斯(1916)。

348

难。然而正是后一种情况才能说明象征关系的最终意义,而且表明它们具有发生的性质。现代具有象征性联系的许多事物,或许在史前是以概念的或语言的同一性而联系着的。① 象征关系似乎就是一种遗迹,一种先前同一性的标志。在这方面,我们可以看到在许多梦例中,正如舒伯特(1814)已经指出的那样,② 共同象征比共同语言使用得更为广泛。许多象征与语言本身同样古老,而其他一些象征(如"飞艇""齐柏林")则是从古至今不断铸造出来的。[1914]

梦就是利用这种象征表示来掩盖其梦念的。顺便说一句,许多象征已习惯于或差不多习惯于表示同一事物,但我们可不要忘记[梦中]精神材料具有特殊的可塑性。经常一个象征必须按其本意而不能象征性地加以解释;而在另一些情况,梦者却可从自己记忆中吸取力量,将平时本来与"性"无关的事物当作"性"的象征来使用。如果在一个梦者面前有许多象征可供选择,他定会选择其本身题材与梦念中其余材料有关的那个象征,也就是说,除了典型的梦以外,梦所表现的象征仍存有个别差异[1909,最后一句为1914]。

虽然自施尔纳时代以来的后期研究,对梦的象征的存在已无

---

① [1925年增注]这个观点也许可用H.斯佩贝尔(1912)提出的学说予以有力的支持。他认为古代的一切涉及性的事物的语词因后来应用于可与性的事物相比较的其他事物和活动上,遂失去了性的意义。

② [这一子句加于1919—1924年增注]例如,根据费伦齐[见兰克,1912a,100页],在匈牙利人的小便梦中会出现船在水上航行,虽然德文Schiffen(相当于英文俚语pumpship,意为小便)这个词并不见于匈牙利文中(见367页以下)。在说法语和其他罗马语系人们的梦中,房屋象征女人,虽然这些语言中没有类似于德文Frauenzimmer的词汇(Frau为女人,Zimmer为房间)。[见214页注1]

349

异议——连哈夫洛克·埃利斯[1911,109]也承认我们的梦无疑充满了象征作用——然而也得承认,梦中出现的象征不仅有利于梦的解释,而且也使得释梦变得更为困难了。当我们在梦内容中遇到象征元素时,如果释梦技术是根据梦者的自由联想,我们必然会遭到失败。如果回复到古代释梦的或似乎为斯特克尔所复活的那种任意性判断,则又为科学批评所不容。因此我们在处理不得不承认其为梦内容中的象征元素时,采取了一种联合的技术,一方面利用梦者的联想,另一方面则利用释梦者的有关象征知识以弥补联想之不足。在释梦的过程中,我们除了小心谨慎之外,还必须对提供特别清晰的梦例进行详尽研究,以便避免有关释梦任意性的任何批评。作为释梦者,我们的工作中仍然存在着不确定性,这部分是由于我们知识的不足,随着我们工作的进展这是可以改进的,另外则是由于梦的象征本身的某些特性所致。这些象征往往不止一种意义,就像中文手稿那样,每一种情况只有联系到其前后关系才能获得正确的解释。象征的这种模棱两可与承认梦具有"多重性解释"[279页]有关,即在单一的梦内容中可以表现出在性质上大不相同的思想和欲望。[1914]

虽然有这些限制和保留,我仍将继续讨论下去。皇帝和皇后(或国王和王后)照例代表梦者的父母,王子或公主则代表梦者本人。但是伟人和皇帝具有同样的崇高权威,所以在某些梦中,例如歌德就是父母的象征。(希施曼,1913)[1919]——一切长形物体如手杖、树干和雨伞(后者打开则代表勃起)可代表男性生殖器[1909]。一切长而尖锐的武器如刀、匕首和矛也是如此[1911]。另有一种常见但没有完全理解的同一象征为指甲锉——也许由于

350

它可擦上擦下。[1909]——箱子、盒子、壁柜和炉子代表女性器官[1909]。中空的物体、船、和各种器皿也是如此[1919]——梦中的房间通常表示女人("Frauenzimmer")[见 214 页注 1],如果表明在房内出入入,则其解释是无可怀疑的。[1909]①在这方面感兴趣于房间是开着还是锁着是可以理解的(参见我的《一个癔病病例分析的片断》中杜拉的第一个梦 1905e[靠近第二段开始处的注脚])关于开锁的钥匙代表什么,是不言而喻的。乌兰德在他的《爱伯斯坦伯爵》的民谣中,曾利用锁和钥匙的象征编造了一段生动的通奸情节。[1911]——梦中走过一套房间是一个妓院或后宫的梦。[1909]但是,按照萨克斯所举的几个单纯的梦例,证明它也可代表其对立面即结婚。[1914]——当一个人梦见原来一间房变成了两间,或梦见一间熟悉的房子变成两间,或与此相反,都表明与童年的好奇心有着有趣的联系。在儿童期,女性生殖器和肛门被视为单一的区域即"下部"(按照幼儿的"泄殖腔说"②直到后来才发现身体的这个区域包含着两个分离的洞口)。[1919]——台阶、梯子、楼梯以及在它们上面走上走下,都是性动作的表示。③——

---

① [1919年增注]我的一个住在公寓内的病人,梦见他遇见一个女仆,问她是什么号码。使他惊奇的是,她回答说"14"。实际上他与这个女仆已经私通,并已去了她的卧室数次。她一直害怕女房主产生怀疑,就在他做梦的前一天,提出他们在一间空房内见面,这个房间正是 14 号,而在梦中,这个女仆本身变成了第 14 号。女人和房间之间的等同,再没有比这个更为清楚的证据了。(琼斯,1914a)参见阿尔特米多鲁斯的《梦的象征》,[卷 2,第 10 章]"因此,譬如,如果是在家中的话,卧室则代表妻子。"(同上,F.S.克劳斯英译本,1881,110)

② [参见弗洛伊德的《性学三论》(1905d)第二部中"诞生说"一节]

③ [1911年增注]我将在这里重复我在别处写过的话(弗洛伊德,1910d)"不久以前,我听见一位持不同观点的心理学家对我的一位同事说,我的言行都无疑夸大了梦中隐秘的性的意义;他常常梦见上楼,其中肯定与性欲无关。我们已觉察到这个反对

梦者攀爬滑的墙壁或从上面走下的房屋正面（往往带有很大焦虑）相当于直立的人体，也可能是在梦中重复婴儿时攀爬到父母或保姆身上的回忆。"光滑的"墙壁代表男人，由于害怕，梦者常常紧紧抓住房屋正面的"凸出物"。[1911]——桌子、餐桌、会议桌也代表妇人——这肯定是出于对比，因为它们的体形轮廓在象征中被消除了。[1909]——从语言学的联系来看，"木材"（wood）似乎一般代表女性"材料"（material）。马德拉（Madeira）岛在葡萄牙文中意为"木材"。[1911]因为床和桌子形成了密切联系，所以在梦中桌子往往代替了床，于是观念上性的情绪往往转变成为吃的情结。[1909]——至于衣着方面，妇人的帽子无疑可解释为生殖器，而且是男生殖器。外套（德文为"Mantel"）也是一样，但不能肯定发音在象征中起到多大程度的作用。在男子的梦中，领带往往代表男生殖器，这不仅因为领带是长而下垂的为男人所独有的物体，而且还因为人们可以根据爱好而加以选择——但是就其所象征的物体而言，这种自由是大自然加以禁止的。①梦见这种象征的男子在现

意见，并开始注意楼梯、台阶和梯子在梦中的出现。不久便证明了，楼梯（及类似之物）明确地是性交的象征。我们并不难于发现这种比较的根据：我们爬上顶层总是伴有节奏的运动，呼吸逐渐增快，然后几个快步又走了下来。因而性交的节奏模式便再现于上楼梯之中。我们一定不要忘记语言的惯用法 'mounting'［德文 'steigen'］（攀登，交配）可直接表示性动作。我们说某男人是 'steiger（mounter）' 或 'nachsteiger'［to run after］字面都为'追求'之意。法文中楼梯的阶层称为 'marches'，而 'un vieux marchewr' 的意义相当于德文的 'ein alter Steiger'［（'an old rake'）即'老色鬼'］。"［又见 285 页以下。］

① ［1914 年增注］参见《精神分析公报》2 卷，675 页［罗夏，1912］一个 19 岁躁郁狂症病人的图画；一个男人挂着一条蛇做的领带，蛇正弯向一个女孩。又见《人类学》杂志，6 期，334 页上的《害羞的男人》，一位妇人走进浴室，碰见一个男人，来不及穿上衬衣，他窘迫万分，忙用衬衣前部遮住喉部说，"对不起，我还没有打上领带。"

352

实生活中特别重视领带,往往不吝收藏。[1911]——梦中出现的所有复杂机械和器具往往代表生殖器(照例是男生殖器。[1919])——在描述这一方面,梦的象征作用和诙谐工作同样地不厌其烦。①[1919]象征男生殖器的无疑还有一切武器和工具:如犁、锤、来复枪、手枪、匕首、军刀等。[1919]——同样,梦中诸多风景,特别其中有桥梁和长满丛树的小山,明显的是描绘生殖器。[1911]马西罗夫斯基[1912d]发表一组他所收集的梦,梦者用图画明显地表现出梦中的风景和其他一些地点,这些画非常清楚地刻画出显梦和隐梦之间的区分。一眼望去,它们就像一些平面图、地图等等。仔细观察却能看出它们代表人体、生殖器等等,只有这时梦才为人所理解(这方面可见普菲斯特[1911—1912,1913]关于密码和画谜的论文)。[1914]如果遇见不可理解的新词,则可考虑它是否包括有性意义的成分在内。——儿童在梦中也往往代表生殖器,男人和女人都习惯于把自己的生殖器爱称为"小东西"。[1909]斯特克尔[1909,473]正确地把"小弟弟"当作男生殖器。[1925]梦中和小孩玩耍,打他,往往代表手淫。[1911]——梦的工作利用秃顶、剪发、拔牙和砍头象征阉割。如果一个日常代表男生殖器的符号在梦中出现两次或多次,则可视为对阉割的防御。②梦中的蜥蜴(一种尾部断落又能生出的动物)也有同样的意义(见11页以下的蜥蜴梦)。——在神话和民间传说中作为生殖器象征

---

① [见弗洛伊德的论诙谐专著(1905c),其中介绍了"诙谐工作"(与梦的工作相比拟)这个名词,用以指产生笑话所包括的心理过程。]
② [这一点在弗洛伊德的《怪人》(1919h)论文第二节有详细阐述,亦可见下文412页。]

的许多动物——如鱼、蜗牛、猫、耗子(由于阴毛)在梦中起着同样作用,而男性器官中最重要的象征则是蛇。小动物和虫子代表小孩——例如,代表不受欢迎的弟妹。小虫的折磨往往代表怀孕。[1919]——最近梦中出现一种男性器官的象征值得一提,即飞艇。它之所以被应用可能由于与飞行有联系,有时也与其形状有关。[1911]

斯特克尔提出了许多其他象征,并举出梦例予以支持,但还未得到充分的证实。[1911]在斯特克尔的著作中,特别是在《梦的语言》(1911)一书的关于象征的解释收集最为齐备。许多解释很有见地。进一步的考察已证明它们的正确。例如,有关死亡的象征作用一节便是。但是作者太缺乏批判精神,又由于过于以偏概全,所以令人怀疑他的其他解释或者是否适用;因此在接受他的结论时必须要小心谨慎。为此我也只满足于举出他的少数几个梦例。

按照斯特克尔,梦中的"右"和"左"具有其道德意义。"右边道路往往意味着正义道路,左边则暗指犯罪道路。因此'左'可以代表同性恋,乱伦和性倒错。'右'则代表结婚,与妓女性交等等,常常视梦者个人的道德标准而定。"(斯特克尔,1909,466 页以下)——梦中亲属们通常也代表生殖器。(同上,473 页)在这一点上,我只能证实儿子、女儿和小妹妹具有这种意义。[①] 另一方面,我确曾遇到一些别的梦例,其中姐妹象征着乳房,"兄弟"则代表较大的乳房。斯特克尔解释赶不上车子意味着悔恨年龄上无可弥补的差距(同上,479)——旅行时带的行李是一种罪恶负担,他说罪

---

① [显然小弟弟也是如此,见 357 页。]

354

恶将人压倒。(上述引文中)[1914]斯特克尔常常赋予梦中出现的数字以固定的象征意义,但是这种解释似乎既无科学证明也不普遍有效,虽然在个别梦例中他的解释也似乎不无道理。[1911]①梦中出现的数字 3 在许多方面已经证实是男性生殖器的象征。[1914]②

　　斯特克尔提出了关于生殖器象征的双重意义的说法。他说:"哪有一个象征(假如想象许可有多种意义的话)不能同时用之于男性器官和女性器官呢?"[斯特克尔,1911,73 页]。不管怎样,括弧内的子句已排除了这个主张的大部分确定性,因为实际上,想象并不总是许可的。但是我认为值得提出的是,就我的经验而言,斯特克尔的说法在事实的巨大复杂性面前是站不住脚的。有些象征表示男性或女性生殖器的频率大致相等,有些象征主要或几乎完全指一个性别。但是我们知道还有其他一些象征只代表男性或女性意义。事实上,想象就不许可长而尖的物体或武器作为女性生殖器的象征,或中空的物体如柜子、箱子、盒子等等作为男性生殖器的象征。梦和潜意识确有一种双性性欲象征的倾向,它表现了一种原始的特征,因此在儿童时期,不知道男女两性生殖器的区别,还以为两性都具有同样的生殖器。[1911]但是,如果我们忘记了在某些梦中表现有性的普遍倒错,即男性表现为女性和女性表现为男性,而以为一个性的象征可以兼具双性意义,那也是错误的。例如,女人希望变成男人的梦便属于性倒错这一类。

---

① 〔只有在 1911 年版本中,这一句有所不同。〕
② 〔在弗洛伊德(1923d)的第 3 节中有关于数字 9 的讨论。〕

身体的其他部分在梦中也可表现为生殖器,手和脚可以代表男性器官,嘴、耳朵甚至眼睛可以代表女性生殖器洞口。人体的分泌液——黏液、眼泪、尿、精液——在梦中可互相替换。斯特克尔[1911,49]的这后一个主张大体上是正确的,但是里特勒[1913b]不无道理地批判了他,认为还须注意,实际上具有重要意义的分泌物如精液,已为无关紧要的分泌物所代替了。[1919]

我希望这些不完善的提示有助于推动别人对这个题目进行更为勤勉的研究。[1909]① 我在《精神分析引论》(1916—1917)[第10讲]一书中已尝试对梦的象征性做出更为详尽的解释。[1919]

现在,我将举出几个梦中利用象征的例子,其目的在于想表明,如果一个人排除了梦的象征作用,他的释梦工作将如何无法进行,以及他在许多方面是如何地不得不接受这种解释。[1911]不过我也要同时发出警告,不要过高地估计象征在释梦中的重要性,不要把释梦工作仅限于解析象征而放弃了利用梦者联想的技术。这两种释梦的方法必须是相辅相成的,但是不管在实践上还是在理论上,我开始描述的联想始终居于首要地位,而且应认为梦者所做的评论具有决定性的意义。至于所说的象征翻译,只是一种次要的方法。[1909]

---

① [1911年增注]不管施尔纳的观点与这几页书所说的观点有何不同,我坚持认为,他应当被视为梦的象征作用的真正发现者,而且精神分析的研究,终于使他那本长期被人们视为幻想的著作(1861)为世人所承认。

（一） 帽子是男子（或男生殖器）的象征［1911］①

（摘自一个年轻妇女的梦，她由于害怕诱惑而得了旷野恐怖症）

夏天，我正在街上散步，戴了一顶奇形怪状的草帽，草帽中部向上弯曲，而两边下垂"（此时描述变得犹豫不决）"而且一边比另一边垂得更低。我心情愉快，充满自信，当我经过一群年轻官员面前时，我想，你们对我都无可奈何！

因为她对梦中帽子想不起任何有关的事情，所以我说"帽子"无疑代表男子的生殖器官。它的中间部分翘起，而两边下垂。你或许觉得奇怪，为什么帽子代表男人，但是你可记得这句

---

① ［这个梦和以下两个梦都首次在一篇题为《释梦附言》(1911a)的论文上发表。该论文的开始几段如下，而且从未用德文重印过：
"梦象征的几个例子——在反对精神分析程序的许多意见中，最奇怪或许也最无知的，在我看来，似乎莫过于怀疑梦在潜意识中象征作用的存在了。因为凡是施行精神分析的人无不假定这种象征作用的存在，而且利用象征释梦古已有之。另一方面，我业已承认，鉴于象征的极大多样性，象征的发生必须服从特别严格的证明。
"从我自己最近经验中写出的几个梦例中看到：这些梦中利用一种特殊象征作为解决办法特别对我有所启发。梦用这种方法获得的意义是其他办法无从获得的，象征在梦者一系列思想中占有一定地位，对其解释也为梦者所承认。
"在技术这一点上，我要提醒大家，梦者的联想恰恰容易与梦中象征元素失去联系。在我记录的这几个被选的梦例中，我已尽力在患者（梦者）本人的工作与我自己的干预之间划出严格的界限。"
论文以几个梦例作为结束，本章第 6 节将加以复述（408 页以下 2、3、4 梦例）原论文的介绍如下：
"几个少见的表现形式——我已提到了"。"表现力的考虑"作为影响梦形成的因素之一。在将思想转换为视象的过程中，梦者显示了一种特殊的功能，而分析者则很难同样进行推测。所以，如果梦者（即这些表象的创造者）的直觉性知觉能够对其意义提供解释，分析者是会真正感到满意的。"］

话"Unter die Haube Kommen"[(字面意义为"躲到帽子下面,"意为"找一个丈夫")]。对于帽子的两边不等地下垂的细节,我对她有意不作解释;虽然必定正是这种细节才是决定解释的关键所在。我继续对她说,由于她的丈夫的生殖器完美无缺,所以她不必害怕那些军官——这就是说,她并不期望从他们身上得到什么。通常她因为有受诱惑的幻想,所以不敢无保护地或无伴地一个人去独自散步。我已根据其他材料好几次对她的焦虑做出了上述的解释。

梦者对这个材料的反应最为引人注意。她收回了对帽子的描述并且坚决否认说过两边下垂的话。我深信听到了这句话,毫不动摇,并坚持说她讲过这句话,她沉默了一会儿,然后鼓足勇气问我,她的丈夫的睾丸一边比另一边低垂是什么意思,是否所有的男人都是如此。帽子的这个特殊细节得到说明以后,她也就接受了我的解释。

当我的病人告诉我这个梦时,我早已熟悉了帽子的象征。其他一些不太理解的梦还使我猜想帽子也代表女性生殖器。①

(二)"小东西"代表生殖器官——"被车碾过"是性交的象征[1911]

(同一个旷野恐怖症者的另一个梦)

她的母亲送走了她的小女儿,所以她只好一个人单独走了。

---

① [1911年增注]参见寇契格雷伯(1912)的一个类似的梦例。斯特克尔(1905,415)记下了一个梦,其中帽子中央插了一根弯曲的羽毛象征着一位(阳痿的)男人。[弗洛伊德在后来一篇论文(1916a)中提出了一种解释]

358

然后她和母亲走进一列车厢,看见她的小东西沿着铁轨笔直走去以致她必定要被辗碎。她听见了她的骨头破碎声。(她感到一种不舒服的感觉但并不真正害怕)。然后她从车窗向外探身四周观望,看是否能从后面看见那些部分。然后她责备母亲不该让小东西单身走开。

分　析——要完全解释这个梦并非易事。它构成一组循环梦的一部分,只有与其余的梦联系起来,才能获得充分的理解。要在完全孤立的情况下获取为构成象征所必需的材料是很难的。——首先,患者声称要从历史上说明这次火车旅行,那是隐指她离开精神病疗养院的一次旅行。不用说,她当时爱上了她的医生。她的母亲来带她回去,医生出现在车站上并送给她一束鲜花作为告别礼物。这一定很尴尬,因为她妈妈目睹了这件事。因此她母亲在这儿充当了干涉她初尝恋爱的角色;事实上这位严厉的妇人在患者的儿童期确也扮演过这种角色。——她的第二个联想与这句话有关:"她四周观望,看是否从后面能看见那些部分。"这个梦的正面当然会使人想到她的被辗得血肉模糊的小女儿的那些部分。但是她的联想伸向另一个方向。她记得有一次在浴室内从后面看见她的赤裸着的父亲。她继续谈到两性之间的区别,并强调从后面可以看到男人的生殖器,但不能看见女人的。在这方面,她自己解释了"小东西"意味着生殖器,而"她的小东西"——她有一个四岁的女儿——就是她自己的生殖器。她谴责了她母亲曾经期望她去过似乎没有生殖器的生活,并指出在梦中一开始就出现的"她的母亲把她的小东西送走了,所以她不得不独自前去"那句话中已表示了同样的谴责。在她的"独自在街上行走"的想象中,意味着没有一个男人,没有发生任何性的关系(拉丁文 coire 意为"一起走"[coitus(性交)一词即由此而来])——她并不喜欢这样。她的叙述继续表明,当她还是一个小女孩时,由于父亲对她的钟爱,事实上曾遭到母亲的嫉妒。

对这个梦的更深一层的解释从同一晚的另一个梦可加以证明。梦者在梦中以她的兄弟自居。她确曾是一个男孩似的小姑娘,并常常听人说她应当是个男孩。她对兄弟的摹拟作用特别清楚地表明了"小东西"意味着生殖器。她的母亲总是用阉割来吓唬他(她)而这本应该是玩弄她的阴茎的惩罚;因此摹拟作用也证明了她曾学男孩一些犯过手淫,虽然她至今只记得她的弟弟犯过手淫。第二个梦提供的信息表明,她在很小时候必定已经知道了男性器官,只是后来忘记了。再者,这第二个梦也暗喻着幼儿性理论,根据这个理论,女孩是阉割了的男孩[弗洛伊德,1908c]。当我向她提出她曾经有过这种幼稚想法时,她肯定了这个事实,并告诉我,她曾听见小男孩对小女孩说:"割掉的吗?"而女孩回答说,"不,一直是这样的。"

因此第一个梦中送走"小东西"(性器官)也与阉割的威胁有关。她对母亲的最后抱怨是因为没有把她生成一个男孩。

在这个梦中,"被车辗过"象征着性交这一事实并不明显,虽然有许多其他来源可以证实这一点。

(三) 建筑物、阶梯和井穴代表生殖器[1911][①]

（一个有父亲情结压抑的年轻男子的梦）

他正和他的父亲似乎在维也纳郊区普拉特公园散步，看见一大圆厅。厅前有一小屋，屋内有一被掳的氢气球，看来似乎很松懈。父亲问他这氢气球到底有何用处；儿子很奇怪他的父亲何以有此疑问，但仍加以解释。然后他们走进一个天井，天井内铺有一大张金属薄片。他的父亲撕下一大片来，但先举目四望，怕有人看见。他告诉儿子说，自己只须和管理者说一声，便可直接取来。由天井下去，经过几个石级，便可直抵一穴，穴的两旁盖有软垫，好似是皮座椅似的。穴底有一长的平台，台后又有一穴。……

分　析——这个梦者属于治疗前景未可乐观的类型；在某一点以前，他对分析毫不抵抗，但自此以后便对他几乎难以掌握了。以下差不多都是梦者自己的解释："那大厅代表着我的生殖器，至于厅前那被掳的氢气球则为阴茎的象征，因为我曾嫌它软弱。"更详细的说明则可约如下述。大圆厅代表臀部（小孩常以臀部为生殖器的一部分），前面小屋则为阴囊。梦里，他的父亲问他生殖器有何用，或具有何种机能。这个情境，显然应倒过来，成为儿子发问才是；因为实际上他从未问过他父亲这些问题，所以我们应将梦的隐念视为一个假设的愿望或一个条件从句："如果我曾经请教过父亲解释性的问题……"我们马上就可在梦的另一部分中发现这

---

①　[这个梦及其解释在弗洛伊德的《精神分析引论》（1916—1917）第12讲中做了复述。]

个思想的继续。

铺有金箔的天井不能用象征加以解释。它暗指他父亲的营业场所。因为我有所顾虑，所以用"金箔"代替他的真正营业品。此外，对于梦中措辞概未更动。梦者曾习父业，对于他的父亲纯用不正当手段赚钱很有反感。所以，上述的梦似乎在说："（我若问他）他也会像欺骗顾客那样欺骗我。"至于撕取金箔，本为营业欺诈的象征，但是梦者则另有解释：他说，这是用来暗指手淫的。这个解释不但我早已熟悉（见上文348页注），而且私下手淫用相反的观念表示出来——即"我们可以公然为之，"也正和这个解释暗相符合。所以将此事归之于他的父亲所为，正和梦里第一幕发问一层相同，都恰是我们的意料所及。梦者又将地穴释为阴道，因为它的四壁有软垫；在我们则又以为入穴出穴都是性交的象征（见我所说的话[见弗洛伊德，1910d]前文355页注②已引证）。

关于第一穴底的平台和平台之后的第二穴，梦者都根据亲身体验作了解释。因为他曾和女子性交，后因太软弱未能畅所欲为，现在则希望借助于治疗而恢复此事的功能。这个梦到结尾时变得更为模糊。任何熟悉这些事情的人都知道，梦的第二幕本身已体现出另一题目的影响：诸如父亲的商业，他的欺诈行为，以及第一穴解释为阴道，所有这一切都暗示着与梦者的母亲有关。①

---

① [下面这一段附于初次发表的这个梦之后（见弗洛伊德1911a）"这整个梦作为一个整体属于常见的'自传梦'一类。梦者以连续的叙事形式审察了自己的性生活（见梦例[347页以下]）。有关建筑物、地点和风景被用来象征身体，特别是经常用来代表生殖器的频率，应以大量梦例加以证明，进行综合性研究"。]

（四）人代表男性器官，风景代表女性器官［1911］

（达特纳报告的一个梦，梦者是一个未受教育的妇女，她的丈夫是一个警察。）

"……于是有人破屋而入，她在惊惧中大呼警察。但是警察已悄悄进入教堂，①有几级台阶②通到教堂，同伴者是两个游民，教堂后面有一座小山，③山上有一片森林。④ 警察身披甲胄，佩戴铜领，外披斗篷，⑤颔下有棕黄色胡须，那两个游民静静地和警察同行，腰下系有围裙，其形如袋，⑥教堂前有一条小路向上通往小山，两旁生有杂草矮树和灌木丛，越高越密，到了山顶则变成一片平常的森林。"

（五）儿童阉割的梦

（1）一个三岁五个月的男孩，显然不喜欢他的父亲从前线回来，一天早晨，心情激奋而烦乱。他反复地说"爸爸为什么用盘子盛着他的头？昨晚爸爸把头放在盘子上。"

---

① "或小教堂＝阴道"。
② "象征交媾"。
③ "阴阜"。
④ "阴毛"。
⑤ 根据专家意见，蒙在斗篷和兜帽内的魔鬼具有男性器官的特征。
⑥ 阴囊的两半。

(2) 一个学生患严重的强迫性神经症,他不断地记起6岁时做的下面这个梦:他到理发店去理发,一个高大的相貌严厉的女人走上来割了他的头。他认得这个女人就是他的母亲。

(六) 小便的象征[1914]

下页的一组图画是费伦齐在匈牙利的一个名叫《Fidibusz》的漫画期刊上发现的,他立即看出它们可用来证明梦的理论,奥托·兰克已在一篇论文中予以转载。(1912a,99)

这组图画的标题是"一个法国保姆的梦",但只是从最后一幅图,即保姆被儿童的啼哭所惊醒,才看出前面七幅画代表梦的各个阶段。第一幅画描绘本已应使梦者醒来的刺激:小孩已经感到需要并要求帮忙,但是梦者在梦中不在卧室,而是带着小孩在散步。在第二幅画中,她已经带领小孩到街角上去小便;她就能继续地睡下去。但是惊醒的刺激继续不已,而且确实在增强。小男孩发现自己未被注意,越哭声音越大。小孩越是要保姆醒来帮助他,她的梦越是变得认为一切都已料理妥当,更无须她醒过来。与此同时,梦把不断增强的刺激解释成更多方面的象征,小孩尿出的水流越变越大。在第四幅画中,水已经涨得可以浮起一只小艇;然后可以浮起的是大型平底船、帆船,最后是轮船。这位天才的艺术家用这种巧妙的手法描绘了渴求睡眠与不断增强的唤醒刺激之间的斗争。

368

（七）楼梯的梦

（由奥托·兰克报告和解释）[1]

"我十分感谢我的这位同事,他为我提供了牙刺激的梦[下文388页有记录]现在又提供了一个显然是遗精的梦：

"'我跑下[通向各层的]楼梯去追一个小女孩,因为她对我做了某件事,所以想惩罚她一下。在楼梯底下有人（一个成年妇女？）替我拦住了她；但是我不知道是否打了她,因为我忽然发现自己在楼梯中间与小女孩交媾（仿佛悬在空中）。并不是真正的性交,我只是用我的阴茎去摩擦她的外生殖器,这样做我可以清楚地看清它们,同时也看到她的头部向上转向一侧。在性交动作中,我看见我的左侧上面（也像悬在空中）挂着两幅小画——画着众树环绕的小屋风景。在较小的一幅画上,我看见的不是画家的签名,而是我的教名,好像它是用来作为我生日的礼物。我然后看见在两幅画的前面有一张签条,说明还可以买到更便宜的画。（我于是模糊地看见自己好像睡在楼梯平台的床上。）因为遗精感到潮湿而醒来。'

"解释——在做梦的当天晚上梦者在一个书店里,他在等待招呼的时候,看到了一些陈列的图画,与梦见的画中题材有些相似。他特别喜欢其中一幅小画,于是上前去看画家的姓名,但他感到它很陌生。

"当晚稍迟,他和几个朋友在一起,他听到一个故事,说一个波希米亚女仆夸耀自己的私生子是在'楼梯上弄上的'。梦者打听了

---

[1] ［显然没有在别处发表过。］

这件不寻常事情的细节。原来这个女仆和她的情人一同回到她父母家中,家中没有幽会的机会,那男子在情急之下,就和女仆在楼梯上偷了情。梦者当时还引用了一个暗指掺假酒的俏皮话,说事实上这个孩子是'地窖台阶上的葡萄酒'。

"前一天的许多有联系的事情持续进入梦中,梦者并不难于记起。但是他发现在梦中利用一段幼儿回忆却不容易发掘。那楼梯属于他消磨了大部分童年时光的房屋,特别是他在那里意识到了性的问题。在许多游戏中,他经常在楼梯上玩耍,骑在楼梯扶手上滑下,从而产生了性感。他在梦中也是以最快速度冲下楼来,照他自己的说法,快得双脚未曾落在梯级上,而是如人们所说,'飞下'楼梯的。如果把幼儿经验考虑在内,梦的开始部分便似乎代表着性兴奋因素。但是梦者也常与邻家儿童在这同一楼梯上和邻屋内进行带有性的色彩的嬉戏,并且用与梦中相同的方式满足了他的欲望。

"如果我们记得弗洛伊德对于性的象征作用的探究(1910d[见上文 355 页注])已经证明楼梯和上楼在梦中几乎总是代表交媾,这个梦就变得一目了然了。由其结果表明的梦的动机力量,即遗精,纯粹是一种里比多性质。梦者的性兴奋在睡眠中被唤醒,这在梦中可由他冲下楼梯表现出来。源于儿童期嬉戏的性兴奋中的施虐欲元素,则表现为追逐和制服小女孩。里比多兴奋的不断增强并迫切要求实现性动作——在梦中表现为捉住小女孩并将她带到楼梯中段。直到此时,梦的性欲性质都是象征性的,凡是没有经验的释梦者都不大容易理解。但是从里比多兴奋的强度来看,这种象征的满足还不足以保证安详的睡眠。及至性兴奋导致性欲高潮,

370

才表明整个楼梯象征代表着性交。弗洛伊德认为利用上楼梯作为性交象征的理由之一是二者动作的节奏性质,这个梦特别清楚地证实了这一点;因为梦者特别说明,整个梦的最明确元素就是性行为及其上下动作的节奏。

"关于那两幅图画,我必须补充几句,两幅画除了原有意义之外,还有一层作为'Weibsbilder'①的象征意义。此处一幅大画和一幅小画明显地代表梦中的一个大(成年)女人和一个小女孩。还有更便宜的画则引向娼妓情结。另一方面,小画上出现的梦者教名和作为他生日礼物的想法则暗示着父母情结(在楼梯上弄上的=因性交而怀孕)。

"在最后不清楚的梦景中,梦者看见自己躺在楼梯平台的床上感到潮湿似乎指返回比幼儿手淫还要早的儿童期,其原型类似于尿床的快感。"

(八) 变相的楼梯梦[1911]

我的一位病人因患严重神经症而厉行禁制性欲,他的[潜意识]想象集中在他母亲身上,反复梦见和他母亲一道上楼。我有一次对他说,适当的手淫比他的强迫性自制可能还无害些,他于是做了如下的梦:

他的钢琴教师责怪他荒废了钢琴练习,没有弹奏莫斯切尔斯的练习曲和克莱蒙特的高蹈派练习曲。

他以评论的语气说"钢琴练习曲"也是一种"阶梯",琴键本身

---

① [这个德文的字面意义为"女人画",俗指"女人"。]

就是一座楼梯,因为它包含着音阶(梯状物)。

我们可以说,没有任何一种现象不可以表现性事实和性欲望。

(九) 真实的感觉和重复的表现

一个现年35岁的男子报告了一个梦。他记得很清楚而且说肯定发生在4岁。负责他父亲遗嘱的律师(他3岁时父亲已死去)给他买来了两只大梨,他吃了其中的一只,另一只则放在卧室的窗台上。他醒后坚信梦见的是事实,顽固地向她母亲要第二只梨,并坚持认为它放在窗台上。她的母亲对此感到好笑。

分　析——律师是一位乐观的老绅士。梦者似乎记得他确实曾经买过一些梨子。窗台则与梦中所见无异。除了不久前母亲曾经告诉他一个梦外,其他方面与此毫无联系。她梦见两只鸟蹲在她的头上,她暗想它们何时会飞走。鸟并未飞走,而且其中一只飞到她嘴上吮吸。

由于梦者不能联想,我们遂尝试用象征代替物进行解释。两只梨是她的母亲曾给他哺育的一对乳房;窗台则是她胸部形成的凸出物,与有关房屋梦的阳台相似。(355页)他的醒后真实感是有道理的,因为他的母亲真的喂过他奶,而事实上由于喂奶的时间比通常的要长久得多,他仍可得到她母亲的乳房。① 这个梦可译读为"母亲,请再给我(或显露出)过去我经常吮吸过的乳房。""过去"代表他吃的第一个梨。一个动作在时间上的重复,在梦中总是

---

① [参见187页,一个梦或与隐梦有关的梦的某部分,醒后仍觉其真实,弗洛伊德是坚持这一点的。见他在"对詹森的《格拉底沃》"的研究(1907a)第二章结尾处的一段和他对《狼人》的梦的初评(弗洛伊德,1918b 第4节)。]

用一个物体的数目的多次性予以表现。

当然,象征性在4岁儿童身上起作用已是非常引人注目的事实。但是,这是通例而非例外,我们可以肯定,梦者从一开始做梦就能使用象征了。

一位27岁的妇女提供了下述未受影响的回忆,表明在多么早的时候她在梦外生活和梦都已使用象征符号了。正当她3岁半时,她的保姆带着她和比她小十一个月的弟弟以及介乎他们二人年龄之间的表妹一同去上厕所,等解手之后再去散步。因为是老大,她坐在便桶上,另二人则坐便盆。她问她的表妹:"你也有一个钱袋吗?"她的表妹回答说,"是的,我也有一个钱袋。"保姆听了她们的讲话,感到非常有趣,把听见的话告诉孩子们的母亲,却遭到一顿狠狠的申斥。

我在此将插入一个梦(阿尔弗雷德·罗比泽克1912年的一篇论文所载),这个梦只须梦者稍加帮助,就可对那些绝妙的象征进行解释了。

(十) 正常人梦中的象征问题[1914]

精神分析的反对者经常提出的一个反对理由,近来更为哈夫洛克·埃利斯(1911,168)所强调,他认为梦的象征或许只是神经症患者的精神产物,不发生于正常人身上。但是精神分析研究却发现正常人和神经症患者生活之间只有量的差异,而没有本质的差别,而且在梦的分析中发现,那些被压抑的情结在健康人和病人心中确实都在同样地进行活动。它们的机制和象征的表现都完全相同。健康人的那些天真自然的梦与神经症患者的梦相比较,其所包含的内容确实要简单得多,意义较为清晰,象征也比较具体。因为在神经症患者身上,由于稽查作用更为严格,梦的化装更为广泛莫测,结果象征表现变得模糊而难以理解了。以下记录的梦可以证明这一事实。有一个女孩做了一个梦,她并不患神经症,但性格拘谨,多少有些保守。在与她交谈中,我知道她已订婚,但因为在结婚上存在着某些困难,致使婚期拖延下来。她亲口告诉我下面的这个梦:

"我在一张桌子中央布置了庆祝过生日的花朵"①。她在回答我的一个问题时告诉我,她在梦中似乎是在自己的家中(她现在并不住在那里),而且有一种"愉快的感觉"。

这个"通俗的"象征可能使我无须帮助便能解释这个梦。这是她想做新娘的愿望。桌子及其饰以花朵的中央部分象征着她本人和她的生殖器。她所表现的是已经完成了未来的愿望。她已经很想生一个孩子,所以她自以为结婚已经很久了。

我向她提出"桌子的'中央'"表示的意义非同寻常(她同意了)。但我当然不好直接去询问这一点。我小心翼翼地避开不去暗示她这个象征的意义,只是问她对于梦中个别部分产生了些什么联想。在分析过程中由于对于解释发生兴趣,她的拘谨消失了,更由于对话的严肃性,她也表现出一种坦然的态度。

当我问到它们是些什么花时,她先回答说,"贵重的花,任何人必须为之付出代价。"然后又说,"它们是山谷百合、紫罗兰和石竹花或麝香石竹。"我说"百合"这个字在梦中通常象征着贞洁,她证

---

① [在本分析中,所有下加重点的材料原来就是英文,与此处复述的无异。]

实了这个看法，因为她对"百合"的联想是"纯洁"，"山谷"通常在梦中为女性象征。所以在梦的象征作用中，这两个象征在英文花的名称中的偶然结合强调了她的贞操之可贵——贵重的花，任何人必须为之付出代价——而且表示出她期望她的丈夫能知道如何珍惜它的价值。还可看到，"贵重的花……"这句话在三种不同的花的象征情况下各具有其不同的意义。

从表面上看，"紫罗兰"是无性的；但是，我敢大胆认为这个词在潜意识环节中可以追溯到法文"viol"["强奸"]一词的秘密意义。使我惊奇的是，梦者产生了英文"violate"一词的联想，梦大大地利用了"violet"和"violate"两个词之间的类似性——它们仅在最后音节的发音重点上有所不同——以便用"花的语言"来表达梦者对"奸污处女的暴力"(violence of defloration 另一个利用花的词)的想法，也可能以之表现她的受虐欲的性格特征。这是个以"词桥"[见341页注1]为途径通往潜意识的好例。"任何人必须为之付出代价"这句话是指，要成为妻子和母亲，甚至必须以付出自己生命为代价。

在联系到"石竹花"的同时，她继续称之为"麝香石竹"，我想到了这个词与"肉体的"(carnal)之间的联系，但是梦者对它的联想却是"颜色"(colour)。她又补充说，"石竹花"是她的未婚夫送给她的次数和数量最多的花。在谈话的结尾时，她突然坦白承认她所讲的都不是真话，她想到的并不是"颜色"而是"肉体化"(incarnation)——这正是我所期望的那个词。顺便说一句，"颜色"这个词也并非很遥远的联想，也是受"carnation"(肉色)的意义决定的——也就是说，由同一情结而决定的。这种坦率性的缺乏，证明这一点正是阻力最大的地方，同时也是象征表示最为清晰，以及里比多及其压抑之间的斗争在有关这阳具主题上是最为激烈的。梦者对于她的未婚夫经常送她这种花的评论，不仅意味着"carnation"一词的双重意义，而且也暗指梦中的阳具意义。她从现实生活中获得的表现于梦中花的礼物这一刺激因素，被用来表示性的礼物的交换；她奉献的礼物是贞操，而期望得到的回报则是感情丰富的性生活。在这一点上，"贵重的花，任何人必须为之付出代价"必定也具有字面上的经济价值——因此在这个梦中，花的象征包括了女性贞操，男性以及对暴力强奸的隐喻。这方面值得指出的是，以花作为性的象征在其他方面极为常见，作为植物性器官的盛开的花，象征着人的性器官；情人之间赠花为礼很可能就有这种潜意识的意义。[376]

她在梦中正在准备的生日无疑意味着婴儿的诞生。她正以其未婚夫自居，并代表她的丈夫为自己的分娩作好"安排"——亦即与她性交。梦的隐念可能是这样："如果我是他，我就不再等待，我将不征求同意就奸污我的未婚妻，我要用暴力。""violate"一词就指出了这一点，而且里比多的施虐欲成分也因此而得到了表露。

在梦的更深层，"我……安排"这句话必然意味着自体性欲，也就是说，具有一种幼儿期的意义。

梦者还泄露了一种只有在梦中才能表达出来的对自己身体缺陷的觉知：她把自己视为一张桌子，没有突出的部分，因而才特别强调"中央"的可贵——在另一场合她应用了"花的中央部分"这些词——也就是说，强调她的处女贞操。桌子的水平属性想必也具有一定的象征意义。

值得注意的是,这个梦的集中特性,其中没有丝毫多余,每个词都是一种象征。后来梦者对这个梦又做了一段补充:"我用绿色绉纸装饰了这些花朵。"她接着说,它是用来遮盖普通花瓶的那种"杂色纸"。她继续说:"用来掩盖那些不整齐的东西,掩盖那些看来不顺眼的东西;花中间有一个空隙,一个小空档,而纸看起来就像丝绒或苔藓。"不出我所料,她对"装饰"(decorate)的联想是"体面"(decorum);她说绿色居支配地位,她对绿色的联想是"希望"——对怀孕的另一个联系。——在这一部分梦中,主要的因素没有以对人的摹拟,居支配地位的是羞耻和自我暴露的观念。她正在打扮,使他觉得自己美丽动人,也承认自己身体上的缺陷,羞于启齿并努力矫正。她的"丝绒"和"苔藓"的联想明白地是指阴毛。

因此这个梦表达了女孩在清醒生活中几乎未意识到的一些思想,——关于性爱及性器官的思想。她是在"安排庆祝生日"——就是说,她正在性交。被强奸的恐惧,或者连同快乐的受苦观念都获得了表达。她承认自己的身体有缺陷并利用对自己贞操的过分评价对身体缺陷进行过度补偿。她的羞耻心是肉欲信号的借口,其目的是想生一个孩子。甚至与情人的心灵无关的物质考虑也找到了表达的方式。依附于这个简单的梦的感情——一种愉快之感——也表明了强有力的情绪情结在梦中获得了满足。

费伦齐[1917][1]不无理由地指出,正是在不愿求助于精神分析的那些人的梦中,最容易找到象征的意义和梦的重要意义。

我在此要插入一个当代历史人物做的梦。我之所以这样做,

---

[1] [本段增写于1919年。]

是因为梦中代表任何男性器官的对象,更具有一种属性,最清楚地代表阳具象征。一条马鞭无限地延长,除了代表勃起,更无别的象征可言。此外,这个出色的梦例还表明了,这没有性色彩的严肃的梦,也能用幼儿期的性材料表现出来。

(十一) 俾斯麦的梦[1919][①]

俾斯麦在其《男子与政治家》(英译者为 A.J.布特勒,1898,2,209 页以下)内援引了他于 1881 年 12 月 18 日致威廉大帝的一封信,其中一段如下:"陛下赐函鼓舞了我启奏 1863 年春季所做的一个梦。那是战争最严酷的日子,前途未卜。我梦见(次日早晨我告诉了我的妻子和其他在场者)我正策马在阿尔卑斯山的一条狭窄的小径上,右边是悬崖,左边是岩壁。小径越来越窄以致马拒绝前进。由于缺少空间,根本不能转身或下马。于是,我用左手的马鞭挥打光滑的岩石,祈求上帝的帮助。马鞭无限地延长,岩壁像舞台布景的碎片倒了下去,眼前出现了一片坦途。透过远处宛如波希米亚风景的小山和森林,出现了旗帜和普鲁士军队,甚至在梦中我立刻想到了必须向陛下报告此事。这个梦十分圆满,醒后我感到十分愉快,精力充沛……"

这个梦的行动分成两个部分。第一部分梦者发现自己处于"绝境",第二部分他奇迹般地摆脱了绝境。马和骑者所处的困境是最容易辨认出来的政治家处于进退维谷的梦景,他在做梦当晚考虑问题和他的政策时,可能经受了特别的痛苦。在援引的上段

---

① [摘自汉斯·萨克斯的一篇论文。]

梦中,俾斯麦在描写他当时的绝境时,又用了[没有出路的]同样比喻。所以他对于这个梦景的意义必定是非常清楚的。我们同时还举出了有关西尔别勒的"功能现象"的一个好例。[503页以下]在梦者心中发生的一些过程——他在思想上所试用的各种办法一一碰到不可逾越的障碍,而他又不可能从缠绕着他的那些问题中摆脱出来——其最确切的描述莫过于既不能前进又不能后退的骑者了。他的骄傲禁止他想到投降或撤退,在梦中则以"根本不可能转身或下马"这句话加以表达。作为一个不断激励自己并为造福他人而操劳的人,俾斯麦必定发现很容易把自己比作一匹马。事实上,他在许多场合都如此说过,譬如他有一句名言:"好马死于执行任务之时。"根据同一意义,"马拒绝前进"这句话正意味一个疲劳的政治家感到需要摆脱眼前的各种考虑,或者换句话说,他正以睡眠和做梦来摆脱现实存在加之于他身上的束缚。在第二部分中欲望的满足变得如此明显,在"阿尔卑斯山小径"这些词句中已暗示出来。俾斯麦此时无疑已经知道他要去阿尔卑斯山的加斯坦去度他的下个假期,所以梦就把他带到那里,一举解脱了他所有的国务负担。

在梦的第二部分中,梦者的欲望以两种方式的表现而获得了满足:即明显而不加掩饰的方式和象征的方式。欲望的满足在象征上表现为凸出的岩石消失不见,代之以出现一条坦途,也就是他努力寻求的最方便方式的"出路";而不加掩饰的表现则为梦景中正在前进的普鲁士军队。为了解释这种预见性视象并不需要制定任何神秘的假设;弗洛伊德的欲望满足学说已足够了。俾斯麦在做这个梦时,已经期望在奥地利战争中取得胜利,作为摆脱国内冲

376

突的最好出路。因此,正如弗洛伊德所假设的那样,当梦者看到普鲁士军队及其旗帜出现于波希米亚,亦即出现于敌国领土时,梦也就表现了这个愿望的满足。这个梦的唯一特点,在于我们所说的梦者并不止于梦中欲望的满足,而且知道如何达到现实的目的。凡熟悉精神分析释梦技术的人都不会不注意到一个特征,即那"无限长的"马鞭。人们都熟知马鞭、手杖、长矛以及类似物都是阳具的象征;但是马鞭更具有阳具的最显著的一个特征,即其延展性,其象征意义就更确凿无疑了。这种现象的夸张,即马鞭延至"无限长"似乎暗示着来自幼儿期的一种过度精力倾注(hypercathexis)①。梦者手握马鞭明显地隐喻手淫,当然,这不是指梦者的当时情况而是追溯到遥远童年的儿童欲望。斯特克尔医生[1909,466页以下]发现梦中"左"边代表着错的、禁止的和罪恶的,在此极为适合,因为它能很好地应用于儿童期面对禁令而犯的手淫。在这个最深的幼儿期层次与作为政治家的当前计划的表面层次之间,很可能发现与这两个层次有关的一个中间层次。从需要鞭击岩石和祈求上帝帮助而获得神奇般解救这一整个事件,与《圣经》中摩西敲击岩石得水以解救干渴的以色列儿童那一幕极其相似。我们可以毫不犹豫地假定,俾斯麦对圣经中这一段细节一定很熟悉,因为他出生于爱读圣经的新教徒家庭。在这个冲突的时代,俾斯麦也很可能把自己比做摩西,一个寻求解救人民的领袖,得到的回报却是反叛、仇恨和忘恩。所以,此地应当与梦者的当时欲望有所联

---

① [萨克斯应用这个词似乎仅指一种"附加的"精力倾注,不像弗洛伊德在下文594页、603页及617页中的特定意义。]

系。但另一方面,这段圣经还包含了运用手淫想象的某些细节。摩西面对上帝的命令手握杆杖,上帝因他的违法而处罚他,告诉他必须在进入"希望之乡"之前死去。被禁止手握杆杖(梦中无疑为手握阳具),杆杖叩击而产生液体,以及死亡的恐吓——从中我们都可找到结合而为幼儿期手淫的所有主要因素。我们还可以有兴趣地观察到把(最初来自天才政治家的心灵和来自儿童的原始心灵的)两种异质图景接合起来的修正过程,以及利用这种方法成功地消灭了所有令人困扰的因素。手持杆杖表示禁止的和反叛的这个事实,除在象征上用"左"手表明以外,已隐而不现。另一方面,在梦的显意中,祈求上帝就好似尽量夸张拒绝任何有关禁止或秘密的思想。上帝对摩西的两个预言——他将看到希望之乡但是他不能进入——第一个预言已明显地有了获得满足的表现("看到小山和森林"),至于第二个令人困扰的预言则根本没有提及。关于水大概已因润饰作用(见488页以下)的需要而被删略。它成功地使这幕情景与前一情景形成一个统一体;以岩石的倒塌代替了水的流出。

我们可以指望,在幼儿期手淫的想象(包括着禁止这个主题)结束时,儿童总希望在他环境中的权威人物不知道所发生的一切。这个愿望在梦中的表现适得其反,即希望马上报告大帝发生了什么事情。但是这种倒置,与梦念表层中所包含的胜利幻想和梦的一部分显象,以最巧妙而不露痕迹的方式结合了起来。表示胜利和征服的这一类梦,往往掩盖着寻求肉欲上取得胜利的欲望。这个梦的某些特征,如梦者在前进道路上遇到了障碍物,随着他用伸延的马鞭打开了一条坦途,可能就是指这个方向,但是要以此而推论出贯穿全梦的这样一种明确的思想和欲望,提供的根据仍嫌不

378

足。我们在此所举的是一个梦的化装十分完美的梦例,任何令人厌恶的东西无不受到稽查,不会透过表面的保护层而浮现出来,从而可以避免任何焦虑的产生。这是一个无须惊动稽查作用就可使欲望获得满足的典型梦例,所以我们可以深信梦者醒来时感到"非常愉快,精力充沛"。

最后的一个梦如下:

(十二) 一位化学家的梦[1909]

这是一位企图戒除手淫而与异性发生性关系的年轻男子的梦。

序　言——在做梦的前一天,他一直在指导一名学生做格里格纳德反应试验。在反应中,镁在碘的催化作用下溶解于绝对纯粹的乙醚中。两天以前,在同一反应过程中发生了爆炸,烧伤了一个工作人员的手。

梦——(1)他似乎正在合成苯镁溴化合物。他对试验装置看得特别清楚。但他自己却代替了镁。他现在发现自己正处于一种奇异的不稳定状态。他一直对自己说:"这是对的,事情正顺利进行,我的两脚已经开始溶解,我的双膝正在变软。"然后他伸开双手并摸触双脚。同时(他说不出是怎么的)他将自己双腿抬出器皿之外,再一次对自己说:"这不对头,然而它却是这样。"这时他已半醒,但又将梦重温一遍,以便能向我报告。他对梦的解决[1]非常害

---

① [德文为 Auflösung(解决);上文此字亦意为"溶解"。]

怕,在半睡时感到异常兴奋,不断地说着,"苯,苯。"

（2） 他和全家正在某地（该地以 ing 结尾）①,而且在 11 点半钟要到舍滕托尔去会一位特别女士。但是他到 11 点半钟才醒来,因此对自己说:"时间太晚了,12 点半钟以前也赶不到那里。"一会儿,他看见全家围桌而坐;他特别清楚地看见他的母亲,一个女仆正端着汤碗。所以他想:"好,因为我们才开始吃晚饭,要出去也太晚了。"

分 析——他甚至在梦中的第一部分也与他要出去见那位女士有某种联系（他是在约会的前一晚做的梦）。他认为自己指导的那个学生是个特别不讨人欢喜的人。他曾对他说:"那不对,"因为镁未产生任何反应,而那个学生好像心不在焉地回答说:"是的,没有反应。"这个学生必定就是他自己（患者）,因为他对分析就像学生对合成物一样地漠不关心。梦中执行操作的"他"代替了我。他对结果是如此的漠不关心,我一定是感到非常不高兴的!

另一方面,他（患者）是我用来进行分析（或合成）的材料。问题在于治疗的效果如何。梦中关于他的双腿使他想起前一晚的一次经历。他在舞蹈课上遇见一位他一直急于追求的女士。他把她抱得很紧以致有一次她尖叫了起来,当他放松对她的双腿的压力时,他感到她那强有力的压力相应地紧顶着他的双腿直至膝盖——正是他在梦中提到的部位。所以在这种情况下,这个女人就是曲颈瓶中的镁——事情终于发生作用了。对于我来说,他是女性,正如对于女人来说,他又是男性。如果与那位女士的关系能

---

① [...ing 可能是维也纳的某个郊区（见 298 页）;舍滕托尔靠近该城中心。]

顺利进行,他的治疗也将会顺利进行。他对本人以及他对双膝的感觉指的是手淫并与他前一天的疲倦相符合——他与那位女士的约会实际上定在11点半钟,他希望睡过了头造成失约并把他的性对象留在家中(即保持手淫)是与他的抵抗相一致的。

联系到他重复地说"phenyl"(苯基)这个字,他告诉我,他很喜欢结尾带有"—yl"的"基"(radicals),因为它们易于应用,如benzyl(丙基)acetyl(乙酰基)。这种解释等于没说。但是当我向他提到另一系列基中的"Schlemihl"①时,他呵呵大笑,并告诉我在夏天他读了马塞尔·普雷沃斯特写的一本书,其中有一章"被拒绝的爱情",事实上有些话是讲"笨蛋"的。当他读到这些话时对自己说:"这正和我一样"——如果他错过了这个约会,这会表明他是"笨蛋"的又一个例子。

梦中出现的性的象征作用似乎已为K.施罗特尔根据斯沃博达的路线所做的某些实验所证实。施罗特尔向受深度催眠的被试发出暗示,从而导致成梦。梦的内部大部分决定于暗示。如果他暗示被试要梦见正常的或不正常的性交,由于要服从暗示,梦就利用我们因精神分析而熟知的象征来代替性的素材。例如,如果向一个女性的被试发出暗示,要她与女友发生同性恋关系,梦中出现的女友就会手提一只破旧的手提包,上面有一标签写着:"限女士用。"做梦的女子据说对于梦中的象征及其解释均一无所知。不幸的是,施罗特尔医生做此实验后不久便自杀身亡,我们

384

---

① ["Schlemihl"是与用"—yl"结尾的字押韵的一个字,源于希伯来文,用于德文中常指一个不幸的、无能的人即笨手笨脚的人。]

381

对这些实验的价值便难以做出正确的评估了。这些梦记录也只是在刊登于《精神分析公报》上的初步通讯中发现的(施罗特尔,1912)[1914]。

罗芬斯坦于1923年发表了一些类似的结果。贝特海姆和哈特曼(1924)所做的一些实验特别有趣,因为他们没有利用催眠术。他们对科尔萨科夫综合征的患者叙述带有猥亵性关系的故事,然后观察这些病人在慌乱状态中复述这些轶事时产生的歪曲现象。他们发现了我们在释梦中熟知的象征(如上楼梯、刺杀和射击是交媾的象征,刀子和香烟是男生殖器的象征)。作者们特别重视楼梯象征的出现,他们公正地指出,"任何有意识进行曲解的欲望都不能达成这样一种象征。"[1925]

只有现在,当我们对梦中象征作用的重要性作出了恰当的评估之后,我们才能把上文276页分别讨论的典型梦这个主题继续加以研讨[1914]。我认为有理由把这些梦大致分为两类:一类永远具有同一意义;另一类尽管其内容相同或相似,但其解释却可多种多样。在第一类典型梦中,我已经相当详细地[273页以下]讨论了考试梦。[1909]

由于情感上的相似性,未赶上火车的梦应当与考试梦并列,从对它们的解释来看,我们这样做是对的。与对于睡眠中感到的另一种焦虑(对死亡的恐惧)来说,它们是安慰的梦。旅行的"别离"是有关死亡的最常用的典型象征之一。这些梦总是以一种安慰口吻表示:"不用担心,你不会死的(离开)。"正如考试梦所用的安慰词:"不要怕,这一次对你没有关系。"理解这两种梦的困难在于,在表达安慰时恰恰伴有焦虑之感。

在对病人的分析中,时常出现的那些"牙刺激"梦的意义[①]长期以来逃脱了我的注意,因为出乎我的意料之外,在我对这些梦进行解释时,照例出现强烈的抵抗。最后我有充分的根据表明,男子做这些梦的动机力量无疑来自青春期的手淫欲望。下面我将分析两个这一类的梦,其中一个也属于"飞行梦"。两个梦出于同一个人,他是一个具有强烈同性恋倾向但在现实生活中受到抑制的年轻人。

他正坐在歌剧院正厅前排观看《费德利奥》的演出,身旁坐着L先生。他与此人志趣相投,很想和他交朋友。突然间他飞到空中,穿过大厅,并用手在自己口中拔出两颗牙齿。

他自己说到飞行时,他仿佛被"抛向"空中。因为上演的是《费德利奥》,所以他想到如下台词:

> 他赢得了一位可爱的女人……

这似乎是合适的。但是,甚至赢得一位可爱的女人也并非梦者的欲望,另外两行诗更加切题:

> 他完成了伟大的抛掷
> 由于变成了一个朋友的朋友……[②]

这个梦事实上也包括了"伟大的抛掷",然而这不仅是一种欲望的满足。它还隐藏了一种痛苦的反思,即梦者在结交友谊上常常遇

---

① 〔本段和以下六段写于1909年。〕
② "他完成了伟大的抛掷,由于变成了朋友的朋友,他赢得了一位可爱的女人……"这是席勒的《欢乐颂》中第二节的开始几行,由贝多芬配乐编入其《合唱交响曲》中。但是第三行(即上面弗洛伊德的第一行)实际上也是贝多芬的歌剧《费德利奥》的终场合唱中最后一节的首行。他的歌词作者显然剽窃了席勒。

到的不幸,被人"抛弃"了。这还掩盖着一层恐惧,害怕遭到他在欣赏歌剧《费德利奥》时坐在他身旁那位年轻男子的拒绝,再次遇到不幸。接着这位难于讨好的梦者不无害羞地坦白说:有一次他遭到一位朋友的拒绝之后,在自己欲望所引起的肉欲兴奋状态之下,一连手淫了两次。

以下是第二个梦:两位他所熟悉的大学教授代替了我替他进行治疗。其中一人在他的生殖器上做了点处理。他害怕动手术。另一个人用一根铁棒顶着他的嘴,以致掉下了一两颗牙齿。他被用四条绸布捆了起来。

这个梦具有性的意义是无可置疑的。绸布使他等同于他认识的一位同性恋者。梦者在现实生活中从来没有和男子性交过,也从来没有想过;他是按照在青春期一度熟悉的手淫模式想象性交的。

关于一个牙刺激典型梦的许多变形(例如牙齿被人拔出等等),我认为可用同一方式加以解释①。但是使我感到大惑不解的是,"牙刺激"究竟是如何具有这种意义的。我宁愿在此指出,性的表示经常利用从身体下部向上部的移位。② 在癔症中就可能看到这种情况,本应属于生殖器的所有各种感觉和意向,至少在其他不受非议的身体部分体现了出来。这种移位的一个例子,就是在潜意识思维的象征作用中,生殖器为面部所代替。语言惯用法也遵

---

① [1914年增注]梦中牙齿被别人拔了出来照例可解释为阉割,(按照斯特克尔,就像理发匠剪去一个人的头发)一般说来,牙刺激的梦和牙医梦必须加以区别,如柯里阿特(1913)所记录的那样。
② [这类例子可见"杜拉"的故事(弗洛伊德,1905e)]第六章。

384

循这同一线索,承认臀部与脸颊是同系的["hinterbacken"字面的意义为"后脸颊"],"阴唇"则与构成嘴部的口唇相当。将鼻子比作生殖器也很普遍,而这两处出现的毛发的相似性则更为逼真。只有牙齿的构造不能进行比喻,然而正是这种相似性和非相似性的结合,才使牙齿在性压抑的压力下适合于表现的目的。

我不能自以为把牙刺激梦解释为手淫梦(我已毫不怀疑这种解释的正确性)已经彻底被搞清楚。① 我已尽最大努力作出解释,剩下来未解决的问题只能暂时搁下。但我还是要大家注意到语言惯用法上的另一个类似之处。在我们这个国家,手淫动作还可以粗俗地称之为"拔出来"(pulling one out)或"拔下来"(pulling one down)。② 我不知道这些话以及从而产生它们的想象来源,但是牙齿与这两句话中的前一句倒是十分吻合的。

根据流行的看法,拔牙梦可以解释为亲人的死亡,但是精神分析认为这种解释最多不过是上述手淫的一种玩笑说法。不过,我仍要援引奥托·兰克根据我的主张而提出来的一个牙刺激梦。③

"我的一位同事长久以来对释梦问题抱有浓厚的兴趣,他写信告诉了我一个以牙刺激为主题的梦。

"'不久以前我梦见在牙医那里,他正在我下颌的一颗后牙上

---

① [1909年注]C.G.荣格在一次通讯中告诉我们,妇女做的牙刺激梦具有分娩梦的意义——[1919年增注]恩斯特·琼斯[1914b]明确地证实了这一点。这种解释与上面提出的解释有其共同点,即所说的二者(阉割和分娩)都是身体上的一部分离开了整体。

② [1911年增注]参见348页的自传梦。

③ [本段以及下面援引的兰克的梦首次出现于1911年版,引自兰克(1911c)。参见389页同一梦者的楼梯梦。]

钻孔。他钻的时候太长，结果使它毁坏了。他用钳子夹住，毫不费力地将它拔出，使我大吃一惊。他叫我不要担心，因为拔出的不是真正要医治的那颗牙。他把它放在桌上，牙齿（现在看来是一颗上门牙）分离成好几层。我从手术椅上站起来，好奇地凑近它，然后提出一个使我感兴趣的医学问题。牙医一面用一种工具把白得出奇的牙齿的不同部分分开轧碎（研磨成粉末），一面回答说，这与青春期有关，只有在青春期以前牙齿才这样容易拔掉。在妇女当中决定性因素是分娩。'

"然后我注意到（我相信自己正处于半睡状态）我在梦中遗了精，但说不准是在哪一部分梦时遗精的；我认为最有可能是在牙正被拔出之时。

"然后我继续梦见一件我已记不起来的事情，但结尾是我把帽子和上衣丢在某处（可能是牙医的衣帽间），并希望有人赶来还给我。我只穿着外套，匆匆离开，去赶一次刚开动的火车。我在最后一刻成功地跳上最后一节车厢，但已有人站在那儿了。我虽然不能挤进车厢，但尽量忍受在不舒服的情况下旅行，最后我终于成功地摆脱了困境。我们进入了一条长的隧道，迎面来了两列火车，它们本身就像隧道一样，穿过了我们的火车。我从一个车厢的窗户望进去，好像我在车外一样。

"做梦前一天的经历和思想为解释这个梦提供了材料：

"(1)最近我确实去诊过牙齿。做梦时我的下颌上牙齿仍然在痛着，正是梦中钻孔的那颗牙齿，而且在现实生活中，医生诊牙的时间比我想象的要久。做梦的那天早晨，我又因为牙病去找牙医，他暗示要在我的下颌上像他已经处理的那样再拔掉一颗牙，并说疼痛也许就是来自这另一颗牙。这是我当时正切割的一颗'智齿'。我就这方面提出一个有关他的医德问题。

"(2)同一天下午,我因牙痛发了脾气,而不得不向一位女士道歉。她因此告诉我,她的一颗牙冠虽已全部碎掉,但害怕拔出牙根。她认为拔掉'上腭犬齿'特别疼痛和危险,虽然她的一位熟人曾告诉过她,拔掉上腭的牙齿很容易,她那坏牙正在上腭。这位熟人告诉她,他曾经有一次在麻醉状态下被拔错了一颗牙,这就更增加了她对必要手术的恐惧。她于是问我'上腭犬齿'到底是臼齿还是犬齿,而且如何辨认它们。我一方面向她指出了这一类意见中的迷信成分,同时也强调了某些流行观点中的合理内核。于是她才向我讲出她所深信的一个古老的流传说法,即一个孕妇如果牙痛,就会生一个男孩。

"(3)这种想法引起了我的兴趣,使我注意到它与弗洛伊德在《释梦》中提到的牙刺激梦代替手淫梦的典型意义有关,因为根据[那位女士提出的]流行说法,牙齿和男性生殖器(或男孩)也是互相有联系的。我在当天晚上翻阅了《释梦》中的有关章节,发现从其中的以下论述,可以看出与我提到的其他两种体验一样,对我的梦具有同等明显的影响。弗洛伊德在谈到牙刺激时写道:'男子做这些梦的动机力量无疑来自青春期的手淫欲望。'[385页]又写道:'关于一个牙刺激典型梦的许多变形(例如牙齿被别人拔出等等),我认为可用同一方式加以解释。但是使我大惑不解的是'牙刺激'究竟是如何具有这种意义的。我宁愿在此指出,性的表示经常利用从身体下部向上部的移位(在本梦中是从下颌向上颌)。在癔症中就可能看到这种情况,本应属于生殖器的所有各种感觉和意向,至少在其他不受非议的身体部分表现了出来。'[382页]他又接着写道:'但我还是要大家注意到语言惯用法上另一个类似之处,在我们这个国家,手淫动作还可以粗俗地称之为"拔出来"或"拔下来"'[388页]。我在少年初期便已熟知这种表达是手淫的一种描述,没有经验的释梦者要由此发现隐藏在梦背后的幼儿期材料是极其困难的。我只想补充说,梦中拔牙的容易以及拔出后变成上门牙的情况,使我想到我在小时候有一次拔出了一颗松动的上门牙,轻易而不感痛苦。我至今仍能清楚地记得这件事的全部细节。我的第一次有意识的手淫尝试,也是发生在这同一早期阶段。(这是一种屏蔽记忆。)

"弗洛伊德援引C.G.荣格的一段话,大意是'牙刺激梦发生在妇人身上具有分娩的意义[387页注]以及关于对孕妇牙痛意义的普遍相信,可以说明(青春期)男女病人的梦中决定性因素之间形成的对比。这方面使我想起更早有一次去看牙医后不久所做的一个梦,梦见刚刚修好的金牙冠脱落了;我在梦中感到很懊恼,因为花费昂贵,太得不偿失了。由于我有了一些经验,对这个梦现在是可以理解的了。这无异承认手淫的物质利益超过了对象爱:从经济观点来看,后者无论从哪方面都不如前者(参见金牙冠)①;我相信那位女士所说的孕妇的牙痛意义的话重新唤醒了我的这些联想。'

"我的同事提出的解释很有启发性,我认为是无可辩驳的。我也无所补充,也许唯一的例外,是想指出梦的第二部分的可能意义。这似乎表现了梦者从手淫转变到性交,显然经历了巨大的困

---

① [Crown(Krone 克朗)是当时奥地利的货币单位。]

难——(参见火车从不同的方向出入隧道)以及后者的危险性(参见孕妇和外套[186页])。梦者为了达到这个目的而应用了词桥'Zahn-ziehen'(Zug)和'Zahn-reissen(Reisen)'。①

"另一方面,在理论上,我对这个梦似乎在两方面感到兴趣。第一,它证明了弗洛伊德的发现,即梦中遗精伴有拔牙动作。不管遗精是什么方式发生,我们都不得不视之为无须借助任何机械性刺激而实现的一种手淫式满足。此外,这种情况与寻常不一样,遗精并不针对一个对象(甚至是想象的对象),也可说是没有对象,它完全是一种自体性欲,最多也只表现轻微的(与牙科医生的)同性恋倾向。

"我认为第二点值得强调的是如下事实。有人认为根本无须用这个梦来证实弗洛伊德的观点,其反对的理由是,因为前一天发生的事情本身已足以使梦的内容变得容易理解了。梦者去看牙医,他与某女士的谈话,以及他的查阅《释梦》,都足以说明他为什么会做这个梦,特别是他的睡眠受了牙痛的困扰;如果需要的话,他还可以解释这个梦是如何处理干扰他的睡眠的牙痛,——一方面利用拔除痛牙的观念,同时将梦者害怕的牙痛感觉沉浸于里比多之中。但是,即使我们承认这一切都能成立,我们也不能认真相信光凭读了弗洛伊德的《释梦》,梦者心中就能建立起拔牙和遗精之间的联系,甚至能将这种联系付诸行动,除非这种联系如梦者自己承认的那样(表现于'拔出来'这句话中)已经长期存在着了。这

---

① ["Zuhn-Ziehen=拔出一个牙";"Zug"(与"ziehen"同一词根)="火车"或"拔"。"Zahn-reissen=拔出一个牙";"Reisen"(与 Reissen 的发相似)="旅行"。]

种联系不仅在与那位女士谈话时复苏了,而且也表现在他后来报告的情况之中。因为在阅读《释梦》时,出于某些可以理解的原因,他对于牙刺激梦这种典型意义并不愿意轻信,而且希望知道这种意义是否可应用于所有这一类梦。至少对他来说,这个梦证实了这个观点,并向他表明了他为什么会对这个问题表示怀疑。所以从这方面看,这个梦也是一种欲望的满足,即希望自己能对弗洛伊德的这个观点的应用范围以及其可靠性深信不疑。"

第二类典型的梦包括梦中在空中飞行飘浮,跌落、游泳等等。这一类梦的意义何在?还不可能作出一般性的答复。因为我们将会知道,它们在不同的梦中具有不同的意义,只有这些梦包含的原始感觉材料才出于同一来源。[1909]

精神分析提供的信息使我不得不作出这样的结论,即这类梦重现的也是童年的印象,就是说,它们与最能吸引儿童的包括运动的那些游戏有关。哪一个叔舅不曾伸出双臂把儿童举在空中在室内旋转,不曾把儿童骑在膝上又突然将两腿伸直,或者把他高高举起然后忽然假装下跌呢?儿童们喜爱这种经验,乐此不倦,不断要求重做,而当引起他们稍稍感到害怕和晕眩时尤其如此。多年以后,他们在梦中重复了这些经验,但离开了支持他们的双手,于是就飘浮在空中或因失去支持而跌落下来。幼儿在这种游戏(以及荡秋千和跷跷板)中欢乐无比是尽人皆知的。当他们在马戏团看到杂技表演时,他们对这一类游戏的记忆便复活了。男孩中的癔症发作有时仅仅复现这一些技巧而且非常娴熟。这些运动游戏本身虽然天真无邪,但也常常引起性感。儿童们的蹦跳嬉戏(romping,德文为"Hetzem")——如果让我用一个字来包括所有这类活动的话——总是在飞行、跌落、晕眩等梦中得到重现,而依附于这类体验的快感则转变为焦虑。但是如每个母亲都知道的那样,儿童们中间的蹦跳嬉戏常常以争吵和啼哭而告结束[1900]。

因此,我有充分理由反对这种理论,即认为飞行和跌落的梦产生于我们睡眠时的触觉或肺部的运动觉等等。在我看来,这些感觉本身乃是梦所引起的记忆的部分再现,也就是说,它们是梦内容的一部分,而不是梦的来源。[1900]①

因此,这种包括出于同一来源的各种类似运动感觉的材料便被用来表示各种可能的梦念。在空中浮沉或飞行的梦(照例带有愉快情调)具有各种不同的解释:对某些人来说,这些解释带有个人性质,对另一些人则甚至具有典型色彩。我的一位女病人经常梦见她在街道的一定高度上足不着地地飘浮着。她非常矮,又害怕碰着别人弄脏了自己。她的飘浮梦满足了她的两个欲望,一是双足离地,二是把头伸到更高的空中。我发现另一个女人的飘浮梦是表现"像一只鸟"的欲望,还有一些梦者夜间梦见变成天使只是因为白天没有被人称为天使。飞行和鸟的观念的密切关系解释了为什么在男子的飞行梦中经常具有十足的性意义。② 每当我们听到有些梦者夸耀他们的飞行能力时,也就不必惊异了。[1909]

保罗·费登医生(维也纳[后到纽约])提出了一个富有吸引力的理论,认为许多这类飞行梦都是表示勃起,因为人们的想象经常关注勃起这一奇异现象,不能不给人留下深刻的印象。(参考古人

---

① [1930年增注]因为上下文的需要,所以重复了这段关于运动的梦的文字。参见上文271页以下[那里可找到增写的某些脚注]。

② [见583页注。]

配有羽翼的男性生殖器。）[1911]

值得注意的是,一位梦的严肃研究者穆列·沃尔德,他无意于对梦采取任何解释,竟然也支持对飞行式飘浮的梦做出情欲的解释(沃尔德,1910—1912,卷2,791页)。他谈到了情欲因素是"飘浮梦的最强有力的动机,"并提醒大家,这一类梦伴有身体的强烈震动感,并指出它们经常伴有勃起式遗精。[1914]

反之,跌落梦往往以焦虑为其特征。妇女做这种梦不难加以解释。她们往往以跌落象征着屈服于情欲的诱惑。我们还可以追溯到跌落梦的幼儿期根源。几乎每一个孩子都曾在幼时跌落过,然后又被抱起和爱抚;如果他们在夜间从他的小床上跌下,她的母亲或保姆就会把他抱上床去。[1909]

经常梦见游泳和破浪前进而感到极大快乐的人照例有尿床的习惯。他们在梦中重温其早已知道应戒除的乐趣。我们从下面不止一个梦例中马上就会知道游泳梦最容易用来代表什么。[1909]

对于火的梦的解释证实了幼儿园禁止儿童"玩火"的规定,以免他们在夜间尿床。因为在他们的梦中隐含着童年遗尿的回忆。我在《一个癔症病例的分析片断》(1905e,第二节,杜拉的第一个梦)结合梦者的病史对这样一个火的梦进行了完全的分析和综合,并且证明了这种幼儿期材料可以用来表现成人期的冲动。[1911]

如果我们把"典型"一词理解为在不同梦者的梦中可以经常发现相同的显梦,就有可能举出许多其他"典型"的梦。例如我们可以提到穿过窄狭的街道或走进一套房间的梦[见214页],还有窃贼的梦,——顺便说一句,神经质的人在睡前总要采取预防措施[403页];被野兽(或被公牛或马)追逐[见410页],被用刀子、匕首或长矛相威胁的梦,这两类都是焦虑者在其显梦中表现出的特征,等等。对这类材料进行专门研究是完全值得的。但是代替这一点的是我必须进行两种①观察,虽然它们不完全限于典型的梦。[1909]

我们越深入探求梦的答案就越会被迫承认,成人的大多数梦都与性的材料有关而且有情欲的表现。对这一点能够做出真正判断的,只是对梦进行真正分析的人也就是能通过梦的显意而进入隐意的那些人,而不是仅满足于单独记下梦的显意的那些人(例如纳克关于性梦的著作)。我现在可以说,这个事实毫不令人惊奇,而且与我的释梦原则完全符合。没有任何其他本能像性本能及其各种成分那样从儿童时代就受到如此强大的压抑(参见我的《性学三论》1905d);也没有其他本能遗留下如此众多而强烈的潜意识欲望,能随时准备在睡眠中形成梦景。在释梦中,我们绝不应该忘记性的情结的重要性,当然,我们也不应过分夸大,把它们看成是独一无二的因素。[1909]

如果经过仔细的解释,我们当可确认许多梦都是双性性欲的,因为它们无可置疑地容许一种多重性解释,从中体现出梦者的同性恋冲动,即与他的正常性活动相反的冲动。然而在我看来,如斯特克尔(1911[71])和阿德勒(1910)等那样,主张所有的梦都可作双性性欲的解释,那也同样是不可证实和似不可能的,因而我不准备予以支持。特别我不能无视那样明显的事实,即有许多梦都不是满足广义的情欲需求的,如饥渴的梦、方便的梦等等。所以,诸

---

① [这个"两"字不过是1909年和1911年版的遗迹。在那两版中,"典型"梦的讨论包含在第五章中。当然,在最后一版,这些段已因加入许多材料而大大扩充了。在1909年版中,这两个观察加起来也不过占了5页,相比之下,1930年增到了42页。]

如每一个梦背后都可发现死亡的幽灵(斯特克尔[1911,34]),每一个梦都表明由女性发展到男性的倾向(阿德勒[1910])等说法,我认为都超出了释梦的合法范围。[1911]

至于一切梦都需要性的解释这种主张受到无休止的愤怒抨击,与我的《释梦》毫不相干。在这本书的前8版中找不到这种说法,而且与这本书中其他观点也显然是矛盾的。[1919]①

我已在别处表明[183页以下],一些看起来特别天真无邪的梦,也可以体现出粗鄙的性欲望,我还能举出许多新的梦例证实这一点。但同样真实的是,许多似乎无关紧要的梦,表面上无任何奇特之处,经过分析,都可追溯到欲望的冲动,明白无误地带有性的色彩,而且往往出人意料之外。例如,在解释以前,又有谁怀疑过下面这个梦表现有性的欲望呢?梦者报告说:在两座雄伟的宫殿稍后一点,有一所门户紧闭的小屋。我的妻子领我沿着一条小街向上到了小屋,把门推开,然后我迅速而轻松地溜入院内,这院子向上倾斜。任何稍有释梦经验的人,立即会想到深入狭窄空间和打开紧闭的门户是最为普遍的性的象征。而且在这个梦中,很容易看出是企图从背后性交(从女性身体的两半肥大的臀部之间),向上倾斜的狭窄通路当然代表阴道。梦者得到妻子的帮助迫使我们断定,在现实中只是出于对他妻子的顾虑而使梦者未能完成这种意图。就在做梦那一天,一位年轻女子住到了梦者家中,她很动人并留给他一个印象,即她可能不反对这种接近方式。两座宫殿之间的小屋引起对布拉格的哈拉钦[城堡]的回忆,还可进一步指出,这位年轻女子就是从那里来的。[1909]

---

① [这一点在160页注中有充分的讨论]

当我问一位病人坚持他常常会做伊谛普斯梦,即在梦中与自己的母亲性交,他往往回答说:"我记不起有这种梦,"但刚过不久,他就会回忆起另外一些不太明显和无关紧要的梦,然而分析表明,这仍然是同一内容——仍然是伊谛普斯梦。我敢确定地说,与母亲性交的梦绝大多数经过伪装,很少是直接呈现的。①

---

① [1911年增注]我已在别处发表了一个典型的伊谛普斯梦例[弗洛伊德19101,现在本注末尾处再提一遍]另一个带有详细分析的梦例,系奥托·兰克所发表[1919]—[1914年增注]在其他一些经过伪装的伊谛普斯梦中,其中以眼睛象征为主,见兰克(1913)。在同一杂志还可发现埃德尔[1913],费伦齐[1913]和里德勒[1913a]的其他几篇有关眼睛梦和眼睛象征的论文。伊谛普斯传说中的瞎眼,与其他地方一样,代表阉割——[1911年增注]顺便说,古人并非不知道有关未经化装的伊谛普斯梦的象征性解释,兰克写道:"因此据说恺撒大帝梦见与自己的母亲性交,而释梦者将此梦解释为吉兆,表明他将拥有大地(母亲大地)。对塔奎族人的神谕也同样的有名,它预言最先吻其母亲('Osculum matri tulerit')就将攻占罗马。布鲁特斯把这解释为母亲大地('他吻着大地说,它是万物之母')。"——[1914年增注]与希罗多德(卷6,107卷)报告的希比亚的梦相比较:"至于波斯人,则被庇希斯特拉图斯的儿子希比亚斯领到了马拉松,前一晚希比亚斯在睡梦中梦见与其母同寝;他把这个梦解释为他要回到雅典并恢复自己的权力,然后老死故乡。"——[1911年补注]这些神话和解释显示出一种真正的心理领悟。我发现那些知道自己受到母亲宠爱的人在他们生活中往往表现出一种特殊的自信和不可动摇的乐观主义从而表现出英雄品质并在事业中取得成功。[弗洛伊德在其《诗歌与实情中的童年回忆》(1917b)中举歌德为例,说明因母亲宠爱而在生活中获得成功。]

[本脚注开始时提及的弗洛伊德的一篇短文于1925年增印如下:]

"一个伪装的伊谛普斯典型梦例:一个男子梦见与另一男人想娶之为妻的女人私通。他害怕那个男人发现奸情而悔婚,因而对那人特别亲热,他拥抱他并吻他——在这个梦的内容与梦者的真实生活之间只有一个接触点。他与一个已婚女子私通;她的丈夫是他的朋友,因为说了一句含糊其辞的话,使他怀疑她的丈夫看出了什么破绽。但事实上还存在着另外的问题,在梦中全未提到,只是提供了进行理解的关键。该丈夫的生命受到一种器质性疾病的威胁,他的妻子对他的骤然去世已有了心理准备,梦者已有意识地想在她的丈夫死后和这位年轻的寡妇结婚。这些外在的情境已使梦者置身于伊谛普斯梦的范围。他的欲望是杀死这个男人以便娶这个女人为妻。这个梦以伪善的伪装形式表达了这个欲望,代替了她已经结婚,而且构想了另一个男人想娶她为妻,这正符合了他自己的秘密企图,而对她丈夫的敌望则隐藏在表面感情的背后。这种感情来自他儿时与自己父亲关系的回忆。"[伪善梦的讨论见145页注和471页以下]

399　　在有关风景和其他地点的梦中,梦的本身强调的总是一种确信,认为不止一次到过这里(梦中出现"似曾相识"(dejà vu)具有一种特殊意义)。① 这些地方无例外地指母亲的生殖器,再没有别的地方可以使人如此深信他以前确实到过的了。[1909]

　　只有一次,我对一位患强迫性神经患者的梦感到迷惑不解。他说梦见去访问了以前去过两次的一所房屋,但是这个病人在相当久以前曾告诉我他在6岁时发生的事情。他有一次与母亲共睡一床,在他母亲睡着时误把手指插入了她的生殖器内。[1914]

　　有许多梦往往伴有焦虑,往往包含有穿过狭窄空间或浸在水中的内容,其所依据的都是关于子宫内生活,居住在子宫内和分娩
400 动作的幻想。下面是一个男人的梦,他梦见利用在子宫内的机会注意到了父母的性交。

　　他置身于一个深坑内,里面有一个像塞默林隧道中②那样的窗口。通过窗口,他首先看见一处空旷的风景,然后想象一幅填补这空间的图画,它立刻出现并填满了空隙。这幅图画表现了用工具深深犁过的田地;新鲜的空气,兰黑色泥巴,加上伴随此景象的一种勤奋工作感,给人留下了可爱的印象。然后他又看见在自己面前出现了一本打开的论教育的书,……使他惊奇的是书中大量提到了(儿童的)性感,这又使他想到了我。

　　下面是一位女病人做的一个可爱的水的梦,这个梦在治疗上起到了一定作用。在她的暑期疗养地,在某个湖畔,正当苍白月光

---

　　① [最后一句于1914年插入。"dejà vu"(似曾相识)现象在弗洛伊德的《日常生活心理病理学》(1901b)第12章第4节有一般性讨论,见下文447页。]
　　② [距离维也纳主线西南约70英里处的一条隧道。]

照耀湖上时,她潜入了湖水之中。

这是一个分娩梦,要将报告出来的显梦中事实加以颠倒才能解释清楚。必须将"潜入水中"代之以"出于水中",也就是代之以"出生"。① 我们如能记得法文"lune"(月亮)的俚语意义,[即"底部"],就能发现儿童出生的部位,于是苍白的月亮就是白色的底部,儿童很快就会猜到这是他们出生的部位。病人希望她在暑假休养地出生又是什么意思呢? 我问了她,她却毫不犹豫地回答说:"这难道不像我是经过治疗而再生了吗?"因此这个梦乃是邀请我为她在休养地继续治疗——也就是说,邀请我到那里去。也许其中还包含有一种羞怯的暗示,即病人期望自己变成母亲。②

我将从琼斯的一篇论文[1910b]中再引一个分娩梦及其解释如下:③"她站在海边注视着一个似乎是自己的小男孩正在涉水入海。他越走越深直到海水淹没了他,她只能看见他的头部在水面上浮上浮下。然后这幕景象变成一个旅馆中挤满人群的大厅,她的丈夫离她而去,她却和一个陌生人'进入谈话'。"梦的第二部分在分析中表明她想脱离她的丈夫并和第三者发生亲密关系……,梦的第一部分显然是一种出生幻想。梦与神话一样,婴儿脱离羊水普遍以伪装形式表现为儿童进入水中。阿道尼斯、奥塞里斯、摩

---

① [1914年增注]水中出生的神话意义见兰克(1909)。
② [1914年增注]我知道评价有关于宫内生活的幻想和潜意识的重要性还为时不久。它们包括了许多人对活埋感到极度恐惧的解释,也成了深刻信仰死后复生的基础。这不过是对出生前这种奇怪生活的未来的揣测。此外分娩行为是焦虑的第一次体验,因此也是焦虑感的来源和原型[参见弗洛伊德的《抑制、症状和焦虑》(1926d)的第8章,接近开始处有一段充分的讨论]。
③ [本段及下段于1914年增写。]

397

西和巴克赫斯的出生是这一类梦中大家熟知的例证。头部在水中的浮上浮下立刻使病人想起了她在唯一怀孕时体验到的胎动感觉；想到男孩进入水中引起她的幻想，在幻想中看见自己把他拉出水面，抱入育婴室，洗净穿好，然后把他安顿在自己家中。

因此梦的第二部分表现了私奔的思想，这属于梦的隐意前半部，而梦的前半部也符合梦的隐意后半部即出生幻想。除了这种次序的颠倒，梦的每一半更产生了进一步颠倒。儿童在前半部进入水中，然后他的头上下浮动；在梦的隐意中，先出现胎动感觉，然后儿童离开了水（双重颠倒）。第二部分中她的丈夫离开了她；而在梦念中却是她离开她的丈夫。

阿伯拉罕（1902，22页以下）报告了一个临近产期的年轻女子所做的另一个分娩梦。一条地道从她房内地板的一个地方直接通向水中（生殖道——羊水）她提起地板上的机关门，跳出了一个浑身棕毛，很像水豹的动物。这个动物变成梦者的小弟弟，她很像他的母亲。[1911]

兰克根据一系列梦例指出，分娩梦与小便刺激梦利用同样的象征表示，情欲刺激在后者以小便刺激表现出来。而这些梦的各层次意义与自婴儿期起不断改变的象征意义相对应。[1914]

现在是回到前章（237页）中断了的一个题目的适当时机了：① 即干扰睡眠的机体刺激在梦形成中所起的作用问题。因这些刺激影响而形成的梦不但公开显示出欲望满足的通常倾向和为方便的目的服务，而且往往也是一种非常明显的象征作用；因为一种刺激

---

① ［本段和以下三段始自1919年。］

常常在梦中以象征性伪装企图蒙混过关,而在遭到失败之后,便把梦者惊醒。这同样可应用于遗精和性欲高潮的梦以及因遗尿遗粪的需要而引起的梦。"遗精梦的特殊性质不仅使我们处于一种地位,直接显示已知为典型但又争论不休的某些性的象征,而且还使我们深信梦中某些表面上的纯真情境也不过是赤裸裸的性景象的一种象征序曲。赤裸裸的性景象在比较少见的遗精梦中照例毫无掩饰地表露出来,同时也经积累而形成焦虑梦,具有惊醒睡者的同样效果。"[兰克,同上,55页]

尿道刺激梦的象征作用特别明显,自古以来就为人所承认。希波克利特已表达了这种观点,认为喷泉和泉水的梦,表明了膀胱的失调(哈夫利克·埃利斯[1911,164])。施尔纳[1861,189]研究了尿道刺激象征的多重性,认为"相当强的尿道刺激总是转为性区域的刺激作用及其象征性表现……尿道刺激梦往往是性梦的代表物[同上,192]。"

我注意到奥托·兰克在其论象征唤醒梦的层次作用一文的讨论中,认为很可能大量的尿道刺激梦事实上是由性刺激引起的,而后者一开始就企图"倒退地"从幼儿的尿道性欲形式中取得满足。[同上,78页]有些梦特别富有启示性,其中发生作用的尿道刺激导致醒来排尿。但梦仍持续不已,往后便在不经伪装的情欲想象中表达了需要。①

---

① [构成幼儿膀胱梦的同一象征,在其"最近"方面表现为性的意义:水=尿=精液—羊水;船=小便(pump ship)=子宫(box);弄湿=遗尿=性交=怀孕;游泳=膀胱鼓胀=出生前住所;下雨=撒尿=受精象征;旅行(动身、离开)=下床=性交(蜜月旅行)小便=射精(兰克,1912a,95页)。]

肠刺激的梦以类似方式表明了其所包括的象征作用,同时还证实了社会人类学家充分证明了的黄金与粪便之间的联系。(见弗洛伊德,1908b;兰克,1912a;达特纳,1913;和里克,1915)因而,例如一个正在治疗肠胃病的妇人梦见一个人在一座好像乡间厕所的小木屋里埋藏金银财宝。梦的第二部分是正在为她的小女孩屙屎以后揩屁股。[兰克,1912,55]

救援梦与分娩梦有关。在妇人梦中救人,特别是救人出水,与分娩具有相同意义;如果梦者是男人,其意义就不同了。①[1911]

有些人在就寝前感到害怕的,甚至使他们睡眠受到干扰的强盗、窃贼和鬼怪,都来源于同一类童年记忆。他们是夜间访问者,唤醒睡者以免他们尿床,或是揭开被子看清楚孩子在睡眠中双手的安放位置。对于某些这类焦虑梦的分析,使我更可能准确地弄清这些夜间来访者的身份。在所有的梦中,强盗大抵代表睡者的父亲,而鬼怪多半为身穿睡袍的女性[1909]。

六、一些梦例——梦中的计算和讲话②

在提到支配梦的形成的第四个因素的合理地位以前[见448页以下],我要引证自己收集的一些梦例。这部分是为了证实我们

---

① [1911年增注]普菲斯特(1909)曾报告过这种梦。关于救援的象征意义见弗洛伊德1910d和弗洛伊德1910h。[1914年增注]也见兰克(1911b)和里克(1911)[1919年增注]更见兰克(1914c)。

② [与第五节一样,本节前半部分为以后各版所加,每一段最初所包含内容的日期附于方括弧中。本节的后半部(414页起)则始于第一版——搜集的另一些释梦例子可见弗洛伊德《精神分析引论》(1916—1917)第12讲。]

400

已知的三个因素之间的相互作用,部分是为了给迄今尚未获得充分支持的一些议论提供论据,或为了指出从中得出的不可避免的结论。在说明梦的工作时,我发现很难用梦例来支持我的见解。要使支持特殊命题的梦例具有说服力,只有将它们放在对梦的解释进行整体考虑的框架之内。它们如果脱离了原有的前后关系也就失去了它们本身的价值。另一方面,即使是粗浅的释梦也会很快变得头绪纷繁,结果使我们失去本想用来作为证明的联想线索。如果我在下面将各式各样事物串在一起,仅能依靠它们与本章前几节的有关内容作为共同联系,那我也只好说是由于这种技术上的困难了。[1900]

首先我将举几个梦中的特殊或不寻常的表现方式。

一位女士梦见:一女仆正站在梯子上好像在擦窗户,身旁有一只黑猩猩和猩猩猫(梦者后来把它改正为安哥拉猫)。她把它们向她猛掷过来,黑猩猩拥抱了她,她感到十分厌恶——这个梦以一种极其简单的方法达到了它的目的;即利用了言语的字面的形象以及表达了词的原意。"猴子"和动物的名称一般当做毒骂之用,梦中的情境正意味着"投掷毒骂"。我们不久还可看到,在许多其他梦的工作中也利用了这个简单方法。[1900]

另一个梦采取了极其相似的方法:一个妇人有一个颅骨明显畸形的男孩。梦者听说这是由于胎位不正而引起的。医生说施加压力可以使头颅形状变得好看些,但会因此损伤孩子的脑部。她想他是个男孩,畸形也无太大妨碍——这个梦包括了对"童年印象"这个抽象概念的造型表现,这个概念是梦者在治疗期间的解释过程中逐渐熟悉起来的。[1900]

在下面的梦例中，梦的工作稍微采取了不同的方法。这个梦的内容是在格拉茨附近希尔姆泰克①的一次郊游。外面的天气异常可怕。这是一个破旧的旅馆，雨水沿着房间的四壁往下滴，床单都弄湿了（梦的后一部分表现得不如我所说的那么清楚）。梦的意义是"过剩"。这个在梦念中表现的抽象观念最初有些被有力地歪曲了，表现为诸如"泛滥""淹没"或"流体"等形式——后来则表现为若干类似的图景：外面的水，里面墙上的水，弄湿床单的水——一切都是溢出或泛滥。［1900］

我们如果发现，在梦中为了表现的目的，词语的拼写远不如语音那么重要，特别是当我们记得同一规则在韵诗中有效时，就不必感到惊奇了。兰克（1910，482）曾详细记录并充分分析了一个女孩的梦。梦者描述了她如何正在田间走过，并割下了大麦和小麦的丰满麦穗["Ahren"]。她的一个少年时代的朋友向她走来，但是她企图避开他。分析表明，这个梦关涉的是接吻——一个"荣耀的吻"["Kuss in Ehren"的发音与"Ahren"相同，字义就是"Kiss in honour"]②。在梦的本身中，必须被割而不是被拔的"Ahren"，被描绘为麦穗而与"Ehren"凝缩在一起，它们代表着许多其他潜隐的思想。［1911］

另一方面，在其他一些梦例中，语言的进化过程已经使事情对于梦变得非常容易了。因为语言有大量词汇可供支配之用，这些词原先都有图像的和具体的意义，但在今天的使用中都已变成无色彩和抽象的意义了。梦所要做的一切，就是赋予这些词以原先

---

① ［格拉茨城外的一道水域。］
② ［这与一个德国谚语有关"Einen Kuss in Ehren Kinn niemand verwehren（没有人能拒绝一个荣耀的吻）。梦者实际上是在走过这一片麦田时得到初吻的——在麦穗间的一个吻。］

的、充分的意义,或者追溯到其发展的某个早期阶段。例如某个男子梦见他的弟弟正被困在一个"箱子"(Kasten)中,在解释过程中,箱子被置换为"柜子"(Schrank)——也抽象地表示"障碍"和"约束"之意。因此,梦念的大意是,他的弟弟应该"约束他自己"(sich enschränlen)——而不是梦者本人这样做①。

另一个男子梦见爬上一座高山顶,从那儿可以俯瞰不寻常的辽远景色(extensive view)。他在此是摹拟自己的一个兄弟,后者是远东事务概观(survey,亦译眺望)的编辑。[1911]

在《绿衣亨利》②中提到一个梦,梦中一匹生气勃勃的马在一片美丽的麦田中翻滚,每一颗麦穗都是"一粒甜蜜的杏仁,一颗葡萄干和一枚新便士……包在红绸中,用一根猪鬃捆着。作者(或梦者)对这幅梦景给了我们一个直接的解释:马儿被逗得痒呵呵的,并高声喊道:'燕麦正刺着我'(Der Hafer sticht mich)"。③

根据亨森(Henzen,1890),在古代北欧传说中,梦中特别经常出现妙语双关,梦中很少不发现双关语或语词游戏。[1914]

搜集这些表现的种种方式并依据它们的基本原则加以分类,其本身就是一件工作。[1909]有些表现方式几乎可以说成是"笑话",它们可以使人觉得,如果没有梦者本人的帮助,人们对它们恐怕永远无法了解。[1911]

(1)一个男子梦见他被问起某人的姓名,但是总想不起来。他本人解释说,这意味着"他本不该梦起此事"。[1911]

---

① [这个梦例和下一个例子均引自(带有稍微不同评述的)弗洛伊德的《精神分析引论》(1916—1917)的第7讲和第8讲。]

② [哥特费尔德·凯勒的小说第6章第4部分。]

③ [字面上是"燕麦正刺着我",但其惯用语的意义是"兴旺宠坏了我"。]

(2)一位女病人告诉我一个梦,梦中所有的人看来都特别高大。她接着说,"这意味着这个梦一定牵涉到了我童年的一些事情,因为在那时候,在我看来,一切成人必定是异常庞大的。"[参见30页注]她本人并没有出现在梦内容之中。——梦中有关童年的事实也可以用另一个方式来表达,即将时间转换为空间。人物和风景看起来都距离很远,好像在路的尽头,或者好像从观剧用的望远镜的相反一端看去那样。[1911]

(3)有一个男子在清醒生活中爱用抽象和不确定的词语然而又不失机警。一次他梦见他抵达一个火车站,一列火车刚刚进站。当时发生的事情是,月台趋向火车,而火车却静止不动。这个细节不过是表示我们必定期望在梦内容中发现另一个颠倒的事实。[参见第326页]对梦分析的结果使病人想起了一些画册,画着一些男人头倒立着,用手在走路。[1911]

(4)同一梦者另一次告诉我一个短梦,差不多使人记起制画谜的方法。他梦见他的叔父在一辆汽车(automobile)内亲吻了他。他马上向我作出的解释是我再也想不到的,即这个梦意味着自淫(auto-erotism)。这个梦的内容在清醒生活中,很可能被当作一个笑话看待。[1911]①

(5)一个男子梦见他正把一个女人从床背后拉出来。这个梦的意思是,他对她有所偏爱。② [1914]

---

① ["Auto"在德文中一般意为"汽车"(motor-car),这个梦与弗洛伊德的《精神分析引论》(1916—1917)第15讲中的词语稍有不同。]

② [此地所指纯为文字游戏,在德文中"拉出来"(hervorziehen)和"偏爱"(vorziehen)具有相似性。该梦在弗洛伊德的《精神分析引论》(1916—1917)第7讲也曾引证过,本组第5、6、7、8、9各例首次刊登于弗洛伊德1913h。]

404

(6)一个男人梦见他是一个官员,正与皇帝对桌而坐。这个梦表示他正与自己的父亲对立。[1914]

(7)一个男子梦见他正为某人治疗断肢。分析结果表明,断骨["knockenbruch"]代表破裂婚姻["ehebruch"正确地说是"通奸"]①。[1914]

(8)梦中一天的时间往往代表梦者在童年某个特殊时期的年龄。因此在一个梦中,早晨五点一刻代表着五岁三个月。这个年龄很重要,因为那是梦者在他弟弟出生时的年龄。[1914]

(9)此处是梦中表达年龄的一个方法:一个妇女梦见她正和两个小女孩散步,她们的年龄相差15个月。她想不起她的任何熟人的家庭与此有关。她自己提出的解释是,这两个小孩代表着她童年发生的两个创伤性事件,二者相隔时间恰好与此时差相符。一件发生于她在三岁半之时,另一件则为四岁九个月。[1914]

(10)如果一个接受精神治疗的人经常梦见治疗,并在梦中产生因治疗而引起的许多思想和期望,那是不足惊奇的。选择最多的代表性意象是旅行。通常是坐汽车,它是现代最复杂的工具。这时汽车的速度往往被病人用来作为进行讽刺性评论的机会。——如果"潜意识"是病人清醒思想中的一个元素,而在梦中一定要有所表现,它可以很恰当地被一些地下区域所置换——当这些区域与分析治疗没有任何关系而出现时,它们往往代表女性身体或子宫——梦中"向下"往往与生殖器有关,相反,"向上"则代表脸,嘴或乳

---

① [这个梦例在弗洛伊德的《精神分析引论》(1916—1917)第11讲中也曾提及。在一个脚注中,报告了一个"征兆性动作",证实了这个特殊的解释。]

房。——野兽照例被梦的工作用来代表梦者所害怕的热情冲动,不管这种冲动是本人的还是别人的。(这时只须稍加置换便可将野兽代表拥有这些热情冲动的人。此点与用猛兽或狗或野马代表令人畏惧的父亲的梦例已相去不远——一种使人想起图腾的表现)。① 可以说,野兽用来代替里比多,一种为自我所恐惧并用压抑与之对抗的力量。下面这种情况也常常发生:梦者使他的神经症,他的"病态人格"脱离他自身,并把它描绘为一个独立的人。[1919]

(11)这里是汉斯·萨克斯记下的一个梦例:"我们从弗洛伊德的《释梦》中知道,梦的工作利用不同的方法赋予词字或短语以一种视觉形式。例如,要表达一个双关语,梦的工作就可以利用这种双歧意义作为转换点,字词的一种隐义可以表现在梦念中,另一种意义则可在显梦中表示出来。下面一个短梦就是如此。为了表现的目的,这个梦利用了前一天的适当印象。做梦的当天,我患了感冒,所以我当晚决定,如果可能的话,我要整晚避免下床。我在梦中似乎仅仅在继续着白天的工作。我一直在把剪报贴入一个簿子,并尽量做好分类工作。我梦见我正努力把一张剪报贴入簿内,但是它不粘在纸页上["er gehtn'cht auf die Seite"]这引起了我的很大痛苦。我醒后觉得梦中的痛苦仍旧萦绕未消,于是我被迫放弃了睡前所做的决定。我那能够保护我睡眠的梦同时赋予了我一种幻觉,利用了一句富有弹性的双关语,'er geht nicht auf die Seite'["但是他不要上厕所"]来满足我不想下床的欲望。"[1914]

我们可以这么说,为了使梦念得到视觉表现,梦的工作利用了

---

① [见弗洛伊德《图腾与禁忌》第4章第3节。]

它所可掌握的一切方法,而不顾清醒时的批评是否把它们视为合法。这对于仅仅听见过释梦而没有亲身体验的那些人来说,就不免把梦的工作看成笑柄而产生怀疑了。在斯特克尔的《梦的语言》(1911)一书中这一类例子特别丰富,但我尽量不加以引证,因为作者既缺乏批判性论断,方法也带有任意性,就连那些不抱偏见的人也难免不产生怀疑[见359页]。[1919]

(12)下面的梦例采自 V.陶斯克(1914)的论梦中服饰和颜色的一篇论文。

(a)A 梦到看见他以前的女主人穿着一件富有黑色光泽[lüster]的衣服,紧贴着她的臀部——这被解释为女主人是淫荡的["lüstern"]意思。

(b)C 梦到看见一个女孩在一条路上,沐浴在白色亮光之下,穿着一件白色宽罩衫——梦者曾在这条路上与白小姐初次发生暧昧关系。

(c)D 夫人梦见八十岁的威尼斯老演员布列塞尔[Blasel]躺在沙发上,全身披挂("in voller Rüstung")他开始在桌椅上蹦跳,手握匕首,望着镜内自己的身影,在空中挥舞着匕首,好像他正在与一位假想敌作战——解释:梦者患有长期的膀胱["blase"]疾病,她躺在沙发上接受分析。当她在一面镜中看到自己时,她想道,尽管她年老有病,她看起来仍然强健而精神饱满["Rüstig"]。

(13)[1919]梦中的一个"伟大成就"。——一个男子梦见他正怀孕躺在床上,他发现这种情境真够麻烦,他叫道,"我宁可……"(在分析期间,想到一个护士之后,他用"粉碎石头"完结了这个句子)在床背后挂着一幅地图,地图的下沿由一根木条撑开。他握住木条的两端去折断它,它不但没折断反而纵长地分裂为二。这个动作使他减轻了痛苦同时帮助了他的分娩。

没有经过任何帮助,他解释了折断木条["Leiste"]是一个伟大成就["Leistung"]。他利用自己脱离女性姿态来避免他那(在治疗中)不愉快的分娩。关于木条的荒谬细节,木条不但破裂了而且纵长地分裂为二:梦者想起这种加倍和破坏的结合是隐喻着阉割。梦常常用出现两个阴茎象征以代表阉割。作为一种对立愿望的大胆表示[参见357页]鼠蹊[leiste]是身体的一部分,邻近生殖器。梦者综合了梦义的解释之后说,他由于受到了阉割的很大威胁,而宁可采取女性姿态。①

(14)[1919]在一次我用法文进行分析梦例时,我得解释我自己以一头大象出现的梦。我自然要问梦者我为什么要以大象的形象出现,他的回答是"你在欺骗我"(Vous me trompez)(Trompe＝trank 躯干)。

梦的工作常常利用罕见的联想成功地表现出不容易出现的材料,如一个专名。在我的一个梦中,老布吕克(old Brücke)②规定我一个进行解剖的任务……我仔细寻找出了某种像揉皱了的锡箔似的东西(后面我还要提到这个梦)(见452页以下)。与此有关的联想(我不无困难地才做到这一点)是"stanniol"③,然后我才发觉我想的名字是Stannius,是我少年时代非常敬佩的论述鱼类神经系统解剖的一位作者。我的老师布吕克交给我的初次科学任务实

---

① [这个梦例初次作为一篇单独论文(1914e)发表。在此重印时,他省略了"他利用使自己脱离了女性姿态"以后的原来一段话。省略的那一段(以后再也未重印)是讨论西尔伯勒的"功能现象",在下文503页上有所讨论。]
② [见482页脚注。]
③ [锡箔＝锡纸;stunniol 由锡(stannium 衍变而来)。]

际上与一种叫 Ammocoetes 的鱼的神经系统[弗洛伊德,1877a]有关。很清楚,在画谜中是不可能利用这种鱼的名称的。[1900]

在这一点上,我无法不记下一个奇特的梦它也值得加以注意,因为它是一个孩子做的梦,而且很容易分析解释。一位女士说:"在我很小的时候,我记得常常梦见上帝的头上戴着一顶低三角帽。我在进餐的时候也常常戴上这种帽子,以免我能看见其他孩子盘中食物的多少。我既然知道上帝是万能的,这个梦的意义就是说我无所不知——尽管我的头上戴着帽子。"[1909]①

当我们考虑到梦中的数字和计算时,梦的工作及其运用材料即梦念方式的性质②表明很有启发性。其次,梦中的数字被迷信地认为对未来具有特别意义③,所以我要从自己的记忆中挑选出几个这样的梦例。

(一)

摘自一位女士在即将结束其治疗之前所做的梦:她正要去付某些费用。她的女儿从她(母亲)的钱包内取出了三个弗洛林和65个克鲁斯。梦者问她道,"你要做什么?它只值21个克鲁斯。"④由于我了解梦者的情况,无须她进一步解释我便能体会这个短梦。这位女士来自国外,她的女儿正在维也纳上学,只要她的女儿留在维

---

① [在弗洛伊德的《精神分析引论》(1916—1917)第7讲中也讨论了这个梦。]
② [本节中的剩余部分,除去417页上的例4外,在初版(1900)中均已出现。]
③ [对数字的迷信在弗洛伊德的《日常生活精神病理学》(1901b)第12章(7)中以及在他的《怪人》(1919h)论文的第2节中都有讨论。]
④ [弗洛林和克鲁斯是奥地利的旧货币,在本书初版以后尚未改变。当时1弗洛林=100克鲁斯,约等于英币1先令10便士或美币4角。]

409

也纳,她就能继续接受我的治疗。这女孩的学年还有三个星期就要结束了,也就意味着这位女士的治疗即将告终。做梦的前一天,女校长来问她是否考虑她的女儿再读一年。从这个暗示出发,她当然会想到,在这种情况下,她也可以继续她的治疗。这就是这个梦的真正意义。一年等于365天,该学年和治疗都剩下三个星期即21天(虽然治疗的时数比这要少,梦念中的数字指的是时间,在梦的本身中则与钱数密不可分——这并没有更深的意义),因为时间就是金钱。365克鲁斯只等于3个弗洛林和65个克鲁斯,而梦中出现的钱数之少显然是欲望满足的结果。梦者的欲望把治疗的费用和一年的学费都缩减了。

(二)

另一个梦中出现的数字包括了更为复杂的情况。一位虽然年轻但已结婚多年的妇女得到消息说,一位与她年纪相仿的女友爱丽丝刚订了婚,她于是做了如下的梦。她和丈夫正在剧院,正厅前排座位有一边完全空着,她的丈夫告诉她,爱丽丝和她的未婚夫也想来看戏,但只能买到不好的座位——三张票值一个半弗洛林①——他们当然不能买这种票。她想如果他们就是买了,也不会有什么真正损失。

这一个半弗洛林的来源何在呢?它来源于前一天实际发生的一件无关紧要的事。她的嫂嫂接到她丈夫赠给的150弗洛林,便匆忙地花了这笔钱,买了一件珠宝。值得注意的是,150个弗洛林是一个半弗洛林的100倍。3张戏票的3这一数字又从何而来

---

① [参见前注。]

呢？此地唯一的联系就是她那新订婚的女友年龄恰好比她小3个月。等到正厅前排空着的意义被发现以后，整个梦的意思便迎刃而解了。它们没有改变地暗示着一件偶然小事，使她的丈夫有了一个嘲笑她的好借口。她曾计划去看预定下周上演的一出戏，而且在好几天前便不怕麻烦地去买好了票，因此不得不多付一些预约费，等到他们到了剧院，才发现剧场的一边几乎完全空着，看来她根本无须如此匆忙。

现在我可以发现这个梦后面的梦念了。"结婚这么早真是荒唐。我本来无须如此匆忙。由爱丽丝的例子看来，我最终是会得到一个丈夫的。我确实应该得到一个比现在好上一百倍的（财富）。""只要我等待"（与她那嫂嫂的匆忙相对照）"我的钱"（或嫁妆）"就能买到三个这么好的男人。"

比起上一个梦来，可以看出，这个梦中数字的意义和前后关系的变动程度要大得多。此地改变和化装的过程更深入了一层；这一点可解释为，这个梦的梦念在其能够获得表现以前，必须克服一种特别强大的内部精神阻力。我们更不应该忽视梦中的一个荒谬成分，即两个人要三个座位。我将把梦的荒谬性讨论［426页］稍稍提前，指出梦内容中这个荒谬细节乃是旨在特别强调这一梦念，即"这么早结婚真是荒唐。"荒谬性必须在梦中找到一个位置，而3这个数字便巧妙地满足了这个要求，其本身来源于两个人之间的一个很不重要的差别——他们的年龄相差3个月，而150弗洛林减少为一个半弗洛林则符合梦者在其受压抑的思想中对她的丈夫（或财富）的轻视①。

---

① ［在弗洛伊德的《精神分析引论》(1916—1917)中，此梦的各点受到更为详尽的分析。特别在第7讲之末及第14讲的两处。——此梦和上一个梦在弗洛伊德的《论梦》(1901a)中第7节也有记载。］

411

(三)

下一个梦显示了梦中的计算方法,它使梦的名声不受损害:一个男子梦见他安坐在 B 家的椅子上——B 是他以前的熟人——对他们说,"你们不让我娶玛莉是个大错。"——他然后继续问那女孩,"你多大年纪了?"——她回答说,"我生于 1882 年。"——"哦,那么你是 28 岁了。"

因为此梦的日期在 1898 年,这显然是一个误算。除非另有解释,否则梦者的运算能力之差可说是只能与患全身麻痹的病人相比拟了。我的病人属于这一类男人,只要一看见女人便在思想上割舍不下。几个月以来他按时前来就诊,在我的诊断室内,排在他后面的经常是一位年轻女子,他不断打听她的情况而且急于要留给她一个好印象。他估计她大约是 28 岁。这就足以解释梦中表面计算的结果了。碰巧 1882 年又正是他结婚的那一年——我还要说,他在进入我的诊所时还忍不住要和其他两个女人交谈——两个女仆(两人都不年轻了,)中总有一个常常给他开门。他解释说她们之所以没有反应是因为她们把他看成一个上了年纪有固定习惯的绅士了。

(四)①

下面是另一个有关数字的梦。它的特征是梦的被决定或被多重性决定的明显方式。此梦及其解释都是 B.达特纳医生向我提

---

① [此例于 1911 年增写。]

供的。"我的那所公寓的主人是一位警员。他梦见在街上值勤(这是一个欲望的满足)。一位巡官走近了他,衣领上的号码是22接着是62或26。总之上面有好几个2字。

"梦者在报告此梦时,光是把2262分开就表明了这个号码的组成部分具有各别的意义。他记得在做梦的前一天在警察局就谈论过人们的服务年资。谈到一位巡官在62岁时退休的退休金。梦者已服务了22年,还有2年2个月才符合领取90%的退休金条件。此梦首先表现了梦者长期所抱的达到巡官阶级的欲望的满足。在衣领上有"2262"字样的高级官员其实就是梦者本人。他在街上值勤——他的另一个渴求的欲望,——他已经服务完了他余下的2年2个月,现在,他已能够像那62岁的巡官一样,领取金额退休金而退休了。"①

当我们把这些梦以及后面[448页以下]要提到的梦例加在一起,我们便可以肯定地说,梦的工作事实上完全不进行任何计算,也无所谓正确与否,它不过是利用一种计算数字的形式来表现梦念,暗示出用其他方法无法表达的问题。在这方面,梦的工作乃是把数字当作表达梦的目的的媒介,与梦表达其他任何观念的方式毫无二致,后者包括梦中可辨认的用语词表达的专名和演讲。

梦的工作实际上不能创造讲话[参见上文183页以下及304页]。不管有多少讲话或会话在梦中出现,也不管其正确与否,分析总是表明,梦中所做的一切就是从梦念中抽取真正讲过的或听

---

① [1914年增注]为了分析其他包括数字的梦,参见荣格[1911]、马西罗夫斯基[1912b]和他人。这些梦往往包括极其复杂的数字运算,梦者运算的结果惊人的准确性,也参见琼斯(1912a)。

413

来的讲话片断,用极其任意的方式加以对待。梦不仅把这些片断从它们的前后关系中抽取出来,把它们加以割裂,吸收其中某些部分,排斥其他部分,而且往往以一种新的顺序把它们加以整合。所以在梦中表现为一篇有连贯性整体的讲话,在分析中就变成由三四个分离的片断所阻成。为了完成新的说法,梦往往放弃梦念中语词的原来意义,而赋予它们一种新的意义。① 如果我们仔细考察梦中出现的一番讲话,我们将会发现,它一方面包括着相当清晰而紧凑的部分,另外的部分则是一些连接的材料,很可能是后来加上去的。正像阅读一样,我们可以填上一些偶然遗漏的字母或音节。因此梦中言谈的结构就像角砾岩一样,各种不同的大块岩石

---

① [1909年增注]神经症患者的行为在这一点上与梦恰恰相同。我所知道的一个病人的病症之一就是不自主地违背自己的意志,她听见——幻觉——一些歌曲或一段段歌曲,而不知它们在她的精神生活中所起的作用(顺便说一句,她肯定不是妄想狂者)。分析表明,她允许自己在一定程度上乱用这些歌词。例如[在韦伯的《自由的闸门》(Freischütz)的阿加西咏叹调中]她把"温柔啊,温柔啊,虔敬的旋律"改成"温柔啊,温柔啊,虔诚的孤儿",这孤儿就是她自己。又如"啊,被祝福的和快乐的……"是一首圣诞颂歌的开头,她不接着唱出"圣诞节节期"这个词,而把它改成一首婚礼歌曲。这种篡改的机制在不伴有幻觉时也可以同样发生。为什么我的一个病人老是为儿时学会的一首诗"在布森托的私语的夜晚……"所纠缠呢? 因为他的想象停留在诗的这一部分。"在胸部的夜晚"(德文中 Busento 中的 Busen 意为妇女的胸部——译注)[见714 页]。

我们也熟知这种事实,即模仿其作者而作滑稽作品的人也使用这同样的技巧。发表在《捕蝇》[著名漫画期刊]上的《德国古典著作说明》系列中,对席勒的《纪念节日》有如下的说明:

阿特里厄斯的胜利的儿子坐着
在他漂亮的俘虏身旁编织着
此处的诗句分裂了,原来的诗句是:
他的快乐的胜利的臂膀
围绕着她那可爱的迷人的躯体

414

被一种黏合的媒质胶合在一起。[见449页]

严格说来,这种描述仅适用于梦中带有感官性质并且为梦者本人描述为言谈的那些讲话。梦者不觉得是听见或说过的其他种类的讲话(即在梦中不伴有听觉或运动感觉)只不过像发生于我们在清醒思想活动中的思想,往往毫不改变地进入我们梦中。这种无甚差别的讲话的另一个丰富来源,虽然难以追溯,但似乎是由阅读材料所提供。不管怎样,梦中明显表现的讲话,都可以追溯到梦者曾经说过或听过的真实内容。

在我为了其他目的而引证的对梦的分析过程中,所举的例子已经表明了梦中的讲话具有这种来源。因此,在183页报告了的那个"天真单纯"的市场梦中,"那再也买不到了"那句话乃是把我与肉贩子相等同,而另一番讲话的一部分"我不认识它,我不想买",实际上与使梦成为"天真单纯"的梦是符合的。要记住,梦者在前一天已从她的厨子那里得到某些暗示,并回答说,"我不认识它,你行为要检点些!"这番话的第一部分听起来天真单纯,在梦中却暗指着它的第二部分,巧妙地满足了潜隐在梦中的想象,同时又把它泄露了出来。

下面是可以导致同一结论的许多梦中的一个梦例。

梦者在一个大院子里,正烧着几具死尸。他说,我要离开,看见这样子我受不了!(这不一定是讲话),当时他遇见屠夫的两个儿子,他问,"味道好吗?"一个孩子回答,"不,一点儿也不好——它好像是人肉。"

这个梦的天真单纯起因如下:梦者和他的妻子晚饭后去拜访他们的邻居。这些邻居都是些好人但却不大合胃口。一位好客的老妇人正在吃晚饭并企图强迫①（男人中间有一句带有性色彩的笑话用以表达这个观念）他尝菜的味道,他拒绝了,说他没有胃口。她回答说,"来呀,你能吃得下。"或诸如此类的话。他不得已试了一口,而且恭维地说,"味道确实很好。"但当他和妻子单独在一起时就抱怨他那邻居的固执,而且菜的味道也不佳。"看这样子我受不了。"这一思想在梦中也没有以一种严格的言语出现,只不过暗示着请吃菜的那位老妇人的外貌,意思一定是说不想看她的外貌。

另一个梦更富有启发性。我在此提出报告是因为有非常清晰的言语构成了梦的核心,但要充分解释它则须等到讨论梦中感情之时[460 页以下]。我做了一个非常清晰的梦。我夜晚走到布吕克的实验室,在听到一阵轻微的叩门声后,我为（死去的）弗利契教授②开了门。他带了一群陌生人进来,在谈了几句之后,便坐在他的桌旁。接着又是第二个梦。我的朋友弗利斯悄悄地在七月到达了维也纳,我在街上碰见他和我（死去的）朋友 P 在交谈。然后我和他们一同走到一个地方。他们面对面地坐着,好像是挤在一张小桌子旁,我坐在桌子的窄端前面。弗利斯谈到了他的妹妹,并且说她在三刻钟之内就死去了；又说了"这就是极限"这句话。当 P 对他不能理解的时候,③弗利斯转身问我告诉了 P 多少关于他的事情。我在这时克制着某些莫名其妙的情绪,努力向弗利斯解释,P（当然不能了解任何事情,因为他）已是死的,但是我实际上所讲的——

---

① ["Notzüchtigen""性的暴力""强奸"常用以代替"Nötigen""强迫"（在日常意义中）。]
② [见 482 页解释有关人们的脚注。]
③ [细节在 513 页有所分析。]

而且我自己也注意到了这个错误——是"Nonvixit。"我于是狠狠地望着P。在我的凝视下,他脸色发白,他的身形变得模糊起来,他的眼睛变成病态的蓝色——最后他消失不见了。我对此特别高兴,而且我现在也晓得欧恩斯特·弗利契也是一个幽灵,一个"游魂"["Nevenant",字面上讲,是回家的鬼魂]。我又觉得,这种人很可能仅仅因一个人的高兴而存在,也能随着别人的期望而消失。

这个巧妙的梦包括了许多梦的特征——包括我在梦中运用的批判能力,我自己知道的这个错误,即不说"Non vivit"而说"Non vixit"[即不说"已是死的"而说了"未曾活到"]我对待死人和在梦中被认为已死的人的那种毫无所谓的态度,我的最后推断的荒谬性,以及这种荒谬性给予我的极大满足等等。这个梦显示出如此之多的谜一般的特性,如果要对梦中这些难题得出全部答案,势必要花费很多时间。但事实的要点在于,我不能去做我在梦中所做的事情,即为了我的野心而去牺牲我极其尊重的人。任何隐瞒都会毁坏我所熟知的梦的意义,因此我只能满足于在此地和在后面[480页下]选择梦的几个成分加以解释。

这个梦的主要特点是我用目光消灭P的那场景象。他的眼睛变成一种奇异怪诞的颜色,然后他就消失不见了。这个景象是我实际体验到的一场景象的重演。我记得当我在生理研究所当示范员时,清早就得开始工作。布吕克听说我出席学生实验时迟到了好几次,一天早晨他在开门时准时到达并等着我。他对我说的话虽然简短但正中要害。但是我对这些并不在意。使我惊慌失措的是他那对注视着我的蓝色的眼睛,使我无地自容——正如梦中的P那样,幸运的是角色调换了。任何人都忘记不了这位伟人的

417

眼睛,即使到了老年仍保持着它们的美丽,而任何看到过他发怒的人,也就难以描绘那年轻犯人的情绪了。

但在许久之后,我才想起我在梦中做出的"未曾活到"这一判断的来源了。我最后记起来梦中非常清晰的这两个字并非听过或说过,而是看见过的,我于是马上就知道它们的来历了。在维也纳的霍夫堡皇宫内的凯瑟·约瑟夫纪念碑的基脚上刻着如下动人字句:

Saluti patriae vixit

non diu sed tatus.①

(为了他的祖国的利益,

他活得不长,但却全心全意)

我摘引这个碑文正好符合梦念中一系列敌意观念,恰恰表明"这家伙不足挂齿——他甚至不是活的。"而这又使我想起了我做这个梦仅仅是在弗利契的纪念碑在大学走廊上揭幕的几天之后②。那时我又一次看到了布吕克的纪念碑,因而必定是我(在潜意识中)为我那才华四溢的朋友 P 的早逝感到惋惜,他一生献身于科学,却不能在这些相同地区树立丰碑,所以我就在梦中树立了这个纪念碑。顺便说一句,我还记得他的名字也叫约瑟夫。③

根据释梦的规则,即使在现在,我仍不能从我回忆中的凯泽·

---

① [1925 年增注]碑文的真实字句是
　　Saluti publica vixit
　　non diu sed totus.
我把祖国(Patriae)代替了"公众"(Publica)的错误理由,威特尔斯[1924,86,英译本 1924,100 页以下]可能猜对了。

② [这个仪式举行于 1898 年 10 月 16 日。]

③ [我还可以把这作为多重性决定的一例,说明我去实验室迟到的原因。我夜间工作太晚,而早晨又必须走过从凯泽·约瑟夫大街到瓦林柯大街这一段长路。]

418

约瑟夫纪念碑上的"未曾活到"用以代替梦念中所需要的"已是死的"的意思。在梦念中必定还存着其他一些元素有助于造成转移的可能性。于是我不禁注意到,在梦的景象中,有两种关于我的朋友P的感情之流汇合在一起,一种是敌意的,一种是柔情的。前者溢于表面,后者则隐而不露。但是两者都表现在"未曾活到"这一短语之中。由于他对科学有所贡献,我为他竖立纪念碑;由于他不该怀着恶毒的愿望,①(表现于梦的结尾)我就消灭了他。我注意到上面的说法有一种特殊的调子,我必定在心中先有了一个模式。从什么地方可以找到这种对偶句,对一个人有两种并列的对立反应,这二者既完全正确而又互不相容呢?只有文学上的一段话——但这一段话却给读者留下了深刻的印象:那是莎士比亚的《恺撒大帝》[第三幕第二场]中布鲁特斯的一段自我辩护的讲话"因为恺撒爱我,我为他哭泣;因为他幸运,我为此而高兴;因为他英勇,我对他尊重;但因为他野心太大,我才杀了他!"这些句子的形式结构及其对立意义不正和我在梦念中所揭示的完全相同吗?所以我一直在梦中扮演着布鲁特斯这个角色。但愿我在梦内容中能找到另一点证据来证实这个令人惊异的间接连结!我想这个连结很可能是"我的朋友弗利斯七月到了维也纳"。这个梦的细节实际上毫无根据。就我所知,弗利斯从来没有在七月到过维也纳。但是七月(July)是因恺撒大帝而命名的,所以很可能暗示着我所期望的我扮演布鲁斯特这个角色的中间思想。②

① [在后面484页将有详细解释。]
② 在恺撒大帝和奥国皇帝凯瑟之间还有进一步的联系。

说来也奇怪，我确实有一次扮演过布鲁斯特这个角色。那次根据席勒①作品我在孩子们面前扮演了布鲁特斯和恺撒之间的一场戏。那时我才十四岁，与比我大一岁的侄儿共同演出。他从英国来看望我们，他也是一个归魂（revenant，亦作归来游子），因为正是在他身上我看到了我最早的游伴。我们在三岁以前一直从不分离，我们彼此相爱也互相斗殴，正如我已经指出的那样，这种童年关系对我以后与同龄人的所有关系都有着决定性的影响。从那时起我的侄儿约翰就有了很多化身，尽管他的人格在这方面或那方面显露出来，而在我的潜意识记忆中却一直固定未变。他一定有时候虐待过我，在这个暴君面前我也一定表现得很勇敢，因为后来长大了，他们告诉我说，当我的父亲（同时也是约翰的祖父）责问我"你为什么打约翰？"时，我总用一句话辩答"我打他，因为他打我。"——那时我还不到两岁。必定是从童年起的这个景象使我把"已是死的"变成了"未曾活到"，因为在童年后期的语言中，德文"wichsen"这个字［发音就像英文中的"vixen"］就是殴打之意。梦的工作并不羞于利用这种关联。实际上，我毫无理由敌视我的朋友P，他比我优越得多，单凭这一点就够资格变成我的早年玩伴的新版。这种敌视一定要追溯到我和约翰的复杂童年关系［见483页以下］。②

---

① ［这实际上是卡尔·摩尔所引的席勒的《强盗》一剧中第4幕第5场较早一节中对话形成的抒情诗。］

② ［弗洛伊德在1897年10月30日给弗利斯的一封信（弗洛伊德1950a，第70封信）中谈到了他和侄儿约翰的关系。还有一个多少有点伪装的早年插曲，其中描述了约翰和他的妹妹宝琳（参见下文486页），在弗洛伊德的论《屏蔽记忆》（1890a）一文的后半部中无疑可以看到。梦中讲话的主题又见184、304、313、465页。］

如我所说,后面我还要谈到这个梦。

七、荒谬的梦——梦中的理智活动[①]

我们在释梦的过程中,常常碰到荒谬的成分,因而我们再也不能拖延对其来源和意义的探讨了。我们当可记得,那些否认梦的价值的人已把梦的荒谬性作为一个主要论据从而认为梦是一种压缩的和支离破碎的心灵活动的无意义产物。[见55页以下]

我先从几个梦例开始,其中荒谬性仅仅是表面现象,只要更深入地考察梦的意义,这种荒谬性便烟消云散了。下面是两三个关于梦者的已死父亲的梦,乍看起来像是巧合。

(一)

这是一个六年前死去父亲的病人所做的梦。他的父亲遇到一场严重灾难。他正乘夜间火车在旅行,不幸火车出轨。车座挤成一堆,他的头被夹在中间,然后梦者看见他躺在床上,左眉上有一道垂直的伤口。他对父亲遇到车祸表示惊奇(他在对我讲这个故事时补充说,因为他已经死去)。他的眼睛是多么明亮!

根据梦的流行理论,我们对这个梦的内容应该解释如下。开始我们应该假设,当梦者正想象这件意外时,他必定已经忘记他的父亲已死去好几年了,但是梦在继续进行时,他又记起了此事,因此使他在睡梦中便对自己的梦感到惊愕。然而分析告诉我们,依

[①] [自此以后,直到本书的末尾,再一次被认为除了特别注明后来日期的段节外,全部问题都在第一版(1900)中出现了。]

靠这种解释显然无济于事。梦者请了一位雕塑家为他父亲塑一座胸像。就在做梦的两天前他初次去视察了一下。他正是把这件事看作是一场灾难。雕塑家从未见过他的父亲,只好根据照片来雕塑。就在做梦的前一天,他出自孝心,派了一个老仆人到工作室,看他是否对大理石头部有同样的意见,即颞颥之间是否太窄。他现在又不断地在回忆构成此梦的材料。他父亲每当因商业失败和家庭困难而感到苦恼时,就习惯于用双手紧压前额的两边,好像他的头部太宽了,必须把它压窄些——这个病人在四岁时,他看见一支手枪偶然走火,把他父亲的眼睛弄黑了("他的眼睛是多么明亮!")。他的父亲生前在沉思或忧郁的时候,在他的前额上,也就是梦中出现伤痕的地方,显示出一道深深的皱纹。这条皱纹在梦中被伤痕所代替的事实是引起这个梦的第二个诱因。梦者曾为他的小女儿拍过一张照片,底片从他的手指间滑下,等到捡起时,发现在小女儿的前额下有一道裂缝,垂直地远抵眉毛。他对此不禁产生了一种迷信的预兆,因为在他母亲死去的前几天,他也把她照片的底片弄破裂了。因此这个梦的荒谬性,不过是在口头表达上漫不经心地把胸像和照片与真人未加区别的结果。我们[在看一张照片时]总会说,"你不认为父亲有些什么地方不对头吗?"梦中出现的荒谬性并不难于避免,单就这个梦例来说,我们就可能会想到,这个明显的荒谬性是可以接受的,甚至是故意设想出来的。

(二)

下面是从我自己梦中想起的另一个极其相似的例子。(我的父亲死于1896年。)我的父亲死后在马扎尔人(匈牙利的主要民族)中间扮演了一个政治角色,使他们在政治上团结起来。此时我看到一张小而不清楚的图片:一群人仿佛聚集在德国国会大厦内,有个人站在一两张椅子上,其他人围绕着他。我记得他死在床上时多么像加里波的,我高兴的是,诺言终于实现了。

还有什么比这更为荒谬的呢?做梦的时间正值匈牙利人因国会故意拖延议案,被迫引起无政府状态,结果陷入一场危机,柯洛曼·泽尔又把他们拯救出来。① 梦中这个情景的细节表现为如此之小的图片,与对此梦的解释不无关系。我们的梦念往往以视觉图像表现出来,其大小与真实情况大约相同。然而我在梦中看到的图片乃是有关奥地利历史书中的一页木刻插图的复制品,显示在那有名的"我们誓死效忠国王"事件中,玛丽亚·德里萨出席普雷斯堡的议会情况。② 与图中的玛丽亚·德里萨一样,梦中我的父亲也被群众围绕着,但是他是站在两张椅子上——[德文的Stuhl]。他把他们聚集到一块儿,因而成了一位主裁判["Stuhl-richter"的字面意义是椅子裁判](充当二者联系的是一句德国谚语"我们不需要裁判")——而事实上我的父亲死在床上时,我们围绕着他,其中有人确实说过,他在床上看起来很像加里波的。死后他的体温上升,他的双颊越来越红……我一想起这个景象,便不由

---

① [这是匈牙利在1898—1899年的一场政治危机,由泽尔组织联合政府而获得解决。]

② ["我们誓死效忠国王"乃是1740年奥地利继承王位之战,玛丽亚·德里萨登上王位后,奥地利贵族们对她的呼吁的反应]——我记不得在什么地方谈过一个梦的记载。梦中的人物特别细小,其来源原来是梦者白天看了雅各·卡洛待的一本蚀刻版画。版画中有许多非常细小的人物,其中有一套描绘了三十年代战争的恐怖情景。

自主地想到：

> 在他的身后，在空洞的幻影中
> 存在着主宰我们每个人的东西——共同命运。①

这些提高了的思想为"共同命运"的另一意义[在分析中]的出现铺平了道路。我的父亲在死后体温的回升符合于梦中的"在他死后"的字眼。他死时最大苦痛是他在最后几个星期内肠道完全麻痹（梗塞）所引起的。一切大为不敬的思想都由此而起。我的一位同学在中学时便失去了父亲——我对此事深为感动，便因此而做了他的朋友——有一次他轻蔑地谈到他的一位女亲戚的一段痛苦经历：她的父亲在街上暴卒并被抬回家中；当他的衣服被解开后，人们才发现他在临死时或"死后"已排出了大便(Stuhl)。她的女儿对此事非常不快，以致在对她的父亲的回忆中，这一丑陋细节竟挥之不去。此处我们已触及这个梦中所体现的愿望是，"一个人死后在孩子们面前要保持伟大而圣洁"——谁又不想这样呢？梦中的荒谬性是如何产生的呢？梦的明显荒谬性不过是由于这样一个事实，即对本身完全合法的言语形象赋予了一个字面的图像，而习惯于忽略了它的各部分之间的矛盾所包含的任何荒谬性。在这个梦例中，我们又一次不能不感觉到，它的明显荒谬性是故意的而且是精心制作的。②

死者经常在梦中出现，③栩栩如生，和我们一起活动并发生联

---

① ［这是歌德在他的朋友席勒死后几个月为其遗作《钟之歌》所作跋中的诗句。他谈到席勒的灵魂正飞向真善美的永恒之乡。而……（接正文诗句）。］
② ［此梦在 447 页以下将更深入讨论。］
③ ［此段作为一个脚注增写于 1909 年。1930 年列入正文。］

系，难免不引起一些不必要的惊奇，并产生一些奇怪的解释，这不过是特别显示出我们对梦的不够理解。其实对这些梦的解释是非常明显的。我们常常发现自己这样想，"如果我的父亲还活着，他对这件事会怎么说呢？"梦不能表达出这种"如果"，只能把所说的人表现于一种特殊的情境之中。例如，一个年轻男子继承了他祖父的一大笔遗产，有一次他感到花钱太多而自责时，于是梦见了他的祖父又活了过来并向他追问。而当我们更清楚地认识到这个人终归是死了，我们就会把这个梦的批评性质看成实际上不过是一种慰藉的想法，认为死者不能复生亲眼看到此事；或者不过是一种满意的感情，认为他再也不能干涉此事了。

在死者亲属的梦中还会发生另一种荒谬性，并不表示滑稽和嘲弄。① 它表示一种极度的否定，因而就有可能表示出梦者认为完全不可思议的被压抑的思想。我们只有记住这个事实，即梦中对欲望和现实是没有区别的，否则便似乎不可能阐明这样的梦。例如，一个男子曾精心照料他病危的父亲，为了他的死而深感悲伤。他做了下面这个无意义的梦。他的父亲活了过来并且和平常一样地向他讲话，但是（值得注意的是）他真的死了，只是他不知道这一点。如果我们在"他真的死了"后面加上一句"出于梦者的愿望"，再如果我们把"他不知道"解释成梦者确有这种愿望，这个梦就变得一目了然了。他在照料他父亲的时候，曾一再希望他的父

---

① ［这一段作为脚注于1911年增写，1930年列入正文，本段第一句意味着弗洛伊德已经解释了梦中的荒谬性是由于梦念中出现了"滑稽和嘲弄"。事实上他还没有这样做，在本段后面(444页以下)对荒谬梦的总结中才明显地表述了这个结论。很可能由于某种疏忽，本段把后面的这一点提前在本段中介绍了。］

亲死去,这就是说,他曾经确实有过一种仁慈的想法,认为死亡可以结束他的痛苦。他在自己父亲死后的悲伤时刻,甚至这种同情的愿望也变成了潜意识自责的材料,好像他正因为有这种想法才真正地缩短了病人的寿命。由于梦者早年反抗父亲的幼儿欲望受到激活,才有可能使这种自责在梦中得到表达;但正是由于梦的刺激物与白天思想大相径庭,才促成这个梦的荒谬性。①

梦见梦者喜爱的死人在释梦上确是一个困难问题,往往得不到满意的解决。其理由是,支配着梦者与死人的关系的是特别强烈的矛盾情感。常常发生这样的事,即在这种梦中,开始时死人被看作仿佛是活人,然后突然死去,在梦的后半部他又活了过来。这造成了一种混乱的效果。我终于认识到,这种忽死忽活的变化乃是梦者故意表示冷淡("死活对我都无所谓")。当然,这种冷淡并不是真实的,仅仅是一种愿望;其目的在于帮助梦者否定他那极其强烈而且往往是矛盾的情绪态度,从而变成他的矛盾情感的梦的表现。在梦者与死人发生联系的其他一些梦中,下面的规则往往有助于我们的理解。如果梦中不提到死者是死了这个事实,梦者本人就是与死者相等同:他正梦见自己的死亡。在做梦的过程中,如果梦者突然惊讶地对自己说,"哦,他已经死去好久了!"那他就是在否认自己与死者相等同,也就是否认这个梦意味着自己的死亡。——但是我宁愿坦白承认,梦的解释还远远不能揭示这类梦的全部秘密。

---

① [1911年增注]参考我的论心理活动的两个原则(1911b)[在文章结束处讨论了这个梦——在《精神分析引论》(1916—1917)第12讲分析了一个极为相似的梦(第三个梦)下一段作为脚注增写于1919年,1930年列入正文。]

（三）

在下面提出的梦中,我已能指出梦的工作在蓄意制造荒谬性的活动,而这种荒谬性完全不存在于梦的材料之中。下面这个梦是我在动身度假遇见图恩伯爵后做的。[见208页以下]我正乘坐在一辆出租汽车内,吩咐司机送我到火车站去。好像我已使他疲惫不堪,在他提出某种反对意见后,我说:"当然,我不能和你一道驾车沿着铁路线走。"我好像已经和他一道驱车走了火车正常运行的一段旅程。对这个混乱而无意义的故事,从分析得出如下的解释。前一天,我喊了一部出租汽车去多恩巴赫①的一条偏僻街道。司机不认识路,他就像一般司机们那样,漫无目标地向前开着,直到最后我发觉了,才指出了正确的路线,同时讽刺了他几句。我后来在分析中回想起的一连串思想,使我从这个司机想起了贵族派头。现在我想到的仅仅是,贵族给予中产阶级平民最深刻的印象是他们喜欢坐到司机座位上。图恩伯爵实际上也就是奥地利国家汽车的司机。梦中的下一句是指我的兄弟,因此我就把他与汽车司机认同了。那年我取消了和他一道去意大利旅行。("我不能和你一道驾车沿着铁路线走。")这次取消是对他的惩罚,因为他老是抱怨我在这种旅行中经常使他疲惫不堪(这一点在梦中没有改变),因为我坚持要快速地从一地赶到另一地,好在一天内看完许多美丽景色。我在做梦的那天傍晚,我的兄弟陪我到火车站去,但

---

① [在维也纳城郊。]

是当我们快到火车站时,在邻近主线终点的郊区铁路火车站那里,他跳下了车,以便乘郊区车去伯克斯多夫。① 我对他说,他可以乘主线而下乘郊区线去伯克斯多夫,他就可以和我多待一会儿了。这就导致了梦中那一段,即我驱车走了火车正常运行的一段旅程,这与现实中发生的事情恰好颠倒。这是一种 tu quoque(你也是)的争辩。我对我的兄弟是这样说的:"你可以陪我乘主线走完你要乘郊区线的那段旅程。"在梦里,我用"出租汽车"代替了"郊区线",就把整个事情弄混乱了(顺便说一句,这个混乱大大地帮助了把汽车司机和我的兄弟的形象联到了一起)。这样一来,我就成功地在梦中制造了某种无意义的内容,似乎很难理解,而且和我以前在梦中的说法几乎是直接矛盾的("我不能和你一道驾车沿着铁路线走")。然而,因为没有必要使我混淆郊区铁路和出租汽车,我必定是在梦中有目的地安排了这整个谜一般的事件。

然而这是为了什么目的呢? 我们现在就来探索梦中荒谬性的意义以及从而承认甚至制造荒谬性的动机。上述梦中的神秘性是这样解决的:我所需要的是,在这个梦中应该有某种荒谬而不可解的东西与"fahren"②这个字联系着。因为梦念包含着一种要求表现的特别论断。一天晚上,我在一个聪明好客的妇女家中(她在同一个梦的另一部分中以"女管家"的身份出现),我听到了两个我解答不出的谜语,因为在场其余的人都熟悉这两个谜语,所以我猜不出的样子一定使人觉得有些荒唐可笑。答案依靠"Nachkommon"

---

① 〔距维也纳约七八里。〕
② 〔在梦和分析中已经反复使用的德文"fahren"这个字,在英文中用作"驾"(汽车)和"乘"(火车),二者的翻译要看上下文不同而定。亦见 210 页注。〕

428

和"Vor-fahren"这两个词的双关语,我相信字谜原文如下:

遵照主人的吩咐,

司机照办了;

是每个人都拥有的,

它安躺在坟墓中。

(谜底是:"Vonfahren"["驾驶到"和"祖先"。字面的意思是"开到前面""前辈"])

特别使人困惑的是第二个谜语的前一半与第一个谜语的前一半相同。

遵照主人的吩咐,

司机照办了;

不是每个人都拥有的

它安躺在摇篮中。

(答案是"Nachkommon"。["后裔"。字面的意义是"随后"和"继承者"])

当我看到图恩伯爵生动地驾驶到面前时,我不免陷入了费加罗的心境,他说伟大绅士们的德性就是出生(变成后裔)的麻烦。因此这两个谜语就被梦的工作当成了某些中介思想。因为贵族与司机的这两个字义容易混淆,又因为有一个时期我们把司机叫做"Schwager"("车夫"和"堂兄弟")于是梦的凝缩作用就能把我的兄弟引入同一景象。然而在这一切背后的梦念是这样的:"为做一个人的祖先而骄傲,是荒谬的,不如本人成为祖先。"正是因为某种事情"是荒谬的"的论断,才产生了梦中的荒谬性。同时也澄清了梦中这个模糊部分剩下的难解之谜,即我为什么想起以前与司机

429

驾驶过一段路程了。[vorhergefahren（以前驾驶过）——vorgefahren（驾驶过）——vorfahren（祖先）]。

　　因此，如果有这样的论断，认为在梦念中的某些元素中间存在着某种"荒谬的"东西，也就是说，如果任何一个梦者的潜意识思想系列中存在着批判的或嘲笑的动机，梦就成为荒谬的了。因此，荒谬性乃是梦的工作表现互相矛盾的一种方法，——其他的方法则是在梦内容中将梦念的某种材料关系加以颠倒[326 页以下]，或者是利用运动抑制的感觉[337 页以下]。不管怎样，梦中的荒谬性并不会被译成一种简单的"不"字，它旨在表达梦念的心境，它把嘲笑或大笑与矛盾结合了起来。仅仅出于这个目的，梦的工作才变得荒唐可笑。此处又一次把一部分隐念赋予了显梦形式。①

　　实际上，我们已经提到了有这种意义的一个荒谬梦的好例——这个梦是演奏华格拉歌剧，一直演奏到早晨 7 点 45 分，梦中乐队是从塔上指挥的，等等——我未经分析便解释了这个梦（342 页以下）。这个梦的意义显然是说："这是个杂乱无章的世界，是一个疯狂的社会；应当有所得的人毫无所得，而漠不关心的人却得到了它。"——此处是梦者将她自己的命运与她的表妹的命运相比较——在我们前面的荒谬性梦例中与死去的父亲有关，也

---

　　① 因此，梦的工作模仿着被认为是荒唐的思想，其所用的方法为制造与此思想有关的荒谬事件。海涅在想讽刺巴伐利亚国王所作的一些歪诗时，就引用了同样的诗句。他甚至写出了更蹩脚的句子。
　　　[路德维希伯爵是一个出色的吟游诗人
　　　只要他一吟唱，阿波罗
　　　就向他苦苦哀求，"停止吧！"
　　　"否则我就要变成一个傻瓜，哦！"
　　　　　　　　　　　　　　科希尼·路德维希颂歌 I]

430

绝不是一种巧合。在这类例子中,发现用以制造荒谬梦的条件都具有同样的特性。父亲施行权威很早就引起孩子们的批评;父亲对孩子们的严厉要求使他们出于自卫而密切地注视着父亲的每一个弱点。但是父亲的形象唤起了他们的孝心,特别是在父亲死后,于是使得稽查作用加强抑制这种批评,不使其在意识中有所表现。

(四)

此处又是一个关于已死父亲的荒谬梦。我接到家乡市议会的一个关于1851年某人住院的费用通知,这是他在我家突然发病而不得不住院的结果。我觉得这件事真有趣,因为第一,1851年我还未出生;第二,可能与此事有关的我的父亲已经死去。我到隔壁一间房内去看他,他正躺在床上,我把这件事告诉了他。使我吃惊的是,他记起在1851年有一次喝醉了酒,而且被关起或是被拘留了。那时他正在一个公司工作——我问他,"那么你是常常喝酒的了?你是否不久就结婚了呢?"我算了一下,当然,我是在1856年出生的,那好像是紧接所说的那一年之后的一年。[436]

我们从上述讨论可以得出一个结论,即这个梦之所以不断展示其荒谬性,只能说明在梦念中存在着一种特别痛苦而热烈的争论。而且使人更为惊异的是,这个梦中的争论是公开进行的,我的父亲又是公开的嘲笑对象。这种公开性和我们认为梦的稽查作用与梦的工作有所联系的假设,似乎是互相矛盾的。然而,当我们认清在这个梦中,我的父亲只不过被当作一块挡箭牌,而争论乃是指向一位暗喻着的人物时,这种情况就变得更为清楚了。虽说梦通常表达对某人的反抗,背后隐藏的总是梦者的父亲,这个梦却适得其反。我的父亲被当作一个稻草人,用来遮挡另一个人;这个梦之所以被允许以毫不掩饰的方式处理平时俨然神圣不可侵犯的人,只是因为与此同时我明明知道他不是我真正所指的对象。其所以如此又必须追究此梦的起因。我有一位年长的同事,他的判断被公认为是无可指摘的。我听说他对于我的一位病人的精神分析治疗进入了第五个年头①深表惊奇和不赞许。此梦就是在上述这件事之后发生的。梦的最初一些句子是在一种明显的伪装下暗示着,这位同事一度接替了我父亲不能再执行的任务("应交费用""住院"),而且,当我们的关系变得不友好时,我陷入了一种情绪冲突,正如父子之间产生误解时,由于父亲所处的地位及其过去的恩惠而不可避免产生的那样。梦念激烈地抗议关于我为什么不快一点的指责,这个指责起初指我对病人的治疗,后来又扩及其他事物。我暗想,难道他不知道任何人都不能比我更快吗?四五年与一生相比较又算得了什么,何况病人在治疗期间又觉得生活变得轻松得多了呢?

　　这个梦的荒谬性能给人以很深印象,乃是因为把梦念中不同部分的句子不经任何转变就拼凑在一起所致。因此,"我到隔壁房间内去看他"这句话,等等,与前面句子所涉及的主题失去了联系,并正确地再现了我即将订婚而未征求他意见的种种情况。所以这个句子使我记起了这位老人这一次所表现的宽宏大量,并和某

---

① 〔这个经常提到的病人在弗洛伊德给弗利斯(1950a)的信中称之为 E.。在(1899年12月21日)第126封信中提到了此梦,而且在(1900年4月16日)第133封信中声称治疗已完满结束。〕

人——还有另外一个人——的行为适成对比。还应该看到,这个梦允许讽刺我的父亲,是因为他在梦念中被视为当之无愧的众人模范,而稽查作用的本质在于,可以对被禁止的事物说谎,而不可以谈论它们的实情。下一句话的大意是,他记起"有一次喝醉了酒,而且被关了起来,"实际上与我的父亲已毫无关系,此地他所代表的人物正是伟大的梅勒特。① 我对他极其尊敬并以他为学习榜样。但他在赏识我一段时间之后,态度突然转变,转为对我的公开仇视。这个梦使我想起,他曾亲自告诉我他在年轻时曾一度耽于服氯仿中毒而被送进一家疗养院。它还使我记起他在死前不久的一件事情。我和他曾用文字进行了一场激烈的争论,论题是他否认存在有男性癔病。② 当我在他病危期间去看望他并询问他的病情时,他详细地谈到了他的病情,最后说了这样的话,"你要晓得,我真算得是男性癔病的一个典型病例了!"他这般承认自己一直在固执反对的事,使我感到惊讶同时也感到了满足。但是我为什么在梦中能把父亲去代替梅勒特呢?在这两个人物之间我看不出有任何类似之处。这个梦很简短,但完全足以表示出梦念中的一个条件从句,这个句子充分展开了便是:"如果我是一位教授或枢密顾问的第二代,是他的儿子,我就肯定会进行得更快些。"在梦中我把我的父亲变成枢密顾问和教授了——梦中最惹人注目和令人迷惑的就是对1851年这个日期的处理了。在我看来,它与1856年似乎无甚区别,好像五年的差距毫无意

---

① [提奥多·梅勒特(1833—1892)曾任维也纳大学精神病学教授。]
② [这个争论在弗洛伊德的《自传研究》(1925d)的第一章中有详细的记述。]

433

义可言。但是这最后一句话恰恰是梦念所要努力表达的。四五年是我在这次分析中早先提到的对那位同事支持我而感到高兴的时间,也是我使我的未婚妻等待我们结婚的时间,而且说来也是一种巧合,它也是梦念迫切寻求的使我的病人等待完全治愈的最长时间。梦念在问:"五年是什么呢?"对我来说,五年不算什么时间,不值得考虑,我的前面还有足够的时间。就像你不相信的我终于完成了那件事一样,我也会完成这件事的。此外,除去前面表示世纪的数字,51这个数目本身确实也是由另外一相反意义所决定的,而这也是它在梦中出现好几次的原因。对男人来说,51似乎是一个特别危险的年龄,就我所知,就有好几位同事死于这个年龄,其中一位仅仅在他逝世以前几天,才被任命为等待已久的教授职称。①

(五)

此处又是另一个玩弄数字的荒谬的梦。在一篇文章中,我的一位熟人M先生受到了我们认为过分激烈的抨击——抨击者肯定是歌德。M先生在被抨击中当然是垮台了。他在餐桌旁向几个人放肆抱怨;然而他的个人体会并未影响他对歌德的尊敬。我企图弄清年月,但似乎不大可能。歌德死于1832年。因为他对M先生的攻击必定比那个时间要早,所以M先生那时一定是一

---

① [这无疑是对弗利斯的周期性理论的一个推断,51=28+23,分别为男性和女性的时期,参见克里斯对与弗利斯通信(弗洛伊德,1950a)的序言中第1节和第4节。见上文166页以下注脚。51数字重复出现的事实在513页将提及。此梦在449页以下将继续进行分析。]

个年轻人。很可能他那时只有十八岁。然而我不敢肯定我们实际上是在哪一年,所以我的整个计算都变得模糊不清了。顺便说一句,抨击包含在歌德那著名的论文论《自然》之中。

我们将会很快发现弄清这个梦中胡言乱语的方法。M先生是我在餐桌旁认识的几个人中的一个,他不久前请我替他的弟弟进行检查,发现他有全身瘫痪的迹象。这个怀疑是正确的;在这次访问时发生了一个尴尬的插曲,因为在谈话过程中,病人无缘无故地谈起了他哥哥年轻时的荒唐事。我询问了病人的出生年月,并要他做了几道简单的加法以测试他记忆上的弱点——虽然,他仍能回答得不错。我已明白我自己在梦中的行动很像一个瘫痪病人(我不敢确定我们实际上是在哪一年)。梦的另一部分材料有着另一个最近来源。我的一位朋友是一家医学杂志的编辑,对我的柏林朋友弗利斯的一本近著刊出了极不友好的"摧毁性的"批评。批评的作者是一位非常年轻的评论家。他并没有足够的判断能力。我认为自己有权干预,于是上门找编辑谈了此事。他对于刊出这篇评论深表歉意,但不答应做任何更正。我因此与该杂志脱离了关系。但我在辞职书中表明,希望我们的私人关系不要因此事而受影响。梦的第三个来源是我刚刚从一个女病人那里听到的关于她兄弟的疾病,他如何在疯狂中高呼"自然!自然!"。医生们相信他的呼喊是因为阅读了歌德关于这个题材的卓越论文,也表明了他在自然哲学研究方面的劳累过度。但我想到的却是,即使是未受过教育的人在使用"自然"一词时也不免带有性的意义。我的这种想法至少由于这个不幸的男青年后来割掉了自己的生殖器而未被否定。他发疯时正是十八岁。

我还要谈谈我的朋友那本受到严厉批评的书(另一个评论家说,"人们不知道是作者还是他们自己发疯了")是关于人生的年代资料的,并表明歌德的一生不过是具有生物学意义的[日子]的若干倍数。所以不难看出,梦中我和我朋友的位置是对换了的(我企图弄清年月)。但是我的行为却像一个瘫痪病人,而梦也是一大堆荒谬的材料。因此梦念便讽刺地在说,"自然哪,他(我的朋友)是一个发疯的傻瓜,你们(评论家们)是天才,知道的更多。但是难道不能恰恰颠倒过来吗?"在梦中这种颠倒的例子不胜枚举。例如,歌德抨击年轻人,这是荒谬的,然而年轻人批评不朽的歌德倒是很可能的。又如,我计算歌德的死期,却用了瘫痪病人的岁数。[见327页,那里已提到了这个梦]

但是我也曾经表明,任何梦都由利己主义的动机所驱使。[见267页以下]因此我必须解释在此梦中我为什么为我的朋友受过并取代了他的位置。我在清醒时的批评不足以使我这样做。然而那18岁病人的故事以及对他高喊"自然"的不同解释,暗示着我发现自己站到了大多数医生的对立面,因为我信仰精神神经症有其性的病因。我可以对自己说:"对你朋友的那种批评也同样可以用来对你——实际上,它已在某种程度上做到了。"所以梦中的"他"可以用"我们"来取代。"是的,你们是对的,我们才是傻瓜。"梦中又以提及歌德的卓越短篇论文清楚地忆起"我正在考虑中"(meares agitur)。因为我在中学毕业时,对职业的选择正在犹疑不决,正是在一次演讲中听见朗读这篇论文,才使我下了攻读自然科学的决心。①

(六)

在本书的前面我提到了另一个梦,其中没有我自己的自我,然而它也是利己主义的。在269页我报告了一个短梦,大意是M教授说,"我的儿子是近视眼……"我解释说,这不过是一个序梦,准备引出我是主角的另一个梦。以下就是省略了的主要的梦,它包括了荒谬而难以理解的文字形式,需要详细的解释。

由于罗马城发生了某些事件,必须把孩子们迁到安全地区,这一点做到了。接着梦景是在一座古老的双扇大门之前,(梦中我认出是西恩纳的罗马之门)我正坐在一个喷泉的旁边,感到非常忧郁,几乎流出眼泪。一个妇女——侍者或修女——带来两个小男孩,把他们交给他们的父亲(但又不是我自己),大孩子显然是我的大儿子;我并没有看见另一个孩子的面孔。带孩子出来的女人要大儿子和她吻别。她长着一个触目的红鼻子,男孩拒绝和她接吻,只是挥手告别,对她说"Auf Geseres,"然后又对我们两人(或其中的一人)说"Auf Ungeseres",我想这后一个短语是表示偏爱之意。②

这个梦是我在看了一出叫做"新犹太人区"(Das neue Ghetto)的戏剧之后的一大堆杂乱思绪构成的。这是个犹太人问题,既

---

① [这个梦在448页以下将进一步讨论。在弗洛伊德的短文《论梦》(1901a)的第6部分对此梦有所分析并稍有细节补充——标准版,卷5。662页——根据R.裴斯塔洛齐(1956),歌德的《论自然》这篇文章系瑞士作家G.C.托布勒(Tobler)所写,歌德由于记忆错误而将它列入自己的著作。]

② ["Geseres"和"Ungeseres"两个词都不是德文,见下面的讨论。]

437

关系到孩子们的前途,我们不能给他们以自己的国家;也关系到一种教育方式,使他们能自由地越过疆界——所有这一切在有关的梦念中都不难识别出来。

"在巴比伦的河边我们坐下来啜泣"。锡耶纳和罗马一样,以它的美丽喷泉而闻名于世。如果罗马出现在我的一个梦中,我就必须从我某个熟知地点去发现代替物(见193页以下)。在锡耶纳的罗马之门附近有一座巨大的灯光耀眼的建筑物,我们知道那是曼利柯米阿(manicomio)疯人院。在做这个梦之前不久,我听说有一个宗教信仰与我相同的人,被迫辞去了他在一个州立疯人院中辛苦得到的职位。

我们的兴趣集中于"Auf Geseres"(此梦的情境在这一点上会引导我们期望"Auf Wiedersehen")以及和它相反而无意义的"Auf Ungeseres"这两个短语上。根据我从哲学家那里获得的知识,"Geseres"是一个真正的希伯来词,来源于动词"goiser",最好翻译成"受苦"或"厄运"。这个词在谚语中的用法使我们认为它的意义是"哭泣和哀悼"。而"Ungeseres"则是我自己杜撰的一个新词,它是引起我注意的第一个字,开始时我弄不明白它的意义。但是在梦结尾时那句短语的大意包含着对"Ungeseres"的喜爱胜过对 Geseres 的喜爱,却打开了我的联想之门,同时也阐明了这个词的意义。在鱼子酱的情况中有着类似的关系,无盐的("Unge-salzen")鱼子酱要比有盐的("gesalzen")鱼子酱受到更高的评价。"将军的鱼子酱"——贵族式的虚荣:在这背后还隐藏着对我的一位家庭成员的玩笑式的暗喻,因为她比我年轻,我希望她将来能照料我的孩子。这也与我的另一个家庭成员的事实相符合,即我们家那位能干的保姆,很像梦中的女侍者或修女。然而在"gesalzenunsalzen"（有盐的—无盐的）和"Geseres-Ungeseres"之间仍然缺乏过渡的观念。这可以从"Gesaüert-Ungesaüert"（发酵—不发酵）之间找到。以色列的子民在逃离埃及时来不及使面团发酵，为了纪念这件事，他们在复活节后的一周内只吃不发酵的面包。这里我要插入在分析这一部分时突然发生的一些联想。我记得上一个复活节时，我和我的柏林朋友在陌生的布罗斯劳这个小城的街道上漫步。有一小女孩问我到某某街去如何走法，我不得不告诉她我不认识路。于是我对我的朋友说，"但愿那个小女孩长大以后在选择指引她的人方面能更有鉴别力。"不久，我看见一块门牌上写着"海罗德医生，诊病时间……"我说，"希望我们的这位同行不要是儿科医生。"与此同时，我的朋友对我讲起了两侧对称性在生物学上的意义，并且说了这样一句话，"如果我们像独眼巨人（Cyclops）那样，一个眼睛长在前额中间……"这句话引出了梦中那位教授说的话，"我的儿子是近视眼（Myops）[①]……"这时使我想起"Geseres"这个词的主要来源了。许多年以前，当 M 教授的儿子（今天已成为一个独立思考家）仍然是一个坐在课桌上的学生时，他患了眼疾，医生说眼疾引起了焦虑。他解释说，只要眼疾局限于一侧，就没有关系，但如果传染到另一只眼睛，那就是一个严重的问题了。这一只眼痊愈了，但不久另一只眼又发现了感染的迹象。孩子的母亲怕极了，连忙把医生叫到乡间住所。但是这一次医生却转向了另一边。他对孩子的母亲喊道："你怎么能把这看成是一个'Geseres'（'厄运'）呢？如果一边好了，另一边也会好的。"结果他的话说对了。

---

① ［德文"Myop"是根据"Zyklop"型而构造的一种特定（ad hoc）形式。］

现在我们必须考虑这一切对我和我的家庭有什么关系。M教授的儿子最初上学时的课桌,后来由他的母亲当作一件礼物送给了我的大儿子,我在梦中借他的口说出了再见的话。不难猜出这种转换所产生的一个愿望。不过书桌的构造也意味着使孩子避免近视和单侧视力。因此梦中出现了"近视眼"(以及它后面的"独眼巨人")并提到了"两侧性"。我对于一侧性的关注不止是一个意义:它不仅指身体的一侧性,而且也指智力发展的一侧性。难道不可以正是这种关注以其荒唐形式与梦中景象正相矛盾吗?当孩子转到一边说了再会的话以后,他又转到另一边说着相反的话,好像要恢复平衡似的。他好像正是接着两侧对称性在行动!

因此当梦表现得最荒唐时往往意义也最力深邃。历史上任何时代,凡是有话想说而又怕招惹风险的人,无不急于想戴上一顶蠢人的帽子。如果听众把那些针对他们的犯忌讳的话看作是胡言乱语因而大笑不已,他们就易于容忍了。戏中的王子不得不装疯卖傻来掩饰他自己,其所行所为就像现实生活中的梦境。所以我们可以用哈姆雷特他自己说的话来谈论梦,用机智和晦涩难解的外衣来掩饰真相。他说,"我不过是疯狂的西北风,当风向南吹去,我能分辨出手锯与苍鹰。"①

因此,我已经解决了梦中的荒谬性问题。因为梦念永远不会是荒谬的——在心智正常的人的梦中绝不会如此——梦的工作只

---

① [《哈姆雷特》,第二幕,第二场]这个梦也为一个普遍的真理提供了一个好例。这个真理是,同一晚做的梦,即使回忆起来是分开的,也来源于同一梦念[见上文333页以下]顺便说,我在梦中要把孩子们安全地移出罗马城因与我在童年发生的一件事件相类似而受到歪曲。很多年以前,我嫉妒我的一些亲戚,他们有机会把自己的孩子送到外国去。

有面临要表达存在于梦念中的任何批评、取笑和嘲弄时,它才制造荒谬的梦或在梦中包含着个别荒谬的元素。①

我的第二个任务在于表明梦的工作包含的不外是我已经提及的三个因素②与我还要提到的第四个因素[见488页]的结合;表明梦的功能不过是在这四种不同情况下把梦念翻译出来,以及说明我们的各种心智官能是否全部或仅仅一部分参加梦的活动这个问题本身就是错误的和没有考虑事实的。然而,因为梦内容中常常出现作出判断、提出批评,表示欣赏,对梦中某个特殊元素感到惊奇,并企图加以解释,进行辩论,所以我必须选择一些梦例来澄清这一类事实所产生的误解。

我的[简要]答复如下:任何在梦中表现为明显判断活动的事件,都不能视为梦的工作的理智成就,它不过是属于梦念的材料,以一种现成的结构形式从隐意不断上升而进入梦的显意之中。我还能对这个主张作进一步注释。醒后对一个记得的梦所作的判断,以及因复现这个梦而在我们心中引起的感情在很大程度上形成梦的一部分隐意,都应该包括在对这个梦的解释范围内。

(一)

我已经引证了一个引人注目的这种例子(332页以下)③。一个

---

① [关于梦中荒谬性主题在弗洛伊德的论诙谐(1905c)一卷第6章中也有所讨论——在"鼠人"(1909d)的个案史第一节中,弗洛伊德在一个脚注中谈到此同一机制也用之于强迫性神经症。]
② [即凝缩作用,移置作用和表现力的考虑。]
③ [同一段(331页)还引证了另一个梦例。]

女病人拒绝告诉我她的一个梦,因为"它是那么混乱模糊",他在梦中见到了一个人,但分不清是她的丈夫还是她的父亲,接着她又梦见一个垃圾箱[Misttrügerl],而这又引起了如下的回忆:当她刚刚成家时,有一次对一位来访的年轻亲戚开玩笑地说,她的下一件事就是弄到一个新的垃圾箱,第二天她收到了一个,但是里面装满了山谷里的百合花。这一段梦用来表示[德国]一个谚语,"不是长在我自己的肥料上"。① 当分析完成之后,发现梦念原来是梦者幼年时听到的一个故事所产生的后果。这个故事讲的是一个女孩已经怀了孕,但搞不清婴儿的真正父亲是谁,所以,此梦的表现已溢出并流入清醒时思想之中,即用清醒时对整个梦的判断来表现梦念的一个元素。

(二)

下面是一个类似的梦例。我的一个病人做了一个他觉得很有趣的梦,因为他醒后立即对自己说:"我一定要把它告诉医生。"此梦经过分析后,明显地暗指在治疗期间开始的私通,而且他已决定不告诉我。②

(三)

第三个梦例是我自己的经验。我和 P 正经过一个有许多房屋和花园的地方到医院去。同时我觉得以前在梦中常常看见过这

---

① ["Nicht auf meinem eigenen. Mist gewachsen"——意思是"这不是我的责任"或"这不是我的孩子"。德文"Mist"原意为肥料,在俗语中指垃圾,在维也纳的话中意指垃圾箱("Misttrügerl")。]

② [1909年增注]如果在精神分析过程中,梦者梦见对自己说,"我一定把它告诉医生",那肯定是表示强烈地抗拒说出此梦——而且往往接着就将它忘记了。

442

个地方。我不大知道怎么走。他指给我一条路,转一个弯儿便到餐厅(在室内,不在花园中),我在那里打听董妮夫人,知道了她和三个小孩住在后面一间小屋内。我向小屋走去,但在到达以前遇到一个模糊不清的人影带着我的两个小女孩。我和她们一起站了一会儿就把她们留在自己身边。我对妻子不无抱怨,因为她把她们丢在那里。

我醒了以后,感到非常满意,其原因是因为通过这一分析我能发现"我以前梦见过这地方"的意义①。事实上,分析并没有告诉我这一类梦的意义。它向我表明的不过是,"满意"属于梦的隐意,而不是指对梦的任何判断。我之所以感到满意是因为我的婚姻给我带来了孩子。P这个人的生活经历有一段与我相同,后来社会地位和物质条件都超过了我,但是他婚后却无子嗣。下面两件事已足以说明梦的意义,而不必再对梦进行全盘分析。前一天我在报上看到了有关董娜夫人(Frau Dona)的讣告(我在梦中把她变成了董妮),她死于分娩。我的妻子告诉我,照料死者的助产士正是替我们两个最小的孩子接生的那一位。董娜这个名字引起我的注意,是因为我不久以前在一本英文小说中第一次看见了它。梦的第二个起因是做梦的日期,那是在我大儿子生日的前一天——这孩子似乎有点诗人气质。

(四)

当我从我父亲死后还在马札尔人中间扮演了一个政治角色那

---

① [上文399页]在最近几卷的《哲学评论》(1896—1898)的"梦中的记忆错误"标题下对这个题目有长期的讨论。——[此梦在478页以下将再次提及。]

个梦中醒来以后,也留下了一种同样的满意心情。我之所以感到满意,是因为它是伴随着这个梦最后一段而产生的感情的继续[见426页]。我记得他在灵床上多么像加里波的,我高兴的是它终于实现了……(梦的后续部分我已经忘记了)。分析使我能够填补梦中这一空隙。这是指我的第二个儿子,我替他取了一个历史上伟大人名的教名[克伦威尔]。这个人在我童年时代对我具有强大的吸引力,特别是在我访问了英国以后。在这孩子出生前一年,我已下了决心,如果生的是个男孩,我一定取这个名字,而且我以极大的满意心情用这个名字迎接了他的诞生。(不难看出,父亲们的受压抑的夸大狂在他们的思想中是如何传给孩子们的,而这也很可能就是当现实生活中变得必要时,对感情的压制得以实现的方式之一)。小孩子之所以能在这个梦的背景中出现,是因为他有把屎拉在床单上的弱点——儿童和垂死的人都容易被人原谅。在这方面可以将 Stuhlrichter["主裁判"字面上是"椅子"或"凳子"裁判]与梦中想在自己孩子面前表现出伟大和不屈的愿望相比较。[见下面478页]

(五)

我现在转而来考虑进入梦本身,而不是继续进入或转为清醒生活的判断的若干表现。在寻找这些梦例时,我如果利用了因其他目的而已经记录下来的例子,将大大地有利于我的工作。歌德抨击 M 先生的梦[439页以下]似乎包含了许多判断行为,"我企图弄清年月,但似乎不大可能。"这极像是对歌德竟然会对我熟悉的一位年轻人进行文字攻击这一荒谬观念的批评。"我估计他大概只有十八岁",这听起来又很像计算的结果,尽管出自糊涂的脑筋。最后,"我不敢确定我们实际上是在哪一年,"可说是梦中感到不确定或怀疑的一个例子。

因此,乍看起来,所有这些句子都是梦中的判断行为。但是分析表明,这些语句都各有其他意义,而且是梦的解释中必不可缺的。与此同时,一切荒谬迹象也可因此消除。"我企图弄清年月"这句话,把我和朋友[弗利斯]的位置对换了。事实上是他正在寻求解释人生的年限。这样一来,这个句子就失去了反对前一句荒谬性的判断意义了。插入的那句话"对我似乎不大可能"应归属下面"那大概是一个可能的看法"这句话的范畴。我对那位向我诉说他弟弟病史的女仆使用了差不多与这相同的字句,"在我看来,他高呼'自然!自然!'不可能与歌德有关,我认为这些字更有可能具有你们熟悉的性的意义。"确实如此,这表达了一种判断——然而不是在梦里,而是在现实生活中,只是偶然被梦念所记起而且被利用了。梦内容利用判断与利用任何其他梦念片断是一样的。梦中判断对于"18"这个数字的关联是没有意义的,却也留下了判断在脱离真实背景时的痕迹。最后,"我不敢确定我们实际上是在哪一年,"这句话的目的不过是想进一步实现我对瘫痪病人的摹拟,在对他们进行检查时,这一点确曾出现过。

对于梦中出现的显明判断行为的解析,使我们想起了本书开始时确立的对梦的工作的解释规则[103页以下],即我们必须对梦的各成分之间的表面聚合不予重视,把它们看成非本质的假象;我们应该追溯梦的每一元素的来源,恢复其本来面目。梦是一个聚合物,为了研究的目的,必须再一次把梦分割成片断[419页],

449

但另一方面又必须看到,梦中有一种精神力量在起着作用,制造了这种表面联系性,这就是说,把梦的工作所产生的材料加以润饰。这又使我们面对一种力量的表现,下面[488页以下]我们把它的重要性列为梦建构中的第四个因素。

(六)

下面又是一个我已提及的判断过程在梦中发生作用的梦例。在从市议会接到通知的那个荒谬梦中,[435页以下]我说,"你是否不久就结婚了呢?"我算了一下,当然,我是在1856年出生的,那好像就是紧接着所说的那一年之后的一年,这一切都披上了一套逻辑结论的外衣。我父亲在他发病之后,于1851年结婚。当然,我是家中的长子,出生于1856年,这一切准确无误。我们知道,这个错误的结论出于对欲望满足的兴趣;而主要的梦念乃是"四五年不算什么时间,不值得考虑。"这一套逻辑结论中的每一步骤,在其内容和形式上,都可用在梦念中已被决定了的另一种方式加以解释。正是我的同事认为分析时间太长了的那位病人,已决定治疗结束后结婚。梦中我和我父亲的交谈方式就像一场审问或考试,又使我想起一位大学教授,他常对进修他的课程的学生详加询问,"出生年月?"——"1856"——"父亲名字?"学生在答复这个问题时总是说出自己父亲的拉丁字尾的教名。我们学生回答以后,这位教授能从父亲的教名推出结论而不能从学生本人的名字中推衍而得。因此梦中结论的推衍不过是作为梦念中一段材料的推衍结论的重复而已。这里出现的新的东西是,如果在梦内容中出现了一个结论,则这个结论必然来自梦念。不过它呈现的形式可以是一段回忆材料，也可以是一串貌似逻辑的梦念。但不管怎样，梦中的结论总是代表着梦念中的结论。①

我们可以由这一点对梦继续进行分析，那位教授的询问使我回想起大学生的注册簿（我们那时用拉丁文填写），由此再使我想到我的学术研究。学医规定为五年，对我说来是太短了，我悄悄地继续工作了好几年，在我的熟人圈子里，我被认为是个懒虫，被怀疑是否能及格。此后我很快地决定参加考试而且通过了，尽管是迟了些。这是对梦念的一个新的强化，促使我挑战似地面对批评我的人，"尽管我拖长了时间，你们不肯相信我，但我仍将取得成功，我的医学训练终将得出结论。事情往往就是这样的。"

这个梦的开端几句话难免不引起争论。这种争论甚至谈不上荒谬，在清醒时刻也可以发生：梦中我接到家乡市议会的一个通知，我觉得这件事很有趣，因为第一，1851年我还未出生，第二，可能与此事有关的我的父亲已经死去。这两种辩解不但本身正确，而且如果我真的接到通知，也会提出与此完全相同的论证。我前面的分析表明，此梦来源于痛苦的嘲笑的梦念。如果我们再假定稽查作用活动的理由是强有力的，我们便会认为，梦的工作自有其动机对包含于梦念中模式的荒谬暗示做出一种完全有效的否定。但是分析表明，梦的工作并不能自由地构造这种平行物，为了这个目的，只能使用梦念中得来的材料。就像有一道代数方程式，（除数字外）有着加、减、根、幂等符号，却叫一个外行去抄这个方程式，

---

① 这些发现在某些方面是我前面(312页)论及梦中逻辑关系表现的修正。前面谈的是梦的工作的一般行为，但没有论及其功能作用的更精微准确的细节。

447

结果把数字和运算符号混淆在一起了。[梦内容中的]这两个论点还可以追溯到如下的材料。每当我想到我初次提出的有关精神经症在心理学解释上的某些前提总是受到别人怀疑和嘲笑时,就感到痛苦不安。例如,我曾经假定,人生第二年或有时甚至是第一年的印象,在后来患病的那些人的情感生活上留下了永不磨灭的痕迹。而且,这些印象虽然在多方面受到记忆的歪曲和夸大,却构成了癔症症状最初的和最深刻的基础。当我在适当时机向我的病人解释这一点时,他们往往以嘲弄的语气模仿这新得的知识说,他们准备去寻找他们还没有出生时的回忆。我又发现了这些女病人把她们最早性冲动中她们的父亲扮演了出人意外的角色,这也可料到会遭到同样的对待(见 257 页以下的讨论)。然而我深信这两个假设都是正确的。为了证实起见,我记起了几个例子,都是孩子在很小的时候父亲就死去了,然而在后来的事件中表明,孩子仍然在潜意识中保持着对早年丧亡的死者形象的回忆。我知道,我的依据推衍结论而得的这两个论断的有效性难免不发生争论,因此,把恰恰是我害怕发生争议的那些结论的材料利用梦的工作获得无可争辩的结论,乃是欲望满足的一个成就。

(七)

在我迄今为止不容易碰到的一个梦中[见 413 页],在其一开始就突然出现的题材,引起令人惊讶的清晰印象。老布吕克必定是规定了某个任务;真够奇怪,它与解剖我自己的下半部即我的骨盆和腿部有关。我好像以前在解剖室看见过它们,但没有注意到我的身体欠缺这些部分,所以没有丝毫厌恶的感觉。N.路易丝站在我的旁边,帮我一道做这个工作。骨盆内的东西已经取出,现在既能看到它的上部又能看到它的下部,二者是结合在一起的。还能看到一些肥厚的肉色突起(梦中使我想起了痔疮)。覆盖在它上面的某些东西看起来像揉皱了的锡箔①,要小心才能挑得出来。我于是重新获得了双腿,而且在城堡中不断走动。但是(由于疲倦)我叫了一部出租汽车。使我惊讶的是,这辆车驶进了一所房屋的大厅,那门开着并让车驶过一个通道,驶到尽头转了一个弯,后来又开到了空地上。② 最后,我和一位替我拿行李的阿尔卑斯山向导正在作一次旅游,穿过变化多端的风景区。由于考虑到我的疲倦的双腿,他还背着我走了一段路。道路泥泞,我们靠着边走;人们像红印第安人和吉卜赛人那样坐在地上,其中有一个小女孩。在此之前,我在溜滑的路上前进时,总有一种惊奇的感觉,觉得在解剖之后我怎么能走得这样好。最后我们抵达了一个小木屋,房屋末端有一个开着的窗户,向导把我放了下来,取来两块现成的木板,搭在窗户上,这样就可渡过必须由窗户跨过的陷坑。这时我真的开始为我的双腿担忧了。但是与预料中的跨越相反,我看见两个成年人躺在紧靠木屋墙边的木凳上,似乎还有两个小孩睡在他们身旁。这样一来,好像造成能够跨越的不是木板而是小孩了。我在一阵内心战栗中醒了过来。

任何人只要稍微懂得梦中凝缩作用的程度,就不难想象到如果要对这个梦进行全面分析,不知要花费多少笔墨。幸而在本文

---

① Stanniol 锡箔,隐指 Stannius 所著的鱼类神经系统一书(参见上述引文)。
② 这地方是我住的公寓的底层,租户们在那里放他们的摇篮车;但它在好几个其他方面是多重性决定的。

449

中我只要论其一点，即只把此梦作为"梦中惊奇"的一例，如表现为插入的句子"真够奇怪"那样。下面就是此梦的起因。那位作我实验助手的 N.路易丝曾经拜访过我，她说"借一本书给我看看"。我把赖德·赫加德的《她》借给了她。我向她解释说，"这是一本奇怪的书，但充满了隐义，永恒的女性，我们感情的不朽……"她打断了我的话说，"已经读过了，你就没有自己写的东西吗？""没有，我的不朽作品还未写成呢！"——"好，那你什么时候才能出版那本你所谓的'最后的启示'，那本你说过甚至我们也能读的书呢？"她不无讽刺地问。当时我发现那不过是别人借她的口向我提出警告，我就沉默不语了。我想到即使出版我那本论梦的书也要付出极大代价，因为在书中必须泄露我自己的大量隐秘性格。

你所知道的最好事情，
可千万不可告诉小孩。[①]

454 因此梦中交给我的解剖我自己身体的任务，指的是我解释自己的梦的自我分析。[②] 老布吕克的出现也适逢其时。甚至在我进行科学工作的最初几年，我曾把一项发现搁置起来，直到他力劝我出版为止。至于我和 N.路易丝的谈话所引起的进一步梦念，则由于过于深邃而不能进入意识。它们由于提到赖德·赫加德的《她》而分散到在我内心激起的各方面的各个材料中去了。那"真够奇怪"的判断要追溯到那本书和同一作者的另一本叫做"世界的心"的书。梦中大量元素都源于这两本想象丰富的小说。人们不得不

---

① ［见 142 页脚注。］
② ［弗洛伊德在出版本书前一年所作的自我分析，乃是他和弗利斯通信的主题之一。(弗洛伊德，1950a)参见克里斯对后一书序言的第三部分。］

450

跋涉而过的沼泽地带,他们必须利用木板才能跨越的陷坑,都来源于《她》;红印第安人、小女孩和木屋则来自《世界的心》。在这两部小说中,向导都是妇女;两本书讲的都是危险的旅程;《她》描写的是一条过去很少有人走过的险途,通向未被人发现的地区。根据我发现的为此梦所作的笔记,我双腿的疲倦之感确实是白天的真实感觉。与双腿疲乏同时很可能产生了一种倦怠的心境和疑惑的想法:"我的双腿还能支持我多久呢?"《她》这部小说中冒险的结局是,女向导非但没有为自己和别人找到永生,反而葬身于神秘的地下烈火之中。在梦念中无疑有那样一种恐怖情绪在活动着。木屋肯定也是一口棺材,即一座坟墓。但是梦的工作却以欲望的满足这一最不期望的思想方式完成了它的杰作。因为我进过一次坟墓,但那是靠近奥尔维托的一个伊特拉斯坎人的空穴,一个狭窄的小室,沿着墙壁有两条石凳,上面躺着两具成人骷髅。梦中的木屋内部看起来正像这个坟墓,只是木头代替了石头。这个梦似乎是说,"如果你一定要躺在坟墓中,那就住在伊特拉斯坎人的坟墓中吧!"随着这种置换,于是便把最阴沉的期待变成最迫切的希望了。① 不幸的是,我们马上就会看到[460页以下],梦可以把伴随感情的观念颠倒过来,但往往不能改变感情本身。因此甚至孩子可以做到父亲做不到的事这样的观念成功地出现以后,我仍然从"心理恐惧"中醒来——这是这本奇异小说中的一个新的暗喻,其中一个人的同一性可以世代相传而达两千年之久。②

---

① [在弗洛伊德的《一个幻觉的未来》(1927c)第 3 章中这个细节被当作一个例证。]

② [这个梦在后面 477 页以下将进一步讨论。]

(八)

　　我的另一个梦也包含了对某种体验表示惊奇。但这种惊奇伴随着一种明显的、深远的甚至可说是卓越的解释尝试。这个梦除了具有两个吸引我的特点之外，仅仅就梦本身来说，我也禁不住要将整个梦加以分析。7月18日或19日的夜晚，我正沿着南方路线旅行，我在梦中听见有人喊"Hollthum，①停车10分钟，"我立即想到了棘皮动物（holothurian），——想到一所自然历史博物馆，——这是勇敢的人们绝望地反抗他们的统治暴君的地方——是的，奥地利的反改造运动——仿佛是在施蒂里亚或蒂罗尔的一个地方——那里我模糊地看见一个小博物馆，馆里保存着这些人的残骸和遗物，我很想走出去，但又犹疑不决。火车站有卖水果的妇女，她们蹲在地上，高举着篮子，仿佛邀请似的——我犹豫着，因为我不敢确定是否还有时间，可是我们仍然未动——突然我到了另一个车厢，里面的家具和座位非常狭窄，使得一个人的背部要直接靠在车厢壁上。② 我对此很感惊奇，但我想我可能是在睡眠状态中调换了车厢。这儿有好几个人，包括一对英国兄妹；可以看见墙上书架上明显地有一排书：我看见（克勒克——马克斯威尔的）《国富论》和《物质与运动》，这是一本厚书，包着棕色纸张。这个男子问他的妹妹是否还记得席勒写的一本书……这些书有的好像是我的，有的又似乎是属于他们的。此时我想加入他们的谈话，为了

---

　　① [不是任何真的地名。]
　　② 我本人对这番描述也不理解，但是我遵守报告梦的基本原则，把梦见的东西如实记下。所选的字眼本身就是梦所表现的一部分。[见514页]

证实或支持这些话……我醒来时汗流浃背,以为所有窗户都关上了。火车正驶近[施蒂里亚的]马尔堡。

在我正记录这个梦时,又想起一段梦景,这是我的记录故意要漏掉的。我[用英语]对那兄妹说时,提到了一件特殊工作,"这是从(from)……"但是我又改正说"这是由(by)",那男子对他的妹妹评论说,"他说得对!"①

这个梦以大车站的站名而开始。这个站名必定把我弄得半醒了,我更换了它的站名,用霍尔松(Hollthurn)代替了马尔堡(Marburg)。事实上首先喊出来的是"马尔堡"或许后来为梦中提及席勒而得到证实,席勒出生于马尔堡,虽然不是施蒂里亚的那一个马尔堡。② 我这次旅行买的是头等车票但很不舒服。火车拥挤不堪,在我的车厢中我看到一位女士和一位绅士,贵族派头,但很不礼貌,对我的闯入丝毫未想到掩饰他们的烦恼。我的彬彬有礼的招呼得不到任何反应。虽然这个男人和他的妻子并肩坐着(背对着火车头),那女人却当着我的面用一把雨伞占据了她对面靠窗户的座位。门立即关上了,他们交换了几句关于开窗户的话。他们大概马上看出我渴望呼吸新鲜空气。这是一个炎热的夜晚,窗户全关的车厢内空气令人窒息。我的旅行经验告诉我,这种傲慢无礼和不厚待人的行为,只有免费和买半票旅行的人才做得出。查票员进来了,我出示了高价买来的车票。那位女士嘴中说出的是

---

① [519页还要进一步讨论这一段梦。]

② [1914年增注]席勒不生于任何一个马尔堡,而是生于马尔巴赫,这是德国小学生都知道的事,我也不例外。这又是一个口误,代替另一处的蓄意弄假(见上文197页注)我在《日常生活病理学》[1901b,第10章,1]中已尽力作出解释。

453

轻蔑而几乎是威胁性的话,"我的丈夫有免票。"她外貌庄重,神情不满,已近美人迟暮之年。那男人则一语不发,安坐不动。我打算睡觉了。在梦中我对这一对不愉快的旅伴进行了可怕的报复。没有人能够怀疑,在这梦前半部的残片背后隐藏着多少轻蔑和羞辱。当这个需要得到满足以后,又产生了第二个欲望——调换车厢。梦中景象是经常变化的,而且不会引起任何反对。如果我迅速地从自己的记忆中找一对较为可亲的伙伴来代替我的旅伴,那是不会有丝毫惊奇的。但在这个梦中有某种情况不同意改变梦景并认为需要对它加以说明。我为什么突然到了另一个车厢呢?我完全记不起调换了车厢。这只能有一种解释:我必定是在睡眠状态中离开了车厢——这是一种罕见的现象,然而在神经病理学家的经验中却可发现这种病例。我们知道有一种人在朦胧状态中乘车旅行,看不出有任何变态迹象。可是到了某处他神智突然清醒了过来而且对他记忆中的空白茫然无知。因此,我在梦中便宣布自己是一个"自动漫游症患者"。

分析也可能使它获得另一种解决。解释的企图不是出于我的本意,而是摘自我的一位神经症病人的记录。当我把这种解释归之于梦的工作时,似乎使我大吃一惊。我在本书前面[260页]已谈到了一位受过高等教育而且在现实生活中是心地善良的男人。他在自己的父亲死后不久,便开始责备自己有一种谋杀的意向,为了防卫起见,他被迫采取各种预防措施,因此陷于苦恼而不能自拔。这是一种伴有完全自觉的严重强迫性病例。开始时他一上街就有顾虑,他被迫注意他遇见的每一个单身的人在何处消失;如果有人逃离了他那注视的眼光,他就会产生一种痛苦的感情,认为或

454

许就是他自己把那人干掉了。在这种行为背后,除了别的以外,还隐藏着一种"该隐幻想"——"一切人都是兄弟"。[圣经上该隐杀死他的兄弟亚伯,即谋杀者之意]由于不可能进行预防措施,他便放弃散步,把自己关在室内消磨时光。但是报纸上刊登的外界谋杀案不断传到他的室内,他的良心使他怀疑自己就是被通缉的凶手。有几星期足不出户确实暂时使他免除了焦虑,但是有一天他突然想到,他也有可能在一种无意识状态下离开了他的房间,因而可能犯了谋杀罪而自己却毫不察觉。自此以后,他便把自己房子的前门锁上,把钥匙交给老管门人,并严格吩咐,即使他再三请求也不要把钥匙交给他。

这就是我所企图解释自己在无意识状态下调换了车厢的起源。梦念中材料一成不变地进入梦中,而且在梦中明显地要达到我自己认同那病人的目的。我对他的回忆是由一个容易的联想而引起的,几个星期以前,我最后一次的夜晚旅行就是由他陪伴。他的病已痊愈,陪着我到各省去看望他那些请我去的亲戚。我们占了一间车厢,所有窗户都通夜打开,睡觉前过得非常愉快。我知道他的病源是对他父亲的仇恨冲动,可追溯到他的童年,而且与性的情境有关。所以就我对他的认同而言,乃是我在寻求与他相类似的表白。事实上梦的第二部分是以某种夸大的幻想结束的,即认为我的两个年长的旅伴对我持冷淡态度是因为我的闯入妨碍了他们事先计划好了的调情。这种幻想可以追溯到儿童的幻儿时期。[459]他出于好奇心而闯入父母的卧室,结果被父亲赶了出来。

我想无须再多举例了。这些梦例已足够证实我前面引证了的话,即梦中的判断行动不过是梦念中某种原型的再现。这种再现一般并不恰当,有时插入很不相称的内容,但偶尔也会像我们最后的梦例所示,它运用得很巧妙,以致一开始就使人觉得这是梦中的独立心智活动。由此我们可以注意到,精神活动虽然不总是伴随着梦的建造出现,然而一旦出现,就可以把梦中不同来源的各个元素融合而为一个整体,使其具备意义而下发生矛盾。然而在探讨这个题目以前,我们迫切需要考虑在梦中产生的感情表现,并把它与分析在梦中发现的感情加以比较。

八、梦的感情

斯特里克[1879,51]的详尽观察使我们注意到梦中感情的表达是不容轻视的,它们不能像在醒后对梦的内容那样轻易被忘掉。他说:"如果我在梦中害怕强盗,强盗的确是想象——但恐惧则是千真万确的。"[参见74页]如果我在梦中感到快乐,情况也是一样。我们的感觉证明,梦中体验到的感情强度决不亚于清醒时体验到的感情强度。梦本身坚持以更大的努力将感情部分纳入我们的真正精神体验之中,对观念内容则不作同等要求。然而,在我们清醒状态中,我们实际上并不能用这种方式把感情包括进来,因为如果感情与某种观念材料没有密切联系,我们就不能对感情进行精神上的评估。如果感情和观念在性质和强度上互不相容,我们的清醒判断就无所适从了。

梦中的观念内容经常脱离清醒时刻那种必不可免的感情后果,是一个令人惊讶的问题。斯顿培尔[1877,77页以下]宣称,梦中的观念被剥夺了精神上的价值[见53页以下]。但是也不乏相反的梦例,其中感情的强烈表现为与毫不相干的题材联系着。在有的梦中我可能置身于恐怖、危险和令人反感的情境之中,但并不感到厌恶和恐惧;相反,在另一个梦中,一件无害的事却可以引起恐惧,一件幼稚的事又可使人兴高采烈。

只要我们从梦的显意进入隐意,这个特殊的梦生活之谜就会比任何其他难解之谜更为突然地和完全地消失于无形。我们无须为梦之谜感到烦恼,因为它已不再存在了。我们的分析表明,观念材料产生了移置作用和代替作用,感情则保持不变。因此经过梦的化装而改变了的观念材料与保持不变的感情不再符合一致,自然是无足为怪的,如果在分析之后,把正确的材料放回到原来的位置,那也就不必惊奇了。①

在受到稽查作用的抵抗影响而产生的精神情结中,感情是受影响最小的成分,它单独就能指点我们如何去填补遗漏的思想。这种情况在精神神经症中比梦中更为明显。它们的感情至少在质的方面是适当的,虽然我们并不否认它们的强度可因神经症注意力的移置作用而有所增强。如果一个癔症患者因对琐事禁不住害怕而感到惊异,又如果一个强迫症病人因对自己无中生有的痛苦

---

① [1919年增注]假使我不是太错的话,我能从我的1岁8个月的孙子那里选取的第一个梦,表明梦的工作已成功地把梦念材料转变为欲望的满足,而在睡眠状态中,属于梦念的感情仍保持不变。在他的父亲返回前线的前一晚,小孩大声啼哭,啜泣说"爸爸,爸爸……宝宝!"这只能意味着爸爸和宝宝正厮守在一起,眼泪则是认识到接近离别的标志。此时这孩子已能很好地表达分离的概念了。"Fort"["离开"](用一种拉长的特别的o—o—o来代替)是他最初懂得的几个字之一。在这个梦之前好几个月,他已经用他的玩具做"离开"的游戏了。这种游戏显示了他早年达成的自我克制,即允许妈妈"离开"他。[弗洛伊德的《超越快乐原则》(1920g)第2章对这个小孩有进一步叙述。]

自责而感到惊奇，二者都是迷失了方向；因为他们都错把观念内容——琐碎小事或纯属乌有——当成了本质的东西，而且因为他们把这种观念内容看作他们思想活动的起点，因而进行的斗争是徒劳的。然而精神分析可以把他们引上正途，指出感情本来是正当的，找出原来属于感情但已被压抑或被代替物所移置的观念。这一切的必要前提是，感情的释放和观念内容并不构成如我们已经惯于对待的不可分割的整体，但是这两个分离的实体又可以勉强联结在一起，因而精神分析可以把它们分离开来。释梦表明了事实正是如此。

下面我首先举一个梦例，其中观念内容本应该促成感情的释放，但表现为感情明显缺乏，分析对此进行了解释。

（一）

她在沙漠中看见了三头狮子［lions］。其中一头向她大笑；但她对它们毫不感到害怕。后来她必定是逃离了它们，因为她正试图攀登一棵树；但她发现她的表姐，一位法国教师已经在树上了，等等。

分析得出了如下材料。梦中的无关诱因是她的英文作文中的一个句子，"鬃毛是狮子的装饰物"。她的父亲脸上的胡须长得像鬃毛。她的英国老师的名字叫莱昂斯小姐（Miss Lyons）。一个熟人送给她一本洛伊［Loewe，德文意为狮子］的民歌集。这就是三头狮子的来历。她有什么理由要害怕它们呢？——她读了一个故事，讲到一个鼓动同伴起来反抗的黑人，被猎犬追逐而爬到一棵树上逃命。她在兴奋之余，又说出了若干记忆片断，如在文选中说明如何捉狮子，"将一片沙漠放在筛子上筛，狮子就被筛选下来了。"

458

还有一则非常有趣但并不得体的故事:有人问一位官员为什么不想法巴结他的本部门头头,他回答说,他已尽力去做,但是他的上司已经捷足先登了。当发现这位女子在做梦那天她丈夫的上司曾来拜访过,整个梦的内容就变得不难理解了。这位上司对她彬彬有礼,并吻了她的手,她对他一点也不害怕,虽然他是一个"大亨"[德文为"Grosses Tier"="大动物"],而且在她的祖国首都扮演着"社会名流"(social lion)的角色。所以这只狮子就像《仲夏夜之梦》中的狮子一样,原来是一个志同道合者,凡是梦见狮子而不感到害怕的人都属于这种情况。

(二)

作为第二个梦例,我可以援引那年轻女孩的梦。她梦见她姐姐的小儿子死了,躺在棺材里[152页以下和248页],但是我可以说,她丝毫不感到痛苦和悲哀。我们从分析中明白了为什么如此。这个梦不过是掩饰着她再想看见她所爱的男人的愿望,因此她的感情必须与愿望相符合而不是与其伪装相一致。这就是根本不存在悲伤的原因。

在某些梦中,感情至少还与其原先依附但已被取代了的观念材料有所联系。在另一些梦中,情结的分离已更进一步。感情与其所属的观念已经完全脱离而在梦中其他地方出现,且与梦念的新布局配合起来。这种情况与我们发现的梦中判断行动相类似[455页以下]。如果梦念中做出了一个重要结论,则梦也包含了这个结论;但是梦中结论可以为完全不同的材料所置换。这种移置作用遵循的往往是对立的原则。

下面的梦体现了这个原则,它可以说是我分析得最为详尽的梦例之一。

(三)

近海处有一座碉堡,后来它不再直接位于海岸,而坐落在一条通往海洋的狭窄运河上。P先生是碉堡的司令官。我和他一道站在一个有三个窗户的大接待室内,窗户前面有雉堞般的垛壁耸立着。我属于驻防部队,类似志愿海军官员性质。我们害怕敌人的舰队到来,因为我们正处于交战状态。P先生意欲离开,指示我如果我们担心的事一旦发生就应当如何应变。他的残废妻子和孩子们也处于危堡之中。如果轰炸开始,大厅就必须撤空。他呼吸转重,转身欲走。我拉他回来,问他在必要时如何联系。他回答了几句话,但马上倒地死去。无疑是我的问题使他增加了不必要的紧张所致。他的死并没有给我留下更深的印象,我考虑他的遗孀是否要留在堡内,我是否要把他的死讯向上级司令官报告,我的军阶仅次于他是否应当接替城堡司令。我正站在窗前,目睹船只不断通过。这是一些商船,疾驶过黑暗的水域,有几艘竖着几个烟囱,有几艘则有凸出的甲板。(正如序梦中的车站建筑物——此处未作报告)那时我的兄弟站在我身旁,两人同时望着窗外的运河。我们看见了一只船,不由惊喊道:"兵舰来了。"结果却是一艘我熟悉的船在返航。现在又来了一只小船,滑稽地被从中部截断,甲板上看到一些杯状和箱状的东西。我们齐声喊道"是一只早餐船。"

　　船只的迅速航行,海水的深蓝色,烟囱里冒出的褐色烟尘——这一切交织在一起,表现出一种紧张的不吉之兆。

梦中的地点是我几次到亚得里亚海旅行(米兰梅尔、杜伊诺、威尼斯和阿奎利亚等地)①的印象组成的。在此梦的几星期以前,我和我的兄弟作了一次到阿奎利亚的短暂而愉快的东部旅行,记忆犹新。此梦也暗示着美国和西班牙之间的海战以及因关心我的美国亲戚的安危命运而产生的焦虑。梦中有两处感情是成问题的。第一处本应有感情但未发生,反而集中注意于司令官之死并未给我留下印象;另一处是我以为看见了兵舰,惊骇万状,整个睡眠都充满了恐惧之感。在这个结构完美的梦中,感情分配得如此巧妙,结果看不出有任何明显的矛盾。没有理由认为我看见司令官死去就应当害怕,也有充分理由说明作为碉堡指挥官,我看见兵舰时不免恐惧万分。但分析结果表明,P先生不是我自己的一个替身(我在梦中代替了他)。我就是那突然死去的司令官。梦念关心着我早死后的家庭未来。这是梦念中唯一使我感到痛苦的;所以恐惧也必定是由此处分离而在梦中与看见兵舰联系起来了。另一方面,分析结果表明,作为兵舰来源的那一部分梦念却充满着最令人高兴的回忆。一年前在威尼斯,一个奇异的绚丽白天,我们站在希尔奥冯尼河岸上我们的房间内凭窗远望,那天蓝色的环礁湖面上活动比往日频繁。大家盼望英国船只来临并准备着隆重接待。忽然我的妻子像孩子般快乐地喊道,"英国兵舰来啦!"我在梦中对这同样的话却大感惊恐。(我们又一次看到梦中的言语来自现实生活中的言语[见418页以下],下面我将证明,我妻子呼喊中

---

① [这次旅行最后在1898年4月14日弗洛伊德给弗利斯的信(1950a,第88封)中有所描述。阿奎利亚,内陆数里处,以一条小运河与环礁湖相通,格拉多为其一个岛屿。这些地方位于亚得里亚海的北端,为1818年前奥地利的一部分。]

的"英国"这个元素也未能逃避梦的工作。)因而,此处在将梦念转变为显梦的过程中,我已将愉快转换为恐惧。我只需要指出,这种变换就是本身表达出一部分梦的隐意。然而这个梦例也就证明了,梦的工作可以自由地将感情与其梦念中的联系分开并将它置于显梦中它所选择的任何其他地方。

我想借此机会对"早餐船"进行较为详细的分析。这条船在梦中的出现,使一直保持着合理水平的情境竟得出这样一种毫无意义的结论。后来我更准确地记起,我惊奇地发现这个梦对象是黑色的,而且由于在它最宽的中部被切去一截,它的那一端就和伊特拉斯坎城博物馆中最引人注目的一套器皿极为相似了。它们是一些黑色陶土制成的长方形浅盘,有两个把柄,盘上竖立着盛咖啡或茶的杯状物,有点像我们的现代早餐器皿。从询问中我们得知这是一位伊特拉斯坎妇女的梳妆用具(toilette＝toilet set),上面贮存胭脂和香粉的小盒,我们开玩笑地说,如果拿一个回去给太太用倒是一个好主意。因此,梦中这个物件意味着黑色的丧服(toilette＝衣服),直接表示死亡。这个梦对象的另一端则使我想起葬船。① 古代人把死尸放在船上,使其葬入海中,这可以用来解释梦中船只的返航:

平安地坐在船上,
老人静静地驶回海港。②

这是船只失事后的返航["Schiffbruch"的字面意义为"ship-

---

① "Nachen"德文,据一位语言学朋友告诉我,此词源于希腊文词根(νεκμς)(死尸)。
② [摘自席勒的《生和死的寓言》。]

break"]，早餐船(breakfast-ship)是从中部断裂的。但是"早餐"一船的名字又从何而来呢？它来自"兵舰"前面漏掉的"英国的"(English，亦译"英文")这个词。英文字"breakfast"(早餐)意味着"breaking fast"(打破绝食)，"打破"再一次与"船难"("shipbreak")发生联系，而"绝食"则与黑色丧服或 toilette 发生联系。

但是只有早餐船这名字是在梦中新造的。确实有过这样的事，而且我想起是最近一次旅游中最快乐的一件事。我们不放心阿奎利亚提供的饮食，便从格里齐亚带了些食物，并在阿奎利亚买了一瓶伊斯特拉名酒。当小邮轮缓缓通过代勒密运河，穿过空旷的环礁湖而驶向格拉多时，只有我们两个旅客坐在甲板上兴高采烈地吃着早餐，我们很少吃得比这还痛快。这就是"早餐船"，但是正是在这段最快乐的生的喜悦的记忆背后，这个梦对不可知的和可怕的未来孕育着最阴沉的思想。①

感情与产生感情的观念材料相脱离是感情在梦形成中最令人瞩目的事。但在从梦念转变到显梦的过程中，这还不算是唯一的和最重要的变化。如果我们把梦念中的感情与梦中的感情两相比较，立即可以发现一件明显的事实。只要梦中出现一种感情，我们在梦念中也可发现这种感情。但是反之却不然。一般说来，梦比产生它的精神材料在感情上要贫乏些。在重新构建梦念时，我照例发现其中最强烈的精神冲动力求为人所觉察并努力与其他截然对立的力量相抗衡。如果这时回头再来看梦，它往往缺乏色彩，很少有任何强烈的情调。梦的工作不仅把梦的内容，而且也把我的

---

① ［547页将再提及这个梦。］

463

思想情调降低到平淡无奇的程度,因此可以说,梦的工作是对感情的压制。我们可以用植物学专著的梦为例。[169页以下]这个梦的隐念实际上是一种热情激动的要求,我要依照自己的选择而自由行动,仿佛要依据本身的权利来安排生活。但是由这些梦念而产生的梦却显得平淡无奇:"我曾写过一本关于植物学的论著,这本书正摆在我的面前。它有着彩色插图,每本书中都订有一片枯干的植物标本。"这使我想起了横尸遍野的战场被打扫后的一片和平,已看不出兵刃交加的战斗痕迹。

事情也能恰恰相反:生动的情绪显示也能进入显梦之中。然而我们要注意的首先是这个无可争辩的事实,即大量的梦都表现得平淡无奇,但只要深入梦念之中,就不能不深受感动。

对于在梦的工作进程中对感情的这种压制,我还不能给予理论上的充分阐述。因为要这样做必须先对感情的理论和压抑的机制进行艰苦的研究[见604页以下]。我只想提出两点,由于其他一些原因,我不得不把感情的释放描述为一种指向身体内部的输出过程,与运动和分泌过程的神经分布相类似。① 正如在睡眠状态中向外部世界传导的运动冲动似乎受到了阻挠那样,由潜意识思维所唤起的感情输出在睡眠中也变得更为困难了。在这种情况下,发生于梦念过程中的感情冲动原来就很微弱,其结果,进入梦中的那些感情冲动也就会同样的微弱。因而根据这种看法,"感情

---

① [把感情的释放描述为"输出的"(虽然指向身体内部)源于精神机构的观点。本段所说的情绪的释放在弗洛伊德的《科学心理学设计》的第1部分第12节("痛苦的经验")有较详细叙述。又见582页以下。至于弗洛伊德对"神经分布"一词的应用,见537页注。]

的压制"不过是睡眠状态的结果,绝不是梦的工作使然。这也许是真的,但还不完全正确。我们还得记住,任何一个比较复杂的梦总是各种精神力量间的冲突所产生的一种妥协。一方面,构成欲望的思想不得不与对立的稽查作用奋力拼搏,另一方面,我们往往看到在潜意识思维本身当中每一系列思维无不具有与之相矛盾的对立面,因为所有这些思想系列都带有某种感情。假使我们认为感情的压抑是这些相反力量之间的互相抑制以及稽查作用对这些冲动施行压抑的结果,这大概是不会有什么错误的。因此,必须把感情的压抑视为稽查作用的第二个结果,正如梦的化装是它的第一个结果那样。

下面我要举出一个梦例,梦中的平淡情调用梦念之间的对立加以解释。它是一个短梦,读者对它都感到厌恶。

(四)

一座小山,上面好像有个像露天厕所那样的东西:一条很长的座板,末端有一个大洞。它的后缘厚厚地盖满小堆粪便,其大小和新鲜程度各不相同。坐板后面有一些灌木丛。我对着坐板小便一道长长的尿流把一切都冲洗干净了。粪堆很容易被冲掉落入孔中,但在末端好像还有些粪便留了下来。

在整个梦中我为什么不感到厌恶呢?

因为如分析所表明,这个梦系由一些最愉快和最满意的思想所组成。在分析时我突然想起大力士海格立斯清洗奥吉斯王的牛栏。这个海格立斯就是我。小山和灌木丛源于奥塞湖,我的孩子们正在那里。我已发现了神经症的幼儿期病因从而使我的孩子们避免得病。坐板(当然,没有那个孔)很像一位感激我的女病人当作礼物送给我的一件家具,因此使我想起我的病人对我是多么尊敬。甚至人粪的陈列也可以有一种使我满意的解释。不管我在现实生活中对它如何厌恶,在梦中却是对意大利美丽土地的一段回忆。众所周知,那里小城镇的厕所设施和梦中一模一样。尿流把一切冲洗得干干净净,无疑是伟大的象征,格利佛正是这样才扑灭了利利普特的大火,——虽然他无意中失去了小人国王后的恩宠。但是拉伯雷笔下的超人高康大,也用这个方法对拜火教徒施行了报复。他跨坐在巴黎圣母院上面,用他的尿流撒向这座城市。我正是在昨晚翻阅了加尼尔为拉伯雷所做的插图。说也奇怪,这里还有一点足以证明我就是那位超人。巴黎圣母院的平台正是我在巴黎最喜爱的休憩场所。每个休闲的下午,我总是到那教堂的塔上,在妖魔鬼怪之间上下攀爬。在尿流冲洗下一切粪便很快消失使人想起这句格言:"它吹垮了他们。"我想总有一天把这句格言作为癔症疗法一章的标题。①

470　　现在来谈谈这个梦的真正令人激动的原因。那是一个炎热夏天的下午,傍晚我作了有关癔症与行为倒错之关系的演讲。我所要讲的内容使我深感不快,对我来说似乎毫无价值。我感到疲倦,在我的艰苦工作中无任何快乐可言。我渴望摆脱所有这些有关人类肮脏的唠叨话,能够和孩子们在一起,然后去观赏意大利的美丽风光。在这种心情下,我离开了演讲室走到一家咖啡店,在露天下随便吃了点东西,因为我对食物没有胃口。但是有一位我的听众

---

① [1925年版仅有的注]对这个引文的改正见上文214页注。

跟着我,要我在喝咖啡吃卷饼时让他坐在旁边。他开始对我大加奉承,告诉我他如何从我这里学到了很多东西,现在如何用新眼光看待一切事物,我如何在神经症理论中冲洗了他那奥吉斯王牛栏似的错误和偏见。总而言之,我是一位了不起的伟人。我的心情不佳,与他对太阳神般的赞歌很不协调。我一直努力不使自己作呕,避开了他提前回家。就在睡觉以前翻阅了拉伯雷的书,并读了C. F. 梅耶尔的一个短篇故事,"一个男孩的悲哀"。

这就是梦所由产生的材料。梅耶尔的故事又引起了我的一个童年回忆。(参见图恩伯爵的梦中的最后一个插曲[215页以下])白天的厌恶和反感情绪持续入梦,从而为梦的显意提供了全部材料。但是在夜晚,产生了一种强烈的甚至是夸张的自我肯定心情而且代替了前者。梦的内容必须找到一种形式能在相同材料中同时表达出自卑和自大的妄想。二者之间的妥协遂使梦内容变得暧昧不明。但由于这些相反冲动的彼此抑制,结果也产生了一种淡漠的情调。

依照欲望满足的理论,如果对立的自大的联想(它确实被压抑着,但具有一种愉快的情调)不加入到厌恶的感情之中,这个梦肯定是不会产生的。因为苦恼的事情不大容易进入梦中,梦念中的苦恼事情,只有同时披上欲望满足的伪装,才能闯入梦中。[556页以下]

梦的工作除了让感情通过或把它们化为乌有以外,还有一种处理方式,那就是把某些感情转化为它们的对立面。我们已经熟悉了释梦的规则,按照这个规则,梦中的每个元素在解释时,可以代表其本身的反面。[318页]我们事先并不能预知它代表哪一方面,完全要看它们的前后关系而定。一般人大都怀疑这一点的真实性,即梦书在释梦时总是采取相反性原则。这种把某一事物转化为它的对立面之所以可能,是因为在我们的思想中,一个事物的观念总是与其对立物密切联系着。和其他移置作用一样,它也能为稽查作用的目的服务。但它经常也是欲望满足的产物,因为欲望满足也不外是一种移置作用,用愉快的事情代替不愉快的事情。正如事物的观念在梦中可以转变为它们的对立面一样,依附于梦念的感情也能做同样的转换,而且感情的这种颠倒似乎总是由稽查作用来实现的。在社会生活中,我们可以看到与梦的稽查作用最为相似的类比,即为了达到掩饰的目的,我们经常利用感情的压制和倒置。例如我对某人讲话不得已要当面表示恭维,同时内心确实想骂他几句,这时最重要的是掩饰我对他的感情流露,其次才是表达思想的词语。如果我对他讲的话虽并不无礼,而在脸上和姿态上却流露出仇恨与轻蔑,则其所产生的效果无异于是对他公开鄙视。因此稽查作用命令我首先要压抑感情,如果我是个装假能手,我就会装出相反的感情——发怒时假装微笑,而与人为善则是欲置人于死地。

472　　我们已经提到了一个最好的梦例,梦中表现出来的感情颠倒代表了梦的稽查作用。在"我的叔叔与黄胡子"那个梦中[137页以下]我对我的朋友 R 怀着深厚的感情,同时出于梦念却喊他是一个大傻瓜。正是从这个感情颠倒的梦例中,我们第一次觉察到了梦的稽查作用的存在。同时在这个梦例中,也无须假设梦的工作凭空创造了这种对立的感情;一般人认为这种对立感情久已潜伏在梦念的材料中,跃跃欲出,只要是出于防御动机利用精神力量把它们加以强化,它们就可以优先为梦的形成目的而服务。在我刚提到的我的叔父那个梦里,那种对照的、怀有柔情的感情可能来源于幼儿期(梦的后半部已有暗示),至于叔侄关系,由于我童年的早期经验的特殊性质(参见 424 页以下[以及下文 483 页以下]的分析),已变成我的全部友谊和仇恨的来源了。

费伦齐(1916)曾记录了一个有关这种感情颠倒的绝佳梦例①。"一位老绅士半夜被他的妻子唤醒,原因是他的妻子因他在睡眠中大笑不止而感到惊慌失措。后来这个男人报告了下面这样一个梦:我正睡在床上,一位熟悉的绅士破门而入;我企图开灯但没有成功。我一再尝试开灯,但终告失败。这时我的妻子起身下床来帮助我,但是她也未能把灯打开。她因为衣着不全(ennégligé)在那位绅士面前觉得很别扭,最后放弃了开灯回到了床上。这一切多么滑稽,我忍不住纵声大笑。我的妻子说,'你笑什么?你笑什么?'但是我一直笑个不停直至醒来。——第二天这位老绅士神情抑郁,而且感到头痛,他想,大概是笑得太多而累坏了吧。

"这个梦经过分析,似乎就不那么滑稽可笑了。破门而入的那位'熟悉的绅士'在潜伏的梦念中乃是代表'伟大的未知'的死亡形象,——前一天在他心中唤起的形象。这位老绅士患有动脉硬化症,有足够的理由在前一天想到濒于死亡。禁不住的大笑必定是在他想到死亡时取代了呜咽的哭泣。他再也开不亮的乃是生命之光。这个阴郁的思想可能与不久前曾经尝试过的性交失败有关。即使衣着不全的妻子帮助他也无济于事。他认识到了他已在走下

---

① [本段和下一段于 1919 年增写。]

坡路,而梦的工作在关于阳痿的阴郁念头和死亡成功地变成一幕滑稽景象,把哭泣变成了大笑。"

有一类梦具有特别要求,可称之为"虚伪的",它往往也是对欲望满足理论的严峻考验。① 当希尔费丁女医生援引了罗塞格记录下来的下面这个梦提供维也纳精神分析协会讨论时,我才开始注意这一类梦。罗塞格在他的《解雇》这个故事中写道,"我照例是个熟睡者,但是很多夜晚我失去了安宁。因为,除了作为一个学生和文人的平凡生涯外,多年来我一直被裁缝生活的阴影笼罩着。它像一个魔鬼似的,不让我得到安宁。

"在白天,我并不常常或强烈地回忆往事。一个抛弃了庸俗外衣而追求征服宇宙的人还有其他事情要干。当我还是一个鲁莽的年轻小伙子时,我也没有更多地注意自己夜间所做的梦。只是到了后来,当我养成了思考一切的习惯时,或者当我内心的市侩习气稍稍抬头时,我才开始询问自己,为什么只要我一做梦,就总是一个雇佣裁缝,为什么总要花这么长的时间和师傅在一起,而且在他的店里拿不到一点工资。我充分地知道,当我像这样坐在师傅身旁缝着熨着时,这里已不再是我容身之所;作为一个镇上的人,还有其他的事情等着我去做。但是我总是去度假,经常暑假闲游,所以我只得坐在师傅旁边充当助手。我常常感到恼怒忧郁,感到浪费了宝贵青春,不然的话,是很可以做出更多更有益的事情的。有时工作出了差错,我必须忍受师傅的呵斥,而从不提起工资。有时当我弯

---

① 〔这一段和罗塞格的引证及其讨论增写于1911年。罗塞格(1843—1918)是一著名的奥地利作家,他从一个卑微的农民开始而成名。〕

着腰坐在阴暗的店中时,我想通知他我要离去,有一次我甚至这样做了,但师傅没有在意,我只好马上又坐到他的身旁继续干活了。

"在这样的讨厌时间以后,醒来时我是多么高兴!于是我下了决心,如果再做这样的梦,我要拼命地喊叫'这不过是欺骗,我正躺在床上睡觉咧……',但是第二晚我又梦见坐在裁缝店里了。

"它就这样持续了好几年,具有不可思议的规律性,有一次梦见我和师傅在阿尔贝霍夫(我最初当学徒时在他家工作的农民)家中干活时,我的师傅对我的工作表示特别不满。'我倒想知道,你胡乱想些什么!'他阴森森地对我说。我想,对付他最好的办法莫过于站起来告诉他,我和他在一起不过是为了使他高兴,然后就告辞而去。但是我没有这样做,当我的师傅带来一个学徒并叫我让出板凳时,我并没有反抗。我退到一个角落,又干起裁缝活来了。同一天又来了一个雇工,一个狡诈的伪君子——他是波希米亚人——他在外工作了19年,有一次从旅店回来跌到小河里去了。他想坐下时已经没有座位。我探询地望着师傅,他对我说,'你不是做裁缝的料子,你可以走了,你被解雇了!'我听了大吃一惊,吓醒了过来。

"清晨灰色的光线透过没有窗帘的窗户照进了我熟悉的房间。艺术作品环绕着我:我那漂亮书架上竖立着永恒的荷马,伟大的但丁,无与伦比的莎士比亚,光荣的歌德——所有都是光辉灿烂的不朽人物。隔壁传来了醒来孩子们的清晰稚音,正在和他们的妈妈嬉笑。我仿佛又在重温田园生活般的甜蜜和宁静的诗样的生活,我曾经从中深深地感到一种沉思的人生快乐。然而使我苦恼的是,我没有事先向我的师傅告辞,而是被他解雇了。

"这是多么使我惊奇啊!自从梦见师傅把我解雇以后,我享受到了宁静,我不再梦见过去那么长久日子的裁缝生涯了——那是些非常快乐而谦逊的日子,但也给我以后好多年投上了长长的阴影。"

在这位少年时代当过雇工裁缝后来成为作家所做的一系列梦中,很难看出欲望的满足在起主要作用。梦者的一切快乐都集中于白天,而夜间的梦则总是萦绕着他终于逃出的那种不愉快生活的阴影。我自己做过几个类似的梦,使我对这个主题稍稍有所理解。我还是一个年轻医生时,有一大段时间在化学研究所工作,始终没有掌握这门科学要求的熟练技术。为了这个缘故,我在清醒生活中从来不愿想到这段初学时期的这件无所收获而且真正丢脸的事。但另一方面,我又照例梦见在实验室工作,进行分析,以及其他种种体验。这些梦和考试梦同样的不愉快,而且老是模糊不清。在分析其中一个梦时,我终于注意到了"分析"这个字,它变成了理解这些梦的关键。从那些日子起,我已经成了一个"分析家"。我现在所做的分析,被给予很高评价,当然它们是"精神分析"。我现在才明白,如果我对白天的分析工作日益感到骄傲并近乎自高自大,认为获得了很大成功,那么夜晚的梦就会提醒我那些早期失败的分析工作,简直毫无骄傲可言。它们是对暴发户施加的惩罚梦,就像那个雇工裁缝变成了著名作家所做的梦一样。但是它如何变成这样一个梦,表现出暴发户般的骄傲与自我批评之间的冲突,而且站在后者一边,又如何选择梦内容当作一种尖锐的警告而不是作为一种非法的欲望满足呢?正如我已说过,这个问题的答案存在着困难。我们可以得出结论:形成这种梦的基础首先是一种夸大了的野心勃勃的想象,但是后来这种幻想却被泼冷水的谦逊思想取而代之了。我们当可记得,我们心中存在着的受虐狂冲动,也许造成了这种颠倒。我不反对把这一类梦叫做"惩罚梦"而与"欲望满足梦"区分开来。我并不认为我迄今为止所提出的梦的理论有任何局限性;有些人认为对立面可以汇聚是一件奇怪的事,因而这不过是为了解除这些人的困难而在语言上的权宜之计。①但是只要对这些梦进行更仔细的考察,便会有一进一层的理解。在我的关于实验室的梦的一部分模糊不清的背景中,我正处于我的医学生涯中最沉闷和最不成功的年龄。我尚未谋得职位,也没有想到如何才能自谋生计,但是就在此时,我突然发现有好几个可供选择的结婚对象!于是我又变得年轻了,特别是她可变得年轻了——这个和我共过多少患难岁月的女人。这个梦的潜意识刺激物从而表明了乃是一个步入暮年的老人内心中的一个不断咬啮着的欲望。在心灵的另一层次上虚荣心和自我批评之间的激烈冲突,确实决定着梦的内容,但是只有更为根深蒂固的希望变得年轻的欲望,才使得这种冲突作为梦内容而表现出来。甚至我们在清醒时刻有时也会自言自语地说,"今天一切都很顺遂,过去的岁月都很艰苦;反正一样,那时也很可爱——那时我还年轻。"②

我常常碰到的另一类我认为是"虚伪的梦"③其内容是与多年断交的朋友言归于好。分析表明,总有一些原因促使我和这些朋

---

① [最后两句为1919年增写。]
② [1930年增注]因为精神分析把人格分为自我和超我(弗洛伊德1927c和[1923b]),不难看出在这些惩罚梦中乃是超我的欲望得到了满足[见后文557页以下——在弗洛伊德的1923c中第9节也讨论了罗塞格的梦。]
③ [本段于1919年增写,此处似乎是放错了位置,它好像应该放在下面两段的后面,它们与这些1911年的材料,如前面的罗塞格的讨论有着明显的关系。它们以后的内容再一次追溯到1900年——在弗洛伊德的论一个女性同性恋的论文(1920d)中第三节末尾更多地谈到了虚伪的梦。]

友彻底决裂并把他们视为陌生人或敌人,然而梦中总是把他们描绘为完全相反的关系。[见145页注]

若要对富有想象力的作家记录下来的梦进行任何判断,必须充分假定他在谈论梦内容的细节时可能已经省略了他认为无关紧要或分散注意的一些东西。在这种情况下,他的梦一定会出现问题,只要这些内容能充分报告出来,问题自会很快得到解决。

奥托·兰克曾经向我指出,格林童话中的"小裁缝"或"一拳七个"便是一个类似暴发户的梦。这个裁缝变成了英雄人物和国王的女婿之后,一晚与公主同床时,梦见了他过去所学的手艺。她顿起疑心,命令武士窃听他讲的梦话,并拘捕他。但小裁缝事先得到消息,便注意改正了他的梦。

梦念中的感情,经过删除、减缩以及颠倒的复杂过程,终于变成了梦中的感情,这些复杂过程在经过详尽分析后适当合成的梦中是可以辨认出来的。我将再援引几个梦中感情的例子,用以证实我已列举的某些可能性。

(五)

如果我们回到老布吕克规定我解剖自己骨盆那个奇怪任务的梦,[452页]大家当可记得,我在梦的本身中缺乏一种本应产生的恐惧感("Grauen"),从更广泛意义上说,这是一种欲望的满足。解剖意味着我在出版这本关于梦的书中的自我分析——这是我在现实生活中的一个痛苦过程,因此也把此书稿的付印拖延了不止一年。后来产生了一个欲望,以为我或许能够克服这种不是滋味的感觉,于是才造成梦中没有恐惧的感觉。但是我也应该为不再变成灰色而高兴(德文 Grauen 一词的另一意义为"变灰")。我的头发已经变得够灰的,它又提醒我再也不能拖延了。所以我们看到,梦的结尾强行出现了这种思想,即我必须撒手不管,让孩子们自己去达到我的艰苦旅程的目的地。

我们再来考虑其满意心情一直从梦中持续到醒后的两个梦。第一个梦之所以感到满足,是因为我预感到现在应该发现"我以前梦见过这地方"这句话的意义了。这种满足实际上是指我的第一个孩子的出生[446页以下]。第二个梦的满足是因为我深信某些"预兆"终于变成了现实。其真正意义与上一个梦相似,即第二个孩子的出生使我感到满足[447页以下]。这里支配着梦念的感情在梦中仍持续不已,但是可以肯定地说,任何梦绝不会如此简单。我们如果对这两个梦进一步分析,就会发现这种满足已经逃过了稽查作用,并得到了另一来源的强化。这另一来源本有理由害怕检查作用,而且,如果它的感情没有为一种被许可产生类似而合法的满足感情所掩饰,悄悄地溜入梦中,是肯定会遭到反对的。

遗憾的是,我不能用这些真实的梦例来证实这一点,但是我可以从生活的另一领域举例来阐明我的本意。假定我非常憎恨一个熟人,对他所做的事情总是幸灾乐祸,但是我本性的道德观念又不让这种强烈的冲动表露出来。我不敢流露出的他应遭受不幸这种欲望,如果他蒙受不白之冤,我就压制着满意心情,并强迫自己想到并表示悔恨。每个人迟早都曾亲身体验过这种情况:假使现在被我憎恨的这个人做了一件不名誉的事,咎由自取地陷入痛苦之中,这时我就会毫无掩饰地表示高兴,认为他罪有应得。在这一点上,我发现自己与其他胸无成见人们的意见完全一致。然而我敢说,比起其他人来,我的满意程度似乎要强烈得多;这种满意来自我的憎恨这一来源的强化。这种憎恨的感情一直在内心抑而未发,但是情况一经改变,便如脱缰之马而自由奔腾了。社会生活中也不乏此种情况。有些引起人们反感的或不受欢迎的少数人犯错误时便是如此。他们的罪过与所受的惩罚往往不相称,这是因为还得加上对他们以前无机会发泄的敌意。执行惩罚的人们无疑是不公正的。但是他们由于满足于长期的压抑得到解除,致使自己对此无所觉察。在这种情况下,感情在质上无可厚非,但在量上却未必妥当了。自我批评在一点上按兵未动,在另一点上却疏于防范。大门一经打开,蜂拥而入的人数之多,往往出人预料之外。

在任何心理学所许可的范围之内,对于神经症性格的一个显著特征,也可据此作出同样的解释,即由于某种原因而引起的感情释放,其本身在质上虽属正当,但在量上却大大超出了限度。这种过度来源于过去保留于潜意识中受压抑的感情。这些来源与真正的释放原因建立起联想关系,并凭借着感情上其他正当而合理的来源,于是这些感情本身获得释放的理想道路就被拓通了。因此我们应当注意到,在考虑过去和现在的压抑动因时我们不应当把它们的互相抑制看作唯一的关系,我们还应当更多地注意到,有时两种动因彼此合作而得到加强,从而产生了一种病态的结果。

现在我们且把关于精神机制的一些提示应用于对梦中感情表达的理解。表现于梦中而且能很快在梦念中找到适当地位的满足往往不能单用这种关系作出充分的说明。一般说来,还必须在梦念中寻找它的另一个来源,而这个来源总是处于稽查作用的压力之下的。作为这种压力的结果,在正常情况下产生的往往不是满意而是它的反面感情。然而由于感情存在这第一个来源,第二个来源就能把本身的满意感情从压力下摆脱出来,从而作为第一来源所产生的满足的强化物。由此看来,梦中的感情是由好几个来源汇合而成,它们与梦念材料的关系是受着多重性决定的。在梦的工作中,能够产生这同一感情的来源共同一致地产生了它。①

　　从分析以"已是死的"这句话为中心的那个绝妙梦例中,我们可以对这些复杂关系获得进一层的领悟。[见421页以下]在这个梦中,不同性质的感情集中于显梦中的两点上。其一,是我用了两个词歼灭了我的对手并朋友,敌对和痛苦的感觉——梦本身则用了"为奇异的感情所克服"这句话——就交叠在这一点上。其二,是在梦的结尾时,我非常高兴,于是我继续支持我在清醒时也知其为荒谬的这种可能性,即存在着仅仅用欲望就能加以歼灭的归魂。

　　我没有提到这个梦的起因,它非常重要而且可导致对此梦的深入理解。我从柏林的朋友(弗利斯)处得知他就要去动手术,我应当从他在柏林的几个亲戚那里打听到他的新病况。我开始接到的手术后报告很不确切,使我感到焦虑。我本应当亲自去探视他,但恰恰那时我苦于病痛,动弹不得。现在我在梦念中担心我的朋友有生命危险。据我所知,他仅有的一个妹妹年轻时在一场短病后死去。(在梦中弗利斯谈到她在45分钟内就死了)我必定想象到了他的体质抵抗力比他妹妹强不了多少,又想象到了在接到有关他的很多坏消息后,我非得专程去看他不可——然而到达得太

---

① [1909年增注]我曾用类似的额外有力的快乐效果去解释有倾向性的诙谐[弗洛伊德,1905c,第4章结尾处]。

晚了,为此我绝不能停止自责。① 这种对到得太晚的自责变成了这个梦的核心,但用了另一个表现方式,即用我学生时代那位尊敬的老布吕克以他那蓝色双眼可怕地注视着我来表示谴责。不久当可明白,造成〔关于弗利斯〕情景的原因是什么。〔关于布吕克〕情景本身不能将我的亲身体验形式在梦中复现出来。梦中允许另外一个人保留这双蓝眼睛,但却由我来扮演歼灭的角色——这显然是欲望满足做出的颠倒工作。我对自己朋友的痊愈的担忧,我对没有去探望他的自责,我对此事的羞愧——他悄悄地到维也纳(来看我)——我觉得不应该用病来原谅自己。凡此种种在我睡梦中交织成为清晰可见的情绪风暴,同时也在梦念领域中激荡不已。

但是梦的起因中还有另一件事,对我产生的却是相反的影响。当我在手术后头几天接到不大好消息的同时,有人告诫我不要和任何人谈论这个问题。我对这一点非常生气,因为这无异是对我的谨慎表示不信任,实在没有必要。我很清楚这话不是我的朋友说的,而是出于传递消息者的笨拙和过分担忧。然而,这个言外之意的责备使我很不愉快,因为它也不是毫无道理。我们知道,只有带有实质性的责备才有伤害性,才使我们感到难堪。我记得一件事与我朋友毫无关系,而是发生在我还很年轻的时候。那一次我在两个朋友之间引起了麻烦。他们都以友谊对我表示尊重,我却在一次谈话中,把一个人讲了另一个人的话不必要地告诉了那另

---

① 正是这个想象构成了潜意识梦念部分,它坚持要用"未曾活到"代替"已是死的"意即"你到得太晚了,他不再活着了"。我已经在 421—423 页进行了解释,认为"未曾活到"也是梦中显意情境所需要的。

478

一个人。那次我受到了责备,一直没有忘记。谈到的这两个朋友,一个是弗莱施尔教授,另一位教名叫约瑟夫——恰好也是我梦中的对手兼朋友P的教名。①

"谨慎地"这个元素以及关于我告诉了P多少关于他的事这个弗莱施尔的问题却证实了梦中对我不能保守秘密的斥责。但是,正是[关于我的早年不谨慎及其后果]这个记忆的介入,才使对我"到得太晚"的斥责从现时转到我在布吕克实验室的工作时期。同时借着梦中歼灭的景象把第二个人变成了约瑟夫。我不仅把这场梦景表现为对我的"到得太晚"的责备,而且表现了被强烈压抑着的对我不能保守秘密的斥责。这里梦中的凝缩作用和移置作用的发生过程及其产生的动机都可以一目了然了。

我对于要我不要泄露[有关弗莱施尔疾病]秘密的告诫当天所产生的愤怒本很微弱,由于从我的内心深处获得了强化,才膨胀起来,变成了一股仇恨的洪流,指向实际上我所喜爱的人们。这种强化源于我的童年。我已经表明[424页以下],我与同龄人的友谊和敌意如何追溯到我在童年时期与比我大一岁的侄儿的关系;他如何凌驾于我之上;我如何很早就学会了抵抗他以保卫自己,我们

---

① [从伯恩费尔德(1914)的一篇文章所举的某些事实可以使下面的梦更易于理解。弗洛伊德在维也纳生物研究所(布吕克实验室)的工作时期是1876年到1882年。恩斯特·布吕克(1819—1892)是他的上级,他在弗洛伊德时期的两个助手是西格蒙德·埃克斯纳(1846—1925)和恩斯特·弗莱施尔·冯·马克松(1846—1891)。两个人都比弗洛伊德大十岁。弗莱施尔晚年身染重病。正是在生理研究所弗洛伊德遇见了约瑟夫·布洛伊尔(1842—1925),他的伟大前辈,《癔症研究》(1895d)一书的合作者,也是本梦分析中的第二个约瑟夫。第一个约瑟夫——弗洛伊德的早年对手兼朋友约瑟夫·P——为约瑟夫·帕内特(1857—1890),他成功地接替了弗洛伊德在研究所的职位——亦见厄恩斯特·琼斯的《弗洛伊德传》第一卷。]

又是不可分离的朋友,以及根据长辈的说法,我们有时又互相殴打,彼此埋怨。在某种意义上,所有我的朋友都是这个最初人物的化身,他"当初曾在我矇眬的眼前浮现"①,他们都是归魂。我的侄儿本人又出现于我的少年时代,那时我们在一起扮演恺撒和布鲁斯特。我的感情生活常常坚持我应该有一个亲密的朋友和憎恨的敌人,我总能使自己不断获得二者,而且我往往能把童年的理想情境完全再现,并集朋友与敌人于一个人身上——虽然不能像我童年早期那样,同时发生或经常更换。

就感情的发生来说,引起感情的最近事件如何能回复到童年情景并为该情景所代替,我不想在此处讨论这个问题[见546页]。这个问题是潜意识思维心理学的一部分,在神经症的心理学解释上可以找到它的适当位置。为了释梦的目的,我们可以假设,童年回忆的唤起或者想象物的构成,可具有以下某些内容:有两个小孩抢一件东西,每个人都说比对方先抢到手,因此有权先占有它。于是两人大打出手,因为强权就是公理。根据梦的证明,我可能已经意识到自己是错的一方("我自己注意到了错误"),但这一次我是强者并且占领着战场。失败者连忙跑到他的祖父(我的父亲)那里告我的状,我用从父亲那里听来的话争辩说,"我打他是因为他打我。"这个记忆或者很可能是想象,在我正在分析梦时出现于我的脑中,(因为没有更多证据,我说不出所以然)②构成了梦念中的中间元素,它搜集梦念中激动着的感情,就像一口井汇集了注入的水

---

① [歌德《浮士德》献诗。]
② [这一点在后面513页再行讨论。]

流那样。由此看来,梦念是沿着下面这样一些途径进行的:"如果你要对我让步,那是活该。你为什么要想法子把我推开呢?我不需要你,我很容易找到别的玩伴。"等等。这些思想现在都进入了导致在梦中有所表现的途径。曾经有一个时候,我也为了这种"叫人让开"的态度而责怪过我的朋友约瑟夫[P],他接替了我在布吕克实验室中的演示员职务,但是这里的晋升缓慢令人厌烦。布吕克的两位助手都没有离开的迹象,年轻人自然就沉不住气了。我的这位朋友自知寿命不长,与他的上级又没有亲密关系,有时不免公开表示不耐烦。又因为这位上级[弗利契]病得很重,所以P希望他的离职就很可能不仅是希望他晋升,而且还有其他更为丑陋的意思在内了。几年以前,我自己也曾有过补缺的强烈欲望,这决非偶然。只要存在着等级和晋升的机会,就难免不唤起被压制的欲望。莎士比亚笔下的哈姆雷特王子,即使身在父亲的病榻旁边,也禁不住想要头戴皇冠。但是不出所料,对于这个冷漠无情的欲望,梦惩罚了我的朋友,都没有惩罚我。①"因为他野心勃勃,我就杀死了他。"他因为等不及另一个人的离开,他自己便离开了。我在出席了不是他而是另一个人的大学纪念碑揭幕典礼后脑海中立刻就涌现了这些思想。因此我在梦中感到的满足可以作这样解释,"这是个公正的惩罚,你活该如此。"

在举行我的朋友[P]的葬礼时,一位年轻人讲了一句似乎不合时宜的话,大意是说,葬礼发言人的话仿佛是在说少了这个人,

---

① 应当注意的是,约瑟夫这个名字在我的梦中占有很重要的地位(参见关于我的叔父的梦[137页以下])。我的自我发现自己很容易藏身于这个名字之后,因为约瑟夫是圣经中最著名的释梦人物。

世界就似乎会面临末日。他的话表达了一个人的真实感情,他的悲痛情绪被夸大的言词冲淡了。但是他的话却成了以下梦念的出发点:"确实没有什么人是不可代替的。我已送了多少人步入坟墓,但是我仍然活着。我比他们都活得长久,我独占了这个领域。"在我想到我如果去探望我的朋友[弗利斯]又害怕他已不再活着时,这思想又出现在我脑际,但其意义只能被认为是,我高兴因为我活得比某人更为长久,因为死的是他而不是我,因为我又像在童年时代的幻景中那样,独占了这个领域。这种源于幼儿时期的独霸一方的满意心情,构成了梦中出现的主要感情。我为活着而高兴,我那表达出来的天生的利己主义的喜悦心情,就像传说中所说的那样,一对夫妇中的一个对另一个说,"如果我们当中哪一个死了,我就搬到巴黎去住,"因此很明显,死的那个一定不是我。[见714页]

不可否认,要解释和报告一个人的梦时要求高度的自制力。因为在与他生活在一起的一群高尚的人们中间,唯独他可能表现为一个坏蛋。所以在我看来,一个人可以要那些游魂活多久就活多久,而且凭着自己的意愿就可以把它们消灭,似乎是非常自然的事。我们已经看到我的朋友约瑟夫是怎样受罚的。但那些游魂是我童年朋友的一连串化身,所以,我常常能够随心所欲地为一个人找到替身,已成了我感到满足的一个来源;我觉得我也能为将要失去的朋友找到替身:没有人是不可以代替的。

但是梦的稽查作用变得如何呢?对这种麻木不仁的一连串利己思想为什么不全力加以反对呢?又为什么不把与思绪相伴而生的满足转变成极度不愉快呢?我以为这是因为在同一个人身上,

482

其他无法反对的思绪同时也获得了满足,而且以其感情掩盖了来自受压抑的童年感情。在纪念碑的揭幕典礼上,我又是另一番想法:"我丧失了多少珍贵的朋友啊!有些人是死去了,有些人却是由于友谊的破裂。幸而我已经为他们找到了一个替身,一个对我说来比别人更有意义的人,在我这个不大容易建立新友谊的年龄,我不再丢失他的友谊了!"我为失去的朋友们找到了一个替身的满足心情,是能够进入梦中而不受到干涉的。但与此同时,来自童年的具有敌意的满足也悄悄溜入梦中。毫无疑问,童年的感情还足以加强当前的合理感情。但童年的仇恨感情本身也成功地得到了再现。

但除此而外,梦还包括了另一串可以合理引起满意思想的明显暗示。不久以前,我的朋友[弗利斯]终于盼到了一个女儿的诞生。我知道我的朋友一直为他那早死的妹妹悲哀,我于是写信告诉他,我相信他能把对亡妹的爱转移到小孩身上,而且相信这个小女孩能够使他永远忘掉他那不可弥补的损失。

因此这一组思想又再次与梦念中的中介思想联系起来[见483—484页],而且那些联想的途径向相反方向发散开去:"没有人是不可以代替的。""都不过是些归魂,我们丧失的一切都回来了。"现在梦念的那些矛盾成分之间的各个联想又因为一个偶然事件而变得更为接近了。那就是我的朋友的小女儿与我童年的一个女孩玩伴同名,后者与我同年,是我最早的朋友兼对手的姐姐[425页注]。当我听到这个小女孩的名字叫"宝琳"时,我获得了极大的满足。因为这暗示着一个巧合,我在梦中曾用另一个约瑟夫代替约瑟夫,而且发现无法压抑"弗利契"和"弗利斯"开头字母之间的相似性。我的思想由此而转到了我自己孩子们的名字方面。我一直坚持他们取名字不要追求时尚,而是要用来纪念我所喜爱的人。他们的名字要使他们和那些归魂合为一体。总而言之,我认为生儿育女难道不是通向永恒的唯一途径吗?

对于梦的感情这个题目,从另一个观点来看,我还有几句话要说。在睡眠者心灵中一个居于支配地位的元素,可以由所谓"心境"或某种感情的倾向所构成——而且这个元素可以对他的梦产生决定性影响。这种心境可来源于他前一天的体验或思想,也可来源于躯体[见237页以下]。这两种情况都可以伴有与之相当的思想链。从梦的构成观点来看,不管是梦念的这些观念内容以主要形式决定着心境,也不管是具有躯体基础的情绪倾向唤醒了梦念中的观念内容,二者都没有什么区别。梦的构成在任何情况下都是欲望的满足,而且梦只有从欲望那里才能获得本身的精神动机力量。一种正在活动的心境与在睡眠中作为一种引起或变成正在活动着的感觉是被同样对待的[参见235页],它可以被忽视,也可以从欲望满足的角度给予一种新的解释。睡眠中的痛苦心境可以变成梦的原动力,因为它们唤醒了的强烈欲望被认为只有在梦中才能得到满足。依附于心境的材料不断受到检查,直到能被用来表达欲望的满足为止。梦念中的痛苦心境越是强烈和居于支配地位,则被压抑的最强烈欲望冲动就越会利用机会以寻求表现。因为,不愉快感情既已存在而无须再行制造,那么使自身潜入梦中这一困难任务便已经完成了。我们在此再一次碰到了焦虑梦这个问题,我们在后文中当可发现,它们在梦的功能中属于边缘性质[参见579页以下]。

九、润饰作用[1]

现在我们终于能够谈论关于梦的构成的第四个因素了。如果我们用开始时的同样方式继续研究梦的内容——即将梦内容中的明显事件与它们在梦念中的来源相比较——我们就会遇到要用崭新的假设来进行解释的一些元素。我记得在一些梦例中，梦者感到惊奇、苦恼或被排斥，而且是由梦内容本身的片断所引起。我在[上节]许多梦例中业已表明，梦中大部分这种评论性的感觉实际上并不针对梦的内容，却原来是梦念的一部分，被调用来达到一定目的的。但是，有许多这一类材料并不能做此解释，它们与梦念中的材料毫不相干。例如，在梦中常听到的"这不过是个梦"这句评论性的话的意义何在呢？[见338页]这句话是对梦的真正评论，在清醒生活中也可以这样说。实际上它常常是醒来的前奏，而更多的是在它之前总有某种痛苦的感觉，而在认出这不过是一种做梦状态，这种感觉就平息下来了。当"这不过是个梦"这个思想在梦中出现时，它与奥芬巴赫的同名滑稽歌剧借美丽的海伦之口所说的话具有相同的目的。[2] 它的目的在于减轻刚刚体验到的事物的重要性，以便可以容忍后面发生的事情。它可以使在当时有充分理由使自己骚动的某种特殊因素平静下来并使梦——或歌剧中

---

[1] [Sekundäre Bearbeitung]这个词以前译为 secondary elaboration 易引起误解，应译为 secondary revision。——英译者

[2] [第二幕中巴利斯和海伦的爱情二重唱。结束时，他们因见到梅内劳斯而大吃一惊。]

的一幕——不能继续。继续睡眠和做梦会要比较舒服些,因为,毕竟"它只是一个梦"。在我看来,只有当永不入睡的稽查作用发觉不小心已经让一个梦发生了,"这不过是个梦"这个评论性的判断才在梦中出现。要对梦施行压抑已经为时太晚,因此稽查作用就利用这句话去应付由梦所引起的焦虑或痛苦的感觉。这句话是精神稽查作用的一个马后炮的例子。

然而这个例子为我们提供了有力的证据,证明梦中所包含的一切并不都来源于梦念,而一种与清醒思想无甚区别的精神功能也可以对梦内容作出贡献。现在的问题是,这种现象是否只在特殊情况下发生,或者这种精神动因除行使稽查作用外,是否在梦的构成上也起着惯常作用。

我们毫不犹豫地赞成后一种说法。迄今为止我们只提到稽查机制对梦的内容进行限制和删节,这是毋庸置疑的;但它对梦内容的插入和增加也负有责任。插入的内容是不难识别的。报告它们时往往犹豫不决而且要加上一个"好像"字眼;它们本身并不特别生动并且常常作为中间环节介乎梦内容的两部分之间,或者用来填补梦的两个部分中间的空隙。它们在回忆中比来源于梦念的真正材料更不容易保留。如果梦被遗忘,它们则是最先消失的部分。一般人抱怨说,梦见的东西并不少,但大部分都忘掉了,只留下一些片断[279页],我非常怀疑正是这些连接的思想迅速消失所致。在全面的分析中,我们发现这些插入的内容有时与梦念中材料毫无联系。但经过仔细考察,我认为这是一种不太寻常的现象:连接的思想一般虽然能溯源于梦念中材料,但是这些材料单凭本身力量或借助于多重性决定都还不能进入梦中。似乎只有在一些极端情况下,在我们正在考虑的梦的构成中,这种精神功能才进行新的创造。而且只要有可能,它总能利用在梦念中发现的适当材料。

精神功能的目的就是把梦的工作这一部分加以区别并揭示出来。① 这种功能表现的方式就像诗人对哲学家的恶意讽刺那样:它笨拙地修补着梦结构上的漏洞。② 由于它的努力,梦便在表面上失去了荒谬性和不连贯性,近乎一种可理解的经验模式了,但是它的努力并不常常获得成功。表面看来,梦的发生似乎是合乎逻辑和合理无误的;它们从一个可能的情况开始,经过一系列有连贯性的变化(虽然不太常见),然后导致一个大致合理的结论。这一类梦不断接受近乎醒时思想的这种精神功能的广泛修正;它们好像具有意义,但是这种意义与梦的真正意义却相距甚远。如果我们对它们进行分析,便不难发现这些梦的材料被随心所欲地加以润饰,以致材料之间只保留着极少的关系。这些梦可以说是在醒后接受解释以前,在梦中已经被解释过一次了。③ 在另一些梦中,这种有倾向性的修正只获得部分的成功;连贯性似乎保持了一段时间,然后梦就变得混乱而无意义,也许以后又一次表现出合理性。还有另外一些梦,修正可说全盘失败,我们发现自己面临着一大堆毫无意义的支离破碎的材料。

我们不否认梦的建构中这第四种力量的存在——我们不久就会承认它像一个老熟人。因为从其他方面来看,它是四种因素中

---

① [弗洛伊德在别处曾谈到,严格说来,润饰作用并不是梦的工作的一部分。参见他的论马尔库斯《袖珍字典》中的"精神分析"条目(弗洛伊德1923a,论《释梦》一段结尾处),同一观点在弗洛伊德(1913a)的结尾处也曾提及。]
② [暗示着海涅《返乡》中的几行(LVIII)。弗洛伊德在《精神分析引论新编》(1933a)最后一章开始处曾引证其全节。]
③ [例如见 494 页和 583 页记录下来的梦。]

487

我们唯一熟悉的一个——我也不想否认这第四个因素有能力对梦作出新的贡献。然而,它也肯定和其他因素一样,其本身产生的影响主要只是从梦念内已经形成的精神材料中进行优先选择。有这样一类梦,其中似乎已可为构建梦的门面省去很多劳力——就是说,在这种梦中,梦的门面已经存在于梦念的材料中,只等着使用罢了。我习惯于把梦念中这种元素称为"想象构成物"。① 如果我认为清醒生活中的"白日梦"②与它相类似,或许可以避免读者们的误解。精神病学家们对于这些结构在我们精神生活中所起的作用尚未充分认识和讨论,但在我看来,M.本尼狄克特似乎已经做出了一个大有希望的开端。③ 白日梦的重要性也没有逃过想象力丰富的作家们的敏锐观察。例如,奥尔芬斯·都德笔下的《富豪》中对一个小人物的白日梦就有绝妙的描述[参见535页]。精神神经症的研究使人们惊奇地发现,这些"想象物"或"白日梦"是癔症症状的直接先兆,或者至少也是其中一大部分。癔症症状与真实记忆不发生联系,只与在记忆基础上建立起来的想象物有关。④白天有意识的想象物经常出现,使我们能识别这些结构;但是与这类有意识的想象物同时存在的,还有大量潜意识的想象物,后者由

---

① [Phantasie 这个德文字最先只指"幻想""想象",此处可用 Phantisiebildung(想象构成物或想象物)。]

② "Rêve","petit roman"——白日梦(day-dream),"[连续的]故事"([continuous]story)。[德文 Tagtraum 一词源于英文,德国人不熟悉此字,故需解释。]

③ [弗洛伊德本人后来写了两篇有关白日梦的论文:1908a 和 1908c。1921 年 J.沃伦登克《白日梦心理学》出版,弗洛伊德为之作序(弗洛伊德,1921b)。]

④ [弗洛伊德在 1897 年 5 月 2 日致弗利斯的一封信中的一份备忘录中更有力地表达了这一点(弗洛伊德,1950a 设计 L):"想象物是建造起来的精神门面,用以堵塞([主要梦念的])这些记忆的途径"。]

于本身内容以及来源于受压抑的材料,遂不得不停留在潜意识之中。对这些白天想象物特征进一步考察表明,这些构成物理应获得我们赋予夜间想象产物——梦——的同一名称。它们具有与夜梦相同的大量特性,对它们的研究事实上可以作为了解夜梦的最简捷和最佳途径。

与梦一样,它们是欲望的满足;与梦一样,它们大部分基于幼年经验的印象;与梦一样,它们从稽查作用的松弛中获得一定的实惠。如果我们仔细考察它们的结构,当可发现在其形成中起作用的愿望目的,如何与其建筑材料相混合,重新排列,从而形成一个新的整体。它们与来源于童年的记忆之间的关系,就好像十七世纪罗马的巴罗克宫殿与其古代废墟之间的关系,废墟的铺石和圆柱为近代结构提供了材料。

形成梦内容的第四个因素即润饰作用再次向我们表明,有一种活动在起着作用,它不受任何其他影响的抑制而能自由地创造白日梦。简要地说,这第四个因素奋力将获得的材料塑造成像白日梦那样的东西。但是,如果这种白日梦在梦念范围内已经形成,梦的工作中这第四个因素就会率先掌握这现成的白日梦,再设法把它纳入梦的内容之中。有些梦的内容仅仅是停留在潜意识中的白天想象物的重现。① 例如那小男孩和特洛伊战争的英雄们在沙场上并肩奔驰[129页以下]。在我那"Autodidasker"的梦中[298页以下],第二部分乃是与N.教授白天对话中一段天真想象的忠实再现。鉴于梦的存在必须满足一些复杂的条件,因而现成的想

---

① [参见弗洛伊德的《性学三论》(1905d)中第三论近尾处论"乱伦的障碍"一节中的长脚注。这个脚注在该书第4版时所加。]

489

象物经常只构成梦的一部分，或者只有一部分想象物能够进入梦中。所以想象物虽然一般受到与梦念其他部分的同等对待，但往往在梦中仍被认为是一个实体。在我的梦中，经常有一些部分比其余部分更为突出，产生一种不同的印象。我感到它们比同一梦中的其余部分更为流利，更有联系，更其短暂。我明明知道这是梦境中的一些潜意识想象物，但是我从未能够把它们在脑中存留下来。此外，这些想象物与梦念的其他成分一样，也受到压制和凝缩，并表现互相重叠，等等。当然，还有一些过渡的例子，介乎两极端之间，一端的情况是，它们一成不变地构成了梦的内容（或者至少构成梦的门面），另一端则相反，它们在梦内容中仅再现其一个元素，或者表现为一种遥远的隐喻。存在于梦念中的这些想象物的未来命运，显然要看它们在多大程度上满足稽查作用的需要和运用凝缩作用的迫切要求。

在选择梦的例子时，我尽量避免潜意识想象物在其中占重要地位的那些梦，因为介绍这种特殊的精神元素，需要对潜意识思维心理学进行详尽的讨论。但在这方面我又不能对想象物完全不予考虑，因为它们常常全部进入梦中，而且更为常见的是，可以通过梦景而窥见它们的存在。所以我要再举一个梦例，这个梦似乎由两个对立的但在某些点上又彼此符合的想象物所组成，前者浮现于表面，后者似乎是对前者的解释［见上文 490 页］①。

---

① ［1909 年增注］我在《一个癔症分析片断》(1905e［第二部分］)中分析了这种梦的一个好例，它由若干重叠的想象物所构成。我在分析自己的梦时，低估了这些想象物在梦形成中所起的重要作用。因为我的梦通常以思想的讨论和冲突为基础，而不大根据白日梦。对其他人来说，夜梦和白日梦之间完全相似并不难于证明。对于癔症病人，梦往往可以代替癔症发作，因此可以相信，白日梦想象物乃是这两种精神结构的直接先兆。

这个梦是我唯一没有仔细记录下来的梦,其大致内容如下:梦者——一个年轻未婚男子——E坐在常去吃喝的餐馆内。梦中的餐馆非常逼真,出现了几个人,要把他带走。其中一个人要逮捕他,他对同桌人说:"我等一会儿付账,我就会回来的!"但是同桌人嘲笑道:"我们全都知道,大家都这么说!"有一个顾客在他身后喊道:"又走了一个!"然后他被带到一间狭小房间,他发现房内有一个女人抱着一个小孩。陪伴着他的一个人说,"这是米勒先生。"一位警官或类似的官员正在翻阅一大堆卡片或纸张,边翻边说:"米勒!米勒!米勒!"最后他问了梦者一个问题,梦者回答说,"我愿意。"他然后转身再看那女人,发现她长了一大把胡子。

此外不难看出分开的两个组成部分:表面的部分是一个被捕想象物,看起来好像是梦的工作的新产品,但是在它的背后可以看到不过是梦的工作对结婚想象物稍加改观而已。这两个想象物具有的共同特征非常清楚,很像高尔顿的合成照片。这位年轻单身汉答应要回来与同桌人共餐,那些有了经验的酒友们的怀疑,"又走了一个(去结婚)"的喊声——所有这一切都不难符合两种解释。他用"我愿意"回答官员提出的问题也是如此。至于翻阅一堆纸张并不断重复同一名字,则符合一个较不重要但可辨认出来的结婚典礼上的特点,即宣读一堆贺电,它们都要写上同样的名字。新娘出现在梦中的事实,表明了结婚想象物胜过了其表面的被捕想象物。从询问中我也能发现(此梦尚未分析)为什么在梦结尾新娘长了胡子。梦者有一天和一位朋友一道在街上散步,两人对结婚都感到害羞。他要他的朋友注意迎面而来的一位黑发美丽女郎,他的朋友说,"是的,但愿这样女人几年以后不要像她父亲那样长出

495

胡子。"自然,这个梦也不乏更为隐蔽的梦的化装因素。例如"我等一会儿付账"指的是他担心岳父对嫁妆的态度。事实上,各种疑虑都明显地不容许梦者对结婚想象物感到愉快。例如疑虑之一,即担心将会失去自己的自由,于是变相地表现为被捕的梦景。

如果我们暂时回到这个观点,即梦的工作喜欢利用现成的想象物,而不是利用梦念中材料另行拼凑,我们也许就有可能解决一个有关梦的最有趣的难解之谜了。在第 26 页以下,我讲了莫里的一件众人皆知的轶事,他在睡眠中被一小块木板击中后颈而从一个长梦中惊醒过来。这个梦就像充分展示了的一个法国大革命时代的故事。因为报告的这个梦前后一贯,内容完全符合关于将他惊醒的刺激的解释,加上他不能预见刺激的发生,因而只剩下一种可能的假设,即整个精制的梦必然只能在木板击中莫里的颈椎与他随即醒来之间这一短暂时刻形成和显现。我们对于清醒生活中的思想活动决不敢认为有如此迅速,于是不能不得出结论说,梦的工作具有加速我们的思想过程以达到惊人程度的特殊功能。

针对这一迅速流行的论断,一些现代作家(勒洛林 1894 年和 1895 年,埃格尔 1895 年及其他人等)提出了强烈的反对。一方面他们怀疑莫里叙述的梦的正确性,另一方面他们企图证明,如果将夸张成分去掉,我们清醒时的思想进程并不会比这个梦中的思想过程来得缓慢。我并不认为争论所引起的一些原则问题马上可以得到解决,但是我必须承认,(譬如埃格尔)提出的特别是针对莫里的断头台的梦的反对论证,是不能令人信服的,我自己对这个梦愿提出以下解释。如果认为莫里的梦表现了在他记忆中已储存了多年的现成想象物,而这想象物又在莫里意识到刺激弄醒他的时刻被唤起——或者宁可说被暗示,难道这不是很有可能吗?果真如此,则一个编排得如此详细的长梦为什么在极短的时刻可以听凭梦者支配的全部困难就迎刃而解了——因为这故事是已全部编排好了的。如果这块小木头在莫里醒时击中他的后颈,他未尝不可以这样想,"这就像砍头一样!"但是因为他是在睡眠中被木板击中的,于是梦的工作就利用这击中的刺激以便迅速产生一种欲望的满足;它好像是这样在想(纯粹是一种比喻)"这正是实现我多年阅读以来形成的那个想象愿望的大好机会。"我认为,年轻人在激动人心的强烈印象影响下,能编出像这样一种梦的故事,是无可置疑的。在那传奇般的"恐怖时代",对于那些贵族男女,民族精英,在面临死亡之际,仍能谈笑自若,保持着高度机智和文雅风度而视死如归,谁又不为之心向神往,更何况是一个法国人,一个文化史的学者呢?对于一个沉浸在想象中的年轻人,想象着自己正在向一个贵妇人告别——吻着她的手,毫无畏惧地走向绞架,又是多么诱人啊!或者,如果野心是构成想象物的主要动机,他想象自己是那些强有力的人之一,单凭着他们自己的聪明才智和雄辩口才便能统治当时人心狂乱的城市——他们一意孤行地把成千上万男女置于死地,他们为欧洲改革铺平了道路,然而他们自己的脑袋却随时难保,总有一天会落在断头台的铡刀之下——把自己想象为一个吉伦特党人,或者以英雄丹东自居,这又该是多么诱人呀!在莫里对这个梦的回忆中有一个特点,就是他"被领上群众环簇的断头台"。这似乎表明了莫里的想象物正是这样一类野心。

这个长期预备好了的想象物也不必在睡眠中全盘再现,只需稍一接触便足够了。我的意思是说,如果演奏几小节音乐有人指出这是莫扎特的"费加罗"(如在《唐吉伐尼》中发生的那样),许多回忆就会立即在我脑中涌现,起初并不是单独地进入我的意识。关键的词句就像一个入口,整个网络都通过它进入了兴奋状态。潜意识思维可能也与此相同,唤醒的刺激使精神入口兴奋起来,使整个断头台想象物得以呈现。但是这个想象物并没有在睡眠中一一浮现,只是在梦者醒后的回忆中才显现的。他在醒后回想起的是作为整体在梦中激动着的这个想象物的全部细节。在这种情况下,一个人就无法确定自己真正梦到了某件事情。这同一解释——即借助唤醒的刺激而使现成的想象物作为整体兴奋起来——也用于被外来刺激唤醒的其他一些梦,如拿破仑一世被饵雷的爆炸声惊醒前所做的梦。[26页和233页以下]

在贾斯坦·托波沃尔斯卡关于梦的时间久暂的论文所搜集的梦例中①,我认为最有意义的莫过于麦卡里奥报告的关于一个戏剧作家卡西米尔·博佐所做的梦了。有一晚,博佐出席他的一个剧本的首次演出,他太疲倦了,以致当帷幕刚刚拉起时就在后台打起瞌睡来了。他在睡眠中看完了全剧的五幕,并看到了每幕上演时观众们的情绪表现。演出完毕时他高兴地听到了观众欢呼他的名字和热烈的掌声。突然间他惊醒了过来,他几乎不敢相信他的眼睛和耳朵,因为戏才不过上演了第一幕的头几句话;他睡了还不到两分钟。我敢大胆假定在这个梦中,梦者看完全剧的五幕以及看到了观众对不同情节的不同态度,并不需要在睡眠中用材料制造新产品,很可能是(我已描述的)已经完成了的想象活动的再现。

---

① [这一段为1914年增写,只有最后一句为初版所有。]

托波沃尔斯卡和其他作者一样,强调的是观念加速流动的梦与其他梦大不相同,看上去特别连贯,而且回忆起来的概略性并不计较细节。这的确是梦的工作所触发的这种现成想象物所必具的特征,但是原作者却没有得出这个结论。然而我也不能断言,所有被唤醒的梦都符合这种解释,或者梦中观念加速流动的问题都能完全以这种方式予以排除。

我们在这一点上不能不考虑对梦内容的这种润饰作用与梦的工作的其他几个因素之间的关系。我们难道可以假设梦的那些构成因素——诸如凝缩作用的倾向,避免稽查作用的需要,以及对梦所能接受的精神手段的表现力的考虑——首先从所提供的材料中聚合而为临时的梦内容,然后再将这些内容尽可能重新加以铸造以满足第二个动因的要求吗?这大概是不可能的。我们宁可这样假设:这第二个因素一开始就要求构成一种梦必须能满足它的条件,而这个条件与凝缩作用、由抵抗施加的稽查作用,以及表现力所制造的那些条件一样,对表现于梦念中的大量材料以一种诱导和选择的方式同时发生作用。然而无论如何,在形成梦的这种条件中,我们最后知道的这个因素的要求对梦只有最小的影响。

通过下述的讨论,使我们认为实现梦内容的润饰作用的精神功能,与清醒时的思想活动很可能是同一码事。我们清醒的(潜意识)[1]思维对待任何知觉材料的态度与我们考虑对待梦内容的功能完全相同。清醒思想的性质,在于建立知觉材料的顺序,组织其

---

① 〔弗洛伊德初次公开应用这个词似乎在 338 页。在下文 541 页有所解释。它的出现早在 1896 年 12 月 6 日他和弗利斯的通信中(弗洛伊德,1950a 第 52 封信)。〕

495

相互之间的关系,并使其符合我们作为一个可理解的整体的期望。[参见28页以下和40页]事实上,我们在这个方向上已经走得太远了。一个变戏法能手就能利用我们的理智习惯欺骗我们。当我们把各种感觉印象综合而为一个可理解模式时,我们往往会犯最奇怪的错误,甚至不惜歪曲眼前材料的真相。

这类事实极为普遍,无须再作进一步论证,我们阅读时,常常忽略了错字,总以为自己的阅读材料正确无误。据说一位法国流行刊物的编辑曾打赌说,如果印刷工人把"之前"和"之后"两个字眼插入一篇长论文的每个句子,并不会有一个读者觉察出来,结果他赌赢了。许多年前,我在报纸上看到一个错误联想的滑稽例子。有一次法国议会正在开会,一个无政府主义分子扔进一枚炸弹,在会议厅爆炸了。杜普伊鼓起勇气说:"继续开会",从而平息了引起的惊慌。边座的来宾被问及对于这次暴行的印象,他们中间有两个外省人,一个人说在演讲结束后的确听到爆炸声,不过他猜想每个人演讲后鸣炮是议会的习惯。第二个人大概已听了好几次演讲,他也发表了同样的看法,不同的是他认为鸣炮恐怕是对特别成功的演讲表示敬意。

因此我们平常总以为,影响梦内容的精神动因,要求它明白易懂以迎合最初的解释。然而也由此产生完全的误解[见490页]。为了我们的解释目的,有一个不变的主要原则是,对于有可疑来源的梦可不必考虑其表面的连续性,不管梦本身是清晰还是混乱,都遵循着同一路线,一直追溯到梦念的材料之中。

顺便提一句,我们现在已看出前面(330页以下)讨论的梦的混乱和清晰度产生的原因了。润饰作用对梦能够产生影响的那些部分是清晰的,影响不到的那些部分则是混乱的。由于梦的混乱部分同时也是较不生动的部分,因此我们可以得出结论说,梦的润饰工作对于梦的不同元素的可变强度也做出了一定的贡献。

如果我们想找出一种东西,与经过正常思考的梦的最后形式相比较,最好是《活页》中长久以来吸引着读者们的谜一般的铭言了。这些活页旨在使读者们相信某个句子是一句拉丁铭言——为了对比起见,总是一句粗鄙的土语。为了这个目的,把单词中的字母按组成的音节分离开来并加以重新排列。有些出现的是真正的拉丁字,有的像拉丁字的缩写,还有铭文里漏掉了字母或留有空隙,致使我们受骗而忽视了某些孤立字母的无意义。如果我们不想闹笑话,则只有首先放弃寻找铭言的企图,尽量注意那些字母,不去注意它们的表面排列,然后再把它们组成我们的母语的单词。①

有关本学科的大多数作者②已观察到了润饰作用是梦的工作的一个因素并对它作出了评价。哈夫洛克·埃利斯(1911,10—11)曾有趣地叙述了它的功能作用:"我们甚至可以想象出睡眠的意识仿佛在对它自己说,'我们的主人即清醒意识进来了,它具有强有力的理智和逻辑等等重要性。快!在它进来支配一切之前,把事情整顿好,按次序排好——什么顺序都行。'"

---

① [关于润饰作用的活动过程的例子见243页的一个童话和264页的伊谛普斯王。244页提到它在强迫症和恐怖症的应用。《精神分析引论》(弗洛伊德,1916—1917)的24讲中有一个类偏狂例子《日常生活精神病理学》(1901b)第6章(19号)记录了一个电报错误的润饰作用的例子。《图腾与禁忌》(1913)的第3章第4节相当详细地讨论了梦的润饰作用与思想"体系"形成的相似性。]

② [本章的其余部分,除最后一段为初版原有,均为1914年增写。]

狄拉克罗斯特别清楚地谈到了润饰作用和清醒思想在方法上的一致性。他说,"这种解释的功能并非梦所特有。我们在清醒时对感觉所作的逻辑协调工作也是一样的。"詹姆斯·萨利(1893,355—6)持有同样的意见,托波沃尔斯卡(1900,93)也是如此。她说,"心灵对不连贯的幻觉所做的工作与在白天对感觉所做的逻辑协调是相同的。它用一种想象的环节把这些支离破碎的意象联结起来,并填补了它们之间的宽大空隙。"

有些作者认为,这种排列和解释过程开始于做梦时刻一直延续到醒来之后。因此保尔汉(1894,546)说:"我常常认为梦在一定程度上在记忆中可以变形或重新造形……而在睡眠中开始倾向于系统化的想象在醒后才能完成。于是思想的真正速度由于清醒时想象的改进乃有明显的增加。"伯纳德—勒鲁瓦和托波沃尔斯卡(1901,592)对这个观点的评论是,"反之,梦中的解释和协调不但需要借助于梦中的材料,也需要借助于清醒生活中可用的材料……。"

因此,在梦的形成中这个易于识别的因素的重要性无疑被评价过高,它把创建梦的整个成就都据为己有了。如戈布洛特(1896,288以下)和福考尔特(1906)都认为这种创建活动是在清醒时刻完成的,因为这两位作者认为清醒时思想具有一种能力,可以把在梦中出现的思想构造成梦。伯纳德—勒鲁瓦和托波沃尔斯卡(1901)对这种观点的意思是,"人们认为在清醒时可能确定梦的范围,[这些作者]赋予清醒思想以一种功能,把呈现于睡眠中的思想构建成梦。"

从对于润饰作用的讨论,我还要考虑有关梦的工作的另一个因素,这已由赫伯特·西尔别勒最近的一些精巧的知觉观察所阐明。我在上文已经提到(344页以下)西尔别勒在疲倦的瞌睡状态下,强制自己进行理智活动,仿佛恰恰掌握了从思想转变为意象过程的动作。在这个时刻,他正在处理的思想消失不见,出现了照例代替抽象思想的梦象(参阅刚提到该段的例子)。不过此刻在这些实验中所产生的似可视为梦的元素的影像,有时表现得与正在处理的思想有所不同——就是说,它代表疲倦本身,以及工作中的困难和不愉快,也可以说,代表的是主观状态和这个人正在作出努力的功能模式,而不是努力追求的对象。西尔别勒把他经常发生的现象称为"功能现象",与所期望出现的"材料现象"形成对照。

例如,"一天中午,我正躺在沙发上感到瞌睡已极,但我强迫自己思考一个哲学问题。我想比较康德和叔本华关于时间的观点。由于瞌睡我不能使我们两人的论点立即浮现在脑海中,而这又是进行比较的必要条件。经过几次徒劳的尝试之后,我又尽最大的意志力使康德的推论浮现在自己脑中,以便与叔本华的言论相比较。然后我又把注意力指向后者;但是当我把思想回到康德身上时,我发现他的论点又逃离了我。我努力想把它找回来,已属徒劳。这种要重新发现隐藏在脑中的康德学说的徒劳,突然以一种具体的和可塑的形象浮现在我紧闭着的双眼面前,好像是一幅梦景;我正向一个倔强的秘书询问信息,他伏在书桌上,不理会我的坚决要求,不肯离开。他半伸直身子,不愉快地狠狠瞪了我一眼"。(西尔别勒,1909,513以下[重点为弗洛伊德所加])

以下是其他几个在睡眠和觉醒之间摇摆不定的梦例。

"例2——情况:早晨散步时。当时我处于某种程度的睡眠状态(蒙眬状态),同时回想以前的一个梦并在设法做下去。我觉得不断接近清醒意识但又期望停留在蒙眬状态之中。"

"梦景:我正一脚跨过一条小溪但马上又缩回来,仍想留在岸的这一边。"(西尔别勒,1912,625)

"例6——情况与例4相同"(他想在床上多躺一会儿,但不要睡熟)"我想再睡一会儿"。

"梦景:我正向某人告别并安排和他(或她)不久再见。"(同上,627)

"功能现象"即一种"状态而非客体的表现",是西尔别勒在入睡和醒来两种主要情况下的观察所得。其释梦的目的显然只对醒来的情况感到兴趣。西尔别勒提供的许多病例有力地表明,显梦的结尾内容(接着马上就醒来)不过是一种醒来的意向或觉醒过程。其表现的意象可能是跨过一道门槛("门槛象征作用"),从一个房间走进另一个房间,分离回家,向同伴告别,潜入水中,等等。但我不得不指出,在我自己的以及对别人分析的梦中,我所遇到的有关门槛象征作用的梦元素,远比人们根据西尔别勒的报道所预料的要少得多。

这种"门槛象征作用"可能解释梦的结构当中某些元素——如睡眠深度的波动问题和梦的中断倾向问题,决不是不可思议或不可能的事情。不过这方面还没有发现令人信服的例子。① 出现得更多的似乎是多重性决定的梦例。在这些梦例中,从一系列梦念获得其材料内容的那一部分梦,也被用来另外表现精神活动的某

---

① [参见下文 559 页以下弗洛伊德的说法。]

种状态。

西尔别勒所说的这种有趣的"官能现象",其整个发现本身虽无可指摘,但却在许多方面被滥用了;因为人们用它来支持对梦进行抽象和象征解释那种古老倾向。有些人非常热衷于"官能类型",只要一发现梦中出现理智活动或情绪过程,就把它们视为官能现象,而不顾及如前一天残余这一类材料也和其他材料一样,有进入梦中的同等权利。[参见214注和412页注]

我们准备承认西尔别勒现象在清醒思想构成梦的方面作出了第二个贡献,虽然它出现的次数和重要性不如我们认为属于第一贡献名下的"润饰作用。"业已证明,白天活跃着的一部分注意力在睡眠状态中继续趋向于睡眠中的梦。它对梦进行监督和批评,并保留着中断梦的权利。人们似乎必须承认,在保持着觉醒的精神动因中,我们不得不认为稽查员(censor)①对梦的形成具有强大的约束力。西尔别勒的观察在这方面能补充的是,在一定情况下,自我观察在观察中发生作用而且也可以形成梦的部分内容。在哲学家心灵中特别突出的这种自我观察动因与内心知觉、被监视妄想、良心以及梦的稽查员的可能关系,将在其他更适宜的地方加以讨论。②

以下我将把有关梦的工作这长篇讨论作一总结。我们遇到了一个问题,即在创建梦时,我们的心灵是毫无保留地动用了我们的

---

① [弗洛伊德总是用德文"Zensur"(稽查作用),但此处和以下几行用了"zenson"(稽查员)这个词。这种罕见用法在别处可见《论自恋》第3节(弗洛伊德,1914c)和《精神分析引论新编》第29讲(弗洛伊德,1933a)。]

② [1914年增注]《论自恋》(弗洛伊德,1914c)[第3章]——[下一段出现于第一版]。

501

全部精神官能还是只动用了在功能上受限制的那一部分力量。我们的研究使我们完全否定了这种提问方式,因为它不切合实际。但是,如果我们对于这种提法的问题非答复不可,那我们只能回答二者都是对的,虽然表面看来它们是互不相容的。在形成梦时,我们可以分辨出两种不同功能的精神活动,即梦念的产生和梦念向梦内容的转变。梦念是完全合理的,是我们竭尽全部精神能量制造出来的。它们处于还没有变成意识的思想过程当中——这些思想过程经过某些变化,也可以变成有意识的思想。不管梦念可以包含多少有趣的使人困惑不解的问题,这类问题与梦没有丝毫特殊关系,而且不需要放在梦的问题中予以处理。① 另一方面,在梦的构成时,精神活动的第二种功能即潜意识思想转变成梦的显意乃是梦的生活所独具的特征。这种梦的工作本身与我们清醒时思想的分歧远比我们所想象的要大,即使在梦的形成时对精神功能作最低的估价也是如此。与清醒时思想相比较,梦的工作不仅仅是更不仔细、更不合理、更易遗忘,或更不完全;二者在性质上也完全不同,因此不能直接加以比较。梦的工作完全不从事思考、计算

---

① [1925年增注]我有一段时间发现很难使读者弄清楚梦的显意和梦的隐念之间的区别。有些人根据记得的但并未经过分析的梦不断地提出争议,表示反对,而忽视了需要先对梦进行解释。现在分析家们至少已经同意了这一点,即用解释所得的意义以取代显意。但是许多人又以同样固执的态度陷入了另一种思想上的混乱。他们企图在梦的隐意中发现梦的实质所在,而且在这样做的时候又忽视了梦的隐意与梦的工作之间的区别。归根结底,梦不过是思维的一种特殊形式,可能由睡眠状态所造成。正是梦的工作创造了这种思维形式,只是梦的工作本身才是做梦的实质所在——对梦的特殊性质的说明。我这样说的目的是为了纠正梦具有"预测性"的错误看法[见579页以下注]。事实上,梦本身不过是想解决我们精神生活中所面临的问题,与我们在有意识的清醒生活时想要做的一样。除此而外,它不过还告诉了我们,活动也可在前意识中进行——这一点我们早已知道了。

或判断，它只规定自己给事物以新的形式。我们已经充分地列举了必须满足其自身工作结果的种种条件。而那个结果——梦，它千方百计要逃避稽查作用，也正是为了这个目的，梦的工作便利用了各种精神强度的移置作用，甚至把一切精神价值都加以转换。思想必须完全或主要以视觉或听觉的记忆痕迹材料再现出来，因此又使梦的工作在进行新的移置作用时必须做出对表现力的考虑。大概为了要制造出比夜间的梦念更大的强度，于是就由梦念的各个成分构成广泛性的凝缩作用来达到这个目的。无须注意各思想之间的逻辑关系，梦以其某些形式的特征最终为原来的逻辑关系披上了一层伪装。与梦的观念内容相比较，依附于梦念的任何感情都较少变化。这类感情照例受到压制；当它们被保留时，它们就脱离了原来所属的观念与同一类性质的感情结合起来。只有梦的工作的一部分，即在不同程度上受到部分觉醒思想影响的修正材料，才与其他一些作者企图用以构成梦的全部活动的观点有某种程度的吻合。①

---

① ［这方面第 4、5、6、7 版（自 1914—1922）刊有兰克的两篇独立论文，题名为《梦与创造性写作》和《梦与神话》。自全集版（1924）以后即删去。弗洛伊德（3，150）为此评论说，"它们自然不包括在我的著作选集之内。"在以后的 1930 年（第 8）版中未再插入，见编者介绍第 xxi 页。］

503

第 七 章

梦过程的心理学[1]

在别人对我所讲的许多梦中,有一个梦在梦的过程方面特别引起我的注意。这个梦是一个女病人告诉我的,她说系从一个有关"梦的演讲"中听来,而我至今仍不清楚它的确切来源。这个梦给这位女士留下了深刻的印象,因为她也做了这个梦,就是说,她在自己梦中重复了这个梦的某些元素;而通过这种方式她就可对某一特殊要点表示了赞同。

这个典型的梦的原来内容是这样的:一位父亲日夜守护在他的孩子的病榻旁边。孩子死了,他到隔壁一间房内躺下休息,但是让中间的门开着,他可以从自己的卧榻看到邻室中一些燃烧着的高蜡烛环绕着的孩子遗体。一位雇来的老人守护着它,在它旁边低声祷告着。父亲睡了几个小时以后,梦见他的孩子站在他的床边,拉住他的一只手臂,抱怨地低声说,"爸爸,难道你没看见我正

---

[1] [弗洛伊德的早期和威廉·弗利斯的通信(弗洛伊德,1950a)对本章后几节中出现的问题已有启示。参见编者介绍(xv页以下)]

在烧着吗?"父亲惊醒过来,看见邻室闪耀着火光。他冲入室内,发现那年老看守人已沉沉入睡,一支燃烧着的蜡烛倒了下来,把心爱孩子的裹尸的包被和一只手臂烧着了。

这个感人的梦非常简单,所以我的病人告诉我,演讲者的解释也没有错。那明亮的火光经过敞开的门照射到睡者的眼睑上,使他产生了醒时也会做出的同样结论,就是说,一支蜡烛倒了下来,把尸体旁边的什么东西烧着了。甚至,他睡觉时还可能在担心那个老年看守人是否能够尽责。

我对这种解释完全赞同,不过要补充几句:梦的内容必定是多重性决定的,孩子在梦中讲的话必定在他生前也曾说过,并且与他父亲心中认为重要的事情有联系。例如,也许孩子那句抱怨的话"我正在烧着"(I am burning)与孩子临死前发高烧有关,而"爸爸,难道你没看到?"也许与我们忽略了的某件高度敏感的事情有关。

我们现在已经承认梦是有意义的过程而且符合梦者的精神体验的来龙去脉,但我们仍不免感到惊奇,为什么梦恰恰在急需醒来的情况下才发生。在此我们还注意到,这个梦也包含着一种欲望的满足。梦中死孩的举动与他活着时一模一样:他亲自警告他的父亲,他来到父亲的床边,抓住他的手臂,就像在记忆中孩子在发烧时做过的那样,孩子的上半截话就由此而来。正是为了要满足这个欲望,父亲才将睡眠延长了一会儿。父亲选择了梦而未采取醒后推想是因为梦能表明小孩还在活着。如果父亲先醒过来,得出结论,再跑入邻室,那他就仿佛会使孩子的生命缩短了这一梦中出现的时间了。

对于这个短梦的特征,我们无疑特别感兴趣。到现在为止,我们主要是想明确梦所包含的隐意究竟是指些什么,它是如何被发现的,梦的工作又是如何把意义隐蔽起来的。换句话说,我们迄今最大的兴趣是梦的解释问题。我们现在遇到了一个梦,它既不难解释,意义也很明显,但是我们注意到,这个梦仍保持着某些主要特征,与清醒时的思想有所不同,这种区别是必须要加以解释的。只有把一切有关梦的解释问题全面考虑之后,我们才会觉得有关梦的心理学是多么不够全面。

但是我们在把注意力转向这条新的研究途径之前,最好暂时停下来,回顾一下在我们走过来的道路上,是否漏掉了一些什么重要的东西。因为我们知道,我们走过的道路只是我们旅途中最顺当的路程。如果我没有弄错的话,直到现在为止,我们走过来的全部路程都是在引导我们走向光明、求得解释而获得充分理解的;但是,只要我们更深入到梦的精神历程之中,一切道路都会变得黑暗起来。把梦解释为一种精神历程是不可能的,因为解释就是意味着要追溯到已知的事物,而在目前,还没有把对梦的心理考察包括在内的确定的心理学知识,可供释梦的基础之用。相反,我们将不得不建立许多新的假说,如类似于精神机构的结构及其中发生作用的力量那样的假设。所以我们必须小心,不要让这些假说离开起码的逻辑结构太远,不然假说的价值便大可怀疑了。即使我们的推论没有错误,一切逻辑可能性都考虑得周全,但由于我们原始材料的最初陈述可能不够周密,我们仍然有得出完全错误结论的危险。即使对梦或任何其他的单独的活动加以最仔细的研究,也不能由此对精神机构的结构和功能作出任何结论或予以任何证实。而要做到这一点,我们必须把一整系列这一类功能进行比较研究,与那些已经证明确实可靠的有关现象仔细加以对照,因此我们不得不把根据对梦的过程的分析而得的心理学假设暂置一旁,直到我们从另一角度去探讨同一问题的主要发现与它们发生关系时为止。

一、梦的遗忘

因此我建议我们首先把注意转到一个一直存在着困难而又被我们忽视的题目上来,它有削弱我们释梦基础的危险。许多人反对说,我们实际上对要解释的梦并不清楚,更确切地说,我们并没有把握知道梦发生的真相。(见45页以下)

首先,我们记得的并对之加以解释的梦,本身就被我们不可信赖的记忆分割了。我们的记忆似乎特别难于保存梦的内容,漏掉的恰恰是梦中那些最重要的部分。因为我们在聚精会神地考虑梦的内容时,恰恰发现自己在抱怨说,我们虽然梦得很多,但记住的不过是一小片断,而且这么一小片断本身也难以确定下来。

其次,我们有理由怀疑,我们对梦的记忆不但支离破碎,而且很不真实,常以虚伪的形式出现。我们一方面可以怀疑梦中的一切是否确如我们回忆的那样支离破碎;另一方面我们也可以怀疑一个梦是否真的像我们所叙述的那样前后一贯。我们在回忆梦时,是否曾经任意用一些新的或挑选过的材料去填补那些从未存在或是遗忘了的空隙;我们是否曾经给梦增添过细节使它完美无缺,以致无法断定哪些部分是原来的内容。有一位作者斯皮塔

(1882[338])①曾经推测过,梦的一切有条理和连贯的性质,都是我们在企图回忆时加进去的[见47页]。因此,我们所要确定的某种事物的价值,恰恰似乎有被我们完全忽略的危险。

在我们迄今为止的释梦中,我们一直忽视了这些警告。相反,我们对梦内容中一些最琐碎的、最不重要和最不确定的成分,却与对梦中那些明确的内容一样作出了同等重要的解释。在爱玛打针的梦中,就有这样的句子:"我立刻把 M 医生叫进来。"[111页]我们的假定是,即使是这个细节,如果没有特殊的来源,也是不会入梦的。我们因此想到一个不幸病人的事,我"立刻"把一位比我年长的医生叫到他的病床旁边。在认为51和56之间无甚意义而不加以区分的那个明显荒谬的梦中,反复提到了51这个数字,[435页]我们没有把这一点看成理所当然或无足轻重的小事,而是由此探索到在51数字背后隐意中的第二条思路,随着这条思路我们才发现原来我害怕51这个数字是人的大限,这与梦中不惜夸耀长寿那条主要思路适成鲜明对比。在"未曾活到"那个梦中[421页以下],我起先忽略了一个中途插入而未加重视的句子:"由于没有能了解他,弗利斯转身问我",等等。当解释陷入停顿时,我回到这几句话,遂由此追溯到儿童时期的想象物,而这正是梦念中的一个转折点。[见483页以下]这是从下面几句诗中悟出来的:

你很少了解我,

我也很少了解你,

---

① [1914年补入正文,1930年改为脚注]又见福考尔特[1906,141页以下]和坦纳里[1898]。

> 不到我们发现在泥坑中相见时,
> 我们不会很快彼此了解。①

每一次分析都可找到例子证明,一些最细微元素都是解释不可缺少的部分,而且我们如果推迟对它们的审查,就会耽搁对梦的圆满解释。在梦的解释中,我们对于其中所发现的文字表达上每一个细微差别都给予了同等重视。有时梦中出现的说法是无意义或无关紧要的,——似乎无法把它恰当地表达出来——甚至对这样的缺陷我们也给予了重视。总之,其他作者认为是任意编造出来、将其一带而过以免发生混乱的部分,我们也都奉之如圣典。这种矛盾是有必要加以说明的。

对于这个问题的解释对我们是有利的,虽然别的作者们也不能算错。根据我们对梦的来源的理解,矛盾是可以完全消除的。我们在复述梦时,确实把它们化了装。我们再一次发现,其中就有正常思维动因所产生的所谓润饰过程,而且往往是笨拙的。[488页以下]但是梦的这种化装本身不外是梦念经常受到梦的稽查作用而产生的润饰部分。在这一点上,别的作者们对于梦的化装作用这一明显部分已注意到了或表示怀疑,但我们对此兴趣并不很大,因为我们知道有一种不那么明显但意义更为深远的化装过程已经在潜隐的梦念中制造梦了。上述作者们的错误仅在于他们相信在回忆过程中引起的变形和言语表达都是任意的,无助于对梦的进一步解释,因而正好把我们对梦的认识引入了歧途。② 他们

---

① [海涅:叙事诗集"归乡",LXXVIII。]
② [梦的内容重要性被误解为其反面在弗洛伊德一篇论治疗分析中释梦的技术应用的论文结尾处曾加以讨论(1911e)。]

低估了精神事件对梦的决定作用。梦决不是任意发生的。在所有的梦例中都可以发现,梦的某些元素如果不能为某一思路所决定,另一思绪马上就会取而代之。例如,我希望任意想出一个数字。但这是不可能的:出现的数字虽然与我目前的意图相去甚远,但它们肯定是经过了我的思考的。① 清醒时对梦的编排而产生的改变也决不是任意的。这些改变与其取代的梦材料是有联系的,并为我们指出通往这个材料的途径,而且这个材料本身又可能是另一内容的代替物。

在分析病人的梦时,我提出下面这个方法来验证上述主张,而且屡试不爽。一个梦的初次报告如果难以理解,我就要求梦者再说一遍。他的重述很少利用原话。他那改变了的语句表达部分恰恰能使我看出梦的化装弱点;它们就像哈根眼中的齐格飞衣服上的绣记一样。② 它们正可作为进行分析的起点。我的要求不啻向述梦者发出警告,告诉他我要更努力来分析这个梦;他为抵抗所驱动,为了保护梦中化装的弱点,马上用一种更为无关的言词来代替那会泄露秘密的语句。因此,他就引起了我对他所抛弃的那些语词的注意。他努力防止梦被分析,而我正好由此推断出他要防卫的衣服上的绣记所在。

然而上述作者主张我们在判断梦的价值时要特别强调怀疑的

---

① [1909年增注]见我的《日常生活精神病理学》[1901b,第7章(1)注2—7。注2涉及弗洛伊德于1899年8月27日写给弗利斯的一封信(弗洛伊德,1950a,第116封信),当时他正在改正本书的校样,他预言本书将有2,467处误印(见下文532页注)]。

② [这是齐格飞身体上唯一能受伤的一点。在一次诡计中,哈根说服了唯一知道这一点所在的克里姆希尔德,在齐格飞的衣服上这一致命之处绣了一个小十字架。后来哈根就在这地方刺杀了他。]

重要性,这是没有多少道理的。因为这种怀疑并没有理智上的保证。我们的记忆虽不十分可靠,但我们往往不得不给予对梦的记忆比对客观证明要大得多的信任。对于梦或它的细节的报告是否正确的怀疑不过是梦中稽查的一种变相作用,不过是防止梦念进入意识的一种抗拒。① 这种抗拒本身并不因为实现了移置和代替作用而消耗殆尽,它仍然以怀疑的形式附着于被允许出现的材料之上。我们能够很容易认出这种怀疑,因为它小心翼翼地不去触动梦中那些被强化了的元素,只接触那些微弱而不显著的元素。但是我们已经知道,在梦念和梦之间,一切精神价值已经发生了价值转换。化装只有在贬低精神价值的情况下才能产生。它习惯于用这种方式表现自己,偶然也满足于现状。所以,如果梦中一个不显著的元素又被怀疑了,我们就可根据这一迹象,断定这个元素是违禁梦念的直接派生物。这有些类似古代某个共和国的一场伟大革命或文艺复兴之后的情况:一度有权势的贵族家庭已被贬黜,所有高位都被革命者所占领。被允许留在城内的只是那些最贫困的和最无权的公民,或者是被推翻的政党的一些随声附和者,即使这些人也不能享受充分的公民权利,也不被信任。这种不信任就相当于我们情况中的怀疑。这就是为什么我在对梦进行分析时坚持要抛弃有关确定性的一切标准并主张只要这一或那一元素有少许可能性进入梦中,就应该承认它们的完全确定性了。在追溯梦的任何元素时,我们发现必须遵循这种态度,否则分析就会搁浅。如

---

① 〔关于癔症病例的相同怀疑机制见杜拉病史的靠近第一部分开始的一段(1905b)。〕

511

果对某个元素的精神价值持怀疑态度,则对这个病人产生的精神结果是,隐藏在这个元素背后的非自主观念都不会进入他的脑中。这种结果不是不证自明的。如果梦者说,"我不能确定梦中是否包含这个或那个观念,但此地我产生了与它有关的东西"。这话并不算错,实际上却没有人说过这样的话;但事实恰恰是,怀疑是使分析中断的原因,并使自身成了精神抗拒的一种工具和派生物。精神分析的猜疑则是合理的。它有一条通则是,只要梦的分析进程受到干扰,则必有抗拒的存在。①

除非考虑到精神稽查作用的力量,不然梦的遗忘便难以理解。在许多例子中,一个人觉得一夜梦见很多事情而记住的却很少,事实上这可能还有其他意义,例如梦的工作以可察觉的方式持续工作了一通宵,但只留下了一个短梦。[参见279页以下,489和576页]梦在醒时逐渐被淡忘是无可怀疑的。人们尽管努力回想却往往记不起来。但是,我认为,正如一个人通常过高地估计了这种遗忘的程度,我们同样也过高地估计了梦中空隙对我们理解梦的限制程度。由于遗忘而失去的梦的全部内容,往往通过分析而可得到恢复;至少,在许多例子中,从剩下的一个单独片断中不能发现梦的本身——这是无关紧要的——却能发现整个梦念。这就要求

---

① [1925年增注]"只要梦的分析进程受到干扰,则必有抗拒的存在",这种断然的说法很容易引起误解。当然,它不过是作为一种技术上的规则,对分析的一种警告。不可否认,在一段分析期间,也可能发生受分析者意料不到的一些事件;病人的父亲不一定是死于病人的杀害;一场战争也可以中断我们的分析。上面的说法虽有明显的夸大,但其中仍不乏某种新的和有用的东西。即使某种干扰事件是真实的,而且与病人无关,但产生干扰的程度却以病人而定;抗拒本身清楚地表现出他对这一类干扰是准备接受还是对它过分夸大。

我们在分析时保持很大的注意力和自制力,如此而已——但也表明了梦的遗忘并不缺乏敌对的[抵抗]意图。①

根据对遗忘初级阶段的研究分析,有确凿的证据表明,梦的遗忘带有倾向性,即遗忘是为抗拒服务的。② 人们常常发现正在释梦的中途,一个遗漏了的片断内容忽然涌上心头,并被说成一直是先前遗忘了的。从遗忘中挣扎出来的这一部分经常是梦的最重要的部分;它位于通向梦的解决的最短途中,因此也就面临着最大的抗拒。在本书散见的许多梦例中,有一个梦就是像这样事后思考

---

① [1919年增注]我将引用我的《精神分析引论》一书中一个例子[弗洛伊德1916—1917,第7讲]说明怀疑和不确定在梦中的意义,以及梦的内容凝缩而为一个单独的元素。对这个梦的分析虽然拖延了一个短的时间,还是成功了。

"一个多疑的病人曾做了一个较长的梦,梦中有人告诉她关于我的《论诙谐》那本书,而且大加赞美。其次便是关于水道(channel)的事。水道这个字或与这个字有关的字也许见于另一书内……她不知道,这都太模糊了。

"你们必定会以为梦中提到的水道因为本身模糊,就难以解释了。你们认为困难,这是对的,但困难的原因并不是模糊;相反,此梦解释的困难是另有原因的,也就是造成这个元素模糊的同一个原因。梦者对于"水道"一词没有联想;我自然也不知道说什么才好。不多时以后,或者说得精确些,次日,她告诉我一联想或许与此有关。她记得某人的一句笑话:在多佛尔与加莱之间的渡船上,有一个英国人在讨论某问题时说:'高尚和可笑之间仅隔一沟'(Du sublime au ridicule il n'y a qu'un pas)。一个著名作家回答他说:'是的,那就是le Pas de Calais了',意即以法兰西为高尚的,而以英格兰为可笑的。这个Pas de Calais是一条水道——也就是英吉利海峡。你们要问我以为这个联想和梦有关吗? 我以为当然有关:这个令人不解的元素的真意即在于此。或者你们不相信这个笑话存在于做梦之前,就成为'水道'这个元素背后的潜意识思想;你们或许以为它们是后来捏造出来的。由联想看来,可见她的怀疑为过分的赞美所掩饰,而联想的迟缓和梦的元素及其背后的潜意识思想的关系:它好像是思想的片断,取他物以为比喻;梦的元素因与潜意识思想隔离太远,所以变得不可理解了。"

② 关于遗忘的目的一般见我的一篇论遗忘的精神机制的短文(弗洛伊德,1898b)[1909补充:]后来收入[有所变动]我的《日常生活病理学》(弗洛伊德1901b)内作为第一章。

而加入的一段梦内容。① 这是一个旅行的梦,梦见我对两个令人不快的旅行者进行报复;我对此情节几乎完全未作解释,因为这部分内容令人憎恶[见 455 页以下]。那段被省略的部分是这样的。"我提到席勒的一本著作说,'这是从(from)……'但是当我发现说错后,就自己改正说,'这是由(by)……'。于是这男子对他的妹妹说,'是的,他说得对。'"②

对有些作者看来是如此奇特的梦中自我改正,我们在此无须认真加以考虑。我要做的是从自己的记忆中举出一个典型的语句错误的梦例。我在 19 岁时,③初次访问英国。我在爱尔兰海岸逗留了一整天。很自然地,我捡拾着潮后留在沙滩上那些海生动物以自娱,而当我正在仔细观察一个海星时——梦就是以 Hollthurn 和 holothurians[海参类]这类词开始的——一个美丽的小女孩走到我身边问道,"这是一个海星吗?它是活的吗?"我答道,"是的,他(He)是活的,"但是我立即因自己的语误而感到惭愧,于是正确地复述了这个句子。由于我当时犯了语法上的错误,梦中却用一个德国人常犯的错误代替了我的语误,"Das Buch ist von Schille",不应当译成"从""the book is from,"而应当译成"由""the book is by"。当我们听到有关梦的工作的意图及其不择手段以求达到目

---

① [另一个梦例可见 115 页注,还有一例见对杜拉的第二个梦的解释(弗洛伊德,1905e 第 3 节)。]
② [1914 年增注]梦中在应用外语上的这类改正是屡见不鲜的,但它们通常由外国人加以改正。莫里(1878,143)在学习英语时,有一次梦见自己用下面的话对某人说,他早一天拜访了他:"我昨天曾邀约(call for)过你,"那个人矫正说,"你的意思是说:'我昨天曾拜访(call on)过你吧。'"
③ [见 714 页。]

的之后，则因为英文 from 这个词与德文 Fromm（虔诚）这个形容词同音而可以产生明显的凝缩作用，从而梦的工作完成了这个代替，我们就大可不必感到惊奇了。但是这个关于海滩的无害回忆与我的梦有什么关系呢？这个梦利用了一个非常天真的例子，解释我应用了这个字——这个字表明我把语法上的性别或男女性别(he)的关系搞错了。顺便说一下，这肯定是解释这个梦的关键之一。而且，凡是听过马克斯威尔的《物质与运动》这本书名来源[456页的梦中提及]的人，都不难填补这个空隙：它来源于莫里哀的"Le *Ma*lede Imaginaire"[幻想病]——"La *ma* tière est-elle laudable[事情顺利吗]？"①——肠子的运动。(*mo*tion)

再说，我还能用亲眼所见的事实来证明梦的遗忘在很大程度上是因抗拒造成的。一个病人告诉我说，他做了一个梦，但是全给忘了，好像什么也没有发生似的。我们于是开始进行分析工作；我遇到了抗拒就向病人解释，鼓励他，催促他，帮助他并使他与不愉快的思想取得妥协；而正当我这样做几乎要失败时，他忽然喊道："我现在能记得梦见些什么了。"就是那天在解释工作中干扰着他的同一抗力使他忘记了这个梦。在克服了这个抵抗之后，我就使梦回到他的记忆之中了。

同样，当病人达到了某种分析进程之后，他也可以记起四五天以前甚至更早时间一直完全忘记了的梦。②

---

① ["事情顺利吗？"源于英文医学用语"排泄顺利吗？"]
② [1914年增注]欧内斯特·琼斯[1912b]描写了时常发生的一种类似的梦；在对一个梦进行分析时，病人往往回忆起另一个梦，也是当晚做的，但是它的存在未被想到过。

515

精神分析的经验①还以其事实为我们提供另一个证据：梦的遗忘主要是由于抗拒，而不是如某些作者所认为的，由于清醒状态和睡眠状态的互不相容的性质所致。我和其他同事们，包括正在接受治疗的病人，有时都有这样的经验，即我们在睡眠中被梦惊醒以后，马上动用自己的全部心理官能开始进行释梦工作。我常常不对梦获得全部了解决不入睡，然而早晨醒来之后，我又把解释所得和梦的内容忘得干干净净，虽然我还能记得我做了这个梦而且还进行了释梦工作。②理智非但没有把梦成功地保持在记忆当中，反而常常梦连同我解释所得的结果一起给忘掉了。但是也并不像其他一些权威们解释梦的遗忘那样，在释梦工作和清醒思想之间不存在这样精神上的鸿沟。

马登·普林斯(1911[141])反对我对梦的遗忘的解释。他的理由是，遗忘不过是依附于分裂的精神状态的一种特殊的记忆缺失，而且我的这种特殊的记忆缺失的解释不能应用于其他类型的记忆缺失，所以即使为了眼前的目的，这种解释也是毫无价值的。他的这种说法无异告诉读者们，他在对精神分裂状态的一切解释中从未企图去发现作为这些现象的动力学解释。他如果这样做，一定会发现压抑(更正确地说，由它产生的抗拒)不仅是引起精神分裂的原因，而且也是依附于分裂的精神内容的记忆缺失的原因。

在准备撰写本书初稿时，我做了一个实验，证明梦与其他精神

---

① ［本段和下一段为1911年增写。］
② ［参见《一个五岁男孩恐怖症的分析》跋(弗洛伊德，1922c)。］

活动一样很少遗忘,甚至梦的记忆能力不亚于其他精神活动。我记下了大量自己的梦。由于某种原因,我未能加以解释,或者在做梦的当时,解释得很不完全。为了取得一些材料来证明我的主张,我企图把一两年前做的梦再解释一番,结果都获得了成功。我的确可以说,隔了这段时间,这些梦反而比近期做的梦更容易解释了。我认为这个事实可能是由于我已克服了当时做梦干扰着我的许多内心抵抗。而在其后的解释中,我已把过去想出的梦念与现在的结果加以比较了。现在的梦念总是比过去的更为丰富,而且我总是发现旧的梦念毫无改变地包含在新的梦念之中。不过我很快就不感到惊奇了。因为我想到自己一直就有这种习惯,要病人把他们偶然告诉我的早年的梦就像对昨晚做的梦似地加以解释——同样的方法,取得同样的成功。在下面讨论焦虑梦一节中,我将再举两个这种推迟释梦的例子[583页以下]。当我初次试做时,我不无理由地推想,梦在这方面的活动应当与神经症症状相类似。因为当我用精神分析治疗一个精神神经症患者、譬如一个癔症病人时,我不但要解释迫使他前来就医的那些现存症状,还不得不解释那些早已消失了的早期症状,而且我发现早期的问题比当前更紧迫的问题要容易解决些。早在1895年出版的《癔症研究》[布洛伊尔和弗洛伊德,1895(加西尼·M夫人,病例五)]一书中,我对于一个年过四十的妇女在十五岁时初次发作癔症,就已能做出解释了。①

现在我对于梦的解释要讲几点不是密切有关的话,有些读者

---

① [1919年增写入正文,1930年改为脚注]童年早期做过的梦,有时能感觉鲜明

想从分析自己的梦来验证我的论点,也许能对他们有所帮助。

不要以为分析自己的梦是一件轻而易举的事情,一个人观察自己的内心活动和其他一些平时未加注意的感觉,即使没有任何精神动机的干扰,也需要不断地进行练习。要把握"不随意观念"是非常困难的。一个人在进行分析工作时,必须执行本书中提出的各种要求,而且在遵守这些既定的规则时,必须努力克制自己,不提任何批评,不抱任何成见也不带任何感情或理智上的偏见。他必须记住克劳德·贝纳德①对生理实验室的实验工作者提出的格言:"travailler comme une bete",也就是说,他必须像野兽般地忍耐,而且对自己的工作成果不计较得失。他如果接受这个规劝,就不会再感到这是一件困难工作了。

梦的解释往往不是一蹴而就的;当你进行一连串联想之后,常常感到精疲力尽,无能为力,你从当天的梦中不会再有所获。最好的办法就是暂时放弃不问,等次日再进行工作,那时也许梦的另一部分内容吸引了你的注意,从而使你达到梦念的一个新境界。人们也可以把这种分析称之为梦的"分次解释"。

最困难的事莫过于使释梦工作的初学者能认识到下面这一事实,即他对一个单纯而连贯的梦已经作出完全解释,而且对梦内容的每一个元素都已有所理解,但是他的工作并未就此结束。因为同一个梦很可能还有另一种解释,即一种多重性解释逃过了

地留在记忆中达几十年之久,这对于了解梦者的精神发展和神经症常有很重要的意义。对这些梦的分析可使医生避免错误和不确定性,甚至因此可以避免理论上的混淆〔弗洛伊德一定特别记得"猿人"的梦例(1918b)〕。

① 〔法国生理学家(1813—1878)。〕

518

他的注意。要形成有着众多的潜意识联想都挣扎着力求表现这一概念是不容易的;但如果认为梦的工作可以以一种含糊而灵巧的方式同时表达几种意义,就像童话中那个旅行的小裁缝一举就打死了七个苍蝇,那也是难以令人置信的。读者们可能会责备我在释梦过程中插入一些不必要的新主意,但是只要是有过释梦亲身体验的人,他知道的一定比我讲的还多。[见297页以下和注]

另一方面,①我也不能证实 H.西尔贝勒[如1914,第2部分,第5节]首先提出的这种意见,即每一个梦(甚至许多梦和某类梦)都需要有两种解释,而且认为它们之间具有一种固定的关系。西尔贝勒把一种解释称为"精神分析的"解释,说是赋予梦以一种或他称意义,而通常是一种幼儿性欲的意义;他把另一种更为重要的解释称为"理想精神的"解释,是指梦的工作运用的材料是一种更为严肃而深刻的思想。西尔贝勒报告了不少他在这方面进行分析的梦,但并没有证实他提出的主张。我必须反对这个主张是因为它与事实不符。不管他怎么说,大多数梦并不需要多重性解释,特别不需要理想精神的解释。不容忽视的是,西尔贝勒的理论和近年来其他一切理论一样,其目的都是在不同程度上企图掩盖梦形成的基本情况,并把我们的注意从它的本能根源转移开去。在许多梦例中,我能证实西尔贝勒的说法。但是我从分析中发现,在这些梦例中,梦的工作不得不面临将清醒生活中一系列高度抽象的思想转变而为梦这样一个问题,因为这些思想得不到任何直接表达。梦的工作为了解决这个问题,于是就去掌握与抽象思想关系

---

① [本段于1919年增写。]

不大的(但往往是隐喻式的)另外一组理智材料,用以解决难以表达的困难。用这种方式形成的梦,梦者能毫无困难地说出抽象的解释,但是对于那些插入材料的正确解释,只有借助于我的现已熟悉的技术才能获得。①

525　　如果问是否对每一个梦都能作出解释,则答案是否定的。② 我们不应忘记,在进行释梦工作时,总是遇到构成梦的化装的精神力量的对抗。我们能否通过自己理智的兴趣、自制的能力、心理的知识以及释梦的经验而克服内心的抗拒,那要看反对力量的相对强度而定。一般说来,我们都能取得某些进展;至少足以使我们深信梦是有意义的结构,一般都是以由此窥见梦的某些意义。常常出现这种情况:紧接而至的第二个梦能使我们证实对前一个梦的暂行解释并使解释更深入一层。连续几个星期乃至几个月所做的一整系列的梦往往有一个共同的基础,所以应当作为互相有关的梦加以解释。[参见193,362页]在彼此连续的两个梦中,我们常常发现,第一个梦中的中心在第二个梦中只处于边缘地位,反之亦然。所以对它们的解释也应当是互为补充的。在释梦的工作中,同一晚做的不同的梦应当作一个整体看待,我在这方面已经举过很多例子了。[见333页以下]

在解释得最好的梦中,我们往往也不得不留下一段晦涩难解之处,因为我在解释的过程中,这里是一团难于解开的梦念,而且也不能增加我们对梦内容的了解。这就是梦的关键所在,它从

---

①　[弗洛伊德在他的《梦的理论的心理玄学补充》(1917d)的一个长注中和他的《梦与精神感应》末尾处都讨论了这一点。]
②　[这个问题在弗洛伊德的,1925i,第1节中有详细的讨论。]

520

这一点伸向未知的深处[见111页注]。我们在释梦过程中发现的梦念，一般说来并无止境，而是向各个方向伸展开去。在我们的思想世界中像网一样纠缠不清。梦的欲望正是从这个组织的某些最错综复杂之处生长出来，就像蘑菇从它的菌丝体中长出来一样。

现在让我们回到梦的遗忘事实上来。当然直到现在为止，我们还没有从这些事实得出任何重要的结论。我们已经了解到，醒时生活有一种确定无疑的倾向，要把夜晚做的梦给忘掉，要么是醒后马上就忘记得一干二净，要么是在白天逐渐地忘却。但是当我们发现在夜间已经竭尽全力用以反抗梦的那种精神抗力是遗忘过程中的主要因素时，就不免产生下面的问题：面对着这种抗力，梦又是如何形成的呢？让我们设想一个最明显的情况，那醒时生活把梦完全排斥在外，好像根本没有做过梦似的。如果我们考虑到精神力量的话，我们就不能不承认，假如抗拒在夜间和白天同样有力，梦就不会发生了。所以我们的结论是，抗拒在夜间一定失去了一部分力量；但是它的力量并未全部丧失，因为我们曾经证明它在梦的形成中还有余力进行伪装工作。我们因此考虑到，梦之所以可能形成，只是由于抗拒力量的减弱，从而我们也就容易理解到，当抗拒在醒时恢复其全部力量为什么马上就能把它在虚弱时被迫允许出现的事情一笔勾销了。描述心理学告诉我们，心灵处于睡眠状态是梦的形成的主要决定性条件(sine qua non)；我们现在还可以增加如下解释：睡眠状态降低了内心的稽查作用，遂有可能使梦得以形成。我们无疑想把这一点看成是根据梦的遗忘事实而得

521

出的唯一可能的推论,并由此进一步得出睡眠和清醒状态各有多大能量在起作用的结论。但是我们在这里要暂停一下。我们只要对梦的心理学稍微深入一步,我们对梦的形成的因素就会又有不同的看法了。那企图阻止梦念进入意识的抗拒,也许消失不见而又不减弱其本身的力量。有利于梦的形成似乎还可有一种想法,即抗拒的减弱和消失这两个因素可能同时都由睡眠状态所造成。我现在将要再停一下,稍后再继续讨论这个论点。[见 573 页以下]

我们现在必须考虑反对我们释梦程序的另一组意见。我们的程序是,抛弃平时支配着我们反思的一切有意向观念,集中注意于梦中的一个单独元素,记下与这个元素有关的自由浮现的思想。然后我们再处理梦内容中的第二部分,如法炮制。不管思想伸向何方,我们只是让自己随着思想的发展,任意从一件事情转到另一件事情。但是,我们应满怀信心,深信无须干预,我们最终自会达到梦所开始出发的梦念。

我们的批评者们所持的反对意见是:如果我们从梦的一个单独元素出发而将我们引到某处,那是不足为奇的;每个观念总可以与某个事物发生联系。值得奇怪的反而是,这种任意的漫无目的的思想链索竟能使我们导出梦念。这大概是在欺骗自己吧。我们追随着一个元素的一串联想前进,直到因某种原因而似乎中断,然后再捡起第二个元素,其结果我们联想的原来无拘无束的性质自然变得越来越狭窄了。因为第一串联想仍存留在脑中,所以在分析第二个观念时,我们最容易想到的总是与第一串联想有关的一些联想。我们于是就自以为两个元素之间找到了一个可以代表联结点的思想了。因为我们容许自己尽可能地进行自由联想,而且排除了发生在正常思维中从一个观念转移到另一个观念这个唯一情况,所以最后并不难为自己从一连串中间思想编造出我们称之为"梦念"的东西;这些"梦念"是毫无保证的,因为除此而外,我们什么都不知道——我们只断言它们是梦的精神代替物。然而这一切都纯属虚构,是一种巧妙的机遇组合。任何人只要不怕麻烦,他都可以为任何梦编出他所指望得到的解释。

如果真的有人对我们提出这样的反对意见,我们未尝不可以根据下列理由进行辩护:我们对梦的解释给人以深刻印象;我们在追随梦的一个单独观念过程中突然出现与其他元素的惊人联系;如果我们追随的精神联系不是事先联系着的,我们对梦的解释就不可能达到如此详尽无遗的程度。我们在辩护中还可以提出,释梦的程序与解除癔症症状的程序是相同的。这种方法的正确性可从症状的出现和消失的一致性得到证实——就是说,本书中提出的解释是用旁证加以检证的。但是,我们没有理由回避这个问题——即我们追随一串任意的漫无目标的思想,任其飘浮,但又如何能达到一个事先存在的目标,我们虽然还不能回答这个问题,但却能使这个问题根本站不住脚。

说我们在释梦时让自己随着思想漫无目的地飘浮,又说我们放弃反思让那些不随意观念自行浮现,这种说法其实是不正确的。业已表明,我们能够排除的只是我们已知的那些有意向的观念;而每当我们排除了它们以后,那些未知的——如果说得不明确些,就是潜意识的——有意向观念马上就起而控制局势,从而决定着不随意观念的进程。我们施加于自己心理过程的任何影响,都不能使我们进行没有意向性观念的思维;精神错乱状态中也是如此。①精神病医生们在这一点上过早地放弃了关于精神过程有联系性的信念。我知道,在癔病和妄想狂中,与在梦的形成和解释中一样,漫无目标的思想是不能产生的。这种情况在内源性精神疾病中也许是根本不存在的。依照劳里特的假设[1834,131],甚至处于精神错乱状态中的谵妄也不是没有意义的。我们之所以不了解是因为中间漏掉了一些环节。我曾有机会观察过这些癔症,我也曾持有同样的想法。谵妄之所以产生,乃是因为稽查作用不再掩饰自身的工作,它不再去支持那些无害的思想,而是删掉了它所反对的一切,结果却使得剩余的思想支离破碎。这种稽查作用就像俄国

---

① [1914年增注]直到最近,我才注意到爱德华·冯·哈特曼对于这个重要的心理学论点持相同态度:"在讨论潜意识在艺术创作中所起的作用时,哈特曼(1890,卷1,第2部分,第5章)清楚地阐明了由潜意识的有意向观念所支配的观念联想法则,但他未认识到这个法则的范围。他要证明的问题是:'每一个感觉观念的联结,当其不纯属偶然而是指向某个确定的目的时,必须有潜意识的帮助。'[同上,卷1,第245页]而意识的兴趣所起的作用,乃是刺激潜意识在无数可能的观念中去选择合适的某一观念。正是潜意识对符合利益的目的进行了适当的选择,这一点同样'适用于抽象思维的联想和感觉上的现象,艺术上的配合'以及插科打诨[同上,卷1,第247页]。因此(从纯粹联想心理学的意义上来看),对于一个激发的和一个被激发的观念的联想可加限制的论点是站不住脚的。这样一种限制,'只有在人类生活中人们不仅能不受任何有意识目的的束缚,而且能不受任何潜意识兴趣,任何心境的支配和合作条件下,才能证明是正确的。但是这样一种条件是不可能的,因为即使一个人让自己的系列思想任意飘浮,或者完全使自己陷入不随意的幻想梦境,但他仍然有其他的主导兴趣,占优势的感情和心境出现,它们势必对观念的联想产生一定的影响。'"(同上,卷1,第246页)"在半意识的梦中,往往只有与(潜意识)短暂出现的主要兴趣相符合的观念。[在上述引文中]因此强调情感和心境对于自由思想系列的影响即使从哈特曼的观点来看,精神分析的方法程序也是可以站得住脚的。"(波荷里勒斯,1913)——杜普里尔(1885,107)从我们忽然想起一个久思不得的名字这一事实推论说,这是发生了一种潜意识的但仍然是有目的的思维,后来它的结果突然进入了意识之中。

边界的检查官一样,他们把外国报刊的某些段落开了天窗,然后才允许送到自以为要保护的读者手中。

在一些严重器质性的脑病中,可以发现观念与偶然的联想链索自由推演,然而在精神神经症中的自由联想,却往往被认为是稽查作用对于被隐藏的有意向观念推到前台的一连串思想施加影响的结果。① 如果出现的观念(或意象)是以所谓表面联想而连结起来的,则可以认为是未受有意向观念阻碍的自由联想的确定无误的表征,这些表面联想包括谐音、言语双关和没有意义联系的时间巧合;或者是在开玩笑和文字游戏中出现的那一类联想。这一种特性表现于引导从梦的各个元素通向中间思想的思想链索之中,也存在于从这些中间思想通往梦念本身之中;我们在许多梦的分析中不无惊奇地发现了这一类联想的例子。这些联想并不过分松懈,妙语戏而不谑,从而充当了从一个思想到另一个思想的桥梁。但是在这种稳妥的事物状态中却不难发现正解的解释。只要一个精神元素从一种令人反感的和表面的联想与另一个元素联系起来,则在二者之间必定存在着一种正确和更为深刻的但又遭到稽查作用的抗拒的联想。②

表面联想占据优势的真正原因不在于有意向观念受到压制,而是由于稽查作用的压力。只要稽查作用封闭了正常的联系通道,表面联想就会出来取代深层的联系。这就像一个山区,因为洪

---

① [1909年增注]荣格根据对早发痴呆症的分析有力地证实了这一说法(荣格,1907)。

② [本书的其他地方,弗洛伊德总是谈到抗拒的稽查作用。后来对"抗拒"和"稽查作用"概念之间关系有所阐明,可见《精神分析引论新编》(1933a)第29讲。]

525

水泛滥而交通中断，公路无法通行，只得依靠猎人有时利用的崎岖小道来维系交通了。

我们在这里可区别出两种情况，它们实质上是同一种情况。第一种情况是，稽查作用只针对两个思想之间的联结，这两个思想如果是分开的，便不会遭到反对。因此它们将先后进入意识，二者之间的真正联结隐而不现，而代之以一种我们未曾想到的联结，这个联结通常不依附于那些受压抑的主要联结，而是依附于另一部分复杂观念。第二种情况是，两种思想的内容同受稽查作用的抵制，于是二者都隐藏了本来面目而以改变了的代替形式出现。不过被选来代替的两个思想之间的表面联想，一定要能代表两个原来思想之间存在的主要关系。在稽查作用的压力下，这两种情况都产生了一种移置作用，从正常的严肃的联想转向荒谬的表面的联想。

因为我们知道这些移置作用的发生，所以我们毫不犹豫地在释梦过程中，与依赖其他联想一样，依赖了表面联想。[1]

在对神经症的精神分析中，下面两个原则应用得最多：其一是，由于意识的有意向观念已被放弃，潜意识的有意向观念就起而控制了观念的流动；其二是，表面联想不过是被移置作用用来代替那些被压抑得更深的联想。精神分析确实把这两个原则当成了分

---

[1] 移置作用自然也可应用于梦内容中公开呈现表面联想的那些梦。上面59页提到的莫里报告的两个梦可以为例：(Pèlerinage—Pelletier—pelle; kilomètre—kilogramme—Gilolo—Lobelia—Lopez—lotto；[朝香客—化学家名—铲子；公里—公斤—地名—花名—将军名——一种游戏])我治疗神经症病人已有多年，深知他们在何种记忆中喜欢利用这种表现方法。有时病人去翻阅百科全书或辞典（像青春期充满好奇心的大多数人那样）以求满足解开性之谜的渴望。[类似的例子可见对杜拉的第二个梦的分析（弗洛伊德1905e第3节）。]

526

析技术的基石。当我要求一个病人彻底打消顾虑,把一切浮现在脑中的观念向我报告时,我深信他不可能在谈论中漏掉那些有意向的观念,而且我可以有把握地假定,他所报告的内容即使看来是天真无邪和任意的,实际上总和他的疾病有某种关联。病人还有一个他并不怀疑的有意向观念,那就是对我本人不抱怀疑。关于这两个原则重要性的充分理解和详细论证,已属于精神分析技术的描述范围。我们到此已可说又达到一个前线据点,只好把释梦这个题目再搁置一下了。①

从这些反对意见中,我们只得出一个真正的结论,即我们不必把在释梦工作中所发生的每一个联想都归之于夜间梦的工作。[见 280 页和 311 页]我们在清醒时刻的解释实际上走的是一条从梦的元素返回梦念的道路,而梦的工作走的是相反的方向。这两条相反的路线很可能是互通的,但我们在白天,似乎是在追随一种新的思想链索,就像采掘矿井似的,时而碰上一些中间思想,时而在这里或那里发现一些梦念。我们可以看到,白天的思想材料如何以这种新方式插入解释的系列之中,而夜晚增强的抗拒又如何更要使我们的解释必须进行新的迂回。但我们在白天思索出来的旁系的数目[见 31 页]和性质在心理上并不具重要性,只要它们能把我们引向所寻求的梦念就行了。

---

① [1909 年增注]上面所说的两个原则在提出时听起来好像很不可能,但一直为荣格和他的学生在单词研究中,在实验上加以应用和证实。[荣格 1906 与以"随机"选择的数字开始的一串联想有效性有关题目的一个有趣的论点。(见上文 514 页以下)弗洛伊德在其《日常生活精神病理学》(1901b)第 7 章(A, No.7)于 1920 年所加的一个长注中加以发挥。]

527

二、回归作用

在驳斥了向我们提出的各种反对意见之后，也就是至少在显示了我们的防御武器之后，我们一定不能再拖延对久已有所准备的心理学的探讨了。先让我们把已获得的研究成果小结如下：梦是与其他任何精神活动同等重要的精神活动；梦的动机力量常常是一种寻求满足的欲望；梦之所以不被认为是欲望，而且具有许多特点和荒谬性，都是由于在梦的形成过程中受到精神稽查作用的影响所致；除了必须逃避这种稽查作用以外，下列因素在梦的形成中也起着一定作用：必须将梦的精神材料加以凝缩；要表现为感觉意象的可能性；要求梦的结构有一合理而可理解的外貌（虽不总是如此）。上述每一前提都为心理学假设和设想开辟了新的道路。我们现在需要研究的是，作为梦的动力的欲望与形成，梦的四个条件之间的相互关系，以及这四个条件本身之间的相互关系；我们还必须确定梦在错综复杂的精神生活中应占据何等地位。

在本章的开始我就叙述了一个梦，用来提醒我们一些悬而未决的问题。要解释这个梦（孩子烧着了的梦）并不困难——虽然在我们看来解释还不充分。我曾问过，梦者为什么要做梦而不醒来，也承认他的一个动机就是但愿看见他的孩子仍然活着。在进一步讨论后〔见下文570—571页〕我们将发现还有另一个欲望在起作用。但我们首先可以这么说，睡眠时的思想过程转变而成为梦，乃是为了欲望的满足。

如果我们置欲望的满足于不顾,我们将会发现,用以区别精神事件两种形式的,就只剩下一个特征了。梦念很可能这样想:"我看见火光来自停放尸体的房间,也许一支蜡烛倒了下来,我的孩子可能烧着了。"梦把这些思想表现为一种实际存在的情境,能够像清醒时体验那样,通过感官而知觉得到。此处做梦过程的最一般和最显著的心理学特征是:一种思想、而且照例是表明某种欲望的思想,在梦中被客体化了,表现为一种景象,而且好像是我们亲身体验到的景象。

然而,我们如何解释梦的工作这一独具的特征呢?或者退一步问,我们如何在精神过程的复杂关系中确定它的位置呢?

如果我们对问题更加深入地考察一下,将会发现这个梦所采取的形式具有两个突出的几乎彼此独立的特征。一个特征是思想表现为一种直接情境,省略了"也许"这个字眼;另一个特征则是思想转变为视觉表象和言语。

在这个特殊的梦中,思想中所表现的期望转变而为现在时态似乎并不特别显著。这是因为在这个梦中,欲望的满足只能起到不寻常的附属作用。让我们来考虑另一个梦,其中梦的欲望还没有脱离使之入睡的清醒思想,譬如爱玛打针的梦吧![116页以下]梦念中表示的是祈使语气:"但愿奥托对爱玛的疾病负责!"梦抑制了这个祈使句而代之以径直的现在时:"是的,奥托对爱玛的病负有责任。"这就是在梦念中实现的第一个变形,梦中甚至没有化装。我们对于梦的这第一个特征不必多费笔墨。我们可以转移

529

注意来讨论意识的想象物——即白日梦,因为它是以同样方式来处理观念内容的。都德笔下失业的乔耶西先生①徘徊在巴黎街头(他的女儿却以为他有了工作正坐在办公室中),他梦见有些机会对他有利并因此而找到了职业——他就是以现在时做梦的。因此,梦也和白日梦一样,以同样方式和同样权利利用着现在时。现在时是欲望得到满足所表现的时态。

但是,梦之不同于白日梦在于它的第二个特点,即梦的观念内容从思想转变为视觉意象,我们不但相信这个意象,而且好像在亲身体验着似的。但我马上得补充说,并不是每一个梦都表现出从思想到视觉意象的转变。有些梦只包含一些思想,但不能因此便将梦的实质加以否定。我的那个"Autodidasker"梦[298页以下]便属于这一类梦。它就像我在白天如果想到它时一样地缺少感觉元素。在任何相当长的梦中,总有些元素和其余元素不一样,没有被赋予感觉形式,仅仅是想到和知道而已,与我们在清醒生活中习惯于想到和知道事物的方式没有什么区别。我们在此还必须记住,这种从观念到感觉意象的转换不仅单纯地出现在梦中,而且也可以在常人身上或精神神经症症状的幻觉和幻象中作为独立的实体而出现。总之,我们现在谈到的关系决不是独一无二的关系。但是,毫无疑问,只要梦中出现了这个特点,仍然最值得唤起我们的注意;所以,如果我们要想象梦的世界,不考虑这个特点,那是无法进行的。但是要对它达到充分的理解,我们一定还要进行漫长

---

① [《富豪》中人名(见491页)。弗洛伊德的初稿中这一句话在这个人名上犯了笔误。他曾在《日常生活精神病理学》(1901b)第7章第1节末尾处加以讨论。]

的讨论。

作为我们探讨的出发点,我愿意在有关梦的许多理论中特别提出一位作者的说法。伟大的费希纳(1889,2,520—1)在一次关于梦这个题目的简短讨论中,提出一种说法,认为梦中的活动景象与觉醒时刻的观念生活有所不同。这是唯一能够说明睡梦生活的特征的假说。①

这句话向我们表示的是"精神位置"的概念。我将完全不理会现在讨论的精神机构也是我们已知的解剖学标本形式的事实。我将尽力避免以任何解剖学方式决定精神位置的企图。我将始终站在心理学立场,建议遵循以下这样的提示:我们只把实现精神功能的工具,按照复式显微镜、照相机之类的仪器进行描述。在此基础上,精神位置将相当于仪器中初步景象得以呈现的那一点。我们知道,在显微镜和望远镜中,这些初步景象存在于那些理想的部分,这些理想点在仪器中并不处于明显可触摸的部位。我认为这种或任何类似的影像有欠完美是没有抱歉必要的。这种类比不过是用来帮助我们理解精神功能作用的错综复杂现象,把功能加以分解,并将其不同成分归属于仪器的不同构成部分。就我所知,到目前为止,还没有人试用这种分解方法去探讨将精神工具加以综合的方式,而我认为这种做法是没有害处的。在我看来,我们有理由让我们的思想自由奔驰,只要我们能冷静地进行判断,不使理论大厦的支柱陷于错误。因为我们在开始探讨任何完全无知的事物

---

① 〔在1898年2月9日给弗利斯的一封信中(弗洛伊德,1950,第83封信),弗洛伊德写道,在费希纳的这一段话中,是他在有关梦的文献中发现的唯一切合实际的说法。〕

时，必须有某些暂时性概念作为辅助，所以我将首先提出一个最粗略而具体的假设。

相应地，我们把精神机构想象成一个复杂的工具，将其组成部分称之为"动因"(agencies)①，或(为了更明确起见)称之为"系统"(systems)。其次，可以预料，这些系统或许彼此以一种有秩序的空间关系存在着，就像在一架望远镜中不同的透镜系统彼此先后排列着一样。严格地说，并不需要把精神系统实际上按空间次序加以排列。如果在某一精神过程中，兴奋以一种特殊的时间顺序经过这些系统而形成一种固定的次序，这一事实也就足够说明了。在其他一些过程中，也许又是另一种不同的顺序；这种可能性是存在着的。为简便计，我们以后把这种机构的组成部分叫做"ψ系统"。

引起我们注意的第一件事，就是由各ψ系统复合而成的这个机构具有感觉或方向性。我们所有的精神活动始于(内部的或外部的)刺激而止于神经分布②。因此，我们将赋予这个结构以一个感觉端和一个运动端。在感觉端有一个接受知觉的系统；在运动端则有一个可以产生运动活动的系统。精神过程一般从感觉端进行到运动端。精神机构的总图式如下(图1)。

然而，这也不过是满足我们久已熟知的一种需要，即精神机构的结构必须与反射机构的结构相同。反射过程始终是每一种精神

---

① ［德文为"Instanzen"，字面上可为"instance"，其意义类似于"初审法院"］——英译者注。——由于该词意义具有动力作用，中文似以译为"动因"较为合适。——中译者注

② ["imnervation"是一个多义词，多用于结构方面，意指某个器官或身体部位内神经的解剖学上的分布。弗洛伊德往往用它表明能量传入某种神经系统，或者(如在目前情况下)特指能量传入一种外导系统——就是说，指一种趋向于释放的过程。]

活动的模式。

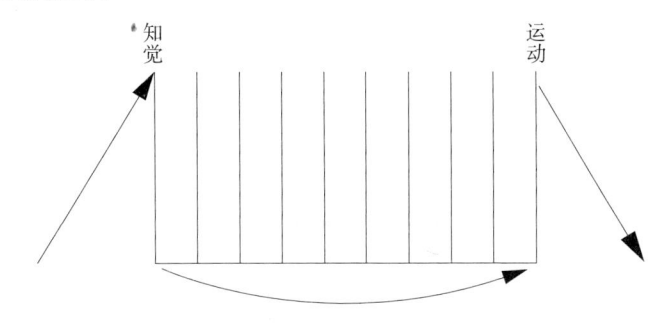

图　1

其次，我们有理由在感觉端引入第一次分化。当知觉与精神机构发生密切接触后便留下一些痕迹，我们称之为"记忆痕迹"，而把与之有关的功能叫做"记忆"。如果我们坚持精神过程依附于系统的主张，则记忆痕迹势必只能使系统的各元素产生永久性的变化。但是，正如在别处已经指出的那样[1]，假设同一系统既能正确地保持本身各元素的变化又能永远地接受新的变化，这显然是非常困难的。因此，根据支配我们尝试的假设原则，我们将把这两种功能分属于两个不同的系统。我们可以假定，处于机构最顶端的系统接受知觉刺激但是不保存它的痕迹，因而无所谓记忆；而在第一个系统之后有第二个系统，可以把第一个系统的短暂兴奋转变而为永久的痕迹。下面是我们精神机构的示意图。（图2）

我们永久保留下来的东西要多于与知觉系统发生密切接触的知觉内容，这是大家熟知的事实。我们的知觉在自己的记忆中是

---

[1] ［在布洛伊尔和弗洛伊德1895年的《癔病研究》(1895)中，布洛伊尔在他的理论贡献的第一节的一个脚注中，提到反射望远镜的镜面不能同时是照相用的底片。］

```
知   记 记′记″              运
觉   忆 忆 忆              动
```

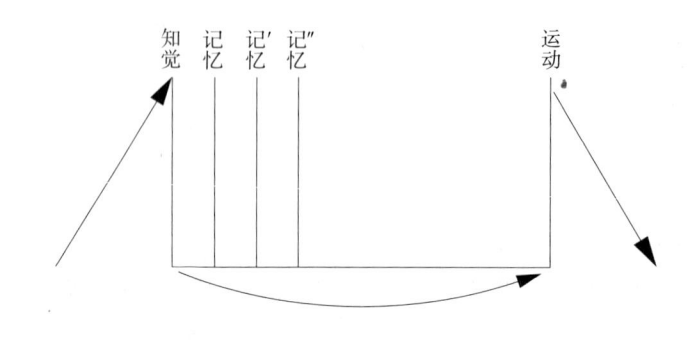

图　2

彼此联系着的——首先是按照发生的同时性。我们把这个事实叫做"联想"。因此很清楚,如果知觉系统根本不存在记忆,它就谈不上保留有联系的痕迹;如果一个早先的联结的残迹对新的知觉会产生影响,则各个隔开的知觉元素在执行其功能时必将受到妨碍。所以我们必须假定联想的基础存在于记忆系统之间。因此联想就是这样一个事实,即由于抗拒的减弱和方便途径的开拓,兴奋就从某个记忆元素较为容易地传到一个元素而不是传到另一个元素去了。

仔细加以考虑,将会发现有必要假设不是一个而是好几个这样的记忆元素,其中从知觉元素开始传递的同一兴奋,留下了许多不同的永久性痕迹。这些记忆系统的第一个系统自然会包含着有关时间上同时性的联想痕迹;而同一知觉材料在后面的各系统中可以因其他种类的偶合而得到安排。譬如有一个系统可以记录下类似性的关系,余可类推。要把这样一类系统的精神上重要性付诸笔墨,必然要浪费时间。它的特性要视与记忆原料的不同元素的密切关系详情而定。这就是说,如果我们要提出一个更为彻底的理论,要视在传递这些元素的兴奋时这个系统所提供的传导上的抵抗程度而定。

在这一点上,我要插入几句带有一般性质但也许具有重大含义的话。那些知觉系统由于没有保留变化的能力,因而也没有记忆为我们的意识提供繁杂的感觉性质。另一方面,我们的记忆本身——包括那些在我们心灵上印刻得最深的记忆——则是属于潜意识的。它们可以成为有意识的;但是它们在潜意识的状态下无疑能发挥其作用。我们称之为"性格"(character)的东西有赖于我们印象的记忆痕迹,而且对于我们有最深刻影响的那些印象——我们早年的那些印象——恰恰是极少变为意识的。但是它们一旦变成有意识的,就不会像知觉那样表现出任何感觉性质,充其量也表现得很少。若要深刻地理解支配神经元的兴奋情况,则必须能证实这一点,即在ψ系统中,记忆与意识的特性是互相排斥的。①

对于精神机构的感觉端的结构这个假说,我们一直还未涉及梦或由梦所能推论而得的心理学知识。然而梦所提供的证据可以帮助我们了解精神机构的另一部分。我们已经知道[143页以下],我们解释梦的形成,只能大胆假设存在着两种精神动因,其中

---

① [1925年加注]我一直认为意识实际上是代替记忆痕迹而产生的。见我的《关于神秘的拍纸簿的说明》(1925a)[也参见《超越快乐原则》(1920g)第4章,此处提出了同一观点——读了弗洛伊德后期著作中这两段将对现在有关记忆的整个讨论更为明白易懂。但是在与弗利斯通信中(1950a),他所说的对该题目的某些早期思考将更有启发性。例如见《科学心理学设计》第1部分第3节(写于1894年秋季)和第52封信(写于1896年12月6日)——顺便提及,这封信中包括了上述示意图的早期图样以及此处加以区别的各系统的缩写字样:翻译成英文,则"Cs"代表"意识"系统,"Pcs"代表"前意识","Ucs"代表"潜意识","Pcpt"代表"知觉的"以及"Mnem"代表"记忆的"各系统]。

一种动因对另一种动因的活动加以批评,包括将其排除于意识之外。我们得出的结论是,在与意识的关系上,批评性的动因比被批评性的动因与之更为密切:它像一个筛子,竖立在被批评性的动因与意识之间。其次,我们还有理由[489页]把批评性的动因看成这样一个机构,它指导着我们的清醒生活并决定着我们自主的、意识的活动。根据我们的假设,如果我们把这些动因代之以系统,则我们的最后结论一定会导向把批评的系统定位于精神机构的运动端。我们现在把这两个系统引入示意图并为它们命名,用以表示它们与意识的关系。(图3)

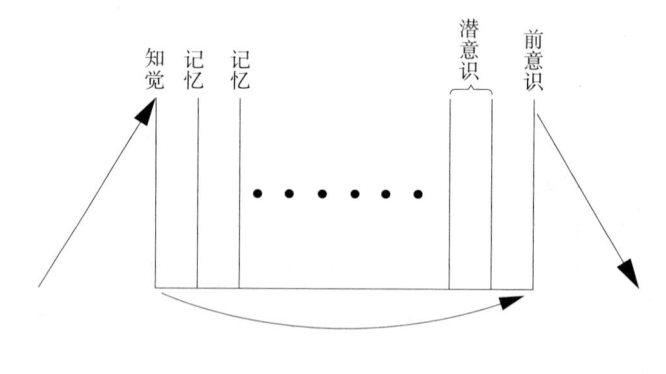

图 3

我们将把位于运动端的最后的系统称之为"前意识"(Pcs),表明发生于其中的兴奋过程可以不再遇到障碍而进入意识,只要具备某些其他条件:譬如它们达到了一定的强度;那种可以描述为"注意"的功能具有某种特殊方式的分配[见593页]等等。这个系统同时也是支配自主运动的关键。我们将把位于它后面的系统称之为"潜意识",因为它除了取道前意识就不能达到意识,而在经过前意识时它的兴奋过程不得不有所改变。①

那么,我们把构成梦的原动力置于哪一个系统之中呢?为简便计,就放在潜意识系统之中。在进一步讨论中,我们确实会发现这并不完全正确,而且形成梦的过程不得不将其自身依附于属于前意识系统的梦念[562页]。但是当我们考虑到梦的欲望时,我们将发现产生梦的动机力量是由潜意识提供的[561页];由于这后一个因素,我们就把潜意识系统当作了梦的形成的出发点。与所有其他思想结构一样,这个梦的促动者将努力进入前意识,并由此而达到意识。

实验表明,这条经过前意识而导向意识的途径,在白天由于抵抗所施加的稽查作用而达不到梦念。这些梦念到了夜间才能进入意识,但是问题在于它们如何才能做到这一点而且要借助于什么样的变化。如果夜间由于守卫着潜意识与前意识之间疆界的抗力有所削弱,梦念能够进入意识,则当时我们所做的梦应该是观念性的而不应该带有当时我们感兴趣的幻觉性质。因此在潜意识系统和前意识系统之间的稽查作用的削弱只能解释像"Autodidasker"之类的梦的形成,而不能解释作为我们研究起点的像火烧着了儿童那一类的梦。

对于幻觉式的梦所可作的解释,只能说,兴奋以一种回归的方

---

① [1919年增注]如果我们企图将其中以线性连续系统表示的示意图再推进一步,我们就得承认前意识的前面还有一个系统,就是意识系统。换句话说,就是知觉=意识。[见后文615页以下,有关的充分讨论见弗洛伊德1917d——弗洛伊德后来关于心灵的示意图,最先见于《自我和伊底》(1923b),第2章,又见(略有修改)《精神分析引论新编》(1933a),第31讲,对结构的强调基于功能。]

537

向运动。它不是传向机构的运动端,而是向感觉端移动,最后达到知觉系统。如果我们把清醒生活时由潜意识而产生的精神过程的方向称之为"前进的",那么我们就可以把梦说成是有一种"回归的"性质。①

这种回归作用(regression)无疑是做梦过程的一种心理特征;但是我们必须记住,它不只是在梦中产生。在有意回忆和我们正常思维的其他成分的过程中,也包括着从复杂的观念倒退到所由产生的记忆痕迹的素材这一精神机构的回归性运动。然而在清醒状态,这种回归活动从不超出记忆意象;它不再继续产生知觉意象的幻觉式再现。但在梦中为什么不是这样的呢?当我们考虑到梦的凝缩作用的工作时,势必假设附着于某些观念的强度由于梦的工作可以完全从一个观念转移到另一个观念[330页]。或许就是这种正常精神程序中的改变,可能导致对知觉系统的精力倾注,以一种逆溯的方向,从思想开始,一直退回到感觉的高度鲜明性。

我们在强调这些现象的重要性时可不要欺骗自己,我们不过是在给予一种费解的现象以一个名称。在梦中,一个观念退回到它所由产生的感觉影像,我们就称之为"回归作用"。然而即使这种做法也还须加以验证。如果这个名称没有什么新意,那命名的

---

① [1914年增注]第一个提出回归因素的要追溯到阿伯特·马格纳斯[13世纪一个学者]。他说"unaginatio"。(想象)凭借感觉对象的储藏意象而构成梦,其产生的过程与清醒时的方向相反(引自迪甫根,1912,14)——霍布斯在《利维坦》(1651,第1部分,第2章)写道:"总之,我们的梦与我们醒时的想象是逆向的,我们在醒时,运动始于一端,而做梦时则始于另一端。"引自赫夫洛克·埃利斯(1911,109)——[布洛伊尔在《癔病研究》第3章,第1节(布洛伊尔和弗洛伊德,1895)(关于幻觉)谈到一种"回归的"兴奋,产生于记忆器官,利用观念而作用于知觉机构。]

538

目的又何在呢？我认为,"回归作用"这个名词对我们是有帮助的,它至少是与我们已经知道的示意图中的事实是有关联的。在示意图中,精神机构具有方向性,而正是在这一点上,设计出来的示意图开始对我们有好处了。无须多加思索,只要把这个图考察一下,就可以看出梦的形成的另一个特征。如果我们把做梦过程看成是发生在我们设想的精神结构中的一种"回归作用",我们就立即能对以经验建立起来的这种事实做出解释,即属于梦念的一切逻辑关系在梦的活动中为什么消失或只能是难以表达的了[312页]。按照我们的示意图,这些关系不包括在第一个记忆系统内,而是包括在其后的一些系统之中,而在回归作用的情况下,除知觉意象外,它们必然会失去任何表达的手段,在回归作用中,梦念的结构物分解为它本身的原始材料了。

　　是什么变化才使得白天变得不能发生回归作用的呢？对于这一点我们只好满足于某些推测了。这无疑是一个依附于各个不同系统的能量倾注的变化问题,发生的变化使得这些系统利于或不利于通过兴奋过程。但是在任何这一类精神机构中,兴奋通路产生同样的结果并不限于一种方式。我们最先想到的,当然是睡眠状态以及在精神机构感觉端上发生的精力倾注的变化。在白天,一股兴奋流从知觉系统不断流向运动端。但到了夜晚,这股潮流停了下来,不再形成这股兴奋向相反方向回流的障碍。我们此时仿佛处于"与外部世界隔绝"的状态。有些权威作者认为,这正可以用作对梦的心理特征的理论依据。(见51页)

　　然而在解释梦的回归作用时,我们必须记住,回归作用也在病态的清醒状态下发生,上面的解释在此处是讲不通的。因为在这些情况下,感觉流虽然毫无阻碍地向前流动,回归现象却依然产生。我认为癔症和妄想狂的幻觉以及心智正常者的幻视实际上也属于回归作用,即思想转换为意象,但是能够进行转换的,只限于与受压抑记忆有着密切联系或者保持着潜意识状态的那些思想。

例如,我的一位最年轻的癔症患者,一个12岁的男孩,因为极度害怕"青面红眼"而不能入睡。这个现象的来源是对于一个四年前常常见到的一个男孩的受压抑的、虽然有时也能意识到的记忆所致。这个男孩给他看了一张用来吓人的图画,画着儿童们不良习惯的后果,其中包括了手淫,而我的这位小病人正为了手淫而自责。他的母亲当时指出,那个坏孩子长着一副绿色面孔,一对红色眼睛(红眼圈)。这就是他心目中鬼怪的来源。而这个鬼怪恰好又使他记起了他母亲的另一个预言,说这一类孩子总要变成白痴,在学校里什么都学不进去,而且活不长久。我的小病人实现了预言的一部分,他在学校里成绩低下;而从他的不随意联想表明,他对另一部分预言感到极端恐惧。我附带说一句,经过短期的治疗,他已能入睡,神经过敏消失了,学年终了因成绩优异而获得了奖励。

我还要解释我的另一个癔症患者(一个40岁的妇女)对我所说的她在生病之前发生的一个幻视。一天早晨,她睁开双眼,就看见她的弟弟站在房内,而她明明知道,他实际上正关在疯人院中。她的小儿子正睡在她的身边。为了怕小孩看见舅舅时受到惊吓和发生抽搐,她用一床被单遮住了他的脸,然后那怪影就消失不见了。这个幻视是这个妇女的一个变了形的童年记忆,这个记忆虽然是有意识的,却与她心中所有潜意识材料密切相关。她的保姆曾经告诉她,说她的母亲(她死得很早,死时我的病人才18个月)

540

患有癫痫或癔症抽搐，这又要追溯到是由于她母亲的弟弟（我的病人的舅舅）用一张床单罩着头装鬼吓人而引起的。因此这个幻视中包括了记忆中的那些相同元素：弟弟的出现、床单、惊吓及其结果。但是这些元素以不同的内容重新排列，并且转移到了别人身上。这个幻视或者被代替了的思想动机，是她对那长得酷似舅舅的小儿子的关怀，害怕她小儿子步他舅舅的后尘。

我所引证的这两个例子与睡眠状态却不无关系，因此对于我想要证明的说法不一定很恰当。所以我要向读者们再谈谈我对一个患幻觉性妄想狂妇女进行的分析（弗洛伊德，1896b[第3部分]）以及我自己对精神神经症心理学研究尚未发表的结果，①用以证明在这一类回归性思想转变的例子中决不容忽视大部分来自童年记忆的那些影响，而这些记忆已被压抑或仍保留在潜意识当中。与这些记忆有关联的以及被稽查作用所禁止的那些思想，似乎被记忆吸引到回归作用之中，而作为记忆本身得以隐藏于其中的表现形式了。我还可以举出《癔症研究》[布洛伊尔和弗洛伊德 1895——如布洛伊尔的第一个病史]中的一个事实，当有可能把幼儿期景象（不管是记忆还是想象物）引入意识之中时，它们看起来就像幻觉，只有在进行报告时才失去这一特征。还有一个类似的观察表明，即使有些人的记忆不是正常的视觉型，他们的最早的童年记忆也终身保持着感觉的鲜明性。

如果我们现在能注意到，幼儿经验及其所产生的想象物在梦念中所起的作用如何重大，它们在梦内容中反复出现的次数如何

---

① [从未在这一类题目下发表过。]

频繁,以及梦欲望本身又是如何经常地由它们产生,我们就不得不承认,梦中思想之所以转换为视觉意象,很可能就是隐藏于视觉形象中并渴求复活的那些记忆,对被排斥于意识之外的思想施加压力并因力求表现自己而产生吸引力的部分结果。由此看来,梦可以被描述为一种因转移到最近经验而改变了的幼年景象的代替物。幼年景象本身不能复活,只好转变为梦以求满足了。

由此看来,如果幼年景象(或其想象物的复现)在一定程度上作为梦内容的模式在起作用,施尔纳及其信徒们提出的关于内源性刺激的假说便是多余的了。施尔纳[1861]认为,当梦表现得特别鲜明,或者视觉元素特别丰富时,便出现了一种"视觉刺激"状态,也就是在视觉器官中表现出内部兴奋[参见 227 页]。我们不准备对此假设进行争辩,但只能满足于假定这种兴奋状态仅仅适用于视觉器官的精神知觉系统;而且我们还可以进一步指出,兴奋状态乃是由记忆唤起的,它是由最近记忆所产生的视觉兴奋的复活。我在自己的经验中找不出好的例子说明幼年记忆产生这种结果。我猜想我梦中的感觉元素一般不及别人梦中那么丰富,但是在我最近几年来所做的最鲜明最美丽的梦中,我很容易把幻觉般清晰的梦内容溯源于最近或更近印象的感觉性质。在463页以下,我记下的一个梦中,那深蓝色的海水,轮船烟囱喷出的褐色浓烟,还有那暗棕色和深红色建筑物,都使我留下了深刻的印象。这个梦如果有来源的话,就应该追溯到某个视觉刺激。然而又是什么使我的视觉器官产生这种刺激状态的呢?那是一个近期的印象,一个本身与许多早年印象紧密联系着的印象。我在梦中看到的颜色,首先是在做梦的前一天,孩子们用一箱

542

玩具砖块搭起来的想博得我称赞的那漂亮建筑物的颜色。大砖是深红色,小砖是蓝色和棕色。与这些颜色有联系的还有我在最近意大利旅游时留下的印象:环礁湖和伊桑佐的美丽的蓝色,卡索①平原的棕色。梦中的绚丽色彩不过是我的记忆中看到的某些景观的重现而已。

让我们把所发现的梦的这种特征,即梦将自身的观念内容转换而为感觉意象加以综述。我们并没有解释梦的工作的这个特性,我们也没有把这个特性追溯到任何已知的心理学法则;但是我们还是把它挑选出来,用以说明某种未知的含义,而且用"回归的"这个字眼来表明它的特征。我们已经提出这种观点,只要出现这种回归作用,很可能就是一种反对思想沿着正常途径进入意识的抗拒作用,同时也是具有鲜明感觉的记忆对思想产生吸引的结果。②白天源源不断从感觉获得的经验流在梦中陷于停顿的情况下,或许更有利于回归作用的产生。在其他回归作用的情况下,由于缺乏这种辅助因素,就不得不依靠其他动机的更大强度来构成了。我们必须记住,梦中和病态的回归作用,其能量的转换过程一定与正常心理生活中发生的回归作用有所不同。因为在前者,梦的过程可能造成知觉系统的一种完全幻觉式的精力倾注。而我们在分析梦的工作时所描写的"表现力"则可能与梦念所引起的视觉

---

① [的里雅斯特背后的石灰石平原。]
② [1914年增注]任何叙述压抑的理论都必须规定,思想受到压抑乃是两个因素共同作用的结果。一方被意识的稽查作用所推动,另一方是被潜意识所拉动,就像一个人被送到大金字塔顶端那样。[1919年补注]参阅我的论压抑的论文[第1页](弗洛伊德1915d)。

543

景象所产生的选择性吸引有关。

再说,①回归作用在神经症症状形成理论中的重要作用,更不亚于它在梦中的作用。因此可以区分出三种回归作用:(1)地形学的回归作用,我们在上述系统的示意图中已加解释;(2)时间性的回归作用:我们讨论的是回复到较老的精神结构;(3)形式的回归作用:是指用原始的表达和表现方法代替常用的方法。但是所有这三种回归作用归根到底只是一种,而且总是同时产生;在时间上较老的在形式上就是更为原始的而在心理地形学上也距感觉端更近。[见弗洛伊德;1917d]

在我们结束回归作用这个题目时,②不能不提到一个我们老是摆脱不了的概念,当我们更深入研究精神神经症时,这个概念将会以不同的强度再次出现;即整个说来,做梦是梦者回归到早年状态的一个例子,是他儿童时代占支配地位的那些本能冲动以及当时行之有效地表达方法的复活。在个人的这个童年背后,我们可望有一幅种族发生的童年图画——一幅人类发展的图画——个人的发展实际上不过是生命的偶然机遇的一次简短的复演。尼采说得好,梦中"残存着某种原始人性,我们现在不能径直地到达那里",我们可以指望梦的分析把我们导向对人的古老遗物、对人的精神天赋有所理解。梦和神经症所保存的精神古迹似乎比我们所能预料的要多;所以在关心重建人类起源的那些最早和最昏暗时期的科学当中,精神分析应当是名列前茅的。

---

① [本段是 1914 年增写的。]
② [本段系 1919 年增写。]

也许我们对梦的心理学研究这第一部分并不感到满意。但值得安慰的是，我们毕竟是在黑暗中摸索道路前进。我们如果没有完全迷失方向，其他的途径必定也能把我们引到同一地域，那时我们就会感到较为轻松自如了。

三、欲望满足

本章开始时的孩子烧着了的那个梦，使我们有个很好的机会来考虑欲望满足这一理论所面临的困难。如果说梦不过是欲望的满足肯定会使我们都惊讶不已，这还不仅仅是因为与焦虑梦有所矛盾。当分析最初向我们显示出在梦的背后还隐藏着一种意义和精神价值时，我们根本还没有料到这种意义竟有如此单一的性质。按照亚里士多德的大胆而正确的定义，梦是思维在（只要我们是在睡着）睡态中的持续。［见2页］既然我们思想能产生各种不同的精神活动——判断、推论、否认、期待、意向等等——为什么到了夜间梦一定要把自身内容仅限于欲望的产生呢？相反的，难道不是有许多梦向我们表明其他各种精神活动——如焦虑——也转变为梦吗？本章开头所举的那个梦（一个特别显而易见的梦）不正是这样一种梦吗？当火光照射在睡着的父亲的眼睑上时，他焦急地推想一支蜡烛倒了下来，也许烧着了尸体。他把这种联想转化为梦，用一种感觉情境并用现在时态予以表达。欲望满足在其中又起着什么作用呢？难道我们看不出梦中居支配地位的影响是来自清醒生活或者是因一种新的感觉印象而激起的持续的思想吗？这一切都诚然不错，因此我们不得不更严密地来考察欲望满足在梦中所起的作用,以及持续进入睡眠的各种清醒思想的重要性。

我们早已根据欲望满足把梦分成了两类。我们已经发现有些梦公开地表现为欲望满足,而在另一些梦中欲望满足很难察觉,而且往往用一种可能的手段加以化装。在后一种情况下,我们已经知道是梦的稽查作用在施加影响。我们发现那些未化装的表现愿望的梦主要发生在童年,虽说那些短的、公开表现欲望的梦似乎(我要强调这个字眼)在成人身上也有所发生。

其次我们要问的是,梦中实现的欲望源于何处?在提出这个问题时我们可曾想到某些相反的可能性或者想到有什么其他选择呢?我想到,在有意识的白天生活与停留在潜意识中或者只能在夜间察觉的精神活动之间存在着明显的对比。对于这样一种欲望,我可以区别出三种来源:(1)它可以在白天被唤起但由于外部原因而未获得满足;在这种情况下,一个得到承认但未获得满足的欲望便被留到夜晚了;(2)它可以在白天产生但又被排斥,在这种情况下,被留到夜晚的欲望是未被处理但也是被压抑的;(3)它可能与白天生活无关,因而出现的欲望仅只在我们心灵中未受压抑的那一部分而且到夜间才变得活跃起来。如果我们回顾一下我们精神机构的示意图,我们将会把第一类欲望定位于前意识系统;我们将假定第二类欲望是从前意识被赶入潜意识而一直存在在那里;我们将认定第三类欲望冲动则根本没有超出潜意识系统。于是就出现了这样的问题,即这些来源不同的欲望对梦是否具有同等重要性,它们是否具有同等激起梦景的能力。

如果我们检验一下自己已知的梦来回答这个问题,马上就会知道,还得加上第四个有关梦的欲望的起源,也就是当晚发生的欲

546

望冲动（如口渴或性的需要）。其次，我们认为，梦的欲望来源对于促成梦的能力并无影响。我想起了那个小女孩因白天游兴未尽而作了一个延长游湖时间的梦以及我记下来的另一些儿童的梦。我把它们都解释为起源于前一天未满足但也未受压抑的欲望。一个欲望在白天受到压抑是在梦中寻找出路。这样的梦不胜枚举，我还想加上这一类梦的一个最简单的例子。梦者是一个喜欢取笑别人的女子，她的一个比她年轻的朋友刚刚订婚。她的许多熟人不断地问她是否认识那男青年以及对他的看法如何。她除了赞许以外，什么都没有讲。其实她隐藏了自己的真正想法；虽然她很想说实话，即他是一个平常的人（dutzendmensch）[字面意义为"一打人"，一个平庸的人，这种人数以打计]。她当晚梦见有人问她同一问题，她用这样的俗套话回答："至于以后的订货，讲出号码就行了。"最后，我们从很多的分析中认识到，一个梦只要是化了装，必有来自潜意识的欲望，而且这个欲望在白天是不能察觉的。因此乍一看来，似乎梦中的一切欲望都具有同等的重要性和同样的力量。

然而事实并非如此，虽然我还提不出任何证据。但我坚决认为，梦的欲望是被严格决定了的。儿童的梦无疑地证明了由于白天的愿望未能得到满足，该愿望便促成梦的产生。但是我们不应忘记，这是儿童的愿望，是一种儿童所特有的欲望冲动力量。至于在成人身上，一个白天未能满足的欲望，其强度是否足以产生梦，我认为是大可怀疑的。相反地，我认为由于我们的思想活动不断地控制着自己的本能生活，我们就越来越倾向于放弃那些在儿童看来是自然的而却是不宜于形成或保存的强烈愿望了。这方面可

547

能有个别差异,有的人比别人更长久地保持着幼儿型的心理过程,就像在童年非常鲜明的视觉意象的减弱也存在着个别差异一样。总之,我认为前一天遗留下来的未被满足的欲望在成人身上是不足以产生梦的。我宁可承认,来自意识的欲望冲动将有助于促成梦的产生,但它的作用也仅止于此。如果前意识的欲望不从别处得到源源不绝的助力,梦是不会形成的。

　　实际上助力来自于潜意识。我的假设是,一个意识的欲望只有当它能不断唤醒类似的潜意识欲望并从它那里取得援助才能促使梦的产生。对神经症的精神分析使我认识到,这些潜意识欲望非常活跃,随时在寻找出路,一有机会就和来自意识的冲动结成联盟,并把自己的强大力量传递给较弱的后者。① 表面看来,好像意识的欲望单独构成了梦,只有从梦的构成了梦,只有从梦的构成中某些细微的特点才能使我们认出潜意识的标志。我们潜意识中的这些欲望永远在活动着,它们的不朽使我想起希腊神话中的泰坦人。自古以来,这些被胜利的诸神用巨大的山岳埋压在地下的巨人仍不时因四肢的抽搐而震撼着大地。但是我们根据对神经症的心理研究,才知道这些被压抑的欲望都源于幼儿期。所以我要以下面这个说法来代替刚才提出的梦的欲望的来源是无足轻重的那一说法[551页]:出现于梦中的欲望一定是一个幼儿期的欲望。

――――――

　　① 它们与其正潜意识的,即专属于潜意识系统的所有其他精神活动一样,也具有不可毁灭的性质。这些通路已被永远打开,绝不会废弃不用。只要潜意识兴奋的精力重新倾注进来,它们总是随时将兴奋过程加以传导和释放。如果允许我打个比喻,它们就像《奥德赛》的地底世界中消失的鬼怪那样,只要喝了人血就复活过来。那些依赖前意识系统的过程从另一种意义上说则是可以损坏的。神经症的精神治疗正是基于这种区别。[见下文 577 页以下]

548

它在成人身上源于潜意识,而在儿童身上,在潜意识与前意识之间还没有区分或形成稽查作用,或者也只是才逐渐区分开来,它是来自清醒生活中的没有满足而又未受压抑的欲望。我也知道这种主张不能证明普遍有效,但也常常证明属实,有时甚至不能加以怀疑。所以我们未尝不可把它当作一个普遍命题来看待。

因此在我看来,来自意识觉醒时刻的欲望冲动在梦的形成中必须降居次要地位。我以为这些欲望除了增添梦的内容,例如在睡眠时把当时的感觉材料变得生动活泼,此外并无其他作用。现在我要追随这一思路转而考虑从白天遗留下来的不同于欲望的精神刺激了。当我们决定去睡觉时,我们能够把全神倾注于醒时思想的能量暂时终止。凡能做到这一点的人都是嗜睡者;拿破仑可算这方面的典型人物。但是我们往往不能做到或不能完全做到这一点。没有解决的问题,折磨人心的烦恼,深刻难忘的印象——所有这些都把思想活动带入睡梦之中并在我们称之为前意识的系统中继续进行心理活动。如果我们想把在睡眠中持续的思想冲动加以分类,则可以把它们分为以下几组:

(1)那些在白天由于某种原因而没有得出结论的;

(2)那些因为我们的智力不足而未能处理妥帖的,也是未能解决的问题;

(3)那些白天受到排挤和遭到压抑的,它们还得加上强有力的一组,即

(4)那些在白天由于前意识的活动而在我们潜意识中仍然兴奋不已的;最后我们还可加上第五组;

(5)那些白天未被注意因而也就未被处理的印象。

对于从白天遗留下来而进入睡眠状态的这些精神强度的重要性,特别是未解决的一类问题,我们无须加以低估。这些兴奋肯定在夜间继续争取表现;我们也可以同样肯定地认为,睡眠状态不可能使前意识中的兴奋过程以通常方式进行,以致最终变为意识。夜间,只要我们的心理过程以正式方式表现力意识,我们就是没有入眠。我不敢说睡眠状态会给前意识系统带来什么样的变化,[①]但可以肯定地说,睡眠的心理特征基本上要到这个特殊系统的精力倾注的变化中去寻找——这个系统也支配着在睡眠时瘫痪了的获得运动的能力。另一方面,梦的心理学也没有任何理由保证在潜意识状况下除了继发性变化外还能产生其他任何变化。因此,梦中除了从潜意识不断发生的欲望兴奋外,没有任何来自前意识的兴奋;前意识兴奋必须从潜意识中得到强化,也必须与潜意识一道通过迂回途径。但是前一天的前意识残余与梦又是什么样的关系呢?无可置疑的是,它们大量地寻求进入梦的途径,并利用梦的内容以便即使在夜间也能深入意识之中。的确,它们偶然也支配了梦的内容并迫使梦表现白天的活动,但也可以肯定,日间残迹除了欲望以外,同样还有其他的性质。在这方面,观察它们在什么条件之下才能进入梦境是很有启发性的,也许对于欲望的满足这一理论具有决定性的重大意义。

让我们举一个我已记下的梦为例——譬如我的朋友奥托看上去像有巴塞杜氏病症[突眼性甲状腺肿,见269页以下]那个梦。

---

① [1914年增注]我已努力想深入了解睡眠时占优势事物的状态以及产生幻觉的诸条件,见我的论文"对梦的理论的超心理学补充"[弗洛伊德,1917d]。

前一天我曾为奥托面带病容而感忧虑,和与他有关的任何事情一样,这忧虑对我产生很大的影响。我敢说,这份担心伴我一道入睡了。我很可能害怕发现他身上什么地方出了毛病。这种忧虑在我已经描述的夜晚的梦中得到了表达。梦的内容既已无甚意义也与欲望满足无关。我于是开始研究我那白天忧虑的这一不适当表达的缘由,而在分析之后,我发现它与我把我的朋友摹拟了某一L男爵,而我自己则以教授自居这一事实有关。我之所以选择这个特殊的代表物来替换我的白天思想,看来只有一种解释。我必定是在我的潜意识中时刻准备着摹拟R教授,因为通过这种摹拟作用,我的童年的一个持久欲望——夸大妄想狂欲望——才能得到满足。敌视我的朋友的这种丑恶思想,在白天肯定是被排斥了。到了夜晚则抓住机会和欲望一道悄悄在梦中表现出来。但是我的白天忧虑也利用一种代替物在梦内容中获得了某种表达[见267页]。白天思想本身并不是一种欲望,相反地却是一种忧虑。于是它不得不设法寻求与当前处于潜意识中而且受压制的一个幼年欲望取得联系,经过乔装打扮,这个欲望在意识中就能成为"发源地"了。忧虑越占优势,其所能建立的联系越深远;在欲望内容与忧虑之间并无任何必要的联系。在我们的梦例中,实际上就是如此。

我们可以继续考察这同一问题,①如果考虑到当某些梦念与一个跟欲望满足完全相反的材料——如正当的担忧,痛苦的反思,困扰的现实一道表现出来,则梦将如何表现,那或许是有所助益的。其所产生的许多结果可以归纳为以下两大类:(1)梦的工作可

---

① [本段和以下两段增写于1919年。]

以用相反的观念代替所有这些痛苦的观念,同时把依附于这些观念的不愉快感情压制下去。其结果可能是一个直截了当的满意的梦,一种明显可知的"欲望满足",似乎再也没有什么可说的了。

(2)痛苦的观念可以设法进入显梦之中,多少有所改变但又不是完全认不出来。正是这一类梦使人对梦的欲望理论的可靠性产生了怀疑,因而需要我们做进一步的探讨。这种带有痛苦内容的梦,我们可以觉得毫无所谓,也可以伴有似乎为其观念内容所证实的全部痛苦感情,甚至可以发展而为焦虑而惊醒过来。

分析能够证明,这些不愉快的梦也和其他梦一样是欲望的满足。一个受压抑的潜意识欲望,尽管梦者的自我对其满足的体验是痛苦的,却已利用了白天痛苦残余的持续精力倾注所提供的机会,支持这些痛苦的残余经验使其窜入梦中。但是在第一类梦中,潜意识欲望与意识的欲望是吻合的;在第二类梦中,则在潜意识和意识(被压抑的内容和自我)之间出现了裂隙,就像在三个愿望的童话故事中,神仙答应那对夫妇实现了的情境一样[见下文580页注]。受压抑欲望在满足后产生的满意的强烈程度可以使依附于白日残余的痛苦感情得到中和[470页];在这种情况下,梦的情调是平淡无奇的,尽管欲望和恐惧都获得了实现。或者,睡眠中的自我在梦的形成中起着更大的作用,对满足受压抑欲望表现出了强烈的愤怒反应,或者从而在一阵焦虑中醒来。因此从我们理论不难看出,不愉快的梦和焦虑的梦与那些直接得到满足的梦,其欲望满足的程度是完全一样的。

痛苦的梦也可以是"惩罚的梦"[见473页以下]。必须承认,认识这些梦,在某种意义上也为梦的理论增添了新意。这些梦仍

552

然是一种潜意识欲望的满足,也就是说,梦者有一种受罚的愿望,是因为他有一种被禁止而遭压抑的欲望冲动。到现在为止,这些梦仍然符合这个条件,即构成梦的动机力量一定是由属于潜意识的欲望所提供的。然而,经过仔细的心理分析表明,这类梦与其他表示欲望的梦大不相同。在第二类梦中,构成梦的潜意识欲望是被压抑的材料,而在惩罚的梦中,其愿望虽然也是潜意识的,但必须承认它不属于被压抑的材料,而是属于"自我"。

因此惩罚的梦表明一种可能性,即在梦的形成中,自我所参加的分量比设想的要大。如果我们把"意识"和"潜意识"的两分法改为"自我"和"压抑"的两分法,梦的形成的机制也许就会清楚得多。但是不弄清楚精神神经症的发病过程,是做不到这一点的,所以也就不准备在本书内加以讨论。我只想指出一点,一般说来,惩罚的梦不一定是白天痛苦意识的残余。它们反而容易在相反的情况下发生——那白天的思想残余带有满意的性质,只不过是一种被禁止的满意。这些表现于显意中的思想的仅存痕迹恰恰是其相反物,就像第一类的梦那样。因此惩罚的梦的主要特征是,在梦中,构成梦的欲望不是来自被压抑的(即潜意识系统)一种潜意识欲望,而是一种反抗压抑而属于自我的惩罚性欲望,虽然同时仍是一种潜意识(即前意识)的欲望。①

我要在下面报告一个自己做的梦来证明我所说的话,②特别

---

① [1930年增注]这一点可作为精神分析后期发现的"超我"的适当参考[参见476页注——作为"欲望理论"的例外的一类梦(发生于创伤性神经症),在《超越快乐原则》(1920g)第2章和《精神分析引论新编》(1930a)第29讲最后几页曾加以讨论。]

② [本段和以下两段为1919年增注,1930年并入正文。]

是要证明梦的工作如何对付早一天痛苦预料的残余物。

"开始时不大清楚。我对我的妻子说我要告诉她一个消息,她吃了一惊,表示不愿意听。我向她保证这是她一定会喜欢听的消息。我于是开始告诉她,我们儿子的军官伙食团寄来了一笔钱(5000克朗?)……勋章……分配……同时我和她走进一间像储藏室的小室,去找什么东西。突然间我看见了我的儿子,他没有穿制服,穿了一件紧身运动衫(像一只海豹?),头戴一顶小帽子。他爬到食柜旁边的篓筐上,好像要把什么东西放到食柜上去。我喊他,他不答应。我似乎看见他的脸上或额上扎着绷带。他正在把什么东西放到嘴中并塞了进去。他的头发呈灰色。我想,'他怎么疲惫不堪到如此地步?他已经镶了假牙吗?'我还未来得及喊他,已醒了过来,并不觉得焦虑,但心脏在急速地跳个不停。我床边的时针正指着两点半。"

我又一次不可能对全梦进行分析,我必须限制自己只解释几个突出之点。前一天的痛苦预料是产生这个梦的原因:我们又有一个多星期没有接到在前线的儿子的消息了。不难看出这个梦的内容表示的是深信他已负伤或战死。在梦的开始显然已付出了极大努力用相反的观念来代替痛苦的思想。我说了一些令人感到愉快的消息,如寄钱……勋章……分配……(这笔钱是我行医时一件感到愉快的事情,此处被用来试图颠倒话题)但这些努力归于失败。我的妻子猜疑有什么可怕的事情而不愿听我讲话。梦的化装很不周全,以致到处可见被压抑思想露出破绽。如果我的儿子已经战死,他的同僚就会把他的遗物送回,我也就会把它们分配给他的兄弟姐妹和他人。勋章往往是颁发给阵亡军官的,因此梦一开始便力求直接表达当初想否定的事情,虽然欲望满足的倾向表明仍然以化装的形式在工作着。(梦中场地的变换无疑可以理解为西尔伯勒[1912]所说的"门槛象征作用"[见上文 504 页以下])我们确实还说不出这个梦使我如此表达痛苦思想的动机力量。我的儿子并没有表现"倒下"而是表现"上爬"。事实上他曾经是一个优秀的爬山运动员。他没有穿制服而是穿着一身运动服;这意味着我现在担心发生意外的地方却是他以前运动中发生过的,因为他曾在一次滑雪运动中倒下而跌断了大腿。另一方面,他的穿着使他看起来像一头海豹,马上使我想起某个年轻人——我们那可爱的小外孙;灰色的头发使我想起小外孙的父亲,即我们的女婿,他曾经在战争中受过重伤。这又是什么意思呢?……但我已经说得过多的了。——地点是一个储藏室,他想从中拿点什么东西的食柜(梦中"他想放点什么到食柜上面")。——这些线索清楚地使我记起了自己在两三岁时发生的一个意外事件。① 那次也是在储藏室中,我爬上了一个脚凳去拿放在食柜上或是桌上的好吃东西,脚凳翻倒了,凳子脚打中了我的下颌后部,我记得把我的牙齿几乎全部磕掉了。这个回忆带有告诫的想法:"你活该";这又似乎是针对着勇敢士兵的一种敌意冲动。经过深入的分析,最后使我终于能够发现,我那隐藏着的冲动竟在我儿子的可怕意外事件中寻求满足,这是老年人对青年人的嫉妒,而老年人本来以为这种嫉妒之心已经僵化了。毫无疑问,如果不幸的事情真地发生而产生了痛苦的情绪,则正是这种情绪的力量寻求这样一种被压抑欲望的满足

---

① [参见 17 页注。]

以求得某种安慰。①

我现在已能正确地叙述潜意识欲望在梦中所起的作用。我不得不承认有一大类梦的刺激主要或完全来源于白天生活的残余。我再回到关于我的朋友奥托的梦。我认为如果不是我当晚一直在为我的朋友的健康状况担心的话,即使我有期望有朝一日自己成为特殊教授的愿望,我也会整夜安然入睡的。[参看 271 页]但是单有忧虑还不能构成梦。梦所需要的动机力量必须由欲望提供;我的忧虑必须抓住一个欲望,才能成为梦的动力。

我可以打一个比喻来说明我的主张。白天的思想在梦中可以扮演一个企业家的角色,但是一般人认为,企业家虽有计划并富有创造力,但没有资本则一事无成,他需要一个资本家付给他费用。而在梦中,这个付出精神费用的资本家,不管前一天是什么样的思想,必然是源于潜意识的愿望。②

有时这个资本家本人也是为企业家;这种梦也确实是常见的:一个潜意识欲望受到白天活动的激发,不断地构成梦境。所以在我用以作为比喻的经济情况中,可能发生的其他一些情况,在梦的过程中也有其相似之处。企业家可以自己买一部分股票;好几个企业家可以依赖同一个资本家;几个资本家也可以共同支付企业家的必要资金。同样,我们在梦中可以受到不止一个梦欲望的支持,其他一些情况不难一一列举,但我们对此已不再感兴趣。关于

---

① [在弗洛伊德的《梦与心灵感应》(1922a)一文开始处简要地讨论了这个梦可能发生的心灵感应方面。]

② 这是弗洛伊德引自他分析杜拉第一个梦的最后两整段文字(1905e,第 2 部分)。他评论说,这完全证实了它们的正确性。

556

梦的欲望留待以后再加讨论。

上述比喻中的第三个比较元素,即企业家所能动用的适当资金①对于阐述梦的结构的细节仍能发挥更大的作用。我已经说过［见305、309页以下］,在大多数梦中都可以发现一个感觉特别鲜明的中心点。这个中心点照例是欲望满足的直接表现,因为如果我们想把由梦的工作所形成的移置作用予以消除,我们就会发现梦念中各元素的精神强度已被梦的实际内容中各元素的感觉强度所取代。在欲望满足的邻近区域的各元素往往无意义可言,但却变成了与欲望相反的一些痛苦思想的衍生物。它们往往由于与中心元素建立了人为联系,获得了足够的强度,所以能够在梦中出现。于是实现欲望满足的力量就扩散到四周的一定范围,在此范围内所有元素——甚至包括那些本身没有资源的元素——都获得力量而有所表现了。在那些出现好几个欲望的梦中,不难划定那些不同的欲望满足区域的界限,梦中这些区域之间的间隙往往可以理解为边界地带。②

虽说上面的讨论已经降低了白天残余在梦中所起作用的重要性,但仍值得对它们稍稍多加注意。在梦的形成中,它们必定是重要的成分,因此经验揭示了这一令人惊奇的事实,即在每一个梦的内容中,总是发现与一个最近的白天印象——往往是最无关紧要的印象——有所联系。在梦的构成物中为什么需要加上这一内容,直到现在我们还不能做出解释。(见181页)我们只有牢牢记

---

① ［在比喻中为资金,在梦中则为精神能量。］
② ［在弗洛伊德的一篇短文(1913a)中,我们发现对"白天残余"在梦的构成中所起的作用有特别清晰的小结。］

住潜意识欲望所起的作用,然后再到神经症心理学那里去搜寻资料,才能领会其中的道理。我们从神经症那里了解到,单是一个潜意识观念是不能进入前意识的,它只有与一个已经属于前意识的观念建立起联系,把本身的强度转移过去,并利用后者作为"掩饰",才能发挥其本身的作用。我们在此发现了"移情"①这个事实,为神经症患者的精神生活中许多惊人现象提供了解释。由此而获得不应有强度的前意识观念,可以不因移情作用而发生改变,也可以因受到影响移情的观念内容的压力而发生改变。我希望读者们原谅我喜欢用日常生活进行类比,但是我仍不禁要说,一个受压抑的观念的处境就像一个在奥地利的美国牙科医生,他除了找一位合法医生做他的掩护,从法律角度上取得"担保"而外,他是无法获准开业的。然而恰恰是那些业务繁忙的医生都不愿意和这牙医结成联盟。所以同样的情况是,在前意识中非常活跃从而吸引了大量注意的那些前意识的或意识的观念,便不容易被选中作为被压抑观念的掩饰了。潜意识宁愿与之形成联系的是那样一些前意识印象和观念,它们或许微不足道,因而不受任何注意,或许受到排挤从而暂时不被注意。有一条大家熟悉的联想法则,而且已为经验完全证实,即一个观念如果在某一方面形成了密切联系,就会排斥所有其他新的联系。我就曾经一度企图在这个命题的基础

---

① [弗洛伊德在他后来著作中总是应用"移情"("Ünbertragung")这个词去描述一个多少有些不同但也不无关系的心理过程,他首先在精神分析治疗过程中发现了这一过程,——即将原来影响(仍然潜意识地影响着)一个幼年对象的感情"转移"到一个现在对象身上的过程。(参看:弗洛伊德,1905e,第4部分和弗洛伊德 1915a)这个词在本书还有另外的意思,——参看184页以下和200页——并且在《歇斯底里研究》的第四章的末尾几页,弗洛伊德也就已经这样地使用了这个词(布洛伊尔和弗洛伊德,1895)。]

558

上建立癔症性麻痹的理论①。如果我们假定在分析神经症时所发现的受压抑观念的移情作用在梦中具有同样的需要，则可一举解决梦的两个难题：一是对梦的每一分析都表明在梦的结构中都交织着某种新近印象；一是这种新近元素往往是最为琐碎的［180页］。我还要补充说，(如我们在别处已经发现的［117页］那样)这些最近的和微不足道的元素之所以能如此频繁地进入梦中作为最古老梦念的代替物，只是因为它们最不怕因抗拒而受稽查。但是，如果说琐碎的元素受到优先选择的事实可用逃避了稽查作用加以解释，则最近的元素经常出现的事实却指出了存在着移情作用的需要。这两组印象都满足了被压抑观念对仍然未受联想影响的材料的要求——微不足道的元素是因为它们没有机会形成各种联系，而最近的元素则是因为还没有来得及形成联想。

由此可见，我们在其中可以划入微不足道印象的那些白天残余，当它们成功地参加了梦的形成时，不仅从潜意识中借来了某种东西即可以自由支配被压抑欲望的本能力量，而且也可以提供给潜意识以某种必不可缺的东西即作为移情作用的必要依恋点。如果我们想要在这一点更深入到心灵的各个过程，我们就应该更多地了解前意识和潜意识之间的各个兴奋的交互作用——这是我们研究精神神经症所要解决的一个课题，但是梦对此却无所帮助。

对于白天的残余我还有一句话要说。睡眠的真正干扰者无疑正是这些白天的残余而不是梦，梦反而在保护着睡眠。后文我们将再说到这一点［见577页以下］。

---

① ［见弗洛伊德1893c的第4节。］

559

截至目前为止,我们一直在研究着梦的欲望:我们已经把欲望的来源追溯到潜意识领域之中,同时分析了欲望与白天残余的关系。这些白天残余可以本身就是欲望,可以是另一些精神冲动,也可以干脆就是某种最近的印象。在这方面我们还可以解释各式各样清醒的思想活动在梦的形成过程中所起的重要作用。它甚至还可能说明这样一种极端情况,即梦可以紧随着白天的活动,为清醒生活中不能解决的问题求得满意的解决。① 我们需要的就是这样的梦例,可以对它进行分析并追溯到幼儿的或被压抑的欲望的来源,而这些欲望已获得支持并十分成功地强化了前意识活动的努力。但是所有这一切都没有进一步解决这个问题:即为什么睡眠中潜意识所可提供的只是满足欲望的动力而不能提供其他任何东西。这个问题的答案必须有待于对欲望的精神性质的说明,而我想利用上面已提到的精神机构示意图来回答这个问题。

精神机构无疑经历了漫长的发展才达到它现今的完善程度,我们且设想一下它行使其功能的最初能力阶段,我们必须从另一个方向才能证实这个假设,即精神机构的最初安排在于尽最大可能免受刺激而力求保存自身。② 所以它的最初结构遵循的是一种反射机构的设计,使任何引起它的感觉兴奋都能沿着一条运动通

---

① [见上文 64 页以下。在《自我和伊底》(弗洛伊德 1923b)第 2 节末尾的一个脚注中提到了这样一个例子。]

② [此即所谓恒常性原则,在《超越快乐原则》(1920g)的开头几页有所讨论,但是在他的最早心理学著作,如在他死后出版的"1892 年 7 月 29 日给约瑟夫·布洛伊尔的信"中(弗洛伊德,1941a)已经成为一个基本假设了。本段的全部要点在 1895 年秋季写的《科学心理学设计》(弗洛伊德,1950a)第 1 部分第 1,2,11,16 节中已有所陈述,参见编者介绍,xv 页以下。]

路而被迅速释放。但是生命的迫切需要干预着这种简单功能，也正是基于这种动力，精神机构才得以向前发展。它最初所面临的生命迫切需要大部分表现为躯体需要的形式。内部需要所产生的兴奋在运动上寻求释放，这种释放可描述为"内部变化"或"情绪表现"。一个饥饿的婴儿可以大声啼哭或无助的挣扎，但情况并不因此而改变，因为内部需要产生的兴奋并不是来源于一种暂时性影响的力量，而是来源于继续不断的作用。只有在某种方式下（如婴儿得到外来的帮助）获得一种"满足的体验"才能使内部刺激停止下来，从而使情况有所改变。这种满足的体验的一个基本成分就是一种特殊的知觉（在我们例子中指的是营养），这种知觉的记忆影像自此以后便与需要所产生的记忆痕迹保持着联系。这种联系下一次需要出现时就会立即产生一种精神冲动，以寻求对知觉的记忆影像进行再次精力倾注，从而再度唤起知觉本身，也就是说，再度建立起原来的满意情境，我们便把这样的一种精神冲动称之为欲望。知觉的再现就是欲望的满足，而实现欲望满足的最简捷的途径就是由需要所产生的兴奋导向对知觉的完全精力倾注。我们可以有理由地设想，曾经存在过这样一种精神机构的原始状态，其中确实经历了这条途径，也就是欲望终止于幻觉作用。因此这第一种精神活动的目标乃是产生一种知觉同一性①——即与需要的满足联系着的知觉的复现。

生命的痛苦经验必定使这种原始的思想活动变成了一种更为适宜的继发性思想活动。沿着精神机构内部回归作用的捷径而建

---

① 一切知觉上的某种事物与满足的体验相一致。

立起来的知觉同一性,并不与心灵内部其他地方由于同样外部知觉而发生的精力倾注具有相同的结果。满足没有产生,需要就持续不已。一种内部精力倾注,如果继续不已,也只能与幻觉式精神病和饥饿幻想中产生的外部精力倾注具有相同的价值,在其欲望所依附的对象上耗尽了它们的全部精神活动。为了更有效地使用精神力量,必须在回归作用完成以前便加以制止,使其进程不超出记忆意象,并能找出经由外部世界建立起来而最终导致所期望的知觉同一性的其他一些途径。① 这种对回归作用的抑制以及由此而产生的兴奋转向,就变成了控制随意运动的第二系统的任务——也就是它第一次为了事先回忆的目的而利用运动。但是所有复杂的思想活动——从记忆意象一直延长到由外部世界建成知觉同一性的时刻——所有这些思想活动都不过是经验必需构成的到达欲望满足的一条环路而已。② 思想归根到底不过是幻觉式欲望的代替物,不言而喻,梦必须是欲望的满足,因为只有欲望才能使精神机构开动工作。沿着回归的捷径而使其欲望得到满足的那些梦,不过是为我们在这方面保存精神机构的原始工作方法的一个样本,这种方法已因缺乏效果而被摒弃了。当心灵仍然年轻而且力不胜任时,这种方法曾一度统辖着清醒生活,现在却被抛置到夜梦之中——就像已被成人摈弃的原始武器弓和箭,再次出现于幼儿园那样。做梦是已被取代的幼年精神活动的一个片断。在清

---

① [1919年增注]换句话说,它变得显然必须具有一种"现实检验"的手段[即检验事物是否真实]。

② 勒洛林公正地赞扬了梦的欲望满足活动,他说:"不会带来极度的疲倦,也不会勉强去进行漫长而无休止的挣扎,从而耗尽了我们所追求的快乐。"

醒时刻照例受到压抑的精神机构方面的这些工作方法，不时出现于精神病中，从而表明了它们在与外部世界的关系上没有能力来满足我们的需要。①

潜意识的欲望冲动显然也想使自己在白天发生作用，而移情作用和精神病都力求从前意识系统进入意识之内以获得控制运动的力量。因此我们根据梦而不得不承认其存在的介于前意识和潜意识之间的稽查作用，理应作为我们的守卫者而获得承认和尊重。但是我们是否一定要认为这个守卫者由于粗心大意而在夜间放松了活动，让潜意识中受压抑的冲动得到表现，从而使幻觉式的回归作用可能再度发生呢？我可不这样想。因为即使这个严厉的守卫者休息去了——我们已经证明它的睡眠不深——它仍然对运动能力关闭了大门。不管来自正常受抑制的那些潜意识冲动在舞台上如何神气活现，我们都无须担心。它们是无害的，因为它们不能启动那单凭自身力量就可改变外部世界的运动机构。睡眠状态保证了必须严加防守的城堡的安全，但如果这些力量的移置作用并不是由于严厉的稽查作用的力量在夜间松弛下来，而是由于防御力量的病态减弱或潜意识兴奋的病态加强，而与此同时，前意识仍然不断地获得精力倾注，大开对运动力量之门，则情况就不是那么无害了。在发生这种情况时，守卫者便加强了权力，潜意识兴奋压倒了前意识，从而获得了我们的言语和行动的控制权；或者，它们强制地体现了幻觉式回归作用，借助于知觉对精神能量的分配而产

---

① ［1914年增注］我已经在关于精神功能作用的两个原则——我称之为快乐原则和现实原则——的一篇论文中（1911b）从其他方面深入地发挥了这一系列思想［下文实际上进一步发展了这个论点，599页以下］。

生的吸引力,指导着(并不是为其应用而设计的)精神机构的进程。我们就把这种精神状态叫做精神病了。

现在,我们伫立在引进了的潜意识和前意识两个系统之间的立脚点之上,便可更顺当地进一步搭建心理学的骨架了。但是我们必须再稍讨论一下欲望是构成梦的唯一的精神动机力量。我们已经接受了梦为什么总是欲望的满足这个观点,其理由就在于梦是潜意识系统的产物,而潜意识活动除了欲望的满足以外,不知道其他目标;除了欲望的冲动外,没有其他可供支配的力量。如果我们有权在释梦的基础上建立起有深远意义的心理学推测,并再坚持一会儿,我们就有责任证明这些推测也能使我们将梦置于包括其他精神结构在内的关系之中。如果有像潜意识系统(或者为了讨论的目的有与它相类似的)这种事物存在着,梦就不能是其唯一的表现;每一个梦都可以是一种欲望的满足,但是除了梦以外,一定还存在着其他变态的欲望满足形式。事实上所有关于精神神经症症状的理论都属于这一主张,它们也可以被认为是潜意识欲望的满足①。我们的解释不过使梦成为精神病学家眼中的最具重大意义的一个成员,而且对梦的了解也意味着对精神病学问题的纯心理学方面的解决。②

然而,在这一类欲望满足的其他成员中——例如癔症症状——还具备一个我在梦中未曾发现的主要特征。我在撰写本书

---

① [1914年增注]或者更正确地说,一部分症状符合于潜意识的欲望满足,另一部分则符合于对欲望做出抵抗的精神结构。

② [1914年增注]如休林斯·杰克逊所说:"完全理解了梦,你就完全理解了精神错乱。"[恩斯特·琼斯援引,(1911)他是亲自听见杰克逊这样说的。]

过程中时常提到的研究中了解到,一个癔症症状的形成,必定有两股潮流在我们的心灵中会合。一个症状不仅是实现了的潜意识欲望的表现,在前意识中也必定表现出这同一症状所要满足的欲望,所以这个症状至少有两个决定因素,来源于包含着冲突的两个不同系统。像梦中情况那样,对于可以出现的更多决定因素即对于症状的多重性决定并没有限制。① 就我目前所知,凡不是来自潜意识的决定因素,一般总是反对潜意识欲望的思想系列——例如自罚,所以我敢作出一种带普遍性的论断:一个癔症症状只有在各别来自两个不同精神系统的两个对立的欲望获得满足之处,才能汇合而为单一的表现。(这方面可与我关于癔症幻想及其与双性性欲论文[弗洛伊德 1908a]中对癔症症状起源的最近论述相比较。)② 此处无须举例,因为只有对涉及的复杂情况进行详尽无遗的阐述,才有最大的说服力。所以我姑且将我的论断搁置一旁,只举一个例子,不是为了论证,而是为了使论点更加清晰。我有一位女病人,患有癔症性呕吐,原来这是为了满足她从青春期就怀有的一个潜意识幻想,即想不断怀孕生出一大群孩子的欲望。为了达到上述目的,她想与尽量多的男人发生关系,于是一个强有力的、用以对抗这肆无忌惮的欲望的防御性冲动就产生了。由于她呕吐的结果可以使她失去美好的身材和容貌,从而失去对任何人的吸引力,这个症状也就能为惩罚性思想系列所接受了。由于它能为两方面所承认,于是就能变成现实。这与古代帕提亚皇后对罗马

---

① [参阅布洛伊尔和弗洛伊德,1895,弗洛伊德第 4 章,第 1 节,观察 3。]
② [这句话为 1909 年所加。]

565

三执政者之一克拉苏斯所用的满足欲望的方法相同。她相信他的远征出于爱好黄金,所以命令把熔化了的黄金灌入他的尸体的喉咙中说:"现在,你总算如愿以偿了。"但是就我们目前所知,梦所表现的是来自潜意识的欲望满足,而占优势的前意识系统似乎只在不断迫使欲望进行若干次化装之后才默许这种满足。一般说来,在梦中也不可能找到作为对立的反对梦欲望的思想系列。只有在梦的分析中,我们才能偶然察觉一些反动创造物的迹象。譬如在关于我的[有黄胡子的]叔叔的梦中,我对朋友 R 的友爱感情便是[见140页以下]。但是我们也能从前意识别的地方发现遗漏的成分。鉴于来自潜意识的欲望能在梦中经过各种化装之后表现出来,于是占优势的系统便退缩到睡眠的欲望之内,在精神机构范围内借助于产生精力倾注的变形而使欲望得以实现,并使该欲望持续地贯穿于整个睡眠过程之中。①

属于前意识方面的这个对睡眠的决定性欲望,通常对于梦的形成具有促进作用。我回想起本章开头那个男人做的梦,来自邻室的火光使他猜想他的孩子的尸体烧着了[509页以下]。这位父亲在梦中做出这个推论而不是让火光使自己惊醒,于是我们认为,与这个结果相符合的一种精神力量,乃是想把梦中见到的孩子那一瞬间的生命延长一会儿的欲望。而源于受压抑的其他一些欲望大概是逃脱了我们的注意,因为我们不能分析这个梦。但是我们可以假定,产生这个梦的另一个动机力量乃是父亲的睡眠需要,他

---

① 我从李厄保(1889)所提出的睡眠理论借用了这个观念,催眠理论在现代的复活应归功于他。

566

的睡眠和孩子的生命一样,也因为梦而延长一会儿了。"让梦继续下去,"——这就是他的动机——"不然我就一定要醒来了。"任何其他梦也和这个梦一样,睡眠欲望支持了潜意识欲望。在125页以下我描述过了几个表面看来是方便的梦,但事实上所有的梦都有资格要求同样的描述。继续睡眠的欲望在惊醒的梦中最容易看得出来,它把外部的感觉刺激巧妙地加以改变,竟使它们可以和继续入睡并存不悖,它把这些刺激编入梦中,以便剥掉它们作为提醒外部世界的一切可能性。然而这个同样的欲望在所有其他梦中也可能发生同样的作用,虽然它有时仅仅来自内部而且有使梦者从梦中醒来的危险。有些梦当事情变得不妙时,前意识就对意识说:"不要紧,继续睡吧!它毕竟只是一个梦!"[见488页以下]但这只是我们一般描述了占优势的精神活动对梦所持的态度,不能算是公开的表达。因此我不得不做出以下的结论:在我们整个睡眠状态中,如同我们知道自己正在做梦一样,我们也肯定知道自己正在睡眠。反对意见认为,我们的意识从来不知道自己是在睡觉,而且只有在特殊情况下,即稽查作用仿佛在放松其警戒之时,我们才知道自己在做梦。对于这种反对意见,我们根本不值得多加注意。

另一方面,①有些人非常清楚地意识到自己正在夜间睡觉和做梦,因此好像具有能有意识地指导梦的功能。譬如,一个这样的梦者不满意梦中发生的转变,他可以打断它而不醒来,并且从另一个方面重新开始——正像一个著名的剧作家在压力下可以把自己的剧作加上一个愉快的结局一样。或者另一次,如果他的梦把他

---

① [本段于1909年增写。]

带进一个性的兴奋情境,他可以自己想到:"我不想再继续做这个梦了,免得因遗精而消耗精力,不如忍住,留待一次真实情境吧!"

瓦歇德(1911,139)引证了圣但尼斯的赫维[1][1867,268以下]宣称他已获得了可以随心所欲地加速自己的梦的进程的能力,而且可以任意选择梦的方向。在他这种情况下,睡眠欲望似乎已被另一个前意识欲望,亦即能观察并享受自己梦的欲望所取代。睡眠与这种欲望的并行不悖正如在某些特殊条件获得满足时不想醒来的精神状态是完全一样的,(例如关于乳母的梦)[223页]此处还有一个众人皆知的事实,即凡是对自己做的梦感觉兴趣的人,醒后对梦的内容就会记得很多。

费伦齐(1911),[2]在讨论有关引导梦的其他某些观察时指出,"梦从各个不同角度对刹那间占据我们心灵的思想进行审查,如果一个梦的意象威胁着欲望的满足,就会把它删除,并试做一种新的解决,直到最后构成一种欲望满足,能妥协地满足心灵中的两种动因。"

四、梦中惊醒——梦的功能——焦虑梦

我们既已知道前意识在整晚都专注于睡眠欲望,当然也就可以对做梦过程进行更进一步的了解。但先让我们对迄今已知的事实做一小结。

---

① [本段于1914年加写。]
② [本段于1914年作为一个增注,1930年并入正文。]

情况就是如此。要么是前一天清醒活动留下的残余,但不可能从中撤回整个能量的倾注;要么是整个白天的清醒活动已激发了潜意识中的一个欲望;也可能是这两种情况偶然凑合到一起(我们已经讨论了这方面各种不同的可能性)。潜意识欲望和白天残余结合起来并对这些残余产生一种移情作用,这种状况可以发生在白天,也可以在夜晚睡眠状态中才建立起来。这时出现的欲望已将自身转移到最近的材料之上,也可以是一个受到压抑的最近欲望,由于受到潜意识的强化而趋于复合。这个欲望沿着思想过程必经的正常道路奋力前进,通过前意识(它确实部分属于前意识)而冲向意识。但是它碰到了仍然在发生作用的稽查作用,而且不免仍受它的当前影响。在这一关键时刻,它采取了化装方法,因为欲望对最近材料的移情已为此铺平了道路。直到此时,它已走上了变成强迫性观念或妄想以及诸如此类的道路——也就是正在变成由移情作用强化了的以及由于稽查作用而在自身表达上化了装的一种思想。然而它再想前进,就受到前意识的睡眠状态的阻挠了,(很可能是前意识系统为了防止侵入而以减少自身的兴奋来保护自己)因此,梦的过程便走上了回归途径,这条途径由于睡眠状态的特殊性质恰恰敞开了大门。其所以沿着回归途径行进,是因为梦的过程受到了记忆群的吸引力影响。有些记忆本身仅仅以视觉的精力倾注形式存在着,并不转变为那些后继系统中的文字符号[见546页]。梦的过程在其回归途径上获得了表现力的属性(我将在后面谈到压缩问题[595页])。现在,梦的过程已在其迂回曲折道路中完成了第二部分。第一部分是前进的部分,从潜意识景象或想象物直导向前意识;第二部分则是从稽查作用的疆界

569

重新返回到知觉。但是当梦的过程已经变成了知觉内容之后,就仿佛找到了一条道路,可以避开稽查作用和睡眠状态在前意识中所设置的障碍了。[见520页。]它成功地将注意力转向自身,同时也受到了意识的注意。

我们视为了解精神性质的感官的意识,在清醒生活中有两个兴奋的来源:一是可接受兴奋的整个机构的边沿即知觉系统;一是它还可以接受快乐和痛苦的兴奋,这种兴奋是依附于机构内部能量转移的唯一精神性质。在ψ系统内的所有其他过程,包括前意识在内,都不具有任何精神性质,只要它们不把快乐或痛苦引入知觉,就都不能作为意识的对象。因此我们不得不断定,这些快乐和痛苦的释放自动地调节着精力倾注的进程。但是,为了使调节工作能更细致地进行,必须使观念的进程较少受到痛苦的影响。为了达到这个目的,前意识系统本身就需要具有某些能吸引意识的性质;而要做到这一点,就一定要把前意识过程与言语符号的记忆系统联系起来,因为这个系统也是具有精神性质的。[见611页注。]由于这一系统的性质,使得一直只单独作为知觉感官的意识就变成我们一部分思想过程的感官了。所以现在可说是有了两个感觉面,一个指向知觉,另一个则指向前意识的思想过程。

575　我必须假定,睡眠状态使得指向前意识的意识感觉面比指向知觉系统的感觉面远不容易接受兴奋。再说,夜间对思想过程不感兴趣还有一个目的:思维之所以停止,是因为前意识需要睡眠。不管怎样,只要变成了知觉,它就可以利用新获得的性质使意识兴奋起来。这种感觉兴奋不断地行使其主要功能;它指引前意识内一部分有效的倾注能量去注意形成兴奋的原因[见593页]。所以必须承认,每个梦都具有一种唤醒作用,也就是使前意识的一部分静止力量发为行动。由于这种力量的作用,梦于是接受了我们称之为润饰作用的影响,以保持其连贯性和可理解性。也就是说,这种力量对待梦与对待其他任何知觉内容是一样的,在其材料允许的范围内,梦也同样地受到预期观念的影响。[499页]只要梦的过程这第三部分有了方向性,它又再次成为前进性过程了。

为了避免误解,我想对这些梦的过程的时间关系说两句话似乎也不为过。哥布洛特[1896,289页以下]无疑受了莫里的断头台梦[26页以下]的启发,提出了一个富有诱惑力的推测。他力图证明梦所占据的不会超出从睡眠到觉醒之间的那一过渡时间。觉醒的过程要占据一定的时间,梦就是在这一段时间发生的。我们总想象最后的梦是如此地有力,以致迫使我们醒来。而事实上,梦象之所以强有力,只是因为我们已经临近觉醒的时刻。"梦是刚刚开始的觉醒。"

杜加斯[1897b]已经指出,哥布洛特为了普遍论证他的主张而不惜牺牲许多事实,梦是在我们尚未醒来时而发生的——例如我们有时梦见自己正在做梦。根据我们对梦的工作的了解,我们实难同意梦仅仅占据刚刚觉醒的那段时间。相反,梦的工作的第一部分似乎很可能在白天就已经开始了。不过是在前意识的控制之下。至于梦的第二部分——稽查作用所做的改变,潜意识梦景产生的吸引力,以及奋力接近知觉——无疑都是在夜晚进行的。当我们表明了整夜都觉得在做梦但又说不清梦见什么时,我们在这方面往往总是对的[见517页]。

但是我们似乎认为,梦的过程在变成有意义之前,不一定必须

571

要保持我所描述的那种时间顺序,即最初出现的是转移的梦的欲望,接着是稽查作用造成的化装,然后是方向上变成回归的等等。我在描述时采用这种顺序是不得已之举,但实际发生的无疑是在同时探索这种或那种途径,兴奋的方向摇摆不定,直到最后才在某一最适当的方向上聚积起来,变成一个永久性的特殊组合。我根据自己的某些经验揣测,梦的工作要达成它的结果往往需要不止一天一夜的时间。果真如此,则梦的构造表现得如此巧夺天工,我们也就无须感到迷惑不解了。在我看来,甚至要求梦作为一个知觉事件而被了解,也要在梦吸引了意识来注意自身以前就要发挥作用了,然而此后梦的步伐就大大加速,因为在这一点上,梦和任何其他感知到的事物一样,是被以同样方式对待的。就像放烟火那样,准备起来很费时间,刹那间便消散无遗了。

到此时为止,梦的过程要么通过梦的工作吸引意识对自身的注意而获得足够的强度,从而不顾睡眠的时间和深度而唤醒了前意识;要么梦还没有达到这样的强度,于是必须保持着准备状态,一直等到刚要醒来以前,注意变得活跃时再去与之相会合。大多数梦都是表现比较低的精神强度,因为它们大都要等到觉醒的时刻。但是这也可以解释以下事实:如果我们从沉睡中突然醒来,我们通常感知到的是梦见的东西。这种情况就与我们自动醒来时一样,首先看见的是梦的工作创建出来的知觉内容,随后看见的才是我们身外提供给我们的知觉内容。

人们对于有力量在睡眠中途把我们惊醒的那些梦具有较大的理论兴趣。如果我们记得在其他情况下照例存在的权宜之计,我们自不免会问,一个梦亦即一个潜意识欲望为什么可以获得力量去干扰睡眠,也就是去干扰前意识欲望的满足。其解释无疑有赖于我们还没有弄清楚的能量关系。假如我们有了这种知识,我们大概就会发现,如果在夜间像在白天一样能把潜意识严加控制,则与此相比较,让梦自行其是或单独给予或多或少的注意乃是一种能量的节约。[见 578 页]经验证明,即使夜间睡眠中断好几次,做梦和睡眠仍然可以并行不悖,一个人醒来片刻然后又立即入睡,这就像一个人在睡眠中赶走苍蝇一样:是一种特定的觉醒状态。如果我们重新入睡,中断就已被妥善处理。就像大家都已熟悉的那奶妈的梦所表明的那样。[223 页以下]睡眠欲望的满足与在某一特殊方向上保持一定的注意二者是可以和平共处的。

但是此处也出现了一种基于对潜意识过程有更多了解的反对意见。我大力主张潜意识欲望是活跃的。尽管如此,但它们本身的强度在白天似乎还没有达到足以为人觉察的地步。然而,如果睡眠状态持续不已,潜意识欲望已能证明自身有足够的强度构成梦境并唤醒前意识,为什么这种力量在梦被觉察之后又消失了呢?难道梦就不能不反复出现,就像那不怕麻烦的苍蝇被赶走后又不断重新飞回吗?我们有什么理由认为梦消除了对睡眠的干扰呢?

潜意识欲望经常保持着活动是毫无疑问的。它们代表那些经常能通过的途径,只要有一定程度的兴奋利用它们就行了[553 页注]。不可毁灭性确实是潜意识过程的一个显著特征。在潜意识中,无所谓终点,也无所谓过去或遗忘。在研究神经症、特别是癔症时,这一点特别明显。那导致疾病发作的潜意识思想途径,只要兴奋累及到足够的强度,马上就变得可以再次通过。30 年前曾经受过的一次耻辱,只要它能接近潜意识的情绪源泉,30 年来的体验就会和新近的感受同样新鲜。只要一经回忆，它就再度复活。兴奋本身表现出精力倾注，在发作中获得释放。这正是精神治疗所要干预之点。精神治疗的任务就是要使潜意识可能得到处理并最后把它忘掉。由于记忆的日渐淡忘，印象也因日久而在情绪上有所减弱，我们总把这类事视为当然，主要把它们说成是时间对心理的记忆痕迹造成的结果，殊不知这乃是辛勤工作带来的润饰作用。完成这工作的是前意识，精神治疗只能把潜意识置于前意识的支配之下，别无其他途径可循。①

因此任何特殊的潜意识兴奋过程都可以有两种结果。一是这种兴奋过程不被触动，在这种情况下，最后它在某一点上强行突破，使兴奋释放而发为行动；另一种则是在前意识的影响下，其兴奋不是被释放而是被前意识所束缚。这第二种就是在做梦过程中发生的方式〔见 601 页注〕。来自潜意识的精力倾注，当其因受意识中兴奋的指引而变成知觉在半途中与梦相会合，就把梦的潜意识兴奋加以约束，使它无力成为干扰的行动。如果梦者醒来一会儿，就能真的赶走那干扰他睡眠的苍蝇。我们于是才发现这确实是一个方便而经济的办法，让潜意识欲望自行其是，借着打开回归的途径形成梦境，然后只花费小量前意识工作就可以把梦约束并加以安排，而不需要在整个睡眠时间不断对潜意识加以控制了。〔577 页〕人们确实可以预期，梦虽然原来可以是一个无特殊意义的过程，却在各种心理力量的交互作用中使本身获得了某种功能。我们现在可以看一看这是一种什么功能。梦的工作将那在潜意识中一直无

---

① 〔这最后一句自 1919 年起才加上重点，参见 553 页注。〕

拘无束的兴奋置于前意识的控制之下;它在这样做时,承担了释放潜意识兴奋的作用,就像一个安全阀门,只花费很少的觉醒活动而同时保持着前意识的睡眠。因此,作为一系列精神结构中的一员的梦,就像所有其他的精神结构一样,造成了一种妥协;它是在为两个系统服务,因为它要满足两个欲望而使其能和平共处。如果我们回到上文[78页以下]所说罗伯特提出的梦的"排除说",我们也立即就会同意这个学说所谈到的梦的功能这个主要论点,虽然他在梦的形成前提和观点上与我们有所不同。[见711页以下]①

"至于两个欲望可以彼此和平共处"这个限定说法还含有一层意思,暗示着做梦的功能也有失败的可能性。梦的过程可以允许从一个潜意识欲望的满足开始;但如果这个想要得到的潜意识欲望的满足强烈地刺激了前意识以致使睡眠不能继续下去,梦就破

---

① [1914年增注]这是不是可以指派给梦的唯一功能呢?我知道没别的功能。米德尔[1912]确曾企图表明梦还有一些其他的"续发的"功能。他从正确的观察出发,认为有些梦包含着某些解决冲突的企图,即后来在现实中果真实现了的企图。因此就好像是清醒活动的预演。他于是把梦与野兽和儿童相提并论,认为游戏是先天本能的练习活动,并且是未来严肃活动的准备,从而提出梦具有一种"游戏功能"的假说。稍早于米德尔的还有A.阿德勒[1911,215页注],他坚决主张梦具有一种"事先参考的功能"。(我在1905年出版的"一个癔症分析的片断"[1905c]分析了一个只能看做一种意向表达的梦,它每晚出现一直到它实现了为止[见上文190页]。)

不过,我们只要稍加思考,就可以相信,不必把梦的这种续发性功能作为梦的解释一部分加以考虑。事先思考,形成意向,构成日后也许能在清醒生活中得以实现的尝试性答案,凡此种种都是心灵中潜意识和前意识的产物;它们可以作为白天的残余在睡眠状态中持续不已,也能与潜意识欲望结合成梦[见550页以下]。因此,梦的"事先思考"乃是前意识的清醒思想的一种功能,我们可以利用对梦或其他现象的分析而揭示其结果。人们素来习惯于把梦与其显意视为同一回事,但是我们现在也必须注意,不要把梦与其潜隐的梦念混为一谈。[参见上文506页以下注以及弗洛伊德论文《梦与精神感应》(1922a)中对梦例的讨论最后一段。]

575

坏了妥协关系，从而也破坏了梦的第二部分工作的实现。在这种情况下，梦马上会被打断而且代之以完全的清醒状态。此处又一次表明，如果梦现在扮的角色是一个干扰者，而不是作为正常情况下睡眠的守卫者，则其咎并不能归之于梦；我们可不必因此而产生偏见，否认其有益的目的。在有机体身上，由于条件的改变，原来的一些有用的手段已变得无用，而且产生了干扰，这并不是唯一的例子。而且这种干扰至少还可以达到一个新的目的，即引起对变化的注意并调动有机体的调节机制予以应付。我脑海中想的当然是焦虑的梦。为了不让人误以为我想逃避与欲望满足理论相抵触的任何证据，我决定试对这种梦做一些解释。

在我们看来，产生焦虑的精神过程也能满足一个欲望，二者并不存在任何矛盾。我们知道这可以如此解释，即欲望属于潜意识系统，但又被前意识系统所排斥和压制。[1] 即使精神完全健康的

---

[1] ［1919年增注：］"下面第二个因素更为重要，但也同样为一般人所忽视。一个欲望的满足原可产生快感，可是我们要问，'究竟是对什么人产生快感？'当然是有此欲望的人。然而我们知道，梦者对于他的欲望的态度却很特别：他摒斥这些欲望，指责这些欲望，总之他不愿意有这些欲望，因此这些欲望的满足并不使他快意，反而使他不快。这种不快虽尚待解释，但它们是焦虑形成的主因。就其欲望而言，梦者宛若两人，因某些共同的要点而合为一人。这个问题我不再想引申，只想告诉你们一个著名的神仙故事。[见上文557页]在这个故事里，你们可看出这些关系。一位慈爱的仙人说要满足一个穷人和他的妻子的头三个愿望。他们乐不可支，对于欲望的选择非常慎重。那女人因为嗅到邻人烧腊肠的香味，于是愿有两条腊肠。一动念间，腊肠已放在面前了。第一个欲望因此得到满足。男人不以此为然，忿悔之余，乃愿这两条腊肠挂到他妻子的鼻端之上，因此腊肠便挂在她的鼻端上不能移动。第二个欲望满足了，但这是男人的欲望，女人却深以此为苦。这个故事的结局你们可想而知，因为他们究竟是夫妻，他们的第三个欲望就不得不是使腊肠离开女人的鼻端。人们也许常用这个神仙故事比喻各种事情，但这里我仅用以说明一个道理，就是一个人的欲望的满足，可以使另一个人深感不快。除非这两个人是同心一意的。"《精神分析引论》[弗洛伊德1916—1917]第14讲。商务中译本，108页以下）

人,前意识也不能完全压倒潜意识,压抑可以标志我们的精神正常度。神经症症状表明这两个系统是彼此冲突的;症状是使冲突暂时告一结束的妥协产物。一方面,它们让潜意识有一条释放兴奋的出路,提供一个突破口;另一方面,它们又使前意识可能对潜意识有一定程度的控制。例如,考虑癔症性恐怖症或广场恐怖症的意义是有启发性的。假定有一个神经症患者不敢单独穿越街道——可以正当地称之为"症状"。如果我们强迫他做他自以为不能做到的动作来消除这个症状,其结果将会是焦虑的发作;而在马路上的焦虑的发作往往确实是产生广场恐怖症的诱因。我们因此理解到,症状的形成乃是为了避免焦虑的发作,恐怖症就像竖立起来的抵御焦虑的前沿碉堡。

不考察感情在这些过程中所起的作用,我们的讨论就难于前进一步;但是我们在这方面还做得很不完善。让我们现在假定对潜意识进行压制是必要的,如果让潜意识的观念活动自行其是,就会产生一种本来就是使人感到愉快的感情,但是在"压抑"过程发生以后就变成不愉快的了。压制的目的及其结果就是要防止这种痛苦的释放。由于痛苦的释放可能开始于潜意识的观念内容,所以压制也伸延到了这些观念内容,这需要一个关于感情发生性质的具体假说作为依据。① 这个假说视感情为一种运动或分泌的功能,其神经分布的关键在于潜意识中的观念。由于前意识建立起来的控制,这些观念仿佛受到了阻挡和抑制,就无法发出可能产生感情的冲动了。因此,如果来自前意识的精力倾注一旦停止,潜意

---

① [关于这个假说参见 468 页和注。]

识兴奋所可释放的一种感情（作为已经发生的压抑的结果）就会有一种危险，即只能体验为像焦虑那样的痛苦感情。

如果听凭梦的过程自由发展，这个危险就会可能变成现实。而使其得以实现的决定性条件是：一是必定产生了压抑；一是被压制的欲望冲动要能不断增大到足够的强度。因此这些决定因素与梦形成的心理构架根本没有关系。要不是我们的论题与夜间潜意识自由活动是产生焦虑的唯一因素这个观点有关，我本可以删掉有关焦虑梦的任何讨论，也就可以避免一切与之有关的模糊问题了。

我已经一再宣称，关于焦虑梦的理论构成了神经症心理学的一部分①。我们只要指出焦虑梦理论与梦的过程问题的接触点，也就没有什么可说的了。我还剩下一件要做的事。因为我说过神经症焦虑有其性的来源，因此我不得不分析一些焦虑的梦，表明在焦虑梦的梦念中存在着性的材料②。

我有充分理由在本讨论中把神经症病人提供的众多梦例搁置一旁，只举出年轻人所做的一些焦虑的梦。

几十年来我难得做过真正焦虑的梦，但是我记得七八岁的时候曾做过一个这种梦，三十年后才进行解析。这个梦非常生动，梦中我看见我的心爱的母亲，脸上有着一种特别安详的入睡的表情。两三个长着鸟嘴的人把她抬进室内，放到床上。我在哭喊中醒来，

---

① ［1911年在此处加写了下面这一句话，1925年和以后又删去了："我宁可坚持认为，梦中的焦虑是一个焦虑的问题，而不是梦的问题。"］

② ［以下的某些言论应根据弗洛伊德关于焦虑的后期观点加以修正。又见160页以下，236和337页。］

578

把父母都吵醒了。这种奇特披挂、身材异常高大的长着鸟嘴的形象来自菲利普逊圣经①上的插图,我猜想它们必定是古代埃及墓上雕刻的长着鹰头的神祇。此外,分析还使我想起了一个看门人的坏男孩,我总是想到他的名字叫菲利普。我们小时候总是在屋前草坪上一起游戏,我第一次从他那里听到了关于性交的痞话,有教养的人都是用拉丁文"交媾"这个字眼的。梦中选择鹰头②便清楚地说明了这一点。我必定是从我那老于世故的年轻导师脸上的表情看出了那个字性的意味。梦中我母亲脸上的表情则来自我看到的祖父的面容,那是在他去世的前几天,他在昏迷状态中打鼾。因此梦中润饰作用[490页]做出的解释就成了我的母亲生命垂危;而墓雕也与此点相符合。我在焦虑中醒来,一直把父母吵醒后还没有平息。我记得当我看见母亲面孔时,突然地平静下来,好像我需要看见她并没有死的保证。但是这种对梦的"续发的"解释,在发展了的焦虑的影响下已经形成了。我并不因为梦见母亲生命垂危而产生焦虑,但是我在前意识中做出这种解释是因为我已处于焦虑的影响之下。如果把压抑考虑在内,焦虑可以追溯到一种模糊但显然是性的渴望,它在梦的视觉内容中得到适当的表达。

一个患过重病一年的27岁的男子报告说,他在11—13岁时经常梦见(伴有强烈的焦虑)一个手持斧头的男子在追逐他,他拼命想逃走,但好像瘫痪了似的在原地动弹不得。这是一个很普通的焦虑梦,看起来与性欲毫无关系。在分析过程中,梦者首先想到

---

① [一种希伯来文和德文版的《以色列圣经》,莱比锡,1839—1854(第二版,1958)《申命记》第四章的一个注中有许多埃及神祇的木刻插图,有几个神长着鸟头。]

② [德文俚语"vögeln"指性交,此词来自"Vogel"一般指"鸟"。]

的是他的叔叔告诉他的一个故事（日期在做梦之后），说他有一晚在街上如何受到一个形迹可疑的人的袭击；梦者本人从这个联想推测到，他在做梦时也许听到了一些与此相类似的事件。关于斧头，他记得大约在那时，有一次他用斧头劈柴而砍伤了手。他因此马上想到了和他弟弟的关系。他经常虐待他的弟弟，把他打倒在地。他特别记得有一次用靴子把弟弟的头踢出了血，他的母亲说："我害怕他总有一天会死掉的。"当他仍然似乎在想着暴力事情时，突然记起了9岁时发生的另一件事。他的父母回来很晚，上床睡觉时他假装已经睡着了，不久他听见了喘息声和其他一些似乎很奇怪的声音。他还能觉察出他们在床上的姿势。进一步的想法证明了他把父母之间的这种关系与自己和弟弟之间的关系做了类比。他把父母之间发生的事置于暴力和挣扎的概念之下，而且他为自己的想法找到了证据，因为他不止一次注意到母亲的床上留有血迹。

我可以说，成人的性交使看到了的小孩觉得惊奇并感到焦虑，乃是日常生活中常见之事。我已经解释了这种焦虑，认为我们所说的是儿童们还不知如何应付的性兴奋，他们无疑因为父母牵涉在内而弃之不顾，结果性兴奋使其转化而为焦虑。在年纪更小的阶段，指向异性父母的性兴奋还未受到压抑，如我们已经知道的，它们是自由表达的。[见256页以下]

对于在儿童身上经常发作的伴有幻觉的夜惊，我将毫不犹疑地给予同样解释。这同样是一个尚未被了解而遭摈弃的性冲动问题。研究结果大概证明了这种冲动的发作具有一种周期性，因为性的里比多增强，不仅可由偶然刺激性印象所造成，也可由自发的周期性发展过程而实现。

580

要证实这种解释,我还缺乏足够的观察材料。①

另一方面,不论是从躯体方面或是从精神方面,儿科医生们似乎也缺乏一条可供了解整个这类现象的途径。我禁不住要引证一个有趣的梦例,由于受了医学神话的蒙蔽,稍一不慎,就会对这一类梦例的观察产生误解。我的梦例引自德巴克尔(1881,66)的一篇论夜惊的论文。

一个13岁的身体虚弱的男孩,开始出现焦虑和多梦。他的睡眠变得困扰不安,几乎每星期都有一次被伴有幻觉的严重焦虑发作所打断。他能对这些梦保持清晰的回忆,他总说有恶魔对他大声喊叫:"我们现在捉到你了,我们现在捉到你了!"接着就闻到一股沥青和硫磺的气味,他的皮肤被烧得起了火,他惊恐地从梦中醒来,起初他根本喊不出声,当他恢复了声音,他清楚地听见在说:"不,不,不是我,我什么都没有做!"或者是:"请不要这样,我再也不这样做了!"有时说:"奥伯特从来没有做过!"后来,他拒绝脱衣睡觉,"因为只有不穿衣的时候,火才烧着他。"当他一直做着这个噩梦,从而威胁着他的健康时,他被送到了农村。18个月后,他恢复了健康。他在15岁时坦白承认说:"我不敢承认,但是我一直有针刺的感觉,而且我那部分②特别兴奋,弄得我神经过分紧张;甚至时常想要从宿舍的窗户跳出去。"

这确实不难揣测:(1)这男孩年轻时犯过手淫,他大概否认过,他因为这个习惯被威胁要对他施加重罚;(参见他的坦白:"我再不

---

① [1919年增注]自此以后,精神分析文献陆续提供了大量这类材料。
② 我自己为这个字打了重点,但它不可能引起误解。

这样做了!"他的否认:"奥伯特从来没有做过。")(2)随着青春期的开始,由于他的生殖器发痒,手淫的诱惑又复活了。但是(3)他的内心迸发了一种压抑的努力,虽然压制了他的里比多,但又转化而为焦虑;这种焦虑又使他想起以前对他的威胁和惩罚。

现在让我们看看原作者(同上,69页)自己对观察的推论:

(1)"青春期对这个身体虚弱男孩的影响导致极度的虚弱症状,结果引起了高度脑贫血;①

(2)"脑贫血引起了性格的变化,魔凭幻觉和严重的夜间(甚或白天)焦虑状态;

(3)"男孩的魔凭妄想和自我谴责可追溯到童年所受的宗教教育的影响;

(4)"在一段长时间的农村生活中,由于身体锻炼以及青春期已过的精力恢复,所有症状都消失了;

(5)"这孩子的大脑状况的先期影响也许可归回于遗传和他父亲的梅毒感染。"

其最后的结论是:"我们认为这个病例归入虚弱的无热性谵妄一类,因为病症的原因是大脑局部贫血。"

五、原初过程和继发过程——压抑

为了要更深入地了解有关梦的过程心理学,我为自己制订了一件困难的任务,其困难的程度可以说已超出了我的讲解能力。

---

① 重点是我[指弗洛伊德]加的。

对于这个复杂整体中实际上同时发生的各个元素,我只能逐个地加以描述。而且在提出每一点时,还要避免预测其所根据的理由:这一类困难实在已超出了我所能控制的力量。我在解说梦的心理学时,未能指出我的观点的发展史,所有这一切我现在必须予以补述。虽然我对梦的问题的研究途径是我以前对神经症心理的研究所决定的,但我并不想把后者作为当前工作的参考。然而事实上我又常常不得不这样做,不过我采取了相反的方向,即利用梦作为研究处理神经症心理学的方法。我知道这样做将会给我的读者们带来不少困难,但我却无法避免。[见104页注]

由于我对这种事态感到不满意,我想暂停下来先作别的考虑,这样也许对我的努力有更大价值。我发现自己面临着一个题目,就像在第一章所表明的那样,各派作者对这个题目的意见大有分歧。我对梦的各个问题的处理,已为大多数这类互相的矛盾留有余地。我发现只须对它们中间的两种观点给予彻底的否定——一种观点是做梦是一种无意义的过程,[55页以下]另一个观点则认为梦是属于躯体的过程。[77页以下]除此之外,我都能在我复杂的论点中为所有互相矛盾的意见找到论证,并且表明它们都能阐明部分真理。

关于主张梦是我们清醒生活时工作和兴趣的继续这一观点,已因发现梦的隐念而得以完全证实。[7页以下]这些梦关注的似乎只是我们感到重要和深感兴趣的事情。它们从不涉及细微琐事。但是我们发现也有理由接受相反的观点,即梦收集的只是前一天遗留下来的无关紧要的琐事,[18页以下]而且它们与白天任何重大兴趣无关,除非这些兴趣在一定程度上脱离了清醒活动。

589

583

[18页]我们发现梦的内容也是如此,这种内容是把梦念加以伪装以另一种形式表现出来的。我们已经知道,由于与联想机制有关的某些理由,梦的过程对于尚未被醒时思想活动所利用的那些新近和无关紧要的观念性材料较易控制,而且为了避免稽查作用,它往往将精神强度从那些重要而遭反对的内容转移到一些无足轻重的事情上。

梦具有记忆增强性质[11页以下]并与童年的材料有关[15页以下],这类事情已成为我们学说的基础之一。我们梦的理论把源于幼儿期的愿望看成是梦的形成的不可缺少的动机力量。

睡眠时外界感觉刺激的重大意义已为实验所证实,我们自然无须怀疑[23页以下];但是我们已经证明,这类材料与梦的欲望的关系,和白天活动的遗念与梦的欲望的关系是一样的。关于梦对客观感觉刺激的解释与错觉所做的解释相同[28页以下],我们也找不出反对的理由。但是我们已经发现了为什么要如此解释的动机,而其他作者并未特别说清这个道理。他们对于感觉刺激的解释是,感知的客体并不扰乱睡眠,而且可以达到满足欲望的目的。至于在睡眠时感官的主观兴奋状态,特鲁布尔·赖德似乎证明了它们的存在[1892,见上文32页以下]。我们确实没有把这些状态看成是梦的一种特殊来源,但是我们却能利用在梦背后活动着的回归的记忆复活所产生的结果来解释这些主观兴奋状态。

内部的机体感觉一般被认为是释梦的主要之点[33页以下],它们在我们的理论中占有一席之地,但不是重要的因素。诸如跌落、飘浮和被禁制等感觉,只要合乎需要,都可随时为梦的工作提供材料,用来表达梦的隐意。

梦的过程是迅速的,转眼即逝的,如果把它看成是意识对预先构成的梦的内容的知觉[64页],我们认为是正确的。梦的过程的先前部分似乎也很可能进行得很缓慢而且起伏不定。对于把大量材料凝缩在短暂时刻这一类之谜,我们已能做出解释。我们认为这是一个把心灵中业已呈现的现成结构加以利用的问题。

梦是伪装的而且受记忆的控制,我们承认这个事实对我们的观点也无妨碍;因为它不过是在梦的形成一开始就在进行着的伪装过程的持续显露部分。

关于心灵在晚间是否入睡[54页以下]或者仍像白天那样行使其一切官能[60页以下]这一表面上不可调和的激烈争议,我们发现这两派主张都不算错,但也都不完全正确。我们可以证明,在有高度复杂的理智活动的那种梦的隐意中,几乎动用了精神机构的全部资源。然而无可争辩的是,这些梦念来源于白天,因而不得不假定心灵具有睡眠状态这一回事。所以即使是部分睡眠说[77页]也有一定的价值。不过我们的发现表明,睡眠状态的特征并不是精神联结的解体,而是在白天占支配地位的精神系统集中其精力于睡眠的欲望之上。在我们看来,从外部世界退回的因素仍然有其重要性,虽然它不是决定的因素,但它可能使回归性质在梦中得以表现。放弃对思想流的有意指导的说法[49页以下]也无可厚非,但这并不等于心理生活变得漫无目的。因为我们已经知道,在随意的有目的的观念被放弃之后,不随意的观念就起而代之了。我们不仅承认梦中存在着一些松懈的联结,而且还出乎意料地进一步认识到,这些松懈的联结乃是其他一些生动而有意义的观念的必然代替物。我们确实可以把梦视为荒谬的,但是许多梦例告诉我们,梦即使看上去非常荒谬,但却也是切合事理的。

我们并不反对赋予梦以各种功能。有人说梦的作用像通向心灵的一个安全阀[79页]。罗伯特[1866,10以下]说一切有害的事物在梦中表现出来就变得无害了。这种说法不仅与我们认为梦可满足双重欲望的观点吻合,而且我们对这句话的解释比罗伯特自己还要更深一些。有人认为心灵可以在梦中自由发挥其功能作用[82页],这也与我的学说中认为前意识活动可以让梦自行其是无异。再如"心灵让梦回复到胚胎的观点"或者像赫夫洛克·埃利斯[1899,731页]把梦说成是"一个充满广阔情绪和残缺思想的古老世界"这一类说法[60页]也使我们感到高兴。因为他们事先说出了我们的主张,即白天受到压抑的那些原始活动形式与梦的构成大有关系。我们完全赞同萨利[1893,362]所说的话:"梦把我们带回早先依次发展的人格。我们在睡眠中回复到对事物的古老看法和感觉,以及长久统治着我们的冲动和活动[60页]。"德拉格[1891]认为"被压抑"的[82页]内容变成了"梦的动机力量",我们对此完全表示赞同。

我们完全采纳了施尔纳关于"梦想象"[1861]以及他自己所做我解释那一部分[63页以下],认为非常重要,但我们似乎不得不把问题转换一个角度。要点不在于梦创造出想象,而是潜意识的想象活动构成了大部分梦念。我们仍得感谢施尔纳指出了梦念的来源;但他归之于梦的工作的一切事物,实际上几乎都可归之于白天的潜意识活动。这种活动既可作为梦的刺激动因,也可引起神经症症状。我们必须把梦的工作看作是另一回事并大大缩小其含义。

586

最后,我丝毫不想否定梦和精神障碍之间的关系[89页以下],只不过把它建立在一个更牢固的新的基础之上。

由于我的梦的理论具有新的特色,以致它的结构能把早期作者们那些互相矛盾的观点兼并收蓄,构成一个似乎更为高级的统一体。对于某些发现,我们赋予了新的意义。只有少数观点被我们完全拒绝了。然而我们的理论仍然很不完善。除了我们在探索心理的黑暗王国时遇到的许多复杂问题以外,我们对一个新的矛盾似乎很感棘手。一方面我们假定梦念来自完全正常的心理活动;另一方面我们却在梦念中发现了许多很不正常的思想过程。它们扩展到显意之中,因而我们在释梦的过程中又遇到了它们。所以我们描述为"梦的工作"的一切事物与我们认为是正当的思想过程似乎是如此地不同,以致前面提到的作者们所作出的最严厉的判断,认为梦的精神功能的作用是低水平的,就好像又是有充分根据的了。

也许只有更进一步的研究才能有助于我们解决这一困难。我将首先对导致梦的形成的若干联结之一进行更为仔细的考察。

我们已经发现,梦中可以出现日常生活中的许多思想,而且完全符合逻辑程序。所以我们不能怀疑这些思想来源于我们的正常心理生活。我们认为一切有价值的思想过程及其所能表现的高度复杂的成就,都可以在梦念中再度出现。但是我们可不要假设,这种思想活动是在睡眠时完成的——这种可能性将会将我们迄今所描述的有关睡眠的精神状态的图景发生严重的混淆。相反,这些思想也许就来源于前一天,它们的进程从一开始就未被我们的意识所觉察,而且在刚刚入睡时就已经完成了。由此我只能得出这

587

样的结论,即它证明了最复杂的思想成就也可能无须借助于意识——我们在对每一个癔症或有强迫性观念的患者进行精神分析时都可以看到这个事实。这些梦念本身决不是无法进入意识的,如果它们在白天没有被意识到,那一定有许多别的理由。"被意识到"与一种特殊的精神功能即注意的应用是联系着的[541页]。注意这种功能似乎只在具有特定数量时才能发挥作用,而且可以由于其他目的从当前的思想系列转移开去。① 还有一种方式可以使这种思想系列不能进入意识。我们的意识反省过程表明,我们集中注意时遵循着一条特殊途径,如果我们在这一条途径上遇到一个不能接受批评的观念,我们就瓦解了:我们降低了注意的精力倾注。那已经被启动而又分散了的思想系列似乎仍在进行但不再被注意,一直要等到在某一点上达到特大的强度时才能再次被引起注意。因此,如果一个思想系列一开始就被断定是错误的或者对当前的理智目的无所帮助而被(有意识地)排斥于注意之外,其结果这个思想系列将仍可继续进行下去,不为意识所觉察,直至睡眠开始。

让我扼要重述一下:我们把这样一个思想系列叫做"前意识",我们把它看成是完全有理性的,而且认为它不是被忽视就是被压抑或瓦解了。我们再把思想系列的产生情况作一明白的叙述。我们认为,一个有目的的观念产生以后,马上就会把我们称之为"精力倾注的能量"(cathectic energy)的一定兴奋转移到它所选择的

---

① [注意这个概念在弗洛伊德的后期著作中用得很少,相反,在他的《科学心理学设计》(弗洛伊德,1950a)中很突出,如第3部分的开始一节。又见575页和615页。]

联合途径上去。"被忽略了"的思想系列是一个没有接受这种精力倾注的系列,而"被压抑"或"被抛弃了"的思想系列是这种倾注被撤销了的系列。在这两种情况下,它们只得依靠本身的兴奋了。在某些条件下,一个具有目的的精力倾注的思想系列,能够把意识的注意力吸引到本身上来,而如果发生了这种情况,通过意识的作用,就会接受一种"过度精力倾注"。因此我们不得不马上接着说明我对意识的性质和功能的看法。[见615页以下]

已经在前意识中这样进行着的思想系列,不是自动停息下来就是持续前进。我们认为第一种结果是这样产生的:这种能量使整个思想网处于一种兴奋状态,这种兴奋延续一段时间,当寻求释放的兴奋转变而为静止不动的精力倾注状态时,就逐渐消散了。如果伴随发生的是第一种结果,这个过程对于梦的形成就不再有任何意义。但在我们的前意识中,仍潜伏着一些其他有目的的观念,它们来自我们的潜意识以及那些经常活动着的欲望。这些有目的的观念可以控制住仍然依附在那些自行其是的思想群的兴奋上面,它们可以在兴奋与一个潜意识欲望之间建立一种联系,于是它们就可以把属于潜意识欲望的能量"转移"到兴奋上去。这样一来,被忽视或被抑制的思想系列就处于一种持续状态,虽然所接受的强化力量还不足以使自身进入意识。于是我们可以这样说,迄今为止的一系列前意识的思想已"被拉入潜意识之中"。

导致梦的形成还有其他的联结形式。前意识的思想系列可以一开始就和潜意识欲望结合起来,但也因此而被那占优势的有目的的精力倾注所摒弃;或者,一个潜意识欲望也可以由于其他原因

(如身体上的原因)而变得活跃起来,从而寻求把能量转移到前意识不加支持的、即不予精力倾注的那些精神遗念上去,而不需要它们在半途中前来迎接。但是以上三种情况最后只能是同一结果,即前意识中存在着一组思想系列,得不到前意识的精力倾注,但却从潜意识中获得了精力倾注。

从此以后,思想系列就开始不断进行一连串变形,我们不能再把它们看成是正常的精神过程,它们还导致一种精神病理结构,使我们大为惊奇。以下我将列举这些变形过程并加以归类。

(1)那些个别观念的强度变得能够全部释放,从一个传到另一个,因此某些观念可被赋予很大的强度[见330页],而且由于这种过程反复发生好几次,整个思想系列的强度最后集中于一个单独的思想元素,于是出现了我们所熟悉的梦的工作中的"凝缩作用"。凝缩作用是使我们对梦大惑不解的原因,因为在我们正常的和有意识的心理生活中,我们看不到任何与之相类似的现象。我们在正常心理生活中,也能发现一些观念,它们作为整个思想链的结点和最终结果,具有高度的精神意义,但是它们的重要性却不能以对内部知觉的感觉方式的任何明显特性表现出来。它们的知觉表现也绝不因它们的精神意义而更加强烈。另一方面,在凝缩作用的过程中,每一次精神的相互联系都对观念内容变成了一种强化作用。这种情况就像我准备出版一种书,有些字对于全文的理解特别重要,就把它们改印成斜体字或粗体字。又如演讲时我把同样的话说得又重又慢以加强语气。这第一个比喻马上使我想起梦的工作提供的一个例子,就是"爱玛打针"梦中的"三甲胺"那个词[116页]。艺术史家们使我们注意到这样的事实,即最早反映历史的雕塑总是服从同一个原则：他们用人物形象的大小代表他们地位的高低。一个国王要比他的侍臣或战败的敌人大两三倍。罗马时代的雕塑利用更精巧的方法来表现同一效果。皇帝雕像可以位于中央，直立，而且塑得特别细致。他的敌人则匍匐于他的脚下。但是他在那些侏儒之中并不显得是个巨人。今天在我们当中下级对上级鞠躬，未尝不是古代这同一表现原则的一种反映。

梦中凝缩作用的进行方向一方面决定于梦念的那些理性的前意识关系，另一方面则决定于潜意识中那些视觉记忆的吸引力。凝缩活动的结果就是产生所需的强度足以开辟一条通路强行进入知觉系统。

(2)由于强度能够自由转移，在凝缩作用的支配下形成了类似于妥协的一些"中介观念"(参见我所举的许多这一类例子[如293页以下])，这也是在日常思想链中未曾发生过的事。因为在正常思想中重点总是放在对"适当的"思想元素的选择和保留上。另一方面，当我们努力用言语表达前意识思想时，复合结构和妥协形成出现的次数特别多，它们于是被认为是一种"舌误"。

(3)其强度互相转移的那些观念是结合得最松懈的观念。而把它们连接在一起的那一类联想是我们的正常思维不屑一顾的，只用在诙谐上。我们发现特别是基于同音异义和双关语一类的联想，它们的价值被认为与其余的联想是一样的。

(4)还有一些彼此矛盾但并不互相排斥而只是并行不悖的思想。它们往往联合起来形成联合作用，恰像它们之间没有矛盾似的，它们或者达成一种妥协，这种妥协为我们有意识的思想所不

591

容,但往往为我们的行动所接受。

　　以上就是先前在合理途径上构成的一些梦念在梦的工作过程中所表现出来的一些最显著的异常过程。我们将看到,这些过程的一些主要特征,乃是把整个重点放在使倾注的能量变得灵活而能释放出去;至于精力倾注的那些精神元素的内容及其意义,则无关紧要。我们可以这样假定,凝缩作用和妥协形成的作用只是为了促成回归作用,也就是说,是一个把思想转化为意象的问题。但是对于某些梦的分析(加上某些综合),如 Autodidaske[296 页以下]那个梦,其中虽然不包括意象的回归作用,却也和其他的梦一样,显示了同样的移置作用和凝缩作用的过程。

　　由此我们必须得出这样的结论,即梦的形成涉及两种根本不同的精神过程,第一种过程产生的是完全合理的梦念,其有效性与正常思维无异;另一种过程则是以令人吃惊和不合理的方式处理思想。我们在第六章中已认为这第二种精神过程就是梦的工作本身。我们现在对于这一过程的来源有什么看法呢?

　　如果我们没有深入研究过神经症特别是癔症的心理学,我们就不可能回答这个问题。我们从这种研究中已经发现了那些同样不合理的精神过程以及我们还没有详细描述的产生癔症状态的主要原因的一些其他过程。我们在癔症中也曾遇到过成串的完全合理的思想,其有效性与我们有意识的思想并无二致;但是对于这些合理的思想,我们在开始时并不觉察到它们以合理形式存在着,我们只能以后才把它们重建起来。如果它们在任何一点上引起我们的注意,我们通过对业已形成的症状的分析,才发现这些正常的思想已受到异常的处理:它们利用凝缩作用和妥协形成,凭借多余的联想，不顾现有的矛盾，而且可以沿着回归的途径，从而转变成为症状。鉴于梦的工作的特征与精神神经症症状的精神活动二者的完全同一性，我们认为把研究癔症得出的结论用之于梦是不无道理的。

因此我们从癔症的理论中借来了以下的论点：一个正常的思想系列只有在这种情况下，即只有当一个源于幼儿期并且处于压抑状态的潜意识欲望转移到这个思想系列之上时，它才接受异常的精神处理。根据这个论点，我们建立的梦的理论乃是基于如下假设，即提供动机的梦的欲望总是来源于潜意识——这个我自己都准备承认的假设，虽然不能否定，也不能证明其普遍有效。但是为了说明我们经常应用的"压抑"这个名词的含义，我们必须更深入地探讨一下我们的心理学构架。

我们已经详细探讨了有关原始精神机构的假设［565页以下］，设想它的活动是由于尽量避免兴奋的累积以及最大可能地保持不引起兴奋状态而获得调节。所以它的构造设计得就像一个反射机构。而起初作为实现身体内部变化手段的运动能力，其本身可以自由支配释放的渠道。我们还继续讨论了一种"满意体验"的精神后果，在这方面我们已能提出第二个假说，大意是说，兴奋的累积（至于如何达到累积的效果我们可以不必过问）使我们感到痛苦，使精神机构为了重复这种满意体验而行动起来，其中包括了兴奋的减弱，因而感到愉快。在精神机构中，从痛苦开始，针对获得愉快这样一种趋向，我们称之为"欲望"。我们说过，只有欲望才能使机构动作起来，而且其中的兴奋过程是由快乐和痛苦的感觉自动调节的。第一个欲望作用似乎是对满足的记忆的一种幻觉或精力倾注,但是如果这些幻觉不能持续到能量消耗殆尽的地步,就证明它们不能使需求停止,从而也不能实现因满足而感到的快乐。

所以我们有必要提出第二种活动即第二系统的活动,这种活动不允许记忆的精力倾注闯入知觉,在那里束缚精神力量。相反地,它将来自需求的兴奋引向一条迂回的路线,利用自主运动,最后改变了外部世界,以致可能达到对满意的对象的真正知觉。我们已经把所讲的精神机构画出了示意图。这两个系统就是在充分发展的机构中我所说的潜意识和前意识的萌芽。

为了能应用运动的力量有效地改变外部世界,就必须在各个记忆系统内累积起大量经验和由不同目的性观念在这种记忆材料中所唤起的多种多样永久性联想记录[见 539 页]。现在我们能将我们的假设向前推进一步了。这第二系统的活动不断地探索着,交替地增强或减缩其精力倾注,它一方面需要能自由地支配全部记忆材料;另一方面,它如果沿着不同的思想通路使精力无目的地大量分散倾注,则只能造成不必要的能量浪费,结果是降低了改变外部世界的力量。所以我只能如此设想:为了提高效率,第二系统成功地使大部分倾注的能量保持着一种静止状态,只将一小部分能量用之于移置作用。我还不太了解这些过程的机制;凡是希望认真了解这些概念的人,就必须从中寻求一种物理学的类比并能发现一种手段,用以描述伴随神经元兴奋的运动。我所坚持的观点是,第一个 ψ 系统的活动目的在于求得兴奋量的自由释放,而第二个系统则是借助于由此而来的精力倾注,成功地抑制着这种释放并使精力倾注转变而为一种静止能量,无疑同时也提高了能量的水平。所以我假定,在第二系统的支配下,其所管辖的兴奋释放的机械状况,与第一系统控制下的兴奋释放状况在力量上一定大不相同。第二系统一旦结束了本身探索性思想活动,便会解除抑制,解除兴奋的束缚,使兴奋本身释放而为运动。

如果我们考虑到第二系统对释放所施加的抑制与痛苦原则①产生的调节作用二者之间的关系,自不免会产生一些有趣的推想。我们先来考察一下满意这种基本体验的对立物——即一种外部恐惧的体验。让我们假设一个作为痛苦兴奋来源的知觉刺激侵犯了原始精神机构,不协调的动作表现便由此而生,一直要等到其中一种运动使机构离开了知觉同时也就摆脱了痛苦为止。如果知觉再度出现,运动也会立即重新发生(也许是一个逃避的动作),直到知觉再一次消失为止。在这种情况下,便不会有幻觉或其他任何形式的倾向,使作为痛苦来源的知觉能保持其精力倾注了。相反地,在原始机构中会产生一种倾向,将随时复活的痛苦的记忆意象予以排除。这是因为如果这种兴奋因过多而流入知觉,便会激起(确切地说是开始激起)痛苦。对于仅仅作为以前避开知觉的重复的对记忆的回避,还会因如下事实而易于发生,即记忆与知觉不同,它不具有足够激起意识的性质,因而不能为自身获得新鲜的精力倾注。那曾经一度使我们感痛苦的任何记忆的精神过程所引起的这种轻易而有规律的回避,为我们提供了精神压抑的原型和最初范例。大家都知道,很

---

① [弗洛伊德在他以后的著作中称它为"快乐原则"。]

多这种对痛苦的回避——鸵鸟政策——在成人的正常精神生活中仍然是常见的现象。

根据这种痛苦原则,第一 ψ 系统因而完全不能使任何不愉快的事情引入其思想背景之中。它除了欲望以外,不能有任何作为。如果情况保持不变,则第二系统的思想活动势必受到阻碍,因为它需要能自由抵达得之于经验的所有记忆。于是出现了两种可能性。可能第二系统的活动使自身完全避开痛苦原则,自行其是,根本不顾及记忆的痛苦;另一种可能则是寻找一种方法,对痛苦记忆,施加精力倾注以便能避免对痛苦的释放。我们将排除第一种可能性,因为痛苦原则在第二系统中和在第一系统中一样,清楚地调节着兴奋进程。我们于是只剩下了一种可能性,即第二系统对各个记忆施行精力倾注以求达到对记忆释放的抑制,当然也就包括了(与运动的神经分布相比较)对痛苦的发展方向的抑制。所以我们是从两个方向出发,即从痛苦原则和(上一段所提到的)神经分布的最小消耗原则出发而得到了一个假设,即第二系统的精力倾注意味着同时对兴奋释放的抑制。让我们牢牢记住这一点,因为这是了解整个压抑理论的关键,即只有当某一观念对自身带来的任何痛苦的发展进行抑制时,第二系统才能对这个观念施加精力倾注。任何能够逃避这种抑制的观念都不能接近第二系统以及第一系统;因为它服从痛苦原则而被很快地抛弃掉。然而对于痛苦的抑制并不需要贯彻到底,但它必须有一个开端,以此通知第二系统有关记忆的性质及其对于当前思想进程所欲达到的目的的可能不适当性。

我要把第一系统单独承认的精神过程称之为"原初的过程",

而把由第二系统进行抑制而产生的过程称之为"继发的过程"。①

我还能指出另一个理由,说明第二系统为什么不得不对原初过程进行修正。原初过程力求实现兴奋的释放,以便借助由此累积起来的兴奋总量,建立一种[与满意经验的(见第 565—6 页)]"知觉同一性"。然而继发过程已放弃了这个意图,而以另一种同一性取而代之——建立一种[与核经验的]"思想同一性"。一切思维都不过是一种循环的通路,从一种满意的记忆(被认为是一种有目的观念的记忆)到达被希望通过运动经验的中间阶段而再次到达的那同一记忆的同等精力倾注。思维必须考虑自身与各观念之间的联结通路,而不要被那些观念自身的强度引入歧途。但很明显,观念的凝缩作用,以及中间的和妥协的结构,必定也妨碍着达到其所针对的同一性,因为它们以一个观念代替另一个观念,从而离开了从第一个观念出发而形成的正路。所以这一类过程在继发性思维中都是要慎重避免的。我们也不难看出,痛苦原则在其他一些方面虽然为思想过程提供了一些最重要的标志,却在建立"思想同一性"的道路上设置了障碍。因此,思维必须要把自身从痛苦原则

---

① [原初系统和继发系统的区别以及精神功能在它们之间产生各不相同的作用这一假设,属于弗洛伊德的概念中最重要的基本原则。它们与(599 页以下和下一节开始处表明的)精神能量发生的两种形式理论是联系着的:这两种形式是"自由的"或"流动的"(当其发生于潜意识系统中)与"平缚的"或"静止的"(当其发生于前意识中)。当弗洛伊德在其后期著作中(如他的论"潜意识",1915a 那篇论文第 5 节结尾处,和《超越快乐原则》1920g 第 4 章)讨论这一题目时,他把后一区别归之于和布洛伊尔合著的《癔症研究》(1895)中布洛伊尔的某些说法。要把这一类说法与布洛伊尔在该著作中(第 3 章)的说法完全等同起来是不无困难的。与之最为接近的是在第 2 节开始处的一个脚注,其中布洛伊尔区别了三种神经能量的形式:"一种潜伏的能量,它安静地处于细胞的化学质中";"一种运动的能量,它在纤维处于兴奋状态时被释放";"还有一种神经兴奋的静止状态:紧张的兴奋或神经紧张。"另一方面,"束缚的"能量问题在弗洛伊德的《科学的心理学设计》(1950a)第 3 部分第 1 节结尾处有较详细讨论,此书写于《癔症研究》出版后仅几个月。]

的唯一规定中逐步解放出来,并把思想活动中的感情的发展降低到最低程度,仅作为一个信号而行动。① 在功能作用上所欲达到的这种高度精巧的成就,只有借助于由意识所实现的过度精力倾注才能完成。[见下文615页以下]但如我们所知,即使在正常人的精神生活中,这个目标也很难完成得尽善尽美,我们的思维总是倾向于因痛苦原则的干预而产生错误。

然而,其本身作为继发性思想活动产物的思想变得屈从于原初的精神过程——这也是我们现在所能描述的导致梦和癔症症状的公式——并不是使之成为可能的精神机构的功效上的缺陷。这种功效缺陷来源于我们发展史上两个因素的汇合,其中一个因素完全由精神机构所管制,因而对两个系统之间的关系具有决定性影响。另一个因素则可以在不同程度上感知自身并把器质性根源的本能力量引入精神生活之中。这两个因素都起源于童年,是我们精神的和躯体的有机体自幼儿期以来不断变化的沉淀物。

当我把发生在精神机构内的一个精神过程称之为"原初过程"时,我所考虑的不仅仅是相对的重要性和效率;我还要想到选用这个名称可以表明其所发生的时间先后。就我们所知,确实还没有精神机构仅据有单独一个原初过程,这样的精神机构不过是在一定程度上的理论虚构。而很可能的事实则是,原初过程最先出现于精神机构之内,只是在生命的发展过程中,继发过程才逐步展现出来,并能抑制和掩盖原初过程;甚至只有到了壮年时期,它才能完全居于支配地位。由于这些继发过程出现迟缓,包括着潜意识

---

① [以痛苦的最小量作为防止大量痛苦发生的"信号"这一观点,多年以后为弗洛伊德所采用,应用于焦虑问题,见弗洛伊德1926b第11章,第1节(二)。]

598

欲望冲动的我们的生命核心，才能始终保持着不为前意识所了解和抑制；而前意识所发生的作用，也只能始终局限于引导来自潜意识的欲望冲动沿着最经济的道路前进。这些潜意识欲望可以对前意识的一切精神倾向强施压力，前意识的这些精神倾向对压力则不能不表示屈从，或许也可能奋力将压力支开，将其引向较高级的目标。继发过程的迟缓出现的另一个结果是，有很大的一部分记忆材料得不到前意识的精力倾注。

在来源于幼儿期的既不能被摧毁也不能被抑制的那些欲望冲动中，有些欲望的满足与继发性思维的一些目的性观念发生冲突。于是这些欲望满足产生的不再是愉快的感情，而是痛苦的感情了，正是这种感情的转变构成了我们所说的"压抑"的本质。压抑的问题在于这种转变是怎样的以及出于什么动机力量才产生这种转变；但是对于这个问题我们只须在此稍稍触及①；我们只须了解这样一种感情转变确实出现于发展过程之中——我们只须回忆起儿童期本不存在的厌恶开始出现的形式——以及这种转变与继发系统活动之间的关系便足够了。潜意识欲望要达到感情的释放必须凭借一些记忆，这些记忆既然永远不能接近前意识，则依附于这些记忆的感情释放当然也就不受抑制了。正是由于感情的这种生成，这些记忆观念即使把自身的欲望力量转移给前意识思想，后者也无须接近这些观念。与此相反的是，痛苦原则控制了全局，使前意识远远离开了这些移情的思想。这些思想被抛弃了——被"压抑"了——因此一开始就被前意识阻止而大量储存起来的童年记

---

① [弗洛伊德后来在他的《论压抑》(1915a)一篇论文中曾详尽地讨论了这个题目，关于这个题目的后期观点可见他的《精神分析引论新篇》第 32 讲(1933a)。]

忆，就变成了压抑的必不可少的条件。

在最顺当的情况下，只要前意识中移情思想的精力倾注一经消退，痛苦的产生便随之而停止。这个结果表明了痛苦原则的干预还是有其有用目的的。但是当被压抑的潜意识欲望接受的是一种器质性强化，然后又将它传导给移情的思想，那就又是另外一回事了。在这种情况下，即使这些移情思想失去了来自前意识的精力倾注，这种强化也能使它们处于一种局势，企图凭借自身的兴奋冲出重围。于是继之而起的是一种防御性斗争——因为前意识又加强了本身对压抑思想的对抗（即产生了一种反精力倾注）——自此以后，作为潜意识欲望工具的那些移情的思想，便通过由症状产生的某种妥协形式冲出重围。但是自从这一时刻起，即被压抑思想被潜意识欲望大大地倾注了精力同时又被前意识放弃了精力倾注之时起，那些被压抑思想便不得不屈从于原初的精神过程，它们的一个目的就是寻求运动释放，如果道路畅通无阻，便去寻求所渴求的知觉同一性的幻觉式复活。我们已经从经验中发现，我们所描述的那些非理性过程只能发生于被压抑的思想，现在我们发现又能对全局有更深一层的理解了。在精神机构内产生的那些非理性过程就是原初过程。只要观念被前意识取消了精力倾注，自生自灭，并且能从奋力寻求出路的潜意识那里取得不受抑制的能量，就会出现非理性过程。其他一些观察也支持这样的观点，即这些被描述为非理性的过程实际上并不是正常过程的歪曲——理智上的虚假——而是从抑制解放出来的精神机构的某些活动方式。因此我们发现，从前意识兴奋转移到运动，也受同样过程所支配，面前意识的观念与字词之间的连结，也容易出现由于不注意而产生的移置和混淆。最后，当这些基本方式的功能作用受到了抑制，从下面事实可以看出活动是在增加的证据：如果我们允许这些思维方式强行进入意识，我们就会产生一种滑稽的效果，也就是，一定要在笑声中解放出多余的能量。①

关于精神神经症的理论断然主张，只有来自幼儿期的性欲冲动，虽然在儿童发展时期已经遭到压抑（即它们的感情的转变），但在发展的后期能够得到复活（不论是由最初双性发展而成的被试的性体质的结果，还是对性生活过程的不良影响所致），从而为每一种精神神经症症状的形成提供了动机力量。② 只有动用这些性的力量，我们才能弥补压抑理论中仍然明显存在的缺陷。至于这些性的和幼稚的因素在梦的理论中是否具有同等重要性，我暂时不答复这个问题；梦的理论在这一点上是不圆满的。因此假定梦的欲望永远来自潜意识，已经超出了可能验证的范围。③ 我也不想

---

① ［弗洛伊德在论诙谐的著作(1905d)第5章中对此题目有详细的讨论，理智的错误问题在《设计》(1950a)的最后几页有充分的讨论。］

② ［弗洛伊德在他的《性学三论》(1905d)中细致地讨论了这一句话的主题。］

③ 我在此处和别处处理我的论题时故意留下一些空隙，其原因是，一方面填补这些空隙要花费很多精力，另一方面我得引证许多与梦的题材无关的材料。譬如，我就不曾说明"压制"和"压抑"两个词之间的不同意义。然而很明显，后者比前者更为强调对潜意识的依附。我也没有谈到一个明显的问题，即当梦念甚至已经放弃了走向意识的前进道路而选取了回归路线时，它们为什么仍然屈从于稽查作用而进行化装，此外还有许多省略之处。我的当务之急就是为进一步分析梦的工作而必然引起的问题制造印象以及为进一步分析有关其他题目提供线索。我往往决定不了我所追寻的这条解释路线将在何处中断。有一些为我的读者们料想不到的特殊理由，可以说明我为什么不详尽无遗地讨论性观念在梦中所起的作用，以及我为什么要避免分析明显充满性内容的梦。用我的观点和精神病理学的理论来看，不应该视性生活为可耻的事，也不应该认为医生和科学研究者与性生活毫不相干。再说，阿尔特米多鲁斯的《梦的象征》一书的翻译者，出于道德义愤竟瞒着读者将其中论性梦的一章删去，我认为简直是太可笑了。支配着我的决定的，不过是因为我了解到，性梦的解释将使我更深地牵涉到一些仍然未曾解决的有关性反常和双性的问题。因此，我决计将这种材料留待将来再讨论。［要补充的是，《梦的象征》的翻译者F.S.克劳斯后来在他的《人类学》期刊上发表了他未译的那一章。弗洛伊德在前文已加引证（见356页注）在别处也曾加以赞扬(1910f和1913k)。］

深究精神力量的作用在形成梦与癔症症状之间的性质上有什么不同。我们对于比较的一方还欠缺充分的正确了解。

然而我认为还有另外一点也很重要：我必须承认，正是因为这一点，才使我在此处开始了有关两个精神系统、它们的活动方式以及压抑的全部讨论。现在的问题并不在于我对于大家关心的心理因素是否已经形成了大体正确的意见，或者我对于这个非常复杂问题的心理因素的描绘是否有所歪曲或偏颇。尽管我们对于精神的稽查作用以及对于对梦内容进行的合理和变态的修正在解释上有过多少变化，但这些过程在梦的形成中发生了作用，它们与可观察的癔症症状的形成过程在本质上密切相似，始终都是不可否认的事实。不管怎样，梦总不是病态现象；它事先既不干扰精神平衡，事后也不丧失效果。有人认为从我的和我的病人的梦推测不出有关正常人的梦的任何结论，我却认为这个反对意见肯定不能成立。如果我们的争辩可以从现象追溯到动机力量，我们一定可以承认，神经症所使用的精神机制并不是病理扰乱对心灵产生影响时创造出来的，而是已经存在于精神机构的正常结构中了。举凡两个精神系统，从一个系统到另一个系统之间的稽查作用，一种活动对另一种活动的抑制和交叠，二者与意识之间的关系，——或者任何对观察到的事实所进行的更为正确的解释——所有这一切都构成了我们精神机构的正常结构的一部分。梦则向我们指出了一条通向了解它的结构的道路。如果我们限制自己只应用已经确定建立起来的新知识，我们仍然可以说，梦已经证明了那些被压制了的材料在正常人和变态者的心灵中都同样存在着，而且能够保持其精神功能作用，梦本身就是

602

这种被压制材料的各种表现之一;从理论上说,每一个梦都应如此,而在经验上说,至少在大多数梦中都可以观察得到,而正是在具有显著特征的梦生活中表现得格外清楚。在清醒生活中,被分析的材料由于心灵中出现的矛盾被消除——一方被另一方所排除——无从得到表达,与内部知觉也被切断了通路。但是到了夜晚,由于本能力量突破了妥协局面,被压抑的材料于是就找到了强行进入意识的手段和方法。

如果我不能震撼上苍,
我也要搅动地狱。①

梦的解释是通向理解心灵的潜意识活动的皇家大道。

通过梦的分析可以使我们对一切机构中这一最神奇奥秘精神机构的构造物获得进一步的理解。无疑,这仅仅是向前走了一小步;但却是一个开端。而这个开端,根据可称之为病态的另一些机构的结构,又有可能使我们对梦作更进一步的分析。至于疾病——至少是那些被正当称之为"功能性"的疾病——并不要假定为机构的解体或机构内部新的分裂的产物。它们可以在动力学的基础上得到解释——在力的相互作用中,有些成分增强了,有些成分削弱了,以致许多力在正常功能情况下隐而不见。我希望能在别处证明这个精神机构是如何由两种动因复合而成,从而使正常

---

① [弗洛伊德在《全集》卷3(1925)169页上说,"维吉尔的这诗句[《伊涅依德》卷7,312]旨在描述被压抑冲动的努力。"他用了这同一诗句作为全卷的题词。他于1896年12月4日给弗利斯的一封信(弗洛伊德,1950a,第51封信)中提议用这诗句作为论《症状形成》一章某些设计了但未实现的工作的格言——下面一句于1909年所加,包括于同年在克拉克大学的精神分析第3讲内(弗洛伊德,1910a)。]

心理发生的作用比仅有一种动因要精密得多。①

六、潜意识与意识——现实

610　仔细地思考一下,我们将会发现上面几节有关心理学的讨论会使我们这样假定:靠近精神机构运动端的不是两个系统,而是兴奋的两种过程或两种释放方式。这对我们并不产生什么影响,因为只要我们觉得可以用更接近于未知现实的某种事实作为代替,我们就得随时准备抛弃以前的理论框架,所以,让我们试着来改正一些可能被人误解的概念。先前我们把这两个系统轻率地从字面上看成精神机构的两个位置,如"压抑"和"强行进入"两个概念在表述时就带有上述错误痕迹。我们可以说一个潜意识思想力求进入前意识然后才能强行进入意识之中。我们的意思并不是说在一个新的位置上形成了第二个思想,就像一个复本可以与原本继续并存那样;而强行进入意识这个概念,也一定不要与有位置变化的任何概念相混淆。其次,我们可以说一个前意识思想受到压抑或被逐出然后被潜意识所取代。这些竟像由于来源于互相争夺地盘这一类观念,容易使我们设想某个位置的一个精神构成物真的被消灭了而为另一个位置的一个新的精神构成物所代替。现在让我

---

① [1925年增注]梦并不是可以让我们在心理学中发现精神病理学基础的唯一现象。在我还没有完成的一系列短篇论文中(1898b 和 1899a)我已经企图对许多日常生活现象进行解释,作为同一结论的有力证据——[1909增注]这些分析,加上论遗忘、舌误、笨拙动作等一些其他论文,均收集于题为《日常生活精神病理学》一书之内(弗洛伊德,1901b)。

们用看来更为符合实际的情况来代替这种比喻。我们可以这么说,某个特殊的精神构成物有一种精力倾注的能量,时而增加,时而减少,以致所说的结构可以受一种特殊动因的控制,也可以不受它的支配。我们在此地所做的就是再一次用动力学的表达方式代替了地形学的表达方式。我们认为的灵活性,不是指精神结构物本身,而是指它的神经分布。①

然而,我认为继续利用两个系统的形象化比喻仍不失方便和合理。我们可以尽量避免滥用这种表现方法,记住一般不要把观念、思想和精神结构看成是位于神经系统的某些器质性元素之中,而可以说成是在它们之间,在那里抵抗和促进提供了相应的关联物。我们内部知觉的任何对象都是虚象的,就像光线穿过望远镜所产生的影像一样。但是我们认为假设系统的存在(这些系统本身不是任何精神实体而且绝不会为我们的精神知觉所觉察)也是合理的,它们就像望远镜的投射影像的透镜。如果我们继续进行这种类比,我们可以把两个系统之间的稽查作用比作一道光线经过一种新的介质而产生的折射作用。

到此为止,我们讲的只是自己的心理学。现在已经到了考察支配现代心理学的某些理论观点的时候了,而且还要讨论它们与我们假说的关系。按照立普斯(1897)的有影响的说法,在心理学中潜意识问题比起心理学本身的问题来几乎就算不上一个什么心

---

① [1925年增注]当一个前意识观念的主要特征为认为与言语表达的残余有所联系的事实被承认之后这个观点就必须进一步加以阐明和修订了。参见《潜意识》(1915e[第7节])[但在那里已指出,这一点在本书第一版已加说明(见574页和716页)——神经分布一词在《设计》(1950a)第3部分第1、2节中已有预示]。

理学问题。只要心理学在讨论这个问题时,在文字解释上把"精神"视为"意识",而且认为谈到"潜意识的过程"就是明显的胡说,那么医生对于变态心理状态的观察就一定不可能做出任何心理学的评价。只有当医生和哲学家都认识到"潜意识精神过程"这个词语是"对一个确凿事实的适当而合理的表达"时,他们才能走到一条路上来。如果要医生相信"意识是精神不可缺少的特征",那他只能耸耸肩膀;或者如果他对哲学家的话语深信不疑,那他或许也只能认为,他们讨论的不是同一码事,或者研究的不是同一科学。因为对一个神经症患者的心理生活的观察,哪怕只有稍许理解或者对一个梦只是稍加分析,他就一定会相信,那些无疑可以称之为精神过程的极其复杂而合理的思想过程,可以在没有引起意识的情况下发生。① 医生确实只有在那能够进行交流或观察的潜意识对意识产生某种影响之后,才能认识到这些潜意识过程。但是这种意识的影响可以表现出一种与潜意识过程大不相同的精神性质,以致内部知觉分辨不出它就是潜意识过程的代替物。医生们必须能自由地从意识效果去推论潜意识精神过程。他可由此认识到意识效果不过是潜意识过程的一种遥远的精神产物;后者不仅本身没有变成意识,甚至它的出现和操作都不能使意识察觉到它的存在。

---

① [1914年增注]我很高兴地能够指出有一位作家在研究梦以后,得出的结论竟和我探讨意识活动和潜意识活动之间的关系所得的结论一样。杜甫里尔(1885,47页)写道:"关于心灵的性质问题无疑要求对意识和心灵是否同一做一初步研究。对于这个初步问题,梦的回答是否定的。梦表明心灵是比意识更为广泛的一个概念,就像一个天体的吸引力,远远超出它的照明范围一样。"他又写道(同书,306页)[引自莫兹莱1868,15]"意识和心灵的范围大小不同,这也是一个未能充分弄清楚的事实。"

我们必须不要过高地估计意识的特性才可对精神本源形成任何正确的看法。用立普斯的话说［1897,146页以下。］必须设想潜意识是精神生活的普遍基础。潜意识是一个大的范围,其中包括着较小的意识范围。任何有意识的事物都有一个潜意识的初级阶段;潜意识可以停留在那个阶段,但必须被认为具备精神过程的全部价值。潜意识是真正的精神现实;我们对于它的内在实质,与对外部世界的现实同样地不理解;通过意识资料去表现潜意识与我们通过感官去和外部世界相交往同样是不完全的。

现在,由于潜意识精神生活的确立,意识生活和梦的生活之间的那种古老的对立已趋消失。那些早期作者深切关注的许多关于梦的问题也就失去了它们的重要意义。因此在梦中成功表现出来的那些使人感到惊奇的活动,已不再被认为是梦的产物,而被认为是来源于在白天同样活动着的潜意识了。假若像施尔纳［1861,114页以下］所说,梦似乎是在从事制造身体的象征性表象［85页］。我们现在就该知道这些表象乃是某些潜意识想象的产物(或许由性冲动而来),它们不仅表现于梦中,而且也表现于癔症恐怖症以及其他症状。如果梦继续开展白天活动并使之完成,甚至产生一些新的有价值的观念,那么我们需要做的就是剥去梦的伪装;这种伪装是梦的工作的产物,也是源于心灵的某些隐秘力量在进行协助的标记(参见塔梯尼的奏鸣曲梦中的魔鬼)[1];其智慧成就来自在白天产生类似结果的同一精神力量。对于智慧和艺术的产

---

① ［塔梯尼,作曲家和小提琴家(1692—1770),据说他梦见把自己的灵魂卖给了魔鬼,然后抓起一把提琴,以无与伦比的技巧演奏了一首极其优美的奏鸣曲,醒后立即写下所能记忆的一切,结果就是他那著名的"魔鬼奏鸣曲"。］

品,我们可能倾向于过高地估计了它们的意识性质。根据最富有创造性的人如歌德和赫尔姆霍兹的叙述,他们创作中的最重要的原始部分大都来自灵感,以几乎现成的形式出现于脑海之中。在其他一些情况下,如果需要聚精会神地发挥理智的功能,则意识参与活动当然也是毫不足怪的。但是,如果意识只参加一部分活动,而把其他活动掩盖起来,不使我们看见,那它就是滥用其本身的特权了!

614　　我们如果把梦的历史性意义当作一个独立的题目加以讨论,可说是得不偿失。一个梦也许促成某个领袖进行冒险,结果改变了历史进程;但是,只有当梦被视为一种神秘力量而且与心灵的其他熟知的力量大不相同时才产生这个新问题。只要我们把梦看作是各种冲动在白天抗力的压迫下而在夜间为深深潜伏的兴奋所强化的一种表达方式,就不会有这类问题了①。不过古代对梦的极大尊崇乃是基于正确的心理洞察力,是出于对人类心灵中无法控制的和不可摧毁的力量的尊崇。是对于产生梦的欲望以及我们发现在我们的潜意识中起作用的"恶魔般的"力量的崇拜。

但是,我之谈到"我们的"潜意识并不是没有用意的,因为我所描述的潜意识不同于哲学家们的潜意识,甚至与立普斯说的潜意识也有区别,他们只是用这个词表示意识的对立面:他们争得面红耳赤的论点不过是说,除了意识而外,还存在着一些潜意识精神过程。立普斯的主张前进了一步,认为精神的全部内容都潜意识地存在着,其中一部分也有意识地存在着。但是我们搜集有关梦和

---

① [1911年增注]参见亚历山大大帝在围攻泰尔城时做的梦[见99页注]。

608

癔症症状形成的种种现象并不是为了证实这个论点;只须对于正常清醒生活本身加以观察便足够证明而不再有所怀疑了。通过对精神病理结构以及该类的首要现象即梦的分析,我们发现一个新的事实:潜意识(即精神现象)原来是两个独立系统的功能,而且在正常生活中和病态生活中都是一样的。因此存在着两种潜意识,心理学家们还没有把它们区别开来。从心理学的观点来看,二者都同为潜意识;然而从我们的观点来看,我们把其中之一称为潜意识,不能进入意识;而另一种我们称之为前意识,因为它的兴奋——确实遵循某些规定、或许在不顾及潜意识而仅仅通过新的稽查作用之后——是能进入意识的。兴奋为了要进入意识,必须要通过一系列不变的或有层次的动因(我们可以通过稽查作用看出这些动因所产生的改变)。这个事实能使我们做出一种空间的类比。我们已经描述了两个系统之间及其对意识的关系,我们说前意识系统像介于潜意识系统和意识系统之间的一面筛子。

前意识系统不仅阻隔着潜意识和意识的通路,而且控制着随意运动的力量,并有权支配精力倾注能量的分布,其中一部分就是我们熟悉的注意。①[见599页]

我们还必须避免"超意识"(superconscious)和"下意识"(subconscious)之间的区别,这两个词在近来的精神神经症文献中屡见不鲜,因为这种区别似乎恰好是用来强调精神和意识的等同性。

---

① [1914年增注]参见精神分析中我的有关潜意识概念的评论[弗洛伊德,1912g]。最初用英文刊布于《精神研究学会记录汇编》第20卷[312页]其中我区别了含糊不清的潜意识这个字的描述性、动力性和系统性的意义[整个题目是从弗洛伊德的后期观点来讨论的,见《自我和伊底》第一章(1923b)。]

609

那么,曾经统辖一切而又掩蔽其他一切的意识在我们图解中还剩下一些什么作用呢?那仅只是为感知精神的质①的一种感官罢了。按照我们示意图的基本概念来看,我们只能把意识知觉视为一种特殊系统的固有功能,因此 Cs 这个缩写体是合适的。从它的机械性质来看,我们认为这个系统与知觉系统 Pcpt 相似,因为它易于感受各种性质引起的兴奋,但是不能保留各种变化的痕迹——就是说,没有记忆。精神机构以其知觉系统的感觉器官指向外部世界,对意识的感官系统而言其本身就是外部世界,它在目的论上的合理性就寓于这种情况。我们在这里又一次得服从动因层次原则,这个原则似乎统治了精神机构的结构。兴奋的材料从两个方向流入意识的感官:一是来自知觉系统,它那由各种性质所决定的兴奋,在变为意识的感觉之前大概要接受新的校正。第二则来自精神机构本身内部,它们在经过某些校正之后即可进入意识,而它们的定量过程是以快乐和痛苦的质的不同程度而被感觉到的。

有些哲学家认识到,一些合理的和高度复杂的思想过程即使没有意识的合作也可发生作用,他们于是觉得陷入了困境,难于确定意识的任何功能。在他们看来,意识似乎不过是已完成的精神过程的一幅多余的反映画面。相反,我们却以意识系统和知觉系统的类比摆脱了这种尴尬局面。我们知道,由我们感官引起的知觉结果,是将注意的精力倾注引导到正在传导感觉兴奋的传入道

---

① [弗洛伊德对于"质"(quality)和"量"(quantity)两个词的用法在《设计》(1950a)中有充分的解释。]

610

路上去：知觉系统的质的兴奋，作为一种调节器而活动，将精神机构内的不同运动量予以释放。我们也可以认为意识系统上面的感官具有相同的功能。当意识的感官感知到新的性质时，它可以产生一种新的作用，引导精力倾注的运动量并以一种权宜方式加以分配。它利用愉快和痛苦的知觉，影响着机构内部的精力倾注的进程，否则潜意识结构就会利用量的移置而发生作用。最先可能是痛苦原则自动调节着精力倾注的移置作用，但更有可能的是，意识可以对这些性质进行第二次和更细微的分辨性调节。这种调节甚至可以和第一次调节相反，而且为了使精神机构的功能趋于完善，可以使第二次调节违背其原来计划，甚至倾注能量并检查那些能释放痛苦的联想。我们从神经症的心理学认识到，由不同感觉性质的兴奋所引起的种种调节过程，在精神机构的功能活动中起了重大作用。痛苦原则原初的自动占支配地位及其后来对功能活动的效率的限制，都被感官调节的过程所打断，这些调节过程本身也是自动发生的。我们发现压抑（在开始时虽然有用，但最后对抑制和精神控制有所损害）对于记忆比对知觉更容易产生更大的影响，因为记忆不能从精神的感官兴奋中获得更多的额外精力倾注。的确，一方面，一个必须加以防范的思想，由于受到压抑不能变为有意识的；但是另一方面，有时这种思想的受压抑只是因为其他一些原因而一直退出了意识知觉。下面是我们在医疗方面解除压抑的一些有效程序。

由于意识的感官调节性影响，在可变动的数量上形成了过度的精力倾注值，下面事实可以表现出它本身的目的：这种过度精力倾注创造了一系列新的质，创造出一种新的调节过程，从而构成人凌驾于其他动物之上的优越性。思想过程本身并不具任何性质，只不过伴有快乐和不快乐的兴奋，而且从可能干扰思维的角度来看，它们还得受一定的限制。从人类来说，为了使思想过程获得性质，快乐与痛苦的兴奋必须与言语记忆联系起来。人类这种性质的剩余便足够吸引意识对它们的注意，而赋予思想过程以一种从意识而来的崭新而灵活的精神倾注了。〔见574页和611页注〕

只有借助于对癔症的思想过程的分析，才能了解整个意识问题的多重性。我们由此得到的印象是：从前意识到意识二者的精力倾注的过渡，也存在着一种类似潜意识和前意识之间的稽查作用。① 这种稽查作用也只在超出了一定量的限制时才强行动作，所以在低强度的思想结构中不会产生。在精神神经症的现象范围内，我们可以找到各种不同可能性的例子，表明思想如何能撤离意识，或者在某种限制下，思想又如何能强行进入意识。下面用两个这样的例子来结束这些心理学方面的思考。

几年前我被邀请去会诊一个女孩，她看上去聪明而又神情自然，但她的穿着却令人惊异。一般说来，女人对衣着的每一细节考虑得都很周到，而她的一双长袜子却有一只垂下，罩衫上的纽扣也有两个没有扣上。她抱怨着腿痛，我并没有说要看，她就露出了小腿。但是她诉说的主要内容，用她自己的话说，却是她仿佛感觉到有什么东西"刺进全身"，而且"时出时入"不停顿地"摇动着"；有时使得她的全身陷于"僵直"。我的一位参加会诊的同事会意地看着

---

① 〔前意识与意识之间的稽查作用，在弗洛伊德的后期著作中谈得很少。在论"潜意识"（1915e）这篇论文第6节中有详细的讨论。〕

我,他已不难理会到她主诉的意义。但是使我们两人感到异常惊异的是,她的母亲竟然对此意义一无所知——虽说她必然处于她女儿经常向她诉述的地位。这女孩对自己诉说的意义一定毫无所知;因为她如果知道,她就肯定不会说出来了。在这个例子中,稽查作用可能受到了蒙蔽,遂使在正常情况下在前意识中的想象物,在天真无邪的主诉伪装下,出现在意识之中。

再说一个例子。一个14岁的男孩因患抽搐、癔症性呕吐、头痛等症状,来我处请求精神分析治疗。我在开始治疗时告诉他,他如果闭上双眼,就会看见一些图像或产生一些观念,然后把这些东西告诉我。他回答看见一些图像。他在找我之前的最后印象在他记忆中以视觉形象复现了出来。他那时正和他的叔叔在玩跳棋,棋盘宛如摆在眼前。他想着几种不同的跳法,有利的和不利的,以及几种大胆的走法。然后他看见棋盘上放着一把匕首——本归他父亲所有但他想象它被放在棋盘上。然后棋盘上又出现了一把镰刀,然后又是一把长柄大镰刀。接着出现的图像是,一位老农夫在他家的远处用大镰刀刈割草地。几天以后,我发现这串图像的意义了。这男孩正为不幸的家庭处境所困扰。他的父亲非常严厉,容易发脾气,他和男孩的母亲的婚姻并不幸福。他的教育方法以威胁为主。他的父亲与他那温柔而钟情的母亲终于离了婚,又结了婚,一天带回了一位年轻的女人,她就是这男孩的后母。就在这事情的几天之后,这个14岁的男孩就发病了。他对他父亲的被压抑的愤恨,在他可理解的暗喻范围内构成了上述一连串图像。这些图像的材料来自对一个神话的回忆。镰刀是宙斯用以阉割他父亲的工具,大镰刀和老农夫的形象代表克罗诺斯,这个凶猛的老人

613

吞食了他的孩子们,宙斯便对他施行了如此不孝的报复[见256页]。他父亲的结婚给了他一个机会,去报复许久以前因为玩弄自己的生殖器而从父亲那里听到的谴责和威胁(参见玩跳棋、被禁止的走法;可用来杀人的匕首)。在这个例子中,长期被压抑的记忆及其一直被保存在潜意识中的衍生物,都以一种显然没有意义的图像,用一种迂回的道路悄悄地进入意识之中。

因此,我们可以认为,研究梦的理论价值在于它对心理学知识有所贡献,而且增加了对精神神经症问题的了解。由于即使在我们现有的知识情况下,精神神经症的治疗仍有一定的疗效,那么通过对精神机构的结构和功能的彻底了解,谁又能猜得出有多么重大的意义呢?但是,我已听到有人提出疑问,作为一种方法,对于了解心灵,对于揭示一个人的藏而不露的特性,梦的研究又有什么实际价值呢?梦中显露的潜意识冲动能体现心理生活中真实力量的重要意义吗?被压抑欲望中的道德意义是否可以置而不顾?——这些欲望今天引起了梦,会不会将来有一天引起别的后果?

我觉得自己还没有把握回答这些问题,我对于梦的这方面问题还没有做进一步的考虑。不过我总认为,罗马皇帝因为他的一个属下梦见刺杀皇帝就把他处死,这是错误的。[见67页]他首先应该设法弄清梦的意义,很可能它的意义与所表现的大不相同。也很可能甚至一个另外内容的梦的实际意义却是弑君。难道我们不应该记住柏拉图的这句格言——善人满足于梦见恶人的真实所为吗?[67页]所以我认为梦中的罪恶应获赦免,至于潜意识欲望是否变成现实,我就不敢说了。当然,一切过渡的和中间的思想都不应被认为现实。如果我们看到的是潜意识最基本最真实的形态,我们定会毫不怀疑地断定,精神的现实是存在的一种特殊形式,不能与物质的现实混为一谈。① 因此,人们不情愿为自己梦中的不道德行为内容承担责任,似乎是大可不必的。当精神机构的功能作用的方式以及意识和潜意识之间的关系被正确理解之后,我们就会发现梦和想象生活中大部分不能接受的不道德内容趋于消失。用汉斯·萨克斯的话[1912,569]来说:当我们再回到意识中去寻找梦中告诉我们的有关当前(现实)情况的某件事物,如果我们发现在分析的放大镜下不过是一条小小的纤毛虫,那也就不会大惊小怪了。

根据一个人的行动和有意识表达的思想已足够达到判断他的性格的实际目的。其中行动应该被视为最重要的指征;因为许多冲动在强行进入意识,它们甚至在产生行动之前已被心理生活中的真实力量中和掉了。事实上这些冲动在前进中为什么往往遇不到精神阻碍,正是因为潜意识可以确定它们将在另一阶段受阻。不管怎样,我们如果对于我们的美德赖以骄傲生存的被践踏的土壤有所了解,总会有所获益。因为人类性格确实复杂,在各种动力驱动下方向莫测,已很难适应古代道德哲学要我们相信的那种二者择一的简单方式了。②

---

① [本文的这句话第一版中没有出现 1909 年版中略有不同,最早出现于 1914 年,不过那时"物质的"这个词写成"事实的"。"物质的"这个词改于 1919 年——本段的其余部分是 1914 年增写的——弗洛伊德在他的《设计》(1950a)第 3 部分第 2 节中已把"思想现实"和"外界现实"加以区别了。]

② [这个问题在弗洛伊德,1925(第 2 节)中有进一步讨论。]

那么梦的价值是否在于为我们提供了预知未来的知识呢？当然，这是不能成立的问题。①［见 5 页注］如果说这些梦为我们提供了过去的知识，反而比较真实些，因为不管从哪方面来说，梦的来源总是过去。然而古代人总是相信梦可预示未来也不是毫无道理的，那些表现欲望得到满足的梦，总是把我们引向未来，但是梦者把它想象成现在的这种未来，已为他的不可摧毁的欲望塑造得与过去完全一样了。

---

① ［仅在 1911 年版中此处出现如下的脚注，"维也纳的恩斯特·奥本海姆教授向我表示，民俗学可以证明，有一类梦中的预言意义甚至一般人都不相信了。但可完全正确地追溯到睡眠时出现的欲望和需要。他不久将详细介绍这些梦。它们照例是以滑稽形式讲述的。"——参见弗洛伊德和奥本海姆教授合著的关于民间传说中的梦的论文(1957a［1911］)，标准版，12 卷，177 页。］

附录一　论梦

I

在可以被描述为前科学的时代，人们不难对梦找到一种解释。当他们醒后记起一个梦时，便把它看作是上苍力量——恶魔的力量和神灵的力量所给予的善意或恶意的表示。当自然科学的思想模式开始兴盛时，这一切巧妙的神话便都转变为心理学，而现在，在受过教育的人们中，只有极少数人怀疑梦是梦者自己头脑里的产物了。

既然驳斥了神话的假说，便有必要为梦作出解释。它们起源的条件，它们与清醒时心理生活的关系，它们对在睡眠状态中强行进入知觉的各种刺激的依存性，它们与清醒时思想大相径庭的许多稀奇古怪的内容，它们的观念意象与依附于它们的感情之间的不连贯性，最后是它们那昙花一现般的特性，清醒的思想把它们视为异己分子推向一旁使之残缺不全或在记忆中把它们消灭的态度——所有这一切以及其他一些问题有待澄清已有数百年之久，直到现在也没有获得满意的解决。但是最使我们感兴趣的还是梦的意义问题。这是一个具有双重意义的问题，首先它要查询有关做梦的精神意义、梦与其他心理过程的关系,以及梦可能具有的生物性功能;其次它寻求发现梦究竟是否能被解释,究竟是否与我们通常在其他精神结构中所发现的那样、个人的梦内容也具有一种"意义"。

对梦的意义的评定有三种不同的思想线索。一种表现在某些哲学家的著作中,仿佛是古代对梦的过高估价的回响。他们认为梦生活的基础是心理活动的一种特殊状态,甚至赞美这种状态是一种向更高境界的升华。例如叔伯特(1914)便宣称梦是精神从外部自然界力量中获得的解放,是灵魂从感官的束缚中获得的自由。其他一些思想家虽然没有达到如此程度,但仍坚持梦基本上起源于心理冲动,表现为在白天不能自由开展的精神力量的显现(参见施尔纳的"梦想象",1961,97 以下和沃尔克特,1875,28 以下)。许多观察者同意至少要赋予梦生活在某些活动范围内一种高级功能作用的能力(如在记忆中)。

大部分医学界作者采取的观点恰恰相反,认为梦根本上很难达到精神现象的水平。根据他们的理论,梦的唯一刺激物是一些感觉刺激或躯体刺激,它们或者从外部刺激睡眠者,或者变成他的内部器官的偶然活动。他们认为梦到的东西毫无意义,就像一个不懂音乐的人十个指头在钢琴键上乱弹发出的声音一样[斯顿培尔,1877,84]。宾兹[1878,35]把梦描述为"在任何情况下都无用处而在很多梦例中是明显病理的"躯体过程。梦生活的一切特征都可以被解释为各个不同器官或尚未睡着的头脑中细胞群的不连贯活动,一种由生理刺激所引起的活动。

公众的意见却很少受到这种科学论断的影响,也不大关注梦的来源;它似乎坚信梦无论如何总有一种意义,这种意义与未来有关,而且可以通过对其扑朔迷离的内容的解释过程而发现这种意义。其所采用的释梦方法包括:把记住的梦内容,根据一个固定线索一件一件地加以移置,或者将梦作为一个整体由另一个与之有象征关系的整体加以移置,从而得到转换。严肃的人们对这种努力则一笑置之,认为"梦是空谈"。

II

一天,我惊异地发现,最接近真实的梦的观点并不是医学的而是公众的,虽然它有一半仍属迷信。因为我把解决恐怖症、强迫症和妄想狂等的一种极为奏效的心理调查方法应用于梦的主题,使我得出了新的结论。从此以后,在"精神分析"的名义下,它被整个一派研究工作者所接受。许多医学研究者正确地观察到,梦生活与清醒生活中精神疾病的各种不同情况之间的确存在着许多相似之处。因此,似乎有理由希望,在病理结构病案中取得满意结果的调查方法也可给梦带来光明。恐怖症和强迫症不同于正常意识正如梦不同于清醒意识;它们的根源不为意识所理解与梦的根源是一样的。对这些病理结构的实际考虑,导致了对它们的根源和发展模式的调查研究;因为经验表明,发现了为意识所不知但却与头脑中遗留的病理观念有联系的思想链,就等于对这些症状作出了决断,其结果便能掌握迄今尚未能被约束的那些观念。因此,心理治疗便成为我用来解释梦程序的起点。

这一程序不难描述,但在实施之前必须加以指导和训练。

如果我们对某人(如恐怖症患者)使用这方法,我们要求他集中注意力于有问题的观念，然而不要像以前经常所做的那样去考虑它，而是要毫无例外地注意发生在头脑中的任何事情，并向医生报告。如果他声称他的注意力不能抓住任何事物，我们便要极力排除这一点，极力向他保证说，任何观念性题材的绝对不存在是不可能的。事实上，无数观念很快就在他的脑中出现并引出一些其他观念；但是它们都一概被自我观察者认为无意义或不重要，并与要考虑的题目无关。我们立即便能看出，正是这种批评态度妨碍了被试报告出这些观念，实际上也妨碍了它们以前变为有意识的东西。如果我们能引导他抛弃对产生的观念的批判态度，要他继续追踪他一直注意着的思想链，我们便会发现自己掌握了大量的心理材料，而且很快发现这些材料与我们开始的病态观念有着明显的联系；它们将很快地揭开这病态观念与其他观念的联系，最终能使我们以一种明白易懂的方式将一个恰如其分的观念来代替病态观念。

此处我们不能详细叙述这一实验所依据的前提，也不能详细叙述它经常成功所产生的后果，此处要说的只是，如果我们把自己的注意力准确地转向"干扰着我们思维的"、通常被我们的批判官能看作无用的垃圾而被抛弃掉的那些"不随意的"联想，我们就能获得使我们解决任何病态观念的材料了。

如果我们将这一程序用之于我们自身，便能因立即写下开始并不明了的联想而对研究有极大的帮助。

假如我将这一研究方法应用于梦，我现在就可以显示出它所产生的结果。任何一个梦例实际上都应当与其目的相适应；但为了某些特殊原因，我将选择一些我自己的梦，有的梦当我回忆起来

时似乎模糊而没有意义,有的梦却很简明。我昨夜做的一个梦可能正符合这些要求。我醒后立即记录下来的内容如下:

"进餐或吃客饭的同伴……正在吃着菠菜……E. L. 夫人坐在我旁边;她把整个注意转向于我并亲密地把一只手放在我的膝上。我毫无反应地将她的手移开,她然后说,'但是你总是有那么美丽的眼睛'……我于是有了一个双眼的模糊图像,好像它是一幅一对眼睛的图画或素描……"

整个梦就是这些,或者说至少我能记起的就是这些。在我看来,它似乎模糊而无意义,但却令人惊异。我和 E. L. 夫人很难谈得上有什么友谊关系,而且就我所知,我也没有想和她发生更亲密的关系的欲望。我有很长一段时间没有看见她,我敢肯定最近几天也没有人提起过她的名字。梦的过程也不伴有任何感情。

对梦的沉思没有能使我对它有进一步的了解。然而我决定不抱任何预期或批评地将自我观察中出现的联想记录下来。我发现,将一个梦分成各个元素并找出依附于每一分段之间的联想,是有助于达到理解梦的目的的。

进餐或吃客饭的同伴。这立刻使我想起昨晚发生的一个插曲。我和一位朋友离开一个小型宴会,他提出要叫一辆出租汽车送我回家。"我情愿叫一辆有计程器的出租车,"他说,"它使人的头脑忙得开心,一个人总得有东西可看。"当我们在车中坐下,司机打开计程器时,看到的第一次价目是 60 赫勒①,我进一步开起玩笑来。"我们还刚刚进来,"我说,"便已经欠了他 60 个赫勒了。一

---

① [当时相当于 6 便士或 12.5 美分。]

辆有计程器的出租车总是使我想起'客饭'（table d'hôte）。它使我变得贪婪和自私，因为它总是提醒我欠的钱。我的债似乎增加得太快，我怕在这交易中吃亏；同样，在吃客饭时我不可避免滑稽地感到得到的太少，必须时刻注意我自己的利益。"接着我又有些文不对题地引用了下面的话：

> 你给了我们的生命，
>
> 你使这些可怜的家伙犯罪①。

现在是对"客饭"的第二个联想。几周以前，我们在蒂洛尔山区胜地的一个旅馆里进餐，我感到很烦恼，因为我认为我的妻子对一些坐在我们旁边但我又不愿与之交往的人们显得不够含蓄②。我要求她对我比对那些陌生人更关心一些。这又似乎是我在吃"客饭"的交易中吃了大亏。我也把我妻子在进餐时对我的行为与梦中 E. L. 夫人对我的行为加以对比而感到震惊，后者在梦中"把整个注意都转向于我"。

接着，我看出了梦中发生的事件正是我秘密向我妻子求爱时期一个小插曲的翻版。她在桌布下面给我的爱抚是我给她热烈求爱信的回报，然而在梦中，我的妻子却被一个相当陌生的人——E. L. 夫人所代替。

E. L. 夫人是一个我曾欠过债的人的女儿。我不禁注意到，这

---

① 〔这些句子引自歌德的"威廉·迈斯特尔"一书中竖琴师的歌词。在原文中这些话是对天神说的，但"Armen"和"Schuldig"两词都可有另外的意义。"Armen"在财务方面有"贫穷"的意思，而"Schuldig"则可意为"负债"，所以根据此处的上下文，后一句可译为"你使这贫穷的人负债"——弗洛伊德在"文明及其缺憾"（1930a）的第 7 章中又引了这些话。〕

② 〔这个插曲在"日常生活病理学"（1901b）第 7 章（A）中又提及了。〕

一点揭示了我的梦内容的某些部分和我的联想之间的无可置疑的联系。如果你追踪从梦内容的某一个元素出发的思想链,你就会很快被带回到它的另一个元素。我对梦的联想照亮了在梦本身中看不见的联系。

如果一个人期望别人照顾他的利益而不顾别人得到任何好处,他那份天真就很容易引起轻蔑的询问:"你以为我会为了你那beaux yeux[美丽的眼睛]做这做那吗?"那就是说,梦里 E. L. 夫人的话"你总是有那么美丽的眼睛"只能有一个意思:"人们总是为了爱才替你做一切事情;你总是不付代价得到任何东西。"当然,事实恰恰相反,我从别人那里得到任何好处时总是付出昂贵代价的。我的朋友叫出租车送我回家而不用我付钱这件事,一定给我留下了深刻印象。[639]

碰巧,昨天请我们吃饭的那位朋友常常让我欠他的情,就在最近我还错过了一个回报他的机会。他仅仅只从我这里得到一件礼物——一只古色古香的、周围画着眼睛的碗;大家知道,这是一个"occhiale",是防备罪恶的眼睛。而且他是个眼科医生。就在那天晚上我还向他询问了一个女病人的情况,我曾要她去找他商量配眼镜的问题。

正如我现在看到的那样,几乎所有梦内容的元素都有了新的前后关联。然而,为了一贯性的缘故,还要进一步提出在梦中为什么还出现了菠菜的问题。回答是菠菜使我想起了不久前我家中进餐时的一个插曲。我的一个孩子——正是他的美丽眼睛值得赞美的那个——不肯吃菠菜。我小时候也正是这样,很长一段时间不爱吃菠菜,一直到最后我的口味改变了,才把这种蔬菜当作我喜爱

623

的菜肴之一。提起这道菜,把我自己的和孩子的早年生活合到一起了。"有菠菜吃你应当很高兴了,"小小食品品尝家的母亲说,"有些孩子还难得吃到菠菜呢!"这使我想起了父母对他们孩子们应尽的责任。歌德的诗句:

   你给了我们生命;

   你使这些可怜的家伙犯罪;

在这一联结方面又获得了新的意义①。

  在此我将停下来考查一下我的梦分析所达到的结果。在追踪从前后联系中分离出来的那些元素所引起的联想时,我得到了无疑是我心理生活中作为重要产物的许多思想和回忆。从分析梦揭露出来的这种材料与梦内容有着紧密联系,然而这种联系是我不能或不曾从内容推断出来的一种新材料。梦是无情感、不连贯和难以理解的;但是当我找出梦背后的思想时,我就体验到了一些强烈的、很有根据的感情冲动;这些思想本身立刻形成了逻辑的链条,其中某些中心观念不止一次地表现出来。由此,"自私"与"不自私"之间的对比,"负债"和"不付钱"等元素都是这样一些中心观念,它们在梦本身上并没有出现。我还可以把分析所揭示出来的材料的线拉得更拢一些,并表明它们可以汇聚在一个节点上,但由于考虑到这属于私人的而非科学的性质,便没有公开地这样做了。我不得不泄露许多我宁愿保密的事情,因为在我分析梦的过程中要揭示出许多连我自己也不愿意承认的事情。有人会问,我为什么不选择另外一些在分析上更适合于报道、因而能得出更令人信

---

 ① 〔这两行诗的第一句在这里可能意味着这些诗句是对父母们说的。〕

服的证据来证明用分析挖掘出来的这些材料的意义和联系呢？回答是，我所要分析的每一个梦都会引出一些同样难以报道的事情，对我来说都需要同样的慎重。除了情况能使我摈弃一切伪装而又不致伤害到我所信赖的人，我就不会拿别人的梦进行分析来回避这个困难。

由此出发使我不得不认为，梦在分析之后，乃是一种充满意义和情绪的思想过程的代替物。我们还不知道这些思想引起梦的这一过程的性质，但我们能看出，把梦看作是纯粹物理的而没有精神的意义，看作是因睡眠而引起的各个细胞群的不连贯活动所产生的过程，那就是错误的了。

另外两件事已很清楚。梦的内容比我认为它所代替的思想要短暂得多；分析已揭示出梦的刺激物是做梦的前一晚一件无关紧要的事情。

当然，如果我手头仅只有一个梦例分析，我就不会作出这样意义深远的结论。然而，如果经验告诉我，在不加鉴别地追踪任何一个梦所引起的联想时，我能获得同样的思想链，在思想链的各元素中，梦的要素重复出现，并且以一种合理而明了的方式互相连结起来，那就可以不必顾虑在第一次试验中观察到的联结纯属偶然的了。因此我认为，应当采取一种可以使我们的新发现具体化的术语。为了将留在我记忆中的梦与在分析中发现的有关材料作出比较，我将把前者称之为"梦的明显的内容或显意"，而把后者（首先不做任何进一步区分）称之为"梦的潜隐的内容或隐意"。我现在面临着两个迄今尚未明确阐述的新问题。(1)使梦的隐意转变成我记忆中已知的显意的精神过程是什么？(2)形成这一转变的必要动机或动机群是什么？我将梦的隐意转变成梦的显意的过程描述为"梦的工作"。这一活动的对应物——使这一转变转向相反的方向——就是我们已经知道的分析工作。梦还引起其他一些问题——如梦的刺激物，梦材料的来源，梦的意义，做梦的功能，梦为什么会被遗忘——所有这些问题我都将根据一个基础加以讨论，不是根据明显的梦内容，而是根据梦的隐意。由于我将历来文献上有关梦生活矛盾的和错误的观点都归咎于对我所分析的梦的隐意的无知，所以今后我将尽可能避免将明显的梦与潜隐的梦念混淆起来。

Ⅲ

642　由潜隐的梦念向明显的梦内容的转变值得我们特别注意，因为它是我们所知道的精神材料从一种表达方式向另一种表达方式转换的第一个实例，是从我们立刻能理解的一种表达方式向必须通过努力和指导才能理解的另一种表达方式的转换，不过这种转换必须被看作是我们心理活动的一种功能。

就梦的隐意和显意之间的关系而言，梦可以分为三类。首先，我们可以识别出那些有意义同时可以理解的梦，那就是说，我们可以不很困难地将它们纳入我们心理活动的背景之中。这类梦很多，它们大都很短，而且一般不大引起我们的注意，因为它们本身没有什么新奇和令人惊奇之处。顺便提及，它们的出现也构成一种有力的论据，可用以反对梦来源于分离的脑细胞群的孤立活动学说。它们没有显示减弱的和零散的精神活动的迹象，但我们从不怀疑它们是梦，也从不把它们与清醒生活的事物相混淆。第二类梦虽然它们本身有联系而且道理清楚,然而有一种令人迷惑不解之感,因为我们不知道如何将那道理与我们的心理生活配合起来。例如,我们梦见我们喜爱的一位亲戚死于瘟疫,我们实在没有任何理由希望、担心或设想这类事情,我们会惊奇地问,"我怎么会有这样的念头呢?"最后第三类包括那些既没有意义也不能理解的梦,它们表现得似乎不连贯、混乱而无意义。我们所做的梦绝大多数都表现出这些特性。大凡对梦的轻视,以及梦是被限制的心理活动的产物这种医学理论,都是基于这些特性。非常明显的不连贯现象是常见的,在那些较长而又复杂的梦中尤其如此。

很明显,梦的显意与隐意之间的对比仅只对第二类、尤其是第三类梦具有重要意义。只有在这些梦中,我们才遇到一些哑谜,一定要我们用梦的隐念代替显梦才能解开;我刚才记下并做了分析的就是最后一类中的一个梦例——一个混乱又难以理解的梦。但是与我们所预期的相反,我们又遇到妨碍我们去充分认识梦的隐含的动机。类似经验的重复,不禁使我们怀疑在梦的不可理解和混乱的性质与报告它们背后梦念的困难之间存在着一种密切而又有规律的关系。在探讨这一关系的性质之前,我们可先将注意力转向第一类较易弄懂的梦,在这类梦中,显意和隐意符合一致,似乎可以节省梦的工作。

再者,对这些梦的检查从另一角度提供了有利条件。因为儿童们的梦属于这一类——具有意义又不令人困惑。顺便提及,我们在此又有了进一步的证据来反对把梦的起源归之于睡眠时大脑皮质的不连贯活动。因为,为什么这种精神作用的减退是成人睡眠状态的特性而不是儿童们的呢?另一方面,我们也有理由指望对儿童们的精神过程(这些过程很可能是大大简化了的)的解释可以成为研究成人心理的必不可少的前奏。

因此我们将记录几个我从儿童们那里收集到的梦例。一个19个月的女孩因为早上呕吐了而整天没有进食,她的保姆宣称这是因为她吃了草莓。在她饿了一天以后的夜晚,人们听见她在睡眠中叫她自己的名字,还说"草莓,野草莓,煎(蛋)饼,布(丁)!"她就是这样在梦中大吃了一顿,而且特别强调她菜单上那特别的美味,因为她有理由相信,最近是不会让她多吃这美味了——一个22个月的小男孩同样梦见他得不到的一顿美餐。在做梦的前一天,他不得不送给他叔叔一篮樱桃作为礼物,而他自己当然不能尝这美味。他醒来时报告了这个好消息:"赫尔曼吃掉了所有的樱桃。"——一天,一个3岁零3个月的小女孩在旅游中横渡湖面。这趟旅行对她来说肯定是太短了,因为下船时她哭着不肯离开。第二天早上她报道说,晚上她又游了一次湖:她继续了那被打断了的旅行——一个5岁3个月的男孩在他去达赫斯坦①邻近地方的旅行途中表示不满,他每次看到一座新的山时都要问这是不是达赫斯坦,最后并拒绝跟同伴们一道去参观一个瀑布。大家认为他的行为是由于疲倦,但是当第二天早晨他报道说他梦见爬上了达赫斯坦山时,才找到更好的解释。很明显,他认为这次旅行最终一定要爬上达赫斯坦山,而当他一直未看到这座期望中的山时便深感失望。他前一天没有得到的东西在梦中得到了补偿。——一个6岁的女孩做了一个完全相似的梦②。在一次旅行途中,他的父亲

---

① [奥地利阿尔卑斯山脉中的一座山。]
② [在《释梦》中报道了相同的梦(标准版,卷4,129),女孩的年龄两次都是8岁。]

因为天色已晚决定不再去目的地。在回家的路上,她注意到了写有另一地名的标牌;他的父亲答应下次也带她到那儿去。第二天早上她告诉她的父亲说,她梦见两处地方他都带她去了。

所有这些儿童们的梦的共同要素是明显的。他们都满足了白天很活跃但却未得到满足的愿望。这些梦都是简单的和毫无掩饰的欲望的满足。

此处记录了另一个儿童的梦,虽然乍看起来似乎不易理解,但也是一个欲望满足的梦。一个不满4岁的小女孩因患小儿麻痹症从乡下被带到城里。她和一位没有儿女的姨母过夜,被安置在一张大床上——当然,对她来说是太大了。第二天早上她说她梦见这床太小了,小到她都睡不下。如果我们记得孩子们都希望"变大",就很容易看出这是一个欲望满足的梦。床的尺寸对这应该变大的孩子的细小是一个不愉快的提示;她于是在梦中纠正了这不受欢迎的关系,长大得连这大床都容她不下了。

即算儿童们的梦内容变得复杂而微妙,也绝不难看出它们是欲望的满足。一个8岁的男孩梦见他和阿喀琉斯同坐在一辆战车上,狄欧米底是御者。据了解前一天他对神话故事中的希腊英雄们着了迷;很容易看出,他把这些英雄们当作了他的典范,因为没有能生活在那个时代而感到遗憾。[①]

收集的这些少数例子进一步说明了儿童梦的特性:它们与白天生活的联系。在梦中满足了的愿望都是白天遗留下来的;而且

---

① 〔大部分有关这些儿童梦在《释梦》(1900a)第3章以及弗洛伊德的《精神分析引论》(1916—1917)第8讲中有详细的报道。〕

629

一般都是前一天遗留下来的并伴有强烈的情绪。那些最重要的、最关切的、最令儿童受震惊的事情便进入了他们的梦内容之中。

在成人中也能找到无数这一类幼儿型的梦例。许多人对晚上口渴刺激的反应通常是梦到饮水,以此来解除刺激而使睡眠得以继续。在某些人中,这类"方便梦"常在醒来之前发生,这时起床的必要性已很明白。他们梦见自己已经起床盥洗,或者已抵达了必须按时到达的学校或办公室。旅行的前一晚我们常常梦见已抵达目的地;同样,去看戏或去参加宴会之前,梦也常常预示尚未来临的欢愉——似乎是由于等得不耐烦了。在另外一些梦中,欲望的满足则用一种更为间接的方式表现出来:在认出它以前,必要须要建立某些联结或含义——也就是说,必须开始释梦工作了。例如,有一个人告诉我,他年轻的妻子梦见她的月经来了。我想如果这位年轻妇女月经不潮她应该知道她是怀孕了。因此当她报告她的梦时她是宣布她已怀孕,梦的意思就是表达她的愿望的满足,想把妊娠还延缓一段时间。在不平常或极端的情况下,这类幼儿性质的梦特别普遍。一位北极探险队队长记载道,当他的队员们在冰天雪地中过冬,饮食单调,给养短缺时,经常像儿童似地梦见大吃大喝,有堆积如山的烟草,还梦见回到了家中①。

在一个较长、较复杂、整个看来混乱不清的梦中,总有一特别清楚的部分显现出来,这种现象绝非少见。这一部分包含了明显的欲望的满足,但却与其他一些不清晰的材料纠缠在一起。然而

---

① 〔从1911年起,在《释梦》(标准版,卷4,131注)中全文引用——本段的最后两句是1911年加上去的。〕

在成人的梦例中,任何一个对析梦有些经验的人都会惊异地发现,即算是表面一眼便可看穿①的梦,也不会像儿童的梦那样简单,在明显的欲望满足的背后可能隐藏着一些其他的意义。

如果分析工作能使我们将成人的一些无意义而且混乱的梦像幼儿型那样追溯到前一天的强烈欲望的满足,那确实是对梦谜的简单而满意的解决了。然而毫无疑问,梦的外表并不会支持这一期望。一般说来,梦都充满了一些最不相干和最奇怪的题材,在它们的内容中没有任何欲望满足的迹象。

在离开毫无掩饰的欲望满足的幼儿型梦这一话题之前,我必须提出梦的一个主要特征,这一特征一直很明显而且在这类梦中表现得特别准确无误。每一个这样的梦都可代之以一个祈愿句:"啊!要是这湖上旅行能更久一点就好了!""要是我已经梳洗完毕穿好衣服就好了!""要是我能把樱桃留下来不给叔叔就好了!"但是梦给予了我们比祈愿句更多的东西。它们向我们显示愿望已得到满足;它们把满足表现得真实和现实;梦表象中所使用的材料主要(虽非唯一)包括大部分是视觉性质的情境和感觉意象。因此,即使在这一类幼儿梦中,可被描述为梦工作的一种转换也并不是完全不存在的:祈愿语气中表达的思想被现在时态的表现所代替了。

Ⅳ

我们将会猜想甚至混乱的梦中也会发生某些这类的转换,虽

---

① [在第一版中德文为 Durchsichtigen(一眼可以看穿的)在第 2 版及以后各版中误印为 undurchsichtigen(使人不能看透的)。]

然我们还不敢说在这些情况中被转换的是否就是祈愿语气。然而在我所报道的样板梦中,通过其中两段的分析,我们已取得了某些进展,使我们有理由猜测有这种可能。分析表明,我妻子在餐桌上关心他人,我为这件事很不愉快;梦则包含了恰恰与之相反的内容——代替我妻子的人将她的全部注意转向于我。但是一次不愉快经验所能引起的最恰当的愿望是它的对立面的可能产生——就是梦所表现的满足。在分析中揭露出来的"我从来没有得到过不付代价的任何东西"这一痛苦观念与梦中妇女指出的"你总是有如此美丽的眼睛"的话语二者之间有着完全类似的关系。梦的显意与隐意之间的对立因而也属于欲望的满足。但是梦的另一个成就即帮助产生不连贯的梦更为引人注目。在任何梦例中,如果我们将观念元素的数目或它们所占的时间,就梦、分析所得的梦念、以及梦本身所发现的观念的痕迹等方面加以比较,我们就会毫不怀疑,梦工作在很大范围内进行了压缩或凝缩的工作。我们起初还不能判断这种凝缩作用的程度,但我们对梦的分析越深入,所得到的印象似乎越深刻。梦内容的每一元素中,联结线都可分成两个或更多的方向;梦的一个情境似乎都是两个或更多的印象或经验所构成。例如有一次我梦见一个游泳池,游泳的人散布在池中各处,在池边的一个地方,有人弯着腰面向一个游泳者,似乎要帮助她上岸。这个情境是我青春期的一次经历和两幅画结合而成的,其中一幅画是我在梦前不久才看到的。有一幅是施温德说明米露辛传奇故事系列画之一,表现水中仙子们在池中受到了惊吓(参见梦中游泳者散布在池中各处);另一幅是一位意大利大师画的大洪水;青春期的小小经历则是看到一位游泳学校的教练帮助一位妇

632

女上岸,因为她在池中逗留到应该让男人游泳的时候了——在我所选来进行解释的梦例中,对情境分析所引起的小串回忆每一点都能对梦内容有所帮助。首先是我曾说过的我订婚后那个插曲。插曲中的一个部分——在桌子下面按着我的手——为梦提供了"桌子下面"这一细节,我必须将这一细节作为一种事后思考加入梦的记忆中去。在插曲本身中无疑有"转向我"的情节;分析表明,这一元素是一种欲望满足,通过一个真实事件的反面而表现出来,这一事件与我妻子在就餐时的行为有关。但在这最近的回忆后面,还隐藏着我们订婚以来一段完全相似但更重要得多的情节,它使我们互相疏远了整整一天。至于亲密地把手放在我的膝上则属于另一个完全不同的背景,与另外的人有关。梦中的这一元素又变成了两组不同记忆的起点——如此等等。

为了构成梦情景而结合在一起的梦念材料,其本身当然必须适应这一目的。在所有的组成部分中,一定有一个或更多的共同元素。梦工作于是就像弗兰西斯·高尔顿组织他的家庭照片那样进行工作。它似乎是把不同的组成部分重叠在一起。在这混合画面中,它们中间的共同元素清楚地突现出来,而一些矛盾的细节则或多或少地相互抵消了。这种制作方法在一定范围内也可能解释梦内容中许多元素所显示的特有的不同程度的模糊性。根据这一发现,释梦工作定出了下面的规则:在分析一个梦时,如果某种不确定性可用"要么……或者"加以解决,我们便应为了解释的目的而用"和"代替它,并将每一个明显的选择看作是一系列联想的独立出发点。

如果各梦念之间没有出现这种共同元素,梦工作就会去创造一个,使这些梦念在梦中有可能被给予一个共同的表象。为了将开始时并无共同之点的两个梦念合到一起,最方便的方法是改变其中一个的言语形式,使它在中途去迎合另一个与新的言语形式有同样密切的梦念。在我们目前的情况下,一个类似的过程是想出一种押韵的词,用同样的方法从中找出一个相似的声音作为共同元素。大部分梦工作就在于创造这类通常非常机灵的中间思想,虽然它们看起来往往远不可及;它们在梦的显意和梦念之间的混乱画面上形成了一条纽带,而它们本身无论在形式上和本质上都是变化多端,都是由梦的一些活跃因素决定的。对我们的一个样板梦的分析提供了这样的例子:赋予一个思想以一个新的形式,使之能与另一个根本不同的思想发生接触。在进行分析时,我发现这样一个思想,"我真想什么时候能得到一些东西而不要付钱。"但是在这种形式中梦念不能被用之于梦内容。它于是被给予了一种新的形式:"我真想不要花费["kosten"]①就得到某种享受。"现在"Kosten"一词的第二个意义适合进餐这一观念范围,因此就出现了梦中供应的"菠菜"。当桌上出现一盘菠菜、孩子们拒绝吃它的时候,他们的母亲便开始劝说:"只要尝["kosten"]一点点。"梦工作居然如此随意地应用词语的双重解释,看来似乎有些奇怪,但是更多的经验将告诉我们这种事情是常常发生的。

凝缩作用进一步解释了为梦内容所特有而在清醒生活中找不到的某些成分。我们所想到的是"集合的"和"复合人物"以及奇怪的"复合结构",有些像东方民间传说中发明的"复合动物"。然而

---

① [德文"kosten"兼有"花费"和"尝(味)"两重意思。]

后者已在我们思想中形成了原型,而在梦中却是以无穷尽的变化不断地组成新的复合形式。我们自己在梦中就很熟悉这类结构。

这类形象能够以很多方式组合在一起。我可以把两个人的面貌合起来构成一个人物;或者给予它以某个人物的形状而在梦中想起的却是另一个人的名字;或者我看见的是这个人的外表却把它安放在适合另一个人的情境之中。所有这些情况,在梦内容中将不同人物组成一个单一的代表具有一种意义;它是想指出"如"或"正如",或是想将一些原来人物在某一特殊方面互相比较,这些甚至只为梦本身所专有。然而一般说来,各复合人物之间的共同元素只有通过分析才能发现,只有通过形成集合人物才能表现出来。

在如此众多的梦中发生的各复合结构都以同样变化多端的方式被安放在一起,同样的规则也适用于它们的分解。我无须举出任何例子。只要我们下定决心不把它们与我们清醒时的知觉对象归为一类,只要我们记住它们是梦的凝缩作用的产物,并且是以一种有效的简缩方式正在加强着各结合对象的某个共同特性,这些复合结构的奇异性就会完全消失了。此处这些共同元素照例只有通过分析才能被发现。梦的内容似乎只是在说,"所有这些东西都有一个共同元素 X"。通过分析的方法来分解这些复合结构,往往是找到梦的意义的捷径。——例如,有一次我梦见与我以前的一位大学教师同坐在一条凳上,这条凳子被许多其他凳子所围绕,它正以高速度向前移动。这是一个阶梯教室和一个 trottoir roulant[①] 652 的结合。我不再进一步追踪这串观念了。——另一次我梦见坐在

---

① [trottoir roulant 是 1900 年安装在巴黎展览馆中的一条活动路面。]

一个车厢里,膝上放着一项用透明玻璃制成的圆筒帽,这一情景使我立刻想起了一句成语:"如果你手里拿着帽子走路,你就能走遍全国。"这个玻璃圆筒帽使我迂回地联想到一只白热的煤气罩;我立刻看出,我是想要有一项发明,能像我的同胞奥厄尔·冯·威尔斯巴哈博士那样使我致富和独立;也看出我是想要去旅行而不停留在维也纳。在梦中,我正带着我那玻璃圆筒形帽子的发明在旅行——当然,这个发明还没有任何实际用途。——梦工作特别喜欢用同一个复合结构来表现两个相反的观念。例如,一个妇女梦到她看见自己正擎着一株高高的花枝,正如圣母领报图中的安琪儿一样(这代表天真无邪;顺便提及,她自己的名字就是玛丽亚),另一方面,花枝上长满了像山茶花一样的白色大花朵①(这代表天真无邪的反面,它与"茶花女"有联系)。

我们所知道的梦中大部分凝缩作用可用以下方式加以总结:梦内容中的每一个元素都是被梦念中材料"多重性决定"的,它并不得自梦念中的单一的元素,而是可追溯到所有元素,这些元素在梦念本身中并没有必要彼此密切联系着;它们可能隶属于这些思想结构中分离得最远的区域。在最严格的意义上说,一个梦元素是梦内容中所有这种毫无联系的材料的"代表"。但分析也揭露了梦内容与梦念之间的另一面复杂关系。正如一个梦元素通过连结可导向好几个梦念,一个单独的梦念通常也可以由一个以上的梦元素呈现出来;联想的各个线索并不单纯地从梦念汇合到梦内容,

---

① [这可能是"红色",在《释梦》(标准版,卷5,347)中,这个梦中的花朵得到更为充分的描写。]

而是在它们的旅途中多次地互相交叉并交织在一起。

凝缩作用加上由思想到情境的转换("戏剧化"),是梦工作的最重要和最特殊的特性。然而,迄今为止,还没有涉及到必须对材料进行压缩的任何动机。

V

在我们现在正要谈及的复杂而混乱的梦中,单是凝缩作用和戏剧化还不足以说明我们所得到梦内容与梦念之间差异的全部印象。我们有着第三种因素在进行操作的证据,这一证据值得我们仔细推敲。

首先最重要的是,当我们通过分析对梦念有所了解时,我们观察到明显的梦内容所处理的材料大大不同于潜隐的思想。这当然只是在密切检查之下浮现出来的一种外貌,因为我们最终发现整个梦内容都是由梦念衍生出来的,而且几乎所有的梦念都在梦内容中表现了出来。然而某些差别仍然存在着。那些作为主要内容在梦中大胆而清楚呈现出来的东西,通过分析,在梦念中只满足于起着一种极小的附属作用,而那些根据我们感觉应该是梦念中最为重要的东西,在梦内容中要么作为观念材料完全不出现,或者只是远远地在某些模糊的地方发出暗示。我们可以这样说:在梦工作的过程中,精神强度从思想和观念转移到在我们判断中并不十分看重的另外一些东西上面。没有其他过程能如此有助于隐藏梦的意义并使梦内容与梦念之间的联系如此难以识别了。在我将称之为"梦的移置作用这一过程"中,我们会进一步发现,精神强度,思想的意义或感情潜能,却转换成了感觉的生动性。我们理所当然地假定,明显的梦内容中最清晰的元素就是最重要的元素;但实际上[由于移置作用]往往正是那不清楚的元素被证明是梦念的直接派生物。

655　　我所说的移置作用也可被描述为[用尼采的话说]"精神价值的转换"。然而,如果我不补充说这种移置作用或转换在不同的梦中完成的程度相差很远,我就不会对这一现象作详尽的评估了。有些梦几乎根本没有移置作用。这是那些有意义而又明白易懂的梦,例如我们已经认出的那些毫无掩饰的表示愿望的梦。另一方面,在某些梦中,梦念却没有丝毫保持着它自己的精神价值,或者梦念的所有主要观念都被一些琐事所代替。在这两个极端之间,我们能发现一整串的过渡案例。一个梦显得越模糊和混乱,它的结构中移置作用的因素所占的成分就越大。

我们的样板梦至少将移置作用显示到这种程度,即它的内容似乎有一个与它的梦念不同的中心。在梦内容中最突出的部位所表现的情境是一位妇女似乎向我表示亲近;而在梦念中的主要着重点则是想要享受一次无私的爱的欲望,一种"不付出任何代价"的爱——这一观念隐藏在"美丽的眼睛"短语和遥远的对菠菜的暗示后面。

如果我们通过分析来解开梦的移置作用,我们对于争论得最多的关于梦的两个问题就可获得完全可靠的信息,它们是关于梦的刺激物以及梦与清醒生活的联系。有些梦直接显露出它们起源于白天事件;在另一些梦中却找不到这类起源的任何痕迹。如果我们借助于分析,就会发现毫无例外地每一个梦都可以追溯到过去几天内的某一印象,或者更正确地说,是做梦的当天即"梦日"的

638

印象。起到梦刺激物作用的印象，可能就是白天我们很关心的印象。在这种情况下，我们可以说，梦将我们清醒生活中最关怀的事情继续下去了。然而一般说来，如果在梦内容与前一天的任何印象之间找到了联系，那个印象大都是非常琐碎、无关紧要和难以记忆的，必须通过努力才能记得起来。在这种情况下，梦内容本身即使是连贯的和易于理解的，也似乎只关心那些无关紧要的、在我们清醒时不值得去注意的琐细事件。人们轻视梦的主要原因，就是由于梦内容表现出特别偏爱一些无关紧要和琐细的事情。

分析澄清了导致这种贬义判断的错误外貌。如果梦内容推出某种无关紧要的印象作为它的刺激物，分析就一定能找出梦者有理由为之激动的一段有重要意义的经历。这一经历被通过丰富联想环节而与之相连结的某一无关紧要的经历所代替了。只要梦内容处理的是无关紧要的和没有趣味的观念材料，分析就将连结这些琐事与梦者认为是最重要的精神事物的大量联系通路揭露出来。如果进入梦内容的只是一些无关紧要和琐碎的而不是理应激动和十分有趣的印象和材料，那只是移置作用过程的效果。如果我们根据用梦的隐意代替显意所得的新见解来回答有关梦的刺激物以及做梦与日常事务的联系等问题，我们就会得出这样的结论：梦绝不关怀我们在白天认为是值得关怀的事物，而在白天不影响我们的一些琐事也不能在睡眠中追随我们。

我们选来进行分析的样板梦中的梦刺激物是什么呢？它肯定就是我朋友要我免费乘车这样一件无关紧要的事。梦中吃客饭的情境中含有对这无关紧要的突发原因的暗示，因为在谈话中我曾将计程车与进餐作过比较。但我也能指出这一琐事所代表的重要经历。几天以前,我曾经代表我所喜爱的一位家庭成员支付了一笔数目可观的款项。梦念说,要是这个人对我表示感激那也毫不奇怪:这一类爱不会是"免费"的。然而居于梦念前列的是不付代价的爱。不久前我曾和我这位亲戚坐过几次车,这一事实使我有可能把我和朋友坐车这件事与另外这个人联结了起来。

因这类联想而变成梦刺激物的无关紧要的印象,还属于并不适用于梦的真正来源的另一种情况:它通常必须是来自梦日的一个最近的印象。

在离开梦移置作用这一话题之前,我必须提请人们注意在梦的形成中发生的一个引人注目的过程,在这一过程中,凝缩作用和移置作用结合起来共同产生结果。在凝缩作用中,我们已看到这样的方式,其中在梦念中有共同点的即有接触点的两个观念在梦内容中被一复合观念所代替;其中一个相对明显的中心代表它们的共同点,而一些不明显的附属细节则与一些互不相同的方面相符合。如果凝缩作用再加上移置作用,构造起来的就不是一个复合观念,而是一个"中间共同统一体",它与两个不同元素都发生关系,正如在平行四边形中各分量产生的合量一样。例如,在我的一个梦内容中,有一个注射丙基(propyl)的问题。开始时分析出了一个作为梦刺激物的无关紧要的经历,其中戊基(amyl)起了作用。我还不能证明戊基与丙基之间的混淆。然而在这同一梦的背后,在一群观念中有我首次访问慕尼黑的记忆,在那里我被 propylaea① 所震惊。分析的细节似乎使我有理由猜想,正是这第二组

---

① [雅典式样的纪念门廊。]

640

观念对第一组观念的影响才引起了戊基到丙基的移置作用。丙基似乎就是戊基与 propylaea 之间的中间观念,通过共同发生的凝缩作用和移置作用作为一种调和而进入梦内容之中①。

要发现梦工作方面这些令人费解的努力背后的动机,探讨移置作用的过程比凝缩作用的过程更有迫切的需要。

VI

正是移置作用的过程要对我们不能从梦内容中发现或认出梦念负有主要责任,除非我们能懂得梦念进行化装的原因。然而,梦念也服从另一种较为温和的变换,它使我们发现梦工作方面的另一个成就——一种较易理解的成就。在分析过程中,我们首先遇到的梦念常常以其表现的不寻常形式使我们感到震惊;它们不以我们思想通常使用的散文体语言出现,相反,却是用一种明喻和暗喻,用一种诗般语言的影像象征性地表现出来。要说明强加于梦念表现形式的约束力的原因并不困难。梦的显意大部分是由图画似的情境组成的;梦念首先也必须服从使它们适合于这种表象的处理。如果我们想象自己要在法庭面前用一系列图片来表现一篇社论或辩护词,我们就不难理解梦工作由于在梦内容中的表现力的考虑而不得不进行修改了。

梦念的精神材料一般包括对印象深刻的经验的回忆——常常

---

① [得出这一细节的这个梦是弗洛伊德详尽分析的第一个梦。在《释梦》中作了详细报道(参见标准版,卷 4,106 以下,这一细节见卷 4,294)。]

回溯到儿童早期——这些经验通常以视觉形象表现出来。只要有可能,这一部分梦念就会对梦内容的形式产生决定性影响。它似乎是一个定形作用的中心,将各个梦念吸引过来,以此来影响它们的分布。梦中的情境往往不过是这类印象深刻的经验因插入一些东西而变得复杂化了的复本;真实景象的直接复制品在梦中却很少出现。

然而,梦内容并不只包括情境,它还包括一些视觉意象的、言语的不连贯的片段,以及甚至未经修改的思想点滴。因此,简要列举梦工作的各种有效表现方式,根据梦中所需要的特殊表达形式来复制梦念,可能是饶有趣味的。

通过分析得到的梦念,表明其本身就是一种结构非常复杂的精神合成物。它的各个部分相互之间有各种各样的逻辑联系:它们呈现前景和背景、各种条件、枝节话和说明、成串的证据和反证。每一串思想总伴有它的对立部分。这种材料毫不缺乏我们清醒思考时所熟悉的一切特性。如果现在把这一切都变成梦,精神材料就会屈从于一种把它大大凝缩的压力,屈从于一种似乎会创造新外貌的内部分裂作用和移置作用,屈从于优先挑选那些最适宜于构造情境部分的选择性运作。如果我们考虑材料的发生,这种过程可被描述为"回归作用"。然而在这种转换过程中,那种一直将精神材料连结在一起的逻辑联系却丧失了。梦工作似乎仅仅把梦念的实质内容接收过来加以处理。恢复被梦工作破坏了的联系乃是梦分析工作必须完成的任务。

与我们理智的言语相比较,梦的表现方式可说是贫乏的。然而梦无须完全放弃复制梦念中所表达的逻辑关系的可能性。相反,它往往以其自身结构的规范特性便成功地代替了这些关系。

首先,梦要考虑无疑存在于梦的各部分之间、把整个材料结合成一个单独情境的联结作用。它们通过时间和空间的近似性来复制逻辑联系,正如一个画家在一幅帕拉萨斯派图画上来表现一组诗那样。它们实际上绝不会集中于一个单独的山头,但它们却肯定形成了一个概念群。梦将这种复制方法进行得非常细致;当它们在梦内容中表现出两个非常靠近的元素时,就表明在梦念中存在着与它们相应的特别紧密的联系。偶然也可看到,一个晚上做的所有的梦通过分析会发现都来自同一思想范围。

两个思想之间的因果关系要么不被发现,或者被两段不同长度的梦的顺序所代替。此地的呈现往往是颠倒的,梦的开始代表结果而其结果则代表前提。在梦中一件事情立即转变为另一件事情似乎代表原因和结果的关系。

梦中从不表现"要么……或者"的抉择。两种选择都被载入梦的正文之中好像同样有效。我已说过,用"要么……或者"记录梦时可用"和"加以翻译[见650页]。

对立的观念在梦中被优先地以完全一样的元素表现出来①。在梦中似乎从来不存在"不"。两个思想的对立,颠倒的关系,在梦中都可能以最显眼的方式表现出来。它可能被转变成它的对立面的另一段梦内容表达出来,——仿佛是一种事后的思考。我们马上还要听到另外一种表达矛盾的方法。梦中最常出现的运动抑制

---

① [1911年增注]应当指出,著名的语言学家已经表明,最古老的人类语言一般总是用同一个词表达矛盾的对立面(如强—弱,内—外,这已被描述为"原始词的对立意义")[弗洛伊德,1910e]。

感也可用来表达两个冲动的对立,一种意志的冲突。

这些逻辑关系——相似性,和谐,占有共同属性——的一种、也仅只有一种,为梦形成机制所特别钟爱。梦工作利用这些情况,将表示一致的一切事物凑成一个新的统一体,作为梦凝缩作用的基础。

这一系列的粗略评论,当然不适宜说明梦用来表达梦念中逻辑关系的规范方法的全部内容。不同的梦都是在这方面相当仔细建成的,它们或多或少地保持着呈现的梦景,它们或多或少地使用了有助于梦工作的应急手段。另一种情况是,它们表现出模糊、混乱和不连贯。然而,如果一个梦以它的明显的荒谬使人吃惊,如果它的内容包括的是一段显然的无稽之谈,那它是故意这样做的;它对一切逻辑要求的公然忽视,正表达了梦念中一段理智的内容。梦中的荒谬表明梦念中出现的矛盾、奚落和嘲笑。由于这个说明与梦是不连贯的和不加鉴别的心理活动这一观点明显对立,我将通过一个例子来着重说明这一点。

在一篇文章中,我的一位熟人M先生受到了我们认为是过分激烈的抨击——抨击者肯定是歌德。M先生在抨击中当然是垮掉。他在餐桌旁向几个人放肆抱怨;然而他的个人体会并没有影响他对歌德的崇敬。我企图弄清年月,但对我似乎又不大可能。歌德死于1832年。因为他对M先生的攻击必定比那个时期要早,所以M先生那时一定还是个年轻人。他只有18岁大概是一个可能的看法。然而我不敢确定我们实际上是在哪一年,所以我的整个计算都变得模糊不清了。顺便说一句,这个抨击包含在歌德的著名散文论"自然"中。

644

如果我说明这位 M 先生是一位对诗和文学毫无兴趣的年轻生意人,这个梦的荒谬性质就更明显了。然而我毫不怀疑,当我对这个梦深入分析时,我会成功地表明在它的荒谬中包含着多少"方法"。

这个梦的材料有三个来源:

(1)我在就餐同伴中认识的这位 M 先生,有一天请我去替他有[全身瘫痪]迹象的兄弟进行检查。在我与病人交谈过程中出现了一个令人尴尬的插曲,因为他无缘无故地谈起了他兄弟的年轻荒唐事而泄露了他的秘密。我曾问过病人他的出生年月(参见梦中歌德的死期)并要他计算一些数字来测验他记忆上的缺陷。

(2)在一本书名页上有我名字在内的医学杂志上,刊登了一篇"毁灭性的"批判文章。这是一位年轻的评论者对我的柏林朋友 F 的一本书而写的。我要编辑审查这件事,编辑虽然表示歉意,却不肯作任何更正,我因此断绝了与杂志的联系。但在我的辞职信中,我希望我们的私人关系不要受到这件事的影响。这是这个梦的真正来源。对我朋友的著作不表示欢迎给我留下了深刻的印象。在我看来,它包含了一个基本的生物学上的发现,这一发现只有到现在——很多年以后——才开始受到专家们的青睐。

(3)我的一位女病人不久前对我讲述了她兄弟的病,他怎么在一阵狂乱中呼喊"自然!自然!"医生们相信他是读了歌德的那篇有名的论文,并说明他在这方面学习过度而劳累了。我曾指出,在我看来更为合理的是,他叫喊"自然"这个词,带有未受过教育的人所使用的性的意味。我的这个想法至少没有被这一事实所否定:这个不幸的年轻人不久后竟割断了他自己的生殖器。他发疯的时

645

候只有18岁。

在梦内容中我自己的自我后面隐藏着的,首先是我那被评论者恶劣对待的朋友。"我想要弄清楚一下年月"。我朋友的书谈到了人生的年岁,还说明歌德的一生是许多具有生物学意义的日子的倍数。但是这一自我又与一个瘫痪病人做了比较:"我不敢确定我们实际上是在哪一年。"由此梦证明了我朋友的行为有些像一个瘫痪病人,在这方面真是荒谬之极。然而梦念却讽刺地说:"自然哪!他[我的朋友F]才是一个发疯的傻瓜而你[评论者]是无才并知道得更多。"但是难道不能恰恰颠倒过来吗?在梦中这种颠倒有大量的例子。例如歌德攻击那年轻人,这是荒谬的,而一个年轻人去攻击伟大的歌德就容易多了。

我敢说没有梦不是被利己主义的动机所驱使的①。事实上,目前这个梦中的自我不但代表我的朋友,也代表了我自己。我把我自己与他等同起来了,因为他的发现的命运似乎预示了对我自己的发现的接受。如果我要继续坚持我的学说,强调精神、神经症患者病因中性欲所起的作用(参见那18岁病人喊叫"自然!自然!"的暗示),我就会遭到同样的批评;我也作好了以同样的嘲弄对待它们的准备。

如果我们再追踪梦念,就会继续发现奚落和嘲笑与显梦的荒谬是互相关联的。大家都知道,歌德正是在威尼斯海滩浴场上发现了羊的碎裂头盖骨,才产生了所谓头盖骨的"脊椎说"想法。我

---

① [然而弗洛伊德在1925年的增注中对这一说明作了保留。见《释梦》第5章结尾附近(标准版,卷4,270)。]

的朋友吹嘘说,当他还是一个学生时,他策动过一次风潮,导致了一位老教授辞职。这位老教授虽曾很出名(其中正与比较解剖学这一分支有关联),却因患老年痴呆症而不能执教了。结果我朋友进行的鼓动正符合与这种有害的制度作斗争,根据这一制度,德国大学里的学术人员没有年龄限制——而众所周知,年龄并不能抵挡愚蠢——我有幸在一位一直是个老顽固而且几十年来是众所周知的弱智领导人手下工作,他一直被允许履行他的职责。这一点使我想起了一句根据威尼斯海滨浴场发现的描述语①。我医院里的一些年轻同事们联系着这个人编造了当时一首流行歌曲的变式:"这根本不是歌德写的,这根本不是席勒编的。"②

665

666

Ⅶ

我对梦工作的思考仍未结束。除了精神材料的凝缩作用、移置作用和形象化安排以外,我们不得不指出它的另一种活动,虽然这一活动并不在每一个梦中出现。我不准备详细讨论梦工作的这一部分,因而只指出,构成它的性质的观念最简单方法,就是猜想——虽然这种猜想可能与事实不符——它仅仅只在梦内容已经构成后才进行操作。它的功能包括将梦的各组成部分安排得近似一个有联系的整体,一个梦的合成物。梦就是这样被赋予了一个外观(虽然它确实不能在每一点上都隐藏梦的内容),并以此来接

---

① ["Schafkopf"的字面意义为"羊头"="蠢驴"。]
② [这个梦在《释梦》(标准版,卷5,439等)也作了详细的讨论。]

647

受经过窜改和细微修改的最早的初步解释。顺便提及,只要进行时不过分拘泥于细节,这种对梦内容的修饰才有可能;而它呈现给我们的梦念仍可能有惊人的误解。我们在开始分析梦之前,必须弄清楚释梦时的这一企图。

梦的这一部分工作的动机特别明显。可理解性的考虑是导致对梦的最后修饰的原因;这就揭露了这一活动的根源。它针对面前梦内容的行为,与我们正常精神活动通常针对面前知觉内容的行为很相像,它理解那个内容时是基于某些先入的观念,并且就在觉察到它的那一刻,也是根据可理解的预想对它加以安排的;它这样做时冒着歪曲它的危险,而事实上,如果它不能使内容与任何熟悉的事物协调一致,它就会陷入最奇怪的误解之中。众所周知,当我们看到一系列不熟悉的符号或听到一连串不懂的字词时,我们不可能不立即根据我们已知的某些东西,从可理解性的考虑去歪曲知觉。

经过与清醒思想完全类似的精神活动加以修饰的梦,可以称为"构造良好的"梦。在其他一些梦中,这种活动是失败的,甚至根本没有企图去安排或解释材料,而且由于我们醒后感到自己与梦工作的最后一部分相一致,我们就断定这个梦是"绝对混乱的"。然而从分析的观点来看,由一些不连贯的片段而胡乱堆聚起来的梦,与经过仔细修饰并且具有外观的梦恰恰具有同样价值。在前一种情况中,我们确实还可以省掉拆除梦内容中附加物的麻烦。

然而,认为这些梦的外观只不过是我们心理活动的意识动因对梦内容的错误而任意的修饰,这一假设也是错误的。[①] 在建造

[①] [这一段是1911年添加的。]

梦的外观时,经常使用以预制形式呈现于梦念中的那些表示欲望的想象物,它们具有我们清醒生活中被恰当称为"白日梦"的同样性质。对夜梦进行分析而揭示出来的那些表示欲望的想象物,常被证明是婴儿期的某些景象的复制品或经过修改的副本,因此在某些案例中,梦的外观直接揭示了梦的真实核心,只是被其他一些材料所掺和而弄得歪曲了。

梦工作除了上述四种活动再没有其他活动了。如果我们信守"梦工作"是将梦念转换为梦内容的过程这一定义,其结果必然是,梦工作不是创造性的,它不产生自己的想象物,它不作判断也不下结论;除了将材料和它的修改通过凝缩作用和移置作用变成形象化形式,再加上最后一点解释性的修饰作为一个变动因素,此外便没有其他功能了。的确,我们在梦内容中也发现了我们应认为是某些其他和高级理智功能的产物的各种事物,但在每一梦例中,分析都令人信服地表明,这些理智的操作在梦念中便已完成,梦内容只是把它们取过来罢了。梦中作出的结论不过是梦念结论的重复而已;如果不加修改地拿到梦中,就会看不出什么毛病;如果梦工作将它移置到某些其他材料上面,它就会显得荒谬愚蠢了。梦内容中的计算只不过说明梦念中的计算;后者总是合理,但如果它的因素被凝缩了,或者如果它的数学运算被移置到别的材料上面,梦的计算就会产生最意料不到的结果。就连梦内容中的言语也不是原来的复合物,它们证明是一些讲述的、听到的和读到的言语大杂烩,这些言语在梦念中复活了,它的用词被准确地复制了,然而它们的来源完全被忽略,它们的意义被粗暴地窜改了。

下面这些例子或可用来支持上述这些主张。

649

（Ⅰ）这是一个女病人做的梦，听起来天真无邪，结构也很完整。

"她梦见她正和她的厨子一同去市场，厨子挽着菜篮。她问了几句话以后，肉贩子对她说，那再也得不到了，"并递给她另外一些东西说，"这也很好。"她拒绝了，走到一个女菜贩面前，女菜贩想她买一种特别的菜，那菜捆成一束，颜色是黑的，她说，"我不认得它，我不想要它。"

"那再也得不到了"这一说法来源于治疗本身。几天以前，我曾用完全相同的话向病人解释说，儿童期的最初记忆"再也不能像这样得到了"。但这些话在分析中被"移情"和梦代替了。所以我就是那个肉贩子。

第二句话——"我不认得它"——是完全在另一联结中发生的。她在前一天责备她的厨子（他碰巧也在梦中出现了）说："你行为要检点些！我不认得它！"意思无疑是说，她不理解这种行为，不会容忍它。作为移置作用的结果，这句话的较为天真无邪的部分进入了梦内容之中；但在梦念中，只有这句话的另一部分起了作用。因为梦工作已把一个想象的情境减弱到完全不易理解和极其天真的地步，而在这想象的情境中，正是我对这位妇女以一种特殊的方式表示行为不检的。但是病人在她想象中所期望的情境本身只是她一度实际经历过的某事的新版。①

（Ⅱ）这是一个包含着数字的有明显意义的梦。她正要去付某些费用。她的女儿从她（母亲）的钱包中取出了3个弗洛林和65个克鲁斯。梦者对她说，"你在做什么？它只值21个克鲁斯。"

---

① 〔这个梦在《释梦》中有更详尽的报道（标准版，卷4，183）。〕

梦者从国外回来,她女儿在本地上学。只要她女儿停留在维也纳,她就会到我这儿来进行治疗。做梦的前一天,女校长向她建议让她女儿在学校里再读一年。在那种情况下,她也可以继续治疗一年。如果我们记得"时间就是金钱"这句话,梦中的数字就变得有意义了。一年是365天,或者用金钱来表示,是365个克鲁斯或者3个弗洛林65个克鲁斯。21个克鲁斯符合梦日与学期终了之日之间的3个星期,也就是治疗终了之期。很明显,由于金钱的原因,这位妇女拒绝了校长的建议。这就是梦里讲到钱数那么少的缘故。①

(Ⅲ)一位妇女虽然还很年轻,却已结婚多年。她接到消息说,她的一位与她年龄差不多的熟人爱丽丝刚刚订了婚。这便是促成下面这个梦的原因:

她和她的丈夫在剧院里。剧院正厅前排座位的一边完全是空的。她大夫告诉她,爱丽丝和她的未婚夫也想来看戏,但只能得到不好的座位——1个弗洛林50个克鲁斯三张票——当然他们不会要。她认为如果他们就是要了也不会有什么真正损失。

使我们感兴趣的是梦念材料中这些数字的来源以及它们所经受的移植作用。这1弗洛林50克鲁斯的来源是什么呢?它实际上来源于前一天的一件无关紧要的事件。她嫂嫂的丈夫送了她嫂嫂150个弗洛林,她匆匆忙忙地去买了一件珠宝,把它花掉了。必须注意的是,150个弗洛林是1弗洛林50克鲁斯的

---

① [此梦见《释梦》(标准版,卷5,414)——一个奥地利弗洛林在19世纪末期约值1先令10便士或40美分。]

651

100倍。与戏票数目"3"的唯一联结是,她那新近订了婚的朋友比他正好小3个月。梦中情境是她丈夫经常拿来取笑她的一件小事情。有一次她匆匆忙忙事先为一场演出买好票。等她到达剧院时,她发现剧院正厅前排座位有一半完全空着。她实在用不着这么匆匆忙忙。最后我们还不能忽视梦中两个人买三张票去看戏的荒谬性。

梦念是,"这么早结婚是荒谬的。我实在用不着这么匆匆忙忙。我从爱丽丝的例子中看出我最终是可以找到一个丈夫的。实在的,我可以找到一个好100倍的"(一笔财富)"只要我等待。我的钱(或嫁妆)可以买上3个同样好的男人。"①

VIII

通过前面的讨论对梦工作已有所了解,我们无疑会宣称它是一种相当奇特的精神过程,就我们所知,其他任何地方还不存在与之相似的东西。我们似乎将以前经常只是它的产物即梦所引起的惊讶,都转移到梦工作上面了。然而事实上,梦工作只是一整系列精神过程中首先被发现的一种,这一系列精神过程还可以产生癔症症状,恐怖症,强迫症和妄想。凝缩作用,尤其是移置作用,也是其他这些过程的不变特征。另一方面,改换成形象化形式仍然是梦工作的一个特性。如果这一解释将梦作为一个单独系列与精神

---

① [这个在673页还要提及的梦在《释梦》(标准版,卷5,415)中讨论了。在弗洛伊德的《精神分析引论》讨论得更详细,尤其在第7讲和第14讲中。]

疾病产生的结构相提并论,我们便更有必要去发现诸如梦形成这类过程的主要决定性条件了。我们或许会惊异地听说,无论睡眠状态或是疾病都不在这些必不可少的条件之列。健康人日常生活中的大量现象——如遗忘,舌误,笨拙动作和一类特殊的错误——都是源于类似于梦和这一系列其他成员的精神机制[①]。

　　这一问题的核心在于移置作用,它是梦工作最为突出的特殊成就。如果我们更深入这一题材,就会看出移置作用最基本的决定性条件是一种纯粹的心理条件,一种在性质上有点像动机的东西。如果你在分析梦时对某些无可避免的经验加以考虑,你就走对了路。在分析我的样板梦例时,我不得不中断640页上有关梦念的报道,因为我承认,有些梦念我宁愿对陌生人隐瞒,有些梦念在与别人交往时,不可能不在某些重要方面对别人造成伤害。我还要补充说,如果报道梦分析持这样一种观点,认为在每一个有着模糊和混乱内容的梦中我总会遇到一些必须保密的梦念;我如果选择另一个梦来代替那特殊的梦,我只能一无所获。但如果我依靠自己继续分析下去而不涉及别人(就像我的梦那样的个人经验不可能一直去想涉及别人),我最终总能碰到一些令我吃惊的思想。我没有意识到它们的存在,它们对于我不但是异己的而且也是使我讨厌的;因此我总想与之激烈争辩,尽管贯穿在分析中的思想链本身无情地坚持不已。只有一个办法能说明这种普遍存在的事态,那就是假设这些思想是真正存在于我的脑内,而且具有相当的精神强度或能量,但却处于一种特殊的心理情境之中,其结果

[①] 〔见弗洛伊德的《日常生活病理学》(1901b)。〕

是，它们变得不能使我意识到（我把这种情境描述为一种"压抑"）。所以我们不得不作出结论：在梦内容的模糊性与某些梦念的压抑（意识不能接受的）状态之间存在着一种因果联系，梦必须变得模糊以便不致泄露被禁止的梦念。它是梦工作的产物，其目的在于异化，即伪装。

我将用我选来进行分析的样板梦例来检验这一点，探询以化装形式进入我梦中的究竟是什么样的思想，如果它没有化装，我是倾向于拒绝接受的。我记得免费乘车使我想起了最近与一位家人一次昂贵的乘车，对这梦的解释是"我但愿能经历一次不花代价的爱"。在做梦前不久，我曾为这同一个人付出了相当大的一笔钱。想起这些前后关系，我不得不作出结论，我后悔付出了这笔花费。一直等到我认出了这个冲动，我梦中想要得到无偿的爱这一欲望才获得了意义。但我坦诚地说，当我决定花这一笔钱时，我一刻也不曾犹豫。我后悔这样做——相反的感觉流——我自己并没有意识到这一点。至于为什么没有［意识到］，那是另一个远不可及的问题，我知道它的答案，但它已属于另一种联系了。

如果我所分析的梦不是我自己的而是某一个别人的，其结论也将会相同，只是相信它的证据将有所不同。如果梦者是一个健康人，我除了指出梦念的前后关系使他认出被压抑的观念外，别无其他方法；如果他拒绝承认，我也无法可施。然而，如果我与之打交道的是一个神经症患者，如一个癔症患者，由于这种被压抑的思想与他的症状有联系，由于他用这些症状替换了被压抑的观念而觉得有所改善，他就会发现接受这种被压抑思想是强加于他的。例如在我曾引用过的花 1 个弗洛林 50 个克鲁斯买三张票的女病

654

人的梦例中,分析所得的结论无可避免地表明,她对自己的丈夫估价不高(参见她能得到一个"好100倍"的丈夫的观念),她后悔和他结了婚,她愿意换一个丈夫。她确实宣称她爱她的丈夫,她的感情生活并不知道任何这类低估他的事情,但是她的一切症状导致了与梦同样的结论。她曾有一段时间有意识地不爱她的丈夫,只是在她这段被压抑的记忆恢复以后,她的症状没有了,对梦解释的抵抗也消失了。

IX

现在我们既已建立了压抑的概念,并将梦化装与被压抑的精神材料联系起来,我们就能将由分析梦而得来的主要发现用一般名词加以表述了。在那些可理解的和有意义的梦中,我们发现它们是未加伪装的欲望的满足,就是说,在它们那种情况中,梦表现了满足一种愿望,这一愿望是我们意识到的,是我们白天生活残留下来的,因而也是当然感兴趣的。在那些模糊和混乱的梦中,分析也教给了我们一些完全类似的东西:梦情境又一次描述了欲望的满足——一个总是由梦念引起的欲望,但它是用一种未被认出的形式呈现出来的而且只有在分析中加以追溯才能得到解释。在这种情况下的欲望,要么本身是被压抑的而为意识所不容,或者是与被压抑的思想紧密联系着并以之为基础。因此这一类梦的公式如下:它们是被压抑欲望的化装的满足。有趣的是,从这一点去观察,公众相信梦总是预示未来得到了进一步的证实。但实际上梦显示给我们的未来,并不是将要发生的未来,而只是我们想要它发生的未来。公众的想法在这儿与它的通常想法一样:它希望什么,就相信什么。

根据对欲望满足的态度,梦可分为三类:第一类包括那些未经化装的、表现一种未被压抑的愿望的梦,这都是一些幼儿型的梦,在成人中越来越少;第二类梦表达了一个经过化装的被压抑的欲望,无疑是我们绝大多数的梦,必须经过分析才能理解它们;第三类梦表现一个被压抑的欲望,但压抑得不充分或者没有伪装。这最后一类梦总是伴有打断它们的焦虑。在这种情况中,焦虑代替了梦化装;而在第二类中,只是由于梦工作才避免了焦虑。不难证实,使我们梦中产生焦虑的这种观念性内容,曾经是一个一直受到压抑的欲望。

还有一种带有悲痛内容的清晰的梦,然而在梦本身中并不感到悲痛。因此它们不能算作焦虑梦,但却总是被用来证明梦是没有意义和精神价值的。对这类梦的分析将表明,我们所接触的是经过很好伪装而得到满足的被压抑的欲望,也就是说是属于第二类的梦;它也表明了,移置作用的过程是如何巧妙地适合了伪装的欲望。

一个女郎梦见她看见她姐姐仅存的孩子在同样的环境中躺着死了,这是她几年前真正看到她姐姐第一个孩子死去时的环境。她对这并不感到痛苦,但她自然否认这种想法,认为这个情境并不表达她的任何欲望。但对这一点也大可不必怀疑。几年以前,正是在第一个孩子的棺材旁边,她看见她所爱的男子并和他谈了话;如果第二个孩子死了,她无疑又会在她姐姐家里再遇见这个男子。她渴望这次会见,但与这种感情进行了斗争。做梦的那天,她曾买了一张她依旧钟情的这个男人作报告的入场券。她的梦是一类表示迫不及待的梦,它们经常在旅行、上剧院以及即将来临的这类娱乐之前发生。为了掩饰她的这种渴望,情境便被移置到一种最不适宜产生欢乐情感的事件,虽然过去实际上曾经产生过这种感情。我们要观察的是,梦中的情绪行为适合于隐藏于背景中的真实内容,而不适合于被推到前景中的东西。梦情境预示了她渴望已久的会晤;它没有提供任何痛苦情感的基础。①

X

迄今为止,哲学家们还没有机会关注压抑心理学。因此我们可以通过构造梦形成中各事体过程的形象化意象,来接近这个迄今尚未知晓的话题。的确,我们得到的——不仅来自对梦的研究——这种图式般景象是一种复杂的图景;但我们无法做更简单的处理了。我们的假设是,在我们的心理机构中存在着两种思想构造的动因,其中第二种动因的产物享有自由接近意识的特权,而第一种活动的本身是潜意识的,只有通过第二种才能到达意识。在这两个动因之间的边界,也就是在第一种通向第二种的地方存在着一种稽查作用,它只让那些它认为是合意的东西通过,而将其余的拦住不放。根据我们的定义,那些被稽查作用所拒绝的东西就处于被压抑的状态。在某些情况下(睡眠状态就是其中的一种),这两种动因之间的力量发生变动,致使被压抑的东西不再被阻。在睡眠状态中,由于稽查作用的松弛就可能发生这种情况;这

---

① [这个梦在《释梦》(标准版,卷4,152以下)中有更详尽的报道。]

时,迄今被压抑的东西很可能为自身闯出一条通向意识的道路。然而,由于稽查作用从不完全消失而仅仅是减弱,被压抑的材料就必须作出某些改变来缓和它那进攻的特性。在这种情况下,意识到的东西就是一种动因的意图与另一种动因的要求之间的一种调和了。压抑——稽查作用的松弛——一种调和的形成,这不仅是梦而且是许多其他精神病理结构发生的基本模式;在后者案例中,我们也可观察到调和的形成伴有凝缩作用和移置作用的过程以及一些表面联想的使用,这些我们在梦工作中已经熟悉了。

我们没有理由掩盖这一事实,即为了解释梦工作而建立起来的假设中,有一种被描述为"超凡的"元素在起作用。我们得到的印象是,模糊梦的形成,就好像一个依赖第二个人的人,不得不说出一些话,而第二个人听来又势必感到不快;就在这一譬喻的基础上我们得到了有关化装和稽查作用的概念,并努力将我们的印象转变为心理学理论,这些理论虽不成熟,但至少是明白易懂的。只要关于这个题目的进一步研究可以使我们识别出第一种动因和第二种动因,我们就肯定会指望能为我们的某些有相互联系的假设找到根据,证明第二种动因控制着进入意识的通道从而能阻挡第一种动因接近意识。

当睡眠状态过去以后,稽查作用迅速恢复了它的全部力量,它现在能扫除它在虚弱时期从它那里赢得的一切东西了。这至少是解释梦遗忘的一部分理由,而且已为无数次观察所证实。在叙述一个梦或对它进行解释时,常常有一段似乎已被遗忘的梦内容又出现了。这一段从遗忘中被挽救出来的梦经常使我们最好最直接地接近梦的意义。那很可能就是它被遗忘,即再一次被压抑的唯一原因。

XI

一旦我们认识到梦内容是欲望满足的表现,它的模糊性是稽查作用所造成的被压抑材料的改变,我们就不再难以发现梦的机能了。一般说梦干扰了睡眠,奇怪的是我们得到相反的看法,并必须把梦看作是睡眠的保卫者。

在儿童的梦中,接受这种说法不会有什么困难。睡眠所包括的睡眠状态和精神改变,不管怎样都要靠决意入睡才能实现,而这睡眠要么是强加给孩子的,或者是由于疲劳感觉所致,而要做到入睡的唯一可能,就是制止除睡眠以外的可以影响精神机构的各种刺激。排除外部刺激的方法我们都很熟悉,但是有什么方法才能控制那些干扰我们入睡的内部心理刺激呢?让我们看看一个母亲是如何使孩子入睡的。孩子不停地提出各种要求:要再吻他一下,他还要出去玩等等。母亲满足了他的一些要求,但利用她的权威把另一些要求推迟到第二天。我们都知道包都印·格罗勒[19世纪著名的奥地利小说家]讲的那个坏男孩的有趣故事,他半夜醒来在托儿所里大喊大叫:"我要那个钱。"一个行为好些的孩子不大声喊叫,但却可能梦见他正在玩钱。由于在睡眠中相信梦所表现的欲望得到了满足,于是梦就排除了这个欲望而使睡眠成为可能。梦象以这种方式被相信了,这是无可置疑的,因为这些梦象被知觉的精神外貌所掩蔽,而儿童还没有获得后来识别幻觉或想象物与现实的官能。

成人已学会了这种识别;他们也知道了欲求是无用的,经过长期实践以后,他们知道了如何延缓他们的欲望,直到他们能通过改变外部世界的漫长而迂回的道路而求得满足。因此成人在睡眠中沿着短短的精神道路而达到欲望满足的梦也很少见,甚至从来都没有出现过;那些在我们看来似乎以儿童梦模式构造起来的任何内容,都需要一种更为复杂的解释。另一方面,在成人案例中——知觉健全的人无一例外——精神材料产生了分化,这在儿童中是没有的。一种精神动因生成了,由于经验生活的教导,它对心理冲动施加了一种支配的和约束的影响,而且非常严格地保持着这种影响。由于它与意识和随意运动的关系,它又是用最强有力的精神力量武装起来的。儿童期的一部分冲动由于对生活无用而被这种动因所压抑,来自那些冲动的任何思想材料都处于压抑状态之中。

现在,当我们从中认出我们自我的这种动因集中于睡眠欲望时,它似乎被睡眠的心理生理条件所逼迫,放松了它在白天惯于压制被压抑材料的力量。就它本身来说,这种放松无疑没有什么害处;不论这孩子般的被压抑冲动如何活跃,作为这同一睡眠状态的结果,它们要想进入意识仍有困难,它们通向运动的道路也是受阻的。然而,睡眠被它们打扰的危险必须加以抵制。在任何情况下我们都必须假设,即使是在很熟的睡眠中,也仍有一定数量的自由注意力负有抵制感觉刺激的责任,这种保卫有时认为醒来比继续入睡更要好一些。不然就无法解释我们怎么能在任何时间被某些具有特殊性质的感觉刺激所惊醒了。正如生理学家布达赫[1938,486]很久以前所坚持的,例如一个母亲会被她的孩子的低声哭泣所惊醒。一个磨工当磨子停止转动时,大多数人被人轻声叫唤着自己的名字时都会如此。这种保持着警戒的注意也针对着来自被压抑材料的表示欲望的内部刺激，并与它们结合起来而形成梦，作为一种调和物，同时满足了这两种动因。梦用表现已得到满足的方式对被压抑的(或者利用被压抑材料而形成的)欲望提供一种精神上的极致；它同时又用让睡眠继续的方式满足了另一种动因。在这方面我们的自我就像个孩子；它对梦象给予信任，似乎它在想说，"是的，是的，你是对的，但让我继续睡吧！"而我们醒来时对梦形成的低估，以及将这种低估与梦的混乱和显然不合逻辑的性质联系在一起，也许只不过是我们睡着的自我对被压抑冲动所做的一种判断，说得更好些，是一种出于这些睡眠干扰物的运动无能的判断。我们有时在睡眠中也觉察到这种表示轻蔑的判断。如果梦内容大大地超越了稽查作用，我们就会想，"毕竟，它不过是一个梦！"——于是又继续睡下去了。

有些边缘性的梦——如焦虑梦——不能再完成防止干扰睡眠的功能，相反却承担了另一个突然中止睡眠的功能，这一事实也不能反驳上述观点。它这样做时不过像一个诚实的守夜人，他开始时执行压制干扰的任务，使市民们不致被惊醒，但是后来如果他认为造成干扰的原因很严重而感到无力单独对付时，他便将市民们唤醒以继续执行他自己的任务了。

当外来的刺激冲击睡眠者的感官时，睡眠作为保卫者的功能特别显著。众所周知，睡眠时发生的刺激影响到梦的内容，这能用实验加以证明并且是医学对梦研究的少数成果之一(顺便提及，它被过高地评价了)。但是这个成果里包含着一个迄今尚未能解决的谜。因为实验施加于睡眠者身上的感觉刺激在梦中并不能正确地被认出来;它能碰到的只是无数可能解释中的一种;显然只能由专断的精神决定作用来作出选择了。但是,头脑中当然并不存在着专断的精神决定作用这类东西。睡眠者对外部感觉刺激可能有几种反应方式。他可能醒来,也可能不顾刺激而继续地睡下去。在后一种情况下,他可能利用梦来消除这外部刺激,而这方面有着多种办法。例如,他可以梦见他与刺激处于水火不相容的情境来消除刺激。一个会阴处患有脓疮的睡眠者就是采取这条路线的。他梦见自己正骑在一匹马上,利用缓解他痛苦的泥敷剂当作马鞍,就这样避免了干扰①。或者,更常见的是,解释将外部刺激纳入一个正等待着满足的欲望的前后关系之中,外部刺激就这样被剥夺了它的真实性,仿佛被当作精神材料的一部分加以对待了。因此有人梦见自己写了一部具有特殊情节的喜剧;它在剧院上演,第一幕过后,掌声雷动,惊天动地……梦者在干扰消失以前必定已成功地延长了他的睡眠,因为等他醒来已听不到声响,但恰当地断定一定有人拍打了地毯或床垫。被大声惊醒以前,睡眠者所做的每一个梦都企图用另一种原因来解释这种吵醒他的刺激,以此来延长他的睡眠,哪怕只一会儿也行。

XII ②

凡是接受了稽查作用是梦化装的主要原因这一观点的人,从

---

① [这个梦在《释梦》(1900a)(标准版,卷 4,229)有充分的报道。]
② [整个这一节是 1911 年增写的。]

释梦的结果得知大多数成人的梦经过分析都要追溯到性欲，都不会感到惊奇。这一论断并不是针对那些未经化装的性内容的梦，这种梦无疑是所有梦者根据亲身经验而熟知的而且一般是唯一被描述为"性梦"的梦。即使在这后一类梦中，在选择人物作为性对象方面，在不顾梦者在清醒时强加于性欲的种种限制方面，在暗示通常认为是"性欲倒错"的许多奇异细节方面，已足够令人惊讶的了。然而，有许多其他的梦，在其明显的内容中并没有性爱的痕迹，但释梦工作通过分析却表明是性的欲望的满足；另一方面，分析证明，作为"前一天残余"的清醒生活遗留下来的思想只有通过被压抑的性欲才能在梦中得到表现。

并不需要从理论来说明为什么会是这样，但要解释这一事实却应当指出，没有其他本能受到文化教育要求如此深远的压制，同时对大多数人来说，性本能也是最容易从最高精神动因的控制下逃脱出来的本能之一。我们既已知道了幼儿期性欲一般表现得不引人注目而且往往被人忽视和误解，因而我们有理由说，几乎每一个文明人都这样那样地保留了幼儿形式的性欲。我们因此能理解到，那种被压抑的幼儿期性欲是如何为梦的构造提供了最经常和最强大的动机力量①。

表示性欲的梦只有一个方法能成功地在梦的显意中表现出天真般的无性欲。性观念的材料一定不要按本身的样子表现出来，但是一定要在梦内容中用暗示、隐喻以及一些间接表现的类似形式加以代替。但又不像其他一些间接表现的形式，梦中使用的形

---

① ［参见我的《性学三论》(1905d)。］

663

式不必马上看得出来。满足这些条件的表现方式一般被描述为它们所代表的事物的"象征"。特别有趣的是,人们已经注意到,说相同语言的人都使用相同的象征,而且在某些情况下,使用相同的象征确实超过了使用相同的语言。由于梦者本人并不知道所使用的象征的意义,一开始要找出这些象征之间联系的根源以及它们代替什么和表达什么,都是很困难的。然而事实本身无可置疑,重要的是释梦的技术。因为只有借助于梦象征作用的知识,才有可能理解梦内容的各个元素或一个梦的各个片段或有时甚至是整个梦的意义,就不必去询问梦者的联想了。① 此地我们正在接近翻译梦的大众想法,另一方面又回到了古代人的释梦技术,后者认为释梦与利用象征进行解释是一致的。

虽然对梦象征的研究还很不完善,但我们能够对这方面题材提供若干一般性陈述和大量的专门信息。有些象征具有普遍的单一意义:皇帝和皇后(或国王和王后)代表双亲,房间代表妇女,②房间的入口和出口则代表身体的开口部位。大多数梦象征代表人、身体的各部分和带有性趣味的活动;特别是生殖器,它们总是由许多令人吃惊的象征表现出来,各种各样物体都被用来象征它们。锐利的兵器,长而硬挺的物体如树干和棍子代表男性生殖器,而碗柜,箱盒,车厢或炉灶可能代表子宫。在这些案例中,这些替换物的共同元素不难立即认出;但一些其他象征却不易掌握其联系。例如楼梯或上楼表示性交,一条领带或围巾表示男性器官,木

---

① [见下面三段的限制条件。]
② 参见"Frauenzimmer"[字面意义为"妇女的房间",德文中普遍作为对"妇人"的贬义词使用]。

头代表女性器官,这些象征不等到我们通过一些其他方法理解了它们内在的象征关系,我们是不会相信的。而且大量的梦象征是两性兼备的,只有根据前后关系才能决定它代表的是男性或是女性生殖器。

有些象征被普遍地传播开来,凡是属于同一语言或文化的所有梦者都能遇到;另外一些却只在非常严格和个别的范围内发生,这是个人根据自己的观念材料而构成的一些象征。在前一类中,我们能辨认出某些象征对表现某些性观念的要求,这可以由语言的使用直接加以证实(如"肥料"、"种子"),另一些与性观念有联系的象征,似乎可以追溯到最早的年代和我们概念的最模糊的功能作用。在我们这个时代,构建上述两类象征的能力都还没有衰竭。我们可以看到,新近发现的物体(如飞船)也立刻被普遍采用作为性象征了。

顺便提及,如果认为,只要我们对("梦的语言"的)梦象征作用有了更深的认识,我们就不必再去询问梦者对梦的联想而完全回复到古代的释梦技术,这种想法也是错误的。完全抛开个人的象征和使用普遍象征时的摆动,人们就绝对说不出梦内容中的任何元素是需要象征性地解释或是使用它的本来意义,人们能肯定的是梦的全部内容不要象征性地作出解释。有关梦象征作用的知识只能使我们翻译梦内容的某些成分,绝不是不要我们去应用我前面所说的技术规则。然而它可以在梦者的联想不够充分或完全丧失的关键时刻提供有价值的帮助。

梦象征作用对于了解众所周知的"典型梦"以及个别人的"经常发生"的梦也是必不可少的。

如果在这短短的有关梦所表现的象征模式的讨论中,我叙述得不够完全,我将提请大家注意我们在这一题目上所掌握的最重要知识的一个方面,聊为我的疏漏表白几句。梦象征作用远远超出了梦的范围;它不是梦所特有的,它在童话故事、神话和传奇、笑话和民间传说中也具有同样的重大影响。它使我们能追溯梦与这些产品之间的密切联系。我们不应当设想梦象征作用是梦工作的一种创造,它很可能是潜意识思维的一种特性。正是这种潜意识思维为梦工作提供了凝缩作用、移置作用和戏剧化作用的材料。①

XIII

我不要求在这篇短文中对梦的所有问题都搞得清楚明白,也不敢自信已解决了我所讨论的那些问题。凡是对梦的全部文献有兴趣的人可参考圣·德·桑克梯斯的著作("论梦",1899),而任何想知道有利于我的观点的详细论证的人,可以参阅我的《释梦》(1900)一书②。现在留给我要做的,仅只是指出我阐明的梦工作这一题目所追求的方向了。

我已经规定了释梦的任务是用潜隐的梦念去代替梦,也就是说,去解开梦工作已经编织起来的东西,在这样做时,我提出了若

---

① 对梦象征作用的进一步报道,可以见早期有关释梦作家的著作,如多尔狄斯的阿尔特米多鲁斯和施尔纳(1861),也可见我自己的《释梦》(1900a)(第6章,E),精神分析学派的神话学研究,以及W.斯特克尔的某些著作(如1911)[又见弗洛伊德的《精神分析引论》(1916—17)第10讲"论梦中的象征作用"。]

② [也可参阅《精神分析引论》(1916—17)第二部分论梦的第11讲。]

干新的心理学问题,这些问题涉及到这种梦工作本身的机制,也涉及到被描述为压抑的性质和条件。另一方面,我已经断定梦念的存在——一所最高级的丰富的精神结构的仓库,其所表现的特性是,它具备了正常理智功能的全部迹象,但又远离意识,直到以化装形式在梦内容中浮现出来。因此我不能不假定,像梦念这样的思想无人不有,因为几乎每一个人,包括大多数正常人在内,都能够做梦。梦念的潜意识材料及其与意识和压抑的关系,又进一步提出了一些重大的心理学问题,而这些问题,无疑必须等到分析把诸如癔症症状和强迫观念这一类其他心理病理结构的来源搞清楚之后,才可能找到答案。

附录二 文献目录

〔书和杂志的名称用斜体排出;论文的名称用引号标明。粗体字的数码指卷数;一般字体的数码指页码。G.S.表示《弗洛伊德著作全集》(12卷),维也纳,1924—1934年出版;G.W.表示《弗洛伊德全集》(18卷),伦敦,从1940年开始出版;C.P.代表《弗洛伊德选集》(5卷),伦敦,1924—1950年版;Standard Ed.表示《弗洛伊德标准版》(24卷),伦敦,从1935年开始出版。带有星号 * 的词条是本书尚未核实的词条〕

一、本书中的作者索引和著作条目

〔词条后面的圆括弧中的数字表示本书所提到的被讨论的著作之卷数和页数。就弗洛伊德的词条而言,附加在出版年代后的字母是与标准版最后一卷中的弗洛伊德全部著作文献目录的相关条目相一致的〕

ABEL, K. (1884) *Der Gegensinn der Urworte*, Leipzig. (318, *n*.3)
ABRAHAM, K. (1909) *Traum und Mythus*, Vienna. (351, *n*.2, 401)
ADLER, A. (1910) 'Der psychische Hermaphroditismus im Leben und in der Neurose', *Fortschr. Med.*, **28**, 486. (396—7)
　　(1911) 'Beitrag zur Lehre vom Widerstand', *Zbl. Psychoanal.*, **1**, 214.

(579 n.)

ALLISON, A. (1868) 'Nocturnal Insanity', *Med. Times & Gaz.*, **947**, 210. (89)

ALMOLI, S. See SALOMON ALMOLI.

AMRAM, N. (1901) Sepher pithrôn chalömöth Jerusalem... (4, n.2)

ARISTOTLE *De somniis* and *De divinatione per somnum*. (2 — 3, 33, 97, n.2, 320 n., 550)

[*Trans*. by W. S. Hett (in volume 'On the Soul', Loeb Classical Library), London & New York, 1935.]

ARTEMIDORUS OF DALDIS *Oneirocritica*. (3, 4, 98, 99 n., 354n., 606, n.2, 685 n.) [*German trans.*: *Symbolik der Träume* by F. S. Krauss, Vienna, 1881, and 'Erotische Träume und ihre Symbolik', *Anthropophyteia*, **9**, 316, by Hans Licht.

Engl. trans. (abridged): *The Interpretation of Dreams*, by R. Wood, London, 1644.]

ARTIGUES, R. (1884) *Essai sur la valeur séméiologique du rêve*, (Thesis) Paris. (34)

BENINI, V. (1898) 'La memoria e la durata dei sogni', *Riv. ital. Filos.*, **13**a, 149. (45, 71)

BERNARD-LEROY and TOBOWOLSKA, J. (1901) 'Mécanisme intellectuel du rêve', *Rev. phil.*, **51**, 570. (502)

BERNFELD, S. (1944) 'Freud's Earliest Theories and the School of Helmholtz', *Psychoanal. Quart.*, **13**, 341. (xvi n., 482 n.)

BERNSTEIN, I., and SEGEL, B. W. (1908) *Jüdische Sprichwörter und Redensarten*, Warsaw. (132, n.1)

BETLHEIM, S., and HARTMANN, H. (1924) 'Über Fehlreaktionen des Gedächtnisses bei Korsakoffschen Psychose', *Arch. Psychiat. Nervenkr.*, **72**, 278. (384)

BIANGHIERI, F. (1912) 'I sogni dei bambini di cinque anni', *Riv. Psicol.*, **8**, 325. (131 n.)

See also DOGLIA and BIANGHIERI.

BINZ, G. (1878) *Über den Traum*, Bonn. (19, 56, 77, 87, 634)

BLEULER, E. (1910) 'Die Psychoanalyse Freuds', *Jb. psychoanal. psychopath. Forsch.*, **2**, 623. (351, n.2)

BONATELLI, F. (1880) 'Del sogno', *La filosofia delle scuole italiane*, Feb., 16. (45)

BÖRNER, J. (1855) *Das Alpdrücken, seine Begründung und Verhütung*, Würzburg. (34)

BÖTTINGER (1795) In G.P.J. SPRENGEL: *Beiträge zur Geschichte der Medizin*, **2**. (34 n.)

BOUCHÉ-LECLERCQ, A. (1879—82) *Histoire de la divination dans l'antiquité*, Paris. (34 n.)

BREUER, J., and FREUD, S. (1895) see FREUD, S. (1895d)

(1940[1892]) see FREUD, S. (1940d)

BÜCHSENSCHÜTZ, B. (1868) *Traum und Traumdeutung im Altertum*, Berlin. (2, n.1, 97, n.2, 132, n.2)

BURDACH, K.F. (1838) *Die Physiologie als Erfahrungswissenschaft*, Vol.3 of 2nd ed., 1832—40. (1st ed. 1826—32.) (7, 50, 52—3, 78, 83, 223—4, 679)

BUSEMANN, A. (1909) 'Traumleben der Schulkinder', *Z. päd. Psychol.*, **10**, 294. (131 n.)

(1910) 'Psychologie der kindlichen Traumerlebnisse', *Z. päd. Psychol.*, **11**, 320. (131 n.)

CABANIS, P.J.G. (1802) *Rapports du physique et du moral de l'homme*, Paris. (90)

CALKINS, M.W. (1893) 'Statistics of Dreams', *Amer. J. Psychol.*, **5**, 311. (19, 21, 43, 221)

CARENA, CAESAR (1641) *Tractatus de Officio Sanctissimae Inquisitionis*, Cremona. (70, n.1)

CHABANEIX, P. (1897) *Physiologie cérébrale: le subconscient chez les artistes, les savants, et les écrivains*, Paris. (44 n., 64)

CICERO: *De divinatione*. (9, 55)

[*Trans.* by W. A. Falconer (Loeb Classical Library), London & New York, 1922.]

CLAPARÈDE, E. (1905) 'Esquisse d'une théorie biologique du sommeil', *Arch. psychol.*, **4**, 245. (53 *n.*)

CLERK-MAXWELL, J. (1876) *Matter and Motion*, London. (456, 520)

CORIAT, I. H. (1913) 'Zwei sexual-symbolische Beispiele von Zahnarzt-Träumen', *Zbl.Psychoanal.Psychother.*, **3**, 440. (387, *n.*1)

DATTNER, B. (1913) 'Gold und Kot', *Int.Z.Psychoanal.*, **1**, 495. (403)

DAVIDSON, WOLF (1799) *Versuch über den Schlaf*, Berlin. 2nd ed. (1st ed., 1795.) (62)

DEBACKER, F. (1881) *Des hallucinations et terreurs nocturnes chez les enfants*, (Thesis) Paris. (135, *n.*1, 585—7)

DELACROIX, H. (1904) 'Sur la structure logique du rêve', *Rev.Métaphys.*, **12**, 921. (501)

DELAGE, Y. (1891) 'Essai sur la théorie du rêve', *Rev. industr.*, **2**, 40. (18, 80—82, 179 *n.*, 591)

DELBŒUF, I. (1885) *Le sommeil et les rêves*, Paris. (11—12, 20—21, 51, 52 *n.*, 58, 60, 105, 179 *n.*, 184, *n.*1)

DIEPGEN, P. (1912) *Traum und Traumdeutung als mediz. naturwissenschaftl. Problem im Mittelalter*, Berlin. (4, *n.*2, 542 *n.*)

DOGLIA, S., and BIANCHIERI, F. (1910—11) 'I sogni dei bambini di tre anni', *Contrib.psicol.*, **1**, 9 (131 *n.*)

DÖLLINGER, J. (1857) *Heidenthum und Judenthum*, Regensburg. (34 *n.*)

DREXL, F.X. (1909) *Achmets Traumbuch : Einleitung und Probe eines kritischen Textes*, (Thesis) Munich. (4, *n.*2)

DUGAS, L. (1897*a*) 'Le sommeil et la cérébration inconsciente durant le sommeil', *Rev.phil.*, **43**, 410. (55, 59)

(1897*b*) 'Le souvenir du rêve', *Rev.phil.*, **44**, 220. (575)

DU PREL, C. (1885) *Die Philosophie der Mystik*, Leipzig. (63, *n.*2, 131 *n.*, 134 *n.*, 280, *n.*1, 528 *n.*, 612 *n.*)

671

EDER,M.D.(1913)'Augenträume',*Int.Z.Psychoanal.*,**1**,157.(398 *n.*)
EGGER,V.(1895)'La durée apparente des rêves',*Rev. phil.*,**40**,41.(27,64, 496)

(1898)'Le souvenir dans le rêve',*Rev. phil.*,**46**,154.(46)

ELLIS, HAVELOCK(1899)'The Stuff that Dreams are made of',*Popular Science Monthly*,**54**,721.(19,60,591)

(1911)*The World of Dreams*,London.(65,*n.*1,169,182 *n.*,353,373, 402,501,542)

ERDMANN,J.E.(1852)*Psychologische Briefe*(Brief VI),Leipzig.(71)

FECHNER,G.T.(1860)*Elemente der Psychophysik*,Leipzig.(48,55,536)

FEDERN,P.(1914)'Über zwei typische Traumsensationen',*Jb.Psychoanal.*, **6**,89.(394)

FÉRÉ,C.(1886)'Note sur un cas de paralysie hystérique consécutive à un rêve',*Soc.biolog.*,**41**(Nov.20).(89)

(1887)'A Contribution to the Pathology of Dreams and of Hysterical Paralysis',*Brain*,**9**,488.(88,*n.*1)

FERENCZI, S. (1910) 'Die Psychoanalyse der Träume', *Psychiat.-neurol. Wschr.*,**12**,Nos.11—13.(99 *n.*,132,*n.*1,245 *n.*,325)

[*Trans.*:'The Psychological Analysis of Dreams',Chap.III of *Contributions to Psychoanalysis*,Boston,1916.]

(1911)'Über lenkbare Träume',*Zbl.Psychoanal.*,**2**,31.(572)

(1912) 'Symbolische Darstellung des Lust-ung Realitätsprinzips im Ödipus-Mythos',*Imago*,**1**,276.(263,*n.*2)

[*Trans.*:'The Symbolic Representation of the Pleasure and Reality Principles in the Oedipus Myth',Chap.X,Part I of *Contributions to Psycho-Analysis*,Boston,1916.]

(1913)'Zur Augensymbolik',*Int.Z.Psychoanal.*,**1**,161.(398 *n.*)

[*Trans.*:'On Eye Symbolism',Chap.X,Pt.II of *Contributions to Psycho-Analysis*,Boston,1916.]

(1916) 'Affektvertauschung im Traume', *Int. Z. Psychoanal.*, **4**, 112.

(472—3)

[*Trans.*: 'Interchange of Affect in Dreams', No.LV in *Further Contributions*, London, 1926.]

(1917) 'Träume der Ahnungslosen', *Int.Z.Psychoanal.*, **4**, 208. (377)

[*Trans.*: 'Dreams of the Unsuspecting', No.LVI of *Further Contributions*, London, 1926.]

FICHTE, I.H. (1864) *Psychologie: die Lehre vom bewussten Geiste des Menschen*, (2 vols.), Leipzig. (7, 63, 71)

FISCHER, K.P. (1850) *Grundzüge des Systems der Anthropologie*, Erlangen. (Pt.I, Vol.2, in *Grundzüge des Systems der Philosophie*.) (66)

FLIESS, W. (1906) *Der Ablauf des Lebens*, Vienna. (94, 166, *n*.2)

FÖRSTER, M. (1910) 'Das lateinisch-altenglische pseudo-Danielsche Traumbuch in Tiberius A.III', *Archiv Stud.neueren Sprachen und Literaturen*, **125**, 39. (4, *n*.2)

(1911) 'Ein mittelenglisches Vers-Traumbuch des 13 Jahrhunderts', *Archiv Stud.neueren Sprachen und Literaturen*, **127**, 31. (4, *n*.2)

FOUCAULT, M. (1906) *Le rêve: études et observations*, Paris. (502, 512 *n*.)

FREUD, S. (1877*a*) 'Über den Ursprung der hinteren Nervenwurzeln im Rückenmarke von Ammocoetes (Pertromyzon Planeri)', *Sitzungsber. k. Akad.Wiss.*, III Abt., Bd.75, January. (413)

(1884 *e*) 'Über Coca', *Gentralbl.ges.Therap.*, **2**, 289. (170)

[*Trans.*: (abbreviated) 'Coca', *Saint Louis Med. Surg. J.*, **47** (1884), 502.]

(1893*c*) 'Quelques considérations pour une étude comparative des paralysies motrices organiques et hystériques', *G.S.*, **1**, 273; *G.W.*, **1**, 37. (563 *n*.)

[*Trans.*: 'Some Points for a Comparative Study of Organic and Hysterical Motor Paralyses', *C.P.*, **1**, 42; *Standard Ed.*, **1**.]

(1894*a*) 'Die Abwehr-Neuropsychosen', *G.S.*, **1**, 290; *G.W.*, **1**, 57. (xvi, 230 *n*.)

[*Trans.*: 'The Neuro-Psychoses of Defence', *C. P.*, **1**, 59; *Standard*

Ed.,3.]

(1895b) 'Über die Berechtigung, von der Neurasthenie einen bestimmten Symptomenkomplex als "Angstneurose" abzutrennen', G.S., 1, 306; G.W., 1, 313. (156, 161)

[Trans.: 'On the Grounds for Detaching a Particular Syndrome from Neurasthenia under the Description "Anxiety Neurosis"', C.P., 1, 76; Standard Ed., 3.]

(1895d) With BREUER, J., Studien über Hysterie, Vienna. (G.S., 1; G.W., 1, 75. Omitting Breuer's contributions.) (xiv—xvii, 80 n., 100, 106 n., 142, n.2, 179 n., 482 n., 522, 538, 542 n., 546, 569, n.3, 601 n.)

[Trans.: Studies on Hysteria, Standard Ed., 2. (Including Breuer's contributions.)]

(1896b) 'Weitere Bemerkungen über die Abwehr-Neuropsychosen', G.S., 1, 363; G.W., 1, 377. (142, n.2, 230 n., 545)

[Trans.: 'Further Remarks on the Neuro-Psychoses of Defence', C.P., 1, 155; Standard Ed., 3.]

(1898b) 'Zum psychischen Mechanismus der Vergesslichkeit', G.W., 1, 517. (170, n.1, 518 n., 609 n.)

[Trans.: 'The Psychical Mechanism of Forgetting', Standard Ed., 3.]

(1899a) 'Über Deckerinnerungen', G.S., 1, 465; G.W., 1, 531. (17 n., 173 n., 246 n., 288, n.2, 348, n.2, 425 n., 609 n.)

[Trans.: 'Screen Memories', C.P., 5, 47; Standard Ed., 3.]

(1900a) Die Traumdeutung, Vienna. (G.S., 2—3; G.W., 2—3.) (263, n.2, 390, 392, 397, 410, 644, n.2, 645 n., 646, n.1, 652, n.3, 657, n.2, 664, n.1, 665 n., 669, n.2, 670 n., 675 n., 681 n., 685 n., 686)

[Trans.: The Interpretation of Dreams, London and New York, 1955; Standard Ed., 4—5.]

(1901a) Über den Traum, Wiesbaden. (G.S., 3, 189; G.W., 2—3, 643.) (133 n., 154, n.1, 184, n.1, 416 n., 441 n.)

[Trans.: On Dreams, London, 1951; Standard Ed., 5, 629.]

(1901*b*) *Zur Psychopathologie des Alltagslebens*, Berlin, 1904. (*G.S.*, **4**; *G.W.*, **4**.) (118, *n*.1, 170, *n*.1, 197, *n*.1, 211, *n*.1, 248 *n*., 256, *n*.2, 296, *n*.2, 399, *n*.1, 456, *n*.2, 501, *n*.1, 515, *n*.1, 518 *n*., 532 *n*., 535 *n*., 609 *n*., 632, 671, *n*.)

[*Trans*.: *The Psychopathology of Everyday Life*, *Standard Ed.*, **6**.]

(1904*a*) 'Die Freud'sche psychoanalytische Methode', *G.S.*, **6**, 3; *G.W.*, **5**, 3. (101, *n*.1)

[*Trans*.: 'Freud's Psycho-Analytic Procedure', *C.p.*, **1**, 264; *Standard Ed.*, **7**, 249.]

(1905*c*) *Der Witz und seine Beziehung zum Unbewussten*, Vienna. (*G.S.*, **9**; *G.W.*, **6**.) (120 *n*., 195, *n*.1, 268 *n*., 297 *n*., 303, *n*.1, 341, *n*.1, 356, *n*.2, 445, *n*.1, 480 *n*., 605 *n*.)

[*Trans*.: *Jokes and their Relation to the Unconscious*, *Standard Ed.*, **8**.]

(1905*d*) *Drei Abhandlungen zur Sexualtheorie*, Vienna. (*G.S.*, **5**, 3; *G.W.*, **5**, 29.) (xii, 130, *n*.2, 244, *n*.2, 272, *n*.2, 355, *n*.1, 396, 492 *n*., 606, *n*.1, 682, *n*.2.)

[*Trans*.: *Three Essays on the Theory of Sexuality*, London, 1949; *Standard Ed.*, **7**, 125.]

(1905*e*) 'Bruchstück einer Hysterie-Analyse', *G.S.*, **8**, 3; *G.W.*, **5**, 163. (xiv, 190, *n*.1, 310, *n*., 341, *n*.1, 354, 387, *n*.2, 395, 494 *n*., 516 *n*., 519, *n*.1, 531 *n*., 561, *n*.1, 562, *n*.2, 579 *n*.)

[*Trans*.: 'Fragment of an Analysis of a Case of Hysteria', *C.P.*, **3**, 13; *Standard Ed.*, **7**, 3.]

(1906*a*) 'Meine Ansichten über die Rolle der Sexualität in der Ätiologie der Neurosen', *G.S.*, **5**, 123; *G.W.*, **5**, 149 (288, *n*.1)

[*Trans*.: 'My Views on the Part played by Sexuality in the Aetiology of the Neuroses', *C.P.*, **1**, 272; *Standard Ed.*, **7**, 271.]

(1907*a*) *Der Wahn und die Träume in W. Jensens 'Gradiva'*, Vienna. (*G.S.*, **9**, 273; *G.W.*, **7**, 31.) (97, *n*.1, 372 *n*.)

[*Trans*.: *Delusions and Dreams in Jensen's 'Gradiva'*, *Standard Ed.*,

9.]

(1908a) 'Hysterische Phantasien und ihre Beziehung zur Bisexualität', G.S.,**5**,246;G.W.,**7**,191.(491,n.3,569)

[Trans.: 'Hysterical Phantasies and their Relation to Bisexuality', C.P.,**2**,51;Standard Ed.,**9**.]

(1908b) 'Charakter und Analerotik', G.S.,**5**,261;G.W.,**7**,203.(216,n.1,403)

[Trans.: 'Character and Anal Erotism', C.P.,**2**,45; Standard Ed.,**9**.]

(1908c) 'Über infantile Sexualtheorien', G.S.,**5**,168;G.W.,**7**,171.(250 n.)

[Trans.: 'On the Sexual Theories of Children', C.P., **2**.59; Standard Ed.,**9**.]

(1908e) 'Der Dichter und das Phantasieren', G.S., **10**, 229; G.W., **7**, 213, (491,n.3)

[Trans.: 'Creative Writers and Day-Dreaming', C.P.,**4**,173; Standard Ed.,**9**.]

(1909b) 'Analyse der Phobie eines fünfjährigen Knaben', G.S., **8**, 129; G.W.,**7**,243.(131 n.,250 n.,251 n.,253 n.)

[Trans.: 'Analysis of a Phobia in a Five-Year-Old Boy', C.P.,**3**,149; Standard Ed.,**10**,30.]

(1909d) 'Bemerkungen über einen Fall von Zwangsneurose', G.S., **8**, 269;G.W.,**7**,381.(304 n.,341,n.1,445,n.1)

[Trans.: 'Notes upon a Case of Obsessional Neurosis', C.P.,**3**, 293; Standard Ed.,**10**,155.]

(1910a) *Über Psychoanalyse*, Vienna.(G.S.,**4**,349;G.W.,**8**,3.)(608 n.)

[Trans.: *Five Lectures on Psycho-Analysis*, Standard Ed.,**11**,3.]

(1910d) 'Die zukünftigen Chancen der psychoanalytischen Therapie', G.S.,**6**,25;G.W.,**8**,104.(355,n.2,365,370,403,n.2)

[Trans.: 'The Future Prospects of Psycho-Analytic Therapy' C.P.,**2**, 285; Standard Ed.,**11**,141.]

(1910e) '"Über den Gegensinn der Urworte"', *G.s.*, **10**, 221; *G.W.*, **8**, 214.(318,*n*.3,661 *n*.)

[*Trans*.: '"The Antithetical Meaning of Primal Words"', *C.P.*, **4**, 184; *Standard Ed.*, **11**, 155.]

(1910*f*) 'Brief an Dr.Friedrich S.Krauss über die *Anthropophyteia*', *G.S.*, **11**, 242; *G.W.*, **8**, 224.(606,*n*.2)

[*Trans*.: 'Letter to Dr. Friedrich S.Krauss on *Anthropophyteia*, *Standard Ed.*, **11**, 233]

(1910*h*) 'Über einen besonderen Typus der Objektwahl beim Manne' ('Beiträge zur Psychologie des Liebeslebens' I), *G.S.*, **5**, 186; *G.W.*, **8**, 66. (263,*n*.2,403,*n*.2)

[*Trans*.: 'A Special Type of Choice of Object made by Men' ('Contributions to the Psychology of Love' I), *C.P.*, **4**, 192; *Standard Ed.*, **11**, 165.]

(1910*l*) 'Typisches Beispiel eines verkappten Ödipustraumes', *Zentralbl.Psychoanal.*, **1**, 45; reprinted in *Die Traumdeutung*, *G.S.*, **3**, 118 *n*.; *G.W.*, **2—3**, 404 *n*.(145 *n*.,398 *n*.)

[*Trans*.: 'A Typical Example of a Disguised Oedipus Dream'; included in *The Interpretation of Dreams*, *Standard Ed.*, **5**, 398 *n*.]

(1911*a*) 'Nachträge zur Traumdeutung', *Zentralbl.Psychoanal.*, **1**, 187. (Partly reprinted *G.S.*, **3**, 77 ff.and 126 f.; *G.W.*, **2—3**, 365 ff.and 412 f.) (360 *n*.,366,*n*.1,408 *n*.)

[*Trans*.: 'Additions to the Interpretation of Dreams' (wholly incorporated in *The Interpretation of Dreams*, *Standard Ed.*, **5**, 360 ff.and 408 f.)]

(1911*b*) 'Formulierungen über die zwei Prinzipien des psychischen Geschehens', *G.S.*, **5**, 409; *G.W.*, **8**, 230.(431,*n*.1,567,*n*.2)

[*Trans*.: 'Formulations on the Two Principles of Mental Functioning', *C.P.*, **4**, 13; *Standard Ed.*, **12**, 215.]

(1911*e*) 'Die Handhabung der Traumdeutung in der Psychoanalyse', *G.S.*, **6**, 45; *G.W.*, **8**, 350.(104,*n*.1,514 *n*.)

[*Trans*.: 'The Handling of Dream-Interpretation in Psycho-Analysis',

C.P.,**2**,305;*Standard Ed.*,**12**,91.]

(1912g) 'A Note on the Unconscious in Psycho-Analysis' [in English], C.P.,**4**,22;*Standard Ed.*,**12**,257.(615,n.1)

[*German Trans.*(by Hanns Sachs): 'Einige Bemerkungen über den Begriff des Unbewussten in der Psychoanalyse,G.S.,**5**,433;G.W.,**8**,430.]

(1912—13)*Totem und Tabu*, Vienna. (G.S.,**10**; G.W., 9.) (255,n.2, 256,n.2,263,n.2,410 n.,501,n.1)

[*Trans.*:*Totem and Taboo*,London,1950;*Standard Ed.*,**13**,1.]

(1913a) 'Ein Traum als Beweismittel',G.S.,**3**,267;G.W.,**10**,12.(351, n.1,490,n.1,562,n.1)

[*Trans.*: 'An Evidential Dream',C.P.,**2**,133;*Standard Ed.*,**12**,269.]

(1913d) 'Märchenstoffe in Träumen',G.S.,**3**,259;G.W.,**10**,2.(Appendix B,626)

[*Trans.*: 'The Occurrence in Dreams of Material from Fairy Tales',C.P.,**4**,235;*Standard Ed.*,**12**,281.]

(1913f) 'Das Motiv der Kästchenwahl',G.S.,**10**,243;G.W.,**10**,244. (255,n.2)

[*Trans.*: 'The Theme of the Three Caskets',C.P.,**4**,244;*Standard Ed.*,**12**,291.]

(1913h) 'Erfahrungen und Beispiele aus der analytischen Praxis',*Int.Z. Psychoanal.*,**1**,377.(Partly reprinted G.S.,**11**,301;G.W.,**10**,40.Partly included in *Traumdeutung*,G.S.,**3**,41,71 f.,127 and 135;G.W.,**2—3**,238, 359 ff.,413 f.and 433.)(232 n.,409,n.2,431,n.2)

[*Trans.*: 'Observations and Examples from Analytic Practice',*Standard Ed.*,**13**,193(in full).Also partly incorporated in *The Interpretation of Dreams*,*Standard Ed.*,**4**,232,and **5**,409 f.]

(1913k) 'Geleitwort zu Bourke's *Der Unrat in Sitte, Brauch, Glauben und Gewohnheitsrecht der Völker*',G.S.,**11**,249;G.W.,**10**,453.(606,n.2)

[*Trans.*: 'Preface to Bourke,*Scatalogic Rites of All Nations*',C.P.,**5**, 88;*Standard Ed.*,**12**,335.]

(1914a) 'Über fausse reconnaissance ("déjà raconté") während der psychoanalytischen Arbeit', G.S., 6, 76; G.W., 10, 116. (399, n.1)

[Trans.: 'Fausse reconnaissance ("déjà raconté") in Psycho-Analytic Treatment', C.P., 2, 334; Standard Ed., 13, 201.]

(1914c) 'Zur Einführung des Narzissmus', G.S., 6, 155; G.W., 10, 138. (505, n.2)

[Trans.: 'On Narcissism: an Introduction', C.P., 4, 30; Standard Ed., 14, 69.]

(1914d) 'Zur Geschichte der psychoanalytischen Bewegung', G.S. 4, 411; G.W., 10, 44. (xii, xiv, 348, n.5)

[Trans.: 'On the History of the Psycho-Analytic Movement', C.P., 1, 287; Standard Ed., 14, 3.]

(1914e) 'Darstellungen der "grossen Leistung" im Traume', Int. Z. Psychoanal., 2, 384; reprinted in Die Traumdeutung, G.S., 3, 130; G.W., 2—3, 416. (412 n.)

[Trans.: 'The Representation in a Dream of a "Great Achievement"'; included in The Interpretation of Dreams, Standard Ed., 5, 412.]

(1915a) 'Weitere Ratschläge zur Technik der Psychoanalyse III: Bemerkungen über die Übertragungsliebe', G.S., 6, 120; G.W., 10, 306. (562, n.2)

[Trans.: 'Observations on Transference-Love (Further Recommendations on the Technique of Psycho-Analysis, III)', C.P., 2, 377; Standard Ed., 12, 159.]

(1915b) 'Zeitgemässes über Krieg und Tod', G.S., 10, 315; G.W., 10, 324. (255, n.2, 714)

[Trans.: 'Thoughts for the Times on War and Death', C.P., 4, 288; Standard Ed., 14, 275.]

(1915d) 'Die Verdrängung', G.S., 5, 466; G.W., 10, 248. (547, n.2, 604 n.)

[Trans.: 'Repression', C.P., 4, 84; Standard Ed., 14, 143.]

(1915e)'Das Unbewusste',G.S.,5,480;G.W.,10,264.(601 n.,611 n., 617 n.)

[Trans.: 'The Unconscious',C.P.,4,98;Standard Ed.,14,161.]

(1916c)'Eine Beziehung zwischen einem Symbol und einem Symptom', G.S.,5,310;G.W.,10,394.(362 n.)

[Trans.: 'A Connection between a Symbol and a Symptom',C.P.,2, 162;Standard Ed.,14,339.]

(1916d)'Einige Charaktertypen aus der psychoanalytischen Arbeit',G. S.,10,287;G.W.,10,364.(266 n.)

[Trans.: 'Some Character-Types Met with in Psycho-Analytic Work', C.P.,4,318;Standard Ed.,14,311.]

(1916—17)*Vorlesungen zur Einführung in die Psychoanalyse*, Vienna. (G.S.,7;G.W.,11.)(xxix,17 n.,133 n.,142,n.3,155,n.1,232 n., 277 n., 297 n.,359,364, n.1,405 n.,409, n.1,414,n.1,416 n.,431,n.1,517,n.2, 580 n.,645 n.,670 n.)

[Trans.: *Introductory Lectures on Psycho-Analysis*, revised ed. London, 1929; *A General Introduction to Psychoanalysis*, New York, 1935; *Standard Ed.*, 15 and 16.]

(1917d)'Metapsychologische Ergänzung zur Traumlehre',G.S.,5,520; G.W.,10,412.(34 n.,524,n.1,541 n.,548,555 n.)

[Trans.: 'A Metapsychological Supplement to the Theory of Dreams', C.P.,4,137;Standard Ed.,14,219.]

(1918b)'Aus der Geschichte einer infantilen Neurose',G.S.,8,439;G. W.,12,29.(184,n.2,310 n.,372 n.,522 n.)

[Trans.: 'From the History of an Infantile Neurosis', C.P.,3,473; Standard Ed.,17,3.]

(1919h)'Das Unheimliche',G.S.,10,369;G.W.,12,229.(357 n.,414, n.3)

[Trans.: '"The Uncanny"',C.P.,4,368;Standard Ed.,17,219.]

(1920a) ' Über die Psychogenese eines Falles von weiblicher

Homosexualität', *G.S.*, **5**, 312; *G.W.*, **12**, 271. (476, *n*. 3)

[*Trans*.: 'The Psychogenesis of a Case of Female Homosexuality', *C. P.*, **2**, 202; *Standard Ed.*, **18**, 147.]

(1920*f*) 'Ergänzungen zur Traumlehre' (Author's Abstract of Congress Address), *Int. Z. Psychoanal.*, **6**, 397. (Appendix B, 627)

[*Trans*.: 'Supplements to the Theory of Dreams', *Int. J. Psycho-Anal.*, **1**, 354; *Standard Ed.*, **18**, 4.]

(1920*g*) *Jenseits des Lustprinzips*, Vienna. (*G.S.*, **6**, 191; *G.W.*, **13**, 3.) (245 *n*., 268 *n*., 461 *n*., 540 *n*., 558, *n*. 1, 565 *n*., 601 *n*.)

[*Trans*.: *Beyond the Pleasure Principle*, London, 1950; *Standard Ed.*, **18**, 3.]

(1921*b*) Introduction [in English] to Varendonck, *The Psychology of Day-Dreams*, London. (*Standard Ed.*, **18**, 271.) (491, *n*. 3)

[German Text (part only): *G.S.*, **11**, 264; *G.W.*, **13**, 439.]

(1921*c*) *Massenpsychologie und Ich-Analyse*, Vienna. (*G.S.*, **6**, 261; *G.W.*, **13**, 73.) (151 *n*., 476, *n*. 2)

[*Trans*.: *Group Psychology and the Analysis of the Ego*, London, 1922; *Standard Ed.*, **18**, 67.]

(1922*a*) 'Traum und Telepathie', *G.S.*, **3**, 278; *G.W.*, **13**, 165. (5 *n*., 161, *n*. 1, 331 *n*., 403, *n*. 2, 524, *n*. 1, 560, .2, 579 *n*.)

[*Trans*.: 'Dreams and Telepathy', *C.P.*, **4**, 408; *Standard Ed.*, **18**, 197.]

(1922*b*) 'Über einige neurotische Mechanismen bei Eifersucht, Paranoia und Homosexualität', *G.S.*, **5**, 387; *G.W.*, **13**, 195. (89*n*.)

[*Trans*.: 'Some Neurotic Mechanisms in Jealousy, Paranoia and Homosexuality', *C.P.*, **2**, 232; *Standard Ed.*, **18**, 223.]

(1922*c*) 'Nachschrift zur Analyse des kleinen Hans', *G.S.*, **8**, 264; *G.W.*, **13**, 431. (521 *n*.)

[*Trans*.: 'Postscript to the "Analysis of a Phobia in a Five-Year-Old Boy"', *C.P.*, **3**, 288; *Standard Ed.*, **10**, 148.]

(1923*a*) [1922] '"Psychoanalyse" und "Libido Theorie"', *G.S.*, **11**, 201;

G.W., **13**, 211. (490, n.1)

[Trans.: 'Two Encyclopædia Articles', C.P., **5**, 107; Standard Ed., **18**, 235.]

(1923b) Das Ich und das Es, Vienna. (G.S., **6**, 353; G.W., **13**, 237.) (160 n., 476, n.2, 541 n., 564 n., 615, n.1)

[Trans.: The Ego and the Id, London, 1927; Standard Ed., **19**.]

(1923c) 'Bemerkungen zur Theorie und Praxis der Traumdeutung', G.S., **3**, 305; G.W., **13**, 301. (104, n.1, 165 n., 323, n.2, 476, n.2)

[Trans.: 'Remarks on the Theory and Practice of Dream-Interpretation', C.P., **5**, 136; Standard Ed., **19**.]

(1923d) 'Eine Teufelsneurose im siebzehnten Jahrhundert', G.S., **10**, 409; G.W., **13**, 317. (358, n.3)

[Trans.: 'A Seventeenth Century Demonological Neurosis', C.P., **4**, 436; Standard Ed., **19**.]

(1923f) 'Josef Popper-Lynkeus und die Theorie des Traumes', G.S., **11**, 295; G.W., **13**, 357. (95 n., 308, n.2)

[Trans.: 'Josef Popper-Lynkeus and the Theory of Dreams', Standard Ed., **19**.]

(1924—34) Gesammelte Schriften, Vienna. (xii, xxxi, 2, n.2, 21, n.1, 127, n.1, 190, n.2, 311, n.1, 508 n.)

(1924c) 'Das ökonomische Problem des Masochismus', G.S., **5**, 374; G.W., **13**, 371. (159, n.2)

[Trans.: 'The Economic Problem of Masochism', C.P., **2**, 255; Standard Ed., **19**.]

(1925a) 'Notiz über den Wunderblock', G.S., **6**, 415; G.W., **14**, 3. (540 n.)

[Trans.: 'A Note upon the "Mystic Writing-Pad"', C.P., **5**, 175; Standard Ed., **19**.]

(1925d) 'Selbstdarstellung', G.S., **11**, 119; G.W., **14**, 33 (438 n., 714)

[Trans.: An Autobiographical Study, London, 1935; Standard Ed., **20**.]

(1925i) 'Einige Nachträge zum Ganzen der Traumdeutung', G.S., 3, 172; G.W., 1, 559. (5 n., 74 n., 524, n.2, 621, n.1)

[Trans.: 'Some Additional Notes upon Dream-Interpretation as a Whole', C.P., 5, 150; Standard Ed., 20.]

(1925j) 'Einige psychische Folgen des anatomischen Geschlechtsunterschieds', G.S., 11, 8; G.W., 14, 19. (257 n.)

[Trans.: 'Some Psychological Consequences of the Anatomical Distinction between the Sexes', C.P., 5, 186; Standard Ed., 19.]

(1926d) *Hemmung, Symptom und Angst* Vienna. (G.S., 11, 23; G.W., 14, 113.) (161, n.2, 338, n.1, 400, n.3, 602 n.)

[Trans.: *Inhibitions, Symptoms and Anxiety*, London, 1936; *The Problem of Anxiety*, New York, 1936; Standard Ed., 20.]

(1927c) *Die Zukunft einer Illusion*, Vienna. (G.S., 11, 411; G.W., 14, 325.) (455, n.1)

[Trans.: *The Future of an Illusion*, London, 1928; Standard Ed., 21.]

(1929b) 'Brief an Maxim Leroy über einen Traum des Cartesius', G.S., 12, 403; G.W., 14, 558. (Appendix B, 627)

[Trans.: 'A Letter to Maxime Leroy on a Dream of Descartes', Standard Ed., 21.]

(1930a) *Das Unbehagen in der Kultur*, Vienna. (G.S., 12, 29; G.W., 14, 421.) (78 n.)

[Trans.: *Civilization and its Discontents*, London and New York, 1930; Standard Ed., 21.]

(1930e) 'Goethe-Preis 1930', G.S., 12, 408; G.W., 14, 547. (142, n.1, 266 n.)

[Trans.: 'Address delivered in the Goethe House at Frankfort', Standard Ed., 21.]

(1931b) 'Über die weibliche Sexualität', G.S., 12, 120; G.W., 14, 517. (257 n.)

[Trans.: 'Female Sexuality', C.P., 5, 252; Standard Ed., 21.]

(1932c) 'Meine Berührung mit Josef Popper-Lynkeus', *G.S.*, **12**, 415; *G. W.*, **16**, 261. (xii, 95 *n.*, 308, *n.*2)

[*Trans.*: 'My Contact with Josef Popper-Lynkeus', *C.P.*, **5**, 295; *Standard Ed.*, **22**.]

(1933a) *Neue Folge der Vorlesungen zur Einführung in die Psychoanalyse*, Vienna. (*G.S.*, **12**, 151; *G.W.*, **15**.) (5 *n.*, 92 *n.*, 334 *n.*, 490, *n.*2, 505, *n.*2, 530, *n.*2, 541 *n.*, 558, *n.*1, 604 *n.*)

[*Trans.*: *New Introductory Lectures on Psycho-Analysis*, London and New York, 1933; *Standard Ed.*, **22**.]

(1940a [1938]) *Abriss der Psychoanalyse*, (*G.W.*, **17**, 67.) (Appendix B, 627)

[*Trans.*: *An Outline of Psycho-Analysis*, London and New York, 1949; *Standard Ed.*, **23**.]

(1940c [1922]) 'Das Medusenhaupt', *G.W.*, **17**, 47. (357 *n.*)

[*Trans.*: 'Medusa's Head', *C.P.*, **5**, 105; *Standard Ed.*, **18**, 273.]

(1940d [1892]) With BREUER, J., 'Zur Theorie des hysterischen Anfalls', *G.W.*, **17**, 9. (xvi)

[*Trans.*: 'On the Theory of Hysterical Attacks', *C.P.*, **5**, 27; *Standard Ed.*, **1**.]

(1941a [1892]) 'Brief an Josef Breuer', *G.W.*, **17**, 5. (565 *n.*)

[*Trans.*: 'A Letter to Josef Breuer', *C.P.*, **5**, 25; *Standard Ed.*, **1**.]

(1941c [1899]) 'Eine erfüllte Traumahnung', *G.W.*, **17**, 21. (5 *n.*, 65, *n.*2, 623—5)

[*Trans.*: 'A Premonitory Dream Fulfilled', *C.P.*, **5**, 70; *Standard Ed.*, **5**, 623.]

(1950a [1887—1902]) *Aus den Anfängen der Psychoanalyse*, London. Includes 'Entwurf einer Psychologie' (1895). (xii, xiv—xx, xxxvi, 17 *n.*, 94, *n.*2, 112, *n.*1, 116, *n.*2, 117 *n.*, 118, *n.*1, 121 *n.*, 122 *n.*, 125 *n.*, 130, *n.*1, 136. *n*, 142, *n.*1, 145 *n.*, 151 *n.*, 157, *n.*1, 161, *n.*1, 172 *n.*, 193, *n.*2, 194, *n.*1, 195, *nn.*1 and 3, 200 *n.*, 205, *nn.*1 and 2, 214, *n.*1, 231 *n.*, 240 *n.*, 243 *n*,.

2,248 n.,263,n.2,268 n.,297 n.,317 n.,318,n.1,387,n.2,425 n.,436 n., 439 n.,454 n.,464 n.,468 n.,491,n.4,499 n.,509 n.,515,n.1,536 n., 540 n.,565 n.,593 n.,601 n.,605 n.,608 n.,615,n.2,620 n.,623,n.1, 631—2,714.)

[*Trans.*: *The Origins of Psycho-Analysis*, London and New York, 1954. (Partly, including 'A Project for a Scientific Psychology', in *Standard Ed.*, **1.**)]

(1957a[1911]) With OPPENHEIM, E., 'Dreams in Folklore', *Standard Ed.*, **12**, 177. (621)

FUCHS, E. (1909—12) *Illustrierte Sittengeschiche* (Ergänzungsbände), Munich. (346 n.)

GALTON, F. (1907) *Inquiries into Human Faculty and its Development*, 2nd ed., London. (1st ed., 1883.) (139,293,494,649)

GARNIER, A. (1872) *Traité des facultés de l'âme, contenant l'histoire des principales théories psychologiques*, (3 vols.), Paris. (1st ed., 1852.) (26, 233)

GIESSLER, C. M. (1888) *Beiträge zur Phänomenologie des Traumlebens*, Halle. (88,n.1)

(1890) *Aus den Tiefen des Traumlebens*, Halle. (88,n.1)

(1896) *Die physiologischen Beziehungen der Traumvorgänge*, Halle. (88,n.1)

GIROU DE BOUZAREINGES, C., and GIROU DE BOUZAREINGES, L. (1848) *Physiologie: essai sur le mécanisme des sensations, des idées et des sentiments*, Paris. (25)

GOBLOT, E. (1896) 'Sur le souvenir des rêves', *Rev. phil.*, **42**, 288. (502,575)

GOMPERZ, T. (1866) *Traumdeutung und Zauberei*, Vienna. (98 n.)

GOTTHARDT, O. (1912) *Die Traumbücher des Mittelalters*, Eisleben. (4,n.2)

GRIESINGER, W. (1845) *Pathologie und Therapie der psychischen Krankheiten*, Stuttgart. (134)

(1861) do., 2nd ed. (quoted by Radestock). (91,230 n.)

GRUPPE, O. (1906) *Griechische Mythologie und Religionsgeschichte*, Munich. (In Müller, *Handbuch der klassischen Altertums-Wissenschaft*, **5**, 2.) (3)

GUISLAIN, J. (1833) *Leçcons orales sur les phrénopathies* (3 Vols.), Brussels. (89)

[Quotation in text is from German trans.: *Abhandlungen über die Phrenopathien*, Nuremberg, 1838.]

HAFFNER, P. (1887) 'Schlafen und Träumen', *Sammlung zeitgemässer Broschüren*, **226**, Frankfurt. (5, 52 *n.*, 63, *n.*1, 67—9)

HAGEN, F. W. (1846) 'Psychologie und Psychiatrie', *Wagner's Handwörterbuch der Physiologie*, **2**, 692, Brunswick. (90)

HALLAM, F., and WEED, S. (1896) 'A Study of Dream Consciousness', *Amer. J. Psychol.*, **7**, 405. (18, 134, 163)

HARTMANN, E. VON (1890) *Philosophie des Unbewussten*, 10th ed, Leipzig. (1st ed., 1869.) (134, 528 *n.*)

[*Trans.*: *Philosophy of the Unconscious*, by W. C. Coupland, London, 1884]

HARTMANN, H. See BETLHEIM and HARTMANN.

HENNINGS, J. C. (1784) *Von den Träumen und Nachtwandlern*, Weimar. (13, 24)

HENZEN, W. (1890) *Über die Träume in der altnordischen Sagaliteratur*, (Thesis) Leipzig. (407)

HERBART, J. F. (1892) *Psychologie als Wissenschaft neu gegründet auf Erfahrung, Metaphysik und Mathematik.* (*Zweiter, analytischer Teil*); Vol. 6 in *Herbart's Sämtliche Werke* (ed. K. Kehrbach), Langensalza. (1st ed., Königsberg, 1825.) (76)

HERMANN, K. F. (1858) *Lehrbuch der gottesdienstlichen Alterthümer der Griechen*, 2nd ed., Heidelberg. (Pt. II of *Lehrbuch der griechischen Antiquitäten.*) (34 *n.*)

(1882) *Lehrbuch der griechischen Privatalterthümer*, 3rd ed., Freiburg. (Pt. IV of *Lehrbuch der griechischen Antiquitäten*). (34 *n.*)

HERODOTUS *History.*(398 *n.*)

[*Trans.*by A. D. Godley, Vol. III (Loeb Classical Library), London and New York,1922.]

HERVEY DE SAINT-DENYS, Marquis d', (1867) *Les rêves et les moyens de les diriger*, Paris. (Published anonymously.) (13—14,26,60—1,572)

HILDEBRANDT, F.W. (1875) *Der Traum und seine Verwerthung für's Leben*, Leipzig. (9—10,15,18—20,26—28,56,62—4,67—72,163)

HIPPOCRATES *Ancient Medicine* and *Regimen.*(3,*n.*2,34 *n.*,402)

[*Trans.*by W.H.S.Jones, Vols.I and IV(Loeb Classical Library), London and New York.1923 and 1931.]

HITSCHMANN, E. (1913) 'Goethe als Vatersymbol', *Int. Z. Psychoanal.*, **1**, 569.(354)

HOBBES, T.(1651)*Leviathan*, London.(542 *n.*)

HOFFBAUER, J.C.(1796) *Naturlehre der Seele*, Halle.(24)

HOHNBAUM(1830) In C.F. NASSE: *Jb.Anthrop.*,**1**.(88)

HUG-HELLMUTH, H. VON(1911) 'Analyse eines Traumes eines $5\frac{1}{2}$ Jährigen Knaben', *Zbl.Psychoanal.*,**2**,122.(131 *n.*)

(1913)'Kinderträume', *Int.Z.Psychoanal.*,**1**,470.(131 *n.*)

(1915) 'Ein Traum der sich selbst deutet', *Int. Z. Psychoanal.*,**3**, 33. (142,*n.*3)

* IDELER, K. W. (1862) 'Die Enstehung des Wahnsinns aus den Träumen', *Charité Annalen*,**3**,Berlin.(88,*n.*1)

* IWAYA, S.(1902) 'Traumdeutung in Japan', *Ostasien*,302.(4,*n.*2)

JEKELS, L.(1917) 'Shakespeare's Macbeth', *Imago*,**5**,170.(266 *n.*)

JESSEN, P.(1855)*Versuch einer wissenschaftlichen Begründung der Psychologie*, Berlin.(8,13,23—4,46,66,72)

JODL, F.(1896)*Lehrbuch der Psychologie*, Stuttgart.(57)

JONES, E. (1910*a*) 'The Oedipus Complex as an Explanation of Hamlet's Mystery', *Amer.J.Psychol.*,**21**,72.(266 *n.*)

(1910*b*) 'Freud's Theory of Dreams', *Amer.J.Psychol.*,**21**,283.(401)

(1911) 'The Relationship between Dreams and Psychoneurotic Symptoms', *Am.J.Insanity*, **68**, 57. (569, *n*.2)

(1912*a*) 'Unbewusste Zahlenbehandlung', *Zbl.Psychoanal*, **2**, 241. (418, *n*.1)

(1912*b*) 'A Forgotten Dream', *J.abnorn.Psychol.*, **7**, 5. (520, *n*.2)

(1914*a*) 'Frau und Zimmer', *Int.Z.Psychoanal.*, **2**, 380. (354 *n*.)

(1914*b*) 'Zahnziehen und Geburt', *Int.Z.Psychoanal.*, **2**, 380. (387, *n*.3)

(1916) 'The Theory of Symbolism', *Brit.J.Psychol.*, **9**, 181. (351, *n*.2)

(1949) *Hamlet and Oedipus*, London. (266*n*.)

(1953) *Sigmund Freud: Life and Work*, **1**, London. (xxii, 111, *n*.2, 170, *n*.2, 714)

JOSEPHUS, FLAVIUS *Antiquitates Judaicae*. (334)

[*Trans.: Ancient History of the Jews* by W. Whiston, London, 1874.]

JUNG, C.G. (ed.) (1906) *Diagnostische Assoziationsstudien* (2 vols.), Leipzig. (532 *n*.)

[*Trans.: Studies in Word-Association*, London.]

(1907) *Über die Psychologie der Dementia præcox*, Halle. (530, *n*.1)

[*Trans.: The Psychology of Dementia Præcox*, New York, 1909.]

(1910*a*) 'Über Konflikte der kindlichen Seele', *Jb.psychoanal.psychopath.Forsch.*, **2**, 33. (131 *n*.)

(1910*b*) 'Ein Beitrag zur Psychologie des Gerüchtes', *Zbl.Psychoanal.*, **1**, 81. (334)

(1911) 'Ein Beitrag zur Kenntnis des Zahlentraumes', *Zbl.Psychoanal.*, **1**, 567. (418, *n*.1)

KANT, I. (1764) *Versuch über die Krankheiten des Kopfes*. (90)

(1798) *Anthropologie in pragmatischer Hinsicht*. (70—1)

KARPINSKA, L. VON (1914) 'Ein Beitrag zur Analyse "sinnloser" Worte in Traume', *Int.Z.Psychoanal.*, **2**, 164. (303)

KAZOWSKY, A.D. (1901) 'Zur Frage nach dem Zusammenhange von Träumen und Wahnvorstellungen', *Neurol.Zbl.*, 440 and 508. (88, *n*.1)

KIRCHGRABER, F. (1912) 'Der Hut als Symbol des Genitales', *Zbl. Psychoanal. Psychother.*, **3**, 95. (362 *n*.)

KLEINPAUL, R. (1898) *Die Lebendigen und die Toten in Volksglauben, Religion und Sage*, Leipzig. (351, *n*.2)

KRAUSS, A. (1858—59) 'Der Sinn im Wahnsinn', *Allg. Z. Psychol.*, **15**, 617 and **16**, 222. (36—7, 88—90, 92)

KRAUSS, F. S. See ARTEMIDORUS. (356, *n*.1)

LADD, G. T. (1892) 'Contribution to the Psychology of Visual Dreams', *Mind*, (New Series) **1**, 299. (32—3, 589)

LANDAUER, K. (1918) 'Handlungen des Schlafenden', *Z. ges. Neur. Psychiat.*, **39**, 329. (224, *n*.1)

* LASÈGUE, C. (1881) 'Le délire alcoolique n'est pas un délire, mais un *rêve*', *Arch. gén. Méd.* (88, *n*.1)

LAUER, C. (1913) 'Das Wesen des Traumes in der Beurteilung der talmudischen und rabbinischen Literatur', *Int. Z. Psychoanal.*, **1**, 459. (4, *n*.2)

LEHMANN, A. (1908) *Aberglaube und Zauberei von den ältesten Zeiten bis in die Gegenwart* (German trans. by Petersen), Stuttgart. (34 *n*.)

LE LORRAIN, J. (1894) 'La durée du temps dans les rêves', *Rev. phil.*, **38**, 275. (27, 64, 496)

(1895) 'Le rêve', *Rev. phil.*, **40**, 59. (496, 567, *n*.1)

LÉLUT. (1852) 'Mémoire sur les sommeil, les songes et le sonnambulisme', *Ann. méd.-psychol.*, **4**, 331. (90)

LEMOINE, A. (1855) *Du sommeil au point de vue physiologique et psychologique*. Paris. (55)

LEROY. See BERNARD-LEROY.

LEURET, F. (1834) *Fragments psychologiques sur la folie*, Paris. (529)

LIÉBEAULT, A. A. (1889) *Le sommeil provoqué et les états analogues*, Paris. (570 *n*.)

LIPPS, T. (1883) *Grundtatsachen des Seelenlebens*, Bonn. (223—4)

(1897) 'Der Begriff des Unbewussten in der Psychologie', *Records of* the Third Internat.Congr.Psychol., Munich.(611—12,614)

* LLOYD, W.(1877)*Magnetism and Mesmerism in Antiquity*, London.(34 n.)

LÖWINGER.(1908)'Der Traum in der jüdischen Literatur', *Mitt.jüd.Volksk.*, **10**.(4,n.2)

LUCRETIUS *De rerum natura*.(8)

[*Trans.*by W. H. D. Rouse (Loeb Classical Library), London and New York,1924.]

'LYNKEUS'(J.POPPER)(1899)*Phantasien eines Realisten*, Dresden.(95,308, n.2)

MAASS,J.G.E.(1805)*Versuch über die Leidenschaften*, Halle.(8)

MACARIO, M.M.A.(1847)'Des rêves,considérés sous le rapport physiologique et pathologique', Pt.II, *Ann.méd-psychol.*, **9**.27.(89)

(1857)*Du sommeil, des rêves et du sonnambulisme dans l'état de santé et de maladie*, Paris-Lyons, (498)

MACNISH, R.(1830)*Philosophy of Sleep*, Glasgow.(24—5)

[*German trans.*: *Der Schlaf in allen seinen Gestalten*, Leipzig,1835.]

MAEDER, A.(1908)'Die Symbolik in den Legenden, Märchen, Gebräuchen, und Träumen', *Psychiat.-neurol.Wschr.*, **10**,55.(351,n.2)

(1912)'Über die Funktion des Traumes', *Jb.psychoanal.psychopath. Forsch.*, **4**,692.(579 n.)

MAINE DE BIRAN, M.F.P.(1834)*Nouvelles considérations sur les rapports du physique et du moral de l'homme*, (ed.by V.Cousin), Paris.(90)

MARCINOWSKI, J.(1911)'Eine kleine Mitteilung', *Zbl.Psychoanal.*, **1**, 575. (302—3)

(1912*a*)'Gezeichnete Träume', *Zbl.Psychoanal.*, **2**,490(356)

(1912*b*)'Drei Romane in Zahlen', *Zbl.Psychoanal.*, **2**,619.(419,n.1)

MAUDSLEY, H.(1868)*Psychology and Pathology of the Mind*, London.(1st ed.,1867.)(612n.)

MAURY, L. F. A. (1853) 'Nouvelles observations sur les analogies des phénomènes du rêve et de l'aliénation mentale', Pt.II, *Ann.méd-psychol.*,

5,404.(27,90,495—7)

(1878)*Le sommeil et les rêves*, Paris.(1st ed., 1861.)(8,13,16—17, 25—7,31—2,34—5,55—7,59—61,64,72—4,77,88,90,92,189,523,*n*. 2,531*n*.,575)

* MEIER,G.F.(1758)*Versuch einer Erklärung des Nachtwandelns*, Halle. (24)

MEYNERT, T. (1892) *Sammlung von populärwissenschaftlichen Vorträgen über den Bau und die Leistungen des Gehirns*, Vienna.(223.250)

MIURA K.(1906)'Über japanische Traumdeuterei',*Mitt.dtsch.Ges.Naturk. Ostasiens*,**10**,291.(4,*n*.2)

MOREAU,J.(1855)'De l'identité de l'état de rêve et de folie',*Ann.méd.-psychol.*,**1**,361.(90)

MÜLLER,J.(1826)*Über die phantastischen Gesichtserscheinungen*, Coblenz. (31—2).

MYERS,F.W.H.(1892)'Hypermnesic Dreams',*Proc.Soc.Psych.Res.*,**8**,362. (14)

* NÄCKE,P.(1903)'Über sexuelle Träume',*Arch.Kriminalanthropol.*,307. (396)

(1905)'Der Traum als feinstes Reagens f.d.Art d.sexuellen Empfindens',*Monatschr.f.Krim.-Psychol.*,**2**,500.(396)

(1907) 'Kontrastträume und spez. sexuelle Kontrastträume', *Arch. Kriminalanthropol.*,**24**,1.(396)

(1908)'Beiträge zu den sexuellen Träumen',*Arch.Kriminalanthropol.*, **29**,363.(396)

(1911) 'Die diagnostische und prognostische Brauchbarkeit der sex. Träumen',*Ärztl.Sachv.-Ztg.*,2.(396).

NEGELEIN,J. VON(1912)'Der Traumschlüssel des Jaggadeva',*Relig.Gesch. Vers.*,**11**,4.(4,*n*.2)

NELSON,J.(1888)'A Study of Dreams',*Amer.J.Psychol.*,**1**,367.(18)

NORDENSKJÖLD,O.*et al.*(1904)*Antarctic.Zwei Jahre in Schnes und Eis*, am

Südpol,(2 vols.),Berlin.(131 *n.*)

[*English trans.*(abr.);*Antarctica*,London,1905].

PACHANTONI,D.(1909)'Der Traum als Urschprung von Wahnideen bei Alkoholdelirianten',*Zbl.Nervenheilk.*,**32**,796.(88,*n*.1)

PAULHAN,F.(1894) 'À propos de l'activité de l'esprit dans le rêve'; under 'Correspondence'in *Rev.phil*,**38**,546.(502)

PEISSE,L.(1857)*La médecine et les médecins*,Paris.(92)

PFAFF,E.R.(1868)*Das Traumleben und seine Deutung nach den Prinzipien der Araber*,*Perser*,*Griechen*,*Inder und Ägypter*,Leipzig.(67)

* PFISTER,O.(1909)'Ein Fall von psychoanalytischer Seelsorge und Seelenheilung',*Evangelische Freiheit*,Tübingern.(403,*n*.2)

(1911—12)'Die psychologische Enträtselung der religiösen Glossolalie und der automatischen Kryptographie', *Jb. psychoanal. psychopath. Forsch.*,**3**,427 and 730.(356)

(1913)'Kryptolalie,Kryptographie und unbewusstes Vexierbild bei Normalen',*Jb.Psychoanal.und psychopath.Forsch.*,**5**,115.(356)

PICHON,A.E.(1896)*Contribution à l'étude des délires oniriques ou délires de rêve*,Bordeaux.(88,*n*.1)

PILCZ,A.(1899)'Über eine gewisse Gesetzmässigkeit in den Träumen', Author's Abstract,*Mschr.Psychiat.Neurol.*,**5**,231,Berlin.(20)

PLATO *Republic*.(67 and *n*.,620)

[*Trans*.by B.Jowett(Dialogues,Vol.II),Oxford,1871.]

POHORILLES, N. E. (1913) 'Eduard von Hartmanns Gesetz der von unbewussten Zielvorstellungen geleiteten Assoziationen',*Int.Z.Psychoanal.*,**1**, 605.(528*n*.)

PÖTZL,O.(1917)'Experimentell erregte Traumbilder in ihren Beziehungen zum indirekten Sehen',*Z.ges.Neurol.Psychiat.*,**37**,278.(181,*n*.2)

PRINCE,MORTON(1910)'The Mechanism and Interpretation of Dreams',*J. abnorm.Psychol.*,**5**,139.(521)

PURKINJE,J.E.(1846)'Wachen,Schlaf,Traum und verwandte Zustände',R.

Wagner's Handwörterbuch der Physiologie, **3**, 412, Brunswick. (83, 134)

PUTNAM, J.J. (1912) 'Ein charakteristischer Kindertraum', *Zbl. Psychoanal*, **2**, 328. (131*n*.)

* RAALTE, F. VAN (1912) 'Kinderdroomen', *Het Kind*, Jan. (131*n*.)

RADESTOCK, P. (1879) *Schlaf und Traum*, Leipzig. (8, 34, 44—5, 56—7, 66, 71, 88—92, 134)

RANK, O. (1909) *Der Mythus von der Geburt des Helden*, Leipzig and Vienna. (256, *n*.2, 400.*n*.2)

[*Trans.*: *Myth of the Birth of the Hero*, New York, 1913]

— (1910) 'Ein Traum der sich selbst deutet', *Jb. Psychoanal. psychopath. Forsch.*, **2**, 465. (160 *n*. 238*n*., 310*n*., 335, 348*n*, 398*n*., 406)

— (1911*a*) 'Beispiel eines verkappten Ödipustraumes', *Zbl. Psychoanal.*, **1**, 167. (398*n*.)

— (1911*b*) 'Belege zur Rettungsphantasie', *Zbl. Psychoanal.*, **1**, 331. (403, *n*.2)

— (1911*c*) 'Zum Thema der Zahnreizträume', *Zbl. Psychoanal.*, **1**, 408. (388—92)

— (1912*a*) 'Die Symbolschichtung im Wecktraum und ihre Wiederkehr im mythischen Denken', *Jb. psychoanal. psychopath. Forsch.*, **4**, 51. (219*n*., 238*n*., 352, *n*.2, 367, 402—3)

— (1912*b*) 'Aktuelle Sexualregungen als Traumanlässe', *Zbl. Psychoanal.*, **2**, 596. (238.*n*.)

— (1912*c*) *Das Inzest-Motiv in Dictung und Sage*, Leipzig and Vienna. (256, *n*.2)

— (1913) 'Eine noch nicht beschriebene Form des Ödipus-Traumes', *Int. Z. Psychoanal.*, **1**, 151. (398 *n*.)

— (1914) 'Die "Geburts-Rettungsphantasie" in Traum und Dichtung', *Int. Z. Psychoanal.* **2**, 43. (403, *n*.2)

RANK, O., and SACHS, H. (1913) *Die Bedeutung der Psychoanalyse für die Geisteswissenschaften*, Wiesbaden. (351, *n*.2)

[*Trans*: *The Significance of Psychoanalysis for the Mental Sciences*, New

York,1915.]

RÉGIS, E. (1894) 'Les hallucinations oniriques ou du sommeil des dégénérés mystiques', *Compte rendu Congrès Méd.Alién.*, 260, Paris, 1895. (88, *n*.1)

REIK, T. (1911) 'Zur Rettungssymbolik', *Zbl.Psychoanal.*, **1**, 499. (403, *n*.2)

(1915) 'Gold und Kot', *Int.Z.Psychoanal.*, **3**, 183. (403)

REITLER, R. (1913*a*) 'Zur Augensymbolik', *Int. Z. Psychoanal.*, **1**, 159. (398*n*.)

(1913*b*) 'Zur Genital-und Sekret-Symbolik', *Int.Z.Psychoanal.*, **1**, 492. (359)

ROBERT, W. (1886) *Der Traum als Naturnotwendigkeit erklärt*, Hamburg. (17—18, 79—81, 163, 164*n*., 177—8, 189, 579, 591)

ROBITSEK, A. (1912) 'Zur Frage der Symbolik in dem Träumen Gesunder', *Zbl.Psychoanal.*, **2**, 340. (373—7)

ROFFENSTEIN, G. (1923) 'Experimentelle Symbolträume', *Z.ges.Neurol.Psychiat.*, **87**, 362. (384)

R[ORSCHACH], H. (1912) 'Zur Symbolik der Schlange und der Kravatte', *Zbl. Psychoanal.*, **2**, 675. (356, *n*.1)

SACHS, H. (1911) 'Zur Darstellungs-Technik des Traumes', *Zbl. Psychoanal.*, **1**, 413. (410—11)

(1912) 'Traumdeutung und Menschenkenntnis', *Jb.Psychoanal.psychopath. Forsch*, **3**, 568. (620—1)

(1913) 'Ein Traum Bismarcks', *Int.Z Psychoanal.*, **1**, 80. (378—81)

(1914) 'Das Zimmer als Traumdarstellung des Weibes', *Int.Z.Psychoanal.*, **2**, 35. (354)

See also RANK and SACHS.

SALOMON ALMOLI BEN JACOB (1637) *Pithrôn Chalômôth*, Amsterdam. (4, *n*.2)

SANCTIS, SANTE DE (1896) *I sogni e il sonno nell' isterismo e nella epilepsia*, Rome. (88)

(1897*a*) 'Les maladies mentales et les rêves', extrait des *Ann.Soc.Méd.de Gand*, **76**, 177. (88).

∗ (1897*b*) 'Sui rapporti d'identità, di somiglianza, di analogia e di equivalenza fra sogno e pazzia', *Riv.quindicinale Psicol.Psichiat.Neuropatol.*, Nov.15. (88)

(1898*a*) 'Psychoses et rêves', *Rapport au Congrès de neurol.et d'hypnologie de Bruxelles 1897*; Comptes rendus, **1**, 137. (88)

(1898*b*) 'I sogni dei neuropatici e dei pazzi', *Arch.psichiat.antrop.crim.*, **19**, 342. (88)

(1899) *I sogni*, Turin. (89, 94)

[*German transl.* by O.Schmidt, Halle, 1901.]

SCHERNER, K.A. (1861) *Das Leben des Traumes*, Berlin. (36—7, 83—7, 132*n*. 2, 224—7, 334—5, 346, 353, 359*n*., 402, 546, 591—2, 613, 634, 685*n*.)

SCHLEIERMACHER, F. (1862) *Psychologie*, (Vol. 6, Sec. 3 in *Collected Works*, ed. L.George), Berlin. (49, 71, 102)

SCHOLZ, F. (1887) *Schlaf und Traum*, Leipzig. (20, 57—8, 67, 134)

[*Trams: Sleep and Dreams* by H.M.Jewett, New York, 1893.]

SCHOPENHAUER, A. (1862) 'Versuch über das Geistersehen und was damit zusammenhängt', *Parerga und Paralipomena* (Essay V), **1**, 213, 2nd ed., Berlin. (1st ed. 1851.) (36, 66, 90)

SCHRÖTTER, K. (1912) 'Experimentelle Träume', *Zbl. Psychoanal.*, **2**, 638. (384)

SCHUBERT, G.H. VON (1814) *Die Symbolik des Traumes*, Bamberg. (63, 352)

SCHWARZ, F. (1913) 'Traum und Traumdeutung nach "Abdalgan an-Nabulusi"', *Z.deutsch.morgenl.Ges.*, **67**, 473. (4, *n*.2)

* SECKER, F. (1909—10) 'Chinesische Ansichten über den Traum', *Neue metaph.Rndschr.*, **17**, 101. (4, *n*.2)

SIEBECK, H. (1877) 'Das Traumleben der Seele', *Sammlung gemeinverständlicher Vorträge*, Berlin. (58)

SILBERER, H. (1909) 'Bericht über eine Methode, gewisse symbolische Halluzinations-Erscheinungen hervorzurufen und zu beobachten', *Jb.psychoanal. psychopath.Forsch.*, **1**, 513. (49, *n*.2, 102, *n*.1, 344—5, 378, 412*n*., 503—5)

(1910) 'Phantasie und Mythos', *Jb.psychoanal.psychopath.Forsch.*, **2**,

541.(102,n.1,214,n.4)

(1912) 'Symbolik des Erwachens und Schwellensymbolik überhaupt', Jb.psychoanal.psychopath.Forsch.,3,621.(102,n.1,503—5,559)

(1914) *Probleme der Mystik und ihrer Symbolik*, Vienna and Leipzig. (524)

SIMON,P.M.(1888)*Le monde des rêves*,Paris.(30,34,38,134)

* SPERBER,H.(1912) 'Über den Einfluss sexueller Momente auf Entstehung und Entwicklung der Sprache',*Imago*,1,405.(352,n.1)

SPIELREIN,S.(1913) 'Traum von "Pater Freudenreich"',*Int.Z.Psychoanal.*, 1,484.(131 n.)

SPITTA,H.(1882) *Die Schlaf-und Traumzustände der menschlichen Seele*, Tübingen.(1st ed.,1878.)(34,47,50,55,57—9,63,n.1,66—7,70,72,88, 90,221,512)

SPITTELER,C.(1914)*Meine frühesten Erlebnisse*,Jena.(160,n.1,252,n.2)

STANNIUS,H.(1849)*Das peripherische Nervesystem der Fische,anatomisch und physiologisch untersucht*,Rostock.(413,452,n.1)

STÄRCKE,A.(1911) 'Ein Traum der das Gegenteil einer Wunscherfüllung zu verwirklichen schien',*Zbl.Psychoanal.*,2,86.(158)

STÄRCKE,J.(1913) 'Neue Traumexperimente in Zusammenhang mit älteren und neueren Traumtheorien',*Jb.psychoanal.psychopath.Forsch.*,5,233. (62,132,n.2)

STEKEL,W.(1909) 'Beiträge zur Traumdeutung',*Jb.psychoanal.psychopath. Forsch.*,1,458.(276,338,348,n.5,357—8,362 n.,363 n.,380)

(1911)*Die Sprache des Traumes*,Wiesbaden.(350,357—9,385,n.1, 396—7,411,685 n.)

STRICKER,S.(1879)*Studien über das Bewusstsein*,Vienna.(57,74,460)

STRÜMPELL, A. VON (1883—84) *Lehrbuch der speciellen Pathologie und Therapie der inneren Krankheiten*,Leipzig.(23)

[*Trans.:Text-book of Medicine*,(2,vols.),4th Amer.,Ed,New York, 1912.]

STRÜMPELL, L. (1877) *Die Natur und Enstehung der Träume*, Leipzig (7, 15—16,19,20—1,28—9,33,37—8,43—6,51,53—4,57—8,78,127,182, 222—3,226,234,460)

STUMPF, E.J.G. (1899) *Der Traum und seine Deutung*, Leipzig. (100, *n*.1)

SULLY, J. (1893) 'The Dream as a Revelation', *Fortnightly Rev.*, **53**, 354. (60,135,*n*.2,501—2,591)

SWOBODA, H. (1904) *Die Perioden des Menschlichen Organismus*, Vienna. (94,166 and *n*.2,384)

TANNERY, M.P. (1898) 'Sur la mémoire dans le rêve', *Rev.phil.*, **45**, 637. (512 *n*.)

TAUSK, V. (1913) 'Zur Psychologie der Kindersexualität', *Int. Z. Psychoanal.*, **1**, 444. (131 *n*., 304)

(1914) 'Kleider und Farben im Dienste der Traumdarstellung', *Int.Z. Psychoanal.*, **2**, 464. (411)

TFINKDJI, J. (1913) 'Essai sur les songes et l'art de les interpréter(onirocritie) en Mésopotomie', *Anthropos*, **8**, 505. (4, *n*.2, 98 *n*.)

THOMAYER, S., and SIMERKA (1897) 'Sur la signification de quelques rêves', *Rev.neurol.*, **5**, 98. (89)

TISSIÉ, P. (1898) *Les rêves, physiologie et pathologie*, Paris. (1st ed., 1870.) (34,36,41,45,88—9,134)

TOBOWOLSKA, J. (1900) *Etude sur les illusions de temps dans les rêves du sommeil normal*, (Thesis) Paris. (64 *n*., 498, 502)

See also BERNARD-LEROY and TOBOWOLSKA.

VARENDONCK, J. (1912) *The Psychology of Day-Dreams*, London. (491, *n*.3)

VASCHIDE, N. (1911) *Le sommeil et les rêves*, Paris. (11 *n*., 13—14,61,572)

VESPA, B. (1897) 'Il sonno e is ogni nei neuro-e psicopatici', *Boll.Soc.Lancisiana Osp.*, **17**, 193. (88, *n*.1)

VOLD, J. MOURLY (1896) 'Expériences sur les rêves et en particulier sur ceux d'origine musculaire et optique' (review), *Rev.phil.*, **42**, 542. (38)

(1910—12) *Über den Traum* (2 vols.) (*German transl.* by O. Klemm),

697

Leipzig.(39 n.,223,n.2,394)

VOLKELT,J.(1875)*Die Traum-Phantasie*,Stuttgart.(16,27,36,40,55,58—9,66,71,83—7,134,224—7,346,634)

WEED,S.See HALLAM and WEED.

WEYGANDT,W.(1893)*Entstehung der Träume*,Leipzig.(7—8,26,35,41,58,124n.)

WHITON, CALKINS.See CALKINS,WHITON.

WIGGAM,A.(1909)'A Gontribution to the Data of Dream Psychology',*Ped. Sem.J.Genet.Psychol.*,**16**,250.(131 n.)

WINTERSTEIN, A. VON (1912).'Zwei Belege für die Wunscherfüllung im Traume',*Zbl.Psychoanal.*,**2**,292.(8)

WITTELS,F.(1924)*Sigmund Freud：der Mann,die Lehre,die Schule*,Vienna.(214,n.1,423,n.1)

〔*Trans.*：*Sigmund Freud：his Personality, his Teaching and his School*,by Eden and Cedar Paul,London,1924.〕

(1931)*Freud and his Time*(trans.by Louise Brink),New York.(441 n.)

WUNDT,W.(1874)*Grundzüge der physiologischen Psychologie*,Leipzig.(28,30—1,40—1,57—8,90,222—3,234)

ZELLER,A.(1818)'Irre',*Ersch and Gruber：Allgemeine Encyclopedie der Wissenschaften*,**24**,120.(70)

二、1900年以前出版的另外的一些论梦的著作目录

（这些著作收在弗洛伊德文献目录中,但本书没有收入）

AHMAD IBN SĪRĪN,*Achmetis f.Seirim Oneirocriticae*,ed. N. Rigaltius, Paris, 1603.

*ALBERTI,MICHAEL(1744)*Diss. de insomniorum influxi in sanitatem et morbos*.Resp.Titius Halae M.

ALIX(1883) 'Les rêves', *Rev.Sci.Industr.*3rd series,6,554.
* ANON(1890) 'Rêves et l'hypnotisme', *Le Monde*, Aug.25.
* (1890) 'Science of Dreams', *The Lyceum*, p.28, Dublin.
(1893) 'The Utility of Dreams', *J.Comp.Neurol.*, 3, 17, Granville.
BACCI, DOMENICO(1857) *Sui sogni e sul sonnambulismo, pensiero fisiologico-metafisici*, Venice.
BALL, B.(1885) *La morphinomanie, les rêves prolongés*, Paris.
BENEZÉ, EMIL(1897) 'Das Traummotiv in der mittelhochdeutschen Dichtung bis 1250 und in alten deutschen Volksliedern', Benezé: *Sageng. und lit.-hist.Unters*, 1, *Das Traummotiv*, Halle.
* BENINI, V.(1898) 'Nel moneto dei sogni', *Il Pensiero nuovo*, Apr.
* BIRKMAIER, HIERON (1715) *Licht im Finsterniss der nächtlichen Gesichte und Träume*, Nuremberg.
BISLAND, E.(1896) 'Dreams and their Mysteries', *N.Am.Rev.*, **162**, 716.
BRADLEY, F.H.(1894) 'On the Failure of Movement in Dream', *Mind*, (new series), **3**, 373, London.
BRANDER, R.(1884) *Der Schlaf und das Traumleben*, Leipzig.
BREMER, L.(1893) 'Traum und Krankheit', *New York med.Monatschr.*, **5**, 281.
* BUSSOLA, SERAFINO(1834) *De somniis*, (Thesis) Ticini Reg.
* CAETANI-LOVATELLI(1889) 'I sogni e l'ipnotismo nel mondo antico', *Nuova Antol.*, Dec.1.
CANE, FRANCIS E.(1889) 'The Physiology of Dreams', *The Lancet*, **67**, II, 1330(Dec, 28)
CARDANO, GIROLAMO (1562) *Somiorum synesiorum, omnis generis insomnia explicantes libri IV*, Bâle.
(2nd ed.in *Opera omnia Cardani*, **5**, 593, Lyons, 1663.)
CARIERO, ALESSANDRO(1575) *De somniss deque divinatione per somnia*, Padua.
CARPENTER (1849—52) 'Dreaming' (under 'Sleep'), *Cyclop. of Anat. and*

Physiol.,**4**,687,London.

CLAVIÈRE(1897)La rapidité de la pensée dans le rêve,*Rev.phil.*,**43**,507.

COUTTS,G.A.(1896)'Night-terrors',*Amer.J.med.Sc.*

D.L.(1895)'A propos de l'appréciation du temps dans le rêve',*Rev.phil.*,**40**,69.

DAGONET,H.(1889)'Du rêve et du délire alcoolique',*Ann.méd.-psychol.*, Series 7,**10**,193.

DANDOLO,G.(1889)*La conscienza nel sogno*,Padua.

DECHAMBRE,A.(1880)'Cauchemar',*Dict.encycl.sc.méd.*,**2**,48.

* DIETRICH,J.D.(1726)*An ea*,*quae hominibus in somno et somnio accidunt*, *iisdem possint imputari?* resp.Gava,Wittemberg.

* DOCHMASA,A.M.(1890)*Dreams and their Significance as Forebodings of Disease*,Kazan.

DREHER,E. (1890) 'Sinneswahrnehmung und Traumbild', *Reichs-med. Anzeiger*,**15**,Nos.20,21,22,23,24;**16**,Nos.3,8,Leipzig.

DUCOSTÉ,M. (1899) 'Les songes d'attaques des épileptiques', *Journ.Méd.Bordeaux*.Nov.26 and Dec.3.

* DU PREL,C.(1869)'Oneirokritikon:der Traum vom Standpunkte des transcend.Idealismus', *Deutsche Vierteljahrschrift*, **2**, Stuttgart. (1880) *Psychologie der Lyrik*,Leipzig.

* (1889)'Künstliche Träume'*Sphinx*,July.

EGGER,V.(1888)'Le Sommeil et la certitude,le sommeil et la mémoire',*Critique philos.*,**1**,341,Paris.

ELLIS,HAVELOCK(1895)'On Dreaming of the Dead',*Psychol.Rev.*,**2**,458.

(1897)'A Note on hypnagogic Paramnesia',*Mind*,**6**,283.

ERDMANN,J.E.(1855)'Das Träumen',*Ernste Spiele*,Chap.12,Berlin.

ERK,VINZ.VON(1874)*Über den Unterschied von Traum und Wachen*,Prague.

* ESCANDE DE MESSIÈRES(1895) 'Les rêves chez les hystériques', (Thesis) Bordeaux.

FAURE(1876)'Études sur les rêves morbides.Rêves persistants',*Arch.génér.*

Méd.,6th ser.,**27**,550.

* FENIZIA(1896)'L'azione suggestiva delle cause esterne nei sogni',*Arch.per l'Antrop.*,26.
* FÉRÉ,C.(1897)'Les rêves d'accès chez les épileptiques',*Méd.mod.*Dec.8.
* FISCHER,JOH. (1899) *Ad artis veterum onirocriticae historiam symbola*, (Thesis)Jena.
* FLORENTIN,V.(1899)'Das Traumleben: Plauderei',*Die alte und die neue Welt*,**33**,725.

FORNASCHON,H.(1897)'Die Geschichte eines Traumes als Beitrag der Transcendentalpsychologie',*Psychische Studien*,**24**,274.

FRENSBERG.(1885)'Schlaf und Traum',*Sammlung gemeinverst.wiss.Vortr.*,Virchow-Holtzendorf,Ser.20,**466**.

FRERICHS,J.H.(1866)*Der Mensch: Traum, Herz, Verstand*, Norden.

GALEN.*De praecognitione,ad Epigenem*,Lyons,1540.

* GIRGENSOHN,L.(1845)*Der Traum: psychol.-physiol.Versuch*.
* GLEICHEN-RUSSWURM,A. VON (1899)'Traum in der Dichtung',*Nat.Z.*, Nos.553—559.
* GLEY,E.(1898)'Appréciation du temps pendant le sommeil',*L'intermédiaire des Biologistes*,**10**,228.

GORTON,D.A.(1896)'Psychology of the Unconscious',*Amer.med.Times*, **24**,33,37.

GOULD,G.M.(1889)'Dreams, Sleep, and Consciousness',*The Open Court* (Chicago)2,1433—6 and 1444—7.

* GRABENER,G.C.(1710)*Ex antiquitate judaica de menûdim bachalôm sive excommunicatis per insomnia exerc.resp.Klebius*,Wittemberg.

GRAFFUNDER,P.C.(1894)'Traum und Traumdeutung',*Samml. gemeinv. wiss.Vorträge*,**197**.

GREENWOOD,F.(1894)*Imaginations in Dreams and their Study*,London.

* GROT,N.(1878)*Dreams,a Subject of Scientific Analysis*(in Russian),Kiev.

GUARDIA, J.M. (1892) 'La personnalité dans les rêves', *Rev.phil.* **34**, 225.

GUTFELDT, I. (1899) 'Ein Traum' *Psychol.Studien*, **26**, 491.

* HAMPE, T. (1896) 'Über Hans Sachsen Traumgedichte', *Z.deutsch.Unterricht*, **10**, 616.

HEERWAGEN (1889) 'Statist.Untersuch.über Träume u.Schlaf', *Philos.Stud.*, **5**, 301.

HILLER, G. (1899) 'Traum, Ein Kapitel zu den zwölf Nächten', *Leipz.Tagbl. und Anz.*, No.657, Suppl.1.

HITSCHMANN, F. (1894) 'Über das Traumleben der Blinden', *Z.Psychol.*, **7**, 387.

JASTROW, J. (1888) 'The Dreams of the Blind', *New Princeton Rev.*, **5**, 18.

JENSEN, J. (1871) 'Träumen und Denken', *Samml.gemeinv.wiss.Vortr.*, Virchow-Holtzendorff Ser.6, **134**.

KINGSFORD, A. (1888) *Dreams and Dream-Stories*, (ed. E. Maitland), London. (2nd ed.)

KLOEPFEL, F. (1899) 'Träumerei und Traum: Allerlei aus unserem Traumleben', *Universum*, **15**, 2469 and 2607.

* KRAMRA, OLDRICH (1882) *O spànku a snu*, *Prager Akad.Gymn.*

KRASNICKI, E. VON (1897) 'Karls IV Wahrtraum', *Psych.Stud.*, **24**, 697.

KUCERA, E. (1895) 'Aus dem Traumleben', *Mähr-Weisskirchen*, *Gymn.*

LAISTNER, L. (1889) *Das Rätsel der Sphinx*, (2 vols.), Berlin.

* LANDAU, M. (1892) 'Aus dem Traumleben', *Münchner Neueste Nachrichten*, Jan.9.

LAUPTS. (1895) 'Le fonctionnement cérébral pendant le rêve et pendant le sommeil hypnotique', *Ann.méd.-psychol.*, Ser.8, **2**, 354.

* LEIDESDORF, M. (1880) 'Das Traumleben', *Sammlung der 'Alma Mater'*, Vienna.

* LERCH, M. F. (1883—84) 'Das Traumleben und sein Bedeutung', *Gymn. Porgr.*, Komotau.

* LIBERALI, FRANCESCO (1834) *Dei sogni*, (Thesis) Padua.

LIÉBEAULT, A. (1893) 'A travers les états passifs, le sommeil et les rêves', *Rev. hypnot.*, **8**, 41, 65, 106.

LUKSCH, L. (1894) *Wunderbare Traumerfüllung als Inhalt des wirklichen Lebens*, Leipzig.

MACARIO, M.M.A. (1846) 'Des rêves, considérés sous le rapport physiologique et pathologique', Pt. I, *Ann. méd-psychol.*, **8**, 170. (1889). 'Des rêves morbides', *Gaz. méd. de Paris*, **8**, 1, 85, 97, 109, 121.

MACFARLANE, A.W. (1890) 'Dreaming', *Edinb. med. J.*, **36**, 499.

MAINE DE BIRAN, M.F.P. (1792) 'Nouvelles Considérations sur le sommeil, les songes, et le sonnambulisme', *Œuvres Philosophiques*, 209, (Ed. V. Cousin), Paris, 1841.

MAURY, L.F.A. (1857) 'De certains faits observés dans les rêves', *Ann. méd.-psychol.*, Ser. 3, **3**, 157.

* MEISEL (pseud.) (1783) *Natürlich-göttliche und teuflische Träume*, Seighartstein.

MELINAND, M.C. (1898) 'Dream and Reality', *Pop. Sc. Mo.*, **54**, 96.

MELZENTIN, C. (1899) 'Über wissenschaftliche Traumdeutung', *Gegenwart*, 50, Leipzig.

MENTZ, R. (1888) *Die Träume in den altfranzösischen Karls-und Artusepen*, Marburg.

MONROE, W.S. (1899) 'A study of taste-dreams', *Am. J. Psychol.*, **10**, 326.

MOREAU DE LA SARTHE, J.L. (1820) 'Rêve', *Dict. sc. méd.*, **48**, 245.

MOTET (1829—36) 'Cauchemar', *Dict. méd. chir. pratiques*, Paris.

MURRAY, J.C. (1894) 'Do we ever dream of tasting?' *Proc. Am. psychol. Ass.*, 20.

* NAGELE, A. (1889) 'Der Traum in der epischen Dichtung', *Programm der Realschule*, Marburg.

NEWBOLD, W.R. (1896) 'Sub-conscious Reasoning', *Proc. Soc. psychic. Res.*, **12**, 11, London.

PASSAVANTI, J. (1891) *Libro die sogni*, Rome.

PAULHAN, F. (1894) 'A propos de l'activité de l'esprit dans le rêve', *Rev. phil.*, **38**, 546.

PICK, A. (1896) 'Über pathologische Träumerie und ihre Beziehungen zur Hysterie', *Jb.Psychiat*, **14**, 280.

* RAMM, K. (1889) *Diss. pertractans somnia*, Vienna.

* RÉGIS, E (1890) 'Les rêves Bordeaux', *La Gironde* (Variétés), May 31.

RICHARD, JEROME (1766) *La théorie des songes*, Paris.

RICHARDSON, B. W. (1892) 'The Physiology of Dreams', *Asclep.*, **9**, 129.

RICHIER, E. (1816) *Onéirologie ou dissertation sur les songes, considérés dans l'état de maladie*, (Thesis) Paris.

* RICHTER, J.P. (Jean Paul) (1813) 'Blicke in die Traumwelt', *Museum*, **2**, (also in *Werke*, ed. Hempel, **44**, 128.)

  * 'Über Wahl- und Halbträume', *Werke*, **44**, 142.

  (1826—33) *Wahrheit aus Jean Pauls Leben*.

ROBINSON, L. (1893) 'What Dreams are made of', *N.Am.Rev*, **157**, 687.

ROUSSET, C. (1876) *Contribution à l'étude du cauchemar*, (Thesis) Paris.

ROUX, J. (1898) 'Le rêve et les délires onitiques', *Province méd. Lyons*, **12**, 212.

* RYFF, W.H. (1554) *Traumbüchlein*, Strassburg.

* SANTEL, A. (1874) 'Poskus raz kladbe nekterih pomentjivih prokazni spanja in sanj', *Progr.Gymn*, Görz.

SARLO, F. DE (1887) *I sogni. Saggio psicologico*, Naples.

SCH. FR. (1897) 'Etwas über Tröume', *Psych.Studien*, **24**, 686.

SCHLEICH, K.L. (1899) 'Schlaf und Traum', *Zukunft*, **29**, 14; 54.

SCHWARTZKOPFF, P. (1887) *Das Leben im Traum: eine Studie*, Leipzig.

STEVENSON, R.L. (1892) 'A Chapter on Dreams', *Across the Plain*.

STRYK, M. VON (1899) 'Der Traum und die Wirklichkeit', (after C. Mélinand), *Baltische Mschr.*, 189, Riga.

SULLY, J. (1881) *Illusions, a Psychological Study*, London.

  (1882) 'Études sur les rêves', *Rev.scientif.*, Ser.3, **3**, 385.

(1892) *The Human Mind*, (2 vols.), London.

(1875—89) 'Dreams', *Enc.Brit.*, 9th ed.

SUMMERS, T.O. (1895) 'The Physiology of Dreaming', *St.Louis Clin.*, **8**, 401.

SURBLED, G. (1895) 'Origine des rêves', *Rev.quest.scient.* (1898) *Le rêve*, Paris.

SYNESIUS OF SYRENE *Liber de insomniis*.

[*German trans: Oneiromantik* by Krauss, Vienna, 1888.]

TANNERY, M.P. (1894) 'Sur l'activité de l'esprit dans le rêve', *Rev. phil.*, **38**, 630.

(1898) 'Sur la paramnésie dans les rêves', *Rev. phil.*, **46**, 420

THIÉRY, A. (1896) 'Aristote et la psychologie physiologique du rêve', *Rev. neoscol*, **3**, 260.

* THOMAYER, S. (1897) 'Contributions to the Pathology of Dreams' (in Czech), *Policlinic of the Czech University*, Prague.

TISSIÉ, P. (1896) 'Les rêves; rêves pathogènes et thérapeutiques; rêves photographiés', *Journ.méd.Bordeaux*, **36**, 293, 308, 320.

TITCHENER, E.B. (1895) 'Taste Dreams', *Am.J.Psychol.*, **6**, 505.

TONNINI, S. (1887) 'Suggestione e sogni', *Arch. psichiatr. antrop. crim.*, **8**, 264.

* TONSOR, J.H. (1627) *Disp.de vigilia, somno et somniis, prop.Lucas*, Marburg.

TUKE, D.H. (1892) 'Dreaming', *Dict.of Psychol.Med.* (ed. Tuke), London.

ULLRICH, M.W. (1896) *Der Schlaf und das Traumleben, Geisteskraft und Geistesschwäche*, (3rd ed.), Berlin.

UNGER, F. (1898) '*Die Magie des Traumes als Unsterblichkeitsbeweis. Nebst e.Vorwort: Okkultismus und Sozialismus von C. du Prel*, (2nd ed.), Münster.

VIGNOLI, T. (1879) *Mito e scienza: Saggio*, Milan.

[*Trans: Myth and Science: An Essay*, London, 1882 (Chap. VIII).]

* VISCHER, F.T. (1876) 'Studien über den Traum', *Beilage allg.Z*, 105.

VOLD, J. MOURLY (1897) 'Einige Experimente über Gesichtsbilder im Traume', *Report of 3rd. Psych. Congr.*, Munich, and *Z. Psychol. Physiol. Sinnesorgane*, **13**, 66.

* VYKOUKAL, F. V. (1898) *On Dreams and Dream-interpretations*, (in Czech) Prague.

WEDEL, R. (1899) 'Untersuchungen ausländischer Gelehrter über gew. Traumphänomene', *Beitr. zur Grenzwissenschaft*, p. 24.

* WEHR, H. (1887) 'Das Unbewusste im menschlichen Denken', *Programm der Oberrealschule*, Klagenfurt.

WEILL, A. (1872) *Qu'est-ce que le rêve?* Paris.

* WENDT, K. (1858) *Kriemhilds Traum*, (Thesis) Rostock.

WILKS, S. (1893—94) 'On the Nature of Dreams', *Med. Mag.*, **2**, 597, London.

WILLIAMS, H. S. (1891—92) 'The Dream State and its Psychic Correlatives, *Amer. J. Insanity*, **48**, 445.

WOODWORTH, R. S. (1897) 'Note on the Rapidity of Dreams', *Psychol. Rev.*, **4**, 524.

* (1886) 'Ce qu'on peut rêver en cinq secondes', *Rev. sc.*, 3rd. ser., **11**, 572.

ZUCCARELLI (1894—95) 'Polluzioni notturne ed epilepsia', *L'anomalo*, **1**, 2, 3.

附录三 梦的索引

(本索引包括本书正文和注中出现的梦,分弗洛伊德本人的梦和其他人的梦两部分。在其他人的每个梦的最后括弧内,前者为梦者姓名或描述,其后为报告人姓名,索引页码系指原著页码,即本书边码)

A 弗洛伊德本人的梦

阿基米德的雕像 166 注 2
"Autodidasker" 298—302,493,535,542,597
长着鸟嘴的人 490 注 3,583—4
植物学专著 165,169—76,180 注 3,191,281—4,305,467
海滨城堡 463—6,546—7
被遗忘的教堂灯塔 14—15
柏克林式峭壁 166
"闭上双眼" 317—18
露天厕所 168—70
图恩伯爵(革命的梦) 208—18,233,432—4,470
解剖我自己的骨盆 413,452—5,477—81851 和 1856(接到市议会的通知) 435—9,449—52,513
伊特鲁斯坎骨灰罐 124
著名演说家(莱契尔博士) 268—9
父亲在灵床上像加里波的 427—9,447—8,478
董妮夫人和三个小孩 446—7,448
年轻医生致悼词 178—9,180 注 2

歌德攻击 M 先生 326—7,337 注 1,439—41,448—9,662—3
充满机械的大厅 336—7,341
"Hearsing" 298
"Hollthurn" 455—9,519—20
爱玛打针 106—20,123,124,140,163,165,173,180 注 1,271 注 1,292—5,306,310,314,316—17,322,341,513,534,595,657
要一位妇女在等着 165
母亲和女儿 165
"我的儿子是近视眼" 269,441—4
"Non vixit" 421—5,472,486—7,513
独眼医生和校长 17,275
奥托看起来病了 269,77,555—6,560
帕都亚的餐厅花园 15
20 个伏罗林的期刊费 166
睡眠期间的想象物 331—2
教皇死了 232
奥泽教授的食谱 166 注 2
与一个朋友的和解 145 注,476—7
骑马(疱疮) 229—32,681
罗马的一个街角(罗马系列) 195—6
向朱克尔先生询问到罗马的路(罗马系列) 194—5
雾中的罗马景观(罗马系列) 194

707

萨沃纳罗纳的侧面像　166 注 2
社会民主委员会的信　166
来自前线的儿子消息　558—60
游泳池　648—9
进餐时的同伴　636—40,648,649—50
　　655—7,671—3
三个命运女神　204—8,233
台伯河的景色(罗马系列)　194
黄胡子叔叔　136—45,165,180 注 1,
　　192—3,293,305,322,472,484 注 2,
　　570
裸体跑上楼梯　238—40
别墅秘密　317

B　他人的梦

阿喀琉斯和狄欧米底(8 岁儿子—弗洛伊
　　德)129,492—3,645
全身盔甲的演员(女士—陶斯克)416
亚历山大大帝的梦(亚历山大—阿尔特米
　　多鲁斯)99 注,164 注
剧院掌声(剧作家—阿隆)　681
在餐厅内被捕(年轻男子—弗洛伊德),
　　494—5
Asplenium 和蜥蜴(德尔贝夫—德尔贝
　　夫)11—12,357
旅游渡过奥西湖(3 岁 3 个月的女儿——
　　弗洛伊德)129,551,644
大律师的败诉(男朋友—弗洛伊德)　152
更衣室,户外厕所和顶楼(女病人—弗洛
　　伊德)　325
床太小了(4 岁女儿—弗洛伊德)　644—5
装着大块腿肉的大盘子(小男孩—弗利
　　斯)　267—8
高大的人们(女病人—弗洛伊德)　408
俾斯麦的梦(俾斯麦—俾斯麦/萨克斯)
　　378—81
有黑色光泽的衣服(男子—陶斯克)　411
塞满书的箱子(年轻女病人—弗洛伊德)
　　187—8

男孩打架(男子—弗洛伊德)　201,216
两排男孩(牙刺激)(施尔纳—施尔纳)
　　227
治疗断肢(男子—弗洛伊德)　409
箱内的兄弟(男子—弗洛伊德)　407
布鲁特斯的梦(布鲁特斯—李弗/兰克)
　　398 注
着火的孩子(不知名的父亲—弗洛伊德的
　　病人)　509—11,533—4,542,550,
　　571
在木屋附近埋宝(妇女—兰克)　403
兄弟卖掉了商行(受虐狂梦)(年轻男子—
　　弗洛伊德)　159
开罗的商店(实验梦)(莫里—莫里)　25
蜡烛和烛台(年轻女病人—弗洛伊德)
　　186—7
车祸(大学同事—德尔贝夫)　21
"Categorate"(男孩—陶洛克)　304
双腿布满鱼子酱(女孩—弗洛伊德)　325
海峡(英吉利)(女病人—弗洛伊德)　517
　　注 2
旺代省的"司炉"(实验梦)(莫里—莫里)
　　25
一篮樱桃(22 个月的侄儿—弗洛伊德)
　　130—1,644
畸形颅骨的孩子(妇人—弗洛伊德)　406
长翅膀的孩子们(女病人—弗洛伊德)
　　253—4
黑猩猩和猩猩猫(妇人—弗洛伊德)
　　405—6
巧克力棒糖(8 岁半的女儿—弗洛伊德)
　　128—9
教堂和风景(警察的妻子—达特纳)　366
教堂钟声(闹钟)(希尔布朗特—希尔布朗
　　特)　27—8,221
小卡尔睡在棺材内(女病人—弗洛伊德),
　　152—4,189,248,463,675
诊断室和接待的地方(男病人—弗洛伊
　　德)　325
冷敷器(腭痛)(女病人—弗洛伊德)
　　125—6,232—3

打碎的瓷盆(闹钟)(希尔布朗特—希尔布朗特) 28,221
达赫斯坦(5岁3个月的儿子—弗洛伊德) 127—8,644
爸爸把他的头放在盘子上(3岁5个月的男孩—弗洛伊德) 366
Daraus, Varaus 或 Zaraus(哈夫洛克·埃利斯—哈天洛克—埃利斯) 169
正烧着几具死尸(男子—弗洛伊德) 420—1
木箱中的死女儿(女病人—弗洛伊德) 154—5,188,249
倔强的秘书(功能现象)(西尔别勒—西尔别勒) 503—4
潜入湖中(女病人—弗洛伊德) 400
医生和马穿着睡衣(女病人—弗洛伊德) 325—6
两排抽屉(牙刺激)(沃尔克特—沃尔克特) 227
"Dutzendmensch"(女病人—弗洛伊德) 552
大象的"躯干"(Trompe)(男子—弗洛伊德) 413
"Erzefilisch"(马西洛夫斯基—马西洛夫斯基) 302—3
"探险家"的梦(诺登斯科弗德;芒戈·帕克;乔治·巴克)131注,646
辽远的景色(男子—弗洛伊德) 407
父亲已经死了但并不知道这事(男子—弗洛伊德) 430—1
父亲在一次铁路事故中(男病人—弗洛伊德) 426—7
父亲正在责骂他(年轻男病人—弗洛伊德) 328—9
"费德里奥"的演出(年轻男子—弗洛伊德) 385—6
火警(作曲家—沃尔克特) 26
飘浮在空中(女病人—弗洛伊德) 394
遗忘的人名(男子—弗洛伊德) 408
法国保姆并给小孩排尿(漫画—费伦齐) 367—8

"到意大利"(Gen-Italien)(病人—弗洛伊德) 232
上帝戴着一顶卷边纸帽(小女孩—弗洛伊德) 413—14
桌上的巨人们(西蒙—西蒙) 30
在格拉本购物中心摔跤(年老女病人—弗洛伊德) 201—3
祖母的食物梦(母亲—弗洛伊德) 130注1
"伟大的成就"(男病人—弗洛伊德) 412和注
断头台(莫里—莫里) 26—7,64,495—8,575
像男生殖器的帽子(患旷野恐怖症的女病人—弗洛伊德) 360—1
插着弯曲羽毛的帽子(男子—斯特克尔) 362注
被妇人砍了头(6岁男孩—弗洛伊德) 367
拿不定主意跨过小溪(功能现象)(西尔别勒—西尔别勒) 504
希比亚的梦(希比亚—希罗多德/兰克) 398注
马在燕麦里打滚(凯勒尔—凯勒尔) 407
旅馆卧室号码和女仆(男病人—琼斯) 354注
弄错了的旅馆卧室号码(年轻男子—弗洛伊德) 332—3
赫斯廷(年轻律师—弗洛伊德) 233
"我邀约过你"(莫里—莫里) 519注2
"我一定要把它告诉医生"(男病人—弗洛伊德) 446
虚伪的所得税报告(年轻医生—弗洛伊德) 157
因杀婴罪被捕(男朋友—弗洛伊德) 155—7
"我生于1882年"(男病人—弗洛伊德) 416—17
被雇的裁缝(罗赛格—罗赛格) 473—5
恺撒大帝的梦(恺撒—兰克) 398注
公里(莫里—莫里) 59,206,531注

709

在汽车里接吻(男子—弗洛伊德) 408—9
Kontuszowka 酒(一种波兰酒)(男病人—弗洛伊德) 14
"Kuss in Ahren"(荣耀的吻,与 Kuss in Ehren 同音)(女孩—兰克) 406—7
"限女士用"(妇人—施罗特尔) 384
花的语言(女病人—弗洛伊德) 315,319,325,347—8,365,652
黄狮子(年轻男医生—弗洛伊德) 190
沙漠中三只狮子(妇人—弗洛伊德) 462
两座宫殿之间的小屋(男子—弗洛伊德) 397
小东西被车碾过(患旷野恐怖症的女病人—弗洛伊德) 362—4
"爱役"(老妇人—休格—赫尔穆斯) 142 注 3
可爱的梦(上和下)(萨福)(男病人—弗洛伊德) 285—9,305,326—7
山猫或狐狸(妇人—弗洛伊德) 259
"Maistollmütz"(女病人—弗洛伊德) 296—7
玉米(鹅等—谚语) 131—2
市场梦(年轻女病人—弗洛伊德) 183—5,418,420,668—9
沥青制的面具(实验梦)(莫里—莫里) 25
金龟子梦(年老女病人—弗洛伊德) 289—92,305
医学院学生和医院(医学院学生—弗洛伊德) 125,233
月经(朋友的妻子—弗洛伊德) 126,646
汗衫上的乳渍(朋友的妻子—弗洛伊德) 126
在蒙特布里森的童年(F 先生—莫里) 16—17,189
与婆婆共度暑假(女病人—弗洛伊德) 151—2
多尔多涅的莫锡登镇(莫里—莫里) 13
芥末膏药(实验梦)(莫里—莫里) 25
南森的坐骨神经痛(年轻男医生—弗洛伊德) 191
拿破仑和酒商(男子—希尔布朗特) 9—10
拿破仑的梦(爆炸)(拿破仑—加尼尔),26,233—4,497—8
"钱的问题不能答应"(病女孩—弗洛伊德) 158
"Norekadal"(医生—弗洛伊德) 296
伪装的伊谛普斯梦(男子—弗洛伊德) 398 注
对阳具施手术(年轻男医生—弗洛伊德) 386—7
矫形室(女病人—弗洛伊德) 199—200
奥维托酒(实验梦)(莫里—莫里) 25
都德等参加的宴会(年轻妇女—弗洛伊德) 126
把一张剪报贴入簿内(萨克斯—萨克斯) 411
为某物支付 3 个弗洛林和 65 克鲁斯(女病人—弗洛伊德) 414—15,669
两个梨子的礼物(4 岁男孩—弗洛伊德) 372—3
苯—镁—溴(化学家—弗洛伊德) 382—4
一具令人讨厌的老式盒子钢琴(年轻女病人—弗洛伊德) 185—6
荒废了钢琴演奏(男病人—弗洛伊德) 371—2
去耶路撒冷朝圣(莫里—莫里),59,205,531 注
有一个窗口的深坑(年轻男子—弗洛伊德) 399—400
月台驶向火车(男子—弗洛伊德) 408
戏剧表演(卡西米尔·博佐—麦卡里奥) 498
2262 号巡官(房东—达特纳) 417—18
来自波尼克(海滨)的妇人(赫维·德·圣但尼斯—瓦歇德) 13
在布拉格(公园)散步(年轻男病人—弗洛伊德) 348 注 5,364—6
把妇人从床背后拉出(男子—弗洛伊德) 409
五点一刻(男子—弗洛伊德) 409

1848年革命(实验梦)(莫里—莫里) 25
洛雷尔小屋和哈密欧(朋友的8岁女儿—弗洛伊德),129,189,644
罗马皇帝被刺(罗马市民—肖尔茨) 67,620
跑下楼梯与小女孩交媾(男子—兰克) 369—71
"泰尔是属于你们的"[将 Sytyr (半人半羊的森林之神)一词的希腊文一分为二,即意为泰尔是属于你们(亚历山大大帝—阿尔特米多鲁斯)99注,614注]
斯卡利格尔和布鲁罗勒斯(斯卡利格尔—亨宁斯/杰森) 13
男学童裸露在床(男病人—弗洛伊德) 198
水豹似的动物从机关门中跳出(妇人—阿伯拉罕) 401—2
七头牛(法老—圣经) 97,334
与国王对面坐着(男子—弗洛伊德) 409
雪车铃声(闹钟)(希尔布朗特—希尔布朗特) 28,221
熏鲑晚餐(女病人—弗洛伊德),147—51,154注2,175
海峡风暴(实验梦)(莫里—莫里) 25
陌生人进入卧室(老年男人—费伦齐) 472—3
草莓(19个月女儿—弗洛伊德) 130,268,643—4
"Svingnum elvi"(卡斯平斯卡—卡斯平斯卡) 303
梅毒的初期迹象(医生—斯塔克) 158
用花装饰的桌子(正常女孩—罗比泽克) 374—7

越过塔格利蒙托河(爆炸)(拿破仑—加尼尔) 26,233—4,497—8
分离时告别(官能现象)(西尔别勒—西尔别勒) 504
塔梯尼的梦(魔鬼鸣奏曲)(塔梯尼—塔梯尼) 613
1弗洛林50克鲁斯买3张戏票(女病人—弗洛伊德) 415—16,669—70,673
拔牙(男子—兰克) 388—92
游子归来(凯勒尔—凯勒尔) 246—7
在特里尔波特的童年(莫里—莫里) 16
遗忘的曲调(赫维·德·圣但尼斯—瓦歇德) 14
"Tutelrein"(年轻男子—弗洛伊德) 297
家庭教师和保姆共睡一床(男学生—弗洛伊德) 189—90
和两个小女孩散步(妇人—弗洛伊德) 409—10
猛冲(年老女病人—弗洛伊德) 199,202—3
访问一所以前看见过两次的房子(男病人—弗洛伊德) 399
在公园餐厅聚会(男子—弗洛伊德) 333
瓦格纳歌剧(女熟人—弗洛伊德) 342—3,435
注视着水中的小男孩(妇人—琼斯) 401
希尔姆蒂赫的潮湿天气(病人—弗洛伊德) 406
白衣女郎(男子—弗洛伊德) 411
"谁是这婴儿的父亲?"(女病人—弗洛伊德) 332,445—6
冬天外套(年轻男子—弗洛伊德) 186
把梦擦掉(男子—弗洛伊德) 332

711

附录四 一般索引

（本索引包括全书的主题，以及正文和注中出现的地名、非专门性人名和作品名称等，也包括一些有关梦的专门性作者姓名，但在提及时不涉及任何专著，其专著可见参考文献。所有人名、作品名称及非英文字体名词均用斜体字印刷。索引页码系指原著页码，即本书边码。）

Above and below as dream-symbols, 作为梦象征的上和下, 285—9, 305, 326, 410

Abraham, K.阿伯拉罕,（又见参考文献 A）, 93 注

Abrantès, *the Duchess of*, 阿布朗特公爵夫人, 25

Abstract thought represented in dreams, 梦中呈现的抽象思想, 341, 524

Absurd dreams, 荒谬的梦, 343 注, 416, 426—45, 448—51, 513, 662—5, 670

Absurdity of dreams, 梦的荒谬性, 20, 55—7, 60, 76, 96, 339, 591, 662

Accelerated flow of ideas in dreams, 梦中观念的加速流动, 498

Achilles, 阿喀硫斯, 129, 645

Acrobatic performances, 杂技表演
  与飞行或跌落的梦, 272, 393
  与癔症发作, 272
  与性交的潜意识记忆, 272 注

Adam Bede, "亚当·贝德", 290

Addenda to dreams, 梦的附加物, 155 注, 376, 456, 489, 518—19, 677

Adler, V., 阿德勒［鸢，奥政治行政官］, 213 注, 214

Admissibility to Consciousness, 意识的可接受性（又见 Censorship, 稽查作用；Repression, 压抑）, 144—5, 177, 236, 540—2, 547, 593, 615, 672, 676—7, 679

Adonis, 阿道尼斯, 401

Adriatic, 亚得里亚海, 465—6

Aeneid, *the*, "依涅伊德", 608

Aesculapius, 埃斯库拉派俄斯, 34 注

Affect in anxiety-dreams, 焦虑梦中的感情, 236, 267, 385, 401 注, 557

Affect in dreams, 梦中的感情, 66—7, 74, 377, 459—87, 633, 640
  缺乏, 462—4, 477, 637
  移置作用, 177, 267, 463—7, 478, 485—6, 654
  发生性质, 582
  亲人的死亡, 248—9, 463, 583—4, 675
  多重性决定作用, 480
  释放, 一种离心过程, 467—8

颠倒,141,237,455,463,471—7
压制,461,467—8,471,507,556—7,
　　582
几种来源的组合产物,480,507
变换,604,606
转变到醒后时刻,478
Affect in neurotic characters,神经病性格
　　中的感情,479
Affect in waking life,清醒生活中的感情,
　　177,460,471,478—9,602,645
Age,representation of, in dreams,梦中年
　　龄的表现,409—10,416,438—9,
　　513,669—70
Agencies,the two psychical,两种精神动
　　因(又见 Primary process,原初的过
　　程;Secondary process,继发的过程),
　　xv, xviii, 144—6, 177, 235—6, 260,
　　308,479,598—611,676—80
Aggresiveness,攻击性,159
Agoraphobia,旷野恐怖症,360,362,581
Ahnfrau, Die (Grillparzer),"女祖先"(格
　　里帕采尔),262
Alarm-clock dreams,闹钟的梦(又见
　　Arousal dreams,唤醒的梦),26—8,221
"Albert","奥伯特",586
Albertus Magnus,阿伯特,马格勒斯,542 注
Alcoholism,酒精中毒,89
Alexander the Great,亚历山大大帝,99
　　注,614 注
"Allegorical" dream-interpretation,"隐喻
　　式的"释梦,524
Alliteration,形成头韵(又见 Play upon
　　words,词语游戏),59,206,531 注
Almaviva Count (in Nozze di Figaro),阿
　　尔玛维瓦伯爵(见"费加罗婚礼"),
　　209
Alpelhofer,阿尔贝霍夫,474
Alps,the,阿尔卑斯山,198,378—9

Alternatives in dreams,梦中的抉择,312,
　　316—18,650,661
Ambition,and Ded-wetting,野心,与尿床,
　　216
Ambivalence,emotional,情绪的矛盾,431
Amenorrhea,经闭,332 注
Amnesia,遗忘症,记忆缺失,301,521
Anaesthesia,general,一般性感觉缺失,23
Anagogic dream-interpretation,理想精神
　　的释梦,524
Anal theories of birth,分娩的肛门说,
　　354—5,400
Analogies,类比,比拟,
　　"ab"和"a b",247,314
　　美国牙医,563
　　艺术家和一块玛瑙,237—8
　　巴洛克宫殿和古代罗马,492
　　堵断的公路,530
　　借来的水壶,119—20,123
　　托儿所里的弓箭,567
　　驱赶苍蝇,577—8
　　钟面,223
　　克拉苏斯和帕提亚皇后,570
　　嗅觉诊断,350—1
　　企业家和资本家,561
　　意大利教堂的正面,211
　　地下世界中的鬼怪,249,553
　　大金字塔,547 注
　　象形文字手稿,321,341
　　显微镜下的纤毛虫,620—1
　　"捕蝇纸"中的"拉丁"铭文,500
　　蘑菇和菌丝体,525
　　肚脐,111 注,525
　　翻译的碑文,135 注
　　战场上的和平,467
　　画谜,278
　　文艺复兴革命,516
　　罗马雕刻,596

713

齐格飞斗篷,515
绘画中表现的言语,312—14
钢琴键上的10个指头,78,122,222,634
"三个愿望",557,581注
泰坦人,553
不得人心的官吏,144—5
更夫,567—8,680

Anderson, Hans,汉斯·安徒生,243
Animals as dream-symbols,作为梦象征的动物,225,231,357,395,406—7,410,462
Animals' dreams,动物的梦,131—2
Antarctic, the,南极洲,131注,132注,646
Anticathexis,反精力倾注,605
Anti-semitism,反闪族主义,反犹太主义（又见Jews,犹太人）,136注,139,196—7,212
Antithesis in dreams Compared to that in ancient language,与古代语言中相比较的梦中对立面,318注,661注
Anxiety in children,儿童的焦虑（又见Pavor nocturnus,夜惊）,
　　由成人的交媾所引起,585
　　由对手淫的压抑而引起,586
Anxiety, neurotic,神经症焦虑,
　　分娩行为:初次体验,400注,401注
　　与旷野恐怖症,360—1,581
　　由性交中断所引起,156
　　由潜意识系统的解放而产生,581—2
　　对考试,274
　　性起源,161—2,236—7,289,337—8,361,582—6
　　有关的典型梦,395
Anxiety-attacks,焦虑发作,581,585
Anxiety-dreams,焦虑梦,（又见Distressing dreams,悲伤梦）
　　感情,236,267,385,401注,557
　　被唤醒,680
　　作为来源的幼儿期印象,190注
　　与精神病,88—9
　　性基础,161—2,236—7,289,337—8,361,582—6
　　与躯体刺激,34,236—8,267,402
　　标准的,271—4,385,393—4,399,402—4
　　与欲望满足,135—6,160—2,236,267,487,550,557,580,674—5
Apollo,阿波罗,34注,187,435注
Apparatus, psychical（见Psychical apparatus,精神机构）
Aquileia,阿奎利亚,464,466
Arabs, dream-interpretation among,阿拉伯人中的释梦,4注,98注
Archaic character of dreams,梦的原始特性,60,549,591
Archimedes,阿基米德,167注
Arcole,阿柯尔,234
Aristender,阿里斯坦德尔,99注
Armada, the,无敌舰队,213—14
Arousal by cessation of sensory stimuli,为感觉刺激的中止所唤醒,53,679
Arousal dreams,唤醒的梦,（又见Alarm-clock dreams,闹钟的梦）,26—8,233—4,238,367,403,495—8,571,575—7
Artabanus,阿尔塔巴努斯,8
"As though" in dream-content,梦内容中的"好像",489
Aspargus as dream-symbol,作为梦象征的芦笋,184
Association, free, and the interpretation of dreams,自由联想与释梦（又见Involuntary ideas,不随意观念）,xiv-xv,98注,102—3,241—2,280—1,307,311,353,360,523,527—32,635—

714

Association of ideas，观念的联想，58—9，62，66，77，90，284，515，591，594，596，599，648，653，656
　　神经症患者的，xiv，530—1，676，
　　精神病患者的，90，530 注
Associations, Superficial replace deep，表面联想代替深层联想，176—82，531，530—2
"Associative dreams"联想性的梦，40，221
Astonishment in dreams，梦中的惊讶，205，445，452—5，488
Athene，雅典娜，187
Athens，雅典，294，314，398 注
Attention，注意
　　在睡眠中的继续，505
　　在中间思想形成中的移置作用，295
　　与梦的遗忘，45
　　精神神经症中的，461
　　与精神分析技术，101—3，522—3，527，635—6
　　催眠性幻觉中注意的松弛，31
　　与躯体刺激，235，679
　　与 ψ 系统，523，541，563，575—7，593—4，615—16
　　从清醒生活中撤退，48
Atreus，阿特里厄斯，419 注
Auditory，听觉
　　幻听，89—91，418 注
　　梦中意象，49，50
　　作为梦刺激物的刺激，23—8，30，32—3，50，226—7，232—4，681
Augean stables 奥吉斯王的牛栏，469—70
Ausse，奥西湖，127，129，194，208，469
Auto-erotism，自淫，自体性欲（见 Masturbation，手淫）
"Automatism ambulatoire"，"活动漫游症"，457
"Auto-symbolism" of fatigued thoughts, (Silberer)，疲倦思想的"自动象征作用"，（西尔贝勒）19 注，344—5，503

Avebury, Lord，阿维伯利勋爵，2

Bacchus，巴克赫斯，401
Back, George，乔治·巴克，132 注
Bag as dream-symbols，作为梦象征的袋子，86，225，357—8，384
Ballon as dream-symbols，作为梦象征的气球，364，368
Basedow, J.，巴塞杜氏（症），269—70
Beaumarchais，博马舍，209
Bechterew，别赫切烈夫，298
Bed wetting，尿床，216，371，395，403 注，404
Beethoven，贝多芬，385—6
Belle Héllène, La (Offenbach)，"美丽的海仑"（奥芬巴赫），489
Bellevue，贝尔维尤（维也纳附近），108，121 注
Benedikt M.，本尼狄克特，491
Berger, Hans，汉斯·伯格尔，193
Berlin，柏林，170，172，195，294，298，439，443，480，663
Bernard, Claud，克劳德·伯纳德，523
Bernburg, Duchy of，伯因伯格的公爵，56
Bernheim, H.，伯恩海姆，148
Bible, the，圣经，69—70，97，124 注，334，380，484 注
　　菲利浦森的圣经，583
Birth，出生，分娩
　　分娩行为，焦虑的初次体验，400 注
　　梦，374—7，387 注，391，399—403
　　幼儿期学说，354—5，400
Bisexuality，两性性欲，两性兼备，359，396，569，606，606 注
　　梦象征的，358—9，684
Bismark，俾斯麦，378—81
Blasel，布列塞尔，412
Böcklin，柏克林，166
Bomb explosion，炸弹爆炸
　　引起的拿破仑的梦，26，233—4，

715

497—8

法国议院的,500

Bonjour,*Casimir*,卡西米尔·博佐,498

Borgia,*Lucrezia*,卢克丽霞·波姬亚,217注

Baurget,*Paul*,保罗·布尔热,126

Box as dream-symbol,作为梦象征的箱盒,86,154,185—6,188,216,225,354,359,407,684

Branch as dream-symbol,作为梦象征的枝条,319,325,347—8,652

Brandes,*George*,乔治·布朗狄斯,265

Bräsig(in *Ut mine Stromtid*)布拉西格(见"我的务农日子里的一个古老的故事"),112

Breast-feeding,喂奶,204,207,223,233,287—9,326,372—3,572,577,679

Breasts represented by dream-symbols,梦象征表现的乳房,287,297,308,372—3

Breslau,布雷斯劳,299—301,443

Breuer,*Josef*,约瑟夫·布洛伊尔,(又见参考文献A),100,482注,486

Brill,*Dr.A.A.* 布里尔医生(又见参考文献A)xxviii,xxxii,99注

Brücke,*Ernst*,欧恩斯特·布吕克,*xiv*,206,413,421—3,452—3,477,481—2,484

Brugnolus,布鲁罗勒斯,13

Brutus,布鲁特斯,398注,424,483

"Bürger"Ministry,the,"比格尔"内阁,193

Burglars as dream-symbols,作为梦象征的窃贼,395,403—4

Buttocks 臀部

与身体的换位,387

与梦象征的作用,355,358,364,397,400,411

Cain,凯恩,458

Cairo,开罗,25

Calais,加来,518注

Calculation in dreams,梦中的计算,327,414—18,438—9,513,662—3,668—70

Callot,*Jacques*,雅各·卡洛特,428注

Campagna,the,坎帕格纳,196

Carso,卡索[平原],547

Castration,阉割,

　幼儿期说,363

　神话中的,256,398注,619

　与伊谛普斯情结,398注

　梦中象征化的,357,363—4,366—7,387注,412

Castration-dream in children,儿的阉割梦,366—7

Castration-threat,阉割恐吓,619

Cathexis of psychical energy,精神能量的精力倾注(又见 Excitation,兴奋),与移置作用,177

　与梦过程心理学,541—4,548,553—7,564—6,570,573—9,581—2,593—605,610—17

　概念的发展,xvi—xviii

Cattaro,卡塔罗,207

Causal relations in dreams,梦中的因果关系,314—16,661

"Censor","稽查员",505—6

Censorship,稽查作用(又见 Admissibility to conciousness 对意识的可接受性;Repression,压抑;Resistance,抵抗;)

　宁可允许不真实被说成真实,437

　与梦中的感情,461,468,471—2,478,480,485—6

　与焦虑梦,267

　与移置作用,308,471,507,589

　与梦的化装,142—4,160,175,267,308,374,368,514,576,606,677—8,682

　与死亡的梦,253,256,260,266—7,435—6

　与裸露癖者梦,245—6

716

与梦的遗忘,516—17
与润饰作用,489,499,514
与性因素,188,207—8
与梦念中的潜意识想象物,492—3
与欲望满足,533,551
在前意识系统和意识系统之间,615, 617—18
在潜意识系统和前意识系统之间, 553,567—8,617
在两种精神系统之间,235—6,607, 611
在谵妄中的功能作用,529
在精神神经症中的功能作用,530, 618
由抵抗所强加的(又见Resistance,抵抗),308,321,499,542,563
强加于抵抗,530注
女学上的,与梦中的相比较,142—3, 529
做梦时"意识自我"的参与部分,234
与预言梦,625
与回归作用,542,545,574,606注
睡眠期间的松弛,526,542,567—8, 670,679
表面联想代替深层联想,530—1, 563—4
逃避的表现手段,320—3,327,330, 340,346,349
与睡眠的欲望,571,573
"Character"based on memory-traces,基于记忆痕迹的"性格",539—40
Charles Ⅻ,查理十二,56
Chaucer,乔叟,135注
Childhood impressions,童年印象
与手淫,490
与压抑,546,548,604
作为白天想象物的来源,492
作为梦的来源,15—17,30,163—4, 184,189—219,228,408,539—40, 546,589,659,667
作为跌落和飞行梦的来源,271—3, 393,395
作为着火的梦的来源,395
作为裸露癖梦的来源,244—5,247
作为癔症幻觉的来源,545—6
作为楼梯梦的来源,369—71
作为游泳梦的来源,395
弗洛伊德的,231,472,483—6
与梦的隐意的联系,218
与梦中感情的关系,483,485—6
Children,儿童
作为梦象征,357,362—4,406
裸露癖,244—5
语言游戏,303
与父母之间的关系,255—65,452, 458—9
Children of Israel,以色列的儿童,380,443
Children's dreams,儿童的梦,
与神经症,522注
与欲望满足,127—31,133注,135, 551—4,644—5,650,674
焦虑梦,135
作为睡眠的守护者,678
阉割梦,361
梦例,127—31,259,267—8,366—7, 372—3,413—14,643—5
可理解性,643,646,679
与亲人的死亡,259
经常发生的梦,190
Children's relation to siblings,儿童与兄弟姐妹的关系(又见Infantile sexual theories,幼儿性欲说;Infantile sexuality,幼儿性欲;Infantile wishes,幼儿欲望),250—5
Chinese,dream-interpretation among,中国人的释梦,4注
Choral Symphony(Beethoven),"合唱交响曲"(贝多芬),386
Chorea,舞蹈症,56
Chronological sequence in drems,梦中的年月顺序(又见Temporal relations,时间关系),52注,91,314—16,328,

717

661—3
Clarinet as dream-symbol,作为梦象征的单簧管,86
Classical antiquity,经典古迹、古典传说,
　与伊谛普斯情结,261—4,398 注
　对梦的理解,2—4,8,22,33—4,75,98,132 注,226,353,614
　有翅膀的男生殖器,394
Claustrophobia,幽闭恐怖,284
Clementi,克莱蒙特,371
Clerk-Maxwell,J.,克勒克—马克斯威尔,456,520
Climbing,dreams of,攀登的梦,285—9,305,326,365
"Cloaca theory" of birth,出生的"泄殖腔说",355
Clothing as dream-symbol,作为梦象征的穿衣,86,186,204—6,355—6,360—2,391
Cociane,medical use of,古柯碱（可卡因）的医药用途,111,115,117,120,170—1,173,176,206,216—17,282
Coenaesthesia,生存感觉,功能正常感觉,35—7,45,90,92,222,237
Coined word in dreams,梦中铸造的词,296—300,302—4,356,442
Coitus a tergo,鸡奸,397
Coitus interruptus,中断性交,155—7
"Collaterals","梦径",311 注,532
Collective figures,集合人物（又见 Identification,模拟作用）,292—5,320—2,432—4,482,649—52,657—8
Colours in dreams,梦中颜色,227,411,547
Comedie Française,法兰西剧院,209
Component instincts,合成本能,396
Composite structure,复合结构,292—5,320—5,432—4,482,596,649—52,657—8
Compromises,formation of,in dreams,梦中调和的形成,596—7,602,676

Compulsions,强迫（症）,强迫行为（又见 Obsessional neurosis,强迫性神经症;Obessions,强迫）,198,458
Condensation,凝缩作用
　梦的工作的一种功能,179 注,279—305,308,499,533,595—7,602,648,653—4,660,666—7
　利用集合人物,292—5,320—2,432—4,482,649—652,657—8
　利用复合结构,292—5,320—5,432—4,482,596,649—52,657—8
　利用言语手段,296—300,302—4,519
　与表现力的考虑,344,407
　与移置作用,339—40
　与梦象征作用,685
　精神神经症症状中的,671,676
　与精神强度,330,507,543,595—6
　与潜意识想象物,493
Conditional mood, representation of, in dreams,梦中条件语气的表现,335,429—30,438
Conflict of will represented by feeling of inhibited movement in dreams,意志冲突在梦中表现为被抑制动作感,246,337,661
Confusional State,混乱状态,76,259—60,384,529
Conscious system, the,意识系统（又见 Consciousness,意识）,615—17
Consciousness,意识
　对意识的可接受性,144—5,177,236,540—2,547,593,615,672—4,676—7,679
　对潜意识欲望的满足,552—8,563,567,571,573
　主要性质,144—5,594
　功能,616
　梦文学中的,58
　与ψ系统的关系,539—42,546—7,552—3,576,600,603,605,607—8,676—7,679,686

718

感知精神性质的感官,515
与知觉系统的特殊关系,574—5,616

Conscutive dreams,连续的梦(又见 Dreams of same night,同一晚的梦;Series of dreams,梦的系列),525

"Constancy,law of","恒常律",xvi-xxii,565 注

Contradiction in latent dream-thoughts,潜隐的梦念中的矛盾,318—19,326,336—7,434—5,468,486,596—7,652,660—2

Contradiction in manifest dream-content,明显的梦内容中的矛盾(又见 Incoherence of dreams,梦的不连贯),52 注,54—7,76,243,313,433

Contraries,representation of,in dreams,梦中相反性的表现,318—19,326,652,661

Convenience,dreams of,方便的梦,xv,124—5,161 注,233,396,402,571,645

Copulation,交媾,
  与杂技表演,272 注
  成人间的交媾引起儿童的焦虑,584—5
  梦中的象征化,355,362—6,369—72,376—7,384,386—7,397—8,400,403 注,472—3,684
  从手淫转变到,382,391

"Counter-wish" dreams,"反欲望"梦,146—59

Crussus 克拉苏斯,570

Critical activity in dreams,梦中的批评活动,57,313,488—9,505

Criticism,批评
  在荒谬梦中表现的,434,444—5
  患者在精神分析中放弃批评,101—3,523,636—7

Cromwell,Oliver,奥利弗·克伦威尔,447—8

Cs.意识系统(又见 Conscious system,意识系统;Consciousness,意识),615

"Currently active"material,"当时活动的"材料,228,231,234—6,282,487,554

Dachstein,the,达赫斯坦,127—8

Dahn,Felix,费力格斯·达恩,216 注

Dame aux Camélias, La (Dumas),"茶花女"(小仲马),319,347 注

Dante,但丁,474

Danton,丹东,497

Danube,River,多瑙河,201,212

Dattner,Dr.,B 达特纳医生,366,417

Daudet,Alphonse,阿尔方·都德,126,285—9,326—7,491,535

David.J.J.戴维,299

Day-dream,白日梦(又见 Phantasies,想象物,幻想),50,170—1,491—3,494 注,534—5,667

Day's residues,白天的残余,与焦虑梦,274
  与"官能现象",505
  与潜意识欲望,267,555—64,573,682
  作为梦的材料,163,165—87,227—8,237,554—64,580 注,589,640,655—7
  梦文学中的,7,17—19,21,79,81

Dead persons,dreams about,关于死人的梦,421—31,435—9,449—51,509—10,533—4,550,570—1

Death,死亡
  成人的态度,254,255 注
  儿童的态度,254—5
  梦中关涉到梦者自己,337 注,431 452—5,465,472—3,477—8
  表现在未赶上火车梦中对死亡的恐惧,385
  梦见亲人的死亡,18,80—1,152—5,248—60,266—7,463,559—60,583—4,642,675

719

Death-wishes,死的欲望
　　对兄弟姐妹的,250—5
　　对父母的,255—67,328
　　对性的敌手,399 注
　　表现在亲人死亡的梦中,249—67,328,430
　　压抑,145 注,154—5
"Decoding" method of dream-interpretation,释梦的"译码"法,97—100,104—5,225,351,388,471
Defaecate,need to,as dream-instigator,作为梦刺激物的排粪需要,161 注,213,402—3,411
Defaecation,refered to in dreams,梦中涉及排粪（又见 Faeces,粪便）,200,213—14,332,403,429,448,468—9,520
Defensive mechanism,防御机制,260
"Deferred action",theory of,"延缓行动"说,205
Déjà vu in dreams,梦中的"似曾相识",399,447,478
Deliria,谵妄,36,72,90—1,529
Deluge,the,洪水,649
Delusions,妄想,xxiii,36—7,59,88—9,91,185 注,249,470,573,635,671
Dementia praecox,早发痴呆,351,530 注
Dental stimuli as dream-instigator,作为梦刺激物的牙刺激（又见 Teeth as dream-symbol,作为梦象征的牙齿；Teeth,dream of loose of,掉牙的梦）,37,86,225—7,385—392
Departure as dream-symbol,作为梦象征的别离,385
Depression,抑郁症,89,332 注
Derision in the dream-thoughts expressed by absurdity in dream-content,因梦内容的荒谬性而表现的梦念中的嘲笑,430,434—5,444—5,451,662,664
Destructiveness,破坏性,161 注

Devil,the,魔鬼,585,613
"Devil's trill",the,"魔鬼奏鸣曲",613 注
Diable,Ile du,妖岛,166
Diagnostic value of dreams,梦的诊断价值,3,33—4,72
Digestive processes as dream-instigator,作为梦刺激物的消化过程,22,35,37,85—6,168,220—1,226,403
Diomede,狄欧米底,129,645
Disease,organic,and dreams,器质性疾病与梦,3,33—5,72,236
Digust,emergence of,in childhood,儿童期中厌恶的出现,604
Displacement,移置作用（又见 Psychical intensity,精神强度；Transvaluation of psychical values,精神价值的转换）,梦的工作的一个主要部分,307—8,507,516,543,561—4,589,595—7,654—5,666—8,671,685
　　利用梦念的言语表达的变化,339—41
　　与凝缩作用相结合形成复合结构,294,322,482,657—8
　　精神神经症中的,182,461,671,676
　　梦中感情的,177,267,463—7,485—6,654
　　清醒生活中感情的,177
　　利用表面联想的重要性,176—82,531,656
　　精神强度的 xv—xvi,117 注,176—82,305—9,339,410,460,561—4,654—60,675
Dissociation,分裂,521
Distortion,化装,伪装
　　稽查作用的一种功能,144,160,175—7,267,308,525—6,573,576,606 注
　　与感情,461
　　与润饰作用,514,590
　　掩饰梦欲望,134—45,182,218,308,381,552,559,570,589

720

儿童梦中的,127注,268,
亲人死亡梦中的,248—9
裸露癖者梦中的,243
"天真无邪"梦中的,182—9
神经症中的,374,419注
清醒生活中的,141—2
包括精神价值的撤退,516
颠倒一种工具,327—8
言语模棱两可,一种工具,341
Distressing dreams,悲痛梦(又见 Anxiety dreams,焦虑梦),134,145—6,152—60,556—8,675
Doll's House, A (Ibsen),"傀儡家庭"(易卜生),296
Don Giovanni (Mozart),"唐吉伐尼"(莫扎特),497
Doors as dream-symbol,作为梦象征的门,346,397,683
"Dora","多拉",190注,341注,354,387注,395,516注,519注,531注,561注
Dordogne,多尔多涅,13
Dornbach,多恩巴赫,129,432
"Doubles antendres" compared to dreams,"双关语",与梦相比较(又见 Verbal ambiguity,言语模棱两可),186
Doubt,怀疑,335,448—9,515—17,
Dover,多佛尔
Draconian code,严酷的法典,255注
Dramatization in dreams,梦中的戏剧化,50,653—4,685
"Dream within a dream","梦中梦",338,575
"Dream-book" method of dream-interpretation,释梦的"梦书"法,97—100,104—5,225,351,388,471
Dream-content(manifest),(明显的)梦内容,显意,显梦
　　与感情,465,467—8
　　与复合结构,320—1,649—52
　　与凝缩作用,279—84,292,310,650—3

来源于童年印象,182,189—91,198—9,546
来源于经验,11—21
来源于新近而无关紧要的印象,163—5,169,174,176—82,218,555—62
移置作用的效果,305—8,310,654—9
化装的效果,135,141,589
与性欲,396,682—3
与遗忘,144,512—13,517,521
与智能活动,445,450
与潜隐的梦念的关系,122—3,135,163,277—84,305,311,329—30,356,435,506—7,580注,640—3,648,652—61
与颠倒,326—8,434
与润饰作用,243,493,666—8
与感觉刺激,23—30,37—9,223—7,237—8,393,680
与象征作用,241注,252—3,683—4
"Dream-day","做梦的当天",166
Dreaming, recognition of the state ("This is only a dream"),认出做梦的状态("这不过是一个梦"),338,488—9,571—2,575,680
Dream-instigator,梦刺激物,见:
　　Auditory stimuli,听觉刺激
　　Defaecate, need to 排粪需要
　　Dental stimuli 牙刺激
　　Digestive processes 消化过程
　　Excretory needs 排泄需要
　　Hunger,饥饿
　　Olfactory stimuli 嗅觉刺激
　　Organic stimuli 机体刺激
　　Pain 疼痛
　　Psychical stimuli 精神刺激
　　Resparatory processes 呼吸过程
　　Sensory stimuli 感觉刺激
　　Sexual feeling 性感
　　Tactile stimuli 触觉刺激

721

Thermal stimuli 热刺激
Thrist 口渴
Urinary stimuli 尿刺激
Visual stimuli 视觉刺激
Dream-interpretation,释梦（又见 Neurotics,psycho-analysis of,对神经症患者的精神分析；Psycho-analysis, technique of,精神分析的技术），
"隐喻式的",524
"理想精神的",524
利用相反性,99 注
"译码"法,97—100,104—5,225,351,388,471
"梦书"法,(见"decoding""译码")
"分次的",523
从未完全,279,524
一般的方法,96—100,104—5,683
前科学的,1—2,633—4
是"通向潜意识的皇家大道",608
"象征"法,3,96—7,99—100,104,225—7,334—5,341—2,505,613,683
技术,1,100—5,146,165,241—2,279—80,310—11,353,360 注,449,515—32,636,673,683—5
"Dream-phantasies","梦想象物","梦幻想",331
Dreams,梦
荒谬的,343 注
闹钟的,26—8,221
焦虑的(见 Anxiety-dreams,焦虑梦)
唤醒的,26—8,238 注,403,495—8,571,575—7
自传的,348—50,364—6,388 注
分娩的,374—7,387 注,391,399—403
儿童的(见 Children's dreams,儿童的梦)
连续的,525
方便的,124—5,161 注,233,396,402,571,645

"反欲望的",146—59
悲痛的,134—6,145—6,152—60,556—8,675
同一晚作为同一整体的部分,333—5,347,403,444 注,525,661
利己主义,267—71,322—3,440—1,485,664
窘迫,37,238—40,242—7,264,285,336
遗精,238 注,316,335,369—71,388,391—2,394,402
考试,273—6,385,450—1,475
裸露癖者,37,238—40,242—7,264,285,336
实验产生的,25—6,29—35,38—9,41,77,123,181 注,220—1,384,503,589,680
记忆增强的,11—17,57,64,589,634
伪善的,145 注,399 注,473—7
幼儿期的,131 注,133 注,190,645—7,674,679
"天真无邪的",182—8,199,397,402,420,668—9,682—3
新婚夫妇的,81
伊谛普斯,145 注,397—9
攀登的,285—9,305,326,365
死人的,421—31,435—9,449—51,509—10,533—4,550,570—1
亲人死亡的,18,80—1,152—5,248—60,266—7,431,463,559—60,583—4,675
梦者自己死亡的,452—5,472—3,477—8
跌落的,24,37—8,202,271—3,392—5,590
着火的,395,509—10,533—4,550,570—1
飞行的,37—8,226,238,271—3,370,385—6,392—4
未赶上火车的,385
游泳的,392—3,395

722

拔牙的,86,225,227,387—92
怀孕,126,401—2,646
预兆的,3,5,65,72,97,621,623—5,634,674
惩罚,473—6,557—60
经常(或周期)发生的,44注,91,143注,190,475,579注,685
救援的,403
梦的系列,193—6,247,362,525
性梦,66,81,86,198,369—71,396,398,606注,682
楼梯,238—40,247,355,364—6,369—72,384,684
可理解和易弄懂的,642—3,655,674
不可理解的和不易弄懂的(见 Incoherence of dreams,梦的不连贯)
弄得懂但是令人困惑的,642—3
作为内容一部分的言词表达,210,455注,514
又见：
Addenda to dreams,梦的附加物
Affect in dreams,梦中的感情
Astonishment in dreams,梦中的惊讶
Diagnostic value of dreams,梦的诊断价值
Duration of dreams,梦的久暂
Exaggeration in dreams,梦中的夸张
Forgetting of dreams,梦的遗忘
Form of dreams,梦的形式
Hullucinatory character of dreams,梦的幻觉性质
Incoherence of dreams,梦的不连贯
Inhibited movement in dreams,梦中的禁制运动
Jokes in dreams,梦中的笑话(诙谐)
Judgements in dreams,梦中的判断
Memory in dreams,梦中的记忆
Memory of dreams,梦的记忆
Obscurity of dreams,梦的模糊性
Dream-source,梦来源(见 Important day-time impressions as dream-source,作为梦来源的白天重要经验;Trival day-time events as dream-source,作为梦来源的无关紧张的白天事件)
Dream-symbols,梦象征(见 Symbols,象征)
Dream-thoughts (latent),(潜隐的)梦念,隐意
与荒谬梦,430注,433—8,444—5,451,664
与感情,460—2,465—8,470—2,478,485—7,507,556
作为来源的童年经验,190—1,198,203—4,218,546,659—60
稽查作用,321—2,516,530—1
仅与重要的事物有关,589
凝缩作用,279—84,288,292,294—5,505,595—7,648—53
与白天的残余,174,178
与移置作用,305—8,507,654—6,659
在显梦中的化装,135,141,145注,514,589,659
主要性质,311—12,
利用梦中的数字表现,414—16
利用梦中的言语表现,418,423—4,668
梦中的部分现实感,372注
与对梦的判断,187,331—2,445—6,449—55,459,488,
来源于正常心理生活,592—3
与前意识,270注,541—2,592—6
精神强度,329—30,561—2,395—6,654—6
与回归作用,543,546,548
与显梦的关系,118,122—3,227,295,305—8,311,329,356,506,640—3,654
被压抑的欲望,244,266,470—1,598,606注
利用梦的工作加以表现,288,311—23,326—9,335—7,352,394,410,

723

660—2
与润饰作用,488—93,495,499,666—8
性材料,396—9
与躯体刺激,237
由梦的分析而发现,144,174,517,522—7,530—2,641,686
Dream-work 梦的工作
与感情,461注,465,467—8,471—2,480,487,507,556—8
与荒谬梦,426—45
与梦中的计算,414—18
与梦中的理智活动,445—59
与梦中的言语,418—25
与稽查作用,320—2,507
将各种梦来源组成一个单独统一体,178—9,228
凝缩作用,一种功能,179,279—304,445,507,519,595,648—53
与表现力的考虑,329—49,445,507
在前意识控制下的白天功能作用,575—7
与清醒思想在性质上的不同,507
移置作用,一种功能,178,304—9,445,507,543,561—2,654—7,671
与实验产生的梦,181注
非理性特性,592—8,671
与表现方法,311—38,360,414,660—2
与前意识,575—7
回归特性,547—8
与润饰作用,488—503,507—8,666—8
与感觉刺激,225—6,236
与象征表现,350—60,659,685
将梦念(隐意)转换为梦内容(显梦),277—8,445,506—7,641—3
在释梦中加以阐明,522—5

Dreyfus,德赖弗斯,166
Droit du Seigneur,领主的初夜权,209
Duino,杜伊诺,464

Dumas,A.(fils),小仲马,319,347注
Dupuy,杜普伊,500
Duration of dreams,梦的久暂,(又见 Time,sense of,in dreams,梦中的时间感),26—7,64,495—8,575,590
Dyspnoea,呼吸困难,285

Eberstein Count,Ballad of,"爱伯思坦伯爵民谣",354
Echerntal,the,埃契恩塔尔,127
Eggs as dream-symbol,作为梦象征的鸡蛋,346
Ego,自我,52,55,84,234,267,322—3,327,410,484注
    与被压抑的欲望,557—8,679—80
    与里比多,410
    与超我,476注
Egoism of children,儿童的利己主义,250,267
Egoistic character of dreams 梦的利己主义特性,267—71,322—3,440—1,485,664
Ehniger,Dr.厄尼格尔医生,70注
"Either-or" in dreams,梦中的"要么一或者",312,316—8,650,661
Ekdal(in The Wild Duck),埃克达尔(见"疯狂的公爵"),296
Eliot,George,乔治·埃利奥特,290
Embarrassment dreams,窘迫的梦,37,238—40,242—7,264,285,336
"Emil","埃米尔",128
Emission,泄精,遗精(又见 Erection,勃起;Orgasm,性欲高潮;Sexual content,dream with,性满足的梦),
    梦中有意识地抑制,572
    梦以遗精而告终,238注,316,335,369—71,388,391—2,394,402
    梦中的象征化,403注
Emmersdorf,爱默斯多夫,211
Emperor's New Clothes the,"皇帝的新

衣",243—4
Energy,psychical,bound and free,被约束的和自由的精神能量,599—601,610—11
Enuresis,遗尿,216,371,395,403 注,404
Epilepsy,癫痫,89,202,545
Erection symbolized in dreams,梦中象征化的勃起(又见 Impotence,阳痿;Emission,泄精),354,377,380,394
Ereutophobia,红色恐怖症,298
Eros,性爱,生存本能,161 注
Erotic wishes expressed in dreams,梦中表现的性欲,160 注,270 注,334,381,396—8,682—3
Errors,错误(又见 Slips of the tongue,口误),423n,456,519,535 注,605,671
"*Erwartung und refüllung*"(*Schiller*),"生与死"(席勒)466 注
Esprit d'escalier of the censorship,稽查作用的马后炮,489
Etna Mount,埃塔纳火山,24
Etruscan,伊特拉斯坎人
　坟墓,454—5
　陶器,124,465—6
Exaggeration in dreams,梦中的夸张,84,90,268 注
Examination,考试
　神经症患者的焦虑,274
　考试梦,273—6,385,450—1,475
Excitation,兴奋(又见 Cathexis,精力倾注)精神机构的,537—44,553—5,564—6,568,573—82,594—605,610—17
　兴奋的总和,xvi,xviii
"Excretion"theory of dreams(*Robert*),梦的"清除"说(罗伯特),78—80,177—8,579
Excretory needs as dream-instigators,作为梦刺激物的排泄需要,86,161 注,209—11,213,218,219 注,221,227,233,238 注,367,402—3,411

Exhibitionism,裸露癖
　儿童的,198,244—5
　神经症患者的,244
Exhibitionist dreams 裸露癖者梦,37,238—40,242—7,264,285,336
Exner,*Sigmund*,西格蒙德·厄克斯纳,482 注
Experimentally produced dreams,实验产生的梦,25—6,29—35,38—9,41,77,123,181 注,220—1,384,503,589,680
External sensory stimuli,外部感觉刺激被唤醒,52—3,78,80,497—8,571,678,680—1
　作为梦刺激物,22—31,40,58,80,220—35,237—8,589,633—4,680—1
External world,外部世界(见 Reality,现实)
Eye as dream-symbol,作为梦象征的眼睛,398 注

Faeces,粪便(又见 Defaecation,排粪)与金钱之间的联系,403
Fairy tales,神仙故事,246,309 注,501 注,523,557,581 注,685
Falling,dreams of,跌下的梦,24,37—8,202,271—3,392—5,590
Fallstaff,法尔斯塔夫,205 注
Farina,*Johann*,*Maria*,约翰·玛丽·法林娜,25
Fates,*the*,命运女神,204—5,233
Faust(*Goethe*),"浮士德"(歌德),78 注,142,283,287,483
Favourite child,宠爱的孩子,398 注
Fear,恐惧(又见 Anxiety,焦虑;Phobias,恐怖症)
　作为恐惧实现的梦,557
　梦中体验的,464—5
　客观性的,600

725

死亡的,254
Feradinand and Isabella of Spain,西班牙的斐迪南和伊莎贝拉,213
*Ferenczi,Dr.S.*费伦齐(又见参考文献A) xxix,367
Fedelio(Beethoven),"费德里奥"(贝多芬),385—6
Fagaro(in Nozze di Figaro),费加罗(见"费加罗婚礼"),208—9,434
Figures of speech expressed literally in dreams,梦中用文字表达的言语形象,406—8,429,446
Fire,火
  作为梦象征,395
  火的梦,395,509—10,533—4,570—1
Fischhof,费肖夫,211
Fish as dream-symbol,作为梦象征的鱼,357
Flatus,屁,215
"*Flavit et dissipati sunt*","他把它们吹得溃不成军",214,469
Fleischl von Marxow,Ernst,冯·马索·欧恩斯特·弗利契尔,111注,115,206—7,421,423—4,482,484,486
Fliagende Blätter,"捕蝇纸",[德国漫画期刊],184注,298,419注,452,500
Fliess,Wilhelm,威廉·弗利斯(又见参考文献A),xx,94注,116—17,145注,170,172,294—5,297注,298,323—4,327,331,421,439—40
  女儿(宝琳),486
  姐妹,481,486
  儿子(罗伯特),268注
"*Flora*","芙洛拉"[病人名],175—6,282
Florence,佛罗伦萨,167注
Flowers as dream-symbols,作为梦象征的花,169—76,282—4,319,325,347—8,374—6,652
Flushing,脸红,298
Flying,dreams of,飞行的梦,37—8,226,

236,238,271—3,370,385—6,392—4
Folklore,民间传说,xxvii,351,357,621,685
Forgetting,遗忘(又见 Memory of dreams,梦的记忆),
  由潜意识目的决定的,169—70
  清醒生活中的,43—4
  不存在于潜意识中,577—8
  梦的,20,43—7,155注,279—80,489,512—26,633,677
  无关紧要的印象的,178
Form of a dream represents its subject-matter,梦的形式代表它的题材,329,332
Formal regression,形式的回归作用,548
*Fouquier-Tinville,A.Q.*富奇-丁维勒,26
"Fractional" dream-interpretation,"分次的"释梦,523
Fragment über die Natur(Goethe),"自然"的片断(歌德),439—41,449,662—4
France,Anotole,安东尼·法朗士,82注,93
Franklin,John,约翰·富兰克林,132注
Franz Josef,Emperor of Austria,奥地利国王法朗兹·约瑟夫,208—9,211,296注
Free association in the interpretation of dreams,释梦中的自由联想(又见 Involuntary ideas,不随意观念),xiv-xv,98注,102—3,241—2,280—1,307,311,353,360,523,527—32,635—41,683—5
French Revolution,法国大革命,25注,26—7,495—7
Freud 弗洛伊德
  与古柯碱(见 Cociane,古柯碱,可卡因)
  与德国民族主义,210,213,323
  任命为临时教授,136—7,139—40,192—3,271,560

渴望访问罗马（又见 Rome，罗马），193

分析自己的梦（见 Self-analysis, Freud's）

关于他的未来的预言，192—3

访问意大利（见 Italy，意大利）

Freud's children，弗洛伊德的孩子们（又见 Mathilda，马蒂尔达）

关于或有关的梦，111—13，120，292，299，301—2，444和注，447—8，469—70，478，487，547，558—60，639

做的梦，127—30，643—4，650

Freud's children's nurse，弗洛伊德的孩子们的保姆，442—3

Freud's father，弗洛伊德的父亲

与反闪族主义，197

与青光眼，170—1，216—17，317—18，427—9，435—6

去世，xxvi，217注，317—18，427—9，435—6

在弗洛伊德的梦中涉及的，138，172—3，191—3，216—17，293，424—9，435—8，447—51，484

Freud's grandfather，弗洛伊德的祖父，583

Freud's grandson，弗洛伊德的孙子，461注560

Freud's hobbies，弗洛伊德的癖好

古玩，124，167，465

藏书，172—3，284，305，467

Freud's mother，弗洛伊德的母亲，17，192，204—6，247，583—4

Freud's nephew Hermann，弗洛伊德的侄子赫尔曼，130—1，252—3，644

Freud's nephew John，弗洛伊德的侄子约翰，231，424—5，483—5

Freud's nieces，弗洛伊德的侄女们，252—3

宝琳，425注，486

Freud's nurse，弗洛伊德的保姆，247，248注

Freud's schoolmaster，弗洛伊德的校长，17，211—12

Freud's sister(eldest)，弗洛伊德的大姐，172

Freud's sister-in-law，弗洛伊德的姐夫，211

Freud's uncle *Josef*，弗洛伊德的叔叔约瑟夫，137—40，165，192，293，305—6，322，472，484注，570

Freud's wife，弗洛伊德的妻子

订婚和结婚，437—8

在弗洛伊德梦中的形象，124，558—9

在分析"植物学专著"梦时提及的，169—70，172—3，175，282

在分析"爱玛"梦时提及的，108，110注，115—16，118，120，292

在分析其他梦时提及的，128—9，166，207，232，269，299，301—2，465，638

Fruit as dream-symbol，作为梦象征的水果，287，372—3

Fulda，*Ludwig*，路德维希·弗尔达，243

Function of dreaming, theories of，做梦功能的学说，75—87，177—8，579—80，591

"Functional phenomenon, the"(*Silberer*)，"官能现象"（西尔别勒），215注，338—9

Fur as dream-symbol，作为梦象征的毛皮，86

Ganymede，神的侍酒者，217注

Gaps in dreams，梦中的间隙（空白），332—3，335，447，489，517，562

Garden as dream-symbols，作为梦象征的花园，346，348

Gargantua，高康大，215，469

Garibaldi，加里波的，428，447

Garnier (illustrator of *Rabelais*)，加尼尔（拉伯雷的插图画家），469

"*Gärtner*, *Professor and Frau*"，加特纳教授夫妇，171，175—6，282

727

Gastein,加斯坦,379

Gendanken und Erinnerungen(*Bismark*),"男子汉与政治家"(俾斯麦),378

General anaesthesia,一般性感觉缺失,23

General paralysis of the insane,精神病患者的全身瘫痪,439—40,663

Genitals,生殖器

 梦中用言语方法暗指,154,232,304

 在梦象征作用中转移到身体上部 387 390,410

Genitals,female,女性生殖器

 有关的梦,201,332—3,369

 梦中的象征化,186—7,346,354—6,374—6,384,387,399—40,403 注,684

Genitals,male,男性生殖器

 有关的梦,211,369,386

 梦中的象征化,86,227,346—8,354—81,384,387,390,412,683—4

Germinal(*Zola*),"萌芽"(左拉),213

Ghost as dream-symbol,作为梦象征的鬼魂,403—4

Gigantic figures as dream-symbols,作为梦象征的巨人们,30,408

Giotto,乔托,15

Giskra,吉斯克拉,193

Gleichenberg,格里欣山,194

God,上帝,217 注,378,380—1,413

Goethe,歌德,78,207,265,314 注,319,354,613,714

 关于歌德的梦,326—7,337 注,439—41,448—9,471,662—5

 歌德奖,142 注

 引述,142,147 注,283,287,428,483,637,639

Gorizia,格里齐亚,166

Gradica(by *Wilhelm Jensen*),"格拉底沃"(威廉·詹森),97,372 注

Grado,格拉多,466

Gradus ad Parnassum(*Clementi*),高蹈派练习曲(克莱蒙特),371

Graz,格拉茨,210,215,406

Greeks,希腊人(见 Classical antiquity,经典古迹,古典传说)

Gregory,John,约翰·格雷戈里,24

Gridnand's reactions,格里格纳德反应,382

Grillparzer,*Franz*,弗朗兹·格里巴泽尔,214,262

Grimm's Fairy Tales,"格林童话",477

Groller,*Balduin*,巴尔杜印·格罗勒,678

Grüne Heinrich der(by G.Keller),"年轻的海因利希",(凯勒尔),246,407

Guillotine,the,断头台,27,64,495—7,575

Gulliver's Travels,"格利佛游记",30,469

Hagen(in the *Nibelungen lied*),哈根(见"尼伯龙根之歌"),515

Haggard,*Rider*,赖德·赫加德,453—4

Hal,*Prince*,哈尔王子,205 注,484

Hall,G.Stanley,斯坦利·赫尔,xxxii

Hallstatt,哈尔斯塔德,127

Hallucinations,幻觉,xv,6,36 注,89—91,418 注,535,566,678

 听觉的,89—91,418 注

 入睡前的,31—3,49,220

 夜惊中的,585

 回归特性,xv,544—5,548,567—8

 视觉的,90,544—5

Hallucinatory character of dreams,梦的幻觉特性,xv,40—1,50—3,58,222,230,502,542—3,546—7,555 注,567—8,605

Hallucinatory character of wishes,欲望的幻觉特性,566—7,598

Hallucinatory regression,幻觉的回归作用,xv,544—5,548,567—8

Hameau,the,哈密欧,129,189

Hamilcar,*Barca*,巴尔加·哈密尔卡,197

Hamlet,哈姆莱特,60,175,263 注,264—

6,444

Hamnet,哈姆涅特,265—6

Hannibal,汉尼拔,196—8

"*Hans*,*Little*","小汉斯",131 注,250 注,253 注

Hansdrubal,哈士多路巴,196 注

Hat as dream-symbol,作为梦象征的帽子,355—6,360—2,652

Heart of the World (by *Rider Haggard*),"世界的心"(赖德·赫加德),454

Heart symbolized in dreams,梦中象征化的心脏,225

Hegel,黑格尔,55

Heimkehr,*die*(*Heine*),"归乡"(海涅),490 注,513

Heine,海涅,435 注,490 注,513

Hellen(in *Offenbach's belle Hélene*),海仑(见奥芬巴哈的"美丽的海仑"),488 注

Heller,*Hugo*,雨果·赫勒尔,xxix

Helmholtz,赫尔姆霍斯,xvi—xvii,613

Henry IV,*Part I*(*Shakespeare*),"亨利第四",第一部分(莎士比亚),205 注,484

Henry VI,*Part III*"亨利第六",第三部分,212

Henry VIII,亨利第八,212—13

Herbst,赫布斯特,193

Hercules,海格立斯,469

Herder;*J.G.von*,赫尔德,207

Hero and Leander,"希罗和黎安德",214

Herodes,*Dr.*,海罗德斯医生,443

Hero dotus,希罗多德,398 注

Herophilus,赫洛菲洛斯,132 注

Hesse,赫斯,303

Hiess,希斯,623

Heitzing,赫特辛格,298

Hilferding,*Frau Dr.M.*医生希尔费丁夫人,473

Hippias,希比亚,398 注

Hofburg,the(Vienna)霍夫堡,(维也纳)

Homer,荷马,246—7,249,474,553 注

Homosexuality,同性恋(又见 Inversion,倒错),159,288,327,358,384—7,392,396,646

House as dream-symbol,作为梦象征的房屋,85,225—6,346,355,364,366 注,397,399,454

Hunger,饥饿

作为梦刺激物,32,131 注,134,161 注,204—8,233,268,396,646

想象物(幻想),566

Husyatin,赫斯廷,233

Hymn to Joy(*Schiller*),"快乐颂"(席勒),386 注

Hypercathexis,过度精力倾注,594,603,617

Hypermnesia in dreams,梦中记忆增强,11—17,57,64,589,634

Hypnagogic hallucinations,入睡前的幻觉,31—3,49,220

Hypnosis,催眠,102,148,384,570 注

Hypocritical dreams,伪善的梦,145 注,399 注,473—7

Hysteria,癔症,歇斯底里,115,146,251,529,597—8,617—18

迟缓动作,204—5

感情的移置作用,461

疑虑,516 注

弗洛伊德的学说,214,217,451—2,469—70

与哈姆莱特,265

儿童的,200

男性的,438

性基础,150,346

身体各部分的移位,387,390

言语畸形,303

Hysterical,癔症的

焦虑,106

发作,149—50,202,272,328,393,494 注,545,578

729

幻觉,544—5
摹拟作用,149—51
模仿,149—50,202,285
瘫痪,89,563
想象物(幻想),150,185注,217注,245,328注,491,569—70,613,618
恐怖症,xxiii,100,259—60,581,613,671
呕吐,570,618
Hysterical symptoms,癔症症状,106—110,114,150,332注,618—19,685
　　依附于想象物而不是真实事件,217注,491
　　由对立欲望之间的矛盾所引起,569—70
　　形成,与梦的形成相比较,597—8,603,606—7,614,671
　　消除,528,673
Hysterics,癔症发作
　　梦,146,203
　　精神分析,203,218,522,528,593,597—8,673

Ibsen,易卜生,257,296
Identification,摹拟作用(又见 Collective figures,集合人物)
　　梦中的,149—51,320—4,326,363,431,449,458,664
　　癔症中的,149—50,151注
Illusions,错觉,90,589
　　梦即错觉说,28—30,41,58,90,222—3,227
Imagery in dreams,梦中的意象
　　听觉的,49,50
　　视觉的,30—3,49—50,324,344,534—6,546—8,552,597,659—60,667,671
Important day-time impressions as dream-sources,作为梦来源的重要的白天印象,8,18—19,79—82,174,176,180—2 228,282,655—6
Impotence,阳痿(又见 Erection,勃起)
　　在考试梦中表现的害怕阳痿,275注,276
　　在梦中表现的,186—7,291,362注,364,473
Inadmissibility to consciousness,对意识的不接受性(又见 Censorship,稽查作用;Repression,压抑),144—5,177,236,540—2,547,593,615,672,676—7,679
Incest,乱伦,358
Incestuous wishes,乱伦的欲望,256—8,260—5,397—9,452,585
Incoherence of dreams,梦的不连贯(又见 Obscurity of dreams,梦的模糊性),20,44,46,54—7,60—3,331
　　由于润饰作用的失败,490,667
　　梦的工作的产物,642—3,646,648,655,674
　　压抑的结果,672,674
India,dream-interpretation among,印度人的释梦,4注
Indifferent feeling-tone of dream-content 梦内容的无关紧要的情调,467—8,470,557
Indifferent material in dream,梦中无关紧要的材料(又见 Triviality of dream-content,梦内容的琐事),19,165—88,397—8,415,563—4,589,646,656—7
Indistinctness in dreams,梦的不清晰性(见 Obscurity of dreams,梦的模糊性)
Inertia,principle of,惰性原理,xvii
Infantile,幼儿期的,幼儿的(又见 Childhood impressions,童年印象;Children,儿童)
　　成人中的梦,131注,133注,190,645—7,674,679
　　裸露癖,198,244—5

730

梦见一部分心理生活,567
性学说,354—5,363
性创伤,288 注
性欲,130 注,160 注,244—5,257—8,262—4,370,376—7,524,682
Infantile wishes,幼儿的欲望,xix,191,219,245—7,552—3,556,589,598,604—6,679,682
自体性爱(手淫),380
敌手的死亡,249—60,262
乱伦的,256—8,260—4,452,585
Inferiority,delusions of,自卑妄想,470
Inhibited movement,feeling of in dreams,梦中的被抑制运动感,238—40,242,246—7,285,335—8,434,584,590,661
"Innocent"dreams,"天真无邪的"梦,182—8,199,397,402,420,668—9,682—3
Inquisition,the,宗教法庭,24,70 注
Insanity,精神病,精神错乱(又见 Dementia praecox,早发痴呆;Mania,躁狂症;Melancholia,抑郁症;Paranoia,偏执狂)
病因学,36
回归性功能作用,567—8
与梦之间的关系,88—92,569 注,592
"Instenzen","动因",537 注
Instigators of dreams,梦的刺激物(见 Dream-instigators,梦刺激物)
Intellectual activity in dreams,梦中的智能活动(又见 Logical relations in dreams,梦中的逻辑关系),54—65,76,313,445—59,524,554—5,564,613,660—2,667—8
Intelligibility,considerations of,可理解性的考虑,666
Intensity,psychical,精神强度,xvi,54,330—1,460,576,593,602,672
与移置作用(又见 Displacement,移置作用;Transvaluation of psychical value,精神价值的转换),177,306—7,507,516,543,553,561—3,589,595—6,654—5
与感觉强度,330—1,561—2,654
Intensity,sensary,of dream-images,梦象的感觉强度,43—4,329—31,500,561—2
与精神强度,330—1,561—2,654
Intermediate thoughts,中间思想,228,235,307,311,339,489,527,530,532,596,602,620,650,657
梦例,282,293,295,424,434,484,486,513
Internal(organic)sensory stimuli,内部(机体)感觉刺激,33—42,58,80,85—6,220—1,226,235,237—8,402,565,590
Internal(subjective)sensory excitation,内部(主观的)感觉兴奋,xvii—xviii,30—3,58,80,220,546,589,634,678
Interpretation of Dreams, The,"释梦",xii-xv,xviii—xxxii,93—5,172,193 注,390,392,410,453,477,515,521,631—2
Interpretation of dreams(见 Dream-interpretation,释梦)
Interpretation of sensory stimuli,感觉刺激的解释,24—30,33—9,221—4,234—8,499—500,680—1
Interruption of analysis,分析的中断,517
Interruptions in dreams,梦的中断,332—3,335,447,489,517,562
Inversion,倒错(又见 Homosexuality,同性恋;Lesbian practices,女性同性爱),159,288,327,358,384—7,392,396
Involuntary ideas,不随意观念(又见 Free association,自由联想),48—52,70—3,102,516,523,527—8,591
Iphigenia,伊菲珍妮,207 注
Iphigenie auf Tauris(*Goethe*),"道里斯的伊菲珍妮"(歌德),207

731

Irish Sea,爱尔兰海,519
"Irma","爱玛",106—20,123,136,140,162,173,180 注,292—3,295,306,310,314,316,322,341,513,534,595
Ischl,伊希尔,208
Isonzo River,伊桑佐河,547
Isrealitische Bibel (Philippson),旧约犹太圣经(菲力浦森),583
Italy,Freud's desire to visit,弗洛伊德渴望访问意大利,193—7,231—2,283,317,432,469—70,547
Italy,King of,意大利国王,285,288
"Itzig,the Sunday rider","周末骑士伊奇格",231

Jackson,Hughling,休林斯·杰克逊,569 注
Japanese,dream-interpretation among,日本人的释梦,4 注
Jealousy,嫉妒
　对兄弟姐妹的,251—5
　对父或母的,262—6
Jehovah,耶和华,214 注
Jenkison,Dr.(in Daudet's Le Nabab),詹金斯医生(见都德的"富豪"),291
Jenson,Wilhelm,威廉·詹森,91 注,372
Jerusalem,耶路撒冷,59
Jesus Christ,耶稣基督,70
Jews,犹太人(又见 Anti-semitism,反闪族主义),4 注,193—6,442—3
Jocasta,伊俄卡斯特,261—2,264
Jokes,笑话,诙谐
　作为多余能量的释放,605
　梦中的,62—3,176,209,298 注,340—1,345—6,351,407—9,518 注,596
　清醒生活中的,99 注,176,297 注,345,351,356,433,480 注,518 注
　与潜意识,528 注,530
Joke-work,诙谐工作,356,356 注

Jones,Ernest,厄恩斯特·琼斯,(又见参考文献A),111 注,270 注,482 注
Joseph,and Pharoah's dream,约瑟夫,与法老的梦,334,484 注
Joyeuse,Monsieur (in Daudet's Le Nabab),乔耶西先生(见都德的"富豪"),535
Judgements on dreams,对梦的判断
　对醒后仍属于梦念的所做的,187,331—2,445—7,667
　在梦本身中所做的,445,448—59,463,667—8,680
　认为"这不过是一个梦",338,488—9,571—2,680
Julius Caesar,恺撒大帝,398 注,424,483—4,
Julius Caesar (Shakespeare),"恺撒大帝",(莎士比亚),424,483—4
Jung,C.G. 荣格(又见参考文献A),93 注,387 注,391

Kanlenberg,the,卡赫伦堡,108
Kaiser,Josef Memorial,约瑟夫·恺撒纪念碑,422—3
Kant,康德(又见参考文献A),68,503—4
Karl(in Ut mine Stromtid),卡尔(见"我的务农日子里的一个古老故事"),112
Karlsbad,卡尔斯巴德,194—5
Kärntnerstrasse,康特纳斯特拉斯,623,625
Kätchen von Heilbronn,(by Kleist),海尔布隆的卡申(克莱斯特)291
Keller,Gottfield,哥尔弗利德·凯勒尔,246,407
Keys and locks as dream-symbols,作为梦象征的钥匙和锁,354
Kleist,Heinrich,von,海因利希·冯·克莱斯特,291
Knödl,克洛德,205—7

732

Koller,*Karl*,卡尔·科勒,170—1

Königstein,*Dr.*,科尼希斯坦医生,171,173—6,282—3

Körner,哥尔纳,102—3

Korsakoff's syndrome,科尔萨科夫综合征,384

Krauss,*F.S.*,克劳斯（又见参考文献 A）606 注

Krems,克拉姆斯,210

Kreimhild(in the *Nibelungenlied*),克里姆希尔德（见"尼伯龙根之歌"）,515 注

Kris,*Dr.Ernst*,欧恩斯特·克里斯医生,xvi

Kronos,克罗诺斯,256,619

Laïus,*King of Thebess*,拉伊俄斯,底比斯国王,261—2

Landscapes as dream-symbols,作为梦象征的风景,356,366,399—400

Language,语言（又见 Verbal,言语的,语词的）

与前意识,574

与梦的关系,99 注,339—42,344—7,352,355 注,407,684

Lasker,*Edward*,爱德华·拉斯克,299—300

Lassale,*Ferdinand*,费狄南·拉萨尔,299—301

Latent content,潜隐的内容（见 Dream-thoughts）,latent,潜隐的梦念,（隐意）

Laughter,大笑,605

La Vendee,旺代,25 注

Lecher,*Dr.*,莱契尔博士,268—9

Left and right as dream-symbols,作为梦象征的左和右,357—8 380—1

Leiden einer Knaben,*die*(by C.F.Meyer),"一个男孩的悲哀"（梅耶尔）,470

Lenau,*N.*,莱劳,156

"*Leopold*",利奥波特,107,112—13,115,119

Lesbian practices,女子同性爱（又见 Inversion,倒错）,288,384

Lessing,*G.E.*,莱辛,176

Libido and anxiety,里比多与焦虑,161—2,236,337—8,410,586

Lido,*the*,里多,664

Liebeskunzil,das(by *Pinizza*),"爱情会议"（潘尼查）,217 注

Liechtenstein,列克敦士登,56

Lied von der Glocke(*Schiller*),"钟之歌"（席勒）,428 注

Liesing,利辛,298

Literature on dreams,梦的文献 xix-xxiii,1—95,105,686

Litter Taitor,*the*(by *Grimm*),"小裁缝"（格林）,477

Lobgesänge auf König Ludwig（*Heine*）,"科尼希·路德维希颂歌"（海涅）,435 注

Locality of dreams,梦的位置,场所,48—9,536

Loewe,"狮"（民歌）,462

Logic,presence or absence of,in dreams,梦中有无逻辑,54—7,62,543

Logical relations represented in dreams,梦中表现的逻辑关系,312—20,449—50,507,543,660—2

Lopez,*General*,洛佩兹将军,59,631 注

"*Louise*","路易丝",452—4

Löwenfeld,*L.*,洛温菲尔德,631

Lubbock,*Sir*,*John*,约翰·卢波克爵士,2

Lübeck,吕贝克城 194

Ludwig,*King of Bavaria*,巴伐利亚国王路德维希,435 注

Luggage as a dream-symbol,作为梦象征的行李,358

Lyon,*Miss*,莱昂斯（狮子）小姐

733

Macbeth,麦克佩斯,266
Macrobius,麦克罗比乌斯,3
Madeira,麦德拉岛,355
Magdeburg,马德堡(监狱),132注
Magic Flute,The,"魔笛"
Malade Imaginaire Le(Molière),"幻想病"(莫里哀),520
Mania,躁狂病,89,356注
Manifest content,明显的内容,(见Dream-content(manifest),明显的梦内容,显意,显梦)
Map as dream-symbol,作为梦象征的地图,356
Marat,J.P.,马拉,26
Marathon,马拉松,398
Marabach,马尔巴赫(席勒出生地),456注
Marburg,马尔堡,456
Maria Theresa,Empress of Austria,玛丽亚·德里萨,奥地利女皇,428
Marriage,represented in dream-symbols,梦象征中表现的结婚,354,358
Marxow,Fleischl von(见*Fleischl von Marxow*,弗莱施尔·冯·马克松)
Masochism,受虐狂,159,375,476"精神的",159
Masséna,马赛拉(犹太名为*Manasse*,马拉赛),197—8
Masturbation,手淫,186—7,348,357,363,365,371—2,380—3,385—92,544,586,619
　与牙刺激的梦,385—92
　梦中涉及童年禁止手淫,363,380—1,544,586,619
　梦中的象征化,186—7,348注,357,365,371—2,378—83
"*Mathilde*","马蒂尔迈",111—12,117—18,120
Matter and Motion(by Clerk Maxwell),"物质与运动"(克勒克·马克斯威尔),456,520
Maupassant Guy de,莫泊桑,290

Meaux,摩埃,16
Mecca,麦加,59
"Medical" theory of dreams,梦的"医学"说,76—8,82,87,92,180,590,634—5,680
Meeres und der Wellen,Des(by Grillparzer),"情海波涛"(格里巴泽尔),214
Magalomania,夸大狂,215—16,218,470,556 父辈的,448
Melancholia,抑郁症,89,332注
Mélusine,legend of,梅露辛传说,649
Memory 记忆(又见 Forgetting of dreams,梦的遗忘;Mnemic system,记忆系统),作为梦的来源,180—1,功能,538—40,543,565—6,573—4,578,599—604,617
　梦中的,xiii,11—21,29,57,64,68,90,163—4,218—19,589
　清醒生活中的,11,57,163,529注
　梦的,43—7,512,517—21,522注
Memory-traces,记忆痕迹,xiv—xviii,228,507,538—9,540注,565,578
Melelaus(in *Offenbach's La Belle Hélène*)梅内劳斯(见奥芬巴赫的"美丽的海仑"),488注
Menstruation,月经,319,347注
Mental deficiency,心智缺陷,76
Mental discese,精神病(又见 Dementia praecox,早发痴呆;Mania,躁狂症;Melancholia,抑郁症)
　病因学,36
　回归性功能作用,567—8
　与梦的关系,88—92,569注,592
"Mental masochists","精神的受虐狂者",159
Mephistoeles(in *Goethe's Faust*),梅菲斯特菲勒斯(见歌德的"浮士德"),28,142注
Meredith,George,乔治·梅里狄斯,300注
Meyer,Conrad F.,康拉德.F.梅耶尔,470

734

Meyer，*Karl*，卡尔•梅耶尔，125—6

Meynert，*Theodor*，提奥多•梅勒特（又见参考文献 *A*），437—8

Macturition，排尿（又见 Bed-wetting，尿床；Urinary stimuli as dream-instigators，作为梦刺激物的尿刺激），
梦中表现的，201，210—19，227，352 注，367，373，402—3，469
梦中语词上涉及的，304

Middle Ages, dream-interpretation in，中世纪的释梦，4 注

Midsummer Night's Dreams，*A*，"仲夏夜之梦"，462

Milton，密尔顿，135 注

Miramare，米兰梅尔，464

Missing a train, dreams of，未赶上火车的梦，385

Mnem.（见 Mnemic system，记忆系统）

Mnemic elements，记忆元素，539

Mnemic systems（Mnem.）记忆系统（又见 Memory，记忆；Memory-traces，记忆痕迹），xviii，538—43，565—6，573—4，578，599—604，617

"*Moi splanchnique*"，"内脏自我"，36

Molière 莫里哀，520

Money，金钱
贪财等于不洁净，200
等于粪土，403

Montbrison，蒙特布里森，16—17

Mood during sleep, and affect in dreams，睡眠时心境与梦中的感情，487

Moor，*Karl*（in Schiller's Die Räuber）卡尔，摩尔（见席勒的"强盗"），424 注

Mora Duc. de（in Daudet's Le Nabab），莫拉公爵（见都德的"富豪"），291

Moral responsibility for dreams，梦的道德责任，68—70

Moral sense，道德感
与梦，54，58，66—74，90，244
与伊谛普斯情结，263
儿童的，250

Moravia，摩拉维亚，196

Moscheles，莫斯切尔斯，371

Moses，摩西，380—1，401

Motor activity and the psychical apparatus，运动活动与精神机构，537，541，544，555，565—8，578，698—602，605

Motor paralysis in sleep，睡眠中的运动瘫痪，xv，468，555，568

Mozart，莫扎特，208—9，291，434，497

Müller，*Herr*，米勒先生，494

Müllerin Verrat，*der*（Goethe），"磨坊主的女儿"（歌德），319

Multiple determination of the dream-content，梦内容的多重决定作用，149，219 注，283—4，306—8，309 注，330，489，505，652—3
梦例，292—3，295，417，452 注，510

Munich，慕尼黑，294—5，657

Music，音乐，
精神神经症幻觉中的，418
带入梦中的音乐短语，50
唤起的回忆，497

Mussidan，莫锡登，13

Muthmann，穆斯曼，93 注

Myths，神话，xxvii，256，266 注，345，351，357，398，400—1，619，633，685

Nabab，*Le*（by Daudet），"富豪"，（都德），291，491，535 注

"*Nächlich am Busento lispeln*"，"在布森托私语的夜晚"，419 注

Nail-file as dream-symbol，作为梦象征的指甲锉，354

Nakedness or undress, dreams of，裸体或脱衣的梦，24，37，238—40，242—7，264，285，336

Nansen，*F.*，南森，191

Napolean，*I*，拿破仑一世，9—10，26，197—8，233—4，497—8，554

Narcisism of children，儿童的自恋，255 注

735

Narrow space as dream-symbol,作为梦象征的狭窄空间,86,397,399注,401
Nature, philosophy of,自然哲学(泛神论的),5注,41
Nausicaa,瑙西加,246—7
Neck tie as dream-symbol,作为梦象征的领带,356,684
Negative,否定的,
　不存在于梦中,318,326,337,661
　梦中的表现,246,326,337
Neologism,新词,296—300,302—4,356,441—3
"Nervous stimulation", dreams due to,源于"神经刺激"的梦,221—2
Neue Ghetto, Das,新犹太人区,442
Neurones,神经元,xvii—xviii,540,599
Neuroses,神经症
　其中感情在质上虽属正当,在量上却超出限度,461,479
　与亲人的死亡,251注,257—8
　幻觉,418注,535
　与儿童的乱伦欲望,257—63
　防御的,230注
　回归的特性,544—5,548—9
　与梦的关系,xiii,xv,xix,151注,303,418注,522,549,597—8,606—7,619,635
　与压抑,235—6,530,618
　性基础,185注,236,257,260—1,300—1,346—7,349注,441,605—6,664
　理论,xxv—xxvii,xxxii,104,128,441,451,469—70,483,588,605—6
　潜意识精神过程,611—12,614,616—18
Neurotic fears,神经症恐惧(又见 Anxiety, neurotic,神经症焦虑;Phobia,恐怖症),346—7
Neurotic symptoms,神经症症状
　作为潜意识欲望的满足,553,558,562—4,569,577—8,605—6
　能做多因素解释,266

　用以逃避焦虑发作,581
　在"爱玛"的梦例中,108—10
　患者的态度,410
　潜意识系统和前意识系统之间冲突的产物,581,592
Neurotics 神经症患者
　尿床,216
　与儿童相比较,251,268注
　强迫进行自由联想 xiv
　梦,xxiii,14,104,146,162,185,203,244,273,346,371—4,623
　全神贯注于自己的身体,346
　精神分析,xxv,xxvii,14,104,146,162,182,216,244,257—8,273,310,522,531,553,593,612,673
Newly-married couples, dreams of,新婚夫妇的梦,81
Nibelungenlied,"尼伯龙根之歌",515注
Nietzsche,尼采,330,549,655
Night fears,夜惊,135注,585
Nightmare,梦魇,3,34—5
Nonsense words in dreams,梦中的胡言乱语,296—300,302—4,356,441—3
Nora in A Doll's House,"傀儡家庭"中的娜拉,296
Normal persons,正常人
　与神经症患者仅有量的差别,373
　梦中的象征作用,373—7
Norse sages,北欧传说,407
Notre-Dame, Cathedral of,巴黎圣母院,469
Novalis, F.,诺瓦利斯,83
Nozze di Figaro,"费加罗婚礼",434,497
Numbers,数字
　作为梦的象征,358
　梦中的,39,414—18,438—9,513,668—70
　偶然选择的,514—15,532注
Nursing mother and child,乳母与孩子,204,207,223,233,287—9,326,372—3,572,577,679

Obscurity of dreams,梦的模糊性(又见 Incoherence in dreams,梦的不连贯; Sensory Intensity,感觉强度),与压抑的关系,518注,672,674,677—8
  与润饰作用,500
  意义,1,329—35,365,445—6,512,516,518注,649,654—5
Obsessional neuroses,强迫性神经症,xxiii,89,245,251,304注,351注,445注,573,593,671,686
  梦,91,328,367,399
  对谋杀冲动的恐惧,260,457—8
  精神分析处理,100,635
Obsessions,强迫症,强迫观念
  与感情,461
  与钟面的比较,223
  形成与润饰作用,244,501注
  言语形式,303—4,340—1
Odhin's Trost (by Dahn),"奥丁的安慰"(达恩),216注
Odin,奥丁,216注
Odysseus,奥德修斯,246
Odyssey, The,"奥德赛",246,249,553注
Oedipus complex,伊谛普斯情结,恋母情结(又见 Incestuous wishes,乱伦的欲望),xviii—xix,261—3,452
Oedipus dreams,伊谛普斯梦,145注,397—9
Oedipus Rex,"伊谛普斯王",261—4,501注
l'Œuvre (Zola),"作品"(左拉),300
Offenbach,奥芬巴赫,488
Olfactory stimuli as dlream-instigators,作为梦刺激物的嗅觉刺激,23,25
Olmütz,奥尔缪兹,296—7
One night, dreams of,同一晚的梦(又见 Series of dreams,梦的系列),13,315—16,333—5,347,403,441—4,520注,525,661

Ophilia,奥菲莉亚,265
Oppenheim, Prof. Ernst,恩斯特·奥本海姆教授,621注
Opposite,对立面,反面,
  用以释梦,99,471
  表现(见 Reversal,颠倒)
Optative in dream-thoughts expressed by present indicative in dream-content,梦内容中用现在陈述式表示梦念中的祈愿语气,534—5,647—8
Organic disease and dreams,器质性疾病与梦,3,33—5,72,236
Organic stimuli as dream-instigators,作为梦刺激物的机体刺激,33—42,58,80,85—6,220—1,226,235,237—8,402,565,590
Orgasm, dream ending in,梦以性欲高潮结束(又见 Emission,泄精; Sexual content, dreams with,性满足的梦),238注316,335
Oriental dream-books,东方的梦书,99注
Oriental theories of dream-interpretation,东方释梦学说,98注,99注
Orvieto,奥维托,454
Oser, Professor,奥泽教授,168注
Osiris,奥赛尼斯,401
Othello,奥赛罗,177
"Otto","奥托",106—7,112,115—20,124,140,269—71,294,534,555—6,560
Oven as dream-symbol,作为梦象征的炉灶,354,684
Overdetermination,多重决定作用,
  感情的,480
  梦内容的,149,219注,283—4,366—8,309注,330,489,505,652—3;梦例,292—3,295,417,452注,510
  癔症症状的,569
Over-interpretation,多因素解释,149,219,248注,263注,266,279,353,396,523—4

Padua,帕多亚,15
Pain as dream-instigator,作为梦刺激物的痛觉,23—7,85—6,125—6,224—5,229—33,495—6,681
Pallas Athene,智慧之神雅典娜,187
Paneth,Josef,约瑟夫·帕内特,482,484—6
Pantagruel,庞塔格吕埃,215
Paralysis,瘫痪
全身的,439—40,663
癔症的,89,563
Paramnesia in dreams,梦中的记忆错误,447注
Paranoia,偏执狂,类偏狂,76,88—9,91,142注,244—6,303,501注,529,544—5
Parents and children,父母与子女之间的关系,255—65,452,458—9
梦象征中表现的,353—4,409
Paris,巴黎,59,195,469,485,535
Paris(in *Offenbach's Belle Héline*)巴利斯(见奥芬巴赫的"美丽的海仑"),488注
Park,Mungo,芒戈·帕克,132注
Parnassus,帕拉萨斯(派),314,661
Partial sleep,theory of dreams as,梦的部分睡眠说,76—8,82,87,92,180,590
Parturition dreams,分娩梦,374—7,387注,391,399—403
Paul,Jean,让·保罗,196注
Pavor nocturnus,夜惊,135注,585
Pcpt.(见Perceptual,知觉系统)
Pcs(见Preconscious system,前意识系统)
Pelletier,佩尔蒂埃,59,531注
Penis,阳具,男生殖器(又见Genitals,生殖器;Phallic symbols,男生殖器象征)
强迫性裸露,198
有关的梦,211,369,386
Penthesilea(by *Kleist*),"潘瑟西利亚"(克利斯特),291注
"Perceptual identity","知觉同一性",566—7,602
Perceptual system(s)(*Pcpt*),知觉系统,537—44,546,548,565—8,574—8,595—6,599—600,605,615—17
Periodicity,theory of(*Fliess and Sovobada*),周期性说(弗利斯和斯沃博达),94,166—9,439注
Personality,人格
梦和精神病中的人格更替,90
分裂,91
Perversions,性欲倒错(又见Inversion,倒错,倒向),244注,350,470,607注,682
Phallic symbols,男生殖器象征
古迹中的,394
梦中的,86,227,346—8,354,381,384,387,390,412,683—4
Phantasies,想象物,幻想(又见Daydreams,白日梦),
作为梦的材料,190,202,214,331,458—9,491—8,546,613,620,667
儿童的,678
饥饿,566
癔症的,150,185注,217注,245,328注,491,494注,569—70,613,618
乱伦的,264,371
子宫内生活的,400注
神经症患者的,346
青春期的,570
性的,185注,288,328注,332—3,359—61,570,613
潜意识的,400注,492—3,574
Pharoah's dream,法老的梦,97,334
Philipp(concierge's son),菲利普(看门人之子);583
Philippson's Bible,菲利普逊圣经,583
Phobias,恐怖症(又见Anxiety,焦虑;Claustrophobia,幽闭恐怖;Fear,恐惧),xxiii,100,244,341,501注,613,

635—6,677

癔症的,xxiii,100,259—60,581,613,671

被活埋的,400 注

从窗户跌下,161

发现母亲死亡,260

谋杀冲动,259—60

小虫,286

Pillar as dream-symbol,作为梦象征的枕头,227,346

Pipe as dream-symbol,作为梦象征的烟斗,86,346

Pisistratus,庇希斯特拉图,398 注

Plato,柏拉图,67,620

Play upon words,语词游戏(又见 Alliteration,形成头韵;Figures of speech,言语形象;Jocks,笑语;Neologism,新词;Puns,双关语;Verbal ambiguity,语词模棱两可;Verbal bridge,词桥),183—4,204—7,213—15,232—3,294—5,382—4,406—7,421—5,464—6,519—20

Pleasure principle,快乐原则,(又见 Unpleasure principle,痛苦原则),xviii,567 注

Plotinus,普罗提诺,134 注

Poltava,Battle of,波尔塔瓦之战,56

Pope,the,教皇,232,291

Popovic(shopkeeper at Spalato),波波维(斯巴拉多商人),207

Pornic,波尼克(海滨),13

Postponed interpretations of dreams 梦的延缓解释,43,521—3

Prague,布拉格,195—6,323—4,397

Prater,the,布拉特(维巴纳郊区公园),192,364

Preconscious,the,前意识(见 Preconscious system,前意识系统)

Preconscious system(*Pcs.*)前意识系统,270 注,238,499,507 注,541—2,574—7,591,593—6,610,615

与被压抑欲望,551,553—5,558—62,567,572—3

与渴望睡眠,570—3,575,577,580

与原初的和继发的过程,599,601 注,603—5,610

与意识系统之间的稽查作用,615,617—18

与潜意识系统之间的稽查作用,553,617

精神治疗置潜意识系统于前意识系统的支配之下,578—82

Pragnancy,怀孕

怀孕期间的梦,126,249,401—2,646

想象物,570

梦象征中表现的,357,377,401,403 注

Premonitory dreams,预兆的梦,3,5,65,72,97,621,623—5,634,674

Pre-scientific theories of dreams,前科学的梦理论,1—4,633—4

Presbury,普雷斯堡,428

Prevost,*Marcel*,马赛尔·普雷伏,126,383

Primal scene,主要梦景,400,491 注 584—5

Primary process,原初的(基本的)过程(又见 Psychical agencies,精神动因;Secondary process,继发的过程),xv,146,235—6,260,308,599—611,676—7,680

Primitive man,dreams in,原始人的梦,1—2

Problems solved in dreams 梦中解决的问题,64—5,554—5,564,579 注

Professor extraordinarius,Freud's appointment as,弗洛伊德被任命为临时教授(又见 Freud,弗洛伊德)

Prophetic dreams,预言的梦,3,5,65,97,621,623—5,634,674

"Prospective" dreams,"预测性的"梦,506—7 注,579—80 注

739

Prostitution symbolized in dreams,梦中象征化的卖淫,358,371
Proverbs compared to dreams,与梦相比较的谚语,345,351
ψ-system,ψ系统(见 Psychical systems,精神系统)
Psychical agencies,the two,两种精神动因(又见 Primary process,原初过程;Secondary process,继发过程),xv,xviii,144—6,177,235—6,260,308,479,598—611,676—80
Psychical apparatus,精神机构,49,219,511,536—44,551,565—70,574,598—600,603,605,607—10,615—17,619—20,676,678
Psychical intensity,精神强度,xvi,54,330—1,460,576,593,602
　　与移置作用,177,306—7,507,516,543,553,561—3,589,595—6,654—5(又见 Displacement,移置作用;Transvaluation of psychical value,精神价值的转换)
　　与感觉强度,330—1,561—2,654
Psychical locality of dreams,梦的精神位置,48—9,536
Psychical stimuli as dream-instigators,作为梦刺激物的精神刺激,39—42,180—1,227—9,235—7
Psychical systems(ψ systems),精神系统(ψ系统),536—48,551—8,560—82,584,590—621
Psychical value,精神价值(见 Psychical intensity,精神强度;Transvaluation of psychical value,精神价值的转换)
Psycho-analysis,精神分析
　　置潜意识系统于前意识系统的支配之下,578
　　对神经症患者的(见 Neurotics,神经症患者)正在接受精神分析者的梦中涉及的,383,410,412 注,414—15,446 注

技术,100—5,515—32,635—6,(又见 Dream-interpretation, technique of,释梦技术)
Psychoneuroses,精神神经症(见 Neuroses,神经症)
Psychoses,精神病(又见 Dementia praecox,早发痴呆;Mania,躁狂症;Melancholia,抑郁症;Paranoia,偏执狂)
　　病因学,36
　　回归性功能作用,567—8
　　与梦的关系,88—92,569 注,592
$Ptolemy$,托勒密,1,132 注
Puberty,青春期,72,186,388,649
　　手淫的欲望,385,387,390—1,586—7
　　想象物,570
　　性好奇,346,531 注(又见 Sexual curiosity of childhood,儿童期的性好奇)
Pubic hair,symbolized in dreams,梦中象征化的阴毛,357,366 注,377,387
Punic Wars,布匿战争,196—8
Punishment dreams,惩罚的梦,473—6,557—60
Puns,双关语(又见 Jokes,笑话、诙谐;Play upon words,词语游戏)
　　梦中的,xxvii,99 注,298 注,407
　　清醒生活中的,99 注,176,433
Purkersdorf,伯克斯多夫,432
Purposive ideas,目的性观念,528—31,590—1,594—5,599,604
$Pylades$,菲拉德斯,207 注
Pyramid,the Great,大金字塔,547 注

Quality,质,xvi,xviii,574,615—17
Quantity,量,xvi—xviii,561,599,615 注

$Rabelias$,拉伯雷
Rank,O.,兰克(又见参考文献 A),xiii,

xxi,xxviii,xxix,xxxi,103,369,477,
508 注
"*Rat Man*",*the*,"鼠人",341 注,445 注
Rationalization,合理化,147—8
Rauber,Die(*Schiller*),"强盗"(席勒)424
注
Ravenna,拉韦纳,194
Reality,现实
  与"梦中梦",338
  等于梦中所欲望的东西,430
  梦中的现实感,21 注,187,372
  梦中表现的事件的,288
  现实原则,567 注
  不同于材料的精神现实,613,620
  与梦的关系,7—10,51—4,63
  检验,51—2,566—7
  睡眠中从现实退缩,222,544,590,
  634
Recurrent dreams,经常发生的梦,44 注,
  91,143 注,190,475,579 注,685
Reflex functioning of psychical apparatus,
  精神机构的反射功能作用,538,
  565—7,598
Regression,回归作用,
  形式的,548
  梦中的,xv,542—9,566—8,573—8,
  590,597,606 注,660
  正常清醒生活中的,542—3,548
  病理状态中的,xv,544—5,547—8,
  567—8
  时间性的,548
  地形学的,548
Reich,G.赖希,233
Reichenhall,赖兴哈尔,15
Reiclistag,the,德国国会大厦,428
Relatives as dream-symbols,作为梦象征
  的亲戚,358
Renaissance,the,文艺复兴,516
Repetition,重复(行为),
  儿童的喜爱重复,268 注
  梦中表现为多次性,373

记录梦时的意义,210 注
Representability,considerations of,表现力
  的考虑,339—49,361 注,499,533,
  562,574,659—60
Representation in dreams,梦中的表现
  抽象思想的,341,524
  年龄的,409—10,416,438—9,513,
  669—70
  二者择一的,312,316—18,650,661
  矛盾情感的,431
  因果关系的,314—16,661
  条件语气的,335,429—30,438
  矛盾的,318,326,336—7,434—5,
  468,486,596—7,652,660—2
  对立面的,518—19,326,652,661
  逻辑关系的,312—20,449—50,507,
  543,660—2
  否定的,246,318,326,337,661
  祈愿语气的,534—5,647—8
  重复(行为)的,373
  相似性的,319—20,661—2
  统一的,247
Representation,means of,in dreams,
  梦中的表现手段,310—38
  利用荒谬性,126—45
  利用同一性的变化,322
  利用智能活动,313,445—459,524,
  667—8
  利用数字和计算,414—18,438—9,
  513,662—3,668—70
  利用颠倒,245—6,286—8,316,
  326—8,341,364—5,381,408,481,
  648—9
  利用言语,418—25
  利用象征,346—403,683
  不寻常的,405—14
Repressed wishes,压抑的欲望(又见 Un-
  conscious wishes,潜意识欲望)160,
  235—6,262—4,396,551—82,594—
  5,598,603—6,620—1,673—5
Repression,压抑(又见 Censorship,稽查作

741

用；Suppression，抑制，压制），236—7，521，547注，598—610，617，672—80，686

与遗忘症，521

在裸露癖者梦中，244—7

感情的，461，467—8，471，480，507，556—7，582

死亡欲望的，249，266—7，328，430

乱伦欲望的，262—5，585

性的，387，390，395，410，584—6

Rescue dreams，救援的梦，403

Residues of the previous day，前一天的残余（见 Day's residues，白天的残余）

Resistance，抵抗

由抵抗施加的稽查作用，303，321，499，542，563

由于稽查作用，530注

与遗忘，516—21，525—6，532

与回归作用，539，542，547

对分析的，141，157—8，364，446注，515—22，525，673

Respiratory processes as dream-instigators，作为梦刺激物的呼吸过程，34—5，37—8，86，225—6，236，272，393

Retinal excitation，视网膜兴奋，30—3，226

Router，Fritz，弗里茨・洛伊特尔 112注

Reversal，颠倒，逆转

作为梦中表现的一种方法，141，286—8，318，326—8，341，364—5，381，408，481，556，648—9

梦中年月顺序的，328，401

癔症中年月顺序的，328注，597

荒谬梦中的，432，440，664

梦内容中的颠倒表现梦念中的矛盾，434—5，660，662

在梦象征形成中，354—5，412

在伪善梦中，145注，477

在"天真无邪"梦中，185注

在偏执狂中，246

在典型梦中，245—6，400—1

梦中感情的，141，237，455，463，

471—7

清醒生活中感情的，471

Revolutions of 1848，1848年的革命，211

Rhien，river，莱茵河，187

Riddles in dreams，梦中的谜语，184注

Richter，Hans，汉斯・李希特，342

Right and left as dream-symbols，作为梦象征的左和右，357—8，380—1

Riklin，里克林，93注

Robespierre，罗伯斯庇尔，26

Robitsek，Dr. Alfred，阿尔弗雷德・罗比泽克医生

Romans，罗马人（又见 Classical Antiquity，经典古迹），196—7，596

Rome，罗马，193—7，323—4，398注，441—2，444注，492

Romping in children, and dreams of flying and falling，儿童的嬉戏，与飞行和跌下的梦，271—3，393

Room as dream-symbol，作为梦象征的房间，214，252注，354，683

Rosegger，Peter，彼得・罗塞格，473，476注

Rousseau，J.J.，卢梭，270注

Royal persons as dream-symbols，作为梦象征的皇室人员，353—4，409，683

Rund um Il'len，"维也纳巡礼"，286

Sadism，施虐狂，159，289—90，305，370

Saint Helena，圣・海伦娜，9—10

Salzburg，萨尔茨堡，14

San Sebastain，圣塞巴斯蒂安，169

Sandoz (in Zola's L'auvre)，桑多兹（见左拉的"作品"），300

Sappho (by A. Daudet)，"萨福"，(都德)

Satisfaction, experienrce of，满意经验，565—6，598—9，602

Savonarola，萨沃纳罗纳，167注

Scaliger，the elder，老斯卡利格尔，13

Schelling，谢林，5

Schiller,席勒,102—3,337注,388注,419注,424,428注,456,466,519,665

Schlau,*Hanschen*（in *Lessing's Sinngedichte*）狡猾的小汉斯（见莱辛的"讽刺短篇诗"），176

Schopenhauer,叔本华（又见参考文献A），263注,503

Schottentor,Vienna,舍腾托尔,维也纳,382

Schrötter,*K.*,施罗特尔（又见参考文献A），384

Screen memory,屏蔽记忆,173,246注,269,283注,391

Secondary process,继发的过程（又见Primary process,原初的过程；psychical agencies,精神动因），xv,146,235—6,260,308,489,599—611,676—7,680

Secondary revision,润饰作用（又见Unification,necessity for,统一的必要性），xix,234,242,313,449,459,488—508,514—15,533,575,666—7

与考试梦,274

梦例,381,583—4

清醒生活中的,497—501

伊谛普斯神话,润饰作用的结果,264

Secrecy,represented in dreams by "a lot of strangers",梦中用"一大群陌生人"表示秘密,245—6,288

Self-analysis,Freud's,弗洛伊德的自我分析，xix—xx,xxiii—xxvi,101—2,105—6,120—1,454,477,636,639—40

Self-observation in dreams,梦中的自我观察,505—6

Semmering tunnel,塞默林隧道,400

Sensory intensity,感觉强度,

与精神强度,330—1,561—2,654

梦象的,43—4,329—31,500,561—2

Sensoy stimuli,感觉刺激

与梦象的强度,329

与恒常性原理,565

被感觉刺激所唤醒,51—3,78,497—8,571,678,680—1（又见 Arousal dreams,唤醒的梦）

被感觉刺激中断所唤醒,53,679,

作为梦刺激物,3,22—42,58,64,78,80,85—7,220—40,554,589,633—4,680—1

作为梦中感情的来源,487

作为一切精神活动的来源,537—8

解释,24—30,33—9,221—4,234—8,499—500

在梦内容中的表现,334—5

精神病中对感觉刺激的反应,90—2

又见：

Auditory stimuli 听觉刺激

Dental stimuli 牙刺激

External stimuli 外界刺激

Olfactory stimuli 嗅觉刺激

Organic stimuli 机体刺激

Pain 痛觉

Subjective stimuli,主观性刺激

Tactile stimuli 触觉刺激

Themal stimuli,热刺激

Visual stimuli 视觉刺激

Series of dreams,梦的系列（又见Consecutive dreams,连续的梦；Dreams of same night 同一晚的梦），193—6,247,362,525

Sexual aetiology of neuroses,神经症的性病因学,xxvii,185注,236,257,260—1,300—1,441,605—6,664

Sexual basis,性基础,

焦虑梦的,161—2,236—7,289,337—8,361,582—6

梦的,160注,161—2,183—8,202—8,232—9,245,346—403,410,412,420—1,440—1,449,606,682—3

考试梦的,275—6

夜惊的,585

Sextual content,dreams with,具有性内容的梦,66,81,86,198,369—71,396,

743

398,606注,682
Sexual,curiosity of childhood,儿童期的性好奇,326,346,354,365,459,531注
Sextual feeling as dream-instigator,作为梦刺激物的性感,24,35,37,86,221,238注,316,370,551
Sextual intercourse,性交
  杂技表演与性交的潜意识记忆,272注
  成人间性交引起儿童的焦虑,584—5
  梦中的象征化,355,362—6,369—72,376—7,384,386—7,400,403注,472—3,684
  从手淫过渡到性交,391
Sextual symbolism in dreams 梦中的性象征作用(又见 Symbols,象征)xiii,154,184—8,206,319,325,346—403,683—5
Sexual trauma,性创伤
  实际想象物的明显的,288注
  梦中反复出现的,185注,198
Shakespeare,莎士比亚,135注,474
  "哈姆莱特",60,175,263,264—6,444
  "亨利第四",1,205注,484
  "亨利第六",3,212
  "恺撒大帝",424,483—4
  "仲夏夜之梦",462
  "奥赛罗",177
  "雅典的泰门",265
  "不是斯特拉福德那个人所写的"作品,260注
Shame,in dreams of nakedness,裸露梦的羞愧,238,242—7
She (by Rider Haggard),"她"(赖德·赫加德),453—5
Sherrington,Sir Charles,查理斯·谢灵顿爵士,xvii
Ship as dream-symbol,作为梦象征的船只,352注,354,403注,463—6
Siegesfest (Schiller),"纪念节日"(席

勒),419注
Siegfried (Nibelungenlied),齐格飞("尼伯龙根之歌"),515
Siena,锡耶纳,231,441—2
Similarity,相似性
  知觉,539
  梦中的表现,319—20,661—2
Sleep,睡眠
  有益效果,83
  睡眠状态的特征,6,544,555,573,575,590,676
  与清醒生活相比较,45,49—58,60—1,75—87
  睡眠的深浅,xiv-xv,20,229,505,679
  梦是睡眠的守卫者,xix,233—4,664,580,678—81
  睡眠中运动麻痹,xv,336—7,468,555,568
  进入睡眠的过程,23,31—2,49—50,53注,54,71,78,102,554—5
  睡眠时稽查作用的松弛,526,542,567—8,676,7,679
  与感觉刺激,3,22—42,51—3,58,87,220—35,402,633—4,678—81
  睡眠的欲望,xix,234,570—3,575,577,580,589—90,679
"Sleep on it","留待第二天决定",169,181
Slips of the tongue,口误(又见 Errors,错误),596,609注,671
Snake as dream-symbol,作为梦象征的蛇,347,356注,357
Snug the joiner (A Midsummer Night's Dream),志同道合者("仲夏夜之梦"),462
Solon,梭伦,266
Somatic stimuli,躯体刺激(见 Sensory stimuli,感觉刺激),
Song of Solomon,the,"所罗门之歌",346
Songs in neurotic hallucinations,神经症幻觉中的歌曲,418注
Sopholes,索福克勒斯,261—4,501注

744

Sources of dreams,梦的来源（见 Dream-sources,梦来源）
Space,awareness of ,in dreams,梦中空间的觉知,51,52注,64
Spalato,斯巴拉多,207
Speechs in dreams,梦中的言语,183—4,304,313,418—25,465,510,660,668
Spencer,*Herbert*,赫伯特·斯宾塞,2
Sphinx,the,狮身人面像,261
Split personality,分裂人格,91
Staircase dreams,楼梯梦,238—40,247,355,364—6,369—72,384,684
Stannius,斯坦尼乌斯,413,452注
Stekel,W.斯特克尔（又见参考文献A）,xvii,274,275注,276,321,350—1,353,387注
Stettenheim,斯特腾海姆,207
Stick as dream-symbol,作为梦象征的手杖,227,354,359,380—1,683
Stimuli,刺激（见 Sensory stimuli,感觉刺激）
Strangeness of dreams,梦的陌生性,1,20,48,54
"Subconscious"and"supraconscious","下意识"和"超意识",615
Subjective sensory stimuli,主观性感觉刺激,xvii-xviii,30—3,58,80,220,546,589,634,678
Suggestion under hypnosis,催眠（状态）下的暗示,384
Super-ego,超我,476注,558注
Supernatural origin of dreams,theory of,梦的超自然来源说,2—5,22,75,132注,633
Suppression,抑制,压制（又见 Repression,压抑）,235—7,606注
感情的,461,467—8,471,507,556—7
"Supraconscious" and "subconscious","超意识"和"下意识",615
Survival after death,unconscious basis for belief in,信仰死后复活的潜意识基础,400注
Susanna(in *Nozzi di Figaro*)苏珊娜（见"费加罗婚礼"）,209
Swimming,dreams of,游泳的梦,392—3,395
Swings and see-saws,sexual feelings aroused by,荡秋千和跷跷板引起的性感,393
"Switch-Words",转换词（又见 Verbal bridges,词桥）,341注,410
Symbol,象征
上和下,285—9,305,326,410
模棱两可,353
动物,86,225,231,357,395,406—7,410,462
芦笋,184
袋子,86,225,357—8,384
气球,364,368
箱盒,86,154,185—6,188,216,225,354,359,407,684
枝条 319,325,347,652
兄弟姐妹,358
窃贼,395,403—4
儿童,357,362—4,406
单簧管,86
穿衣,86,186,204—6,355—6,360—2,391
别离,385
门,346,397,683
鸡蛋,346
眼睛,398注
火,395
鱼,357
花,169—76,282—4,319,325,347—8,374—6,652
水果,287,372—3,
毛皮,86
花园,346,348
鬼魂,403—4
巨人们,30,408,

745

帽子,355—6,360—2,652
房屋,85,225—6,346,355,364,366
注,397,399,454
钥匙和锁,354
风景,356,366,399—400
左和右,357—8,380—1
行李,358
地图,356,684
金钱,403
指甲锉,354,684
狭窄空间,86,397,399注,401
领带,356,684
数字,358
炉灶,354,684
男生殖器(见 Phallic symbols,男生殖器象征)
枕头,227,346
烟斗,86,346
史前来源,352
亲戚,358
房间,214,352注,354,683
皇室人员,353—4,409,683
船只,352注,354,403注,463—6
蛇,347,356注,357
楼梯,238—40,247,355,364—6,369—72,384,684
手杖,227,354,359,380—1,683
桌子,355,374,376
牙齿,37,86,225—7,273,357,385—92
工具,356,460
尿壶,210,216—17
小虫,357
墙壁,355
水,227,399—401,403注,406
武器,351,356,359,384,395,683
鞭子,377—81
木头,348,355,684
齐柏林(飞船),352,357,684
"Symbolic"methods of dream-interqpretation,释梦的"象征"法,3,96—7,99—100, 104, 225—7, 334—5, 341—2, 505,613,683
Symbolism,象征作用,象征主义
　梦中的,xii-xiii,xxvii,84—7,197,225—7, 241 注, 242 注, 345—414, 659,683—5
　疲倦思想的(西尔别勒的"自我意念象征作用"),49注,344—5,503
　性的,xiii,154,184—8,206,319,325,346—403,683—5
　"门槛",504—5,559
Symptoms,症状
　癔症的(见 Hysterical symptoms,癔症症状)
　神经症的(见 Neurotic symptoms,神经症症状)
Synthesis of dreams,梦的综合,310—11,597
Syphilis,梅毒,158,300注,302—3
Syracuse,锡拉丘兹,167注
Széll, Kolomann,柯罗曼·泽尔,428

Taaffe Count,塔弗伯爵,209
Tabes,脊髓炎,300注,301
Table as dream-symbol,作为梦象征的桌子,355,374,376
Tactile stimuli as dream-instigators,作为梦刺激物的触觉刺激,23,25,38,224,272—3,393
Tagliamento, River,塔格利蒙托河,26
Talisman Der (by Ludwig Fulda),"吉祥物"(路德维希·弗尔达),243
Tannhäuser,唐豪塞,291
Tarquins, the,塔奎族人,398注
Tartini,塔梯尼,613
Teeth,牙齿(又见 Dental stimuli as dream-instigators,作为梦刺激物的牙刺激)
　作为梦象征,37,86,225—7,273,357,385—92
　掉牙的梦,37,86,225,227,386—92,

Telepathic aspect of dreams,梦的心灵感应方面,560
Temporal regression,时间性回归作用,548
Temporal relations in dream-content,梦内容中的时间关系,52注,64,247,314—16,328,409,661
Temporal relations in dream-thoughts,梦念中的时间关系
 在梦内容中表现为金钱,414—15,669
 在梦内容中表现为数字,415—18,438—9
 在梦内容中表现为空间,408
Temporal relations, perception of,时间关系知觉(又见 Time, sense of,时间感),539
Ten Commandments,十诫,256
Tennyson,Lord,但尼生爵士,211
Tepl valley,泰伯尔河谷,194
Terre,La(Zola),"土地"(左拉),213,217注
Text of dreams,梦的正文,455注,514—5
Thebes,底比斯,261
Thermal stimuli as dream-instigators,作为梦刺激物的热刺激,3,23—5,37
Thiers,A.,退耳,197
Thing-presentations,事物表现,295—6
Thirst as dream-instigator,作为梦刺激物的口渴,123—4,161注,232,396,551,645
Thirty Years War,三十年战争
Thought activity persisting into sleep,持续进入睡眠的思想活动,550—6,574—5,569—90,592—5,597,660
"Thought identity","思想同一性",602
Three Wishes the,"三个愿望",557,581注
"Threshold"symbolism,"门槛"象征作用,504—5,559
Thun Count,图恩伯爵,203—13,233,432,434,470

Tiber River,台伯河,194,196
Tic convulsif,抽搐,618
Time,sense of,时间感(又见 Duration of dreams,梦的久暂;Temporal relations in dream-content,梦内容中的时间关系;Temporal relations in dream-thoughts,梦念中的时间关系)梦中的,52注,64,91
 精神病中的,91
Time interval between instigating daytime impression and dream,兴奋的白天印象与梦之间的时间间隔,165—9
Timon of Athens,"雅典的泰门",265
Titans,the,泰坦人,553
Tools as dream-symbols,作为梦象征的工具,356
Topographical regression,地形学的回归作用,546
Totalität(Goether),"托达利塔特"(歌德),147注
Tote Glück,Das,"死者的幸福",156
Totemism,图腾崇拜,410
Tragic Comedians(Meredith),"悲剧性喜剧演员"(梅里狄斯),300注
Transference,移情(作用)
 被压抑欲望的,181注,184,553,562—4,567,573,576,589,594—6,598,604—5 对分析者的,200,562注
Transposition from lower to upper part of body,从身体下部到上部的移位 367,390
Transvaluation of psychical values,精神价值的转换(又见 Displacement,移置作用;Psychical intensity,精神强度),330,339,507,516,543,654—5
Trasimène Lake,特拉西美涅湖,196
Trauma,sexual,性创伤
 表现为想象物的明显的,288注
 梦中反复呈现的,185注
Traumatic neuroses,创伤性神经症,558注

747

Trenck,Baron,特仑克男爵,132注,134
Trilport,特里波特,16
Trivial daytime events as dream sources,作为梦来源的白天琐事（又见Day's residues,白天的残余）,18—20,79,81,180,201,562—4,640,656—7
Triviality of dream-content,梦内容的琐事（又见Indifferent material in dreams,梦中无关紧要的材料）,21注,79,81,164,174,177,180—2,201,513,563—4,656—7
Troy,siege of,特洛伊之围,207
Truth and the censorship,实情与稽查作用,437
Tylor,E.B.泰勒,2
Typical dreams,典型梦,xiii,37—8,155,190注,240—76,385—40,685
Tyre,泰尔(城),99注,614注
Tyrol,the,蒂洛尔,232,638

Ucs.(见the Unconscious as a symtem,作为一个系统的潜意识)
Uhland,J.L.乌兰德,286—7,354
Uncleanliness equated with avarice,不洁净等于贪婪,200
Unconscious,潜意识的
 想象物,400注,492—3,574
 目的,170,246,528注
 象征作用,360注
 欲望（又见Repressed wishes,被压抑欲望）,xix,235—6,262—4,396,551—82,594—5,598,603—6,620—1,673—5
Unconscious,the,潜意识
 作为一个系统的(Ucs.),540注,541—2,547注,551—82,592,594—6,598,603—6,610,676,686
 与乱伦的欲望,263注
 作为时间上不可毁灭的和不可改变的过程,577—8
 焦虑的来源,337—8

梦中象征化的,410
两种潜意识,514—15
Undressed,dream of being,衣不蔽体的梦,24,37,238—40,242—7,264,285,336
Undressing,children's pleasure in,儿童以裸体为乐,244—5
Unger,昂格尔,193
Unification,necessity for,统一的必要性（又见Secondary revision,润饰作用）,178—9,228,381,459,660—2,666
Unity,representation of,in dreams,梦中统一性的表现,247
Unpleasure,痛苦,不愉快,134—5,160,235—7,574,581注,582,598—604,616—17
Unpleasure as a"signal",作为一种"信号"的痛苦,602
Unpleasure principle,痛苦原则（又见pleasure principle,快乐原则）,600—4
Uranus,乌兰鲁斯,256注
Urethral eroticism,尿道性欲,403
Urinal as dream-symbol,作为梦象征的尿壶,210,216—17
Urinary,尿的,小便的（又见Bed-wetting,尿床;Micturition,排尿）
 作为梦刺激物的刺激,86,161注,209—218,219注,221,227,233,238注,402,412
 象征作用,219注,227,367,402—3
Ut mine Stromtid(by F.Reuter),"我的务农日子里的一个古老故事"(洛伊特尔),112注
Uterus symbolized in dreams,梦中象征化的子宫,154,354,399—401,403注,610,684

Vigina symbolized in dreams,梦中象征化的阴道,86,365—6,397

748

Value,psychical,精神价值（见 Displacement,移置作用；Psychical intensity,精神强度；Transvaluation of psychical values,精神价值的转换）
Venice,威尼斯,464—5,664
Verbal,言语的,语词的（又见 Alliteration,形成头韵；Figures of speech,言语形象；Jokes,笑话；Neologism,新词；Puns,双关语）
 模棱两可,154,202—3,210注,275注,349注,400,410—13,433—4,637注
 词桥,206,341注,349注,375—6,391,428—9,530（又见 Switch-words,转换词）
  移置作用,339—45,
  残余和前意识系统,574,611注,617,
  作为梦的工作的工具使用,340—7,355注,407,410,530,650
Vermin as dream-symbol,作为梦象征的小虫,357
Verona,维罗纳,13,231
Vienna,维也纳,21注,143注,202—3,217注,286,288,298,414,621注,669
  反闪族主义,136,212
  弗利斯在维也纳,421—2,424,480—1
  弗洛伊德在维也纳,238,482注,652
Virgil,味吉尔,608
Virginity symbolized in dreams,梦中象征化的纯洁（贞操）,374—7
Visual,视觉
  幻觉,90,544—5（又见 Hypnagogic hallucinations,入睡前幻觉）
  梦中影像,30—3,49—50,324,344,428,534—6,546—8,552,597,659—60,671
  作为梦刺激物的刺激,23,25,30—3,85,226—7,507,546—7
"Voluntary"ideas,"随意"观念,102
Vomiting as a hysterical symptom,作为癔症症状的呕吐,570,618

Von Stufe zu Stufe,"步步高升",286

Wachau,the,瓦休,211—12
Wagner,瓦格纳,291,342,435
Waking,觉醒（见 Arousal,唤醒）
Waking life,清醒生活
  感情,177,460,471,478—9,602,645
  与梦的遗忘,44—7,520—1,525—6
  与梦生活相比较的种种特征,45,48—65,70—87,510,526,536
  与梦的联系,1,7—10,18—21,39,134,174,573,589,608,633,655—6
  回归性功能作用,542—4
Waking thought,清醒思想
  与梦念的比较,660
  梦念持续进入,446
  在梦的构成中扮演的角色,499—507,540,564
  持续进入睡眠,550—6,574—5,589—90,592—5,597,660
Wall as dream-symbol,作为梦象征的墙壁,355
Wars of the Roses,玫瑰战争,212
Water as dream-symbol,作为梦象征的水,227,399—401,403注,406
Wealth of Nations,*The*(*Adam Smith*),"国富论"（亚当·斯密）
Weapons as dream-symbol,作为梦象征的武器,354,356,359,384,395,683
Weber,韦伯,419注
Welsbach,Dr.Auer von,奥厄尔·冯·威尔士巴赫医生,652
Whip as dream-symbol,作为梦象征的鞭子,377—81
Wild Duck,The(*Ibsen*),"疯狂的公爵"（易卜生）,296
William Meister(Goether),"威廉·迈斯特尔"（歌德）,637,639
Will,Conflict of,represented by feeling of inhibition in dreams,梦中因抑制感而

749

表现的意志冲突,246,337,661
William I,*Emperor of Germany*,德国皇帝威廉一世,378,381
Winckelmann,*J*.温克尔曼,196
Winckler,*Hugo*,雨果·温克勒,99 注
Wishes,nature of,欲望的性质,565—6,598,600
Wish-fulfilment,欲望满足
　与自己是错误的欲望,302—3
　与证明弗洛伊德理论是有效的欲望,392
　与证明分析者是错误的欲望,151—2,157—8
　与焦虑梦,135—6,160—2,236,267,487,550,557,580,674—5
　为精神病和精神神经症的梦所共有,91,569—70
　在悲痛梦中的化装,134—6,140—1,144—63,470—1,550—1,556—7,580—2,675
　与死亡的梦,249,253—8,262—4,266—7
　梦中的,xv,91,118—19,121—34,227—9,234—6,487,533—5,550—72,589,621,646—8,674,678—9
　幻想中的,492
　与幼儿欲望,191—3,195—7,218—19,243,245,249—50,553—4,567,604—6,644—6,682
　与表现手段,322,327,330

与惩罚梦,473,475,557—8
与感情的颠倒,471
与躯体刺激,228,231—2,235
在儿童梦中未经化装的,127—31,133 注,135,551—4,644,674
Wit,机智(见 Jokes,笑话,诙谐;Play upon Words,语词游戏;Puns,双关语)
Wolf,*Hugo*,雨果·沃尔夫,342—3
"*Wolf Man*",*the*,"狼人",184 注,311 注,372 注,522 注
Womb,子宫
　子宫内生活的幻想,399—400
　梦中象征化的,154,354,399—401,402 注,410,684
Wood as dream-symbol,作为梦象征的木头,348,355,684

Xerxes,薛西斯

Zaraus,扎劳斯,169
Zeppelin as dream-symbol,作为梦象征的齐柏林(飞船),352,357,684
Zeus,宙斯,256,619
Znaim,赞尼姆,210
Zola,左拉,213,217 注,300
Zucker,*Herr*,朱克尔先生,194—5
Zurich,苏黎世,351 注

750

图书在版编目(CIP)数据

释梦:权威全译本/〔奥〕弗洛伊德著;孙名之译.—北京:商务印书馆,2016(2018.5重印)
ISBN 978 - 7 - 100 - 11322 - 9

Ⅰ.释… Ⅱ.①弗…②孙… Ⅲ.梦—精神分析 Ⅳ.B845.1

中国版本图书馆 CIP 数据核字(2015)第 117648 号

权利保留,侵权必究。

释梦
(权威全译本)

〔奥〕弗洛伊德 著
孙名之 译

商 务 印 书 馆 出 版
(北京王府井大街 36 号 邮政编码 100710)
商 务 印 书 馆 发 行
北 京 冠 中 印 刷 厂 印 刷
ISBN 978 - 7 - 100 - 11322 - 9

2016 年 4 月第 1 版　　　开本 787×960　1/16
2018 年 5 月北京第 2 次印刷　印张 48
定价:109.00 元